范例导航系列丛书

CorelDRAW X6 中文版平面设计与制作

文杰书院　编著

清华大学出版社
北　京

内 容 简 介

本书是“范例导航系列丛书”的一个分册，以通俗易懂的语言、精挑细选的实用技巧、翔实生动的操作案例，全面介绍了 CorelDRAW X6 基础知识以及应用案例，主要内容包括对象的操作与管理，绘制几何图形，绘制线段及曲线，变换与变形工具组，填充图形颜色，编辑图形，效果工具及应用，文本与表格，图层、样式和模板，编辑与处理位图，滤镜的应用，管理文件与打印和商务应用案例解析等。

本书配套一张多媒体全景教学光盘，收录了本书全部知识点的视频教学课程，同时还赠送了多套相关视频教学课程，超低的学习门槛和超丰富的光盘内容，可以帮助读者循序渐进地学习、掌握和提高。

本书面向学习 CorelDRAW X6 的初中级用户，适合无基础又想快速掌握 CorelDRAW X6 入门操作经验的读者，更适合广大想提高工作效率的读者作为自学手册使用，同时还可以作为高等院校和高职高专院校学生学习使用，也可以作为初中级电脑办公培训班的电脑课堂教材。

图书在版编目(CIP)数据

CorelDRAW X6 中文版平面设计与制作/文杰书院编著. --北京：清华大学出版社，2014（2019.7重印）
(范例导航系列丛书)
ISBN 978-7-302-37573-9

Ⅰ. ①C…　Ⅱ. ①文…　Ⅲ. ①平面设计—图形软件　Ⅳ. ①TP391.412

中国版本图书馆 CIP 数据核字(2014)第 174581 号

责任编辑：魏　莹
装帧设计：杨玉兰
责任校对：李玉萍
责任印制：李红英

出版发行：清华大学出版社
网　址：http://www.tup.com.cn, http://www.wqbook.com
地　址：北京清华大学学研大厦 A 座　　邮　编：100084
社 总 机：010-62770175　　邮　购：010-62786544
投稿与读者服务：010-62776969, c-service@tup.tsinghua.edu.cn
质量反馈：010-62772015, zhiliang@tup.tsinghua.edu.cn
课件下载：http://www.tup.com.cn, 010-62791865
印 装 者：三河市铭诚印务有限公司
经　销：全国新华书店
开　本：185mm×260mm　　**印　张：**25.75　　**字　数：**626 千字
(附 DVD 1 张)
版　次：2014 年 10 月第 1 版　　**印　次：**2019 年 7 月第 4 次印刷
定　价：54.00 元

产品编号：056123-01

致 读 者

“范例导航系列丛书”将成为您“快速掌握电脑技能，灵活运用职场工作”的全新学习工具和业务宝典，通过“**图书+多媒体视频教学光盘+网上学习指导**”等多种方式与渠道，为您奉上丰盛的学习与进阶的盛宴。

“范例导航系列丛书”涵盖了电脑基础与办公、图形图像处理、计算机辅助设计等多个领域，本系列丛书汲取目前市面上同类图书作品的成功经验，针对读者最常见的需求来进行精心设计，从而知识更丰富，讲解更清晰，覆盖面更广，是读者首选的电脑入门与应用类学习与参考用书。

衷心希望通过我们坚持不懈的努力能够满足读者的需求，不断提高我们的图书编写和技术服务水平，进而达到与读者共同学习，共同提高的目的。

一、轻松易懂的学习模式

我们秉承“**打造最优秀的图书、制作最优秀的电脑学习软件、提供最完善的学习与工作指导**”的原则，在本系列图书的编写过程中，聘请电脑操作与教学经验丰富的老师和来自工作一线的技术骨干倾力合作编写，为您系统化地学习和掌握相关知识与技术奠定扎实的基础。

1. 快速入门、学以致用

本套图书特别注重读者学习习惯和实践工作应用，针对图书的内容与知识点，设计了更加贴近读者学习的教学模式，采用“**基础知识学习+范例应用与上机指导+课后练习**”的教学模式，帮助读者从**初步了解**到**掌握**再到**实践应用**，循序渐进地成为电脑应用高手与行业精英。

2. 版式清晰，条理分明

为便于读者学习和阅读本书，我们聘请专业的图书排版与设计师，根据读者的阅读习惯，精心设计了赏心悦目的版式，全书图案精美、布局美观，读者可以轻松完成整个学习过程，进而在轻松愉快的阅读氛围中，快速学习、逐步提高。

3. 结合实践，注重职业化应用

本套图书在内容安排方面，尽量摒弃枯燥无味的基础理论，精选了更适合实际生活与工作的知识点，每个知识点均采用"**基础知识+范例应用**"的模式编写，其中"基础知识"操作部分偏重在知识的学习与灵活运用，"范例应用"主要讲解该知识点在实际工作和生活中的综合应用。除此之外，每一章的最后都安排了"课后练习"，帮助读者综合应用本章的知识制作实例并进行自我练习。

二、轻松实用的编写体例

本套图书在编写过程中，注重内容起点低，操作上手快，讲解言简意赅，读者不需要复杂的思考，即可快速掌握所学的知识与内容。同时针对知识点及各个知识板块的衔接，科学地划分章节，知识点分布由浅入深，符合读者循序渐进与逐步提高的学习习惯，从而使学习达到事半功倍的效果。

- **本章要点**：在每章的章首页，我们以言简意赅的语言，清晰地表述了本章即将介绍的知识点，读者可以有目的地学习与掌握相关知识。
- **操作步骤**：对于需要实践操作的内容，全部采用分步骤、分要点的讲解方式，图文并茂，使读者不但可以动手操作，还可以在大量实践案例的练习中，不断地积累经验、提高操作技能。
- **知识精讲**：对于软件功能和实际操作应用比较复杂的知识，或者难以理解的内容，进行更为详尽的讲解，帮助您拓展、提高与掌握更多的技巧。
- **范例应用与上机操作**：读者通过阅读和学习此部分内容，可以边动手操作，边阅读书中所介绍的实例，一步一步地快速掌握和巩固所学知识。
- **课后练习**：通过此栏目内容，不但可以温习所学知识，还可以通过练习，达到巩固基础、提高操作能力的目的。

三、精心制作的教学光盘

本套丛书配套多媒体视频教学光盘，旨在帮助读者完成"从入门到提高，从实践操作到职业化应用"的一站式学习与辅导过程。配套光盘共分为"基础入门"、"知识拓展"、

“上网交流”和“配套素材”4 个模块，每个模块都注重知识点的分配与规划，使光盘功能更加完善。

- **基础入门**：在“基础入门”模块中，为读者提供了本书全部重要知识点的多媒体视频教学全程录像，从而帮助读者在阅读图书的同时，还可以通过观看视频操作快速掌握所学知识。
- **知识拓展**：在“知识拓展”模块中，为读者免费赠送了与本书相关的 4 套多媒体视频教学录像，读者在学习本书视频教学内容的同时，还可以学到更多的相关知识，读者相当于买了一本书，获得了 5 本书的知识与信息量！
- **上网交流**：在“上网交流”模块中，读者可以通过网上访问的形式，与清华大学出版社和本丛书作者远程沟通与交流，有助于读者在学习中有疑问的时候，可以快速解决问题。
- **配套素材**：在“配套素材”模块中，读者可以打开与本书学习内容相关的素材与资料文件夹，在这里读者可以结合图书中的知识点，通过配套素材全景还原知识点的讲解与设计过程。

四、图书产品与读者对象

“范例导航系列丛书”涵盖电脑应用的各个领域，为各类初、中级读者提供了全面的学习与交流平台，适合电脑的初、中级读者，以及对电脑有一定基础、需要进一步学习电脑办公技能的电脑爱好者与工作人员，也可作为大中专院校、各类电脑培训班的教材。本次出版共计 10 本，具体书目如下。

- Office 2010 电脑办公基础与应用（Windows 7+Office 2010 版）
- Dreamweaver CS6 网页设计与制作
- AutoCAD 2014 中文版基础与应用
- Excel 2010 电子表格入门与应用
- Flash CS6 中文版动画设计与制作
- CorelDRAW X6 中文版平面设计与制作
- Excel 2010 公式・函数・图表与数据分析
- Illustrator CS6 中文版平面设计与制作

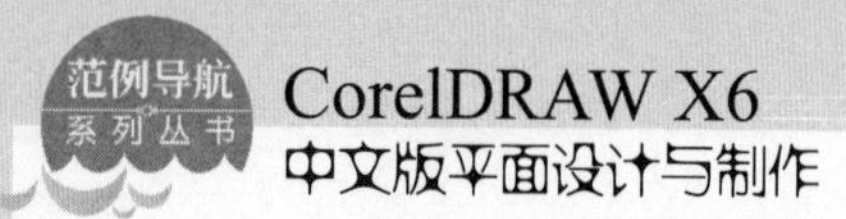

- UG NX 8.5 中文版入门与应用
- After Effects CS6 基础入门与应用

五、全程学习与工作指导

为了帮助您顺利学习、高效就业，如果您在学习与工作中遇到疑难问题，欢迎您与我们及时地进行交流与沟通，我们将全程免费答疑。希望我们的工作能够让您更加满意，希望我们的指导能够为您带来更大的收获，希望我们可以成为志同道合的朋友！

您可以通过以下方式与我们取得联系：

QQ 号码：12119840

读者服务 QQ 交流群号：128780298

电子邮箱：itmingjian@163.com

文杰书院网站：www.itbook.net.cn

最后，感谢您对本系列图书的支持，我们将再接再厉，努力为读者奉献更加优秀的图书。衷心地祝愿您能早日成为电脑高手！

编　者

前　言

CorelDRAW X6 是一款具有非凡设计功能的图形图像软件。其广泛地应用于商标设计、标志制作、模型绘制、插图描画、排版及分色输出等诸多领域。为了帮助图形设计初学者快速地了解和应用 CorelDRAW X6 中文版，以便在日常的学习和工作中学以致用，我们编写了本书。

本书在编写过程中根据读者的学习习惯，采用由浅入深的方式讲解，通过大量的实例，介绍了 CorelDRAW 的使用方法和技巧，为读者快速学习提供了一个全新的学习和实践操作平台，无论从基础知识安排还是实践应用能力的训练，都充分地考虑了用户的需求，可帮助读者快速达到理论知识与应用能力的同步提高。

读者可以通过本书配套的多媒体视频教学光盘进行学习，还可以通过光盘的赠送视频学习其他相关课程。本书结构清晰、内容丰富，全书分为 14 章，主要包括 5 个方面的内容。

1. 基础知识与快速操作

第 1 章、第 2 章，介绍了 CorelDRAW X6 的工作环境和常见的基础操作知识，同时还讲解了对象操作的具体知识，通过学习读者可以更好地理解 CorelDRAW 的基本操作方法。

2. 绘制图形

第 3～5 章，讲解了绘制基本图形的操作方法，主要内容包括绘制几何图形、绘制线段及曲线，使用变换与变形工具组的具体操作方法、案例与技巧。

3. 编辑图形

第 6～8 章，讲解了编辑基本图形和应用图形效果，主要学习了使用各类工具编辑图形及其颜色的方法和应用各种图形效果等方面的知识技巧。

4. 高级操作知识

第 9～13 章，介绍了 CorelDRAW X6 的一些高级操作知识，主要讲解了文本与表格，图层、样式和模板，编辑与处理位图和滤镜的应用等方面的知识技巧，同时还介绍了将绘制的图形对象进行管理与打印等方面的知识技巧。

5. 案例应用

第 14 章介绍了 5 则商务应用案例，通过 5 个案例巩固读者所学的 CorelDRAW X6 知识，达到灵活使用、巩固创新的目的。

本书由文杰书院组织编写，参与本书编写工作的有李军、袁帅、王超、徐伟、李强、许媛媛、贾亮、安国英、冯臣、高桂华、贾丽艳、李统才、李伟、蔺丹、沈书慧、蔺影、宋艳辉、张艳玲、安国华、高金环、贾万学、蔺寿江、贾亚军、沈嵘、刘义等。

我们真切希望读者在阅读本书之后，可以开阔视野，增长实践操作技能，并从中学习和总结操作的经验和规律，达到灵活运用的水平。鉴于编者水平有限，书中纰漏和考虑不周之处在所难免，热忱欢迎读者予以批评、指正，以便我们日后能为您编写更好的图书。如果您在使用本书时遇到问题，可以访问网站 http://www.itbook.net.cn 或发邮件至 itmingjian@163.com 与我们交流和沟通。

编　者

目　录

第 1 章

认识 CorelDRAW X6 的工作环境

本章主要介绍了 CorelDRAW X6 中文版的工作界面、文件的基本操作和设置页面布局方面的知识与技巧，同时还讲解了视图显示控制、设置工具选项以及图形和图像的基础知识方面的技巧。通过本章的学习，读者可以掌握 CorelDRAW X6 的工作环境方面的知识，为深入学习 CorelDRAW X6 知识奠定基础。

范 例 导 航

1. CorelDRAW X6 的工作界面
2. 文件的基本操作
3. 设置页面布局
4. 视图显示控制
5. 设置工具选项
6. 图形和图像的基础知识

1.1 CorelDRAW X6 的工作界面

CorelDRAW X6 是 Corel 公司开发的一款图形图像软件，因强大的设计能力而被广泛地应用于商标设计、标志制作、模型绘制、插图描画、排版及分色输出等诸多领域。本节将重点介绍 CorelDRAW X6 工作界面方面的知识。

1.1.1 标题栏

在 CorelDRAW X6 中，标题栏左侧包含一个下拉菜单，用于控制程序窗口，同时显示当前所处理的文件名称，标题栏右侧则包含【最小化】按钮、【最大化】按钮和【关闭】按钮，如图 1-1 所示。

图 1-1

1.1.2 菜单栏

在 CorelDRAW X6 中，菜单栏包含 12 个主菜单，单击任意主菜单，都可以弹出一个下拉菜单，每个下拉菜单中都包含多个菜单项，如图 1-2 所示。

图 1-2

1.1.3 标准工具栏

在 CorelDRAW X6 中，标准工具栏位于菜单栏的下方，包含了经常使用的菜单项的快捷按钮，如图 1-3 所示。通过使用标准工具栏中的快捷按钮，可以有效提高用户的操作效率，节省操作时间。

图 1-3

1.1.4　属性栏

在 CorelDRAW X6 中，属性栏包含与当前使用的工具有关的功能选项，如图 1-4 所示。应注意的是，属性栏显示的内容根据所选择的工具的不同而有所不同。

图 1-4

1.1.5　工具箱

在 CorelDRAW X6 中，工具箱是用户操作的基础，包含了 CorelDRAW 所有的绘图工具，每一个工具都提供不同的操作功能，方便用户绘制图形，如图 1-5 所示。

图 1-5

1.1.6　标尺

在 CorelDRAW X6 中，标尺的功能主要是帮助用户精确制图，用户可以使用标尺精确标注图像的位置，如图 1-6 所示。

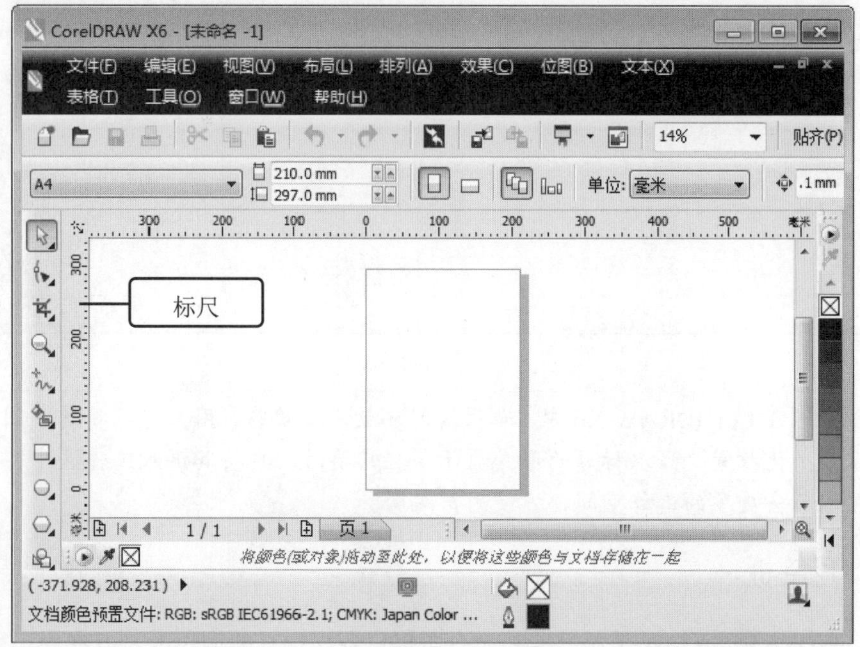

图 1-6

1.1.7 工作区

在 CorelDRAW X6 中，工作区包含绘图页面和绘图区两部分，是用于绘制图像的区域，如图 1-7 所示。

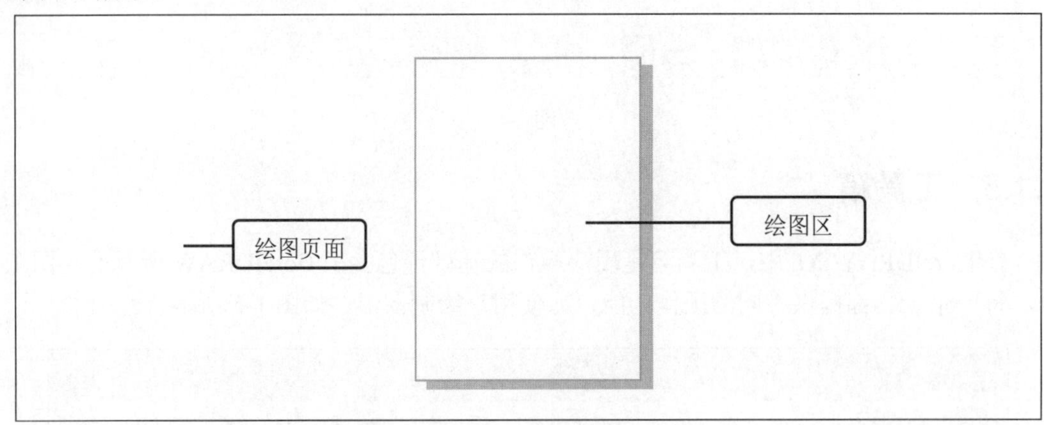

图 1-7

1.1.8 泊坞窗

在 CorelDRAW X6 中，泊坞窗的作用是将原先版本中的精华命令和卷帘窗口中所包含的内容都归纳在一起并进行管理，使用户更有序地进行操作，如图 1-8 所示。

图 1-8

知识精讲

在 CorelDRAW X6 中，如果暂时不使用泊坞窗，用户可以将其关闭或将其最小化放置，只以标题的形式显示，在需要时，再将其调入工作区中，这样可以节省更多的工作空间，方便用户编辑。

1.1.9 调色板

在 CorelDRAW X6 中，【调色板】命令可提供各种样式的调色板，方便用户直接将调色板中的颜色用于对象的轮廓或填充区域，如图 1-9 所示。

图 1-9

1.1.10 状态栏

在 CorelDRAW X6 中，状态栏是位于窗口下方的横条，显示与所选择元素有关的信息，如图 1-10 所示。

图 1-10

1.2 文件的基本操作

在使用 CorelDRAW X6 编辑图像之前，用户首先需要掌握文件基本操作方面的知识，包括新建和打开文件、保存和关闭文件、导入和导出文件等操作技巧。本节将重点介绍文件的基本操作方面的知识。

1.2.1 新建和打开文件

在 CorelDRAW X6 中，编辑图像文件之前，用户可以根据编辑图像的尺寸来创建一个空白文件，同时也可以根据需要打开已经编辑的文件。下面介绍新建和打开文件方面的知识与操作方法。

1. 新建文件

在 CorelDRAW X6 中，用户可以新建一个文件，用于绘制图像。下面介绍新建文件的方法。

step 1 ①启动 CorelDRAW X6，单击【文件】主菜单，② 在弹出的下拉菜单中，选择【新建】菜单项，如图 1-11 所示。

step 2 ① 弹出【创建新文档】对话框，在【名称】文本框中，输入新建文件的名称，② 在【大小】下拉列表框中，选择新建文件的大小数值，③ 在【渲染分辨率】下拉列表框中，设置新建文件的分辨率，④ 单击【确定】按钮，如图 1-12 所示。

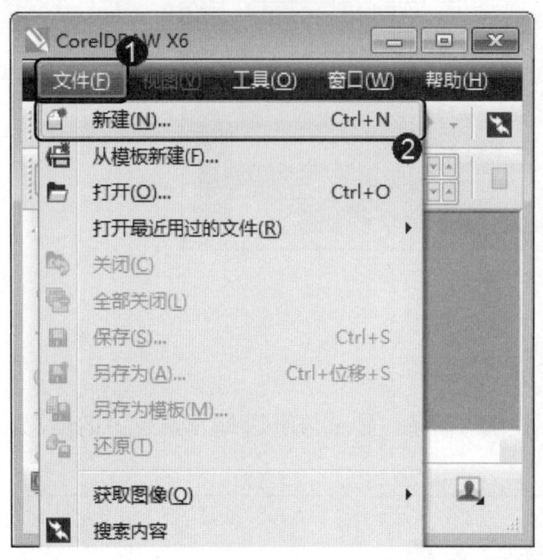

图 1-11

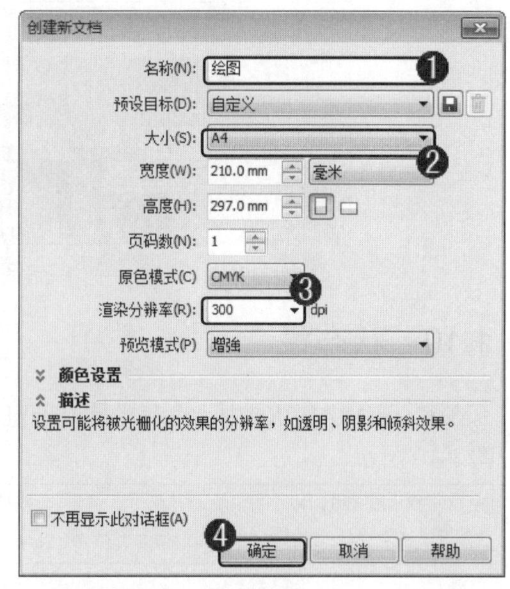

图 1-12

通过以上方法即可完成新建文件的操作，如图 1-13 所示。

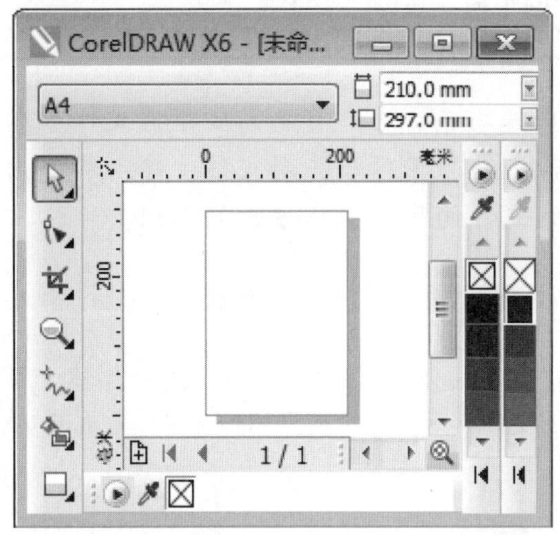

图 1-13

智慧锦囊

在 CorelDRAW X6 中，在键盘上按下组合键 Ctrl+N，用户同样可以进行新建文件的操作。

考考您

请您根据上述方法创建一个 CorelDRAW 文档，测试一下您的学习效果。

2. 打开文件

在 CorelDRAW X6 中，如果准备继续编辑图像文件或素材文件，用户可以将其打开。下面介绍打开文件的方法。

step 1 ① 启动 CorelDRAW X6，单击【文件】主菜单，② 在弹出的下拉菜单中，选择【打开】菜单项，如图 1-14 所示。

step 2 ① 弹出【打开绘图】对话框，选择文件存放的位置，② 选择准备打开的文件，③ 单击【打开】按钮，如图 1-15 所示。

图 1-14

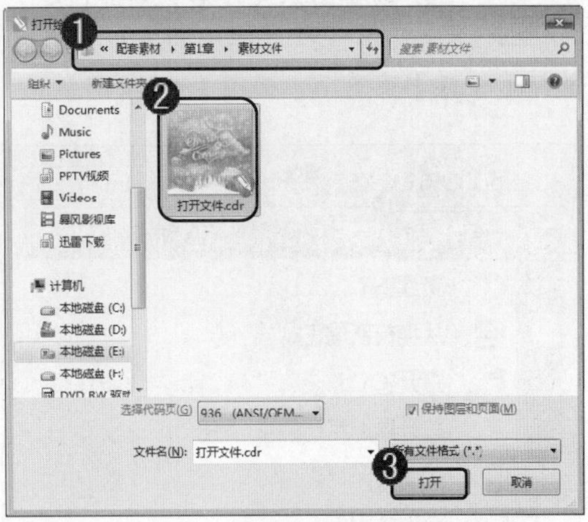

图 1-15

step 3 通过以上方法即可完成打开文件的操作，如图 1-16 所示。

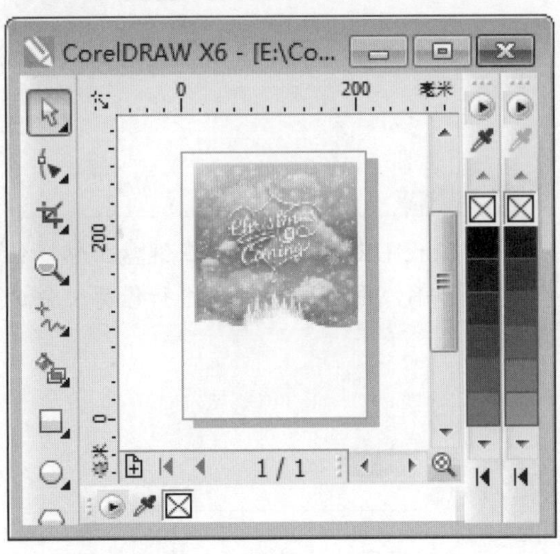

图 1-16

智慧锦囊

在 CorelDRAW X6 中，在键盘上按下组合键 Ctrl+O，用户同样可以进行打开文件的操作。

考考您

请您根据上述方法打开一个 CorelDRAW 文档，测试一下您的学习效果。

1.2.2 保存和关闭文件

在 CorelDRAW X6 中，编辑文件后，用户可以对图像文件进行保存和关闭的操作，方便用户再次对文件进行编辑。下面介绍保存和关闭文件的方法。

1. 保存文件

在 CorelDRAW X6 中，编辑文件后，用户应及时对文件进行保存，这样可有效防止文件丢失。下面介绍保存文件的操作方法。

step 1 ① 编辑图像文件后，单击【文件】主菜单，② 在弹出的下拉菜单中，选择【保存】菜单项，如图 1-17 所示。

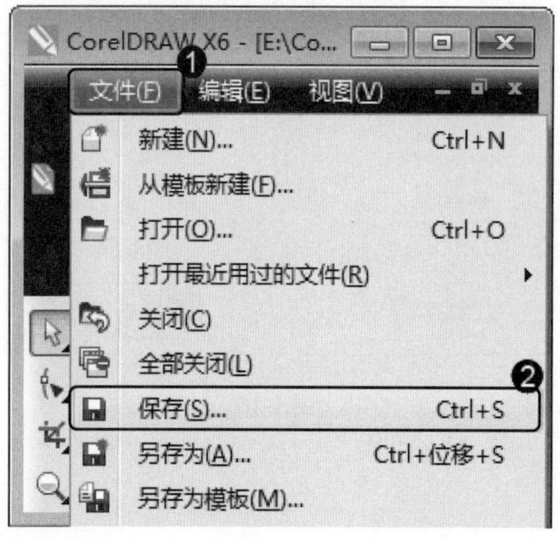

图 1-17

step 2 ① 弹出【保存绘图】对话框，选择文件准备存放的位置，② 在【文件名】下拉列表框中，输入文件保存的名称，③ 在【保存类型】下拉列表框中，选择准备保存的文件类型，④ 单击【保存】按钮，如图 1-18 所示。

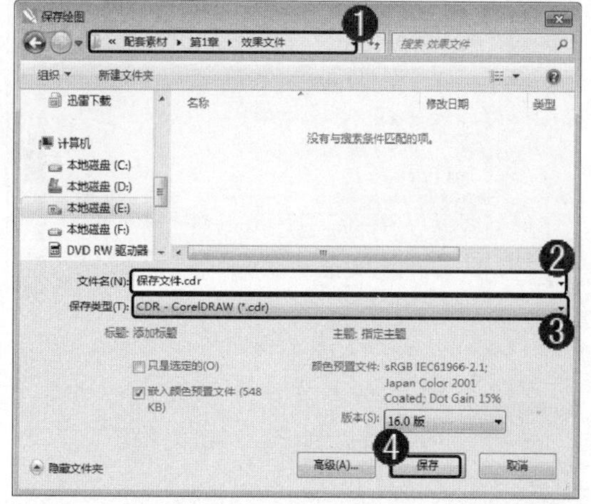

图 1-18

step 3 通过以上方法即可完成保存文件的操作，用户可以在保存的磁盘位置处查看保存的文件，如图 1-19 所示。

图 1-19

智慧锦囊

在 CorelDRAW X6 中，在键盘上按下组合键 Ctrl+S，用户同样可以进行保存文件的操作。

考考您

请您根据上述方法保存一个 CorelDRAW 文档，测试一下您的学习效果。

2. 关闭文件

在 CorelDRAW X6 中，对文件进行保存后，用户即可进行关闭文件的操作。下面介绍关闭文件的操作方法。

step 1 ① 编辑文件后，单击【文件】主菜单，② 在弹出的下拉菜单中，选择【关闭】菜单项，如图 1-20 所示。

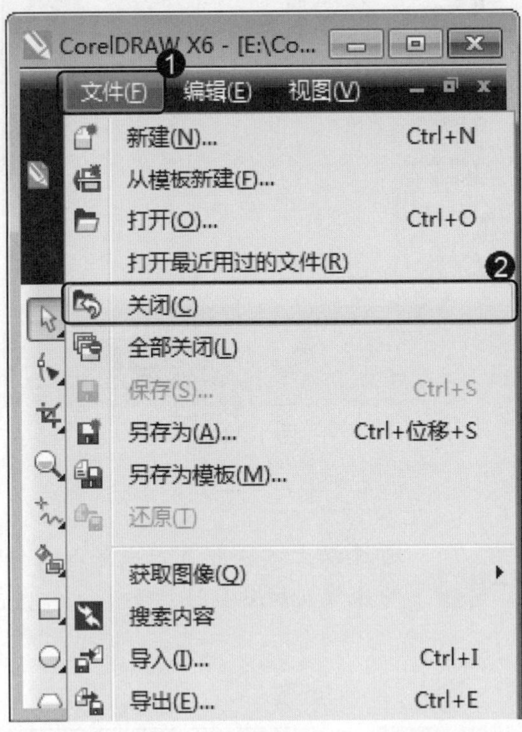

图 1-20

step 2 通过以上方法即可完成关闭文件的操作，如图 1-21 所示。

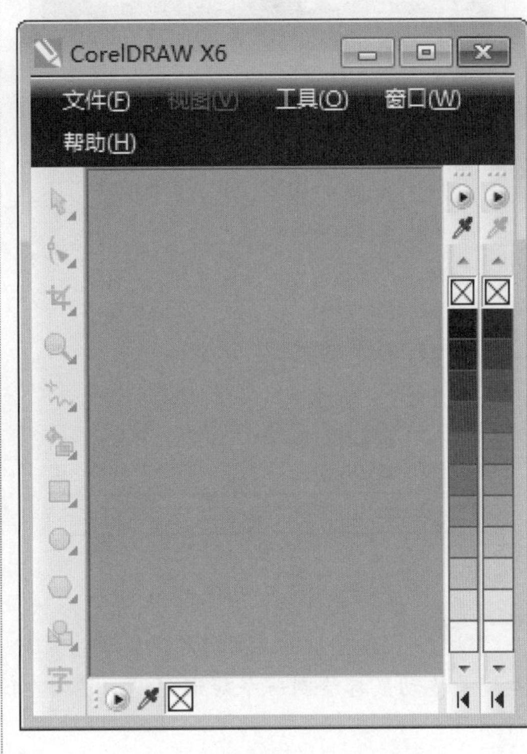

图 1-21

知识精讲

在 CorelDRAW X6 中，如果打开了多个图像文件，单击【文件】主菜单，在弹出的下拉菜单中，选择【全部关闭】菜单项，用户可以一次性将打开的文件全部关闭。

1.2.3 导入和导出文件

在 CorelDRAW X6 中，用户不仅可以新建和打开 CorelDRAW 文件，同时还可以将非 CorelDRAW 文件导入和导出到 CorelDRAW X6 中。下面介绍导入和导出文件方面的知识。

1. 导入文件

CorelDRAW 可以将 JPEG、BMP 等非 CorelDRAW 格式的图片导入到图画文件中。下面介绍导入文件的方法。

step 1 ① 新建文件后，单击【文件】主菜单，② 在弹出的下拉菜单中，选择【导入】菜单项，如图 1-22 所示。

step 2 ① 弹出【导入】对话框，打开文件存放的位置，② 选择准备导入的文件，③ 单击【导入】按钮，如图 1-23 所示。

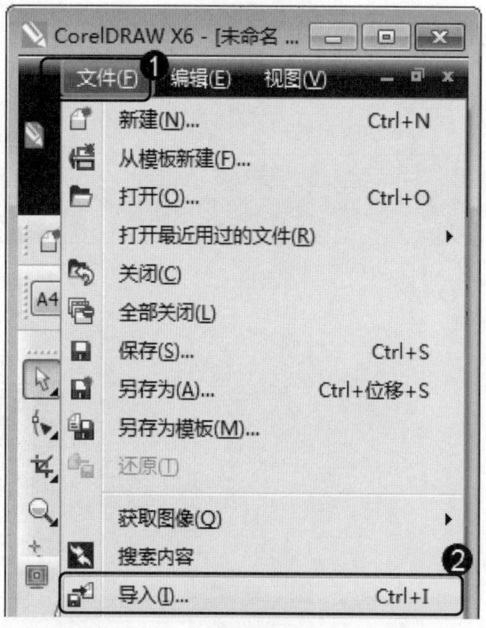

图 1-22

图 1-23

step 3 选择文件后，鼠标变成直角形状，在绘图区中，在指定位置单击鼠标左键并拖动鼠标绘制一个矩形框，如图 1-24 所示。

step 4 通过以上方法即可完成导入文件的操作，如图 1-25 所示。

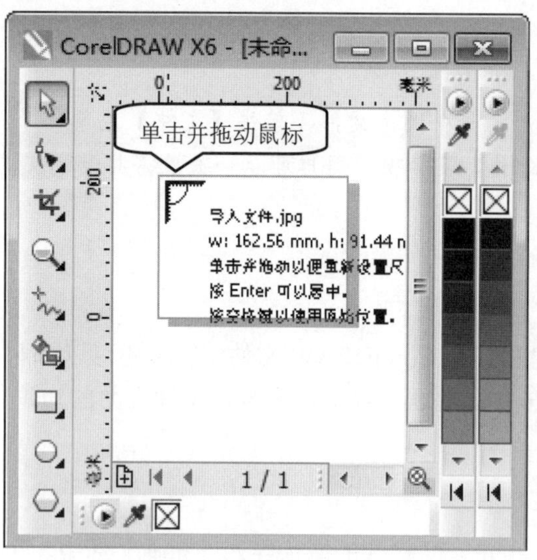

图 1-24

图 1-25

2. 导出文件

CorelDRAW 也可以把图片导出，并保存为 JPEG、BMP 等文件格式。下面介绍导出文件的操作方法。

step 1 ① 新建文件后，单击【文件】主菜单，② 在弹出的下拉菜单中，选择【导出】菜单项，如图 1-26 所示。

图 1-26

step 2 ① 弹出【导出】对话框，选择文件准备导出的位置，② 在【文件名】下拉列表框中，输入文件导出的名称，③ 在【保存类型】下拉列表框中，选择准备保存的文件类型，④ 单击【导出】按钮，如图 1-27 所示。

图 1-27

step 3 ① 弹出【导出到 JPEG】对话框，在【颜色模式】下拉列表框中，选择【CMYK 色（32 位）】选项，② 在【质量】下拉列表框中，选择【高】选项，③ 单击【确定】按钮，如图 1-28 所示。

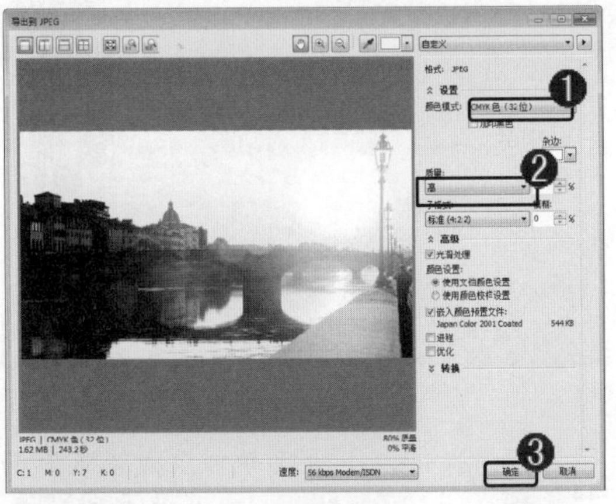

图 1-28

step 4 通过以上方法即可完成导出文件的操作，用户可以在导出的磁盘位置处查看导出的文件，如图 1-29 所示。

图 1-29

1.3 设置页面布局

在 CorelDRAW X6 中，用户可以对图形进行页面布局的设置，以便用户更好地设置文档。本节将重点介绍设置页面布局方面的知识。

1.3.1 设置页面大小与方向

在 CorelDRAW X6 中，创建文档后，用户可以根据需要设置页面大小的数值，使用户按照更合适的尺寸输出图像，同时可以设置页面的方向，以便更好地绘制图形。下面介绍设置页面大小与方向的方法。

step 1 ① 新建文件后，在属性栏中，在【页面量度】微调框中，输入页面大小的宽度值，② 在【页面量度】微调框中，输入页面大小的高度值，如图 1-30 所示。

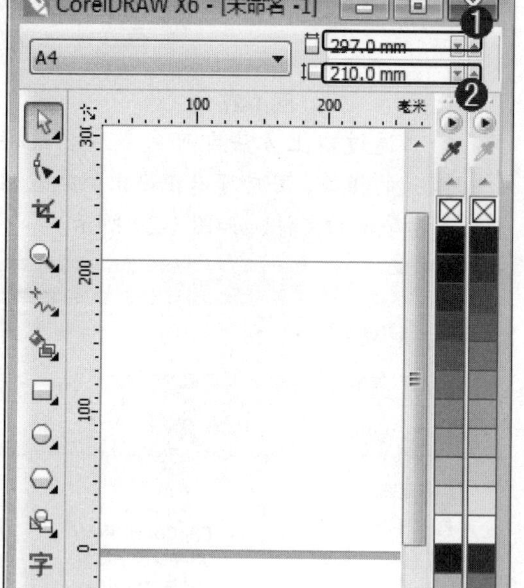

图 1-30

step 2 通过以上方法即可完成设置页面大小的操作，如图 1-31 所示。

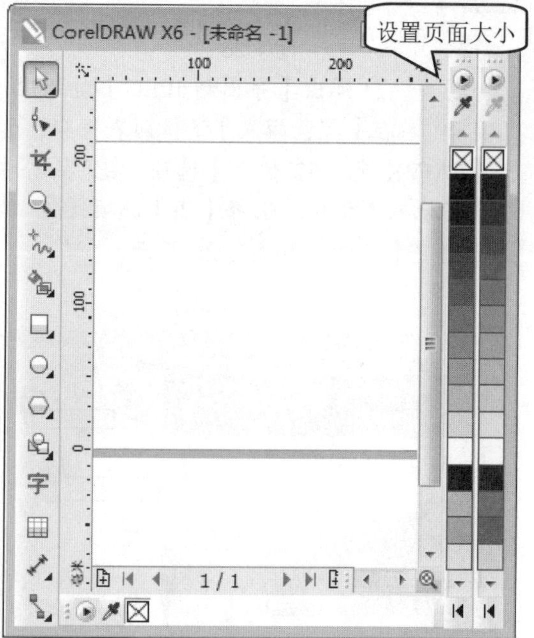

图 1-31

step 3 ① 新建文件后，在属性栏中，单击【纵向】按钮，如图 1-32 所示。

step 4 通过以上方法即可完成设置页面方向的操作，如图 1-33 所示。

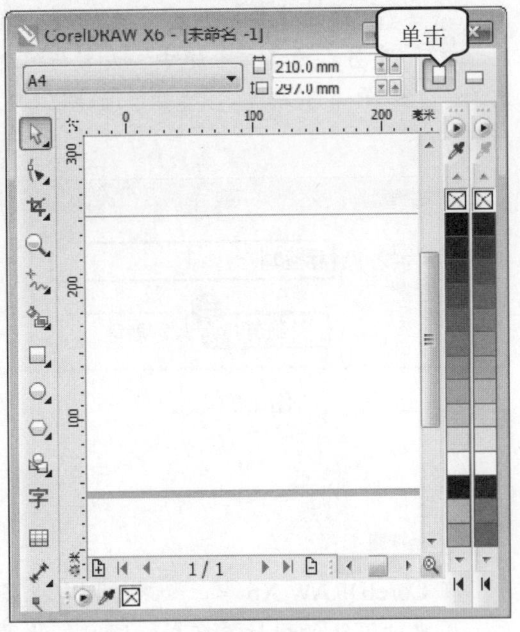

图 1-32

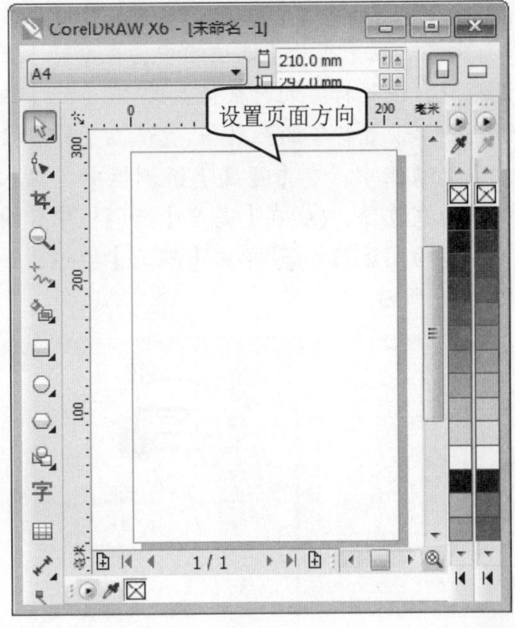

图 1-33

1.3.2 设置页面标签

在 CorelDRAW X6 中，新建文件后，用户可以设置页面的标签。下面介绍设置页面标签的操作方法。

step 1 ① 新建文件后，单击【布局】主菜单，② 在弹出的下拉菜单中，选择【页面设置】菜单项，如图 1-34 所示。

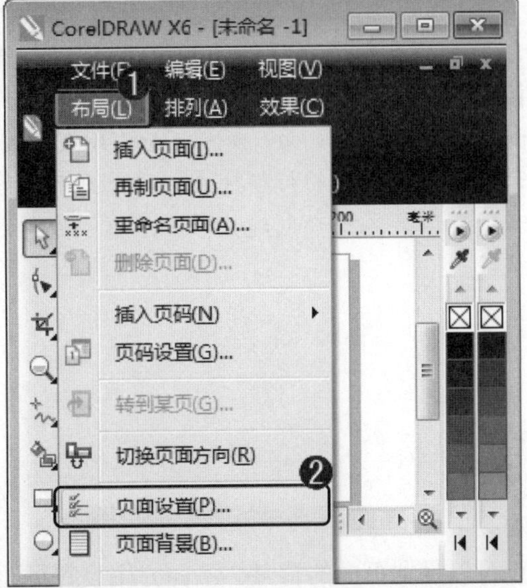

图 1-34

step 2 ① 弹出【选项】对话框，在树状图列表框中，选择【标签】选项，② 在【标签】选项组中，选中【标签】单选按钮，③ 选择准备应用的标签类型，④ 单击【自定义标签】按钮，如图 1-35 所示。

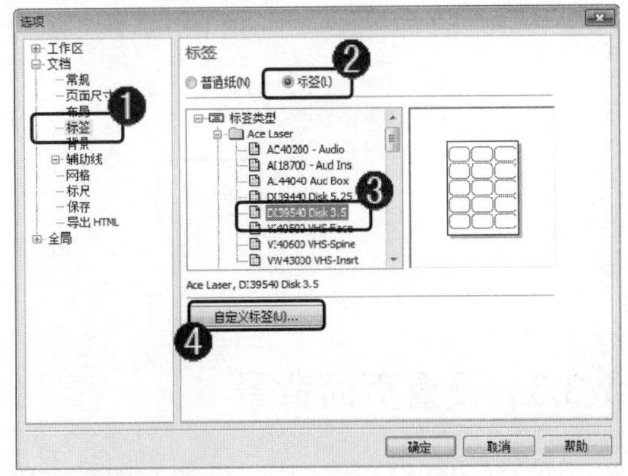

图 1-35

step 3 ① 弹出【自定义标签】对话框，在【布局】选项组中，在【行】微调框中，设置标签的行数值，② 在【栏】微调框中，设置标签的栏数值，③ 在【标签尺寸】选项组中，在【宽度】微调框中，输入标签的宽度值，④ 在【高度】微调框中，输入标签的高度值，⑤ 单击【确定】按钮，如图 1-36 所示。

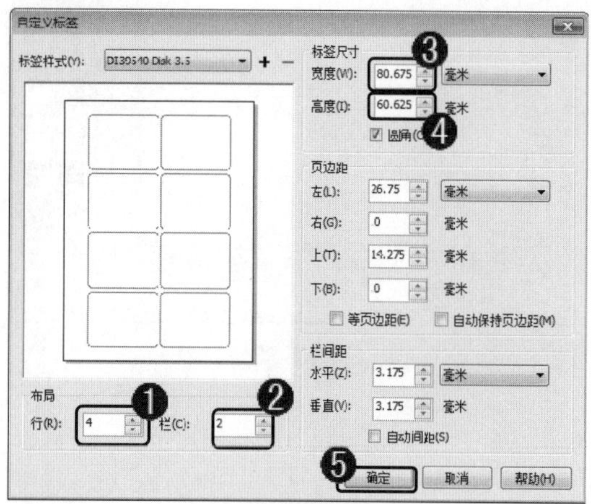

图 1-36

step 5 返回到【选项】对话框，单击【确定】按钮。通过以上方法即可完成设置页面标签的操作，如图 1-38 所示。

图 1-38

step 4 ① 弹出【保存设置】对话框，在【另存为】文本框中，设置标签的名称，② 单击【确定】按钮，如图 1-37 所示。

图 1-37

智慧锦囊

在 CorelDRAW X6 中，如果绘图包含多页，用户则不能使用标签样式，同时，为了达到最好的效果，在应用标签样式之前，请选择信纸纸张大小和纵向方向。

智慧锦囊

在 CorelDRAW X6 中，用户可以选择来自不同标签制造商超过 800 种预设的标签格式。用户可以预览标签的尺度并查看它们如何适合打印的页面。如果 CorelDRAW X6 未提供满足要求的标签样式，用户则可以修改现有的样式或者创建并保存您自己原创的样式。

1.3.3 设置页面背景

在 CorelDRAW X6 中，新建文件后，用户还可以设置页面的背景。下面介绍设置页面背景的操作方法。

step 1 ① 新建文件后，单击【布局】主菜单，② 在弹出的下拉菜单中，选择【页面背景】菜单项，如图 1-39 所示。

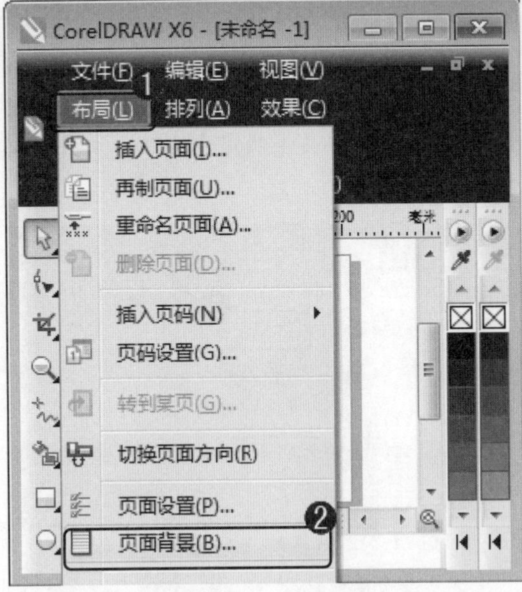

图 1-39

step 2 ① 弹出【选项】对话框，在树状图列表框中，选择【背景】选项，② 在【背景】选项组中，选中【纯色】单选按钮，③ 在颜色框中选择准备应用的颜色，④ 单击【确定】按钮，如图 1-40 所示。

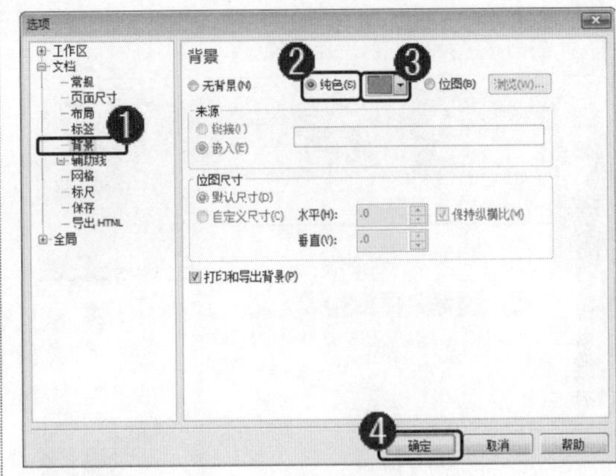

图 1-40

step 3 通过以上方法即可完成设置页面背景的操作，如图 1-41 所示。

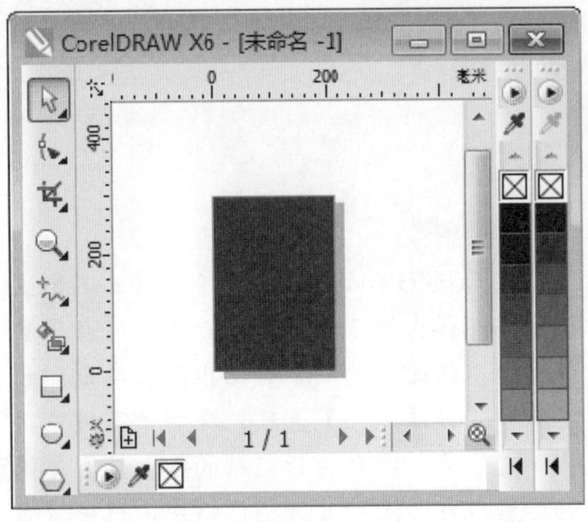

图 1-41

智慧锦囊

在 CorelDRAW X6 中，用户可以选择绘图背景的颜色和类型。例如，如果要使背景均匀，可以使用纯色。如果需要更复杂的背景或者动态背景，可以使用位图。底纹式设计、相片和剪贴画等都属于位图。

选择位图作为背景时，默认情况下位图被嵌入绘图中。建议使用此选项。但也可以将位图链接到绘图，这样在以后编辑源图像时，所做的修改会自动反映在绘图中。如果要将带有链接图像的绘图发送给别人，还必须发送链接图像。

1.3.4 插入、删除与重命名页面

在 CorelDRAW X6 中，新建页面后，用户可以根据编辑的需要，对新建的页面进行插入、删除与重命名页面等操作。下面详细介绍插入、删除与重命名页面方面的知识。

1. 插入页面

在 CorelDRAW X6 中，如果创建的页面不能完全满足用户绘制图像的需要，用户可以在文档中插入新的页面。下面介绍插入页面的操作方法。

step 1 ① 新建文件后，单击【布局】主菜单，② 在弹出的下拉菜单中，选择【插入页面】菜单项，如图 1-42 所示。

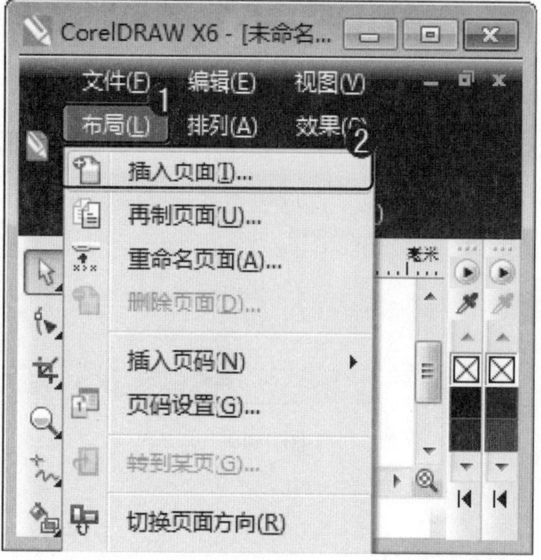

图 1-42

step 2 ① 弹出【插入页面】对话框，在【页码数】微调框中，输入插入的页码数值，② 单击【确定】按钮，如图 1-43 所示。

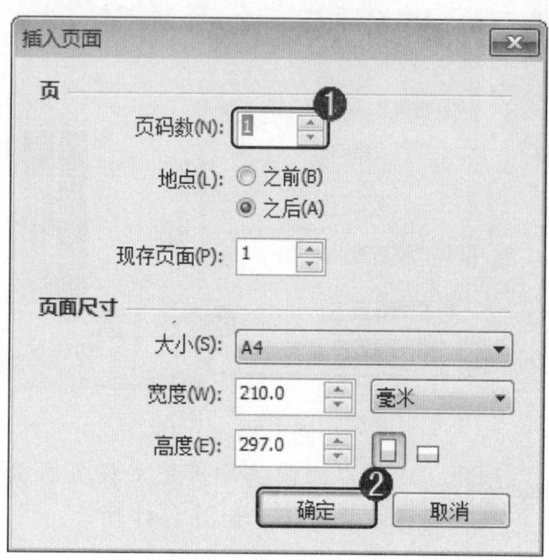

图 1-43

step 3 通过以上方法即可完成插入页面的操作，如图 1-44 所示。

图 1-44

智慧锦囊

在 CorelDRAW X6 中，单击【工具】主菜单，在弹出的下拉菜单中，选择【选项】菜单项。弹出【选项】对话框，在类别列表框中，选择【文档】选项。在右侧区域中，选中【将选项保存为新文档的默认值】复选框，然后在激活的复选框区域中，选中【页面选项】复选框，这样即可将当前页面布局保存为默认值。

2. 删除页面

在 CorelDRAW X6 中，在操作过程中，如果建立了多余的文档，用户可以将多余的页面删除。下面介绍删除页面的操作方法。

step 1 ① 新建文件后，单击【布局】主菜单，② 在弹出的下拉菜单中，选择【删除页面】菜单项，如图 1-45 所示。

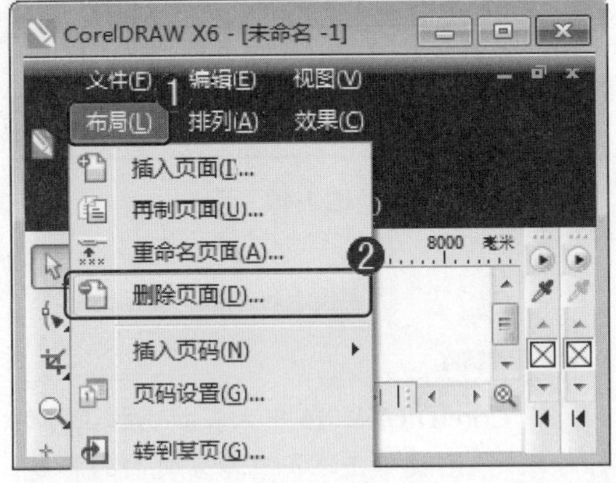

图 1-45

通过以上方法即可完成删除页面的操作，如图 1-47 所示。

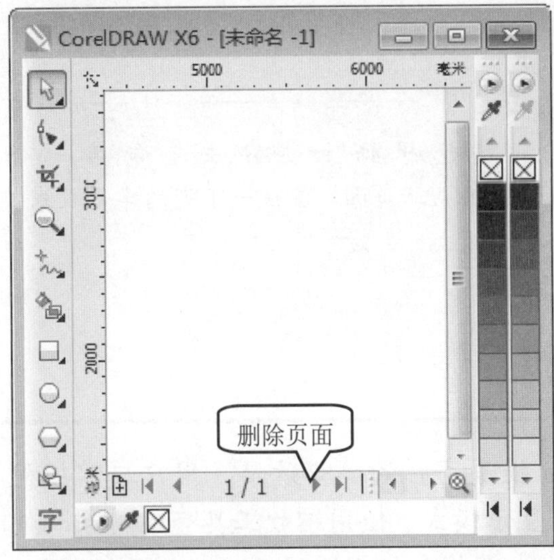

图 1-47

step 2 ① 弹出【删除页面】对话框，在【删除页面】微调框中，输入准备删除的页数，② 单击【确定】按钮，如图 1-46 所示。

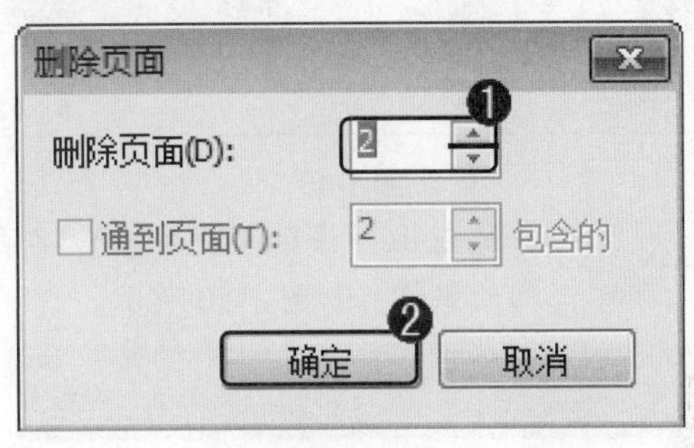

图 1-46

智慧锦囊

在 CorelDRAW X6 中，在状态栏上方的标题栏处，右键单击准备删除页面的标题，在弹出的快捷菜单中，选择【删除页面】菜单项，用户同样可以进行快速删除页面的操作。

考考您

请您根据上述方法删除一个 CorelDRAW 页面，测试一下您的学习效果。

3. 重命名页面

在 CorelDRAW X6 中，为方便用户对不同的页面进行管理，用户可以对页面进行重命名操作。下面介绍重命名页面的操作方法。

step 1 ① 创建多个页面后，选择准备重命名的页面，② 单击【布局】主菜单，③ 在弹出的下拉菜单中，选择【重命名页面】菜单项，如图 1-48 所示。

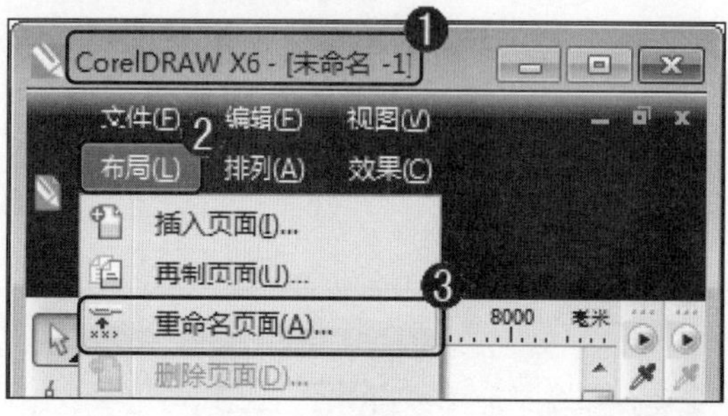

图 1-48

通过以上方法即可完成重命名页面的操作，如图 1-50 所示。

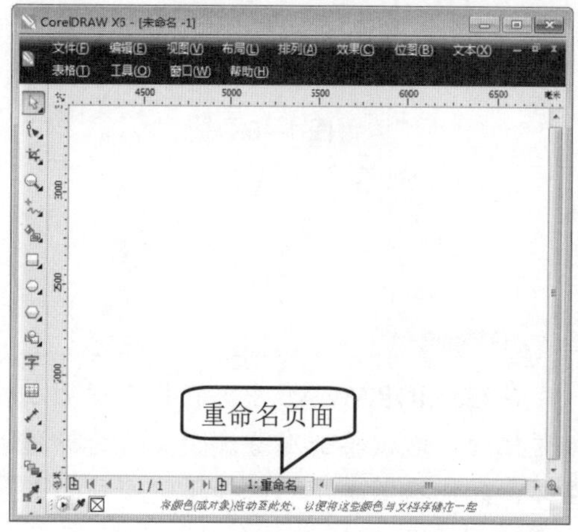

图 1-50

① 弹出【重命名页面】对话框，在【页名】文本框中，输入页名，② 单击【确定】按钮，如图 1-49 所示。

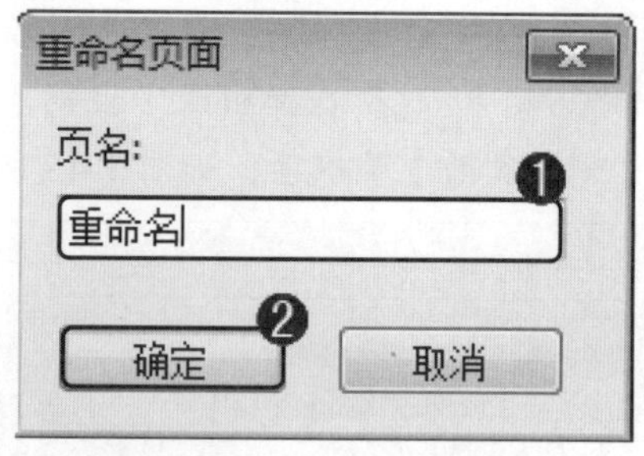

图 1-49

智慧锦囊

在 CorelDRAW X6 中，在状态栏上方的标题栏处，右键单击准备重命名页面的标题，在弹出的快捷菜单中，选择【重命名页面】菜单项，用户同样可以进行快速重命名页面的操作。

考考您

请您根据上述方法重命名一个 CorelDRAW 页面，测试一下您的学习效果。

1.4 视图显示控制

在图形绘制的过程中，为快速提高用户的编辑效率，用户应掌握视图显示控制的方法，包括设置视图显示模式、使用缩放工具查看对象和使用【视图管理器】显示对象等操作。本节将介绍视图显示控制方面的知识。

1.4.1 设置视图显示模式

在 CorelDRAW X6 中，在图形绘制的过程中，为满足用户编辑的要求，程序提供了多种图像显示模式，以方便用户编辑图像。下面介绍设置视图显示模式的方法。

step 1 ① 打开素材文件后，单击【视图】主菜单，② 在弹出的下拉菜单中，选择【线框】菜单项，如图 1-51 所示。

图 1-51

step 2 通过以上方法即可完成设置视图显示模式的操作，如图 1-52 所示。

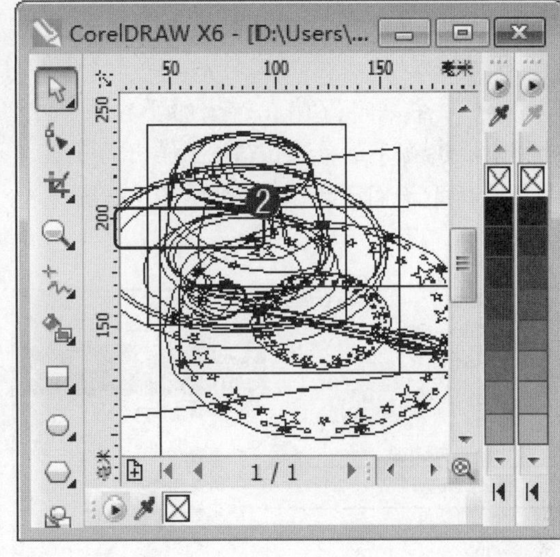

图 1-52

1.4.2 使用缩放工具查看对象

在 CorelDRAW X6 中，用户可以使用缩放工具，用于放大或缩小图像来查看图像的局域或整体。下面介绍使用缩放工具查看对象的操作方法。

step 1 ① 打开素材文件后，在工具箱中，单击【缩放工具】按钮，② 在绘图区中，单击鼠标左键，这样即可完成放大图像的操作，如图 1-53 所示。

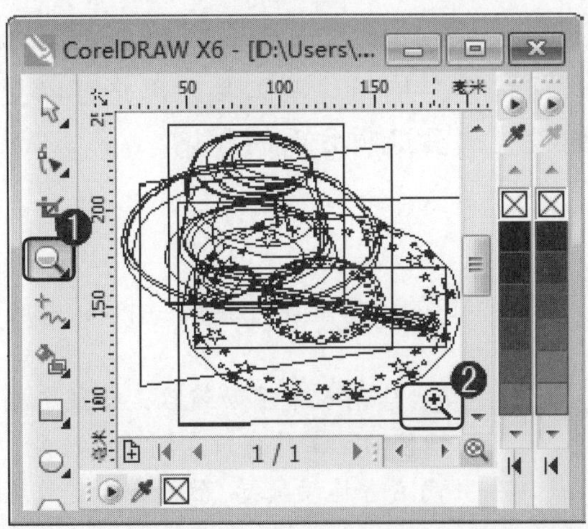

图 1-53

step 2 ① 打开素材文件后，在工具箱中，单击【缩放工具】按钮，② 在绘图区中，单击鼠标右键，这样即可完成缩小图像的操作，如图 1-54 所示。

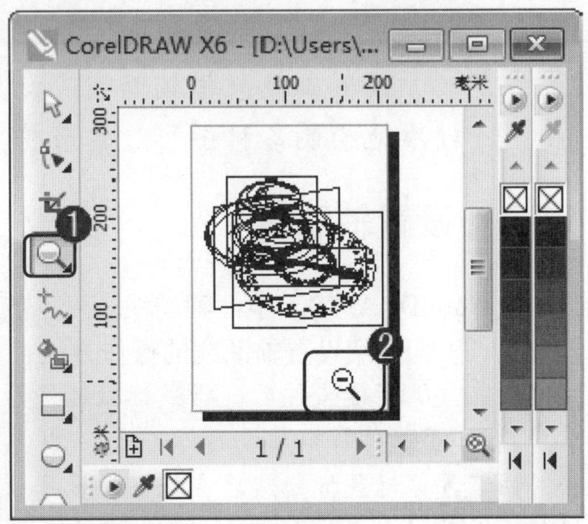

图 1-54

1.4.3 使用【视图管理器】显示对象

在 CorelDRAW X6 中，使用【视图管理器】，用户可以查看当前显示的图形对象。下面介绍使用【视图管理器】显示对象的操作方法。

step 1 ① 打开素材文件后，单击【窗口】主菜单，② 在弹出的下拉菜单中，选择【泊坞窗】菜单项，③ 在弹出的子菜单中，选择【视图管理器】菜单项，如图 1-55 所示。

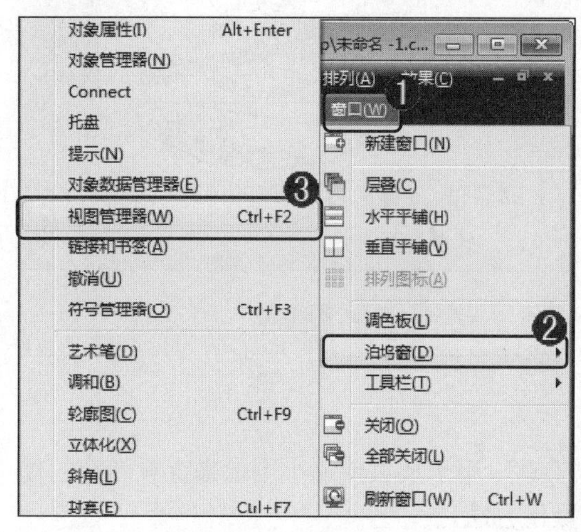

图 1-55

step 2 ① 弹出【视图管理器】，单击【添加当前视图】按钮➕，② 在【视图管理器】下方，添加当前的视图，这样，添加的视图即被保存到【视图管理器】中，用户需要显示这一视图时，直接在【视图管理器】泊坞窗中选择即可，如图 1-56 所示。

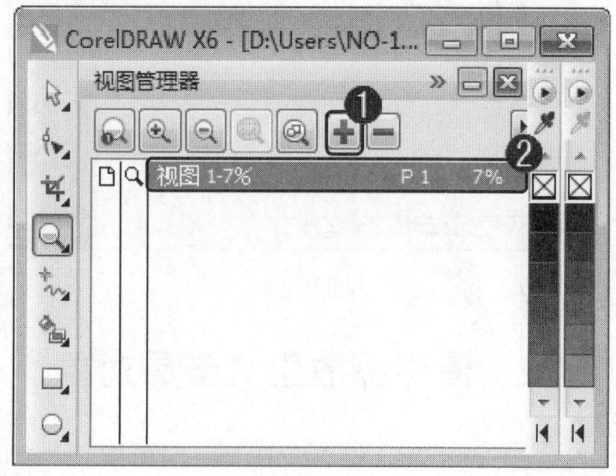

图 1-56

1.5 设置工具选项

设置工具包括辅助线、标尺和网格等，使用这些工具，用户可以更精准地绘制各种图形。本节将介绍设置工具选项方面的知识。

1.5.1 设置辅助线

在 CorelDRAW X6 中，辅助线是可以放置在绘图窗口的任意位置的线条，用来帮助放置对象。下面介绍设置辅助线的操作方法。

step 1 ① 新建文件后，将鼠标指针移动至工作窗口顶端的标尺处，② 单击并向下方拖动鼠标，然后在指定位置释放鼠标。通过以上方法即可绘制出一条水平辅助线，如图 1-57 所示。

step 2 ① 绘制水平辅助线后，将鼠标指针移动至工作窗口左侧的标尺处，② 单击并向右方拖动鼠标，然后在指定位置释放鼠标。通过以上方法即可绘制出一条垂直辅助线，如图 1-58 所示。

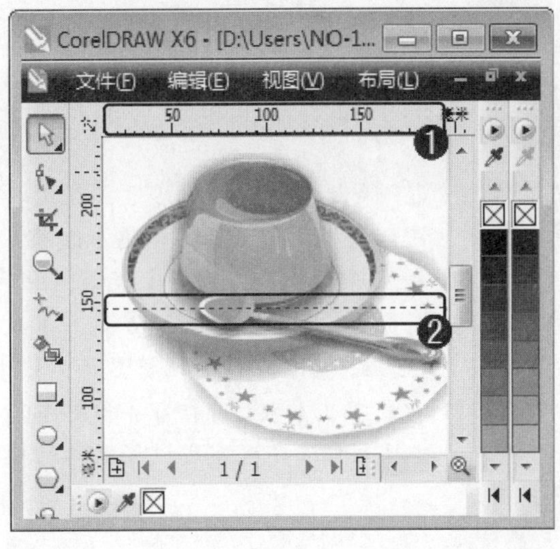

图 1-57

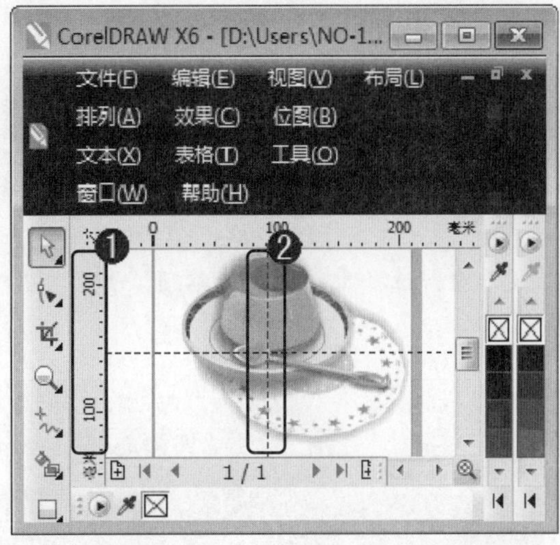

图 1-58

1.5.2 设置标尺

在 CorelDRAW X6 中，用户可以在绘图窗口中显示标尺，以帮助用户精确地绘制、缩放和对齐对象。下面介绍设置标尺的操作方法。

step 1 ① 新建文件后，在标尺任意位置处右键单击，② 在弹出的快捷菜单中，选择【标尺设置】菜单项，如图 1-59 所示。

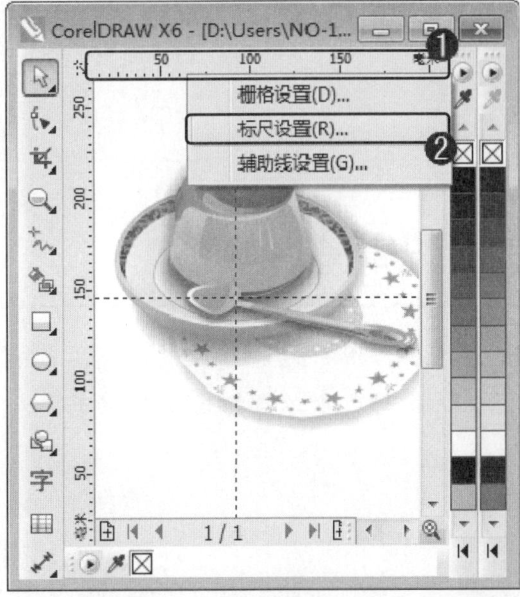

图 1-59

step 2 ① 弹出【选项】对话框，在树状图列表框中，选择【标尺】选项，② 在【微调】微调框中，输入标尺微调数值，③ 在【单位】选项组中，在【水平】下拉列表框中，设置标尺的计量单位，④ 单击【确定】按钮，如图 1-60 所示。通过以上方法即可完成设置标尺的操作。

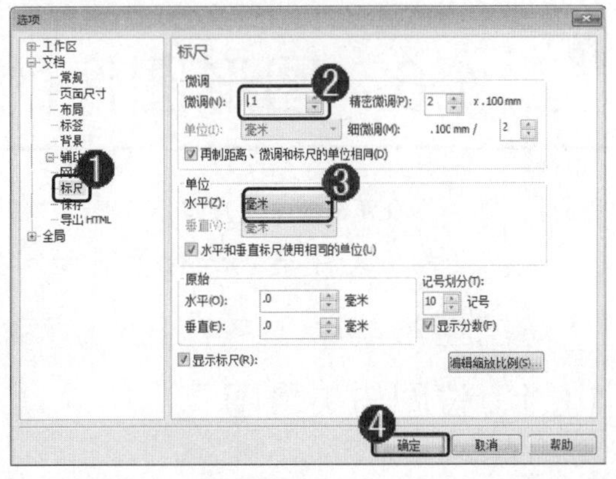

图 1-60

1.5.3 设置网格

在 CorelDRAW X6 中，用户可以根据绘图需要自定义网格的频率和间隔。下面介绍设置网格的操作方法。

step 1 ① 新建文件并显示网格后，单击【工具】主菜单，② 在弹出的下拉菜单中，选择【选项】菜单项，如图 1-61 所示。

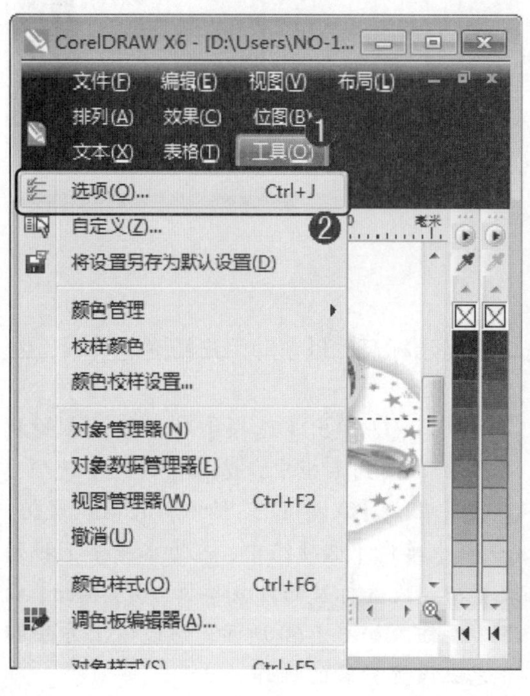

图 1-61

step 2 ① 弹出【选项】对话框，在树状图列表框中，选择【网格】选项，② 在【水平】微调框和【垂直】微调框中，输入网格水平和垂直微调数值，③ 选中【显示网格】复选框，④ 选中【将网格显示为线】单选按钮，⑤ 单击【确定】按钮，如图 1-62 所示。通过以上方法即可完成设置网格的操作。

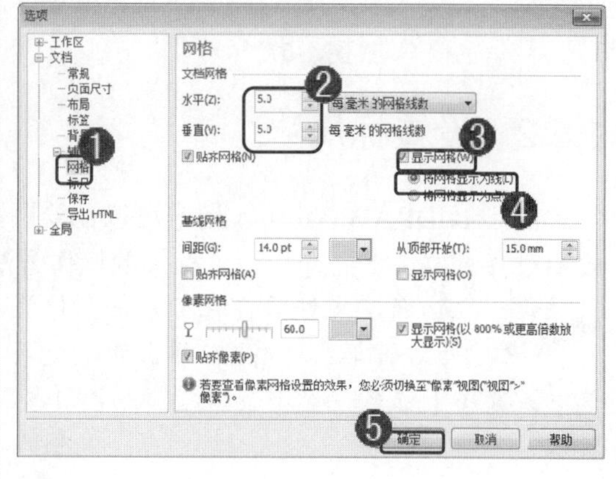

图 1-62

1.6 图形图像的基础知识

在 CorelDRAW X6 中，绘制图形之前，用户应对图像的种类、色彩模式及文件格式进行了解和掌握。本节将重点介绍图形图像方面的基础知识。

1.6.1 位图与矢量图

在 CorelDRAW X6 中，用户经常要使用到位图与矢量图，以便制作出符合主题的图形。下面介绍位图与矢量图方面的知识。

1. 位图

位图也称为点阵图，就是最小单位由像素构成的图，缩放会失真，如图 1-63 所示。构成位图的最小单位是像素，位图就是通过像素阵列的排列来实现其显示效果的，每个像素有自己的颜色信息，所以处理位图时，应着重考虑分辨率，分辨率越高，位图失真率越小。

位图失真前

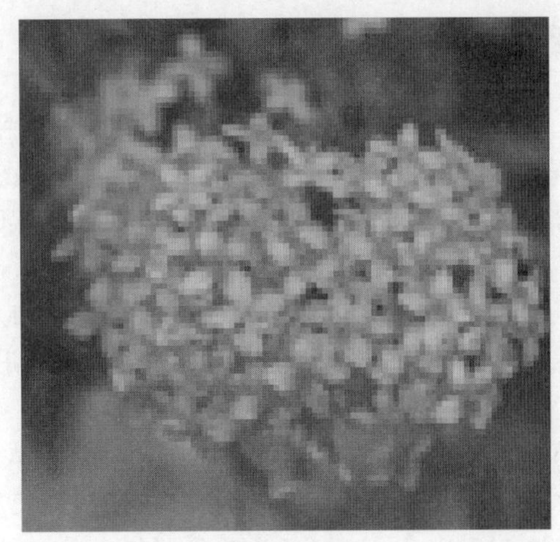

位图失真后

图 1-63

2. 矢量图

矢量图也叫作向量图，就是缩放不失真的图像格式。矢量图是通过多个对象的组合生成的，对其中的每一个对象的记录方式，都是以数学函数来实现的，无论显示画面是大还是小，画面上的对象对应的算法是不变的，所以，即使对画面进行倍数相当大的缩放，其显示效果仍不失真，如图 1-64 所示。

矢量图没放大前

矢量图放大后

图 1-64

知识精讲

位图图像与矢量图图像相比更容易模仿照片似的真实效果。位图图像的主要优点在于表现力强、细腻、层次多、细节多，可以容易地模拟出像照片一样的真实效果。由于是对图像中的像素进行编辑，所以在对图像进行拉伸、放大或缩小等处理时，其清晰度和光滑度会受到影响。位图图像可以通过数字相机、扫描或 PhotoCD 获得，也可以通过其他设计软件生成。

1.6.2 色彩模式

在 CorelDRAW X6 中，程序提供了多种色彩模式，包括灰度模式、RGB 色彩模式、CMYK 色彩模式、Lab 色彩模式、HSB 色彩模式及索引色模式等，每种色彩模式都有不同的色域，为帮助用户设计出完美的作品提供重要的保障。下面将重点介绍色彩模式方面的知识。

- 灰度模式：灰度模式图像中没有颜色信息，色彩饱和度为 0，属无彩色模式，图像由介于黑白之间的 256 级灰色所组成。
- RGB 色彩模式：RGB 色彩模式采用三基色模型，又称为加色模式，是目前工作中常用的基本色彩模式。三基色可生成 1670 多万种颜色。
- CMYK 色彩模式：CMYK 色彩模式采用印刷三原色模型，又称减色模式，是打印、印刷等油墨成像设备即印刷领域使用的专有模式。
- Lab 色彩模式：Lab 色彩模式是一种色彩范围最广的色彩模式，它是各种色彩模式之间相互转换的中间模式。
- HSB 色彩模式：HSB 色彩模式是一种更直观的三维色彩模式，它的调色方法更接近人的视觉原理，在调色过程中更容易找到需要的颜色。
- 索引色模式：索引色模式只支持 8 位色彩，是使用系统预先定义好的最多含有 256 种典型颜色的颜色表中的颜色来表现彩色图像的。

1.6.3 文件格式

在 CorelDRAW X6 中，程序提供了 20 多种文件格式供用户选择。下面介绍 CorelDRAW X6 常用文件格式方面的知识。

- CDR 格式：CDR 格式是 CorelDRAW X6 处理软件的专用文件格式，可以记录文件的属性、位置和分页等，其缺点是兼容性较差，所有 CorelDRAW X6 应用程序都可以使用，但其他图像编辑软件打不开此类文件。
- PSD 格式：PSD 格式是 Photoshop 图像处理软件的专用文件格式，它可以比其他格式更快速地打开和保存图像。
- JPEG 格式：JPEG 格式是一种压缩效率很高的存储格式，但当压缩品质过高时，会损失图像的部分细节，其被广泛应用到网页制作和 GIF 动画中。
- TIFF 格式：TIFF 格式支持 Alpha 通道的 RGB、CMYK、灰度模式以及无 Alpha 通道的索引、灰度模式、16 位和 24 位 RGB 文件，可设置透明背景，非常适合文件输出和印刷。
- AI 格式：AI 格式是一种矢量图片的格式，是 Illustrator 软件的专用格式，兼容性较高，不仅可以在 CorelDRAW X6 中打开，也可将 CDR 格式文件导出成 AI 格式

文件。

- GIF 格式：GIF 格式为 256 色 RGB 图像格式，其特点是文件尺寸较小，支持透明背景，适用于网页制作。
- BMP 格式：BMP 格式是一种与硬件设备无关的图像文件格式，被大多数软件所支持，主要用于保存位图文件，BMP 文件格式不支持 Alpha 通道。

1.7 范例应用与上机操作

通过本章的学习，用户已经初步掌握 CorelDRAW X6 工作环境方面的基础知识，下面介绍几个实践案例，巩固一下用户学习到的知识要点。

1.7.1 设置预览显示方式

通过本章的学习，用户已经掌握设置页面布局方面的知识与技巧，下面以“咖啡香浓”素材为例，介绍设置预览显示方式的操作方法。

素材文件 配套素材\第 1 章\素材文件\咖啡香浓.cdr
效果文件 无

step 1 ① 打开素材文件后，单击【视图】主菜单，② 在弹出的下拉菜单中，选择【全屏预览】菜单项，如图 1-65 所示。

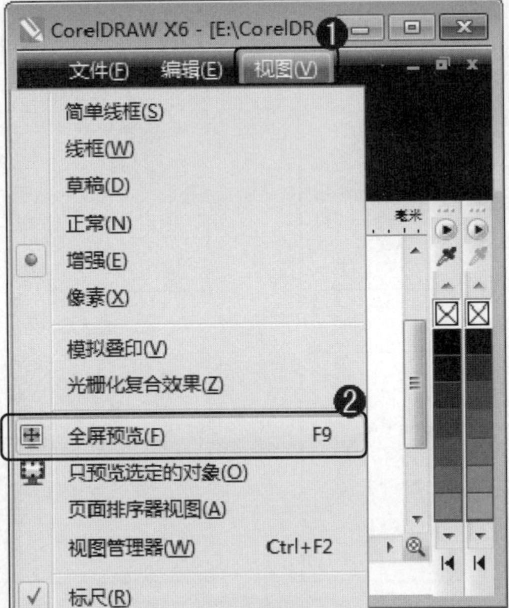

图 1-65

step 2 通过以上方法即可完成全屏预览图形的操作，如图 1-66 所示。

图 1-66

step 3 ① 选择准备单独显示的图形对象后，单击【视图】主菜单，② 在弹出的下拉菜单中，选择【只预览选定的对象】菜单项，如图 1-67 所示。

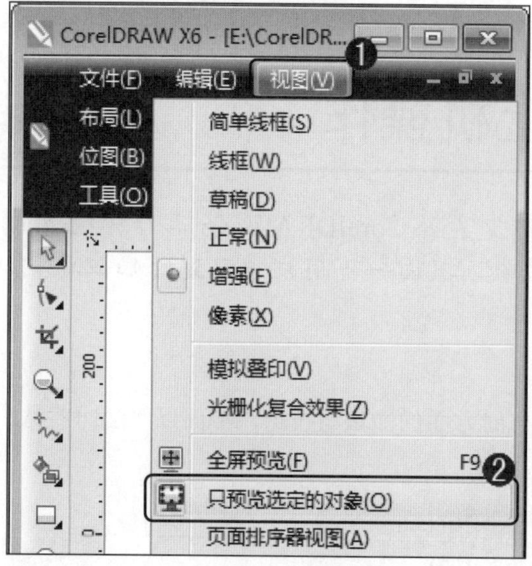

图 1-67

step 4 通过以上方法即可完成只预览选定对象的操作，如图 1-68 所示。

图 1-68

step 5 ① 选择准备单独显示的图形对象后，单击【视图】主菜单，② 在弹出的下拉菜单中，选择【页面排序器视图】菜单项，如图 1-69 所示。

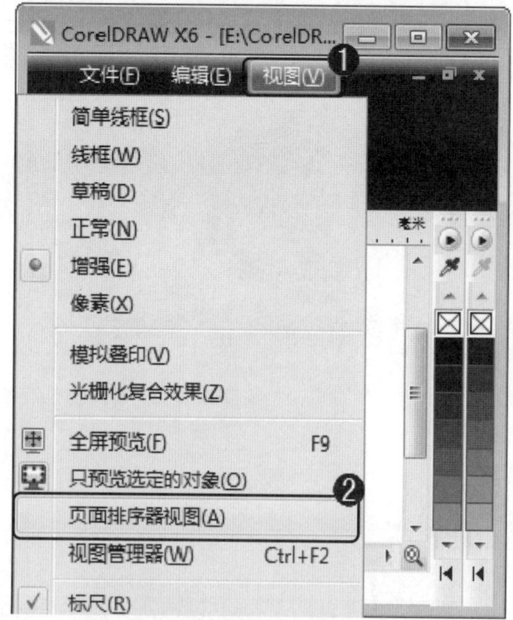

图 1-69

step 6 通过以上方法即可完成显示多个页面的操作，如图 1-70 所示。

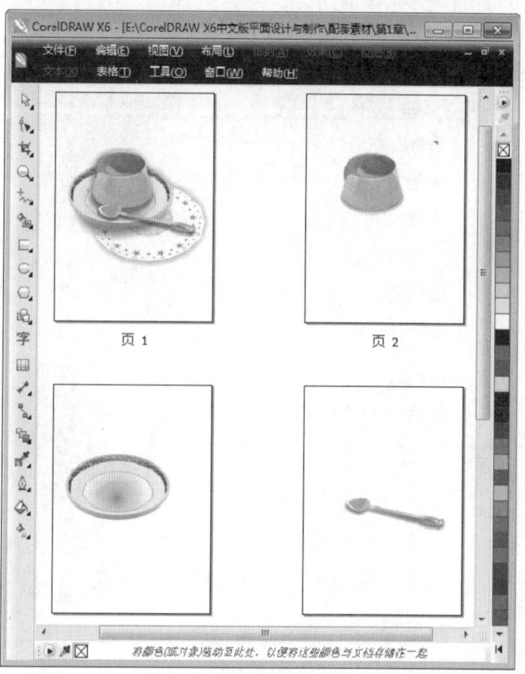

图 1-70

1.7.2 定位页面

通过本章的学习，用户已经掌握了设置页面布局方面的知识与技巧，下面以“咖啡香浓”素材为例，介绍定位页面的操作方法。

素材文件 配套素材\第 1 章\素材文件\咖啡香浓.cdr

效果文件 无

step 1 ① 打开创建有多个页面的素材文件后，单击【布局】主菜单，② 在弹出的下拉菜单中，选择【转到某页】菜单项，如图 1-71 所示。

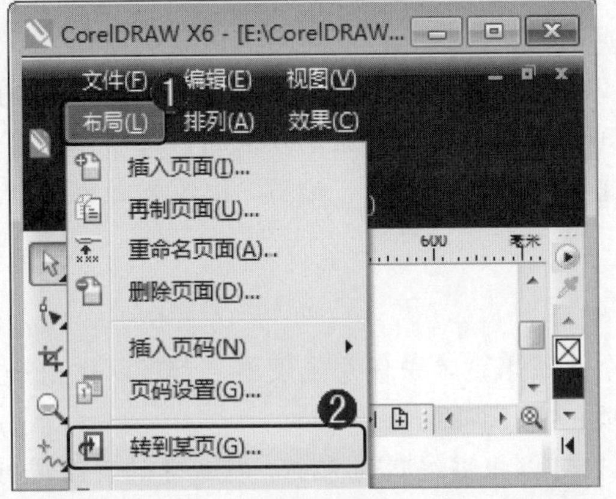

图 1-71

step 2 ① 弹出【转到某页】对话框，在【转到某页】微调框中，输入要定位的页数，② 单击【确定】按钮，如图 1-72 所示。

图 1-72

step 3 通过以上方法即可完成定位页面的操作，如图 1-73 所示。

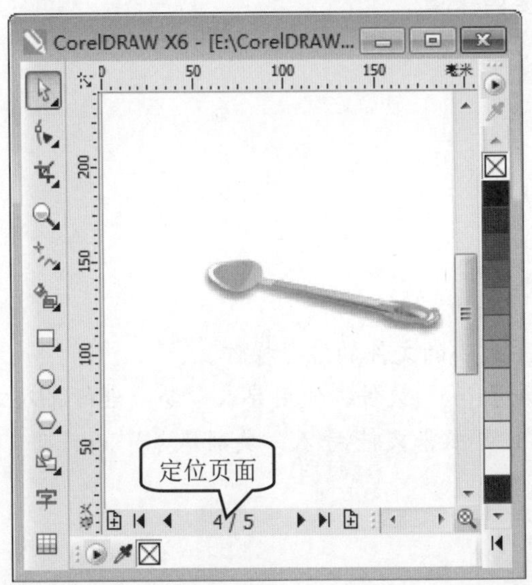

图 1-73

智慧锦囊

在 CorelDRAW X6 中，有两种方法可以指定页面大小：一种是选择预设页面大小并创建用户个人的页面；另一种是从众多预设页面大小中进行选择，范围从法律公文纸与封套到海报与网页。如果预设页面大小不符合用户的要求，可以通过指定绘图尺寸来创建自定义的页面大小。

考考您

请您根据上述方法定位 CorelDRAW 文档某一页面，测试一下您的学习效果。

1.8 课后练习

1.8.1 思考与练习

一、填空题

1. 在 CorelDRAW X6 中，创建文档后，用户可以根据需要设置________的数值，使用户按照更合适的尺寸________，同时可以设置页面的________，以便更好地绘制图形。

2. 位图也称为________，就是最小单位由像素构成的图，缩放会________。构成位图的最小单位是________，位图就是通过像素阵列的排列来实现其显示效果的，每个像素有自己的颜色信息，所以处理位图时，应着重考虑分辨率，________越高，位图失真率越小。

二、判断题

1. 在 CorelDRAW X6 中，菜单栏包含 12 个主菜单，单击任意主菜单，都可以弹出一个下拉菜单，每个下拉菜单中都包含多个菜单项。 ( )

2. 在 CorelDRAW X6 中，新建页面后，用户可以根据编辑的需要，对新建的页面进行插入、删除与重命名页面等操作。 ( )

3. 在 CorelDRAW X6 中，程序提供了多种色彩模式，包括灰度模式、RGB 色彩模式、CMYK 色彩模式、Lab 色彩模式、HSB 色彩模式及索引色模式等，每种色彩模式都有不同的色域，为帮助用户设计出完美的作品提供重要的保障。 ( )

三、思考题

1. 如何使用【视图管理器】显示对象？
2. 如何设置辅助线？

1.8.2 上机操作

1. 启动 CorelDRAW X6 软件，进行新建 A1 大小的文件的练习操作。

2. 打开“配套素材\第 1 章\素材文件\美丽风景.jpg”文件，使用导入命令，进行导入文件方面的操作。效果文件可参考“配套素材\第 1 章\效果文件\导入‘美丽风景’.cdr”。

第2章

对象的操作与管理

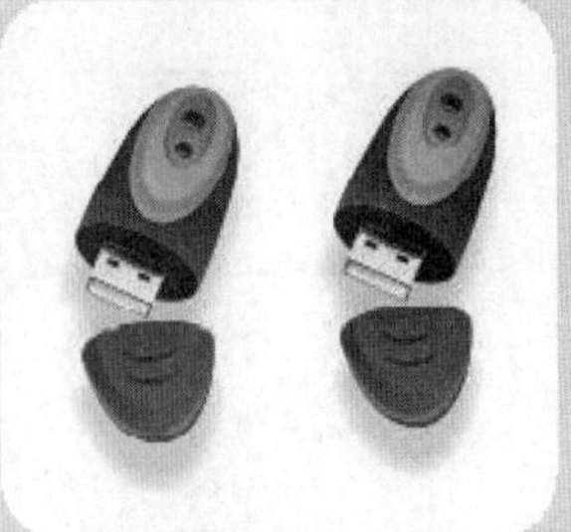

本章主要介绍了选择对象、复制对象、变换对象和控制对象方面的知识与技巧，同时还讲解了对齐与分布对象方面的技巧。通过本章的学习，读者可以掌握对象的操作与管理方面的知识，为深入学习CorelDRAW X6 知识奠定基础。

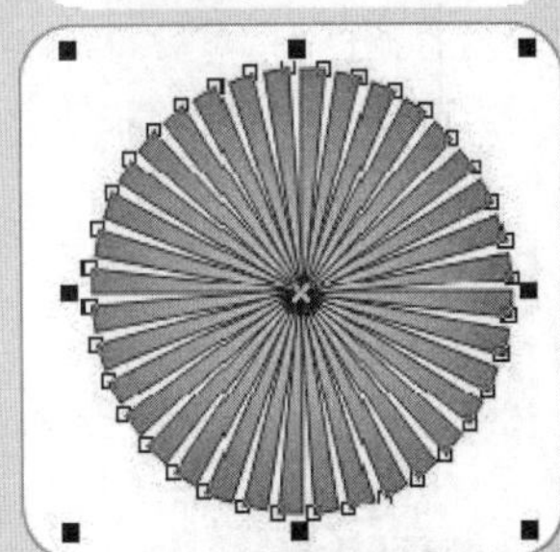

1. 选择对象
2. 复制对象
3. 变换对象
4. 控制对象
5. 对齐与分布对象

2.1 选择对象

在 CorelDRAW X6 中，编辑图像之前，用户首先需要选择该图像，所以，选择图像是 CorelDRAW 常用的操作。本节将以“财神到”素材为例，重点介绍选择对象方面的知识。

2.1.1 选择单一对象

在 CorelDRAW X6 中，用户可以根据需要，进行选择单一对象的操作，方便用户对选择的对象进行移动、复制等操作。下面介绍选择单一对象的操作方法。

① 打开素材文件后，在工具箱中，单击【选择工具】按钮，② 在绘图区中，选择要选取的图形对象，如图 2-1 所示。

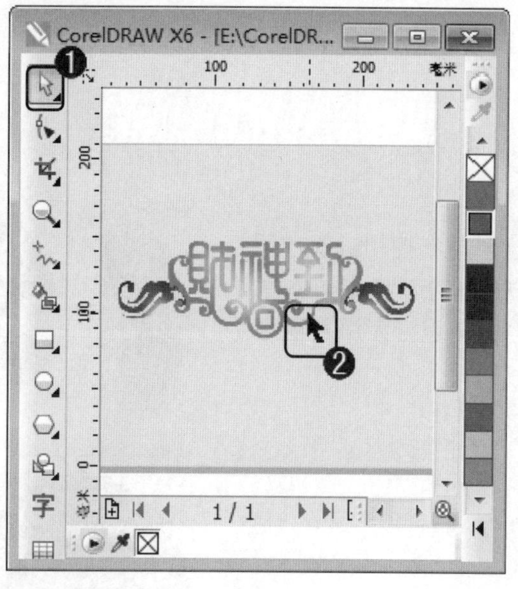

图 2-1

step 2 此时，选择的对象四周出现控制点，表明对象已经被选中，如图 2-2 所示。通过以上方法即可完成选择单一对象的操作。

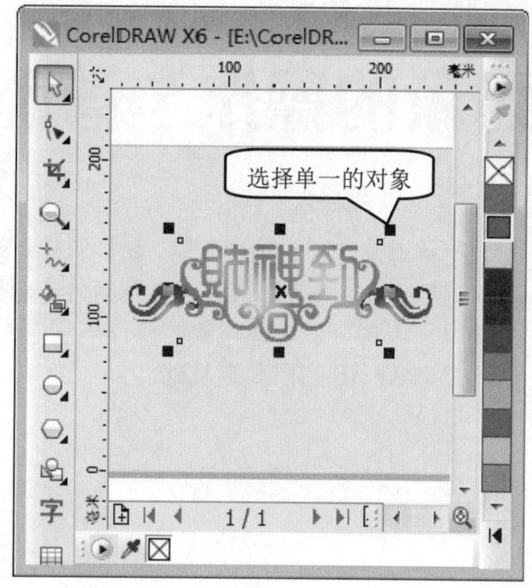

图 2-2

知识精讲

如果选择的对象是组合状态的图形，用户可以在键盘上按住 Ctrl 键的同时再选择组合图形中的某一图形元素，这样即可完成选择组合图形中某一图形元素的操作。

2.1.2 选择多个对象

在 CorelDRAW X6 中，为方便用户操作，用户可以同时选择多个对象进行编辑操作。下面介绍选择多个对象的操作方法。

step 1 ① 打开素材文件后，在工具箱中，单击【选择工具】按钮，② 在绘图区中，按住 Shift 键的同时，选择要选取的多个对象，如图 2-3 所示。

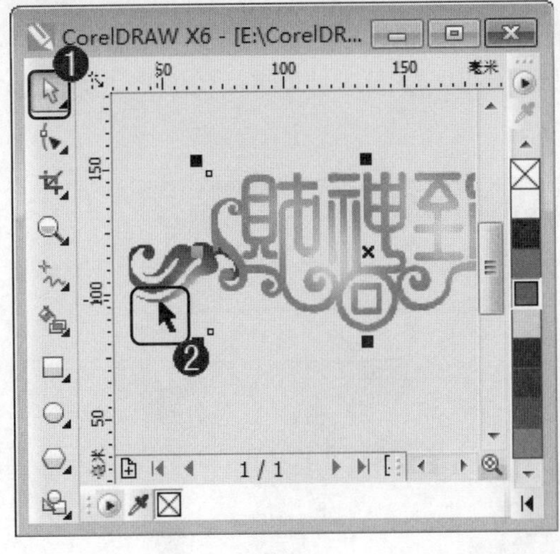

图 2-3

step 2 此时，选择的多个对象四周都出现控制点，表明多个对象都已经被选中，如图 2-4 所示。通过以上方法即可完成选择多个对象的操作。

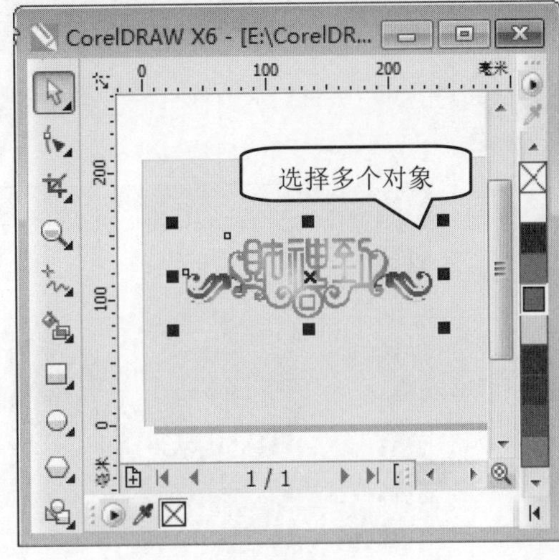

图 2-4

2.1.3 按一定顺序选择对象

在 CorelDRAW X6 中，用户可以根据绘制图形的先后顺序，从工作区中依次选取图形对象。下面介绍按一定顺序选择对象的操作方法。

step 1 ① 打开素材文件后，在工具箱中，单击【选择工具】按钮，② 在绘图区中，按下 Tab 键，这样可以选择最后绘制的图形，如图 2-5 所示。

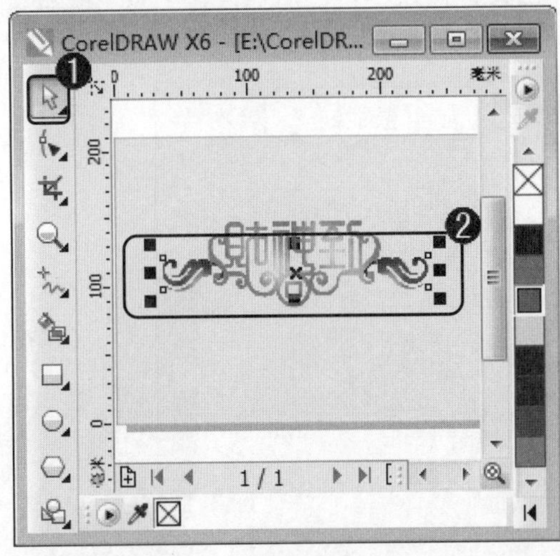

图 2-5

step 2 在绘图区中，继续按 Tab 键，系统会按照用户绘制图形的先后顺序从后到前逐步选取对象，如图 2-6 所示。

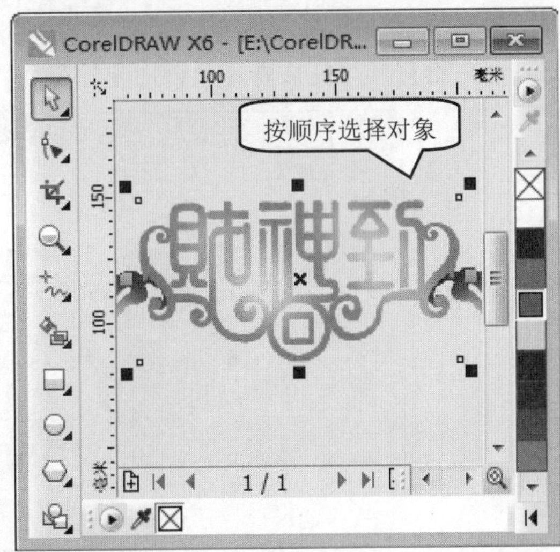

图 2-6

2.1.4 选择重叠对象

在 CorelDRAW X6 中，使用选择工具，用户可以选择覆盖在上层图形对象下面的图形。下面介绍选择重叠对象的操作方法。

打开素材文件后，在工具箱中，单击【选择工具】按钮，在绘图区中，按住 Alt 键的同时，在图形重叠处单击鼠标，这样即可选取被覆盖在上层图形对象下面的图形，如图 2-7 所示。

图 2-7

2.1.5 选择全部对象

在 CorelDRAW X6 中，用户可以将绘图窗口中的所有图形对象、文本、辅助线和相应对象上的所有节点全部选择。下面介绍选择全部对象的操作方法。

打开素材文件后，在工具箱中，单击【选择工具】按钮，然后在键盘上按下组合键 Ctrl+A，这样即可完成选择全部对象的操作，如图 2-8 所示。

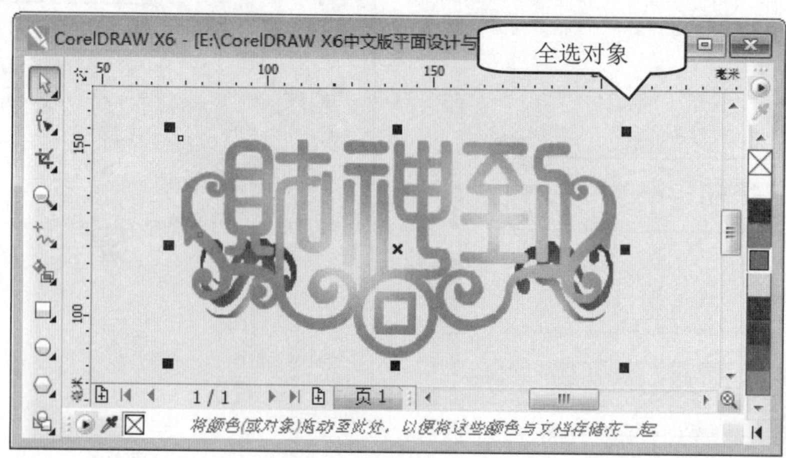

图 2-8

在 CorelDRAW X6 中，使用选择工具，用户可以通过框选的方式，对所有需要的图形对象进行选取；双击工具箱中的【选择工具】按钮，用户则可以快速地选取工作区中的所有对象。

2.2 复制对象

在 CorelDRAW X6 中，用户经常需要复制已经创建的图形，方便用户进行编辑。本节将以“U 盘”素材为例，重点介绍复制对象方面的操作知识。

2.2.1 对象的基本复制与粘贴方法

在 CorelDRAW X6 中，选择图形对象后，将图形对象进行复制(见图 2-9)的方法多种多样。下面详细介绍对象基本复制与粘贴的几种方法。

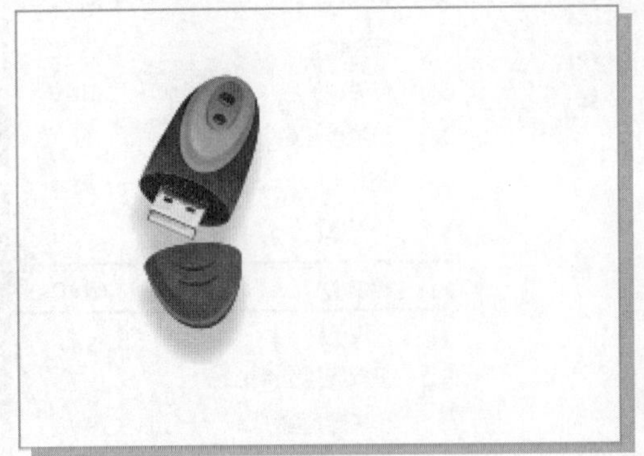

复制对象前

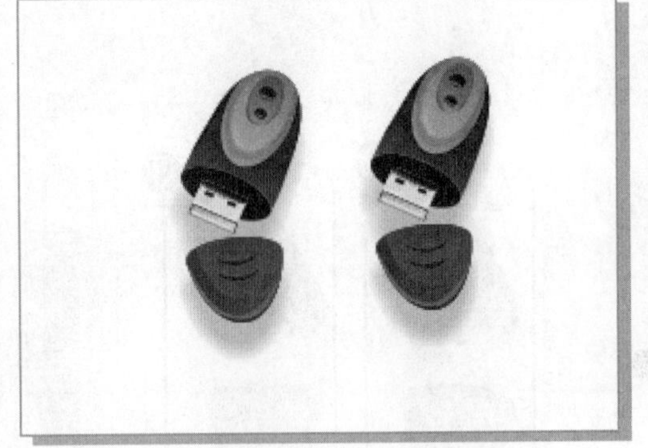

复制对象后

图 2-9

- 菜单命令复制对象：单击【编辑】主菜单，在弹出的下拉菜单中，选择【复制】菜单项，复制对象后，再单击【编辑】主菜单，在弹出的下拉菜单中，选择【粘贴】菜单项，这样即可粘贴对象。
- 快捷菜单复制对象：右键单击准备复制的对象，在弹出的快捷菜单中，选择【复制】菜单项，这样即可复制对象，右键单击已经复制的对象，在弹出的快捷菜单中，选择【粘贴】菜单项，这样即可粘贴对象。
- 快捷键复制对象：选择准备复制的对象，在键盘上按下组合键 Ctrl+C 可快速复制对象到剪贴板中，在键盘上按下组合键 Ctrl+V 可快速将复制的对象粘贴至文件中。
- 工具栏复制图像：在标准工具栏中，单击【复制】按钮，可复制选择的对象，单击【粘贴】按钮，可粘贴复制的对象。
- 小键盘复制图像：选择对象后，在小键盘区按下“+”键，可快速复制选择的对象。

- 使用选择工具复制对象：使用选择工具选择对象后，使用鼠标左键拖动对象至目标位置，释放鼠标左键之前单击鼠标右键，这样即可在目标位置处复制选择的对象。

2.2.2 对象的再制

在 CorelDRAW X6 中，对象的再制是指将选择的对象按一定方式快速复制为多个对象的操作。下面介绍对象再制的操作方法。

step 1 ① 打开素材文件后，在工具箱中，单击【选择工具】按钮，② 选择准备再制的对象，③ 使用鼠标左键拖动对象至指定的位置，释放鼠标左键之前单击右键，这样可在当前位置快速复制一个副本对象，如图 2-10 所示。

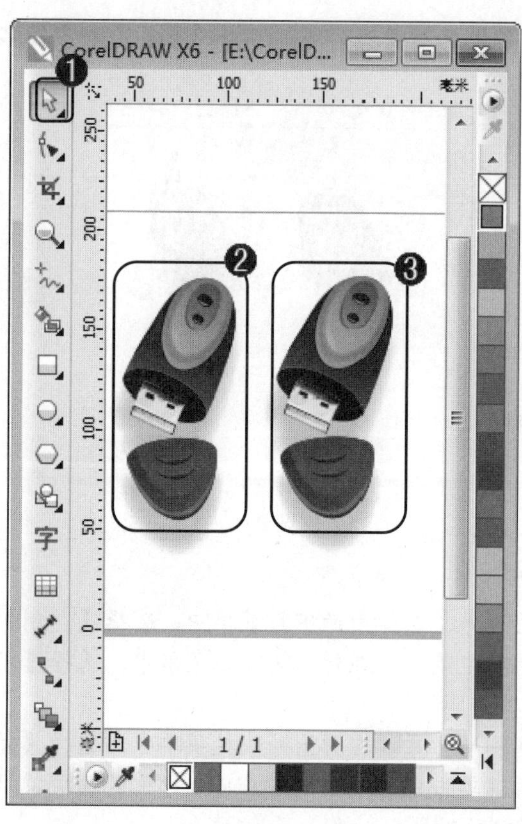

图 2-10

step 2 ① 复制对象后，单击【编辑】主菜单，② 在弹出的下拉菜单中，选择【再制】菜单项，如图 2-11 所示。

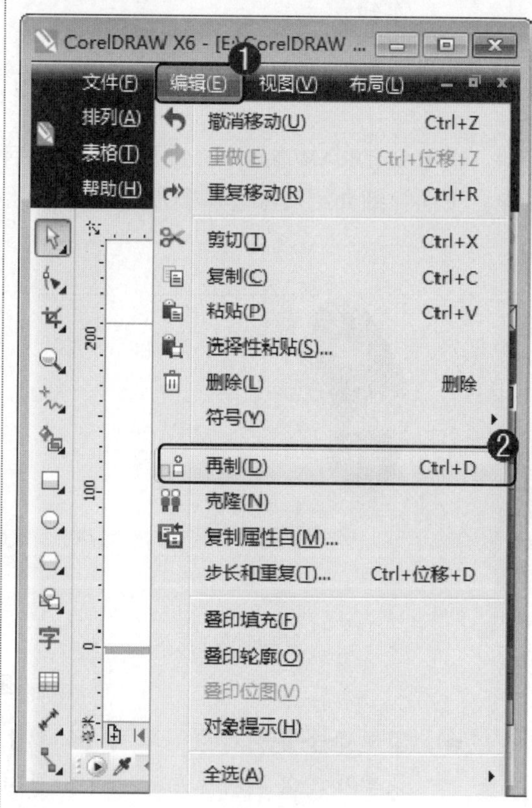

图 2-11

step 3 此时，在当前位置等同的间距和角度的位置处，程序会自动再制一个图形对象，如图 2-12 所示。通过以上方法即可完成对象的再制操作。

请您根据上述方法创建一个图形并再制这个图形，测试一下您的学习效果。

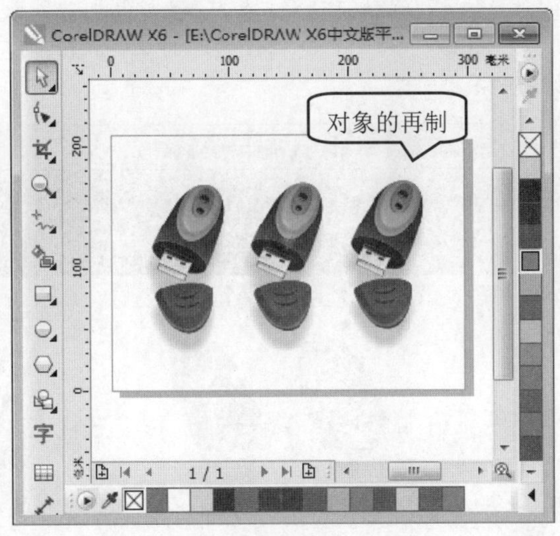

图 2-12

智慧锦囊

在 CorelDRAW X6 中，选择准备再制的图形对象，然后在键盘上按下 Ctrl+D 组合键，用户同样可以进行再制图形对象的操作。

2.2.3 复制对象属性

在 CorelDRAW X6 中，使用“复制属性”功能，用户可快速方便地将指定对象中的轮廓笔、轮廓色、填充和文本属性通过复制的方法应用到所选的对象中。下面介绍复制对象属性的操作方法。

step 1 ① 打开素材文件后，在工具箱中，单击【选择工具】按钮，② 选择准备复制对象属性的对象，如图 2-13 所示。

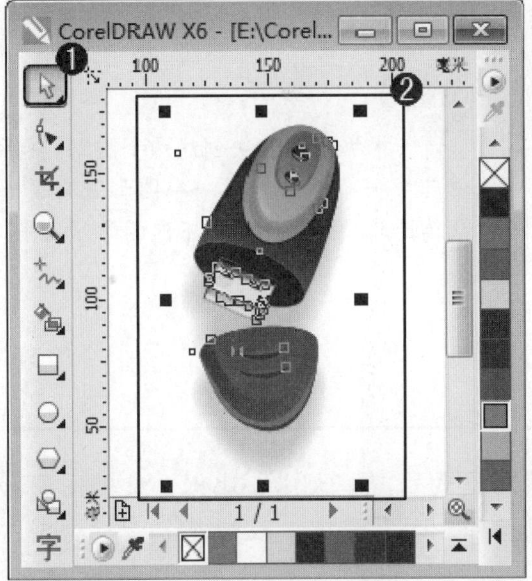

图 2-13

step 2 ① 选择对象后，单击【编辑】主菜单，② 在弹出的下拉菜单中，选择【复制属性自】菜单项，如图 2-14 所示。

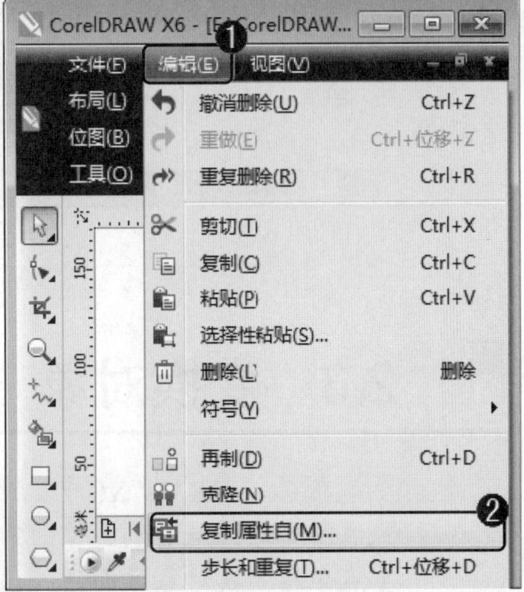

图 2-14

step 3 ① 弹出【复制属性】对话框，选中【轮廓笔】复选框，② 选中【轮廓色】复选框，③ 选中【填充】复选框，④ 单击【确定】按钮，如图 2-15 所示。

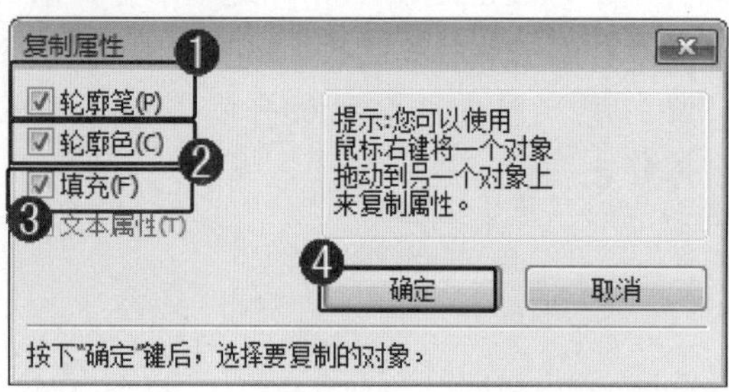

图 2-15

step 4 当鼠标指针变为➡形状时，单击用于复制属性的源对象，如图 2-16 所示。

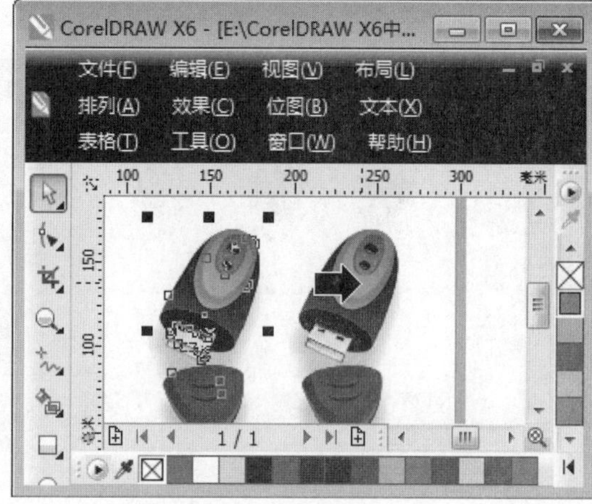

图 2-16

通过以上方法即可完成复制对象属性的操作，如图 2-17 所示。

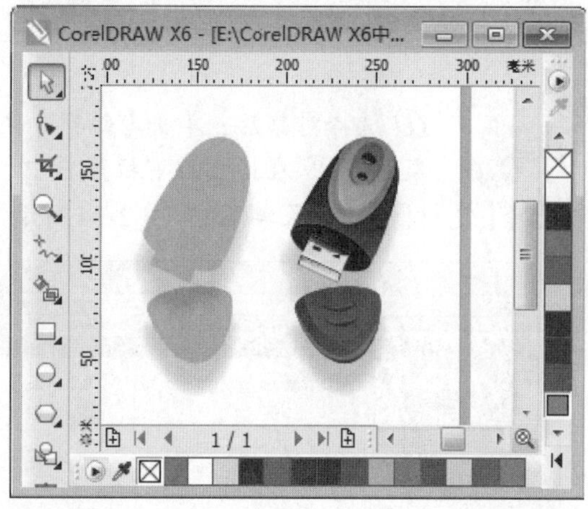

图 2-17

智慧锦囊

在 CorelDRAW X6 中，用户也可以通过右键单击【对象样式】泊坞窗中的样式或样式集，在弹出的快捷菜单中，选择【复制属性自】菜单项，然后单击文档窗口中的对象，来复制对象的属性。

请您根据上述方法创建两个图形，然后选中其中一个图形对另一个图形进行复制对象属性的操作，测试一下您的学习效果。

2.3 变换对象

在 CorelDRAW X6 中，变换对象的位置、大小、比例，旋转图形和镜像图形等，是绘制图像的常用操作。本节将以“玫瑰花”素材为例，重点介绍变换对象方面的知识。

2.3.1 移动对象

在 CorelDRAW X6 中，用户可以精确移动对象的位置，方便用户操作。下面介绍移动对象的操作方法。

step 1 ① 打开素材文件后，在工具箱中，单击【选择工具】按钮，② 选择准备移动的图形对象，如图 2-18 所示。

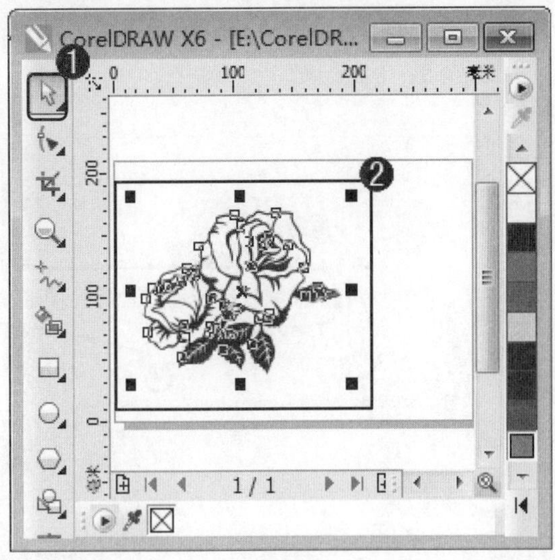

图 2-18

step 2 ① 单击【排列】主菜单，② 在弹出的下拉菜单中，选择【变换】菜单项，③ 在弹出的子菜单中，选择【位置】菜单项，如图 2-19 所示。

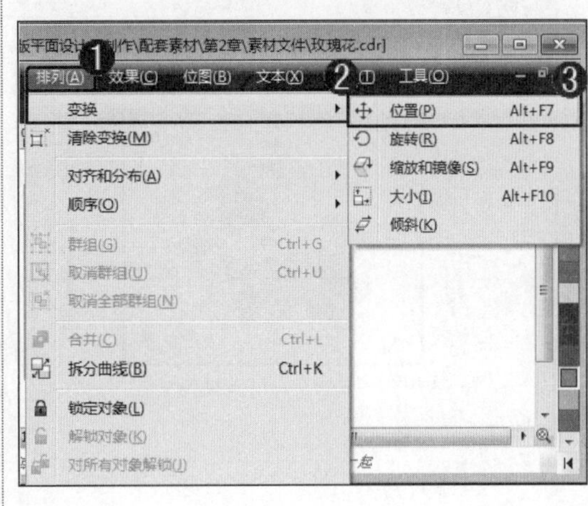

图 2-19

step 3 ① 开启【变换】泊坞窗，在【位置】选项组中，在 x 微调框中，输入对象移动后的水平位置参数，② 在 y 微调框中，输入对象移动后的垂直位置参数，③ 单击【应用】按钮，如图 2-20 所示。

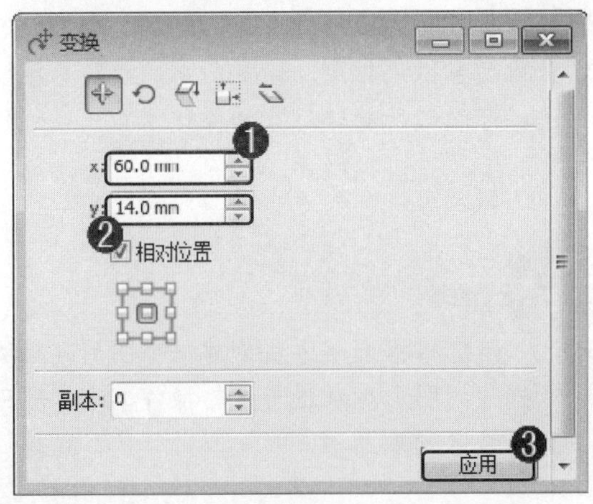

图 2-20

step 4 通过以上方法即可完成移动对象的操作，如图 2-21 所示。

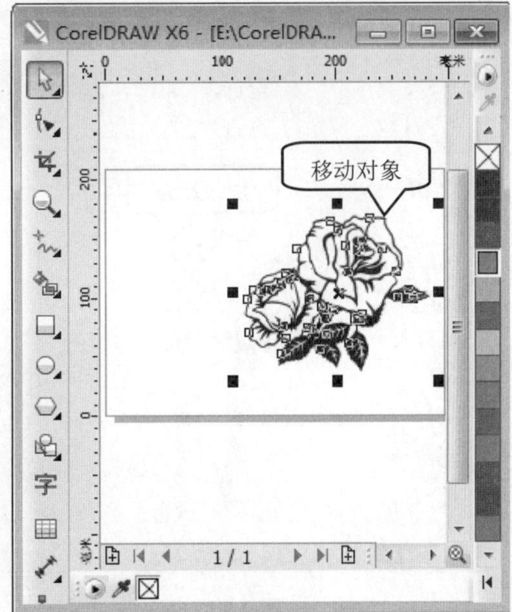

图 2-21

2.3.2 旋转对象

在 CorelDRAW X6 中，用户可以按照一定的角度旋转对象，以便将对象放置到合适的位置。下面介绍旋转对象的操作方法。

step 1 ① 打开素材文件后，在工具箱中，单击【选择工具】按钮，② 双击选择准备旋转的图形对象，如图 2-22 所示。

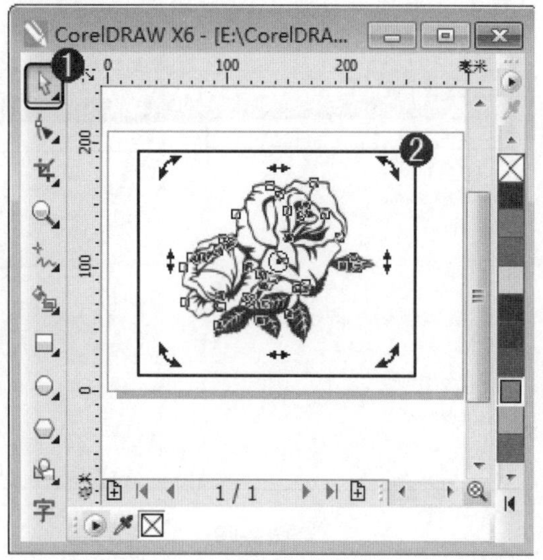

图 2-22

step 2 当鼠标指针变为形状时，拖动鼠标沿顺时针或逆时针旋转对象，如图 2-23 所示。

图 2-23

step 3 旋转对象后，在键盘上按下 Esc 键。通过以上方法即可完成旋转对象的操作，如图 2-24 所示。

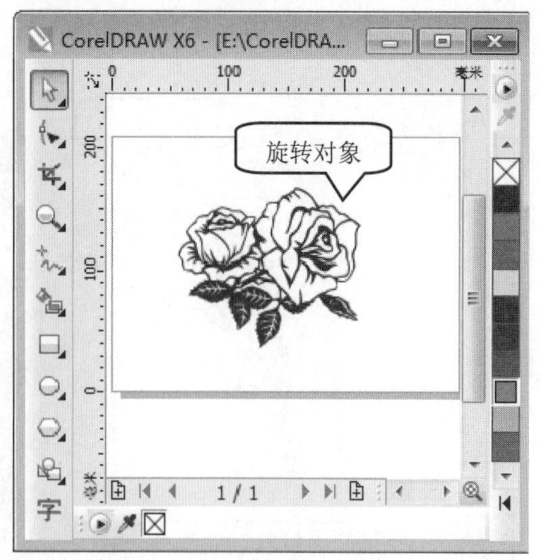

图 2-24

智慧锦囊

在 CorelDRAW X6 中，使用选择工具选择准备旋转的图形对象，在属性栏中，在【旋转角度】微调框中，输入所需的旋转角度，同样可以进行旋转对象的操作。

考考您

请您根据上述方法创建一个图形，然后对创建的图形对象进行旋转操作，测试一下您的学习效果。

2.3.3　缩放和镜像对象

在 CorelDRAW X6 中，用户可以调整对象的缩放比例并使对象在水平或垂直方向上镜像。下面介绍缩放和镜像对象的操作方法。

step 1　① 选择对象后，开启【变换】泊坞窗，单击【缩放和镜像对象】按钮，② 在 x 微调框中，输入对象水平缩放的数值，③ 在 y 微调框中，输入对象垂直缩放的数值，④ 单击【水平镜像】按钮，⑤ 单击【应用】按钮，如图 2-25 所示。

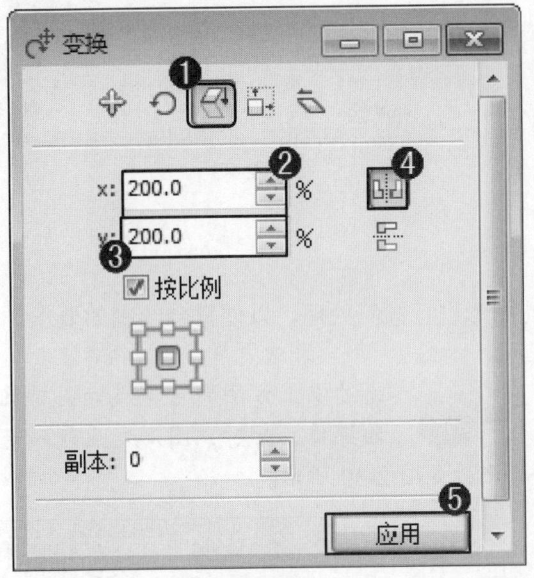

图 2-25

通过以上方法即可完成缩放和镜像对象的操作，如图 2-26 所示。

图 2-26

知识精讲

在 CorelDRAW X6 中，使用选择工具在对象上单击，将光标移动到对象左边或右边居中的控制点上，按住鼠标左键对相应的另一边拖动鼠标，当拖出对象范围后释放鼠标，这样可以使对象按不同的宽度比例进行水平镜像。

2.3.4　改变对象的大小

在 CorelDRAW X6 中，用户可以自定义改变对象的大小，以便制作出合适的图形对象。下面介绍改变对象大小方面的知识。

step 1　① 选择对象后，开启【变换】泊坞窗，单击【大小】按钮，② 在 x 微调框中，输入对象宽度的数值，③ 单击【应用】按钮，如图 2-27 所示。

通过以上方法即可完成改变对象大小的操作，此时，图形大小发生改变，如图 2-28 所示。

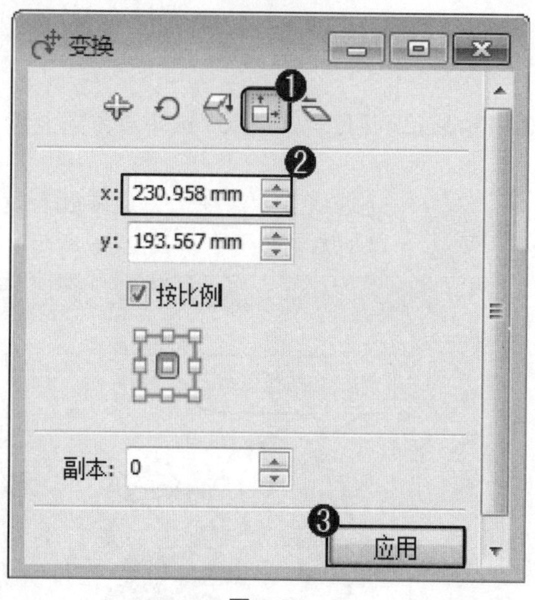

图 2-27

图 2-28

2.3.5 倾斜对象

在 CorelDRAW X6 中，用户可以对选定的图形进行倾斜处理，以便符合绘制的要求。下面介绍倾斜对象的操作方法。

step 1 ① 选择对象后，开启【变换】泊坞窗，单击【倾斜】按钮，② 在 x 微调框中，输入对象沿 x 轴倾斜的数值，③ 单击【应用】按钮，如图 2-29 所示。

图 2-29

step 2 通过以上方法即可完成倾斜对象的操作，此时，图形发生倾斜变化，如图 2-30 所示。

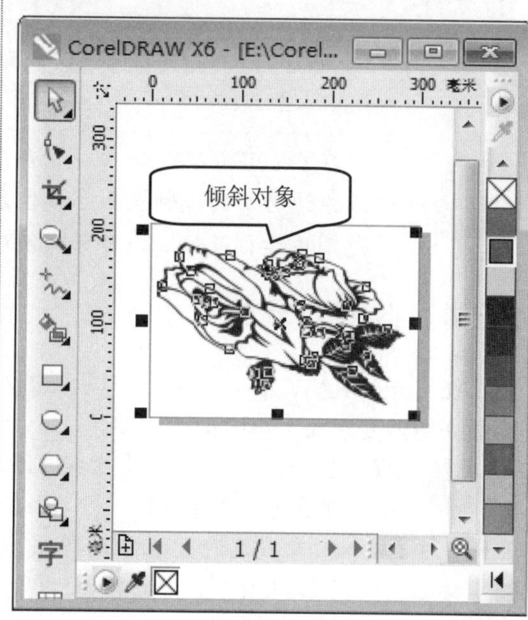

图 2-30

2.4 控制对象

在 CorelDRAW X6 中，经常需要对绘图窗口中的对象进行相应的控制操作，如锁定与解除锁定对象、群组对象与取消群组、合并与拆分对象和安排对象的顺序等。本节将重点介绍控制对象方面的知识。

2.4.1 锁定与解除锁定对象

在 CorelDRAW X6 中，锁定的对象将不能被执行任何操作，可以有效防止对象被误删除或修改，在需要编辑对象时，再对其进行解锁。下面以“热气球”素材为例，介绍锁定与解除锁定对象的方法。

step 1 ① 选择对象后，单击【排列】主菜单，② 在弹出的下拉菜单中，选择【锁定对象】菜单项，如图 2-31 所示。

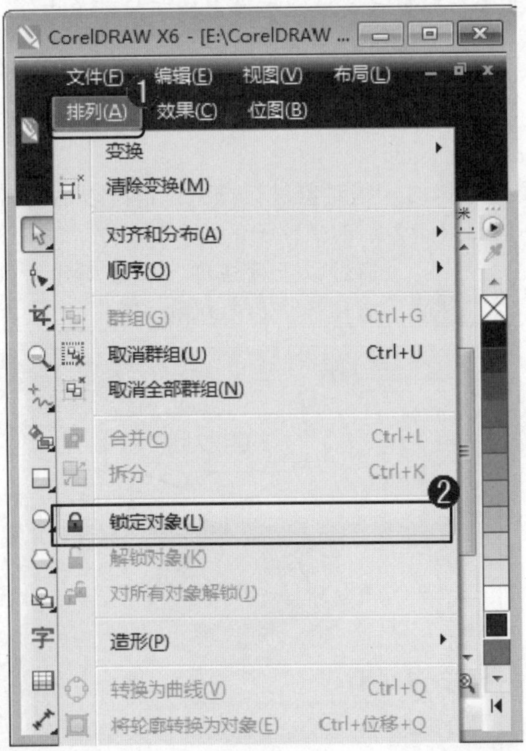

图 2-31

step 2 此时，选择该对象时，对象四周的控制点变为锁定状态，如图 2-32 所示。通过以上方法即可完成锁定对象的操作。

图 2-32

step 3 ① 选择对象后，单击【排列】主菜单，② 在弹出的下拉菜单中，选择【解锁对象】菜单项，如图 2-33 所示。

step 4 通过以上方法即可完成解锁对象的操作，如图 2-34 所示。

图 2-33

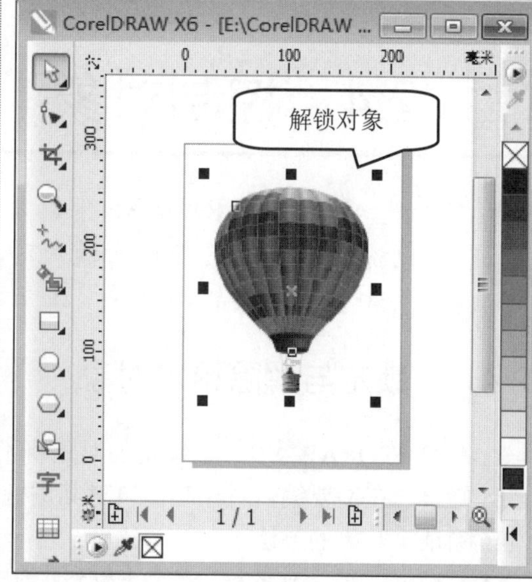

图 2-34

知识精讲

在 CorelDRAW X6 中，如果用户锁定了若干个对象，这些被锁定的对象可以单独解锁，也可以同时解锁。单击【排列】主菜单，在弹出的下拉菜单中，选择【对所有对象解锁】菜单项，这样可以将所有的对象同时解锁。

2.4.2 群组对象与取消群组

在 CorelDRAW X6 中，为了方便操作，用户可以对一些对象进行群组，群组以后的多个对象，将作为一个单独对象被处理。下面介绍群组对象与取消群组的操作方法。

step 1 ① 选择对象后，单击【排列】主菜单，② 在弹出的下拉菜单中，选择【群组】菜单项，如图 2-35 所示。

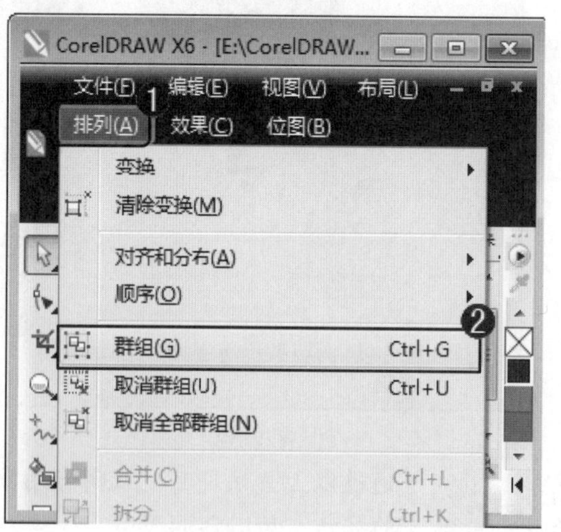

图 2-35

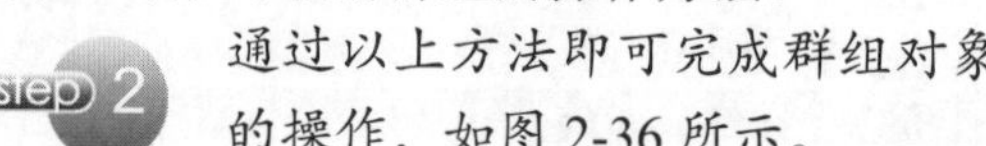

step 2 通过以上方法即可完成群组对象的操作，如图 2-36 所示。

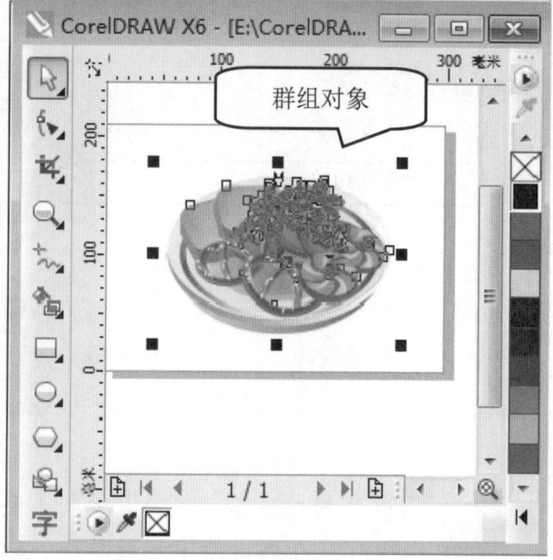

图 2-36

step 3 ① 选择对象后，单击【排列】主菜单，② 在弹出的下拉菜单中，选择【取消群组】菜单项，如图 2-37 所示。

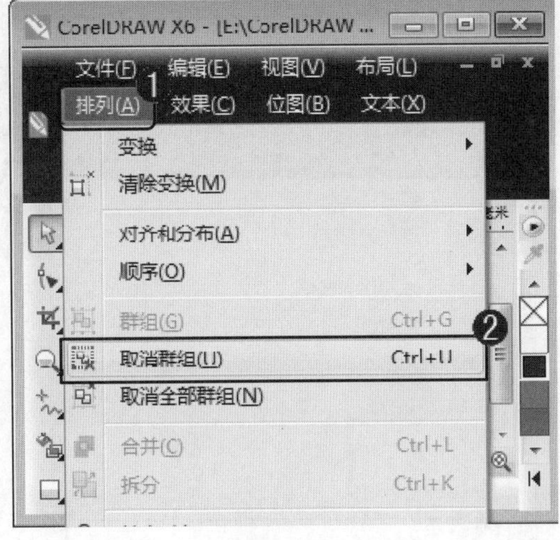

图 2-37

step 4 通过以上方法即可完成取消群组对象的操作，如图 2-38 所示。

图 2-38

2.4.3 合并与拆分对象

在 CorelDRAW X6 中，合并是指将多个不同对象结合成一个新的对象，其对象属性也随之发生改变；拆分是指将一个对象拆分成多个不同的对象。下面以“心形饼干”素材为例，介绍合并与拆分对象的操作方法。

step 1 ① 打开素材文件后，在工具箱中，单击【选择工具】按钮，② 在绘图区中，选择需要合并的全部对象，如图 2-39 所示。

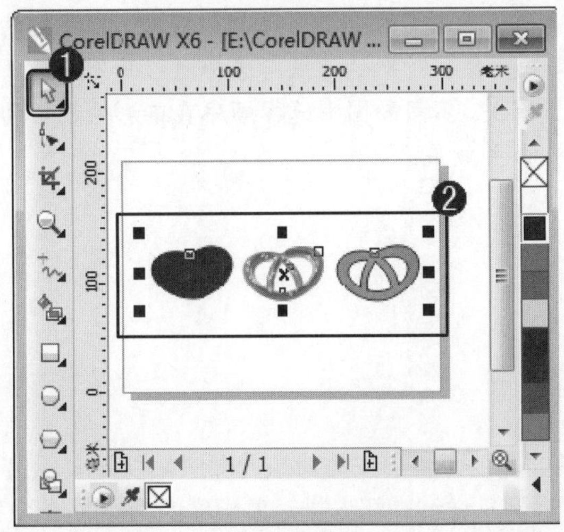

图 2-39

step 2 ① 选择对象后，单击【排列】主菜单，② 在弹出的下拉菜单中，选择【合并】菜单项，如图 2-40 所示。

图 2-40

step 3 通过以上方法即可完成合并对象的操作，如图 2-41 所示。

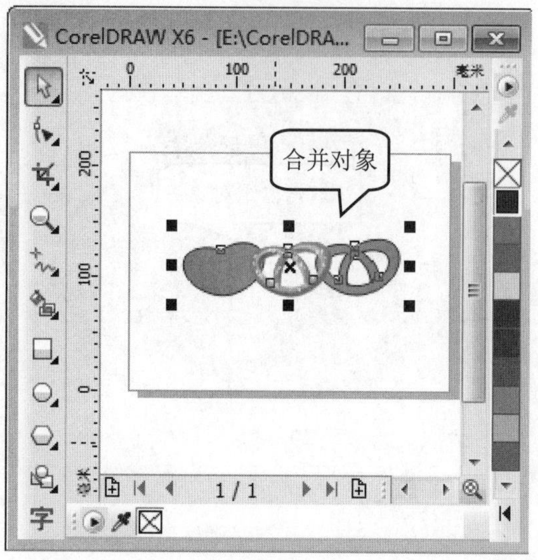

图 2-41

step 4 ① 选择合并的对象后，单击【排列】主菜单，② 在弹出的下拉菜单中，选择【拆分曲线】菜单项，如图 2-42 所示。

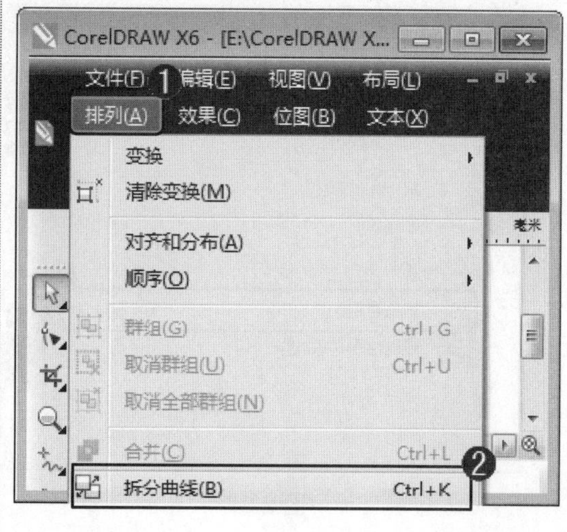

图 2-42

step 5 通过以上方法即可完成拆分对象的操作，如图 2-43 所示。

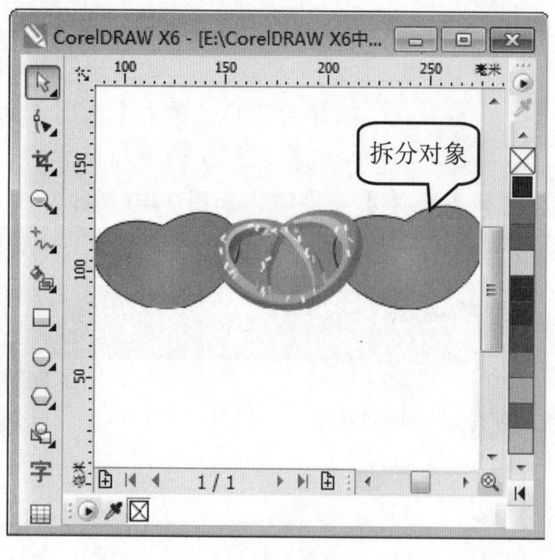

图 2-43

智慧锦囊

在 CorelDRAW X6 中，在键盘上按下组合键 Ctrl+L，用户同样可以进行合并图形对象的操作，合并对象后，在键盘上按下组合键 Ctrl+K，用户同样可以进行拆分对象的操作。同时，在合并对象的过程中，应注意的是，合并对象的效果与选择图形的先后顺序有关，不同的图形选择顺序直接影响最后的合并效果。

2.4.4 安排对象的顺序

在 CorelDRAW X6 中，用户可以根据绘图的需要，快速安排对象的顺序，以便表现出对象之间的层次关系。下面以“圣诞树”素材为例，详细介绍安排对象顺序的操作方法。

step 1 ① 打开素材文件后，在工具箱中单击【选择工具】按钮，② 在绘图区中，选择需要排序的图形对象，如图 2-44 所示。

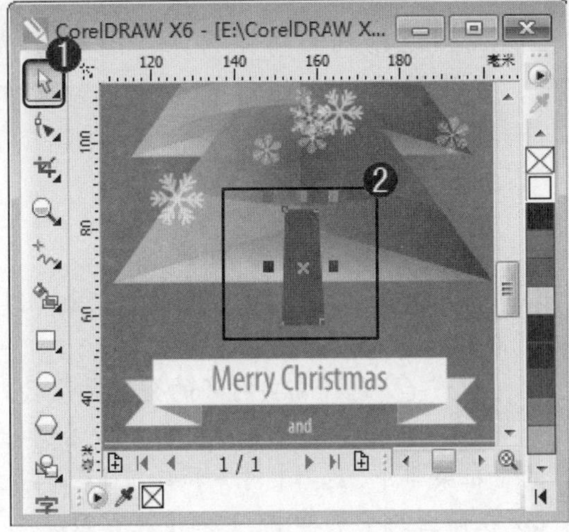

图 2-44

step 2 ① 选择对象后，单击【排列】主菜单，② 在弹出的下拉菜单中，选择【顺序】菜单项，③ 在弹出的子菜单中，选择【到页面后面】菜单项，如图 2-45 所示。

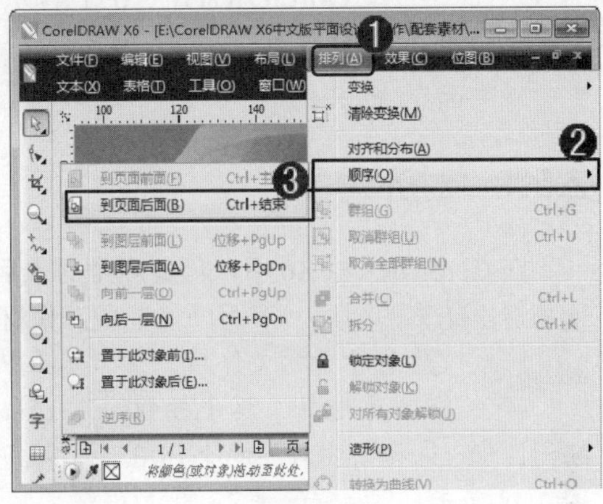

图 2-45

step 3 弹出 CorelDRAW X6 提示对话框，提示“对象将被移动到其它图层”信息，单击【确定】按钮，如图 2-46 所示。

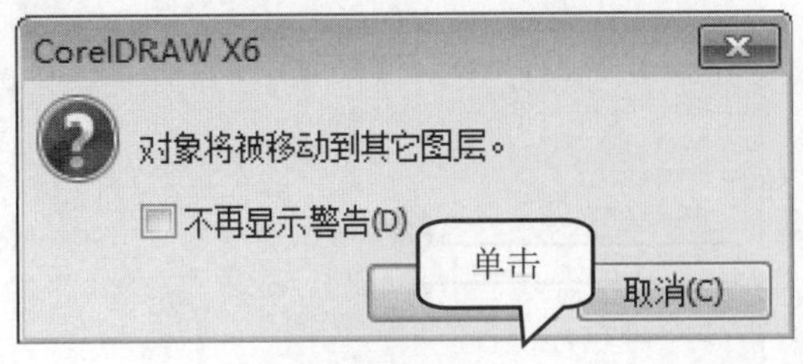

图 2-46

step 4 通过以上方法即可完成安排对象顺序的操作，如图 2-47 所示。

图 2-47

智慧锦囊

在 CorelDRAW X6 中，用户在安排对象的顺序时，可按照【到页面前面】、【到页面后面】、【到图层前面】、【到图层后面】、【向前一层】、【向后一层】、【置于此对象前】、【置于此对象后】和【逆序】等方式排序。

2.5 对齐与分布对象

在 CorelDRAW X6 中，用户可以准确地排列、对齐对象，同时可以使各个对象按一定的方式进行分布。本节将重点介绍对齐与分布对象方面的知识。

2.5.1 对齐对象

在 CorelDRAW X6 中，创建多个对象后，用户可以按照一定方式对齐选择的对象，以便构造出完整的图形。下面以“星星”素材为例，介绍对齐对象的操作方法。

step 1 ① 打开素材文件后，在工具箱中，单击【选择工具】按钮，② 在绘图区中，选择需要对齐的全部图形对象，如图 2-48 所示。

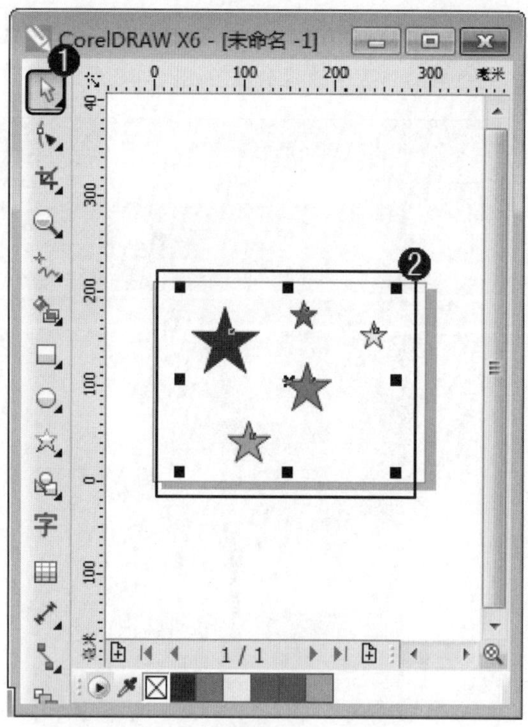

图 2-48

step 2 ① 选择需要对齐的全部对象后，单击【排列】主菜单，② 在弹出的下拉菜单中，选择【对齐和分布】菜单项，③ 在弹出的子菜单中，选择【在页面居中】菜单项，如图 2-49 所示。

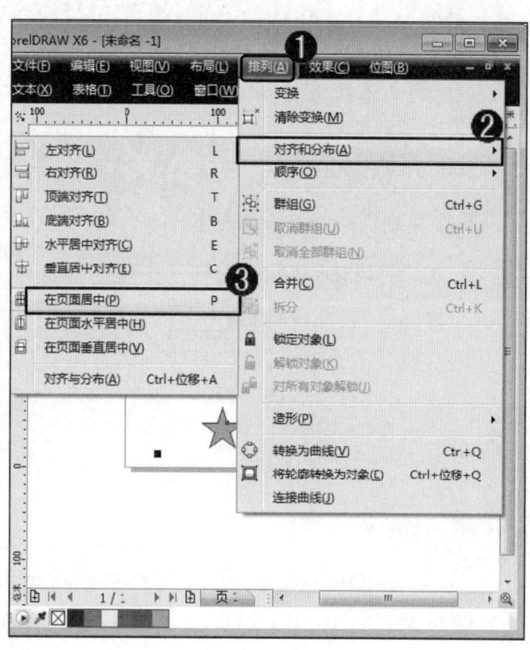

图 2-49

step 3 此时，图形将在页面中居中显示。通过以上方法即可完成对齐对象的操作，如图 2-50 所示。

请您根据上述方法绘制多个图形并将它们对齐，测试一下您的学习效果。

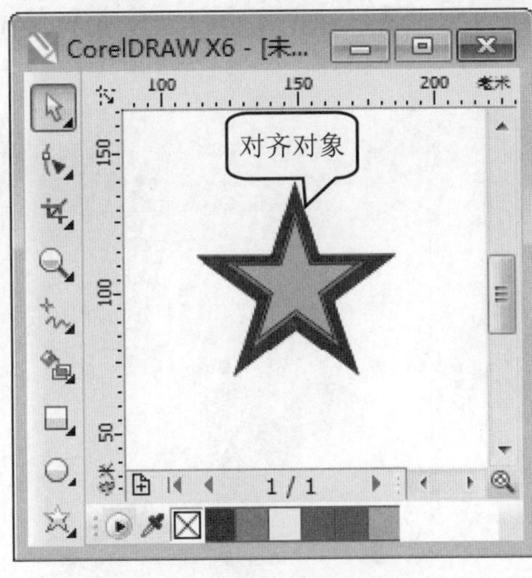

图 2-50

智慧锦囊

在 CorelDRAW X6 中，对齐对象的方式有【左对齐】、【右对齐】、【顶端对齐】、【底端对齐】、【水平居中对齐】、【垂直居中对齐】、【在页面居中】、【在页面水平居中】、【在页面垂直居中】等供用户选择。

2.5.2 分布对象

在 CorelDRAW X6 中，创建多个对象后，用户可以将创建的多个对象按照一定范围进行分布。下面介绍分布对象的操作方法。

step 1 ① 打开需要分布的对象后，在工具箱中，单击【选择工具】按钮，② 在绘图区中，选择需要分布的全部对象，如图 2-51 所示。

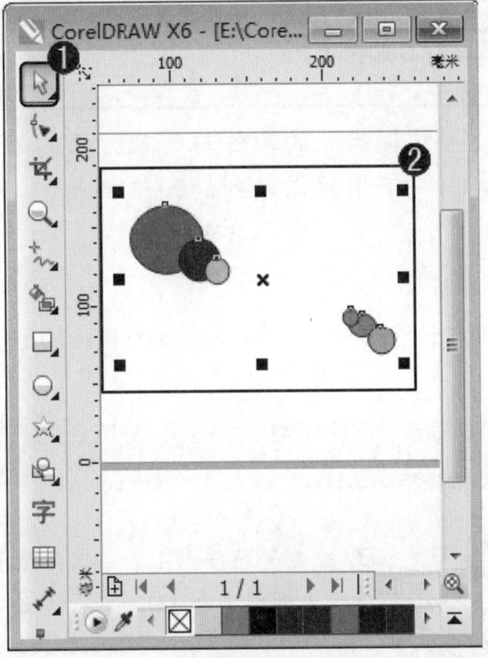

图 2-51

step 2 ① 选择对象后，单击【排列】主菜单，② 在弹出的下拉菜单中，选择【对齐和分布】菜单项，③ 在弹出的子菜单中，选择【对齐与分布】菜单项，如图 2-52 所示。

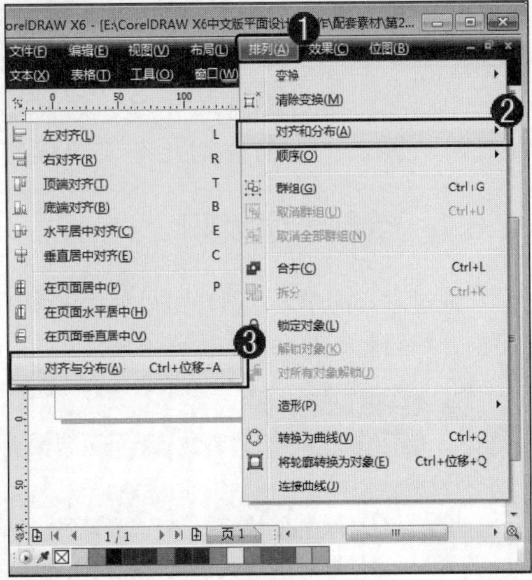

图 2-52

step 3 ① 调出【对齐与分布】泊坞窗后，在【分布】选项组中，单击【水平分散排列中心】按钮，② 单击【垂直分散排列中心】按钮，③ 在【将对象分布到】选项组中，单击【页面范围】按钮，如图 2-53 所示。

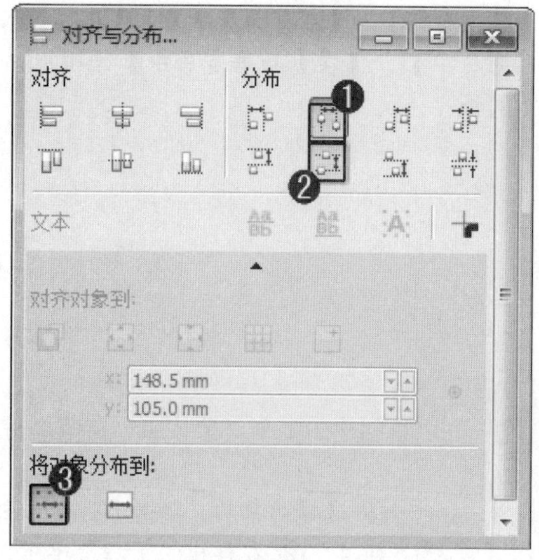

图 2-53

step 4 通过以上方法即可完成分布对象的操作，如图 2-54 所示。

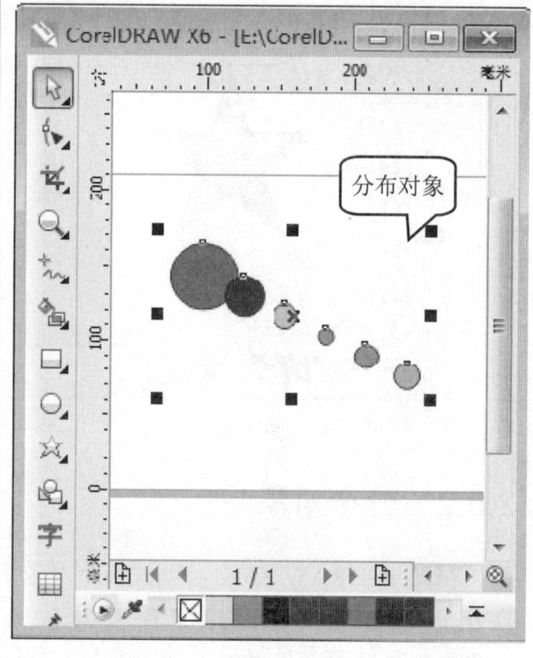

图 2-54

2.6 范例应用与上机操作

通过本章的学习，用户已经初步掌握对象的操作与管理方面的基础知识，下面介绍几个实践案例，巩固一下用户学习到的知识要点。

2.6.1 绘制卡通太阳

通过本章的学习，用户可以使用本章的知识点，绘制一个卡通太阳并调整图形的形状。下面介绍绘制卡通太阳的操作方法。

素材文件 无

效果文件 配套素材\第 2 章\效果文件\.绘制卡通太阳.cdr

step 1 ① 新建文档后，在工具箱中，单击【复制星形工具】按钮，② 在绘图区中，绘制一个多角星形并填充成红色，如图 2-55 所示。

step 2 ① 绘制复杂星形后，在工具箱中，单击【椭圆工具】按钮，② 在绘图区中，绘制一个椭圆并填充成淡黄色，如图 2-56 所示。

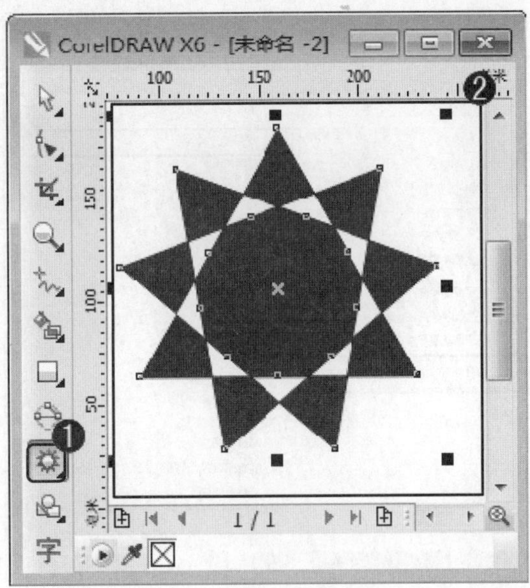

图 2-55

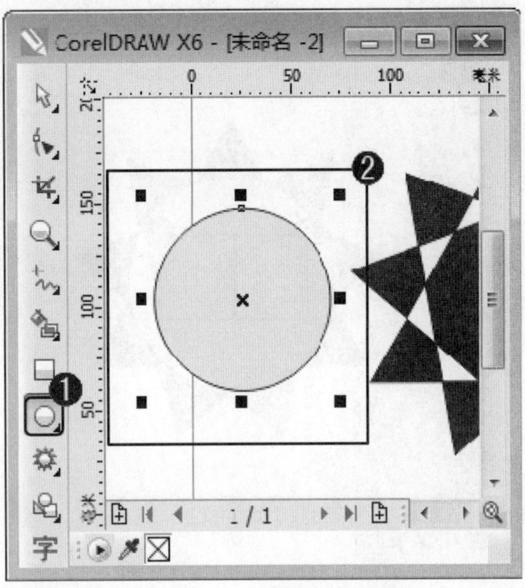

图 2-56

step 3 ① 绘制椭圆后，在工具箱中，单击【选择工具】按钮，② 在绘图区中，将绘制的椭圆移动至复杂星形内部，并调整其大小，如图 2-57 所示。

step 4 ① 移动椭圆后，在工具箱中，单击【椭圆工具】按钮，② 在椭圆内部，绘制一个椭圆并填充成白色，如图 2-58 所示。

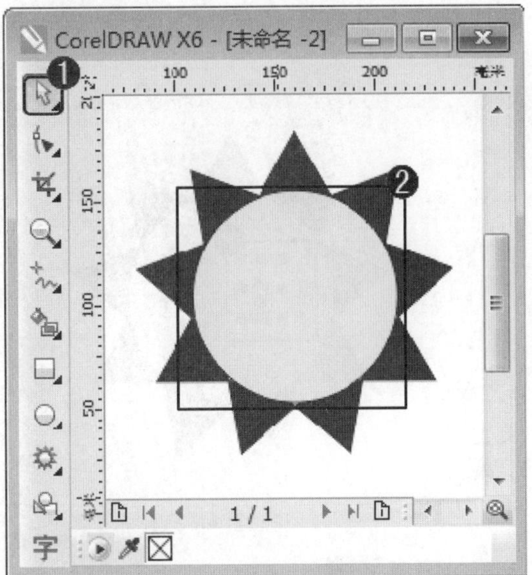

图 2-57

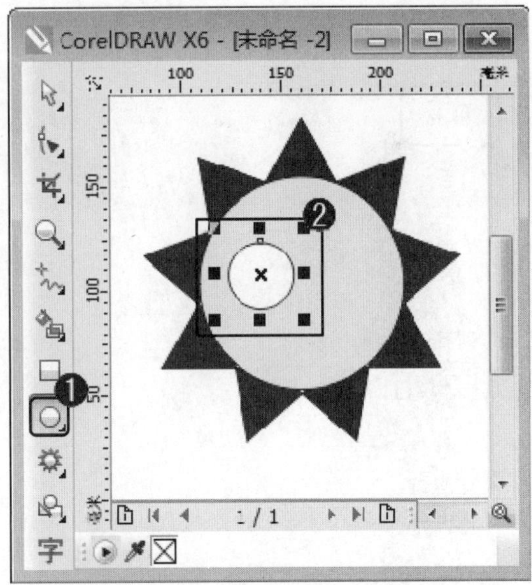

图 2-58

step 5 ① 在工具箱中，单击【选择工具】按钮，② 选择准备复制的椭圆，③ 使用鼠标左键将其拖动至指定的位置，释放鼠标左键之前单击右键，这样可在当前位置快速复制一个椭圆对象，如图 2-59 所示。

step 6 ① 将两个白色椭圆选中后，单击【排列】主菜单，② 在弹出的下拉菜单中，选择【对齐和分布】菜单项，③ 在弹出的子菜单中，选择【对齐与分布】菜单项，如图 2-60 所示。

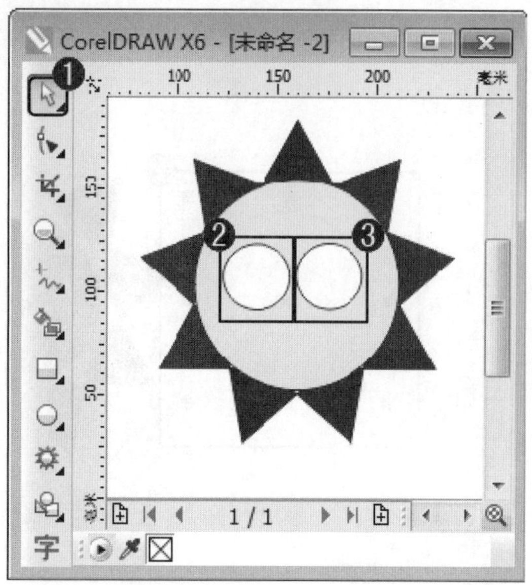

图 2-59

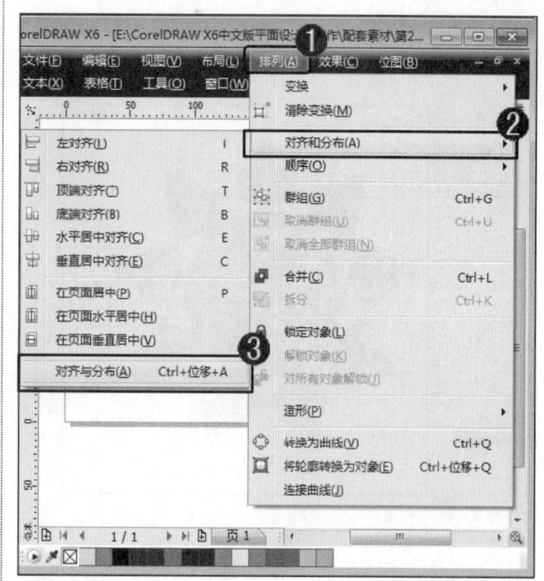

图 2-60

step 7 调出【对齐与分布】泊坞窗后，在【对齐】选项组中，单击【顶端对齐】按钮，将选中的白色椭圆顶端对齐，如图 2-61 所示。

step 8 ① 对齐椭圆后，在工具箱中，单击【椭圆工具】按钮，② 在白色椭圆内部，绘制一个椭圆并填充成黑色，如图 2-62 所示。

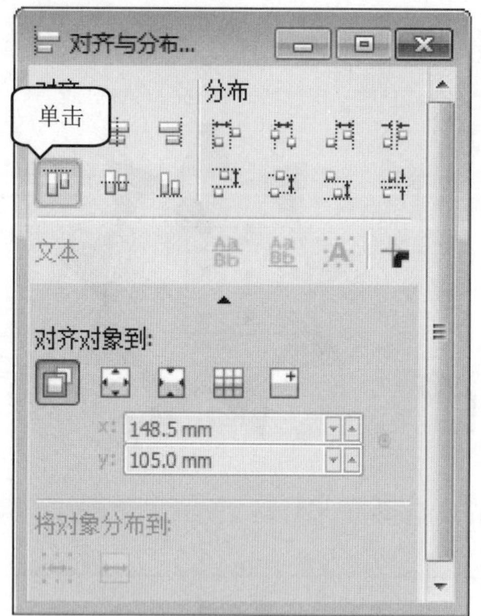

图 2-61

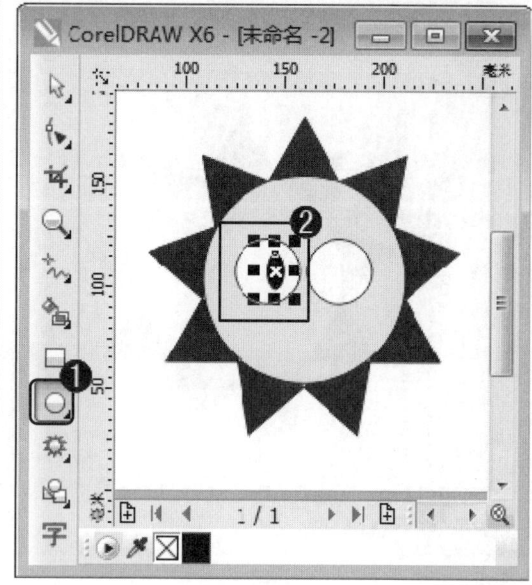

图 2-62

step 9 ① 选择准备复制的黑色椭圆，② 使用鼠标左键将其拖动至指定的位置，释放鼠标左键之前单击右键，这样可在当前位置快速复制一个椭圆对象，如图 2-63 所示。

step 10 ① 在工具箱中，单击【手绘工具】按钮，② 在图形上绘制一个不规则的闭合图形并将其填充为红色，如图 2-64 所示。

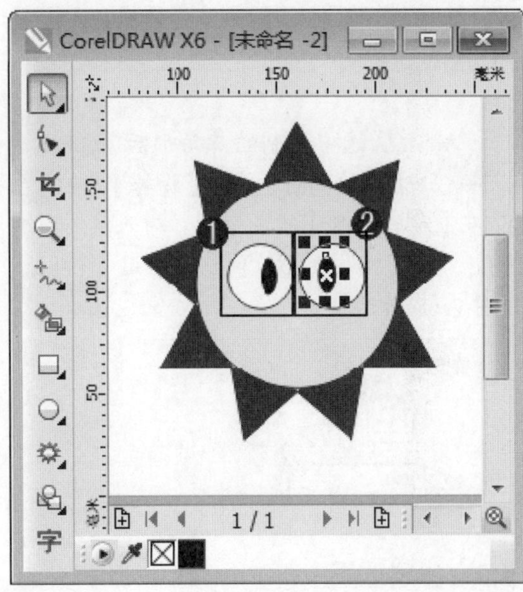

图 2-63

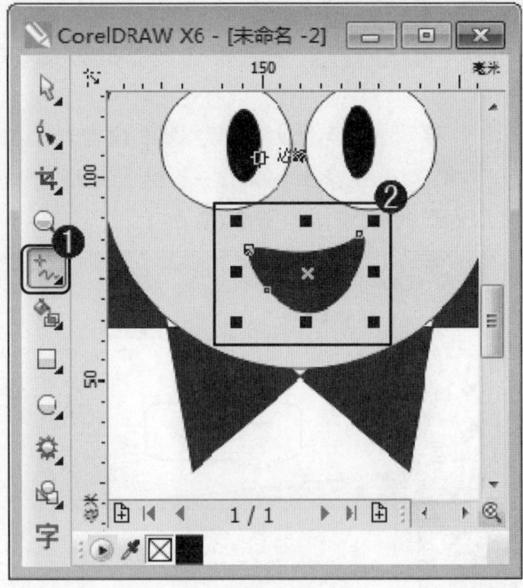

图 2-64

选中全部图形后，在键盘上按下组合键 Ctrl+G，将图形群组，如图 2-65 所示。

图 2-65

通过以上方法即可完成绘制卡通太阳的操作，如图 2-66 所示。

图 2-66

2.6.2 制作放射圆圈

通过本章的学习，用户可以使用本章再制和旋转对象的知识点，绘制一个放射圆圈。下面介绍制作放射圆圈的操作方法。

素材文件 配套素材\第 2 章\素材文件\制作放射圆圈.cdr

效果文件 配套素材\第 2 章\效果文件\.制作放射圆圈.cdr

step 1 打开素材文件后，选中该素材，在小键盘上按下“+”键，完成复制该三角形的操作，如图 2-67 所示。

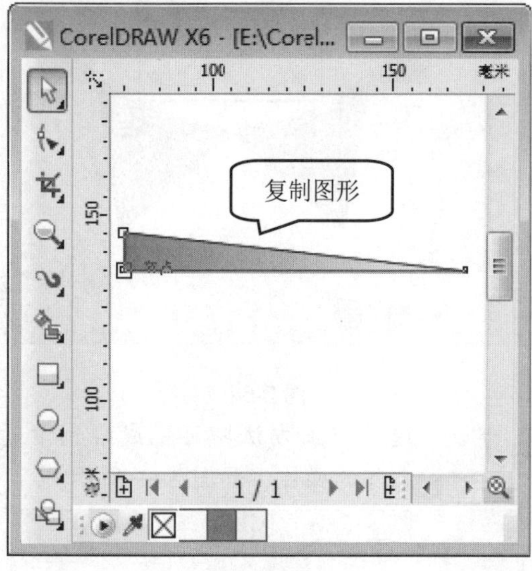

图 2-67

step 2 ① 选中再制的三角形后，启动【变换】泊坞窗，单击【旋转】按钮，② 在【旋转角度】微调框中，输入旋转的角度值，如“10”，③ 单击【应用】按钮，如图 2-68 所示。

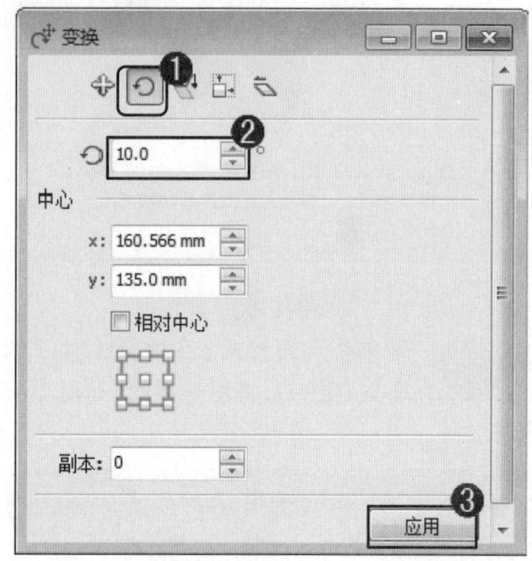

图 2-68

step 3 再制的图形将以逆时针 10 度的方向旋转，如图 2-69 所示。

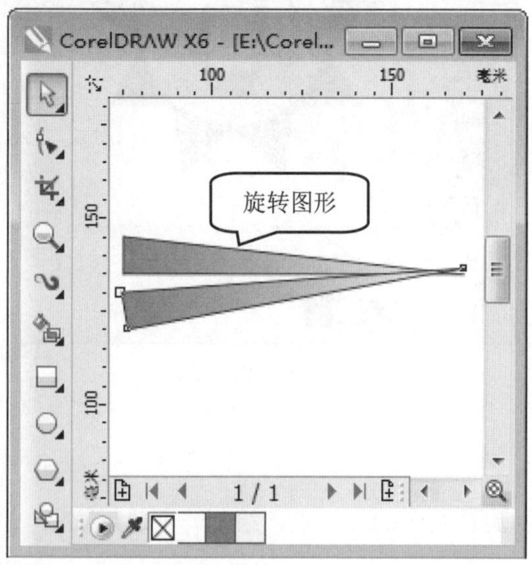

图 2-69

step 4 在键盘上多次按下组合键 Ctrl+D，再制多个旋转 10 度的三角形，直至形成一个圆，如图 2-70 所示。

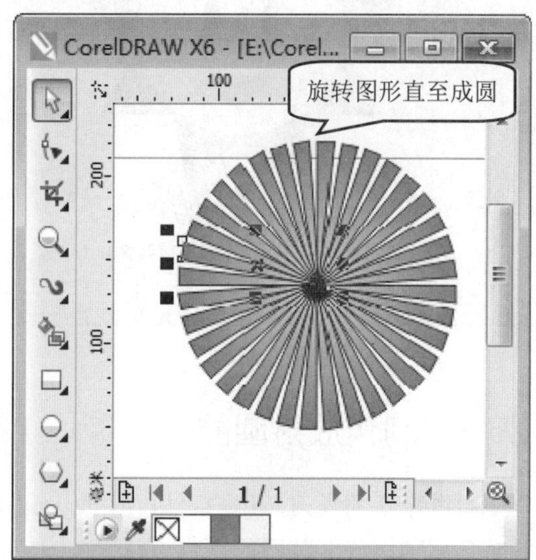

图 2-70

step 5 在绘图区中，使用选择工具绘制矩形框，将所有图形包含其中，这样可以将所有图形选中，然后将图像移动至合适的位置，如图 2-71 所示。

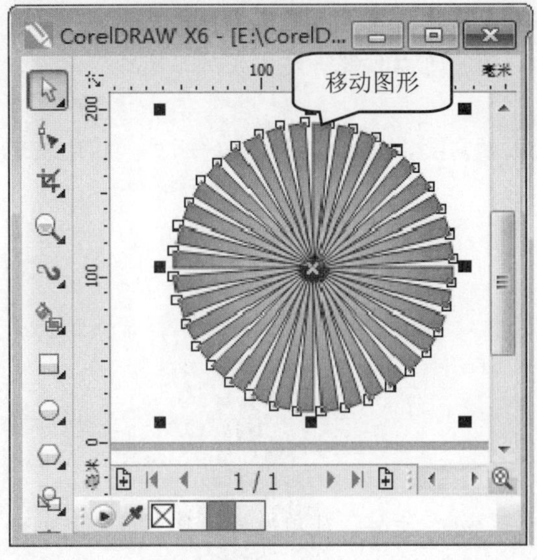

图 2-71

step 6 在键盘上按下组合键 Ctrl+G，将所有图形群组，然后使用选择工具调整放射圆圈的大小。通过以上方法即可完成制作放射圆圈的操作，如图 2-72 所示。

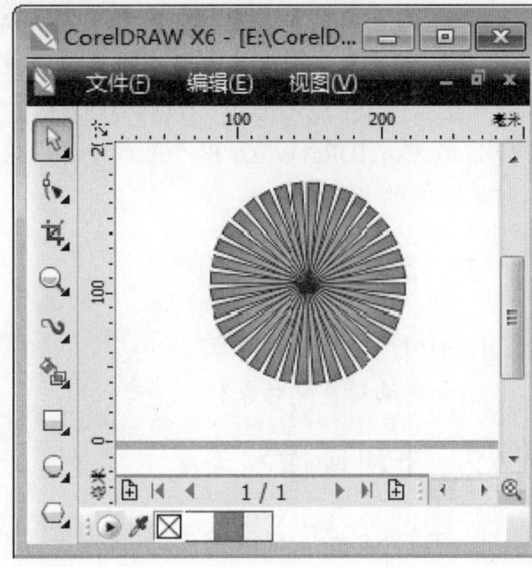

图 2-72

2.7 课后练习

2.7.1 思考与练习

一、填空题

1. 在 CorelDRAW X6 中，用户可以将绘图窗口中的所有________、文本、________和相应对象上的所有________全部选择。

2. 在 CorelDRAW X6 中，使用“复制属性”功能，用户可快速方便地将指定对象中的________、轮廓色、________和________通过复制的方法应用到所选的对象中。

3. 在 CorelDRAW X6 中，经常需要对绘图窗口中的对象进行相应的控制操作，如________、群组对象与取消群组、________和安排对象的顺序等。

4. 在 CorelDRAW X6 中，________是指将多个不同对象结合成一个新的对象，其对象属性也随之发生改变，________是指将一个对象拆分成多个不同的对象。

二、判断题

1. 在 CorelDRAW X6 中，用户可以根据需要，进行选择单一对象的操作，方便用户对选择的对象进行移动、复制等操作。 （ ）

2. 在 CorelDRAW X6 中，用户可以精确移动对象的位置，方便用户操作。 （ ）

3. 在 CorelDRAW X6 中，创建单个对象后，用户可以按照一定方式对齐选择的对象，以便构造出完整的图形。 （ ）

4. 在 CorelDRAW X6 中，用户可以根据绘图的需要，快速安排对象的顺序，以便表现出对象之间的并列关系。 （ ）

三、思考题

1. 如何缩放和镜像对象？
2. 如何选择重叠对象？

2.7.2 上机操作

1. 打开“配套素材\第 2 章\素材文件\喜鹊登枝.cdr”文件，使用选择工具、再制图形命令、【变换】泊坞窗和旋转命令，进行再制和旋转对象方面的操作。效果文件可参考“配套素材\第 2 章\效果文件\喜鹊登枝.cdr”。

2. 打开“配套素材\第 2 章\素材文件\爱情鸟.cdr”文件，使用到页面后面命令、对齐和分布命令、顶端对齐按钮、选择工具、向后一层命令和组合命令，进行对象顺序和对齐对象方面的操作。效果文件可参考“配套素材\第 2 章\效果文件\爱情鸟.cdr”。

第3章

绘制几何图形

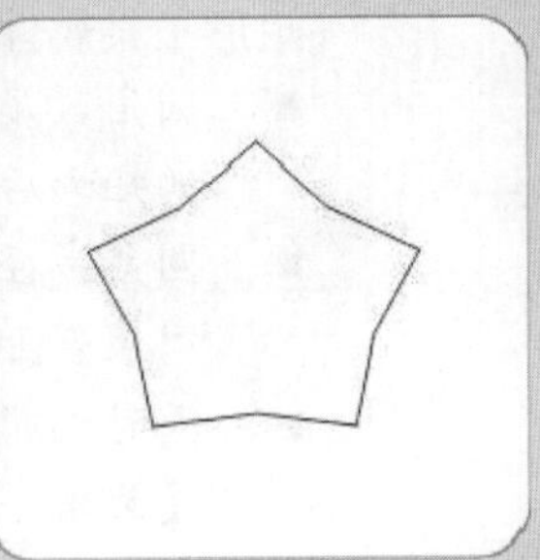

本章主要介绍了矩形工具与 3 点矩形工具、椭圆形工具与 3 点椭圆形工具、多边形工具和星形工具方面的知识与技巧，同时还讲解了复杂星形工具、螺纹工具、图纸工具和基本形状工具组方面的技巧。通过本章的学习，读者可以掌握绘制几何图形方面的知识，为深入学习 CorelDRAW X6 知识奠定基础。

范例导航

1. 矩形工具与 3 点矩形工具
2. 椭圆形工具与 3 点椭圆形工具
3. 多边形工具
4. 星形工具
5. 复杂星形工具
6. 螺纹工具
7. 图纸工具
8. 基本形状工具组

3.1 矩形工具与 3 点矩形工具

在 CorelDRAW X6 中，用户可以使用矩形工具和 3 点矩形工具来绘制矩形对象，二者只是操作方法不同。本节将重点介绍矩形工具与 3 点矩形工具方面的知识。

3.1.1 矩形工具的属性栏设置

在 CorelDRAW X6 中，在确保选择工具没有选择任何对象的情况下，选择矩形工具，其属性栏的显示如图 3-1 所示。

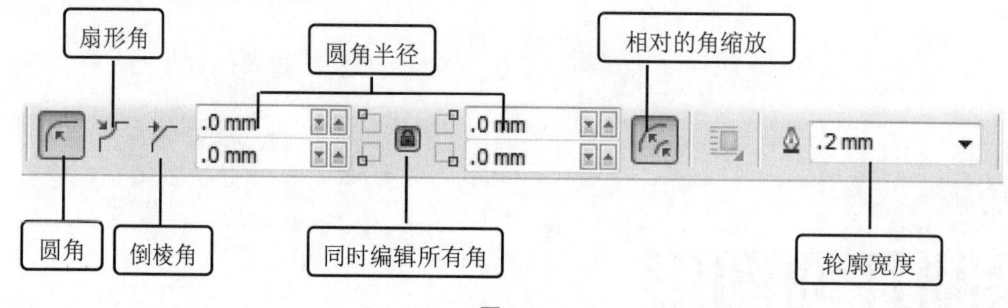

图 3-1

矩形工具属性栏的参数介绍如下。

- 圆角、扇形角和倒棱角：设置将要绘制的矩形的边角类型，也可以在选中绘制好的矩形后单击对应的类型按钮，将其转换成该类型的矩形。
- 圆角半径：在 4 个微调框中输入数值，可分别设置所绘制矩形的边角圆滑度。不同位置上的数值，将决定相对应的矩形 4 个角的圆滑度。数值为“0”时为直角。
- 同时编辑所有角：单击该按钮，使其处于激活状态，图标为🔒，此时在任意一个【圆角半径】微调框中输入数值后，其余所有的【圆角半径】微调框中都会出现相同的数值，页面中的矩形将以设置后的圆角方式显示。再次单击该按钮，使其处于解锁状态，图标为🔓，则可以分别为绘制或选中的矩形设置四个角的圆滑度。
- 相对的角缩放：单击该按钮，可以使矩形边角在进行缩放调整时，边角大小也随矩形大小的改变而变化。反之，边角大小在缩放过程中则保持不变。
- 轮廓宽度：直接在下拉列表框中输入数值，或单击下拉按钮，在弹出的下拉列表中选择需要的数值，设置所绘制或所选中矩形的轮廓线的宽度。

3.1.2 绘制矩形

介绍完矩形工具的属性栏后，下面就可以使用矩形工具绘制图形了。下面介绍绘制矩形的操作方法。

step 1 ① 新建文件后，在工具箱中，单击【矩形工具】按钮，② 在绘图区中，在指定位置单击鼠标左键，然后拖动鼠标至目标位置释放鼠标，如图 3-2 所示。

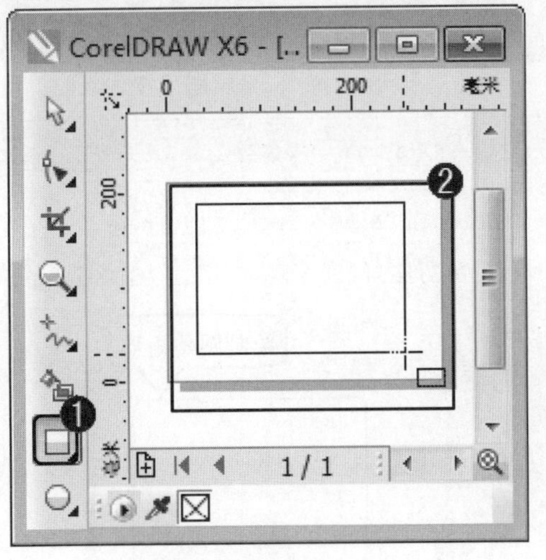

图 3-2

step 2 通过以上方法即可完成绘制矩形的操作，如图 3-3 所示。

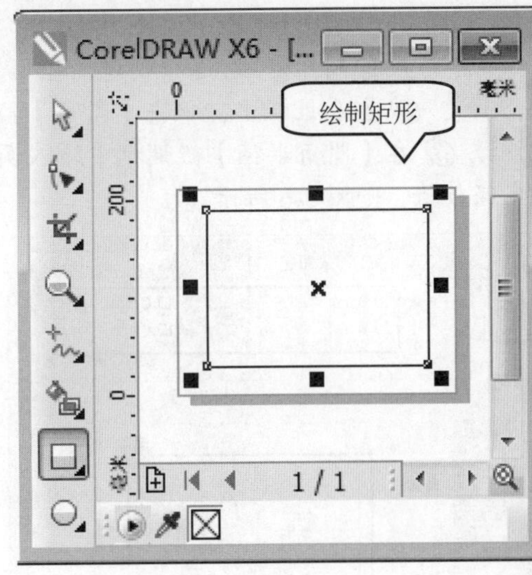

图 3-3

3.1.3 绘制正方形

使用矩形工具，用户不仅可以绘制矩形，同时还可以绘制正方形。下面介绍绘制正方形的操作方法。

step 1 ① 新建文件后，在工具箱中，单击【矩形工具】按钮，② 按住 Ctrl 键的同时，在绘图区中，在指定位置单击鼠标左键，然后拖动鼠标至目标位置释放鼠标，如图 3-4 所示。

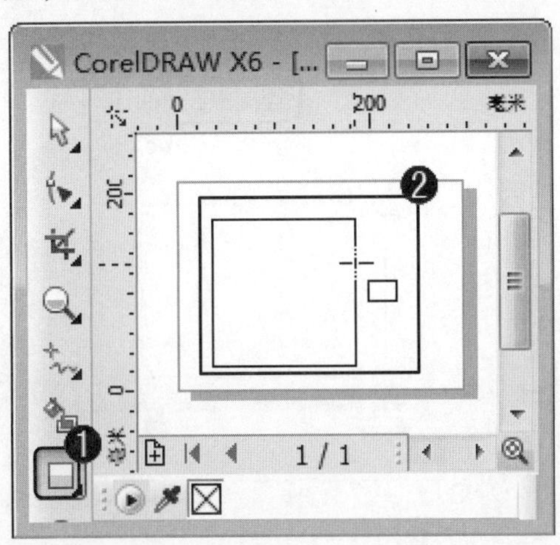

图 3-4

step 2 通过以上方法即可完成绘制正方形的操作，如图 3-5 所示。

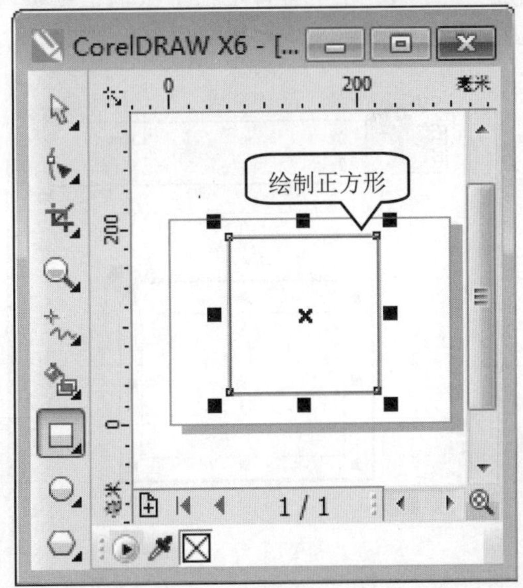

图 3-5

3.1.4 绘制圆角、扇形角、倒棱角矩形

使用矩形工具，用户还可以绘制圆角矩形、扇形角矩形和倒棱角矩形。下面介绍绘制圆角、扇形角、倒棱角矩形的操作方法。

① 绘制矩形后，选中创建的矩形，② 在属性栏中，单击【圆角】按钮，③ 在【圆角半径】微调框中输入圆角半径数值，如图 3-6 所示。

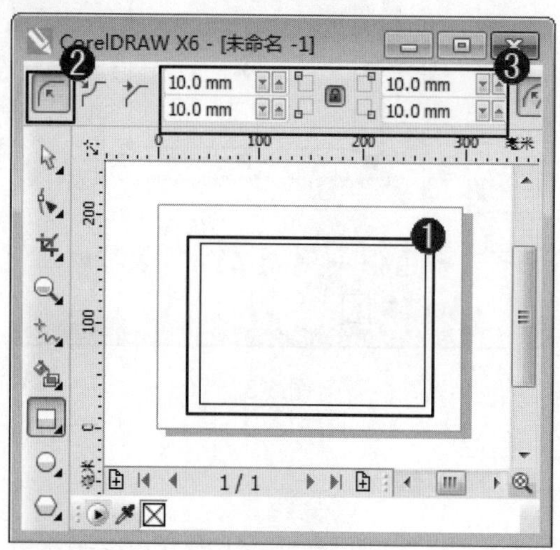

图 3-6

通过以上方法即可完成绘制圆角矩形的操作，如图 3-7 所示。

图 3-7

① 绘制矩形后，选中创建的矩形，② 在属性栏中，单击【扇形角】按钮，③ 在【圆角半径】微调框中输入圆角数值，如图 3-8 所示。

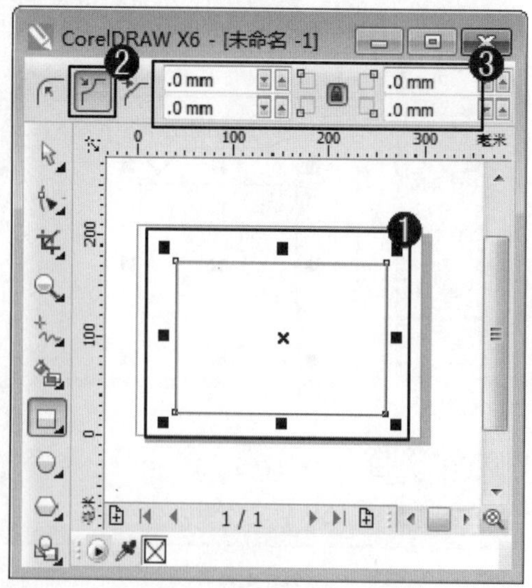

图 3-8

通过以上方法即可完成绘制扇形角矩形的操作，如图 3-9 所示。

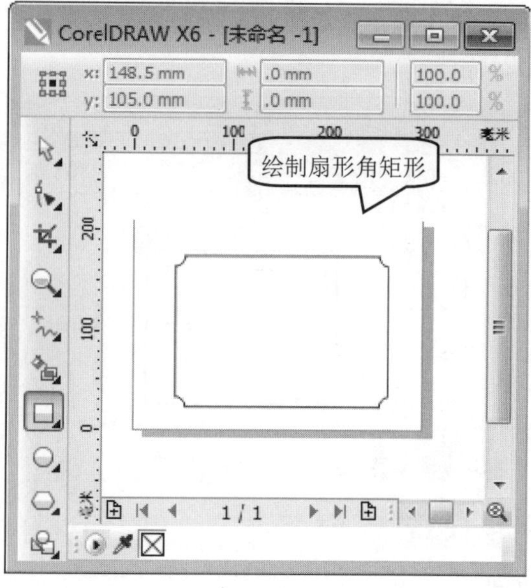

图 3-9

① 绘制矩形后，选中创建的矩形，② 在属性栏中，单击【倒棱角】按钮，③ 在【圆角半径】微调框中输入圆角数值，如图 3-10 所示。

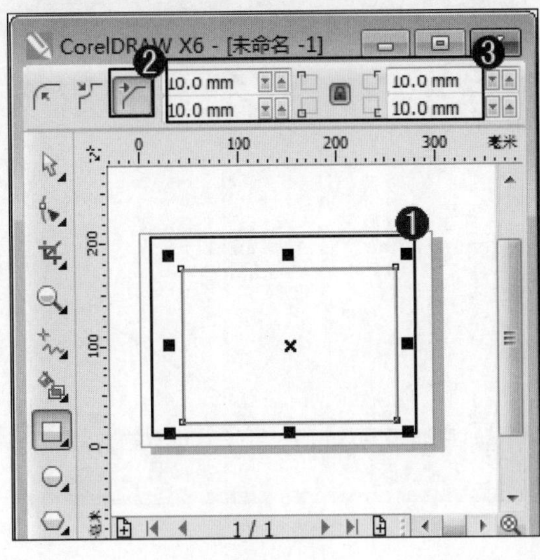

图 3-10

通过以上方法即可完成绘制倒棱角矩形的操作，如图 3-11 所示。

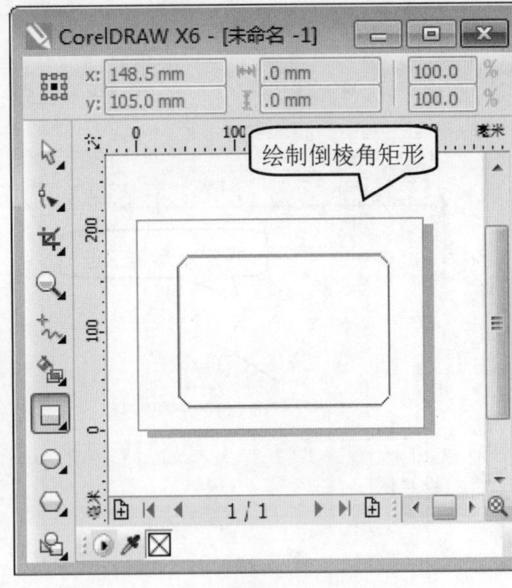

图 3-11

3.1.5 3 点矩形工具

在 CorelDRAW X6 中，3 点矩形工具是通过创建 3 个位置点来绘制矩形的工具，下面介绍使用 3 点矩形工具创建矩形的操作方法。

step 1 ① 新建文档后，在工具箱中，单击【3 点矩形工具】按钮，② 在绘图区中，在指定位置单击鼠标左键绘制矩形第一点，如图 3-12 所示。

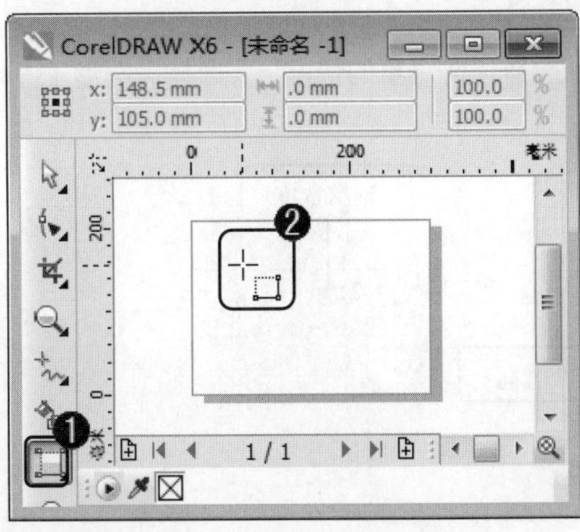

图 3-12

step 2 此时，按下鼠标左键拖出一条任意方向的直线作为矩形的一边，然后在指定的位置单击鼠标左键，确定矩形第二点，如图 3-13 所示。

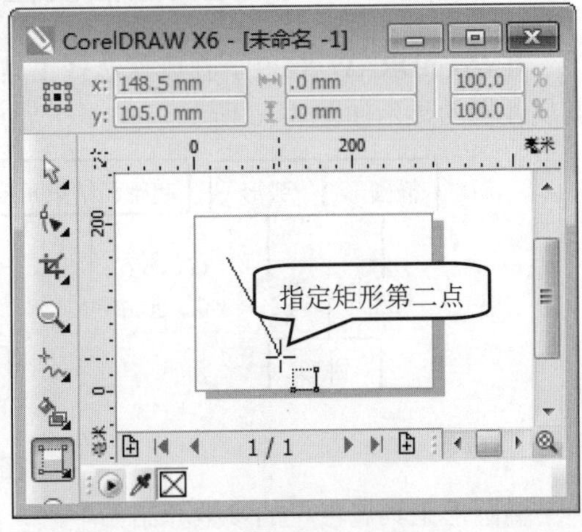

图 3-13

step 3 移动光标至合适的位置，单击鼠标左键，确定矩形第三点，如图 3-14 所示。

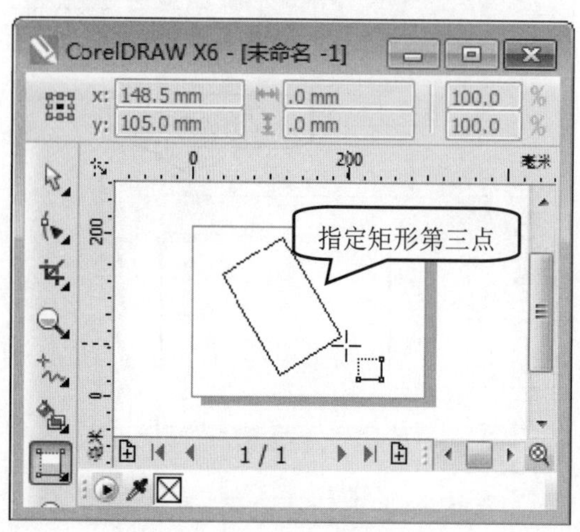

图 3-14

step 4 通过以上方法即可完成使用 3 点矩形工具绘制矩形的操作，如图 3-15 所示。

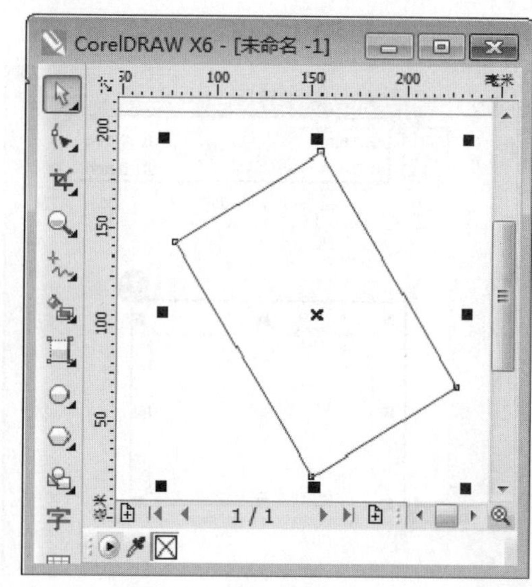

图 3-15

3.2 椭圆形工具与 3 点椭圆形工具

在 CorelDRAW X6 中，椭圆形工具与 3 点椭圆形工具都是绘制椭圆的工具。本节将重点介绍椭圆形工具与 3 点椭圆形工具方面的知识与操作技巧。

3.2.1 椭圆形工具的属性栏设置

在 CorelDRAW X6 中，在确保选择工具没有选择任何对象的情况下，选择椭圆形工具，其属性栏的显示如图 3-16 所示。

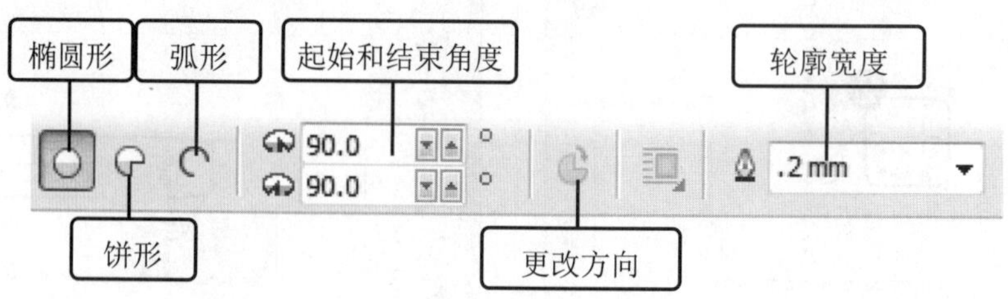

图 3-16

椭圆形工具属性栏的参数介绍如下。

■ 椭圆形、饼形和弧形：分别单击这些按钮，在绘图区可以绘制出椭圆形、饼形和

弧形。

- 起始和结束角度：在绘制饼形和弧形时，默认的起始角度为 0° 、结束角度为 270° 。
- 更改方向：选择绘制的饼形或弧形，单击该按钮，所绘制的饼形和弧形将变为与之互补的图形。

3.2.2 绘制椭圆形

使用椭圆形工具，用户可以非常方便地绘制出各种椭圆。下面介绍绘制椭圆形的操作方法。

step 1 ① 新建文件，在工具箱中，单击【椭圆形工具】按钮，② 在绘图区中，在指定位置单击鼠标左键，然后拖动鼠标至目标位置释放鼠标，如图 3-17 所示。

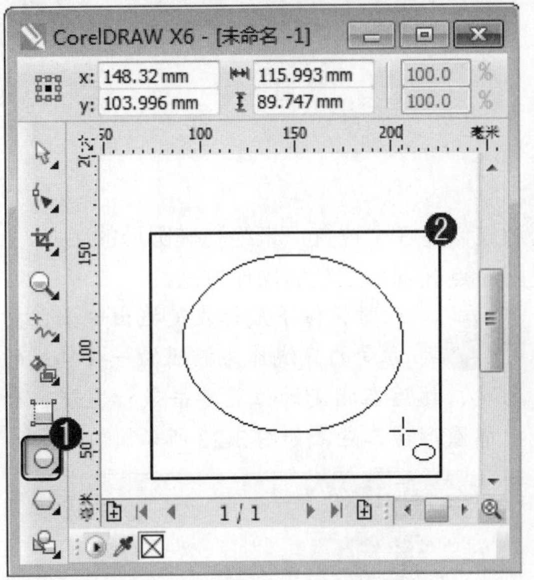

图 3-17

step 2 通过以上方法即可完成绘制椭圆形的操作，如图 3-18 所示。

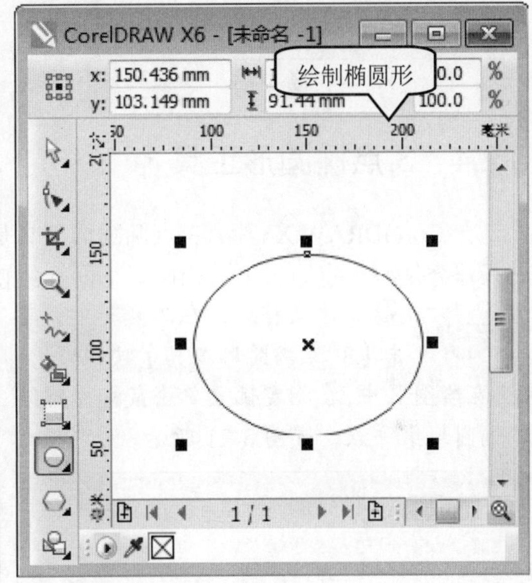

图 3-18

3.2.3 绘制圆形

使用椭圆形工具，用户不仅可以绘制椭圆形，同时还可以绘制圆形。下面介绍绘制圆形的操作方法。

step 1 ① 新建文件，在工具箱中，单击【椭圆形工具】按钮，② 按住 Ctrl 键的同时，在绘图区中，在指定位置单击鼠标左键，然后拖动鼠标至目标位置释放鼠标，如图 3-19 所示。

step 2 通过以上方法即可完成绘制圆形的操作，如图 3-20 所示。

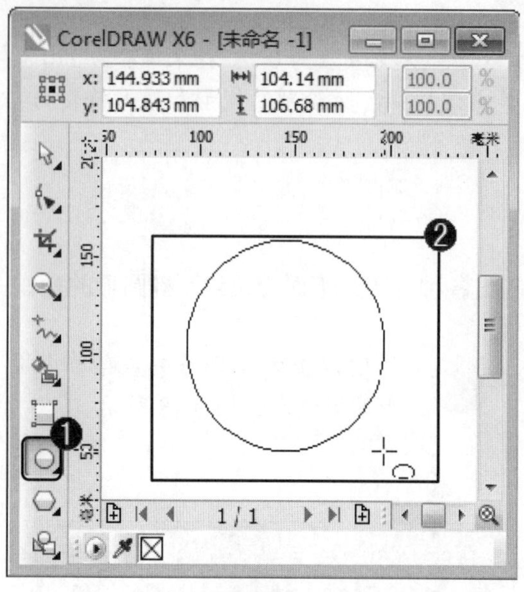

图 3-19

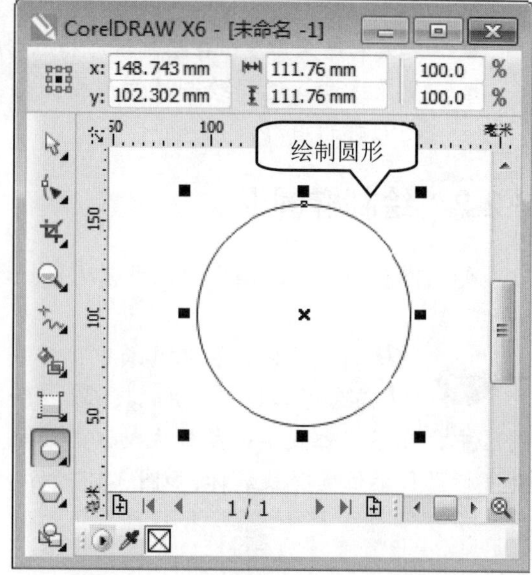

图 3-20

3.2.4 3 点椭圆形工具

在 CorelDRAW X6 中，3 点椭圆形工具是通过创建 3 个位置点来绘制椭圆形的工具，其操作方法与 3 点矩形工具相同。下面介绍使用 3 点椭圆形工具的操作方法。

step 1 ① 新建文档后，在工具箱中，单击【3 点椭圆形工具】按钮，② 在绘图区中，在指定位置单击鼠标左键绘制椭圆形第一点，如图 3-21 所示。

step 2 此时，按下鼠标左键拖出一条任意方向的直线作为椭圆的一条轴线的长度，然后在指定的位置单击鼠标左键，确定椭圆形第二点，如图 3-22 所示。

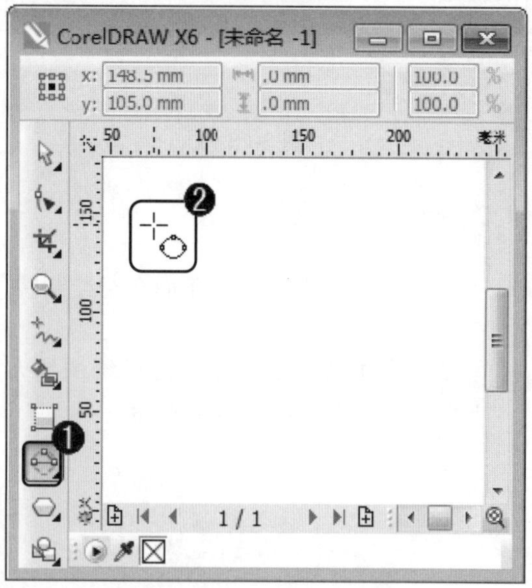

图 3-21

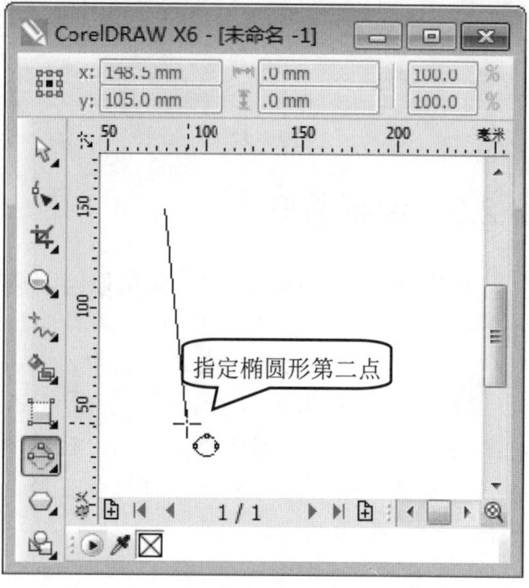

图 3-22

step 3 移动光标至合适的位置，单击鼠标左键，确定椭圆形第三点，如图 3-23 所示。

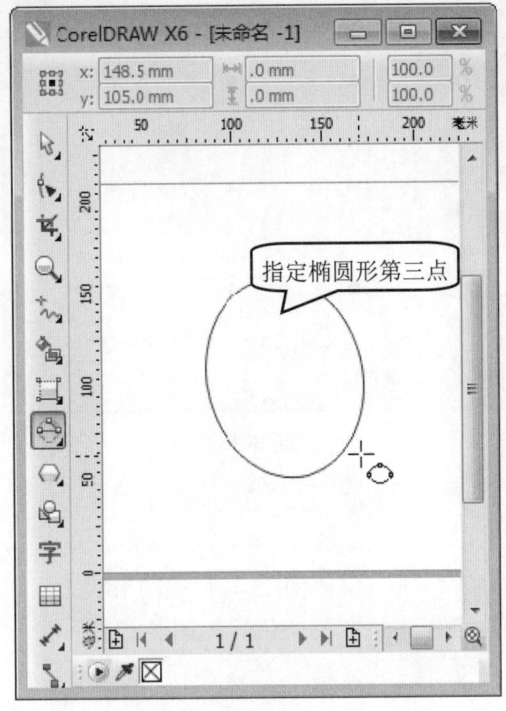

图 3-23

step 4 通过以上方法即可完成使用 3 点椭圆形工具绘制椭圆形的操作，如图 3-24 所示。

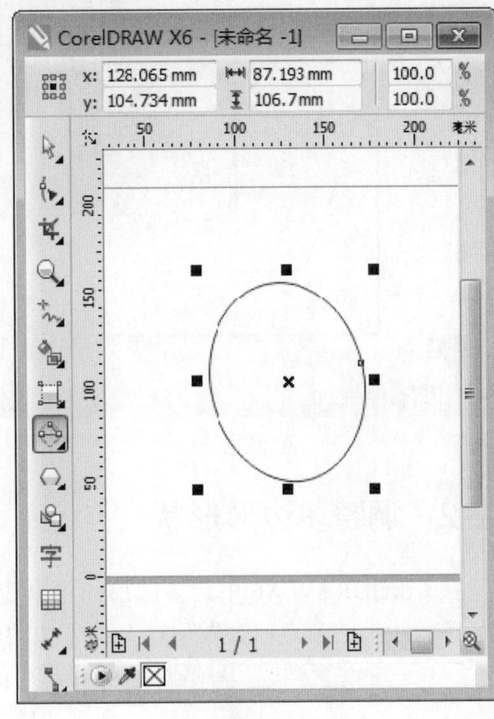

图 3-24

3.3 多边形工具

在 CorelDRAW X6 中，用户可以使用多边形工具自定义绘制多边形对象。本节将重点介绍多边形工具方面的知识与操作技巧。

3.3.1 绘制多边形

在 CorelDRAW X6 中，使用多边形工具，用户可以快速绘制各种多边形。下面介绍绘制多边形的操作方法。

step 1 ① 新建文件后，在工具箱中，单击【多边形工具】按钮，② 在属性栏中，在【点数或边数】微调框中，输入多边形的边数值，③ 在绘图区中，在指定位置单击鼠标左键，然后拖动鼠标至目标位置释放鼠标，如图 3-25 所示。

step 2 此时，绘图区中将绘制出一个多边形，如图 3-26 所示。通过以上方法即可完成绘制多边形的操作。

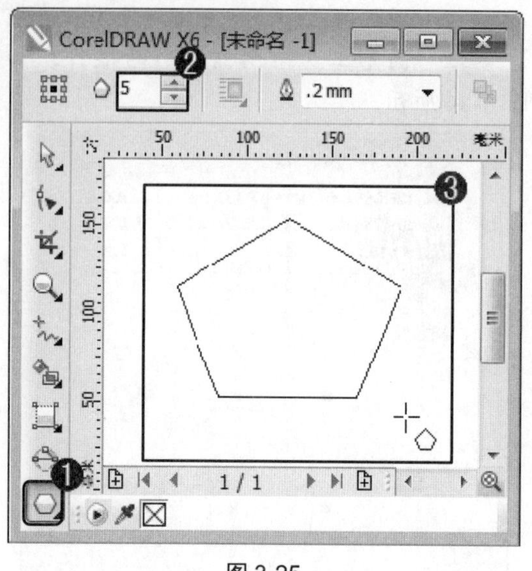

图 3-25

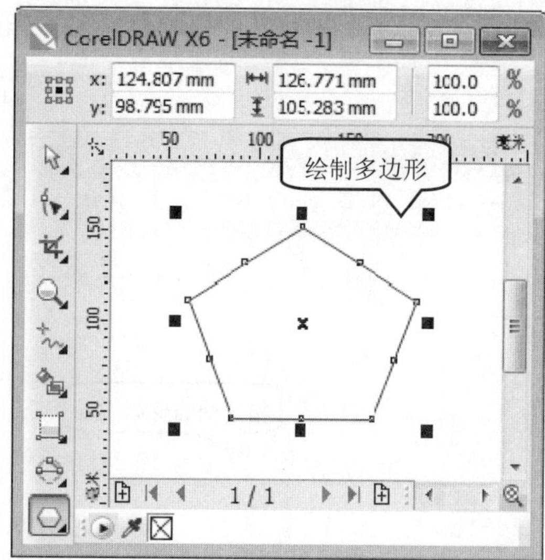

图 3-26

3.3.2 调整多边形形状

在 CorelDRAW X6 中，多边形的各个边角是互相关联的，使用工具箱中的形状工具拖动任意一边上的节点就会发现，其他各边的节点也会发生相应的变化，如图 3-27 所示。

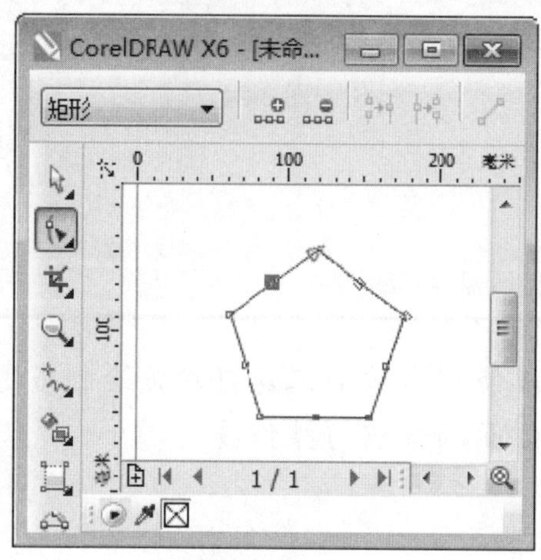

调整多边形形状前

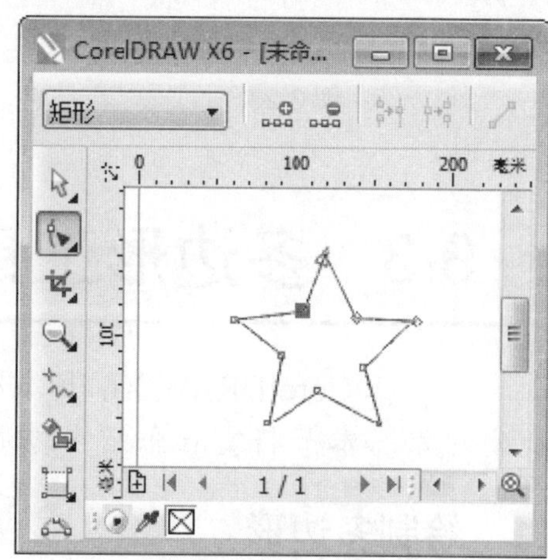

调整多边形形状后

图 3-27

3.4 星形工具

在 CorelDRAW X6 中，用户可以使用星形工具自定义绘制多角星图形。本节将重点介绍星形工具方面的知识与操作技巧。

3.4.1 星形工具的属性栏设置

在 CorelDRAW X6 中，在确保选择工具没有选择任何对象的情况下，选择星形工具，其属性栏的显示如图 3-28 所示。

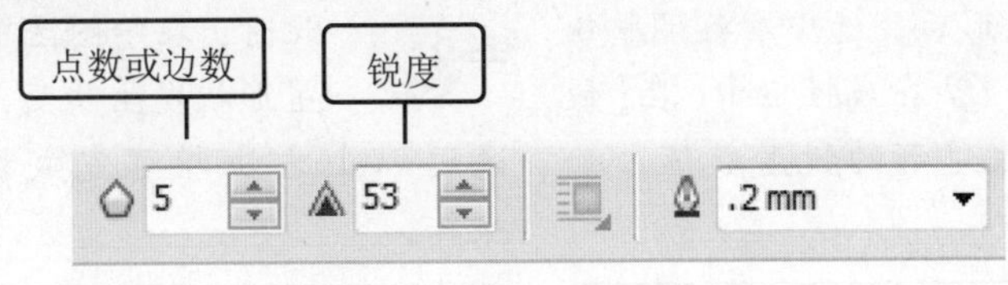

图 3-28

星形工具属性栏的参数介绍如下。

- 点数或边数：在此微调框中，用户可以设置星形的点数或边数。
- 锐度：在此微调框中，用户可以设置星形的边角的尖锐度。

3.4.2 绘制星形

在 CorelDRAW X6 中，绘制星形的方法与绘制多边形的方法基本相同。下面介绍绘制星形的操作方法。

step 1 ① 新建文件后，在工具箱中，单击【星形工具】按钮，② 在属性栏中，在【点数或边数】微调框中，输入星形的边数值，③ 在绘图区中，在指定位置单击鼠标左键，然后拖动鼠标至目标位置释放鼠标，如图 3-29 所示。

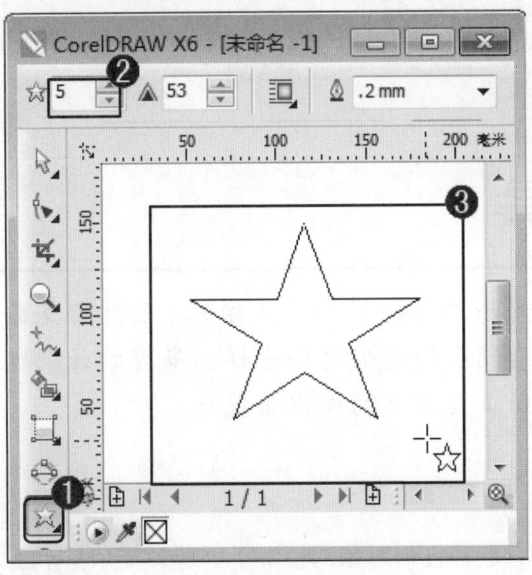

图 3-29

step 2 此时，绘图区中将绘制出一个五角星形，如图 3-30 所示。通过以上方法即可完成绘制星形的操作。

图 3-30

3.4.3 调整星形锐度

绘制完星形后，用户可以根据绘制需要调整星形的锐度，制作出不同效果的星形。下面介绍调整星形锐度的操作方法。

step 1 ① 绘制星形后，选中准备调整锐度的星形，② 在属性栏中，在【锐度】微调框中，输入星形的锐度数值，如图 3-31 所示。

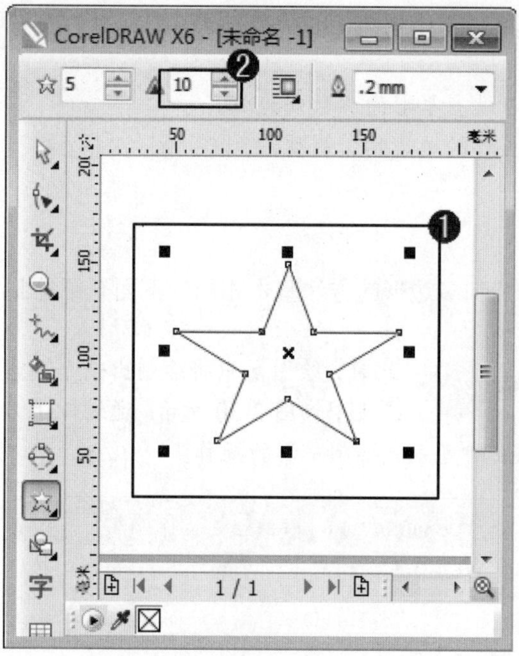

图 3-31

step 2 此时，在绘图区中，绘制出的五角星形状发生改变，如图 3-32 所示。通过以上方法即可完成调整星形锐度的操作。

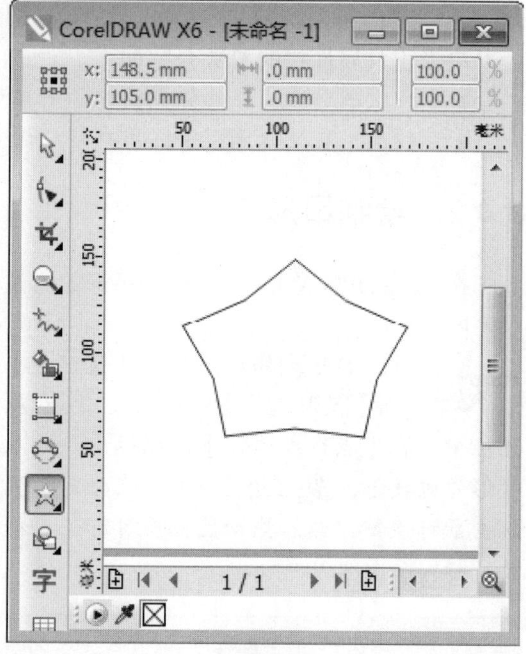

图 3-32

3.5 复杂星形工具

在 CorelDRAW X6 中，复杂星形工具与星形工具相比，虽然都是绘制星形的工具，但复杂星形工具绘制出的星形更加多样，呈现的效果也不相同。本节将重点介绍复杂星形工具方面的知识与技巧。

3.5.1 复杂星形工具的属性栏设置

在 CorelDRAW X6 中，在确保选择工具没有选择任何对象的情况下，选择复杂星形工具，其属性栏的显示如图 3-33 所示。

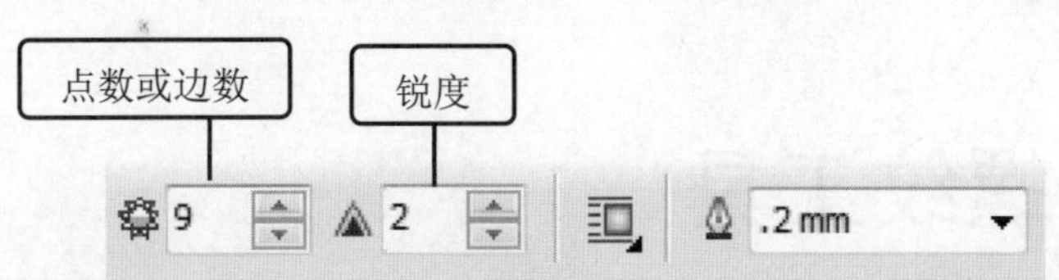

图 3-33

复杂星形工具属性栏的参数如下。

- 点数或边数：和星形工具属性栏中的【点数或边数】微调框的功能一样，在此微调框中，用户可以设置复杂星形的边数。
- 锐度：在此微调框中，用户可以设置复杂星形的锐度。锐度是指图形的尖锐度，设置不同的边数，复杂星形的尖锐度也各不相同，端点数低于 7 的交叉星形，将不能设置尖锐度。通常情况下，点数越多，复杂星形的尖锐度越高。

3.5.2 绘制复杂星形

在 CorelDRAW X6 中，使用复杂星形工具，用户可以快速绘制各种复杂星形。下面介绍绘制复杂星形的操作方法。

step 1 ① 新建文件后，在工具箱中，单击【复杂星形工具】按钮，② 在属性栏中，在【点数或边数】微调框中，输入复杂星形的边数值，③ 在绘图区中，在指定位置单击鼠标左键，然后拖动鼠标至目标位置释放鼠标，如图 3-34 所示。

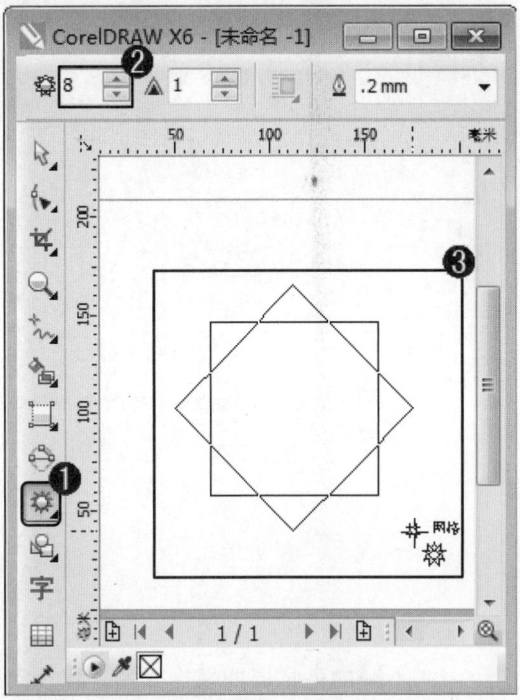

图 3-34

step 2 此时，绘图区中将绘制出一个复杂八角星形，如图 3-35 所示。通过以上方法即可完成绘制复杂星形的操作。

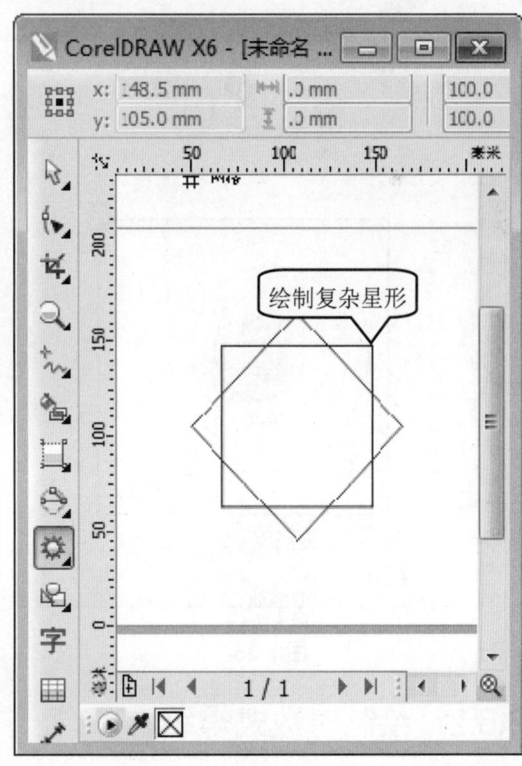

图 3-35

3.6 螺纹工具

在 CorelDRAW X6 中，螺纹是常用的一种基本图形，使用螺纹工具，用户可以轻松绘制对称式螺纹和对数式螺纹。本节将重点介绍螺纹工具方面的知识与技巧。

3.6.1 绘制对称式螺纹

在 CorelDRAW X6 中，对称式螺纹是指具有相等螺纹间距的螺纹。下面介绍绘制对称式螺纹的操作方法。

step 1 ① 新建文件后，在工具箱中，单击【螺纹工具】按钮，② 在属性栏中，在【螺纹回圈】微调框中，输入螺纹圈数值，③ 单击【对称式螺纹】按钮，④ 在绘图区中按住鼠标左键，按对角方向拖动鼠标，如图 3-36 所示。

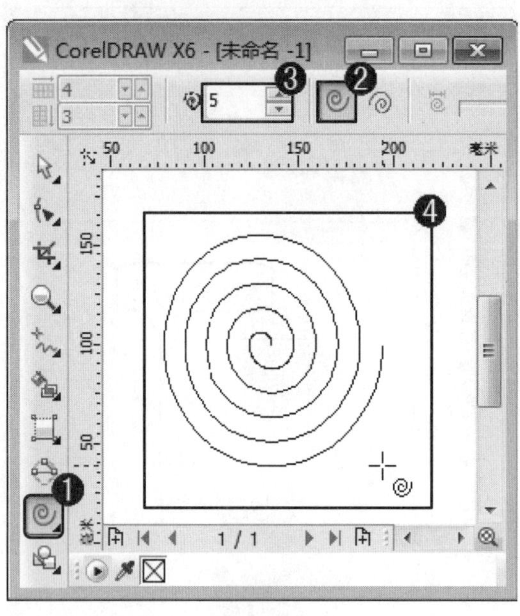

图 3-36

step 2 释放鼠标后，绘图区中将绘制出一个对称式螺纹图形，如图 3-37 所示。通过以上方法即可完成绘制对称式螺纹的操作。

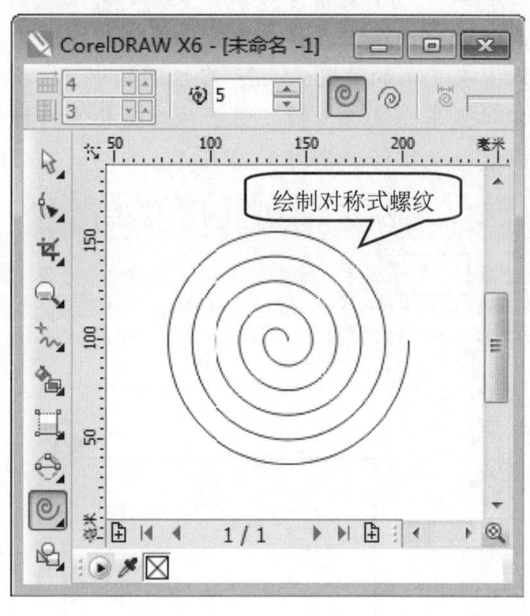

图 3-37

3.6.2 绘制对数式螺纹

在 CorelDRAW X6 中，对数式螺纹是指从螺纹中心不断向外扩展的螺旋方式，螺纹间的距离从内向外不断扩大。下面介绍绘制对数式螺纹的操作方法。

step 1 ① 新建文件后，在工具箱中，单击【螺纹工具】按钮，② 在属性栏中，在【螺纹回圈】微调框中，输入螺纹圈数值，③ 单击【对数式螺纹】按钮，④ 在【螺纹扩展参数】文本框中，输入螺纹扩展的数值，⑤ 在绘图区中按住鼠标左键，按对角方向拖动鼠标，如图 3-38 所示。

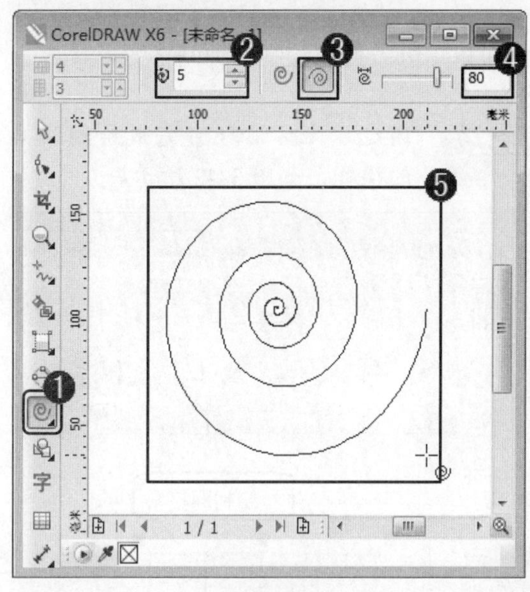

图 3-38

step 2 释放鼠标后，绘图区中将绘制出一个对数式螺纹图形，如图 3-39 所示。通过以上方法即可完成绘制对数式螺纹的操作。

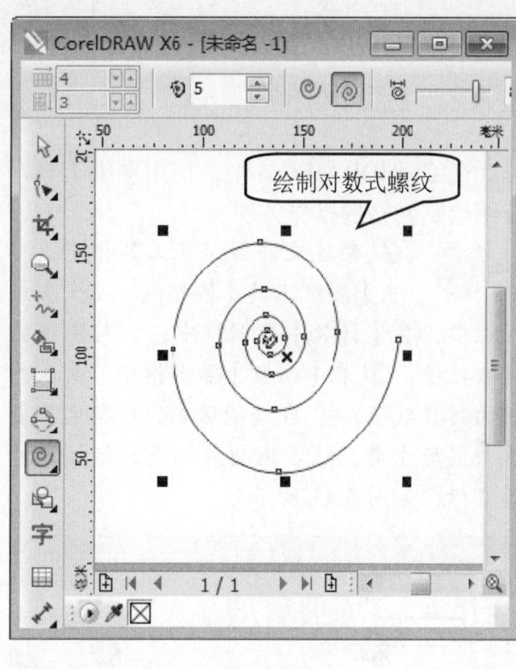

图 3-39

知识精讲

在 CorelDRAW X6 中，使用螺纹工具绘制对称式螺纹或对数式螺纹的过程中，在键盘上按住 Ctrl 键的同时，在绘图区中按住鼠标左键，按对角方向拖动鼠标，这样可以绘制圆形对称式螺纹或圆形对数式螺纹。

3.7 图纸工具

在 CorelDRAW X6 中，使用图纸工具，用户可以绘制不同列数和行数的网格图形，使用图纸工具绘制的网格由一组矩形或正方形群组而成。本节将重点介绍图纸工具方面的知识与技巧。

3.7.1 设置图纸行和列

在 CorelDRAW X6 中，在确保选择工具没有选择任何对象的情况下。选择图纸工具，其属性栏的显示如图 3-40 所示。

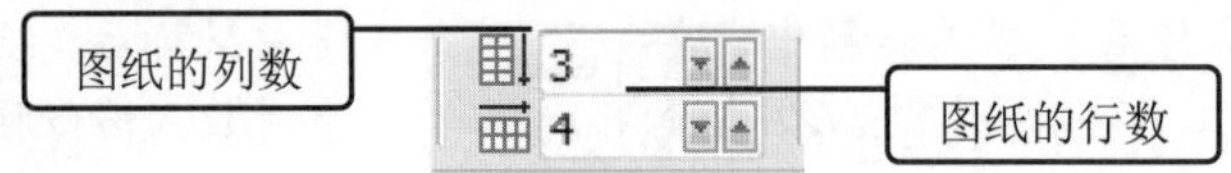

图 3-40

在图纸工具的属性栏中，用户可以在【列数】和【行数】微调框中输入数值，以改变网格的列数和行数。

3.7.2 绘制网格

在 CorelDRAW X6 中，使用图纸工具，用户可以十分方便地绘制各种网格图形。下面介绍绘制网格的操作方法。

step 1 ① 新建文件后，在工具箱中，单击【图纸工具】按钮，② 在属性栏中，在【行数】微调框中，输入图纸的行数数值，③ 在【列数】微调框中，输入图纸的列数数值，④ 在绘图区中，在指定位置单击鼠标左键，然后拖动鼠标至目标位置释放鼠标，如图 3-41 所示。

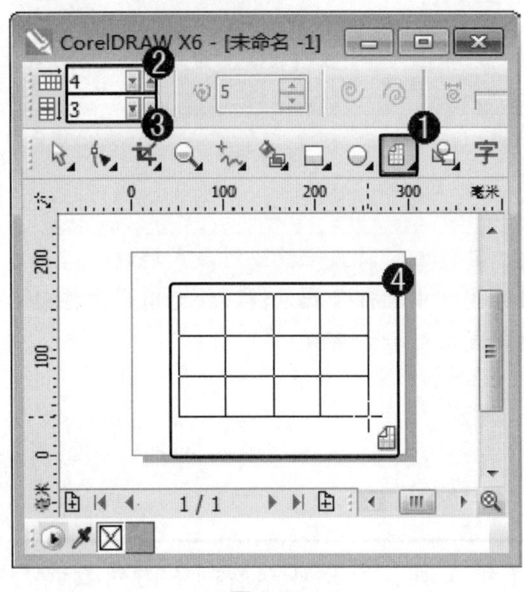

图 3-41

step 2 通过以上方法即可完成绘制网格的操作，如图 3-42 所示。

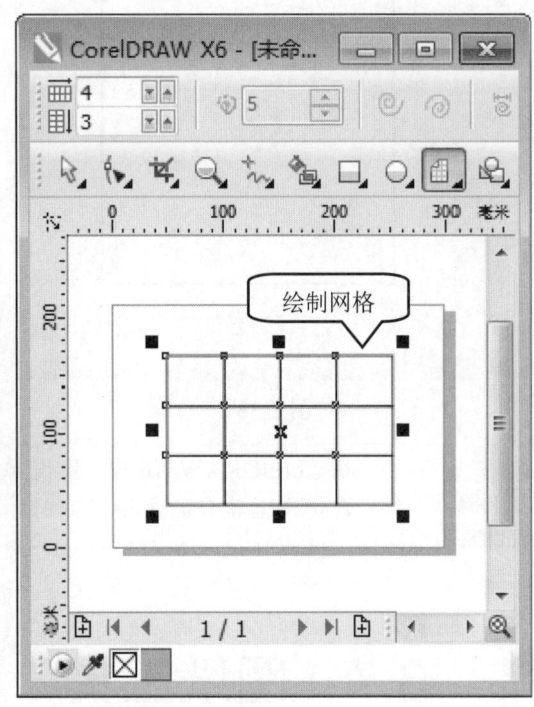

图 3-42

3.7.3 绘制长宽相等的网格

在 CorelDRAW X6 中，使用图纸工具，用户还可以绘制长宽相等的网格。下面介绍绘制长宽相等的网格的操作方法。

step 1 ① 新建文件后，在工具箱中，单击【图纸工具】按钮，② 在属性栏中，在【行数】微调框中，输入图纸的行数数值，③ 在【列数】文本框中，输入图纸的列数数值，④ 在绘图区中，按住 Ctrl 键的同时，在指定位置单击鼠标左键，然后拖动鼠标至目标位置释放鼠标，如图 3-43 所示。

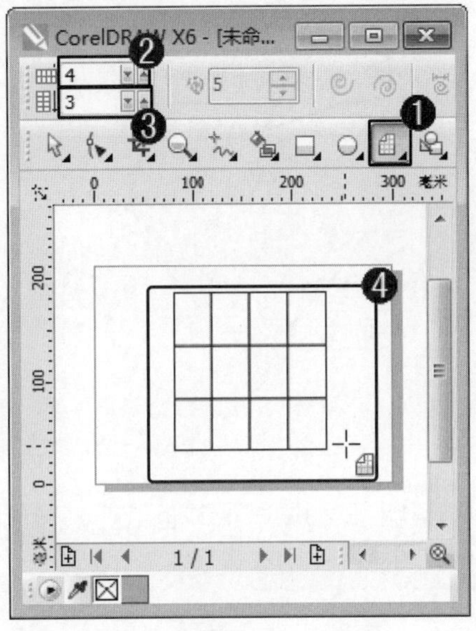

图 3-43

step 2 通过以上方法即可完成绘制长宽相等的网格的操作，如图 3-44 所示。

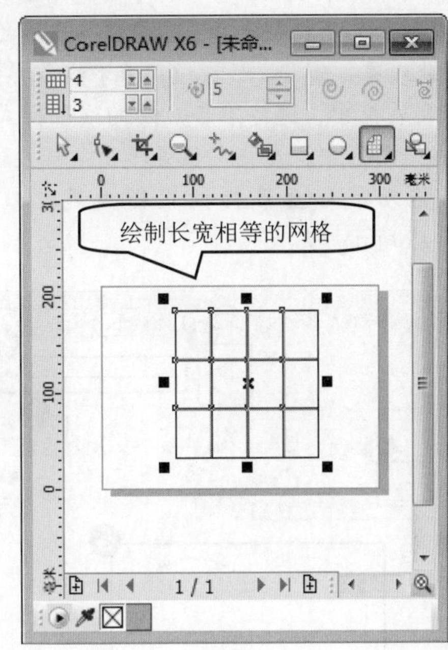

图 3-44

知识精讲

在 CorelDRAW X6 中，选择绘制好的图纸网格后，在键盘上按下组合键 Ctrl+U 或执行【取消群组】命令，用户可以将绘制的图纸网格解散群组，解散群组后的图纸网格被分解成单独的矩形或正方形。

3.8 基本形状工具组

在 CorelDRAW X6 中，用户可使用基本形状工具组，绘制各种基本的几何形状，如基本形状、箭头形状、流程图形状、标题形状和标注形状等。本节将介绍基本形状工具组方面的知识。

3.8.1 绘制基本形状

在 CorelDRAW X6 中，在基本形状工具组中提供了多种基本形状，方便用户绘制时使用。下面介绍绘制基本形状的操作方法。

step 1 ① 新建文件后，在工具箱中，单击【基本形状工具】按钮，② 在属性栏中，单击【形状】下拉按钮，③ 在弹出的下拉列表中，选择准备应用的基本形状对象，如“心形”，④ 在【线条样式】下拉列表框中，选择准备应用的线条样式，⑤ 在绘图区中，在指定位置单击鼠标左键，然后拖动鼠标至目标位置释放鼠标，如图 3-45 所示。

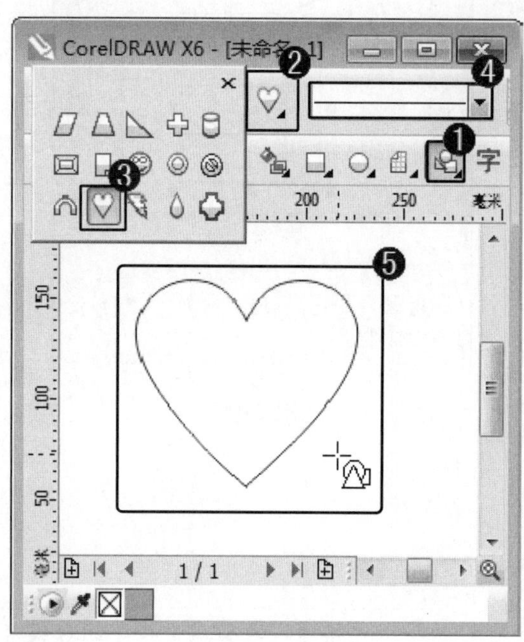

图 3-45

step 2 释放鼠标后，选择的图形已经绘制到绘图区中，如图 3-46 所示。通过以上方法即可完成绘制基本形状的操作。

图 3-46

知识精讲

创建基本形状后，使用选择工具选中一种包含轮廓沟槽的形状，拖动轮廓沟槽，直至到达所需的形状，这样可以调整绘制的基本形状图形的形状。直角形、心形、闪电形状、爆炸形状和流程图形状均不包含轮廓沟槽。

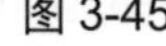

3.8.2 绘制箭头形状

在 CorelDRAW X6 中，在基本形状工具组中，程序还提供了多种箭头形状方便用户使用。下面介绍绘制箭头形状的操作方法。

step 1 ① 新建文件后，在工具箱中，单击【箭头形状工具】按钮，② 在属性栏中，单击【完美形状】下拉按钮，③ 在弹出的下拉列表中，选择准备应用的箭头形状对象，如图 3-47 所示。

step 2 在属性栏中，在【线条样式】下拉列表框中，选择准备应用的线条样式，如图 3-48 所示。

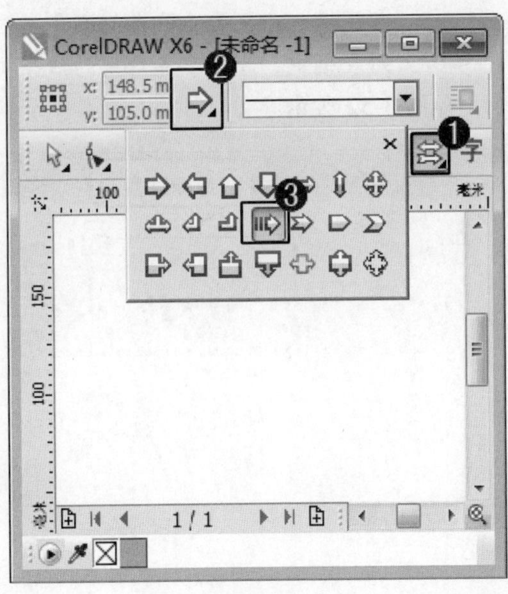

图 3-47

step 3 在绘图区中，在指定位置单击鼠标左键，然后拖动鼠标至目标位置释放鼠标，如图 3-49 所示。

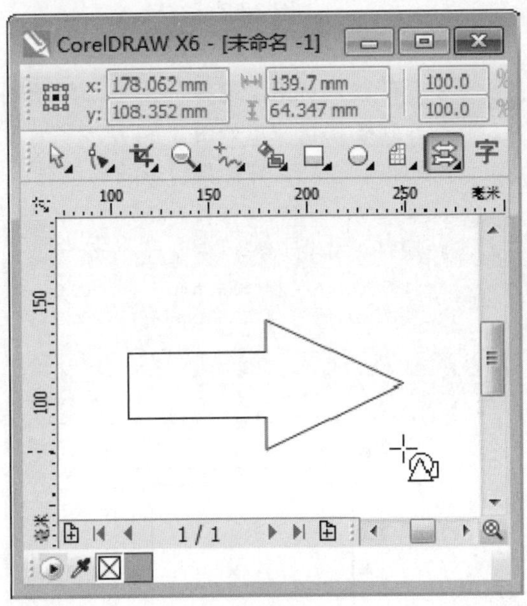

图 3-49

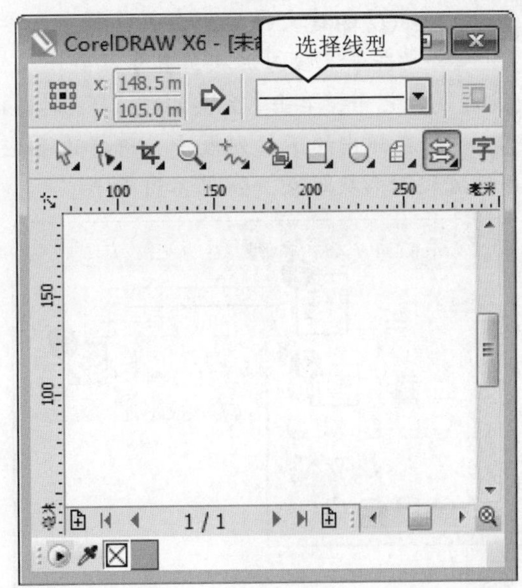

图 3-48

step 4 释放鼠标后，选择的图形已经绘制到绘图区中，如图 3-50 所示。通过以上方法即可完成绘制箭头形状的操作。

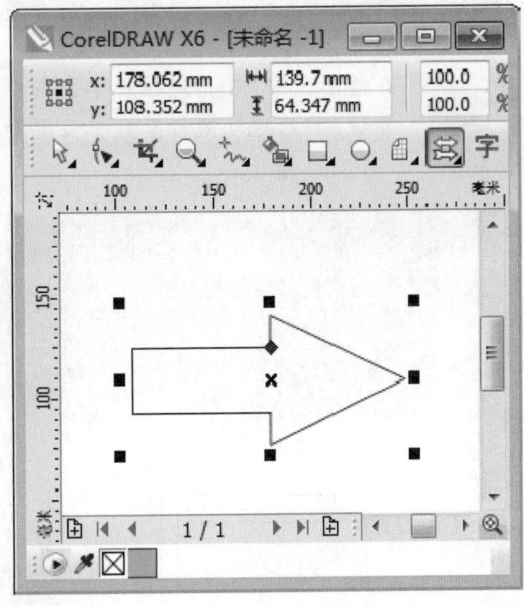

图 3-50

3.8.3 绘制流程图形状

在 CorelDRAW X6 中，用户还可以绘制各种流程图形状。下面介绍绘制流程图形状的操作方法。

step 1 ① 新建文件后，在工具箱中，单击【流程图形状工具】按钮，② 在属性栏中，单击【完美形状】下拉按钮，③ 在弹出的下拉列表中，选择准备应用的流程图形状对象，如图 3-51 所示。

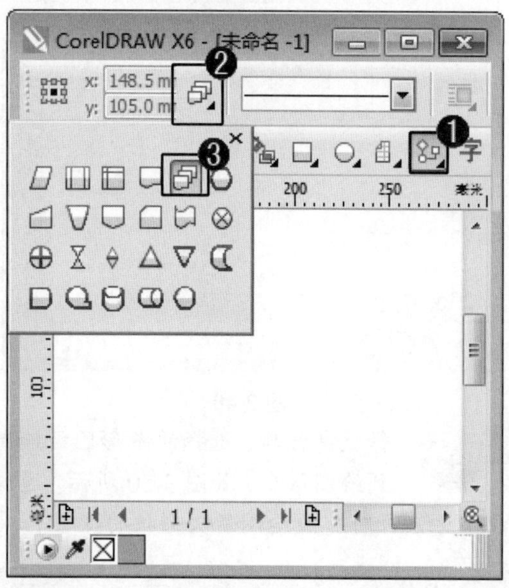

图 3-51

step 2 在属性栏中，在【线条样式】下拉列表框中，选择准备应用的线条样式，如图 3-52 所示。

图 3-52

step 3 在绘图区中，在指定位置单击鼠标左键，然后拖动鼠标至目标位置释放鼠标，如图 3-53 所示。

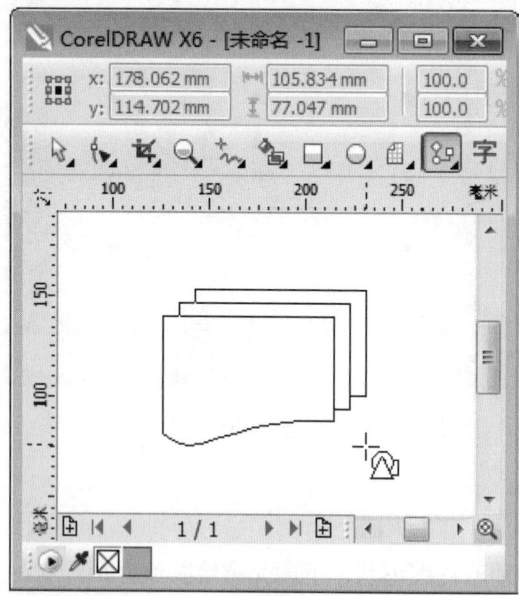

图 3-53

step 4 释放鼠标后，选择的图形已经绘制到绘图区中，如图 3-54 所示。通过以上方法即可完成绘制流程图形状的操作。

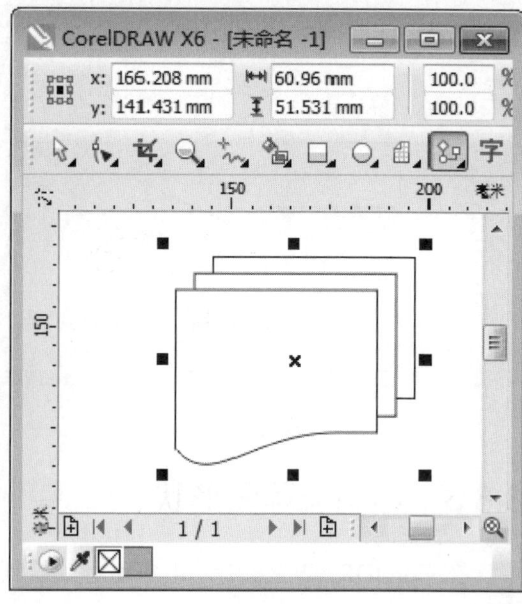

图 3-54

3.8.4 绘制标题形状

在 CorelDRAW X6 中，用户可以使用标题形状工具绘制各种标题形状。下面介绍绘制标题形状的操作方法。

step 1 ① 新建文件后，在工具箱中，单击【标题形状工具】按钮，② 在属性栏中，单击【完美形状】下拉按钮，③ 在弹出的下拉列表中，选择准备应用的标题形状对象，如图 3-55 所示。

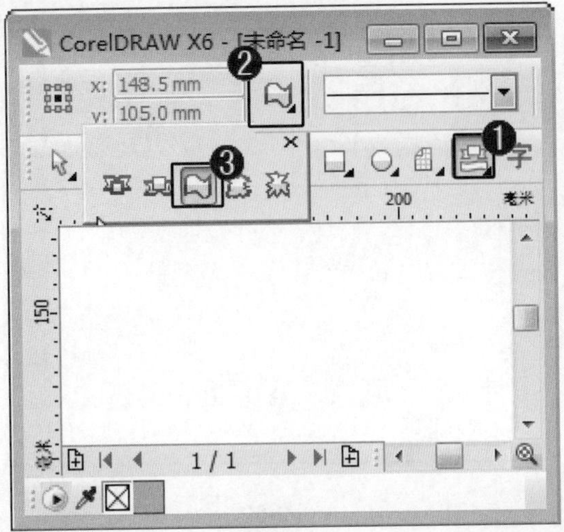

图 3-55

step 2 在属性栏中，在【线条样式】下拉列表框中，选择准备应用的线条样式，如图 3-56 所示。

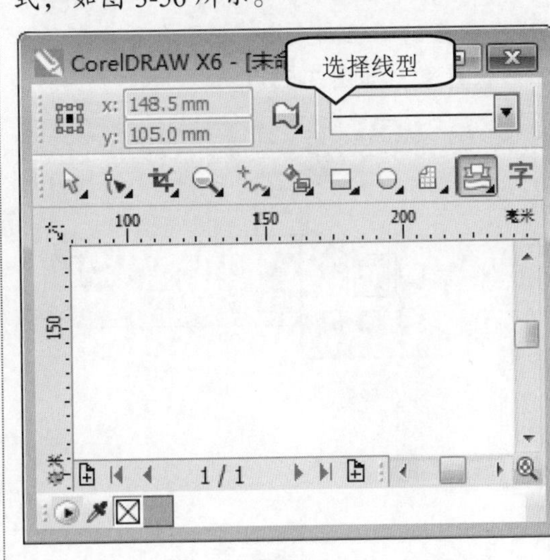

图 3-56

step 3 在绘图区中，在指定位置单击鼠标左键，然后拖动鼠标至目标位置释放鼠标，如图 3-57 所示。

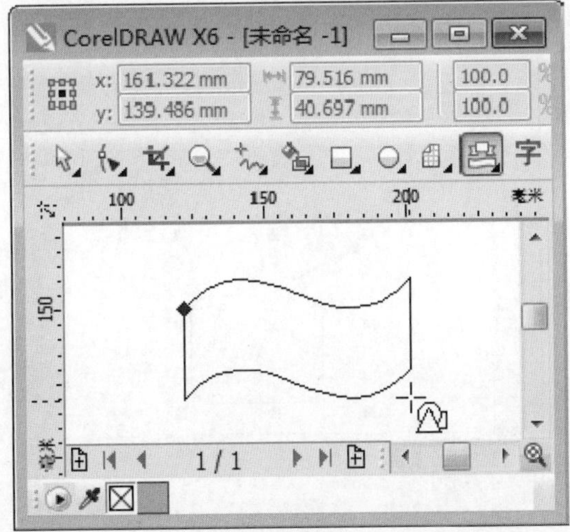

图 3-57

step 4 释放鼠标后，选择的图形已经绘制到绘图区中，如图 3-58 所示。通过以上方法即可完成绘制标题形状的操作。

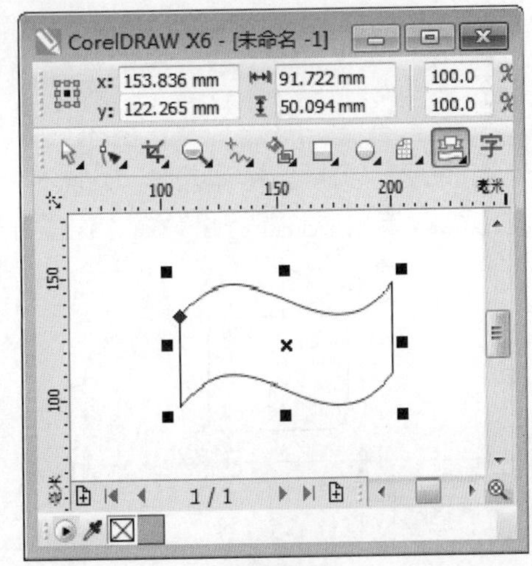

图 3-58

3.8.5 绘制标注形状

在 CorelDRAW X6 中，用户可以使用标注形状工具绘制各种标注形状。下面介绍绘制标注形状的操作方法。

step 1 ① 新建文件后，在工具箱中，单击【标注形状工具】按钮，② 在属性栏中，单击【完美形状】下拉按钮，③ 在弹出的下拉列表中，选择准备应用的标注形状对象，如图 3-59 所示。

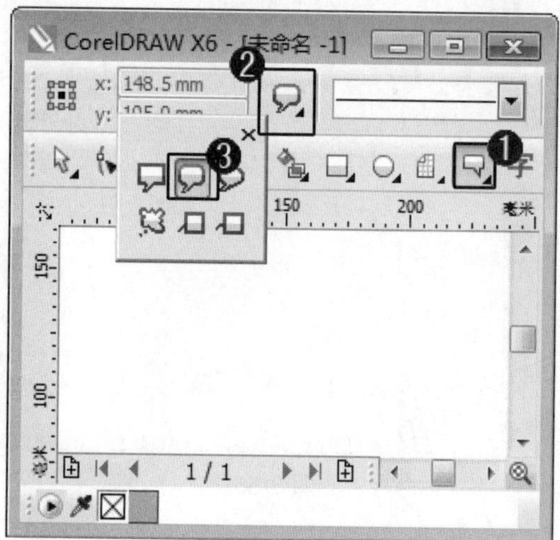

图 3-59

step 2 在属性栏中，在【线条样式】下拉列表框中，选择准备应用的线条样式，如图 3-60 所示。

图 3-60

step 3 在绘图区中，在指定位置单击鼠标左键，然后拖动鼠标至目标位置释放鼠标，如图 3-61 所示。

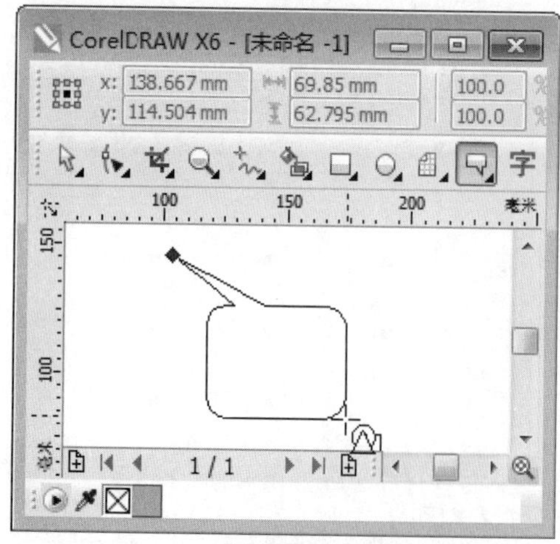

图 3-61

step 4 释放鼠标后，选择的图形已经绘制到绘图区中，如图 3-62 所示。通过以上方法即可完成绘制标注形状的操作。

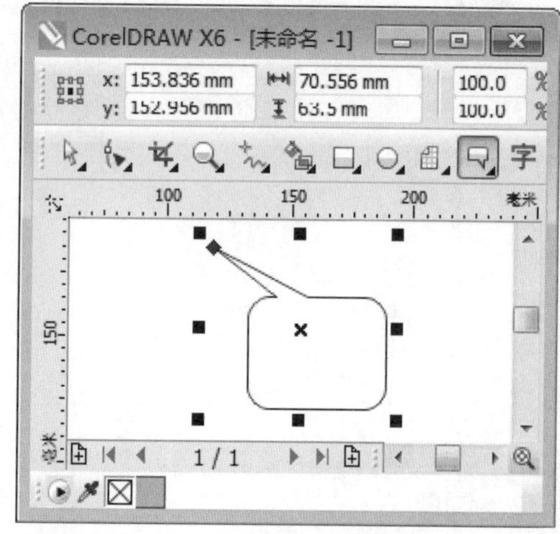

图 3-62

3.9 范例应用与上机操作

通过本章的学习，用户已经初步掌握绘制几何图形方面的基础知识，下面介绍几个实践案例，巩固一下用户学习到的知识要点。

3.9.1 绘制闹钟

通过本章的学习，用户可以使用本章的知识点，绘制一个闹钟。下面介绍绘制闹钟的操作方法。

素材文件 无

效果文件 配套素材\第3章\效果文件\绘制闹钟

step 1 ① 新建文件后，在工具箱中，单击【椭圆形工具】按钮，② 在属性栏中，在【轮廓宽度】下拉列表框中，输入圆形的轮廓宽度值，③ 按住 Ctrl 键的同时，在绘图区中，在指定位置单击鼠标左键，然后拖动鼠标至目标位置释放鼠标，绘制一个圆形并填充颜色，如深蓝色，如图 3-63 所示。

图 3-63

step 2 ① 绘制圆形后，在工具箱中，单击【椭圆形工具】按钮，② 在属性栏中，在【轮廓宽度】下拉列表框中，输入圆形的轮廓宽度值，③ 按住 Ctrl 键的同时，在绘图区中，在指定位置单击鼠标左键，然后拖动鼠标至目标位置释放鼠标，绘制一个圆形并填充颜色，如浅蓝色，然后将其移动至大圆内部，如图 3-64 所示。

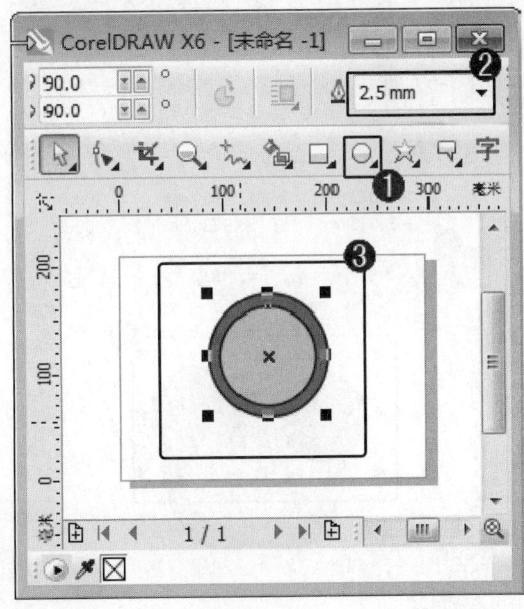

图 3-64

step 3 ① 在工具箱中，单击【椭圆形工具】按钮，② 在属性栏中，在【轮廓宽度】下拉列表框中，输入圆形的轮廓宽度值，③ 按住 Ctrl 键的同时，在绘图区中，绘制一个圆形并填充颜色，如深蓝色，如图 3-65 所示。

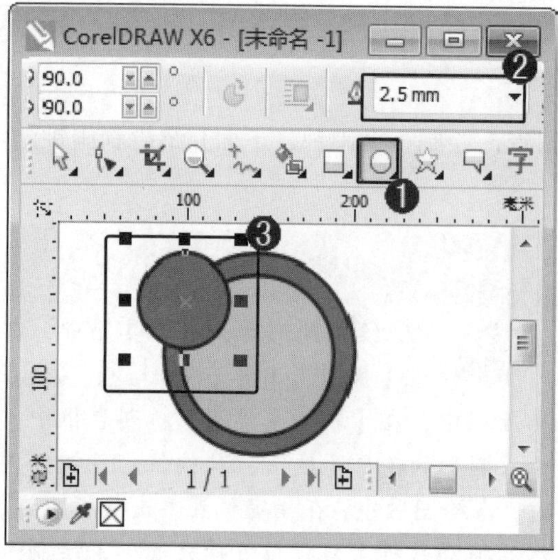

图 3-65

step 5 ① 在工具箱中，单击【选择工具】按钮，② 在绘图区中，按住 Shift 键的同时，选中最后绘制的两个小圆，如图 3-67 所示。

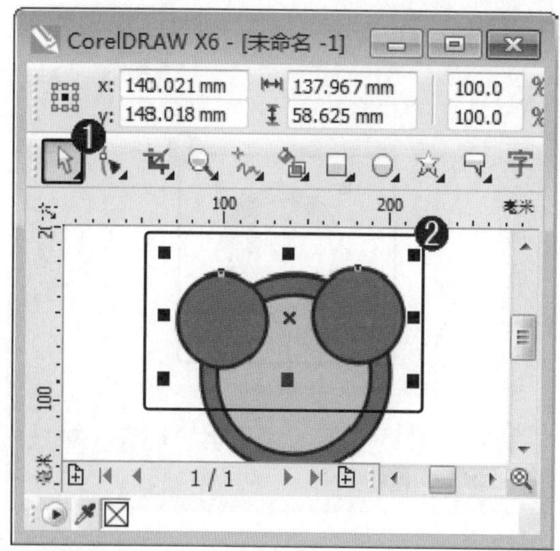

图 3-67

step 4 ① 在工具箱中，单击【选择工具】按钮，② 选择准备复制的圆形对象，③ 使用鼠标左键将其拖动至指定的位置，释放鼠标左键之前单击右键，这样可在当前位置快速复制一个副本对象，如图 3-66 所示。

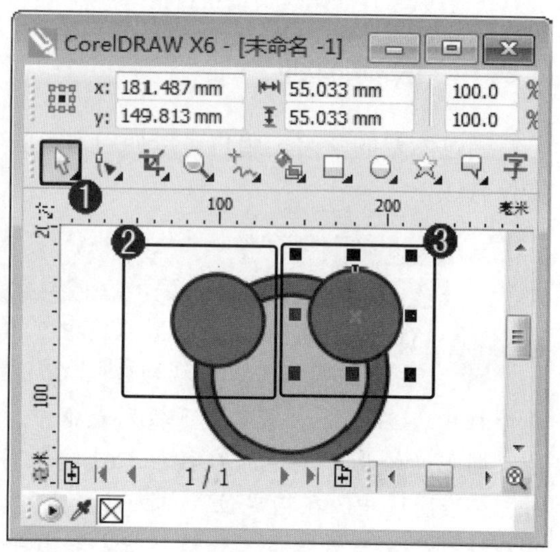

图 3-66

step 6 ① 选择对象后，单击【排列】主菜单，② 在弹出的下拉菜单中，选择【顺序】菜单项，③ 在弹出的子菜单中，选择【到页面后面】菜单项，将选中的小圆调整至页面后面，如图 3-68 所示。

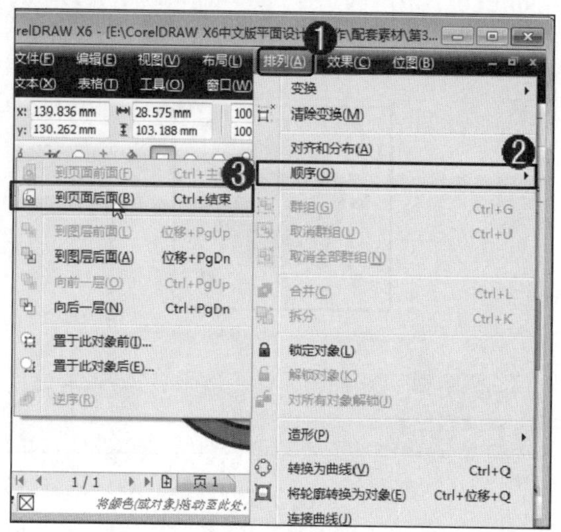

图 3-68

step 7 ① 调整图形的图层顺序后，在工具箱中，单击【矩形工具】按钮，② 在【圆角半径】微调框中，输入矩形圆角数值，③ 在绘图区中，在指定位置单击鼠标左键，然后拖动鼠标至目标位置释放鼠标，绘制一个矩形并填充成黄色，如图 3-69 所示。

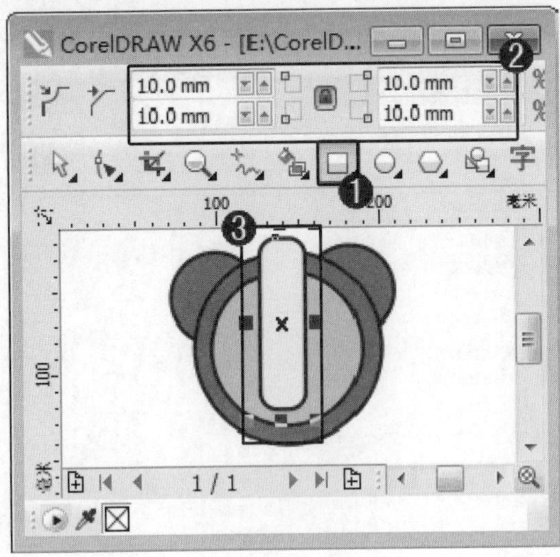

图 3-69

step 8 ① 选择绘制的矩形后，单击【排列】主菜单，② 在弹出的下拉菜单中，选择【顺序】菜单项，③ 在弹出的子菜单中，选择【到页面后面】菜单项，将选中的矩形调整至页面后面，如图 3-70 所示。

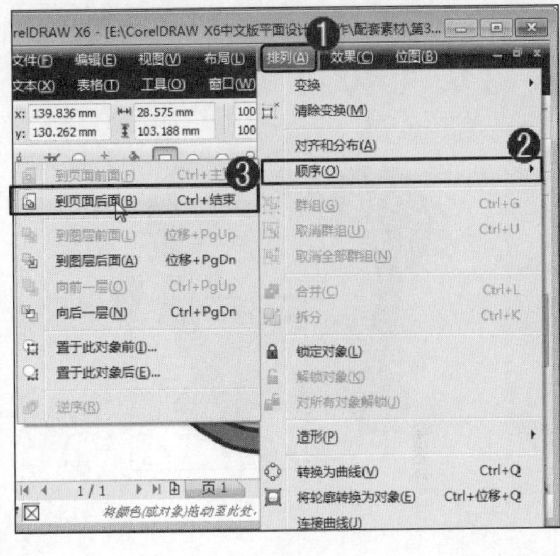

图 3-70

step 9 ① 调整图形的图层顺序后，在工具箱中，单击【矩形工具】按钮，② 在【圆角半径】微调框中，输入矩形圆角数值，③ 在绘图区中，绘制一个圆角矩形并填充成蓝色，然后将这个矩形图形进行旋转，如图 3-71 所示。

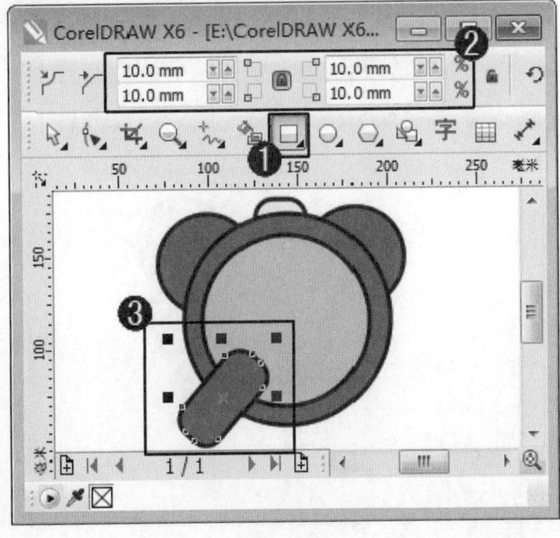

图 3-71

step 10 ① 在工具箱中，单击【选择工具】按钮，② 选择旋转后的矩形对象，③ 使用鼠标左键将其拖动至指定的位置，释放鼠标左键之前单击右键，这样可在当前位置快速复制一个副本对象，如图 3-72 所示。

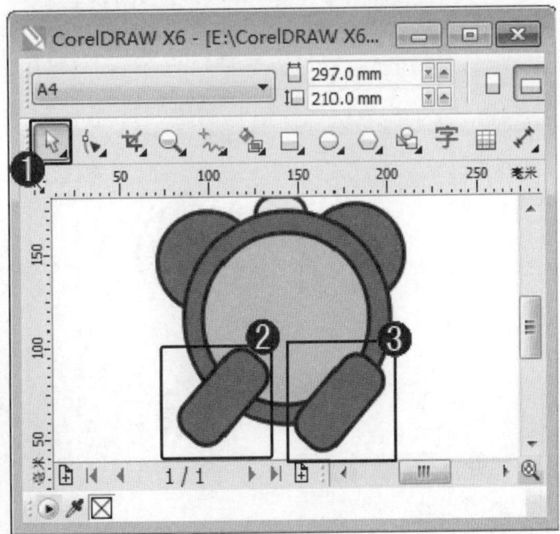

图 3-72

step 11 ① 复制对象后，在属性栏中，单击【水平镜像】按钮 ，将复制的矩形水平镜像，如图 3-73 所示。

图 3-73

step 12 ① 选择最后绘制和复制的矩形后，单击【排列】主菜单，② 在弹出的下拉菜单中，选择【顺序】菜单项，③ 在弹出的子菜单中，选择【到页面后面】菜单项，将选中的两个矩形调整至页面后面，如图 3-74 所示。

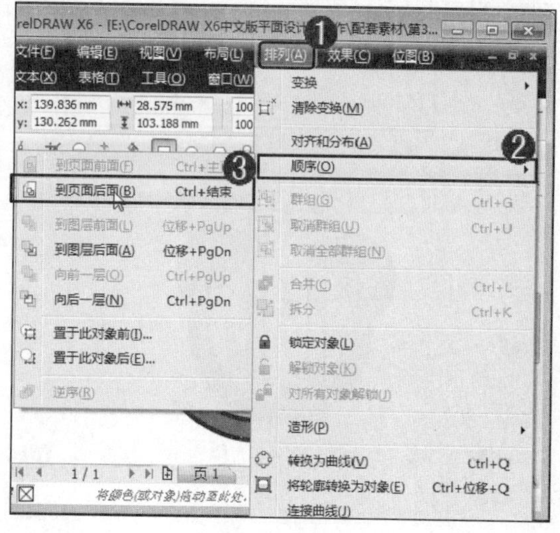

图 3-74

step 13 ① 调整图形的图层顺序后，在工具箱中，单击【矩形工具】按钮 ，② 在【圆角半径】微调框中，输入矩形圆角数值，③ 在绘图区中，绘制一个圆角矩形并填充成淡绿色，如图 3-75 所示。

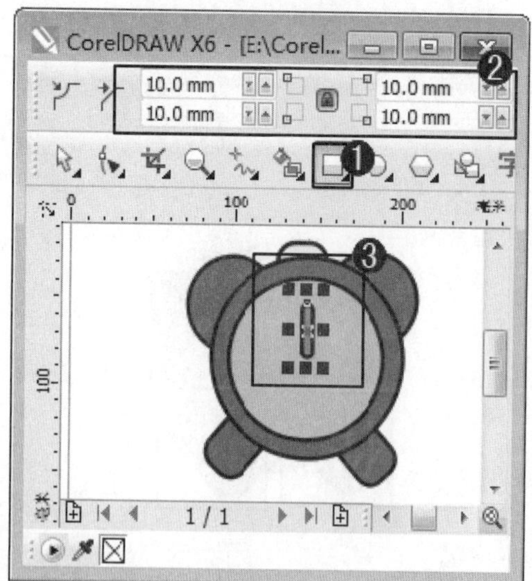

图 3-75

step 14 ① 在工具箱中，单击【矩形工具】按钮 ，② 在【圆角半径】微调框中，输入矩形圆角数值，③ 在绘图区中，再绘制一个圆角矩形并填充成淡绿色，然后将其旋转指定的角度，如图 3-76 所示。

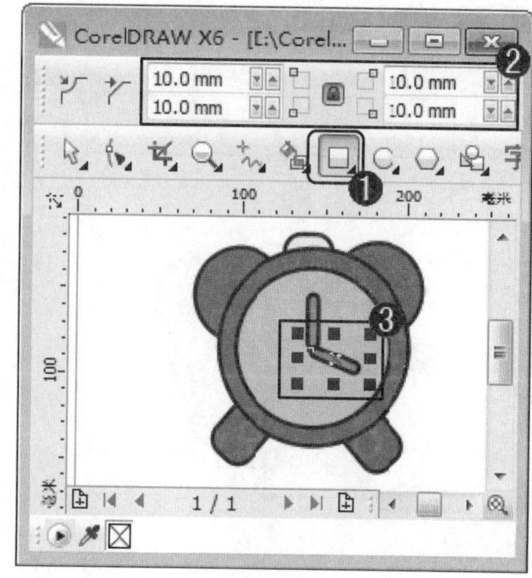

图 3-76

step 15 ① 在工具箱中，单击【星形工具】按钮，② 在属性栏中，在【点数或边数】微调框中，输入星形的边数值，③ 在绘图区中，在指定位置单击鼠标左键，然后拖动鼠标至目标位置释放鼠标，绘制一个五角星图形并填充成红色，如图 3-77 所示。

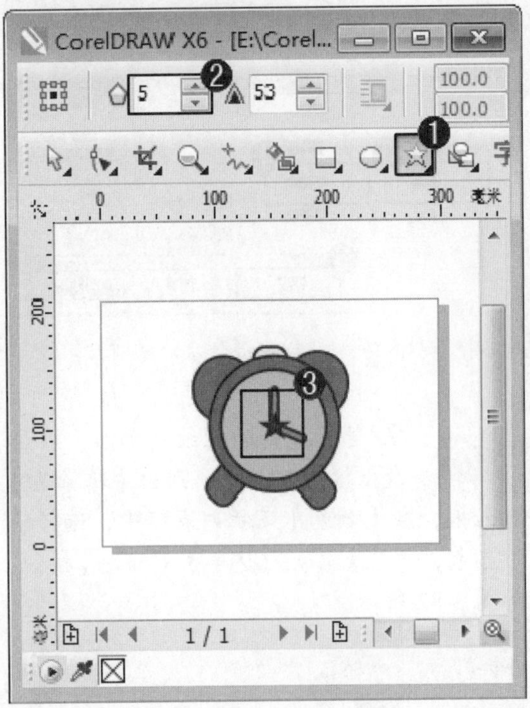

图 3-77

step 16 将所有图形选中后，在键盘上按下组合键 Ctrl+G，将图形群组。通过以上方法即可完成绘制闹钟的操作，如图 3-78 所示。

图 3-78

3.9.2 绘制蚊香

通过本章的学习，用户可以使用本章的知识点，绘制一个蚊香。下面介绍绘制蚊香的操作方法。

素材文件 无

效果文件 配套素材\第 3 章\效果文件\绘制蚊香

step 1 ① 新建文件后，在工具箱中，单击【螺纹工具】按钮，② 在属性栏中，在【螺纹回圈】微调框中，输入螺纹圈数值，如“4”，③ 单击【对称式螺纹】按钮，④ 在绘图区中按住鼠标左键，按对角方向拖动鼠标，绘制出一个对称式螺纹，如图 3-79 所示。

step 2 ① 绘制螺纹图形后，在键盘上按下 F12 键，弹出【轮廓笔】对话框，在【颜色】下拉列表框中，选择轮廓颜色，② 在【宽度】下拉列表框中，设置轮廓宽度，③ 在【角】选项组中，设置轮廓选项，④ 在【线条端头】选项组中，设置轮廓选项，⑤ 单击【确定】按钮，如图 3-80 所示。

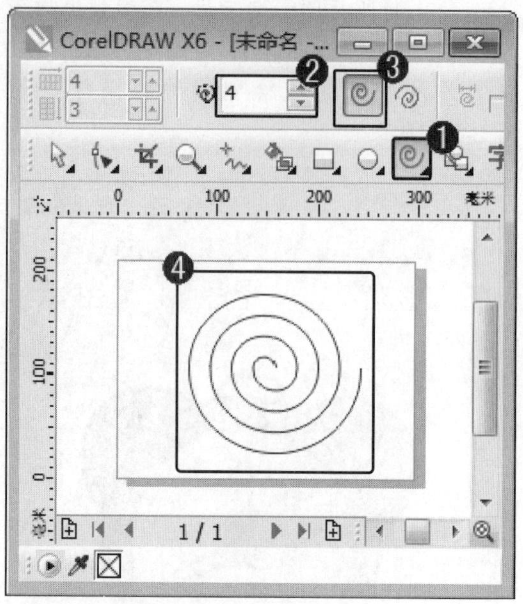

图 3-79

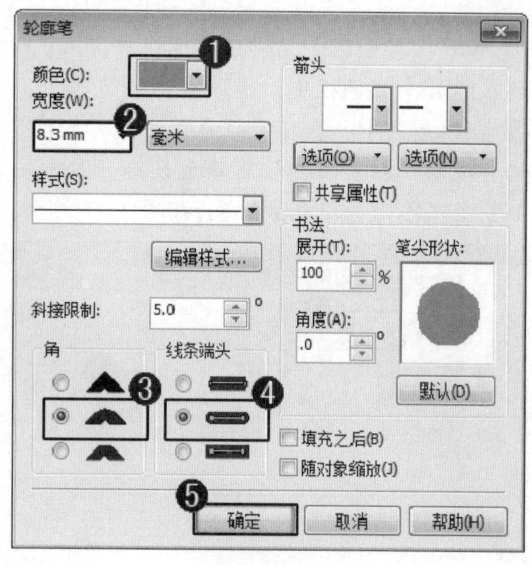

图 3-80

step 3 ① 在工具箱中，单击【选择工具】按钮，② 选择绘制的螺纹图形，③ 使用鼠标左键将其拖动至指定的位置，释放鼠标左键之前单击右键，这样可在当前位置快速复制一个螺纹图形副本对象，如图 3-81 所示。

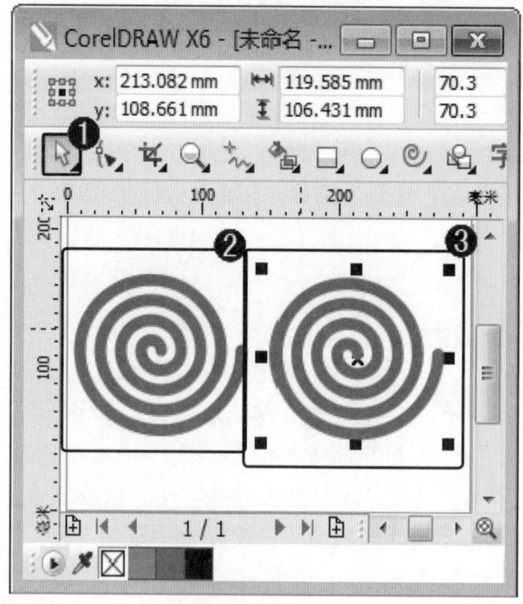

图 3-81

step 4 ① 选择复制的螺纹图形后，在键盘上按下 F12 键，弹出【轮廓笔】对话框，在【颜色】下拉列表框中，选择轮廓颜色，如“黑色”，② 单击【确定】按钮，如图 3-82 所示。

图 3-82

step 5 ① 在工具箱中，单击【选择工具】按钮，② 选择复制的螺纹图形，然后将其移动至第一个螺纹上方稍微偏移一定距离，如图 3-83 所示。

图 3-83

step 7 ① 在工具箱中，单击【选择工具】按钮，② 调整两个螺纹的间距，制作出蚊香阴影效果，如图 3-85 所示。

图 3-85

step 6 ① 选择黑色螺纹对象后，单击【排列】主菜单，② 在弹出的下拉菜单中，选择【顺序】菜单项，③ 在弹出的子菜单中，选择【到页面后面】菜单项，将选中的小圆调整至页面后面，如图 3-84 所示。

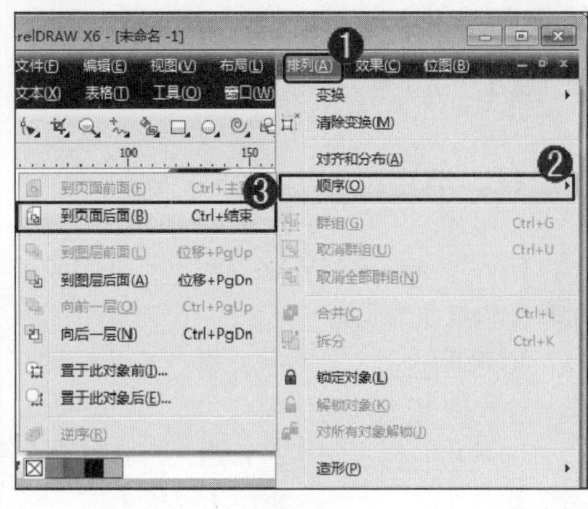

图 3-84

step 8 将所有图形选中后，在键盘上按下组合键 Ctrl+G，将图形群组。通过以上方法即可完成绘制蚊香的操作，如图 3-86 所示。

图 3-86

3.10 课后练习

3.10.1 思考与练习

一、填空题

1. 在 CorelDRAW X6 中，________是指从螺纹中心不断________的螺旋方式，螺纹间的距离从内向外不断________

2. 使用________工具，用户可以绘制不同________和行数的网格图形，使用图纸工具绘制的网格由一组矩形或________群组而成。

3. 使用________工具，用户可以绘制各种基本的几何形状，如基本形状、________、流程图形状、________和标注形状等。

二、判断题

1. 绘制完星形后，用户可以根据绘制需要调整星形的锐度，制作出不同效果的星形。 (　　)

2. 使用矩形工具，用户不可以绘制正方形。 (　　)

3. 在 CorelDRAW X6 中，在基本形状工具组中，程序还提供了多种箭头形状方便用户使用。 (　　)

三、思考题

1. 如何绘制对称式螺纹?

2. 如何绘制复杂星形?

3.10.2 上机操作

1. 启动 CorelDRAW X6 软件，使用椭圆形工具、多边形工具、手绘工具进行绘制气球的操作。效果文件可参考“配套素材\第 3 章\效果文件\绘制气球.cdr”。

2. 启动 CorelDRAW X6 软件，使用椭圆形工具、选择工具、填充工具、水平镜像按钮和贝塞尔工具进行绘制熊猫的操作。效果文件可参考“配套素材\第 3 章\效果文件\绘制熊猫.cdr”。

第 4 章

绘制线段及曲线

本章主要介绍了手绘工具、贝塞尔工具和艺术笔工具方面的知识与技巧，同时还讲解了钢笔工具、度量工具和其他曲线绘制工具方面的技巧。通过本章的学习，读者可以掌握绘制线段及曲线方面的知识，为深入学习 CorelDRAW X6 知识奠定基础。

范例导航

1. 手绘工具
2. 贝塞尔工具
3. 艺术笔工具
4. 钢笔工具
5. 度量工具
6. 其他曲线绘制工具

4.1 手绘工具

在 CorelDRAW X6 中，使用手绘工具，用户可以绘制各种简单的线段或曲线，而且手绘工具允许用户控制正在绘制的曲线的平滑度及在现有线条中添加线段。下面详细介绍使用手绘工具方面的知识与操作技巧。

4.1.1 手绘工具属性栏的设置

在 CorelDRAW X6 中，选择手绘工具，其属性栏的显示如图 4-1 所示。

图 4-1

手绘工具属性栏的参数介绍如下。

- 起始箭头：用于设置手绘左侧箭头样式。
- 线条样式：用于设置手绘线型样式。
- 终止箭头：用于设置手绘右侧箭头样式。
- 轮廓宽度：用于设置手绘轮廓线的宽度值。
- 手绘平滑度：用于设置手绘曲线的平滑度。

手绘工具允许用户手绘线条，就好像用户正在素描一样。如果绘制手绘曲线时出了错，可以立即擦除不需要的部分并继续绘图。绘制直线或线段时，可以将它们限制为垂直直线或水平直线。

4.1.2 绘制直线

在 CorelDRAW X6 中，在工具箱中选择手绘工具，用户可以绘制一条直线。下面介绍绘制直线的操作方法。

step 1 ① 新建空白文件后，在工具箱中，单击【手绘工具】按钮，② 在绘图区中，在指定位置单击鼠标左键，指定绘制直线的起点，然后释放鼠标左键，如图 4-2 所示。

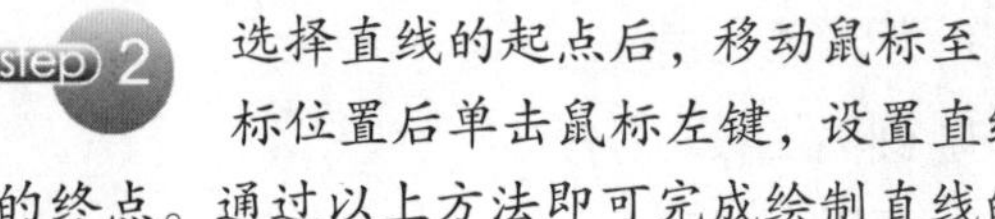

step 2 选择直线的起点后，移动鼠标至目标位置后单击鼠标左键，设置直线的终点。通过以上方法即可完成绘制直线的操作，如图 4-3 所示。

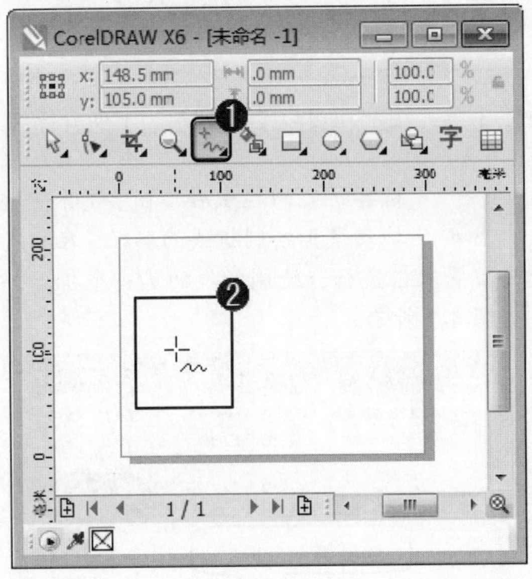

图 4-2

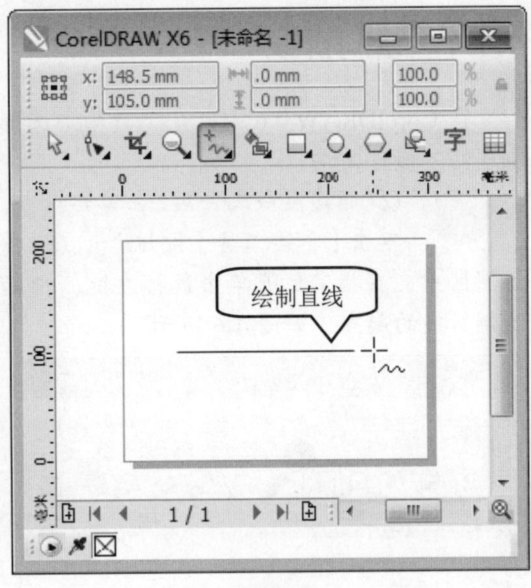

图 4-3

4.1.3 绘制曲线

在 CorelDRAW X6 中，在工具箱中选择手绘工具，用户可以绘制曲线。下面介绍绘制曲线的操作方法。

step 1 ① 新建空白文件后，在工具箱中，单击【手绘工具】按钮，② 在绘图区中，在指定位置单击鼠标左键，指定绘制曲线的起点，如图 4-4 所示。

step 2 选择曲线的起点后，在绘图区中，拖动鼠标绘制曲线的路径，在指定的位置释放鼠标。通过以上方法即可完成绘制曲线的操作，如图 4-5 所示。

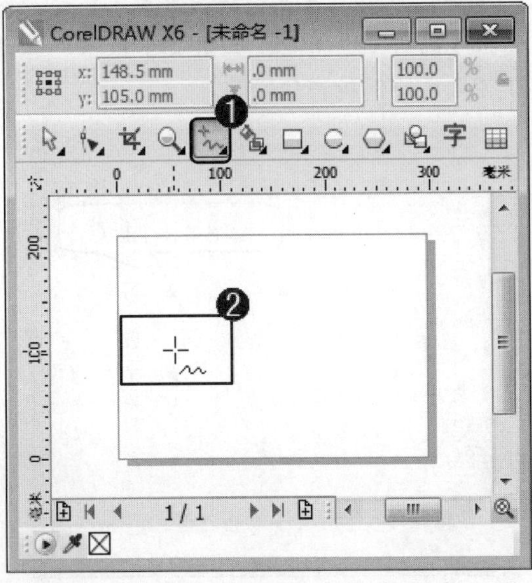

图 4-4

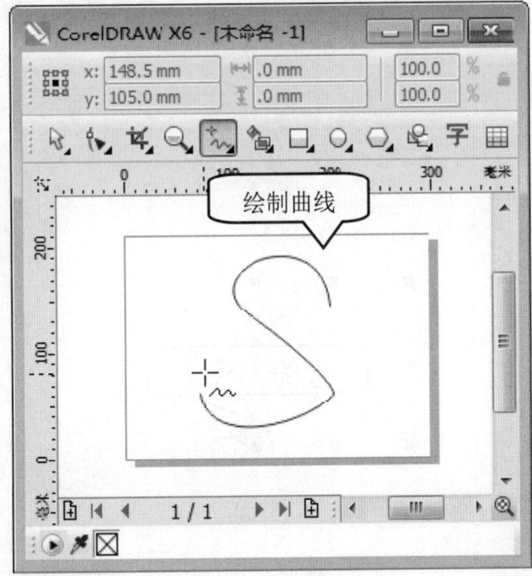

图 4-5

4.1.4　绘制折线

在 CorelDRAW X6 中，在工具箱中选择手绘工具，用户还可以绘制折线。下面介绍绘制折线的操作方法。

step 1　① 新建空白文件后，在工具箱中，单击【手绘工具】按钮，② 在绘图区中，在指定位置单击鼠标左键，指定绘制折线的起点，如图 4-6 所示。

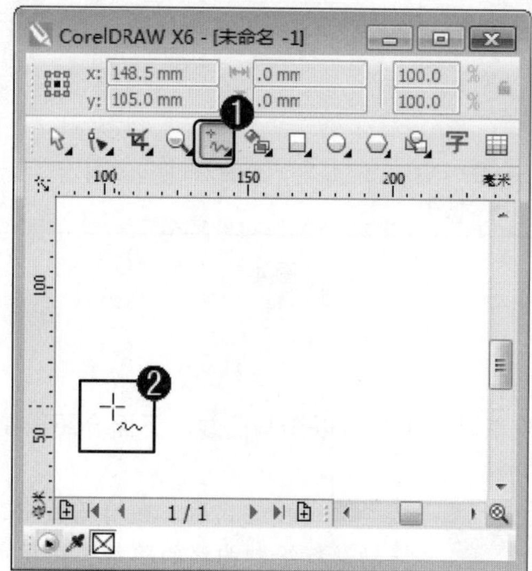

图 4-6

step 2　选择折线的起点后，在绘图区中，拖动鼠标绘制折线的路径，在指定的位置双击鼠标，绘制折线的第一个折点，如图 4-7 所示。

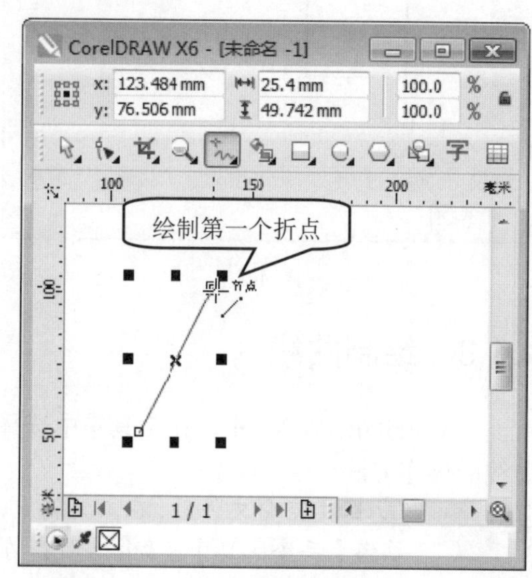

图 4-7

step 3　在绘图区中，拖动鼠标绘制折线的路径，在指定的位置双击鼠标，绘制折线的第二个折点，如图 4-8 所示。

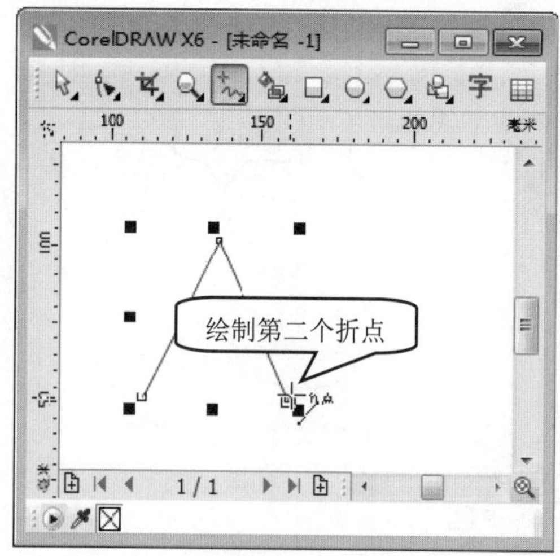

图 4-8

step 4　在绘图区中，拖动鼠标绘制折线的路径，在指定的位置单击鼠标，绘制折线的第三个折点，如图 4-9 所示。这样即可完成绘制折线的操作。

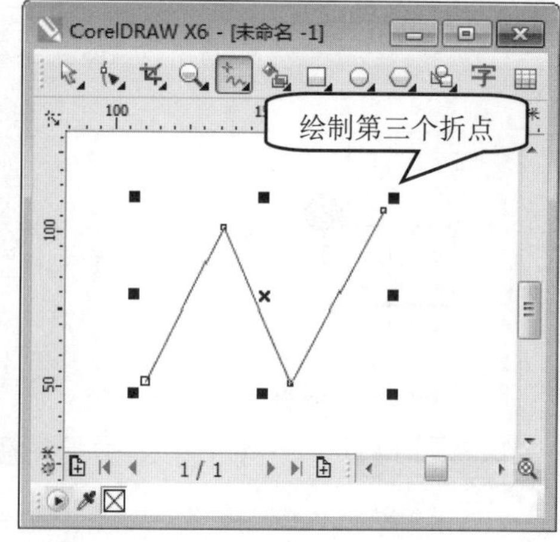

图 4-9

4.1.5 绘制封闭曲线图形

在 CorelDRAW X6 中，使用手绘工具，用户可以绘制封闭图形。下面介绍绘制封闭曲线图形的操作方法。

step 1 ① 新建空白文件后，在工具箱中，单击【手绘工具】按钮，② 在绘图区中，在指定位置单击鼠标左键，指定绘制折线的起点，如图 4-10 所示。

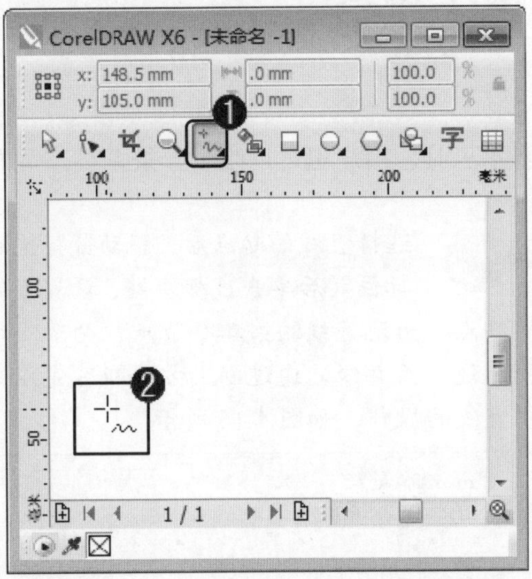

图 4-10

step 2 选择折线的起点后，在绘图区中，拖动鼠标绘制折线的路径，在指定的位置双击鼠标，绘制折线的第一个折点，如图 4-11 所示。

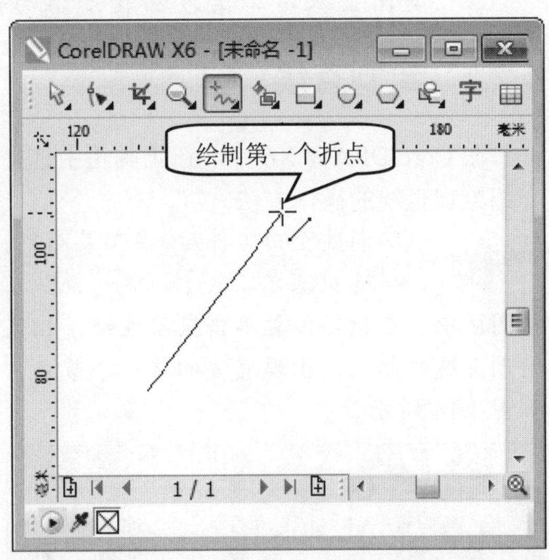

图 4-11

step 3 在绘图区中，拖动鼠标绘制折线的路径，在指定的位置双击鼠标，绘制折线的第二个折点，如图 4-12 所示。

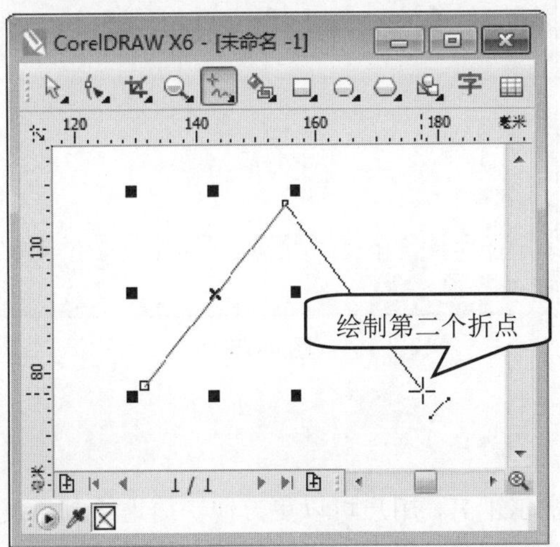

图 4-12

step 4 在绘图区中，将鼠标指针移动至折线起点位置，当鼠标指针变为“+”形状时，单击鼠标，这样即可绘制封闭曲线图形，如图 4-13 所示。

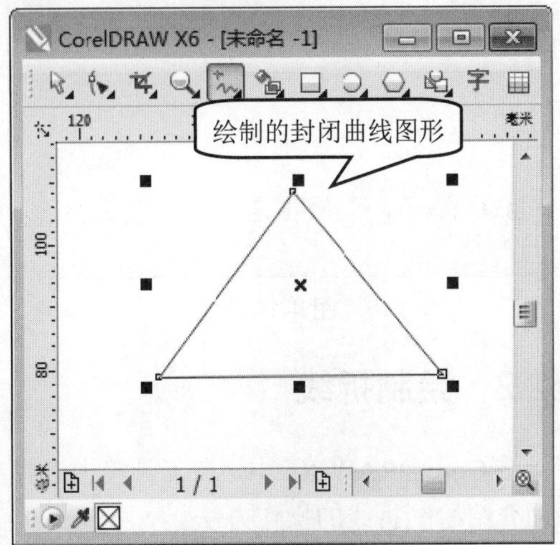

图 4-13

4.2 贝塞尔工具

在 CorelDRAW X6 中，使用贝塞尔工具，用户可以绘制平滑或精确的曲线，通过改变节点和控制点的位置来控制曲线的弯曲度，绘制完曲线后，通过调整节点，用户可以调整直线和曲线的形状。下面详细介绍使用贝塞尔工具方面的知识与操作技巧。

4.2.1 绘制直线

在 CorelDRAW X6 中，在工具箱中选择贝塞尔工具，用户也可以绘制一条直线。下面介绍绘制直线的操作方法。

step 1 ① 新建空白文件后，在工具箱中，单击【贝塞尔工具】按钮，② 在绘图区中，在指定位置单击鼠标左键，指定绘制直线的起点，出现直线的第一个节点，如图 4-14 所示。

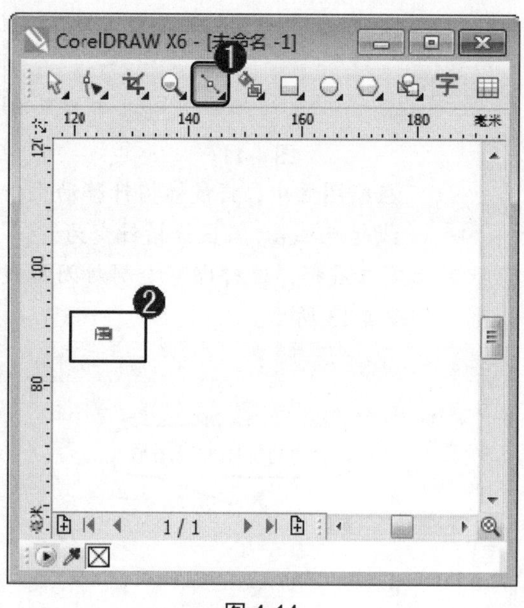

图 4-14

step 2 选择直线的起点后，移动鼠标至目标位置后单击鼠标左键，设置直线的终点，出现直线的第二个节点，两节点之间出现一条直线。通过以上方法即可完成绘制直线的操作，如图 4-15 所示。

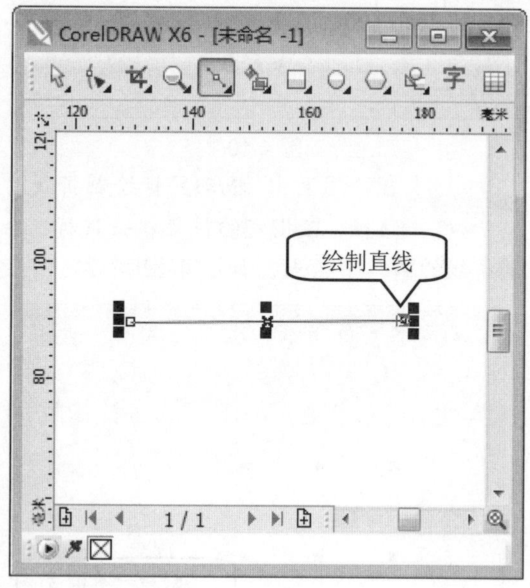

图 4-15

4.2.2 绘制折线

在 CorelDRAW X6 中，在工具箱中选择贝塞尔工具，用户可以更方便快捷地绘制折线。下面介绍绘制折线的操作方法。

step 1 ① 新建空白文件后，在工具箱中，单击【贝塞尔工具】按钮，② 在绘图区中，在指定位置单击鼠标左键，指定绘制折线的起点，如图 4-16 所示。

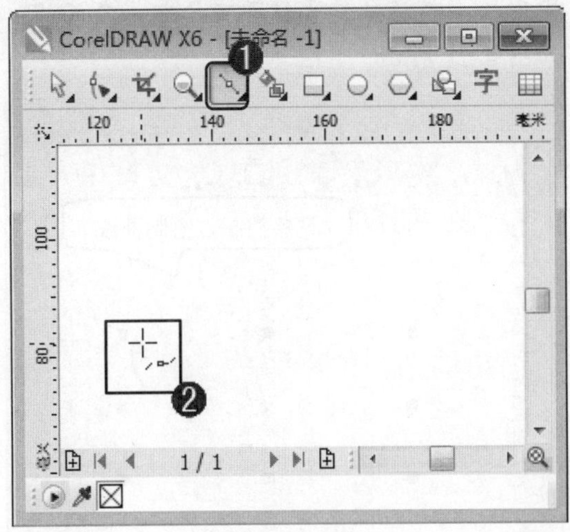

图 4-16

step 2 选择折线的起点后，在绘图区中，移动鼠标至目标位置后单击鼠标左键，绘制第一条线段，如图 4-17 所示。

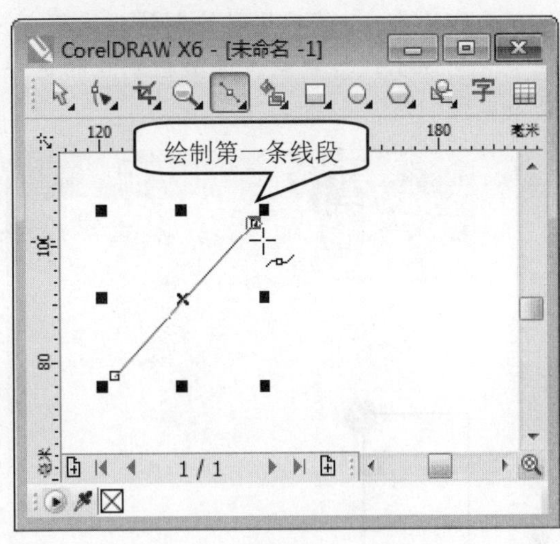

图 4-17

step 3 在绘图区中，移动鼠标至目标位置后单击鼠标左键，绘制第二条线段，如图 4-18 所示。

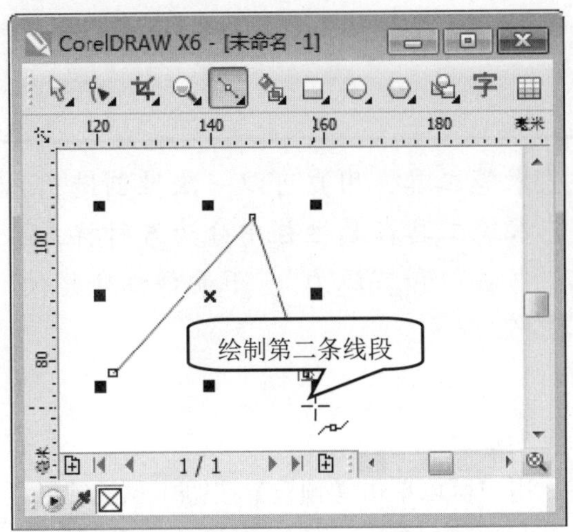

图 4-18

step 4 移动鼠标至目标位置后单击鼠标左键，绘制第三条线段，线段之间相互连接，组成一段折线，如图 4-19 所示。这样即可完成绘制折线的操作。

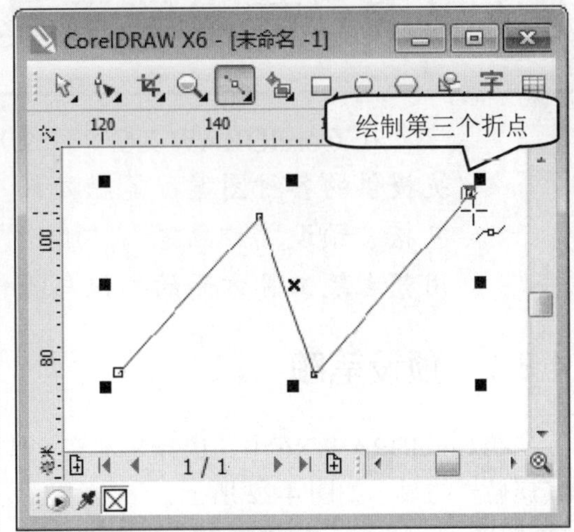

图 4-19

4.2.3 绘制曲线

在 CorelDRAW X6 中，在工具箱中选择贝塞尔工具，用户绘制曲线也更加方便、精确。下面介绍绘制曲线的操作方法。

step 1 ① 新建空白文件后，在工具箱中，单击【贝塞尔工具】按钮，② 在绘图区中，在指定位置单击鼠标左键，指定绘制曲线的起点，然后拖动绘制的曲线节点，使节点两侧出现控制点，连接控制点的是一条蓝色控制线，如图 4-20 所示。

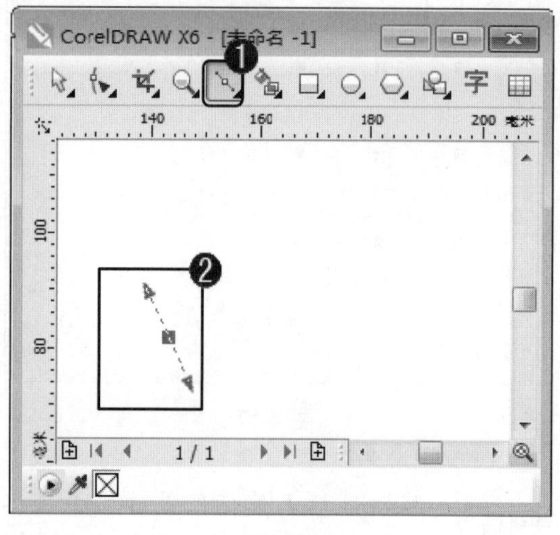

图 4-20

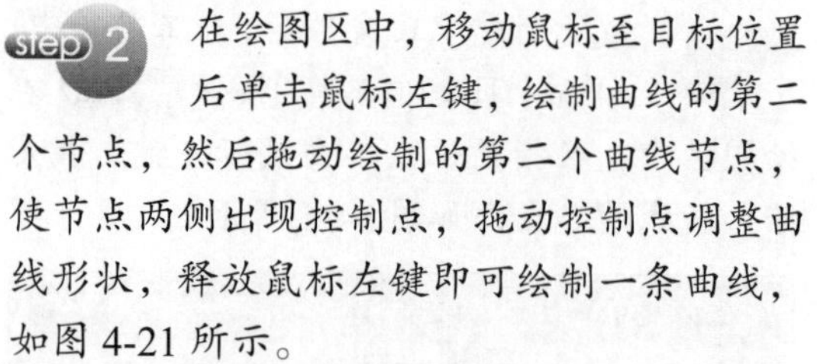

step 2 在绘图区中，移动鼠标至目标位置后单击鼠标左键，绘制曲线的第二个节点，然后拖动绘制的第二个曲线节点，使节点两侧出现控制点，拖动控制点调整曲线形状，释放鼠标左键即可绘制一条曲线，如图 4-21 所示。

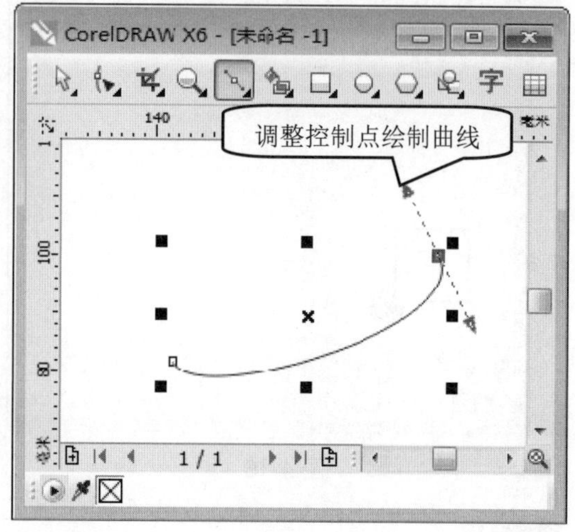

图 4-21

4.3 艺术笔工具

在 CorelDRAW X6 中，使用艺术笔工具，用户可以一次性创造出系统提供的各种图案、笔触效果。艺术笔工具在属性栏中分为 5 种样式，包括“预设”、“画笔”、“喷涂”、“书法”和“压力”。下面详细介绍使用艺术笔工具方面的知识与操作技巧。

4.3.1 预设笔触

在 CorelDRAW X6 中，选择艺术笔工具后，用户可以单击【预设】按钮预设笔触，其属性栏的显示如图 4-22 所示。

图 4-22 预设笔触

预设笔触属性栏的参数介绍如下。

- 手绘平滑：用于设置线条的平滑程度。平滑度最高值为“100”，用户可以根据需要调整其参数设置。
- 笔触宽度：用于设置笔触的宽度。
- 预设笔触：用于设置准备应用的笔触样式。

4.3.2 使用预设笔触绘制小松鼠

在 CorelDRAW X6 中，使用艺术笔工具，用户可以使用预设笔触绘制一只小松鼠。下面介绍绘制小松鼠的操作方法。

step 1 ① 新建空白文件后，在工具箱中，单击【艺术笔工具】按钮，② 在属性栏中，在【笔触宽度】微调框中，设置笔触的宽度值，③ 在【预设笔触】下拉列表框中，选择准备应用的笔触样式，如图 4-23 所示。

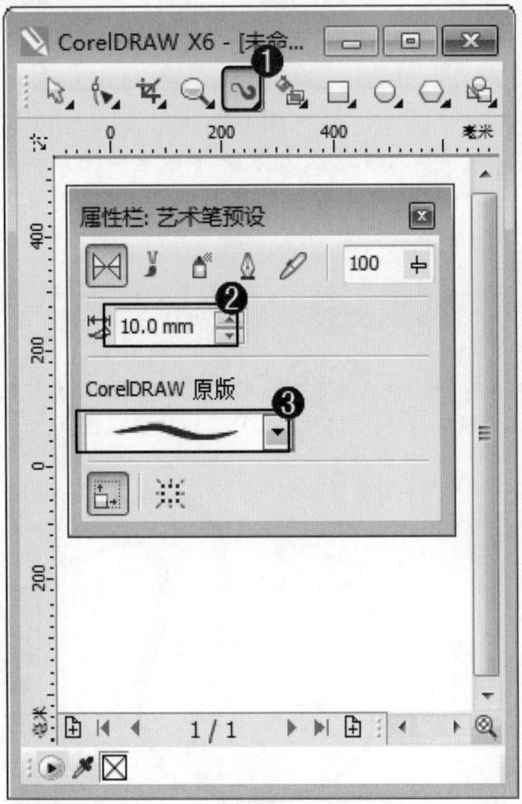

图 4-23

step 2 在绘图区中，按住鼠标左键并拖曳笔触至合适的位置，释放鼠标左键，得到指定的笔触效果，如图 4-24 所示。

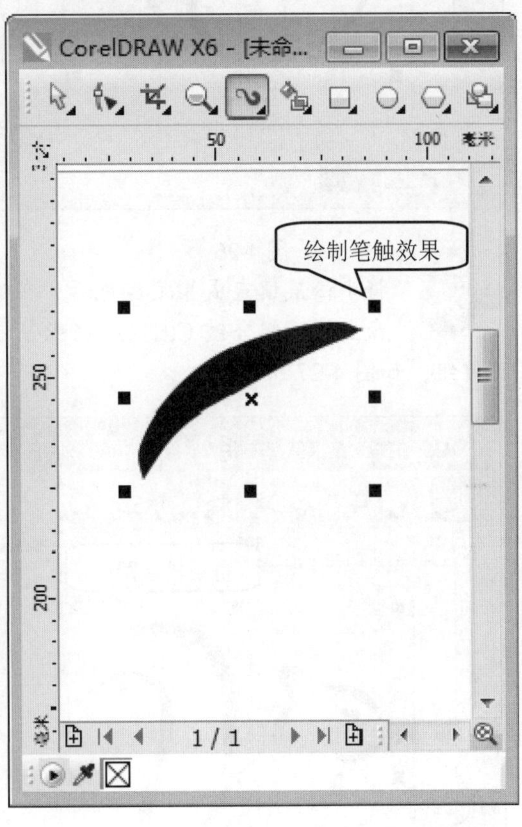

图 4-24

step 3 运用相同的方法，绘制其他笔触效果，组合成小松鼠的艺术形象，然后使用选择工具将全部图形选中，如图 4-25 所示。

step 4 在【默认：默认 调色板】中，在准备应用的颜色块上单击，如“棕色”，这样可将选中图形填充为指定颜色，如图 4-26 所示。

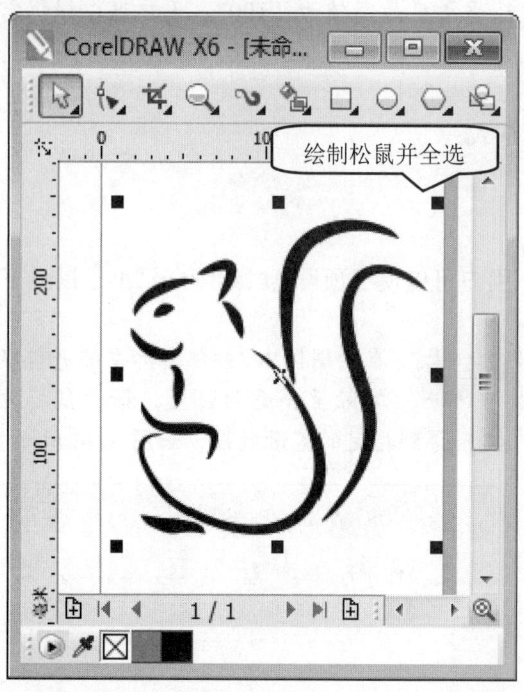

图 4-25

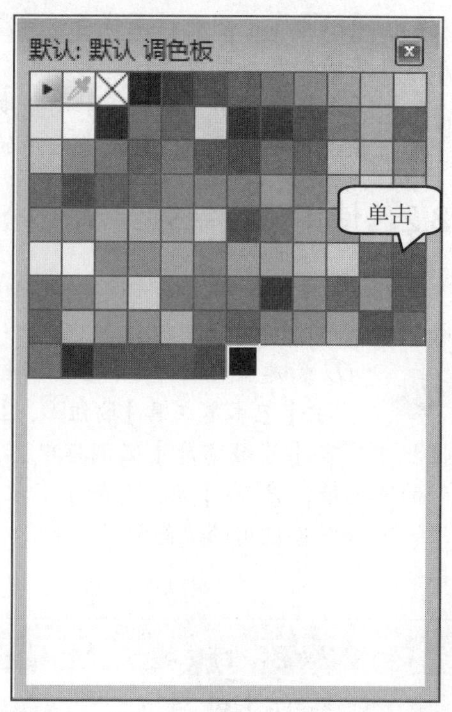

图 4-26

step 5 将小松鼠填充成指定颜色后，在键盘上按下组合键 Ctrl+G，将松鼠图形群组，如图 4-27 所示。

step 6 通过以上方法即可完成使用预设笔触绘制小松鼠的操作，如图 4-28 所示。

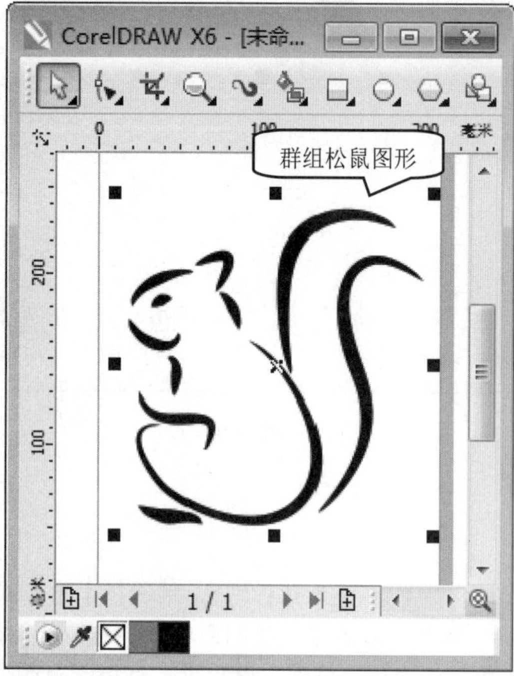

图 4-27

图 4-28

4.3.3 创建自定义笔刷笔触

在 CorelDRAW X6 中，用户可以将一个对象或一组矢量对象自定义为笔刷笔触，同时可以将它们保存为预设。下面以上一实例绘制的小松鼠为例，详细介绍创建自定义笔刷笔触的操作。

step 1 ① 新建空白文件后，在工具箱中，单击【选择工具】按钮，② 在绘图区中，选中准备保存的图形，如上一实例绘制的小松鼠，如图 4-29 所示。

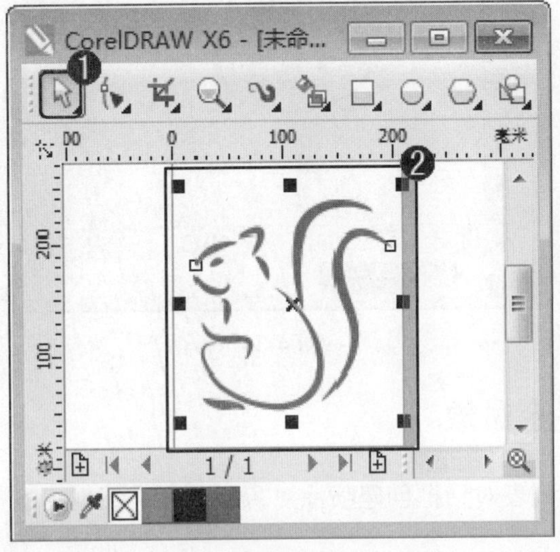

图 4-29

step 2 ① 在工具箱中，单击【艺术笔工具】按钮，② 在属性栏中，单击【笔刷】按钮，③ 单击【保存艺术笔触】按钮，如图 4-30 所示。

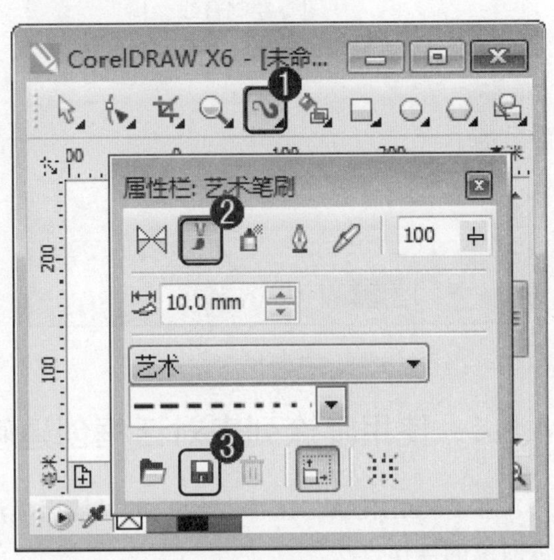

图 4-30

step 3 ① 弹出【另存为】对话框，在【文件名】下拉列表框中，输入笔触名称，如“松鼠”，② 单击【保存】按钮，如图 4-31 所示。

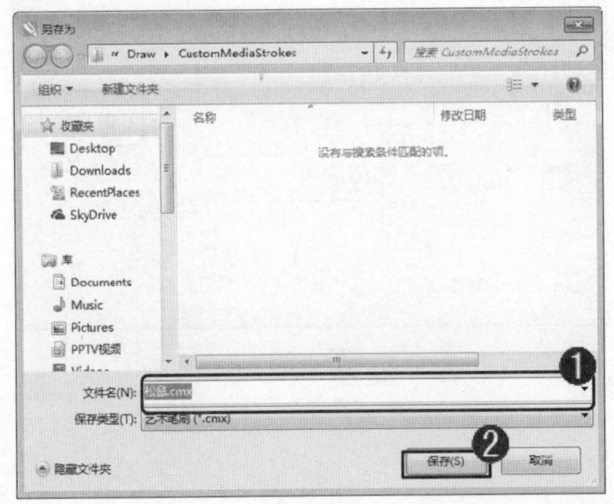

图 4-31

step 4 ① 保存笔触后，在【类别】下拉列表框中，选择【自定义】选项，② 在【笔刷笔触】下拉列表框中，选择添加的笔触，如“松鼠”，如图 4-32 所示。

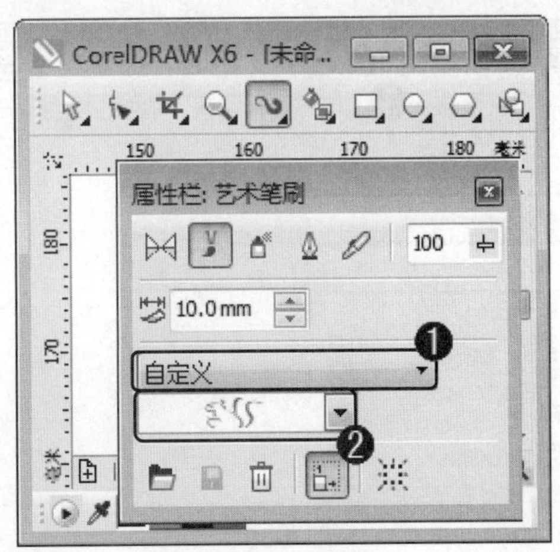

图 4-32

第 4 章 绘制线段及曲线

step 5 在绘图区中，使用艺术笔工具绘制一条直线，然后释放鼠标，如图 4-33 所示。

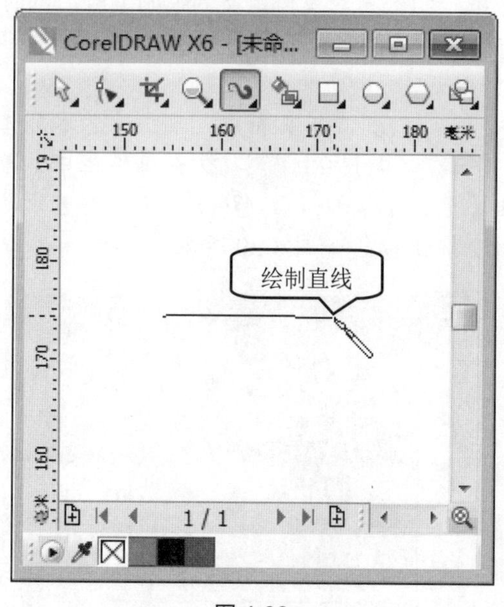

图 4-33

step 6 此时，创建的自定义图形自动绘制出来，如图 4-34 所示。通过以上方法即可完成创建自定义笔刷笔触的操作。

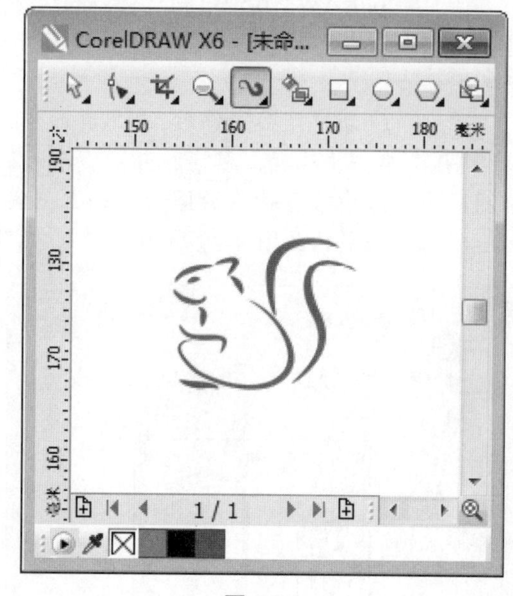

图 4-34

4.3.4 使用喷涂列表对话框创建喷涂对象

在 CorelDRAW X6 中，用户可以使用喷涂列表对话框创建喷涂对象。下面介绍创建喷涂对象的操作方法。

step 1 ① 新建文件后，在艺术笔工具的属性栏中，单击【喷涂】按钮，② 在【类别】下拉列表框中，选择【植物】选项，③在【笔刷笔触】下拉列表框中，选择准备应用的笔触，如图 4-35 所示。

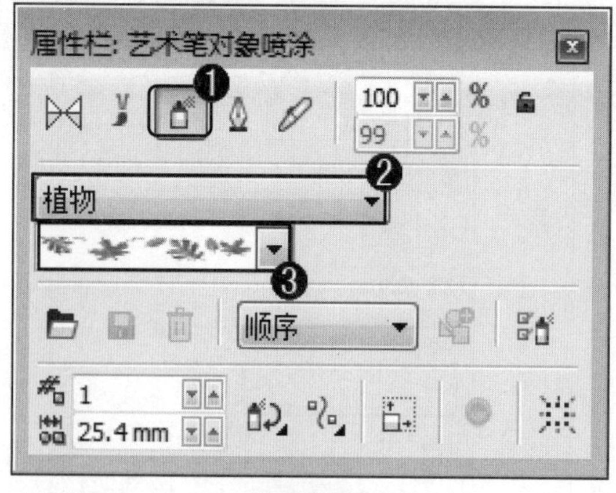

图 4-35

step 2 在属性栏中，单击【喷涂列表选项】按钮，如图 4-36 所示。

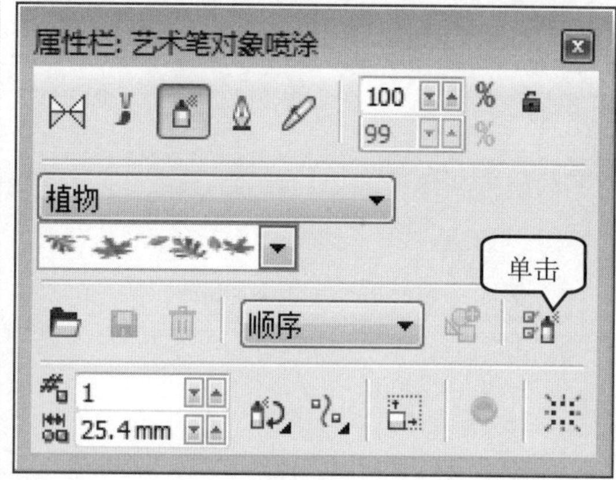

图 4-36

step 3 ① 弹出【创建播放列表】对话框，在【播放列表】列表框中，选择准备应用的图形选项，如【图像 7】，② 单击【确定】按钮，如图 4-37 所示。

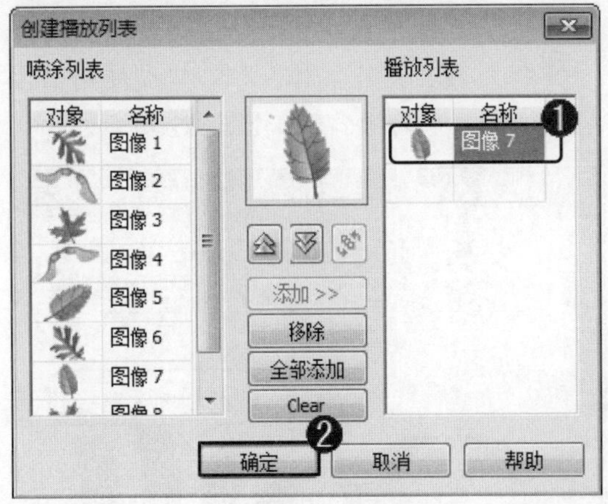

图 4-37

step 4 在属性栏中，在【喷涂顺序】下拉列表框中，选择喷涂的顺序选项，如【随机】，如图 4-38 所示。

图 4-38

step 5 在绘图区中，使用艺术笔工具绘制一条曲线，然后释放鼠标，如图 4-39 所示。

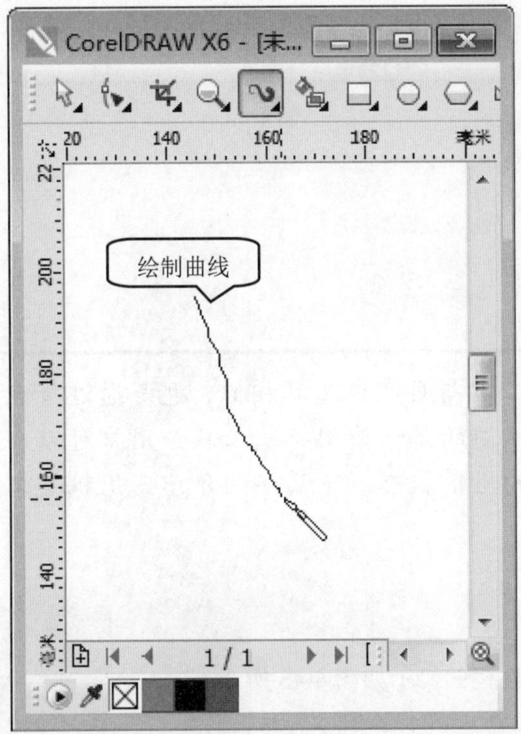

图 4-39

step 6 此时，选择的喷涂图形自动随机绘制出来，如图 4-40 所示。通过以上方法即可完成创建喷涂对象的操作。

图 4-40

4.3.5 使用书法笔触绘制外形

在 CorelDRAW X6 中，用户可以使用书法笔触绘制各种书法效果。下面介绍使用书法笔触绘制“2014”效果的操作方法。

step 1 ① 新建文件后，在艺术笔工具的属性栏中，单击【书法】按钮，② 在【笔触宽度】微调框中，输入笔触宽度值，如图 4-41 所示。

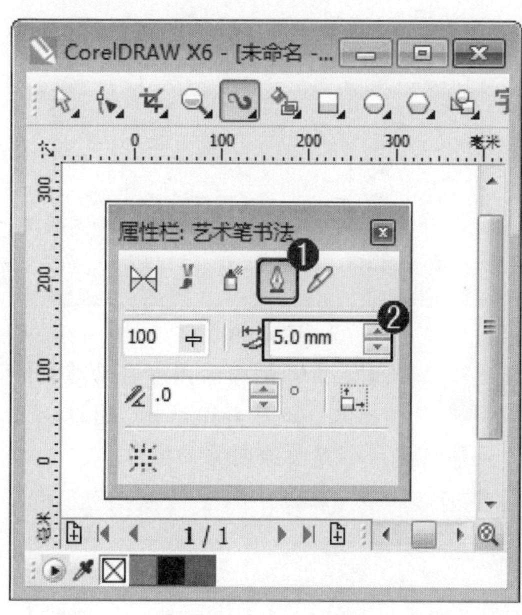

图 4-41

step 2 在绘图区中，拖动鼠标绘制书法路径，释放鼠标，即可完成使用书法笔触绘制外形的操作，如图 4-42 所示。

图 4-42

4.4 钢笔工具

在 CorelDRAW X6 中，钢笔工具与贝塞尔工具相似，也是通过节点和手柄来达到绘制图形的目的，不同的是，使用钢笔工具，用户可以在确定下一个节点之前预览到曲线的当前状态。下面详细介绍使用钢笔工具方面的知识与操作技巧。

4.4.1 钢笔工具的属性栏设置

在 CorelDRAW X6 中，选择钢笔工具，属性栏的显示如图 4-43 所示。

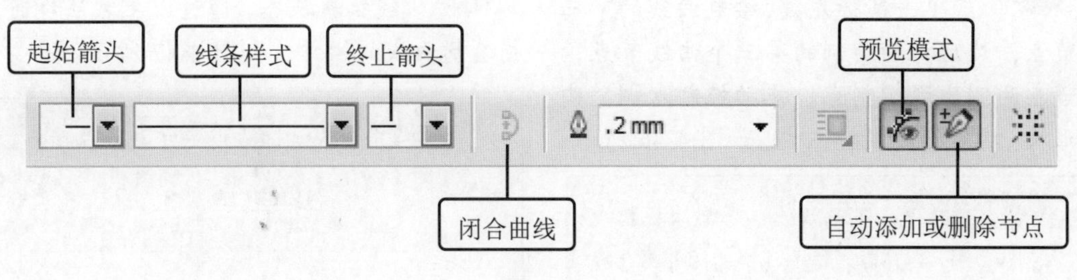

图 4-43

钢笔工具属性栏的参数介绍如下。

- 闭合曲线：绘制曲线后单击该按钮，用户可以在曲线开始与结束点间自动添加一条直线，使曲线首尾闭合。
- 预览模式：单击激活该按钮后，在绘制曲线时，在确定下一节点之前，可以预览到曲线的当前形状，否则将不能预览。
- 自动添加或删除节点：单击激活该按钮后，在曲线上单击可自动添加或删除节点。

4.4.2 绘制曲线

在 CorelDRAW X6 中，使用钢笔工具，绘制曲线十分便捷。下面介绍绘制曲线的操作方法。

step 1 ① 新建空白文件后，在工具箱中，单击【钢笔工具】按钮，② 在绘图区中，在指定位置单击鼠标左键，指定绘制曲线的起点，如图 4-44 所示。

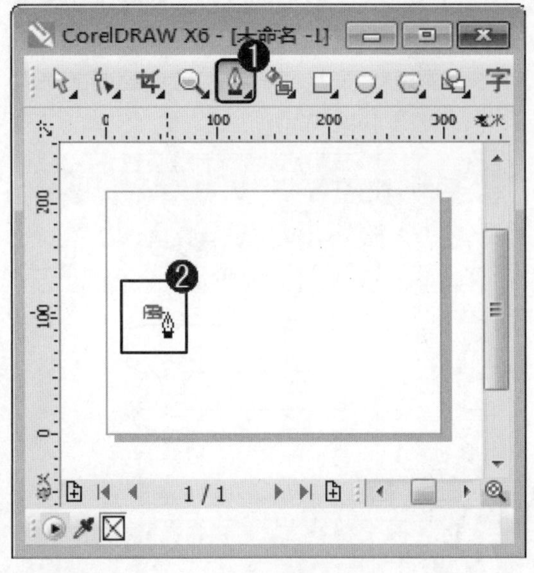

图 4-44

step 2 在绘图区中，移动鼠标至目标位置后单击鼠标左键，绘制曲线的第二个节点，然后拖动绘制的第二个曲线节点，使节点两侧出现控制点，拖动控制点调整曲线形状，然后释放鼠标左键，如图 4-45 所示。

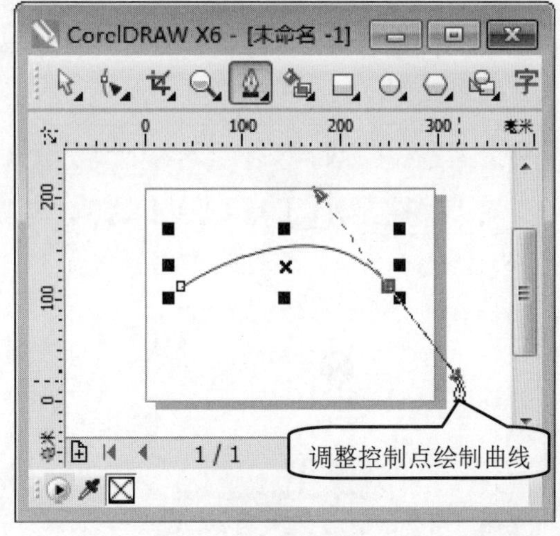

图 4-45

step 3 在绘图区中，移动鼠标至目标位置后单击鼠标左键，绘制曲线的第三个节点，然后拖动绘制的第三个曲线节点，使节点两侧出现控制点，拖动控制点调整曲线形状，然后释放鼠标左键，如图 4-46 所示。

图 4-46

step 4 在键盘上按下 Esc 键，彻底退出曲线编辑状态。通过以上方法即可完成绘制曲线的操作，如图 4-47 所示。

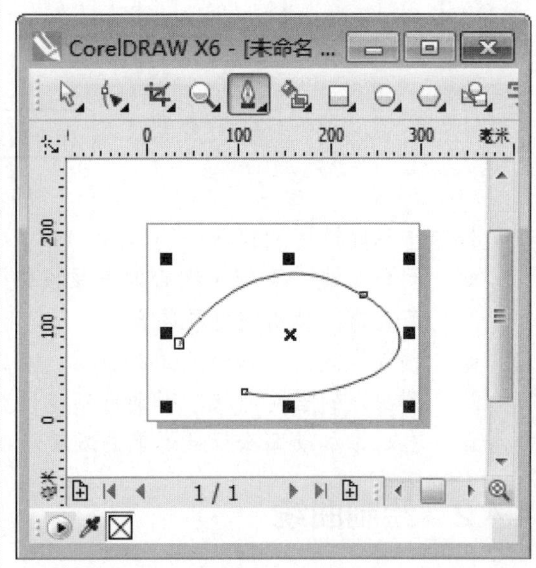

图 4-47

4.4.3 绘制直线

在 CorelDRAW X6 中，使用钢笔工具，用户还可以绘制直线。下面介绍使用钢笔工具绘制直线的操作方法。

step 1 ① 新建文件后，在工具箱中，单击【钢笔工具】按钮，② 在绘图区中，在指定位置单击鼠标左键，指定绘制直线的起点，如图 4-48 所示。

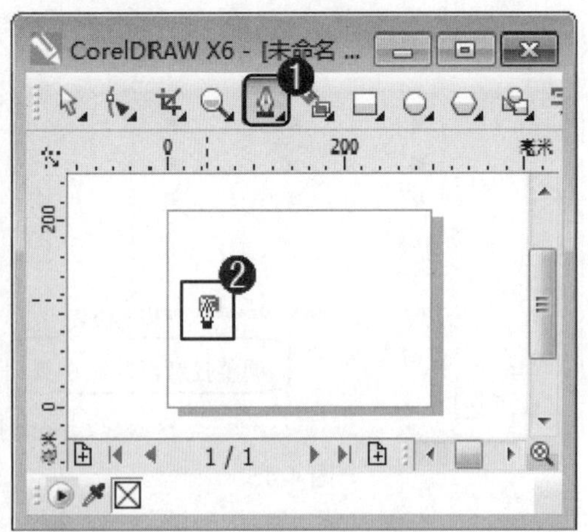

图 4-48

step 2 选择直线的起点后，移动鼠标至目标位置后双击鼠标左键，设置直线的终点。通过以上方法即可完成绘制直线的操作，如图 4-49 所示。

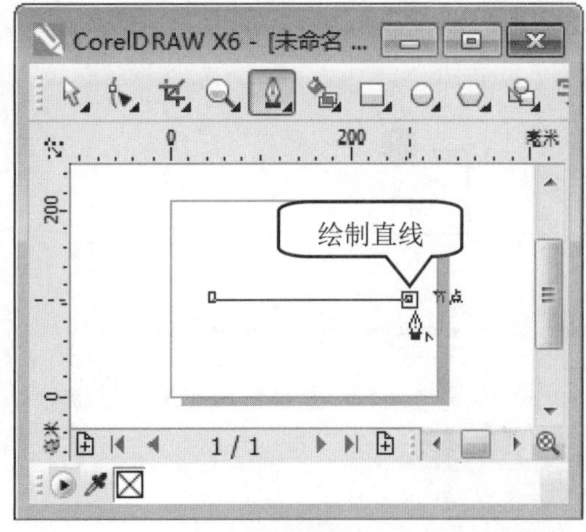

图 4-49

4.4.4 转换平滑节点与尖突节点

在 CorelDRAW X6 中，使用钢笔工具，用户可以在平滑节点与尖突节点间转换，方便用户绘制需要的图形。下面介绍转换平滑节点与尖突节点的操作方法。

step 1 ① 新建文件后，在工具箱中，单击【钢笔工具】按钮，② 在绘图区中，绘制一条曲线，如图 4-50 所示。

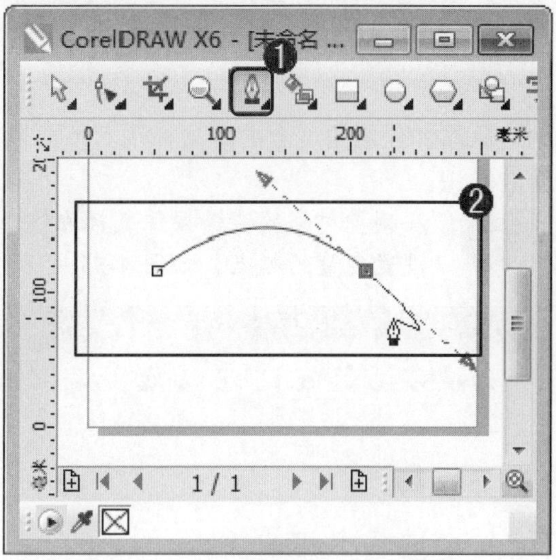

图 4-50

step 2 将鼠标指针移动至最后绘制的节点上，在键盘上按下 Alt 键的同时单击该节点，这样即可将其转换为尖突节点，如图 4-51 所示。

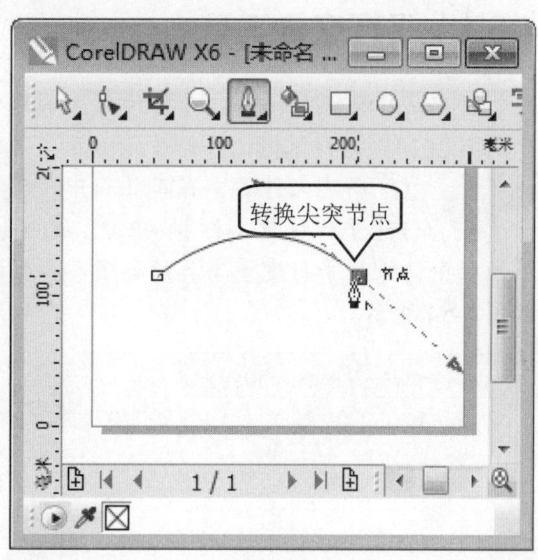

图 4-51

step 3 拖动尖突节点，用户可以看到曲线模式转换为直线模式，如图 4-52 所示。

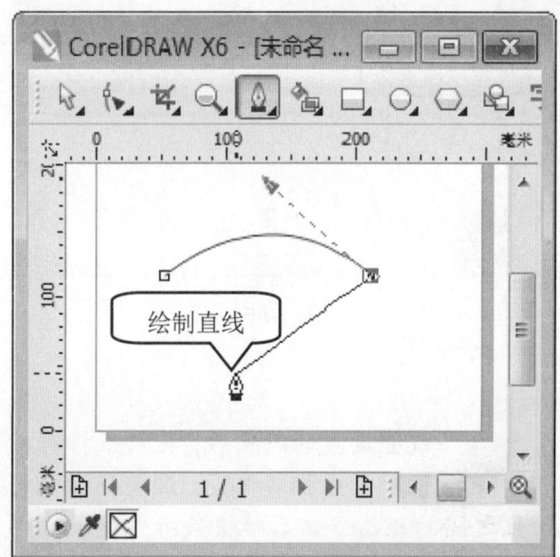

图 4-52

step 4 在指定位置双击，这样即可绘制一条直线，如图 4-53 所示。通过以上方法即可完成转换平滑节点与尖突节点的操作。

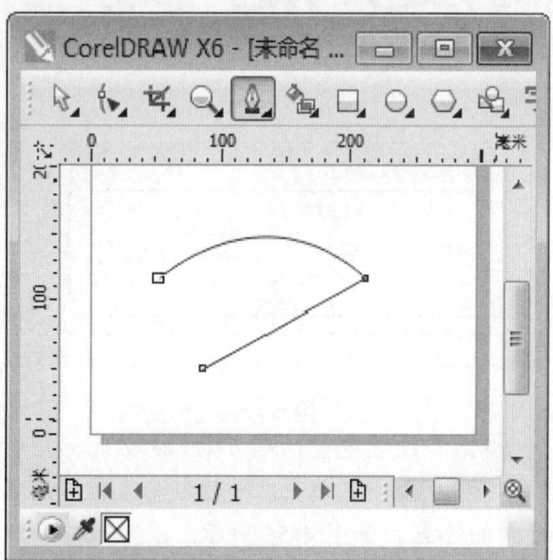

图 4-53

4.5 度量工具

在 CorelDRAW X6 中，使用度量工具，用户可以快捷地测量出对象的水平、垂直距离，以及倾斜角度等。下面详细介绍使用度量工具方面的知识与操作技巧。

4.5.1 平行度量工具

在 CorelDRAW X6 中，平行度量工具用于为对象添加任意角度上的距离标注。下面以“马年 2014”素材为例，介绍平行度量工具方面的知识。

step 1 ① 新建文件后，在工具箱中，单击【平行度量工具】按钮，② 在属性栏中，设置平行度量工具的各项参数，如图 4-54 所示。

图 4-54

step 2 在测量对象的边缘按住鼠标左键，设置度量的起点，如图 4-55 所示。

图 4-55

step 3 设置度量的起点后，拖动鼠标指针至指定位置，释放鼠标左键，设置度量的终点，如图 4-56 所示。

step 4 设置度量的终点后，拖动鼠标将标注移动至指定位置，调整标注线与对象之间的距离，然后单击鼠标左键。这样即可完成运用平行度量工具的操作，如图 4-57 所示。

图 4-56

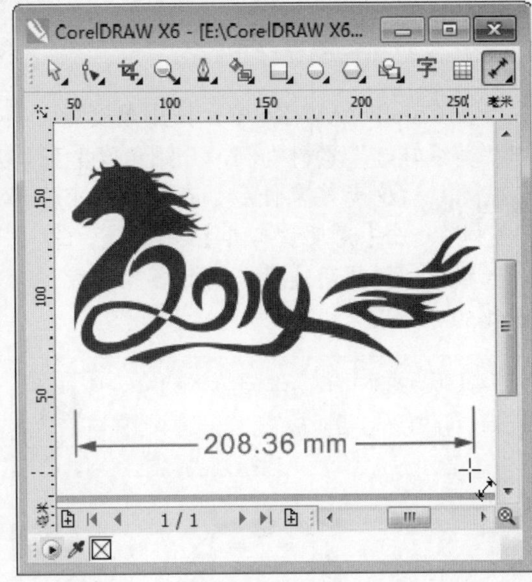

图 4-57

知识精讲

在 CorelDRAW X6 中，使用平行度量工具时，在键盘上按住 Ctrl 键，用户可以在 15° 的整数倍方向上移动标注线，在属性栏的【尺寸单位】下拉列表框中可设置数值的单位，在【文本位置】下拉列表框中可自行选择需要的标注样式。

4.5.2 水平或垂直度量工具

在 CorelDRAW X6 中，使用水平或垂直度量工具可以标注出对象的水平距离或垂直距离，其操作方法与平行度量工具的操作方法基本一致，只是标注方向稍有不同。水平和垂直度量工具的标注效果如图 4-58 所示。

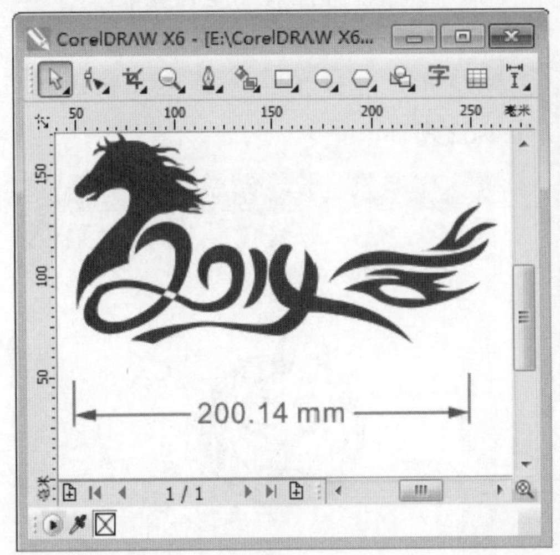

图 4-58

4.5.3 角度量工具

在 CorelDRAW X6 中，使用角度量工具，用户可以准确地测量出所定位的角度。下面以“剪纸娃娃”素材为例，介绍角度量工具方面的知识。

step 1 ① 新建文件后，在工具箱中，单击【角度量工具】按钮，② 在属性栏中，设置角度量工具的各项参数，如图 4-59 所示。

图 4-59

step 2 在绘图区中，在指定位置单击并拖动鼠标左键，设定度量角的顶点和第一条边，如图 4-60 所示。

图 4-60

step 3 设置度量角的第一条边后，拖动鼠标指针至指定位置，释放鼠标左键，设置度量角的第二条边，如图 4-61 所示。

图 4-61

step 4 设置度量角的第二条边后，拖动鼠标将标注移动至指定位置，调整标注线与对象之间的距离，然后单击鼠标左键。这样即可完成运用角度量工具的操作，如图 4-62 所示。

图 4-62

4.5.4 线段度量工具

在 CorelDRAW X6 中，使用线段度量工具，用户可以自动捕获图形曲线上两个节点之间线段的距离。下面以“相框”素材为例，介绍线段度量工具方面的知识。

step 1 ① 新建文件后，在工具箱中，单击【线段度量工具】按钮，② 在绘图区中，在测量对象的边缘按住鼠标左键，设置度量的起点，如图 4-63 所示。

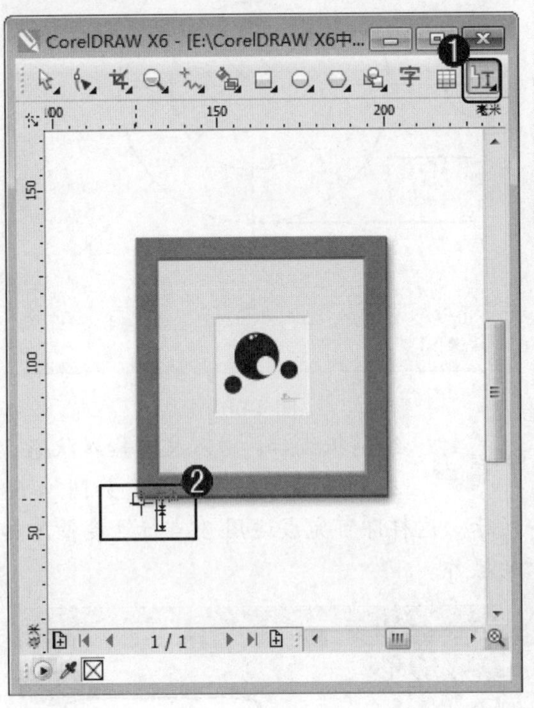

图 4-63

step 2 程序会自动查找线段终点并选中，此时，拖动鼠标将标注移动至指定位置，调整标注线与对象之间的距离，然后单击鼠标左键。这样即可完成运用线段度量工具的操作，如图 4-64 所示。

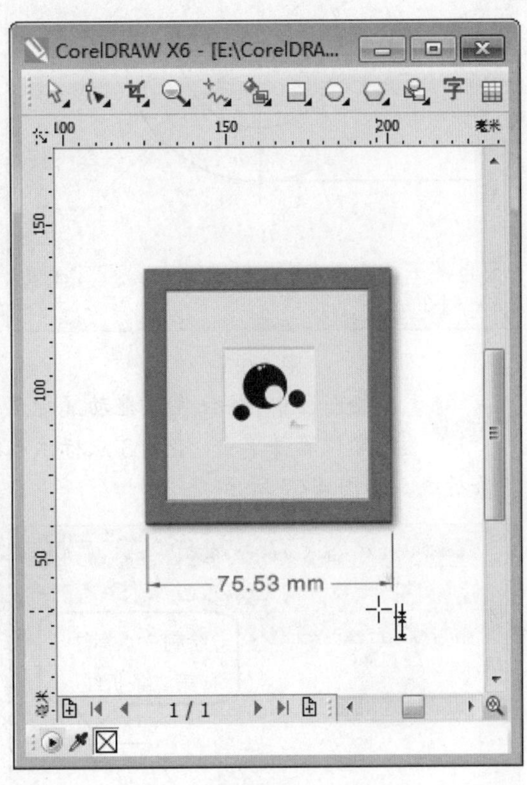

图 4-64

4.5.5 3 点标注度量工具

在 CorelDRAW X6 中，使用 3 点标注度量工具，用户可以快捷地为对象添加折线标注文字。下面以“机械图”素材为例，介绍 3 点标注度量工具方面的知识。

step 1 ① 新建文件后，在工具箱中，单击 3 点标注度量工具按钮，② 在绘图区中，在标注对象的边缘按住鼠标左键，设置标注的起点，如图 4-65 所示。

step 2 在绘图区中，按住左键拖动鼠标至指定位置并单击，绘制 3 点标注第一条折线，如图 4-66 所示。

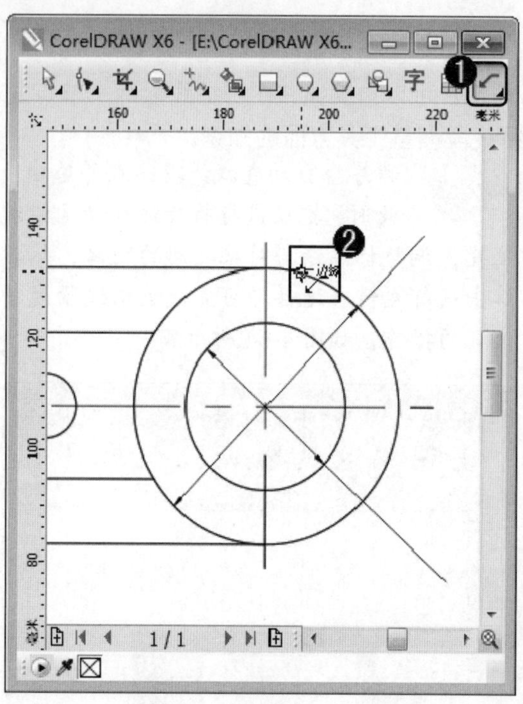

图 4-65

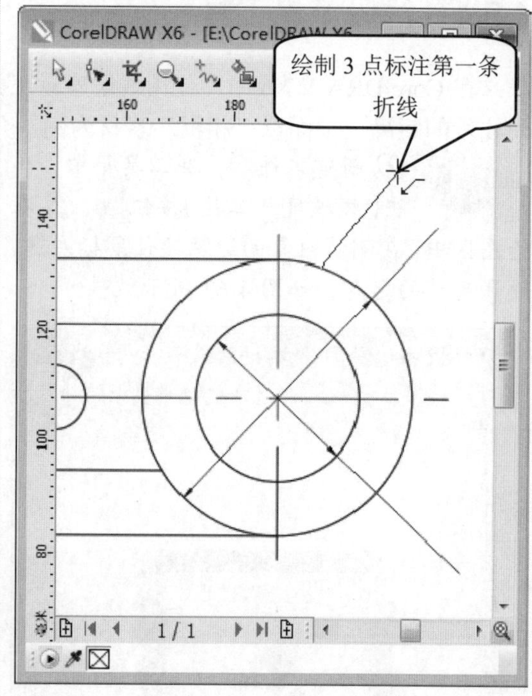

图 4-66

step 3 在绘图区中，按住左键拖动鼠标至指定位置并单击，绘制 3 点标注第二条折线，如图 4-67 所示。

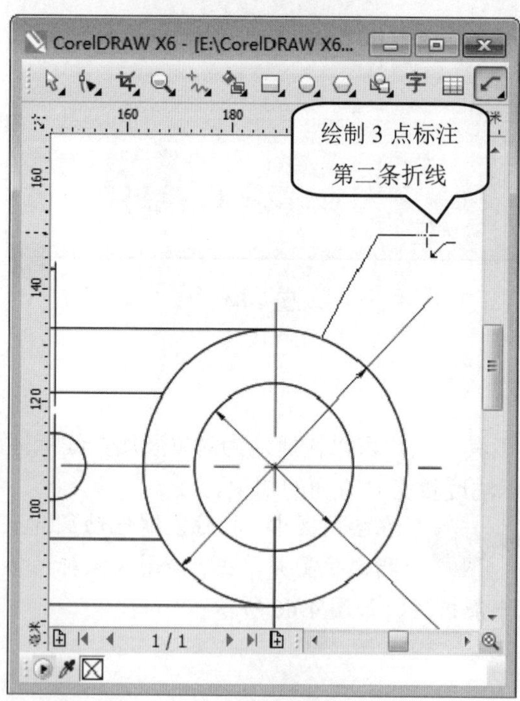

图 4-67

step 4 绘制折线后，进入文本输入状态，在其中添加文字标注，如图 4-68 所示。这样即可完成运用 3 点标注度量工具的操作。

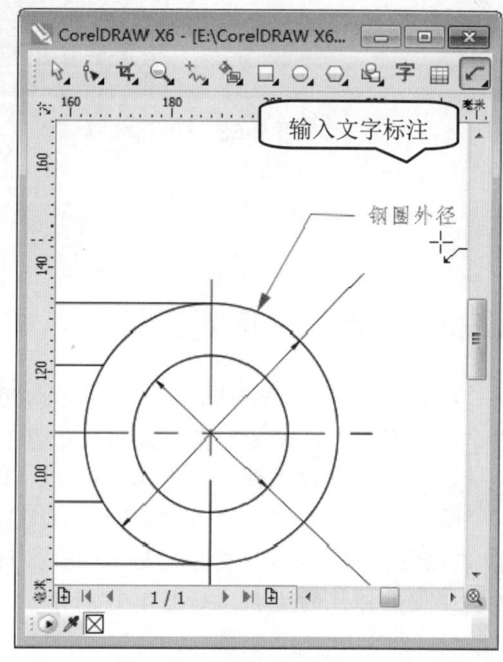

图 4-68

4.6 其他曲线绘制工具

在 CorelDRAW X6 中，用户还可以使用折线工具、3 点曲线工具、2 点线工具、B 样条工具和智能绘图工具等绘制各种图形。下面详细介绍使用其他曲线绘制工具方面的知识与操作技巧。

4.6.1 折线工具

在 CorelDRAW X6 中，使用折线工具，用户可以绘制出由多个节点连接成的折线。下面介绍运用折线工具的操作方法。

step 1 ① 新建文件后，在工具箱中，单击【折线工具】按钮，② 在绘图区中，在指定位置依次单击鼠标左键，如图 4-69 所示。

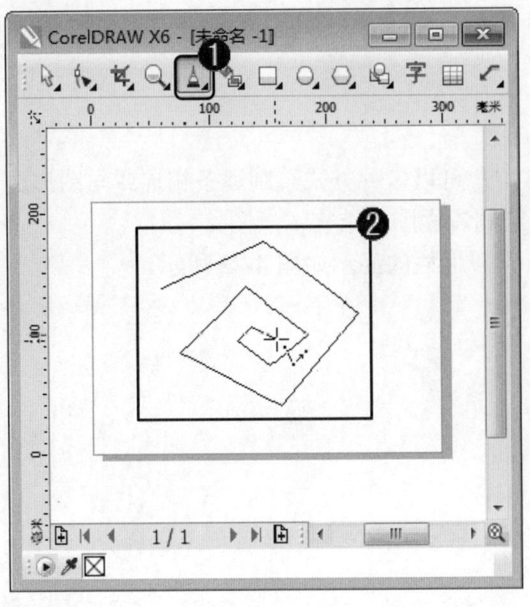

图 4-69

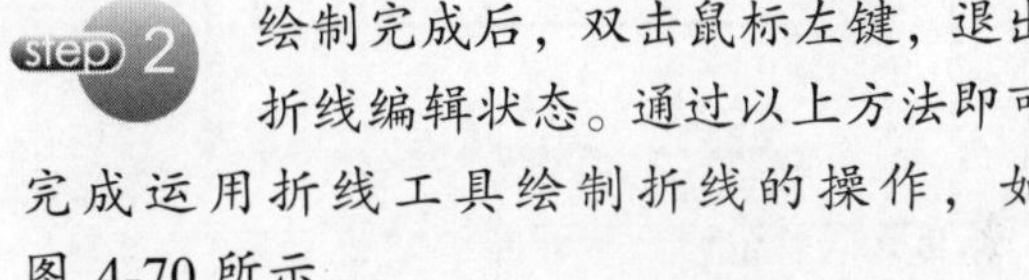

step 2 绘制完成后，双击鼠标左键，退出折线编辑状态。通过以上方法即可完成运用折线工具绘制折线的操作，如图 4-70 所示。

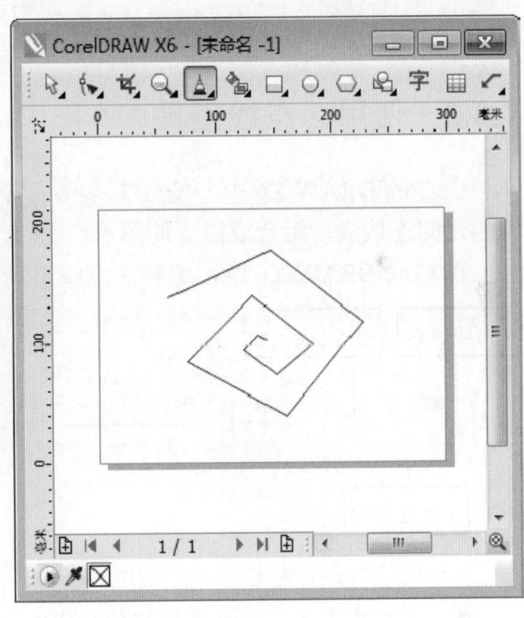

图 4-70

4.6.2 3 点曲线工具

在 CorelDRAW X6 中，使用 3 点曲线工具，用户可以绘制出各种样式的弧线或近似圆弧的曲线。下面介绍运用 3 点曲线工具的操作方法。

step 1 ① 新建文件后，在工具箱中，单击【3 点曲线工具】按钮，② 在绘图区中，在指定位置按住鼠标左键向另一方向拖动鼠标，指定曲线的起点和终点的位置及间距，如图 4-71 所示。

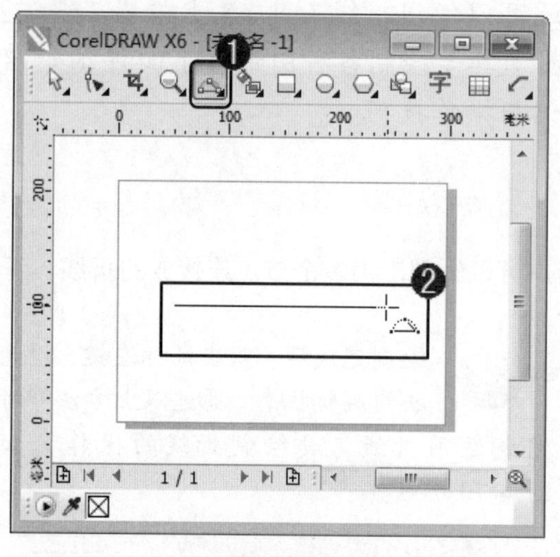

图 4-71

step 2 单击鼠标，然后移动光标指定曲线弯曲的方向，在适当位置单击鼠标左键。通过以上方法即可完成运用 3 点曲线工具绘制曲线的操作，如图 4-72 所示。

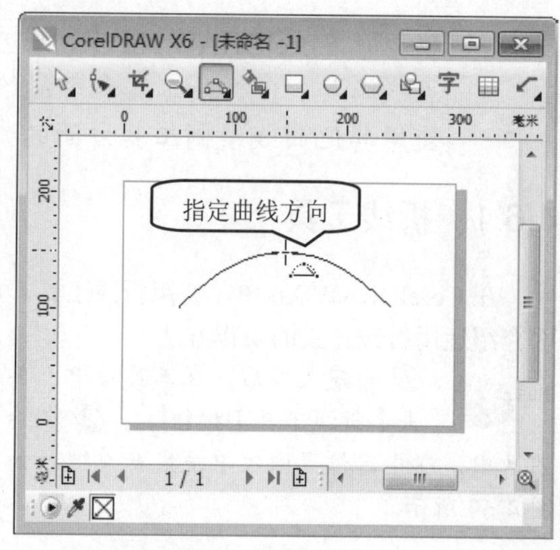

图 4-72

4.6.3 使用 2 点线工具

在 CorelDRAW X6 中，使用 2 点线工具，用户可以多种方式绘制逐条相连或与图形边缘相连的连接线，组合成需要的图形，常用于绘制流程图或结构示意图。

在 CorelDRAW X6 中，选择 2 点线工具，其属性栏的显示如图 4-73 所示。

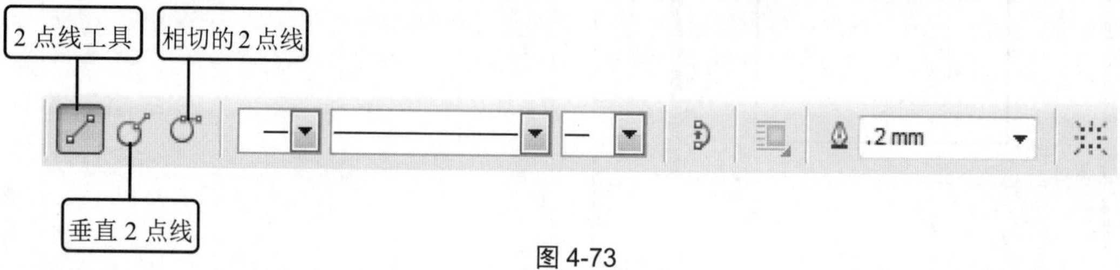

图 4-73

2 点线工具属性栏的参数介绍如下。

- 2 点线工具：单击该按钮后，按住鼠标左键并拖动，释放鼠标左键后，可在鼠标按下与释放的位置处创建一条直线；将光标放置在直线的一个端点上，在光标改变形状时，按住鼠标左键并拖动鼠标绘制直线，可以使新绘制的直线与之相连，成为一个整体。
- 垂直 2 点线：该按钮用于绘制一条与现有线条或对象相垂直的直线。
- 相切的 2 点线：该按钮用于绘制一条与现有线条或对象相切的直线。

4.6.4 使用 B 样条工具

在 CorelDRAW X6 中，使用 B 样条工具，用户可以绘制任意形状的曲线或闭合曲线。下面介绍使用 B 样条工具的操作方法。

step 1 ① 新建文件后，在工具箱中，单击【B 样条工具】按钮，② 在绘图区中，按住鼠标左键向另一方向拖动鼠标，在指定位置单击鼠标，绘制曲线轨迹，如图 4-74 所示。

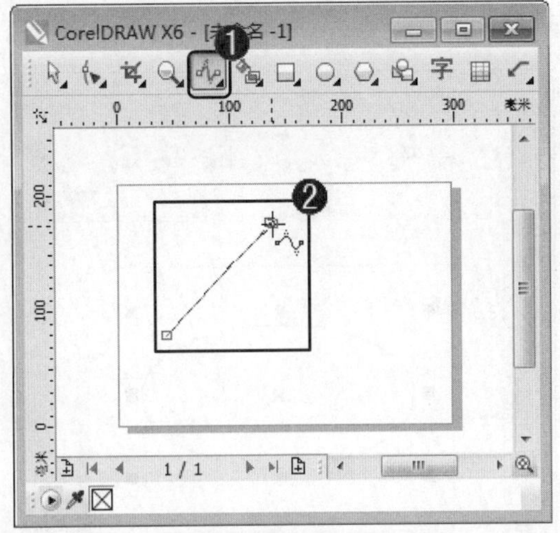

图 4-74

step 2 在需要变向的位置单击鼠标左键，添加一个轮廓控制点，继续拖动即可改变曲线轨迹，如图 4-75 所示。

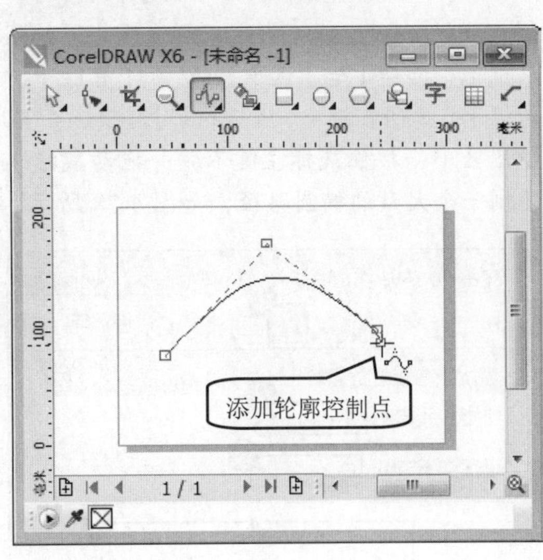

图 4-75

step 3 将光标移动至起始点并单击，这样即可使用 B 样条工具绘制闭合曲线，如图 4-76 所示。

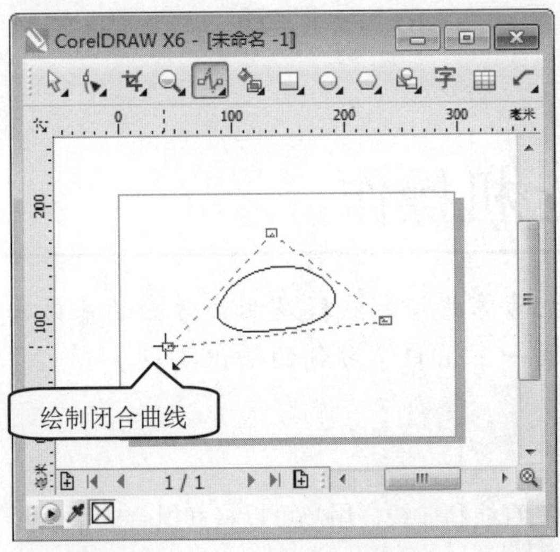

图 4-76

step 4 在绘制过程中双击鼠标，则可以完成曲线的绘制，如图 4-77 所示。

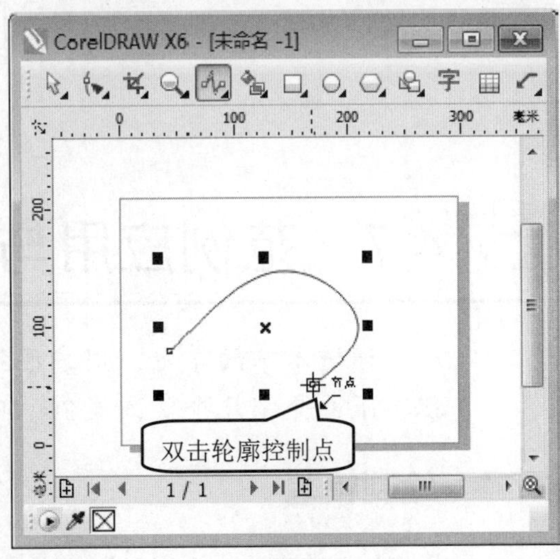

图 4-77

4.6.5 智能绘图工具

在 CorelDRAW X6 中，智能绘图工具能自动识别多种形状，如圆形、矩形、箭头、菱形和梯形等，同时能对随意绘制的曲线进行组织和优化，使线条自动平滑。下面介绍智能绘图工具方面的知识。

step 1 ① 新建空白文件后，在工具箱中，单击【智能绘图工具】按钮，② 在属性栏中，在【形状识别等级】下拉列表框中，选择【中】选项，③ 在【智能平滑等级】下拉列表框中，选择【中】选项，④ 在绘图区中，按住鼠标左键不放并拖动鼠标，绘制一个大致的椭圆路径，如图 4-78 所示。

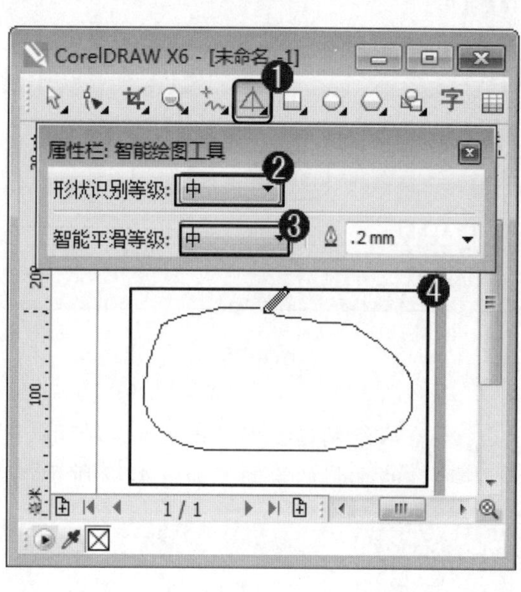

图 4-78

step 2 释放鼠标左键后，系统会对该图像进行自动平滑处理，使其成为一个标准的椭圆，如图 4-79 所示。通过以上方法即可完成使用智能绘图工具绘制图形的操作。

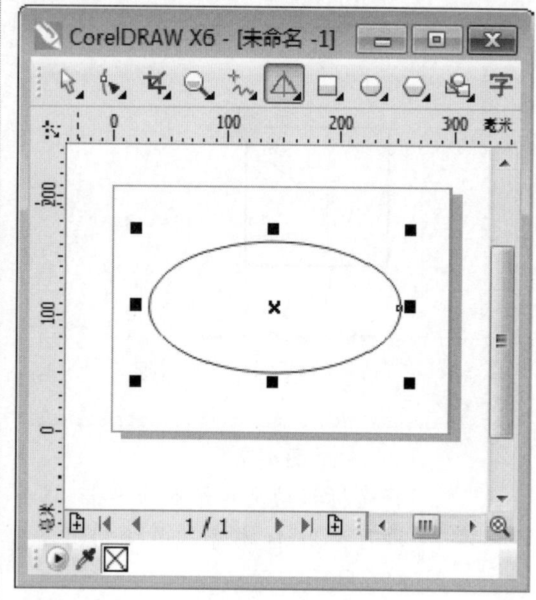

图 4-79

4.7 范例应用与上机操作

通过本章的学习，用户已经初步掌握绘制线段及曲线方面的基础知识。下面介绍几个实践案例，巩固一下用户学习到的知识要点。

4.7.1 绘制铅笔

在 CorelDRAW X6 中，运用贝塞尔工具绘制直线和曲线，用户可以将其组合成铅笔图形。下面介绍绘制铅笔的操作方法。

素材文件 无

效果文件 配套素材\第4章\效果文件\绘制铅笔

step 1 ① 新建空白文件后，在工具箱中，单击【贝塞尔工具】按钮，② 在绘图区中，在指定位置单击鼠标左键，在目标位置单击鼠标左键，这样可以绘制一条水平直线，如图 4-80 所示。

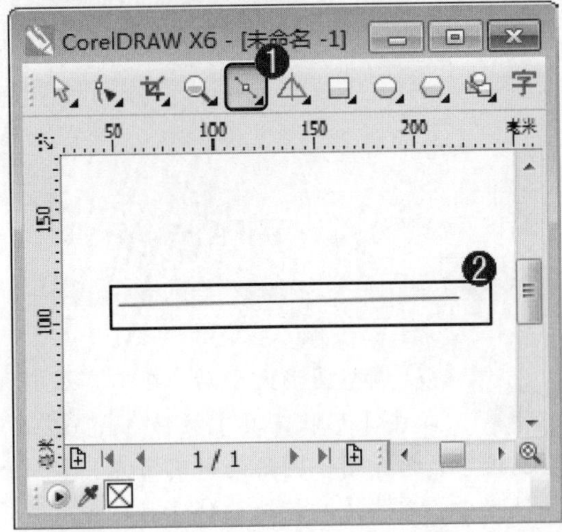

图 4-80

step 2 绘制一条直线后，继续使用贝塞尔工具，绘制其他直线，返回到起点，单击鼠标左键，将绘制的图形对象闭合，如图 4-81 所示。

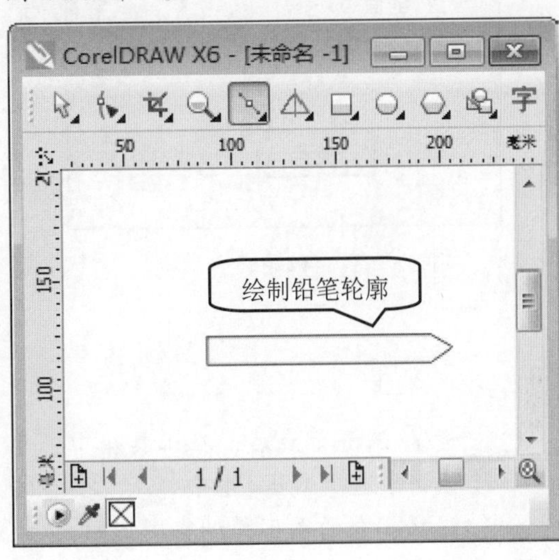

图 4-81

step 3 ① 绘制图形后，在工具箱中，单击【形状工具】按钮，② 在绘图区中，按住鼠标左键拖动鼠标，拖曳出一个蓝色矩形框，矩形框中的节点被选择，如图 4-82 所示。

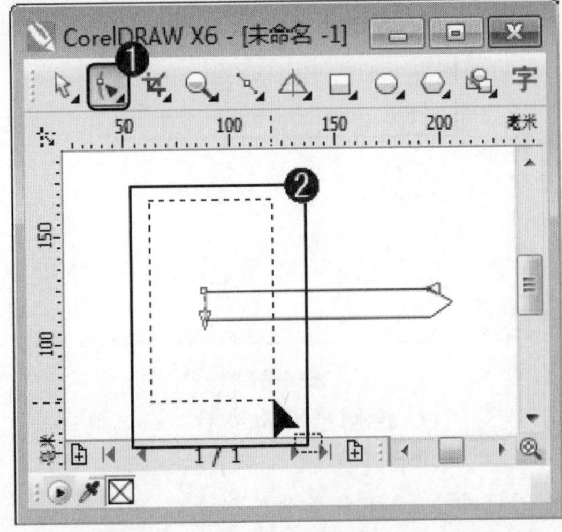

图 4-82

step 4 选择节点后，在属性栏中，单击【对齐节点】按钮，如图 4-83 所示。

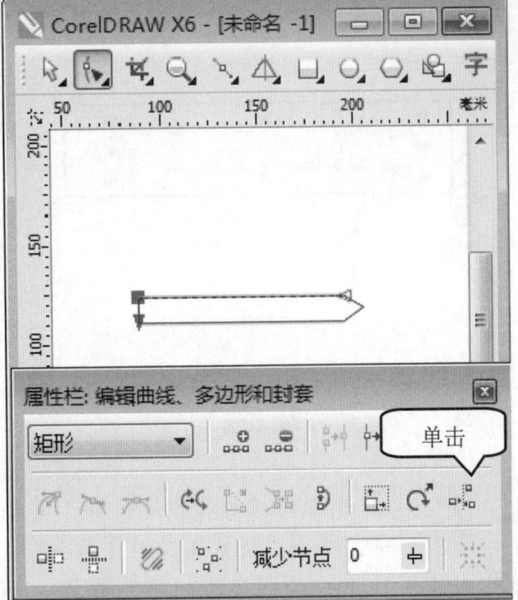

图 4-83

第4章 绘制线段及曲线

step 5 ① 弹出【节点对齐】对话框，取消选中【水平对齐】复选框，② 单击【确定】按钮，如图 4-84 所示。

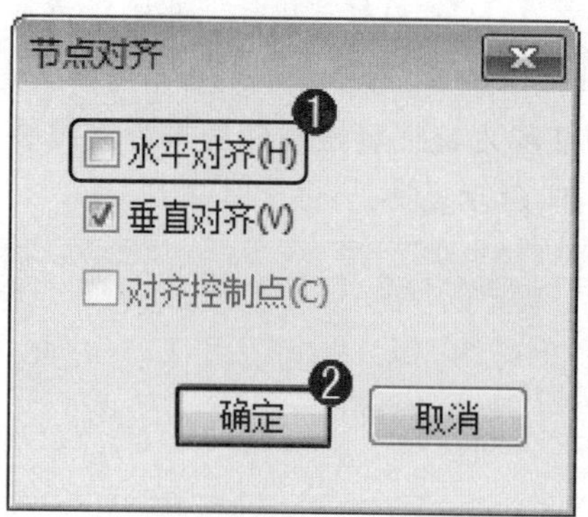

图 4-84

step 6 通过以上方法选择的节点即可垂直对齐，如图 4-85 所示。

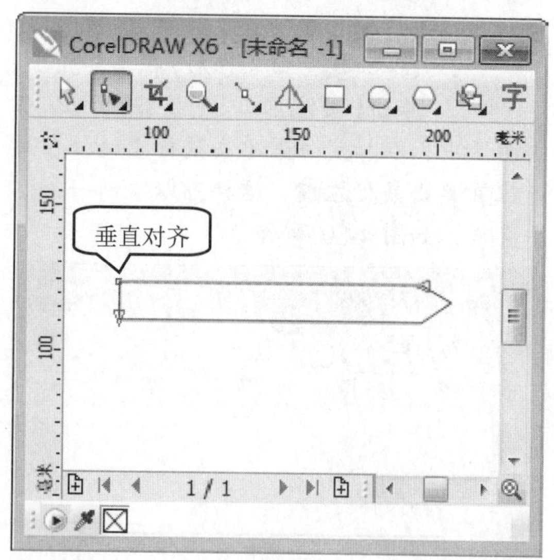

图 4-85

step 7 ① 对齐节点后，在工具箱中，单击【选择工具】按钮，② 在绘图区中，选择闭合的图形并调整图形的大小，如图 4-86 所示。

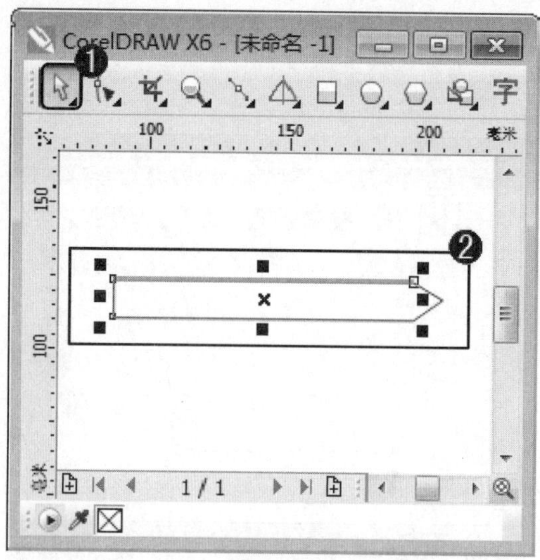

图 4-86

step 8 ① 调整图形大小后，在工具箱中，单击【形状工具】按钮，② 在绘图区中，选择闭合图形的所有节点，③ 在属性栏中，单击【转换为曲线】按钮，如图 4-87 所示。

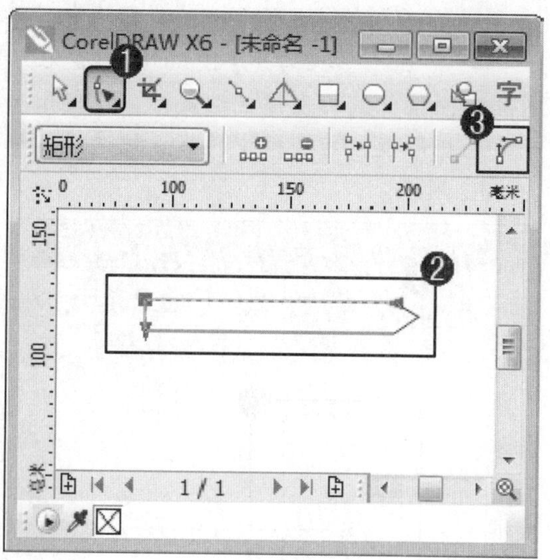

图 4-87

step 9 ① 图形转换为曲线后，在工具箱中，单击【贝塞尔工具】按钮，② 在绘图区中，绘制弯曲的平滑曲线，如图 4-88 所示。

step 10 ① 绘制平滑曲线后，在工具箱中，单击【形状工具】按钮，② 在绘图区中，调整平滑曲线的大小和位置，这样可以制作铅笔的波浪纹，如图 4-89 所示。

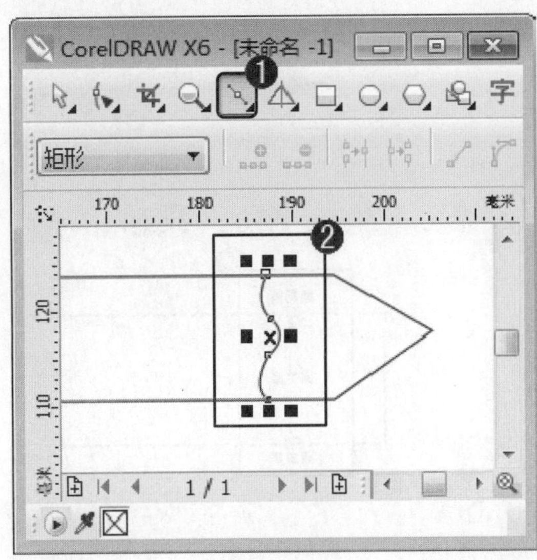

图 4-88

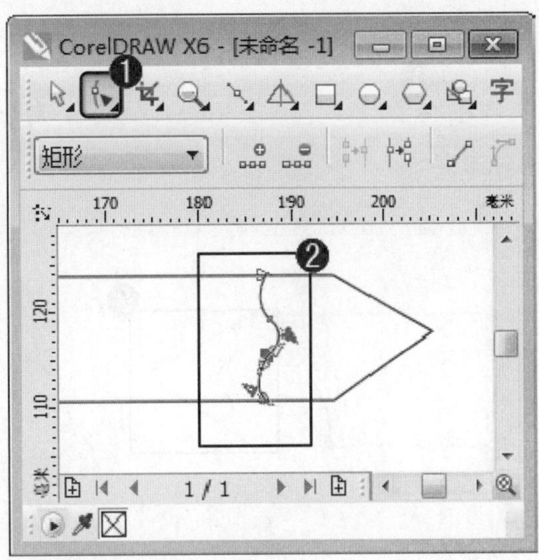

图 4-89

step 11 ① 选择调整后的平滑曲线，单击【编辑】主菜单，② 在弹出的下拉菜单中，选择【复制】菜单项，如图 4-90 所示。

step 12 ① 复制平滑曲线后，单击【编辑】主菜单，② 在弹出的下拉菜单中，选择【粘贴】菜单项，粘贴复制的平滑曲线，如图 4-91 所示。

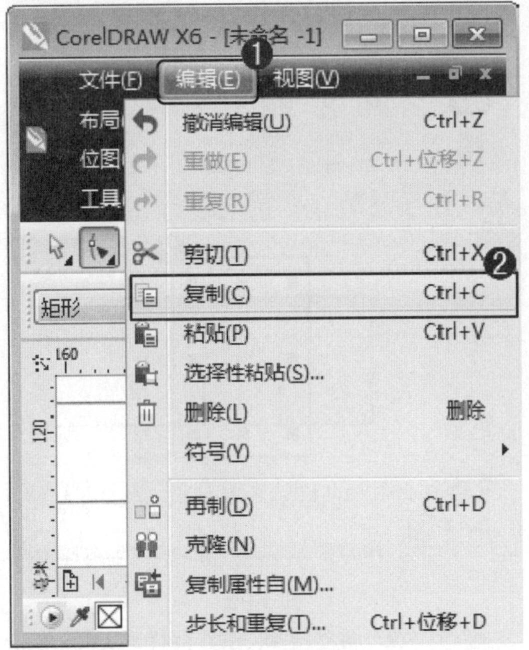

图 4-90

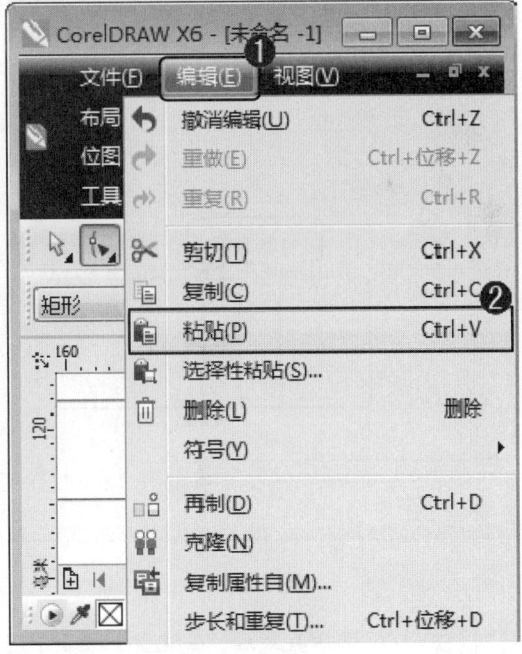

图 4-91

step 13 ① 粘贴平滑曲线后，在工具箱中，单击【形状工具】按钮，② 在绘图区中，调整平滑曲线的大小和位置，如图 4-92 所示。

step 14 ① 调整平滑曲线的大小和位置后，在工具箱中，单击【贝塞尔工具】按钮，② 在绘图区中，按住 Ctrl 键的同时，绘制垂直的直线，如图 4-93 所示。

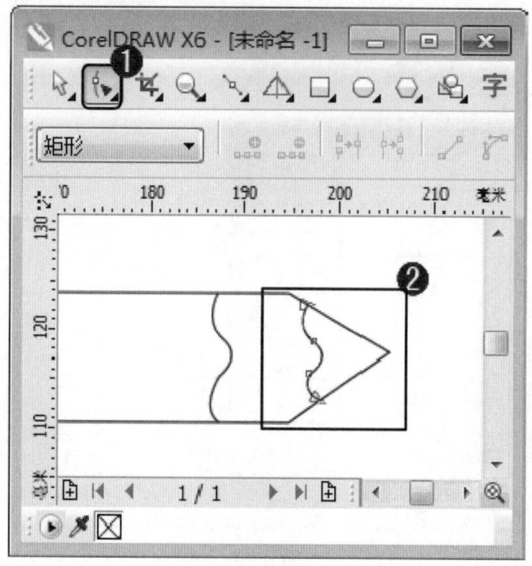

图 4-92

step 15 绘制直线后，使用复制、粘贴命令，再次复制两条直线并移动至指定的位置，如图 4-94 所示。

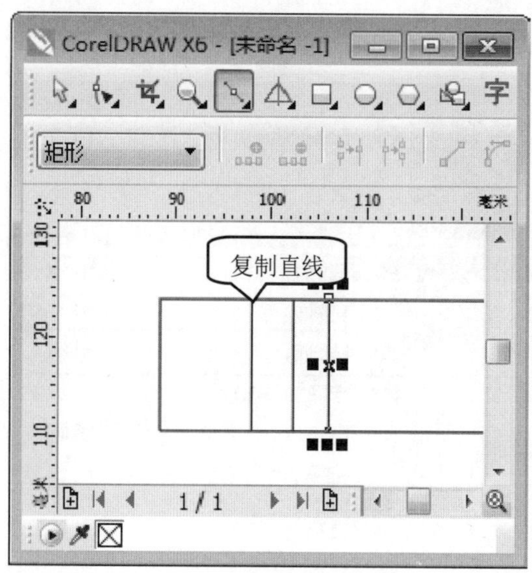

图 4-94

step 17 ① 选择直线后，在键盘上按下 F12 键，弹出【轮廓笔】对话框，在【颜色】下拉列表框中，设置准备应用的颜色，② 在【宽度】下拉列表框中，设置直线的宽度，③ 在【样式】下拉列表框中，选择应用的样式，④ 单击【确定】按钮，如图 4-96 所示。

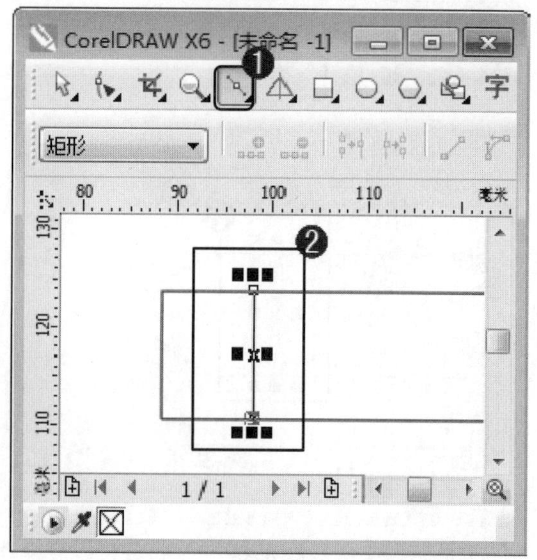

图 4-93

step 16 ① 对齐节点后，在工具箱中，单击【选择工具】按钮，② 在绘图区中，按住 Shift 键的同时，选择绘制的三条直线，如图 4-95 所示。

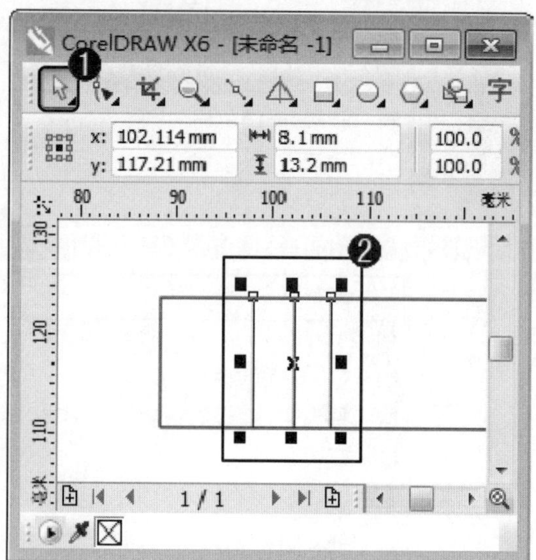

图 4-95

step 18 ① 调整直线宽度和样式后，单击【编辑】主菜单，② 在弹出的下拉菜单中，选择【全选】菜单项，③ 在弹出的子菜单中，选择【对象】菜单项，如图 4-97 所示。

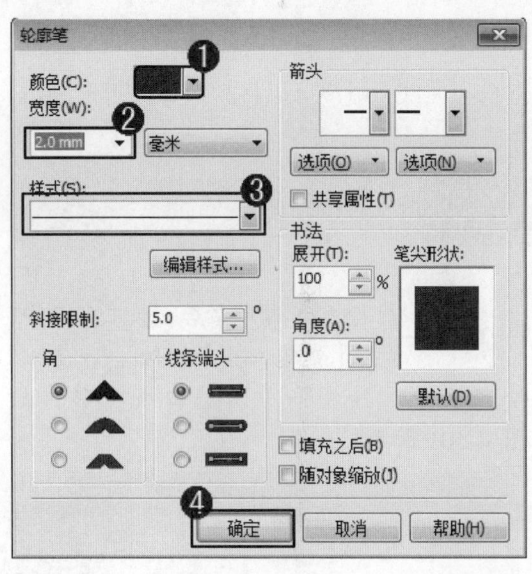

图 4-96

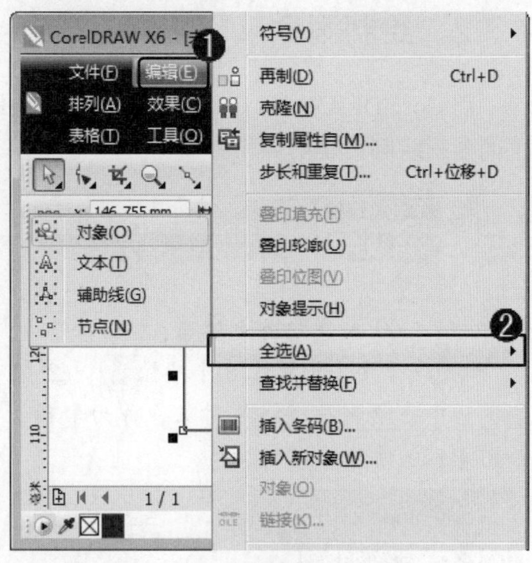

图 4-97

step19 ① 选择全部对象后，在属性栏中，在【旋转角度】文本框中，输入对象旋转的角度，② 在绘图区中，选择的对象已经按照设定的角度旋转，如图 4-98 所示。

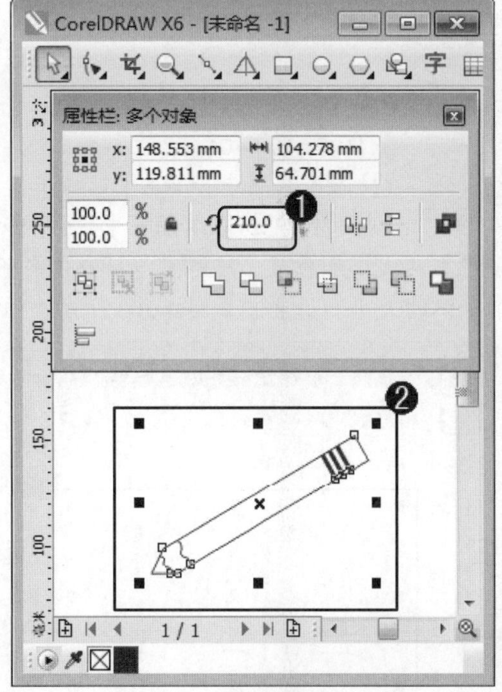

图 4-98

step20 在绘图区中，在空白处单击鼠标左键，取消图形选择。通过以上方法即可完成绘制铅笔的操作，如图 4-99 所示。

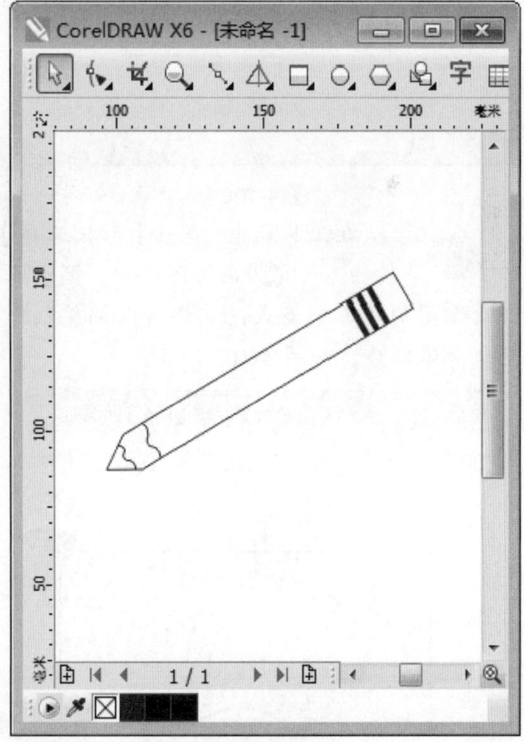

图 4-99

4.7.2 绘制雨伞

在 CorelDRAW X6 中，运用钢笔工具绘制直线和曲线，用户可以将其组合成雨伞图形。下面介绍绘制雨伞的操作方法。

素材文件 无
效果文件 配套素材\第 4 章\效果文件\绘制雨伞

step 1 ① 新建空白文件后，在工具箱中，单击【钢笔工具】按钮，② 在绘图区中，绘制一个折线对象，作为伞顶，如图 4-100 所示。

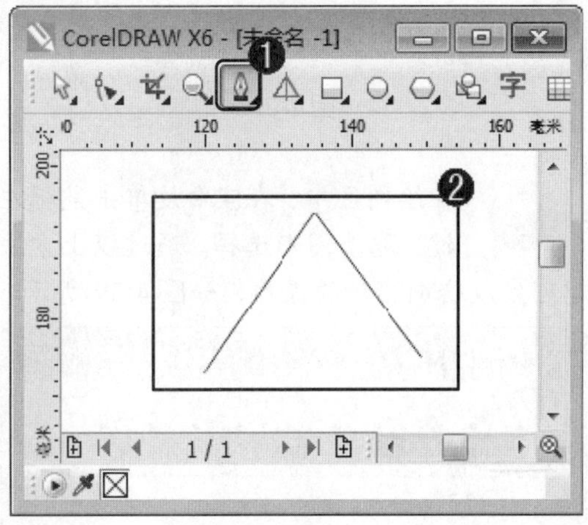

图 4-100

step 2 ① 绘制折线对象后，在工具箱中，单击【钢笔工具】按钮，② 在绘图区中，绘制一个闭合曲线图形，如图 4-101 所示。

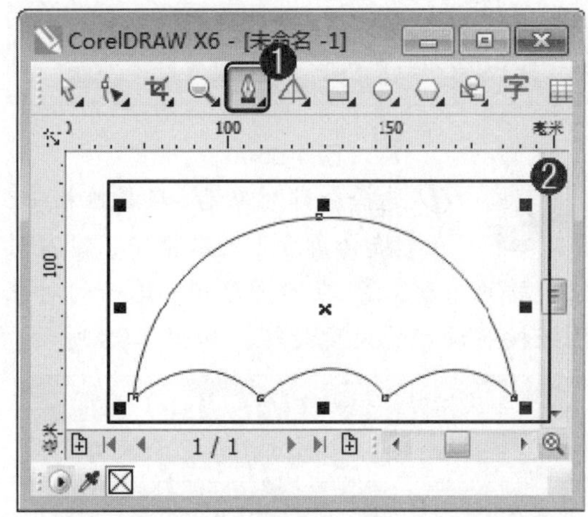

图 4-101

step 3 ① 在工具箱中，单击【形状工具】按钮，② 在绘图区中，调整闭合曲线图形的各个节点，这样可以调整制作雨伞伞体部分，如图 4-102 所示。

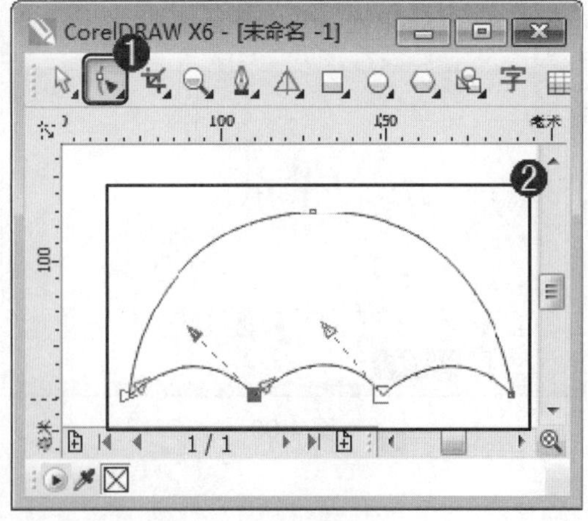

图 4-102

step 4 ① 在工具箱中，单击【选择工具】按钮，② 在绘图区中，调整闭合对象的大小和位置，这样可以调整制作雨伞伞体的大小和位置，如图 4-103 所示。

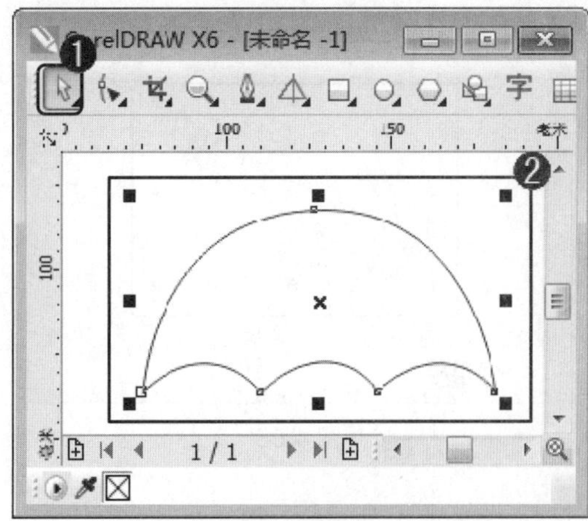

图 4-103

step 5 ① 在调整闭合对象的大小后，在工具箱中，单击【选择工具】按钮，② 在绘图区中，选择折线对象将其移动至闭合曲线对象的上方并调整其大小，如图 4-104 所示。

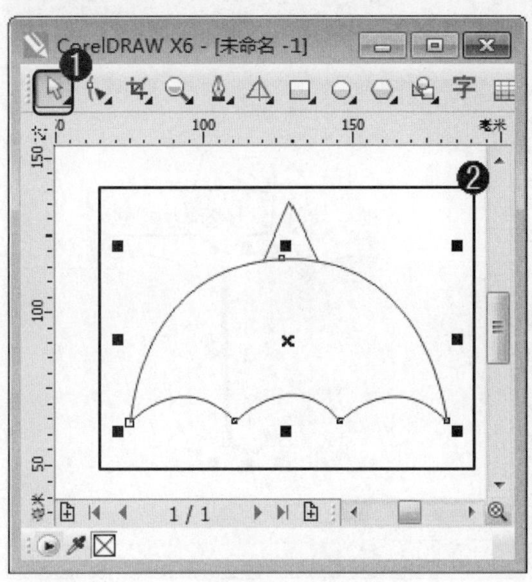

图 4-104

step 6 ① 调整折线对象后，在工具箱中，单击【钢笔工具】按钮，② 在绘图区中，绘制一条曲线，如图 4-105 所示。

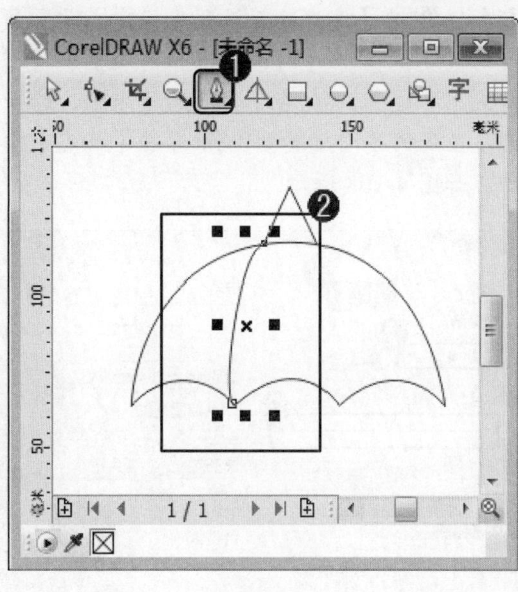

图 4-105

step 7 ① 绘制第一条曲线后，在工具箱中，单击【钢笔工具】按钮，② 在绘图区中，绘制另一条曲线，如图 4-106 所示。

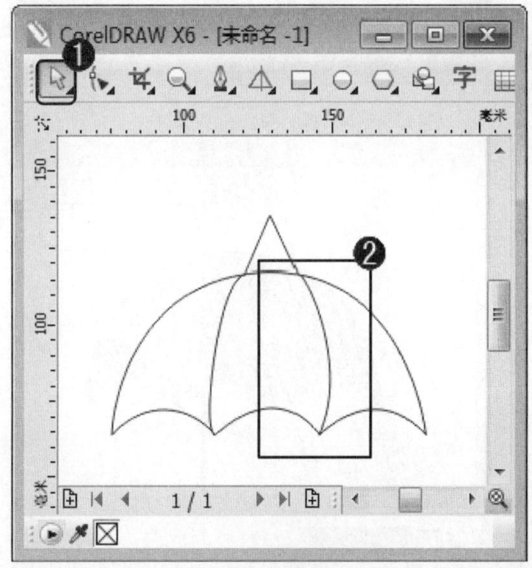

图 4-106

step 8 ① 调整折线对象后，在工具箱中，单击【钢笔工具】按钮，② 在绘图区中，绘制一条曲线制作成伞柄，如图 4-107 所示。

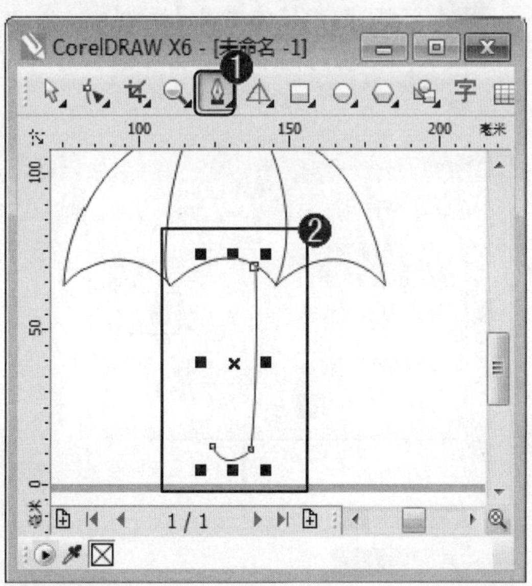

图 4-107

step 9 ① 绘制曲线后，在键盘上按下F12键，弹出【轮廓笔】对话框，在【颜色】下拉列表框中，设置准备应用的颜色，② 在【宽度】下拉列表框中，设置直线的宽度，③ 在【样式】下拉列表框中，选择应用的样式，④ 在【角】选项组中，选择准备应用的平滑度类型，⑤ 单击【确定】按钮，如图 4-108 所示。

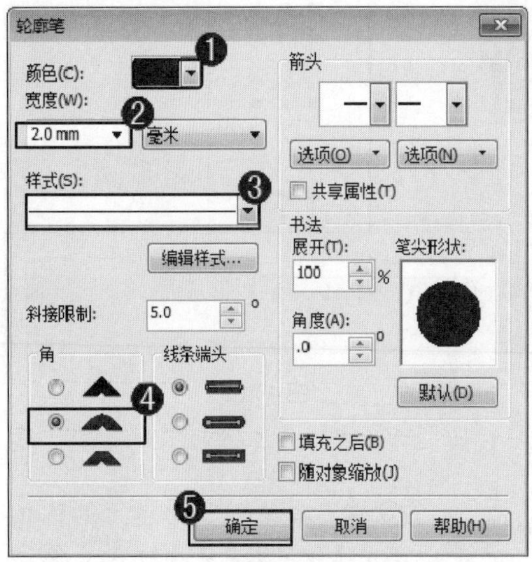

图 4-108

step 10 此时，绘图区中的伞柄样式发生改变，如图 4-109 所示。

图 4-109

step 11 ① 制作伞柄后，在工具箱中，单击【智能填充工具】按钮，② 在属性栏中，在颜色框中，设置准备填充的颜色，如“绿色”，如图 4-110 所示。

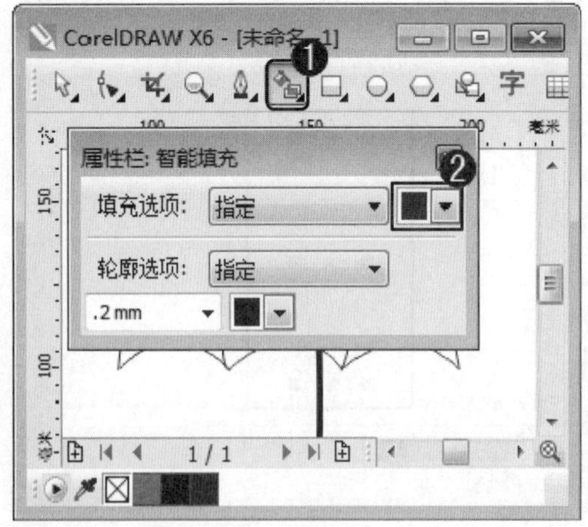

图 4-110

step 12 在绘图区中，在闭合图形上单击，填充颜色，如图 4-111 所示。

图 4-111

step13 ① 填充颜色后，在工具箱中，单击【智能填充工具】按钮，② 在属性栏中，在颜色框中，设置准备填充的颜色，如“黑色”，如图 4-112 所示。

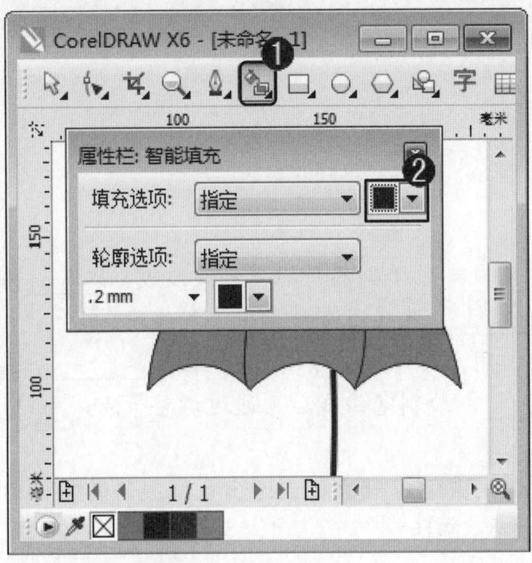

图 4-112

step14 在绘图区中，在伞尖图形上单击，填充颜色，如图 4-113 所示。

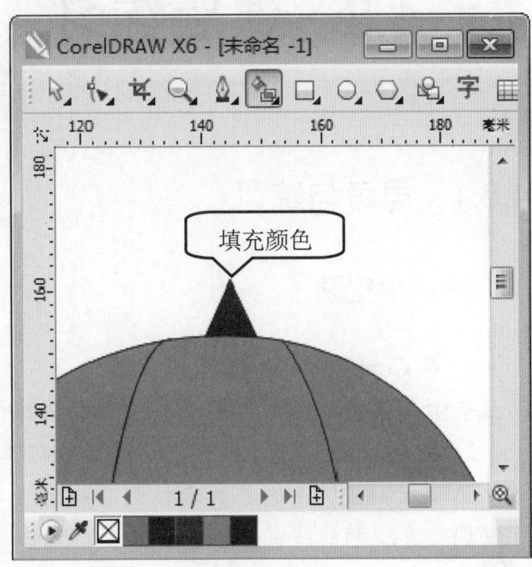

图 4-113

step15 ① 填充颜色后，单击【编辑】主菜单，② 在弹出的下拉菜单中，选择【全选】菜单项，③在弹出的子菜单中，选择【对象】菜单项，如图 4-114 所示。

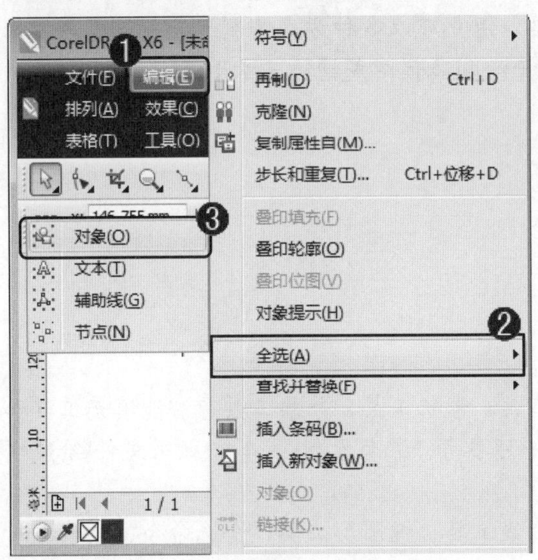

图 4-114

step16 在键盘上按下组合键 Ctrl+G，将图形群组。通过以上方法即可完成绘制雨伞的操作，如图 4-115 所示。

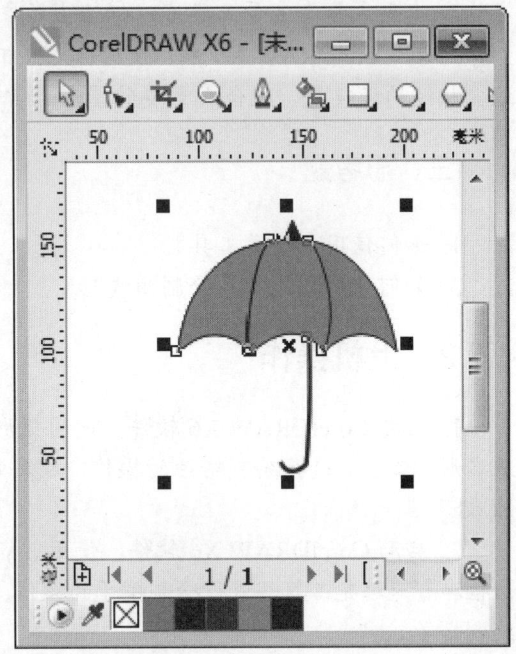

图 4-115

4.8 课后练习

4.8.1 思考与练习

一、填空题

1. 在 CorelDRAW X6 中，使用________，用户可以绘制各种简单的线段或________，而且手绘工具允许用户控制正在绘制的曲线的________及在现有线条中添加线段。

2. 在 CorelDRAW X6 中，使用贝塞尔工具，用户可以绘制平滑或精确的________，通过改变节点和控制点的位置来控制曲线的________，绘制完曲线后，通过调整节点，用户可以调整直线和曲线的________。

3. 在 CorelDRAW X6 中，使用艺术笔工具，用户可以一次性创造出系统提供的各种图案、笔触效果。艺术笔工具在属性栏中分为 5 种样式，包括“________”、“画笔”、“________”、“________”和“压力”。

二、判断题

1. 在 CorelDRAW X6 中，使用钢笔工具，用户不可以绘制直线。（ ）

2. 水平或垂直度量工具可以标注出对象的水平距离或垂直距离。（ ）

3. 在 CorelDRAW X6 中，使用 2 点线工具，用户可以多种方式绘制逐条相连或与图形边缘相连的连接线，组合成需要的图形，常用于绘制流程图或结构示意图。（ ）

三、思考题

1. 如何使用角度量工具？

2. 如何使用钢笔工具绘制曲线？

4.8.2 上机操作

1. 启动 CorelDRAW X6 软件，使用矩形工具、形状工具、手绘工具、智能填充工具和基本形状工具，进行绘制蜡烛的操作。效果文件可参考“配套素材\第 4 章\效果文件\绘制蜡烛.cdr”。

2. 启动 CorelDRAW X6 软件，使用 3 点曲线工具、椭圆形工具、全选命令、轮廓笔对话框和智能填充工具，进行绘制帽子的操作。效果文件可参考“配套素材\第 4 章\效果文件\绘制帽子.cdr”。

第 5 章

变换与变形工具组

本章主要介绍了形状工具、涂抹笔刷和粗糙笔刷方面的知识与技巧，同时还讲解了自由变换工具和其他变形工具方面的技巧。通过本章的学习，读者可以掌握变换与变形工具组方面的知识，为深入学习 CorelDRAW X6 知识奠定基础。

1. 形状工具
2. 涂抹笔刷
3. 粗糙笔刷
4. 自由变换工具
5. 其他变形工具

5.1 形状工具

在 CorelDRAW X6 中，使用形状工具，用户可以选取绘制好的曲线或转换为曲线的对象，然后调整图形上的节点。下面详细介绍使用形状工具方面的知识与操作技巧。

5.1.1 设置选取范围模式

在 CorelDRAW X6 中，在工具箱中，选择形状工具后，程序提供“矩形”模式和“手绘”模式两种方式，方便用户设置选取范围。下面介绍矩形模式和手绘模式方面的知识。

1. 矩形模式

选取绘制好的曲线对象时，在工具箱中，单击【形状工具】按钮，在其属性栏的【选取范围模式】下拉列表框中，选择【矩形】选项，形状工具的光标呈“”状，此时，使用形状工具在工作区中按住鼠标左键并拖曳，可以将所绘制的矩形虚线范围中的曲线节点选中，如图 5-1 所示。

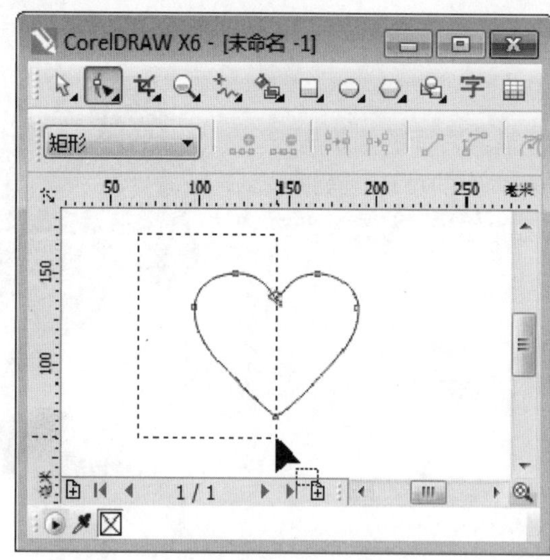

使用矩形模式选中节点前

使用矩形模式选中节点后

图 5-1

2. 手绘模式

选取绘制好的曲线对象时，在形状工具属性栏中，在【选取范围模式】下拉列表框中，选择【手绘】选项，形状工具的光标呈“”状，此时，使用形状工具自由绘制选取范围，可以将鼠标所绘制范围的曲线节点选中，如图 5-2 所示。

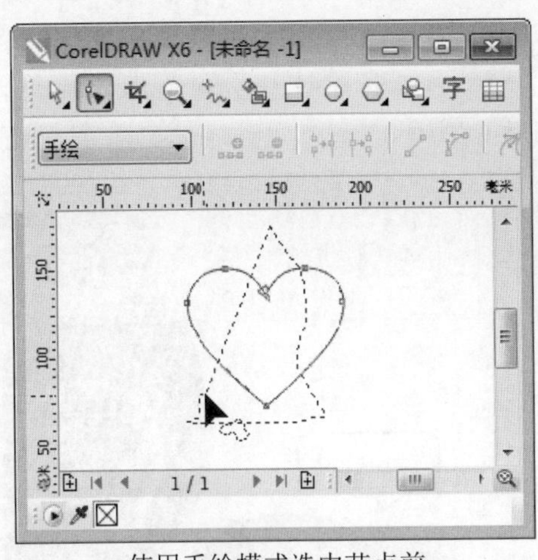

使用手绘模式选中节点前

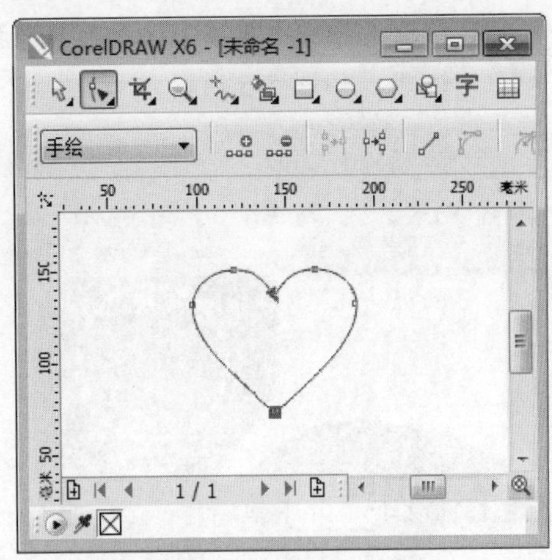

使用手绘模式选中节点后

图 5-2

5.1.2 添加节点

在 CorelDRAW X6 中，为曲线添加节点的方法多种多样，如“使用形状工具属性栏添加节点”、“使用右键菜单添加节点”和“使用形状工具直接添加节点”等方法。下面通过几个实例，详细介绍添加节点方面的知识。

1. 使用形状工具属性栏添加节点

在 CorelDRAW X6 中，用户可以通过使用形状工具属性栏来添加节点，其具体操作方法如下。

step 1 绘制一个图形后，在键盘上按下组合键 Ctrl+Q，将图形转换成曲线图形，如图 5-3 所示。

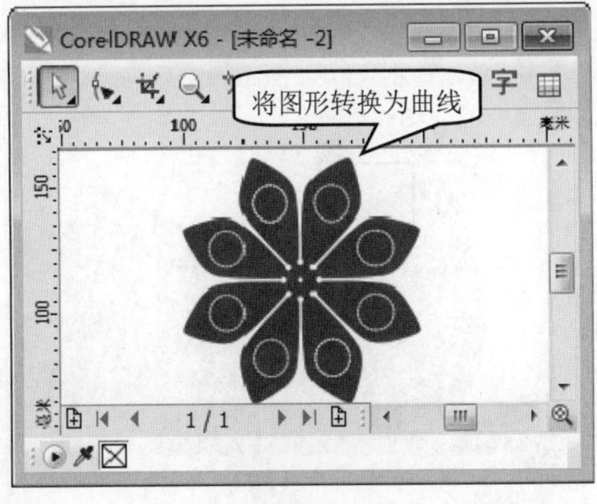

图 5-3

step 2 ① 在工具箱中，单击【形状工具】按钮，② 在绘图区中，在图形准备添加节点的位置单击鼠标，如图 5-4 所示。

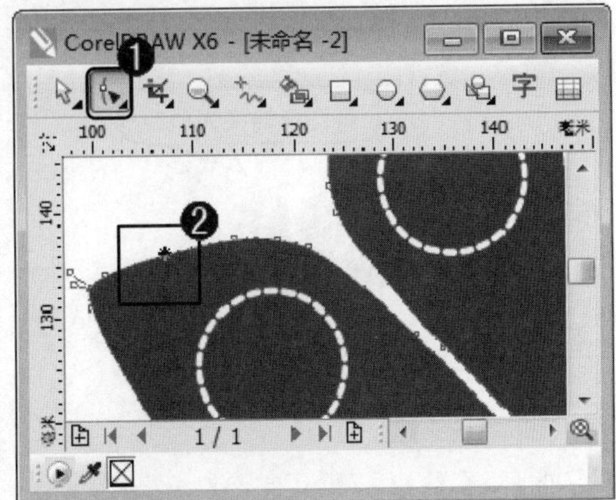

图 5-4

step 3 在属性栏中，单击【添加节点】按钮，如图5-5所示。

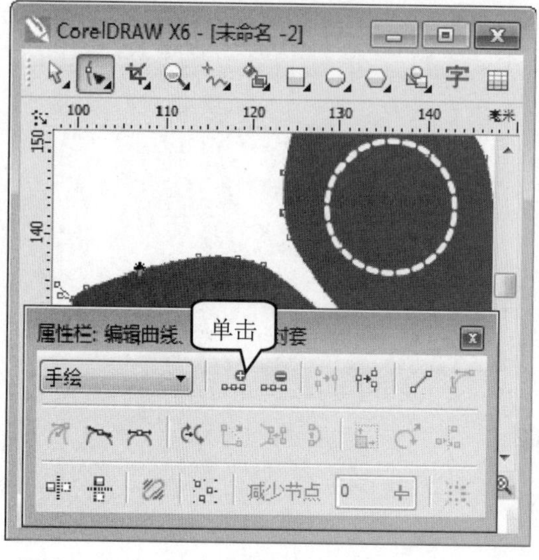

图5-5

step 4 通过以上方法即可完成使用形状工具属性栏添加节点的操作，如图5-6所示。

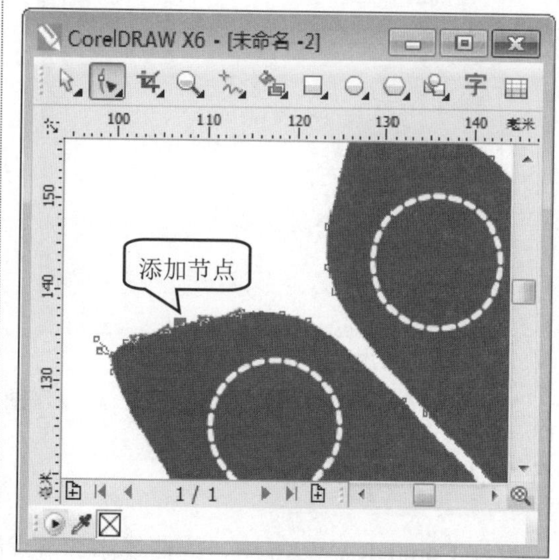

图5-6

2. 使用右键菜单添加节点

在CorelDRAW X6中，用户还可以通过使用右键快捷菜单来添加节点，其具体操作方法如下。

step 1 绘制一个图形后，在键盘上按下组合键Ctrl+Q，将图形转换成曲线图形，如图5-7所示。

图5-7

step 2 ① 在工具箱中，单击【形状工具】按钮，② 在图形准备添加节点的位置单击鼠标右键，如图5-8所示。

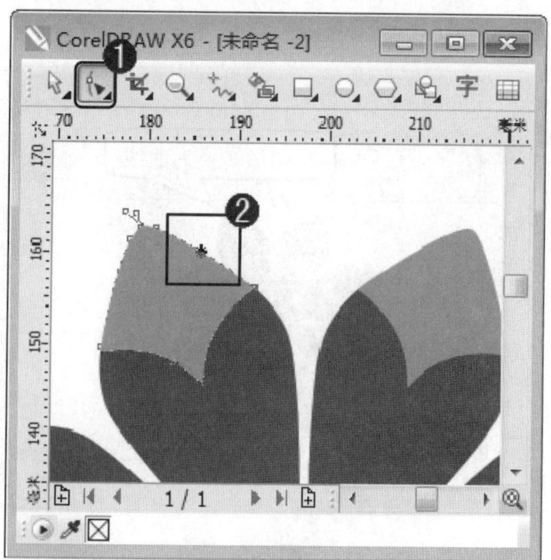

图5-8

在弹出的快捷菜单中，选择【添加】菜单项，如图 5-9 所示。

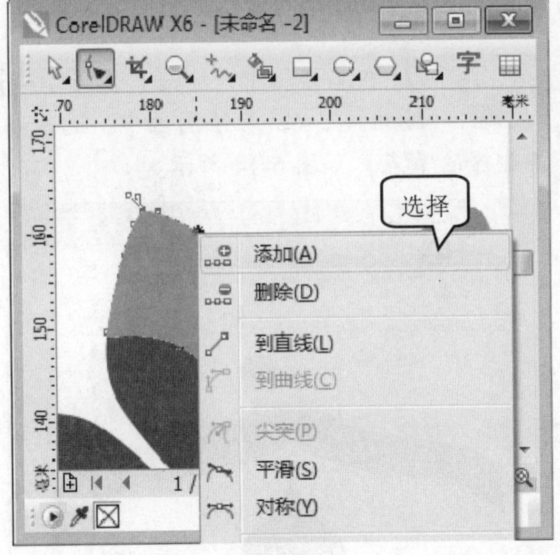

图 5-9

通过以上方法即可完成使用右键菜单添加节点的操作，如图 5-10 所示。

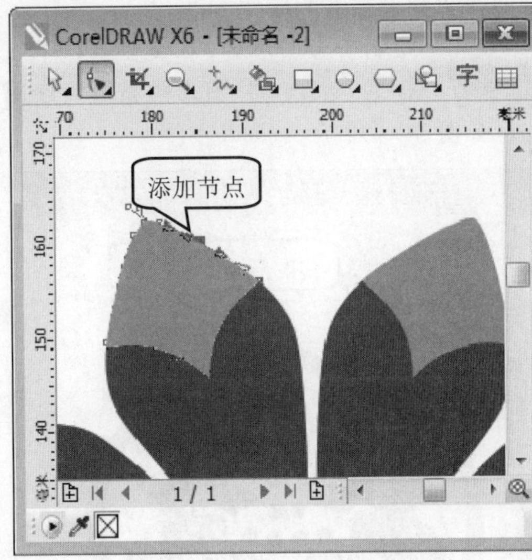

图 5-10

3. 使用形状工具直接添加节点

在 CorelDRAW X6 中，用户还可以使用形状工具来直接添加节点，其具体操作方法如下。

step 1 绘制一个图形后，在键盘上按下组合键 Ctrl+Q，将图形转换成曲线图形后，使用形状工具在图形准备添加节点的位置双击鼠标，如图 5-11 所示。

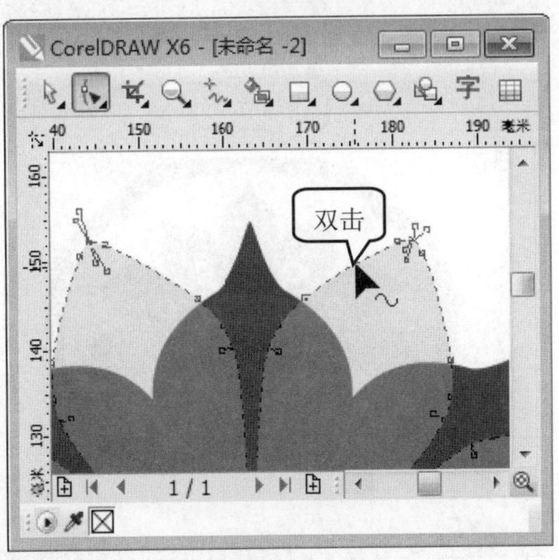

图 5-11

step 2 通过以上方法即可完成使用形状工具直接添加节点的操作，如图 5-12 所示。

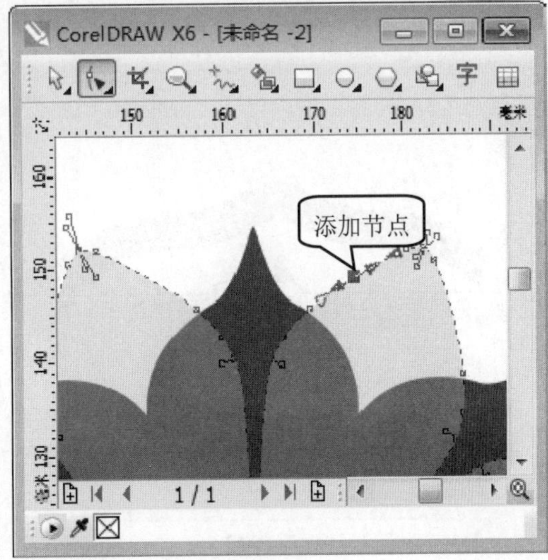

图 5-12

5.1.3 删除节点

在 CorelDRAW X6 中，用户可以将曲线图形中多余的节点删除，以便绘制需要的形状。下面介绍删除节点的操作方法。

step 1 绘制一个图形后，在键盘上按下组合键 Ctrl+Q，将图形转换成曲线图形，如图 5-13 所示。

图 5-13

step 2 ① 在工具箱中，单击【形状工具】按钮，② 在绘图区中，选择准备删除的节点，如图 5-14 所示。

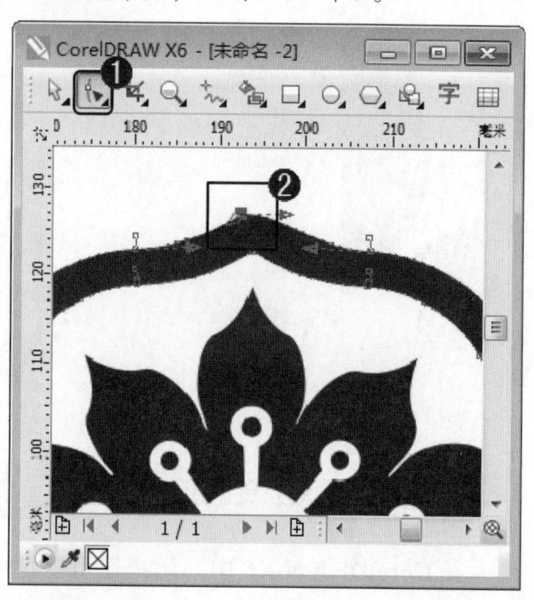

图 5-14

step 3 在属性栏中，单击【删除节点】按钮，如图 5-15 所示。

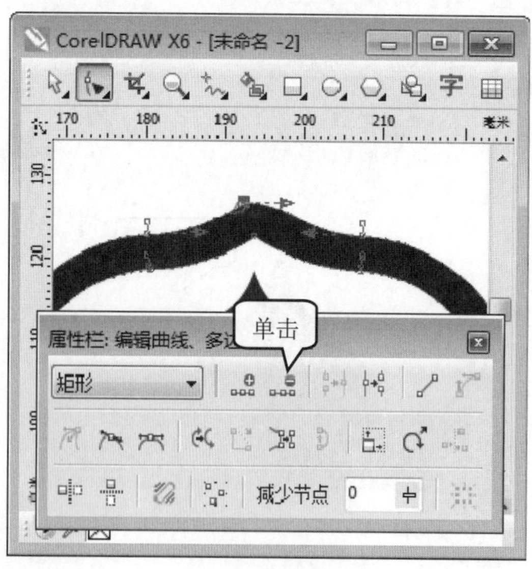

图 5-15

step 4 通过以上方法即可完成使用形状工具属性栏删除节点的操作，如图 5-16 所示。

图 5-16

5.1.4 连接两个节点

在 CorelDRAW X6 中，用户可以将同一对象上断开的两个相邻节点连接成一个节点，从而形成一个封闭图形。下面介绍连接两个节点的操作方法。

step 1 使用钢笔工具，在绘图区中绘制一个不完全闭合的图形并将其转换为曲线图形，如图 5-17 所示。

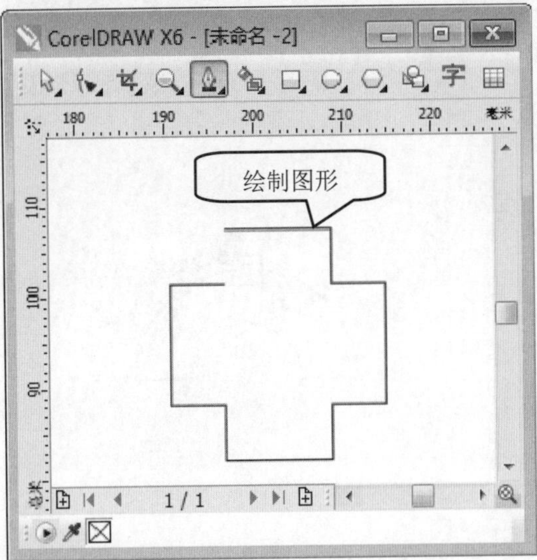

图 5-17

step 2 ① 在工具箱中，单击【形状工具】按钮，② 在绘图区中，选择准备连接的两个相邻节点，如图 5-18 所示。

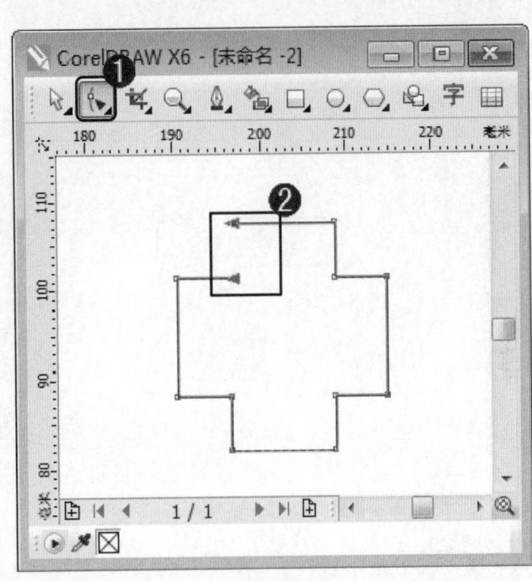

图 5-18

step 3 在属性栏中，单击【连接两个节点】按钮，如图 5-19 所示。

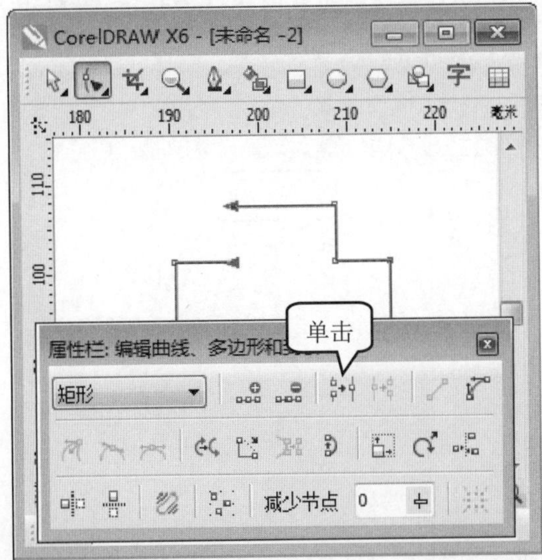

图 5-19

step 4 通过以上方法即可完成使用形状工具属性栏连接两个节点的操作，如图 5-20 所示。

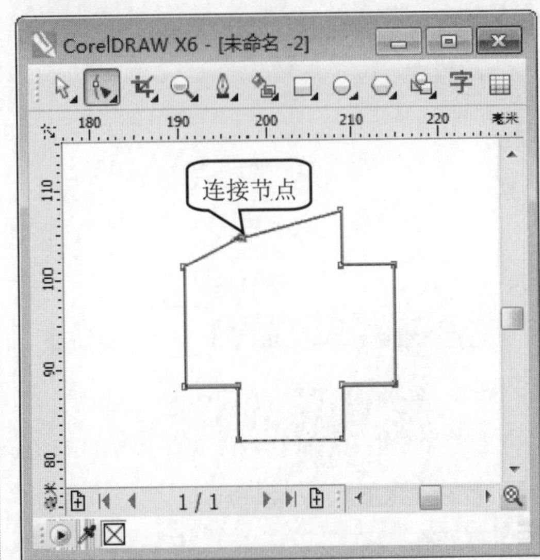

图 5-20

5.1.5 分割曲线

在 CorelDRAW X6 中，用户可以将曲线上的一个节点在原来的位置分离为两个节点，从而断开曲线的连接，使闭合图形变为不封闭图形。下面介绍分割曲线的操作方法。

step 1 使用钢笔工具，在绘图区中绘制一个闭合图形并将其转换为曲线图形，如图 5-21 所示。

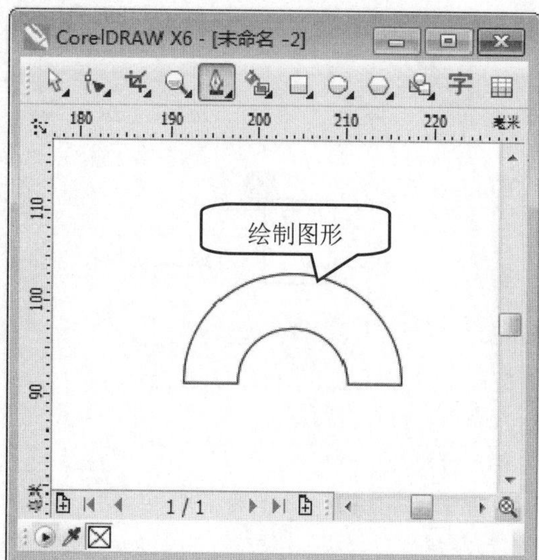

图 5-21

step 2 ① 在工具箱中，单击【形状工具】按钮，② 在绘图区中，在图形上选择准备分割的节点，如图 5-22 所示。

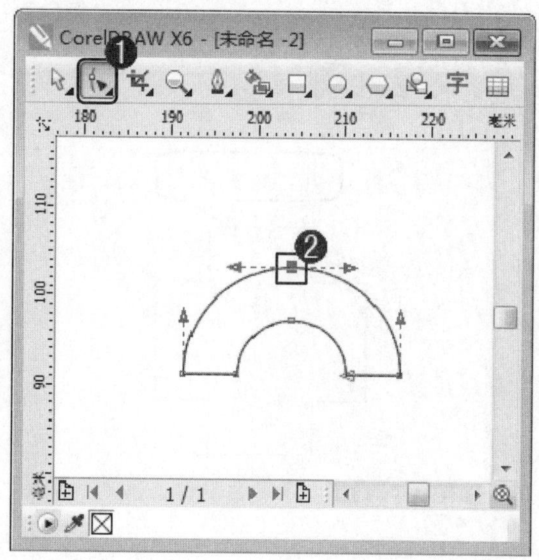

图 5-22

step 3 在属性栏中，单击【断开曲线】按钮，如图 5-23 所示。

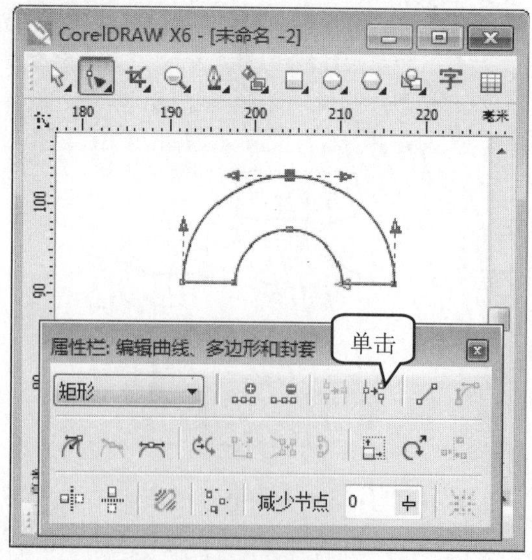

图 5-23

step 4 移动其中一个节点，可以看到原节点已经分割成两个独立的节点，这样即可完成分割曲线的操作，如图 5-24 所示。

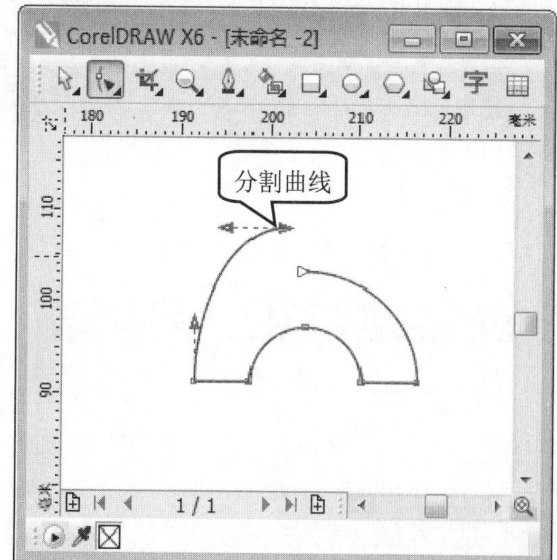

图 5-24

5.1.6 转换曲线为直线

在 CorelDRAW X6 中，使用“转换为线条”功能，用户可以将曲线转换为直线。下面介绍转换曲线为直线的操作方法。

step 1 使用椭圆工具，在绘图区中绘制一个闭合椭圆图形并将其转换为曲线图形，如图 5-25 所示。

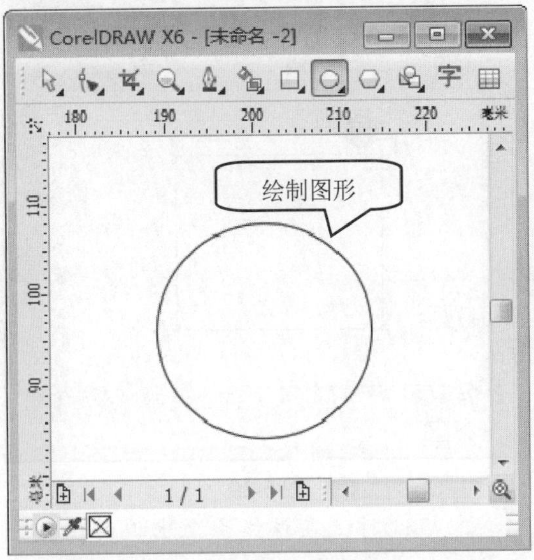

图 5-25

step 2 ① 在工具箱中，单击【形状工具】按钮，② 在绘图区中，在图形上选择准备转换直线的节点，如图 5-26 所示。

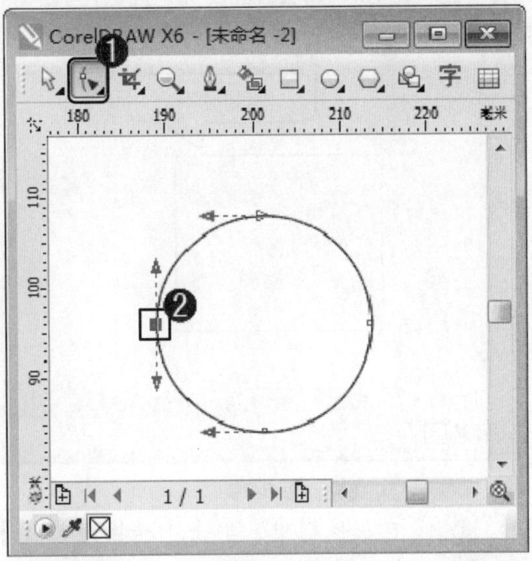

图 5-26

step 3 在属性栏中，单击【转换为线条】按钮，如图 5-27 所示。

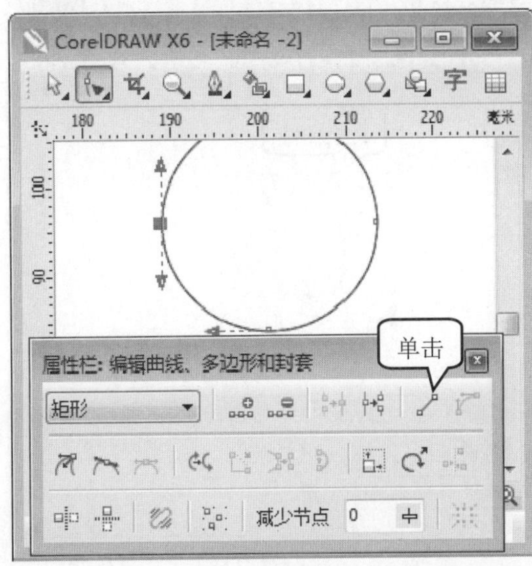

图 5-27

step 4 此时椭圆一侧由曲线转换为直线，这样即可完成转换曲线为直线的操作，如图 5-28 所示。

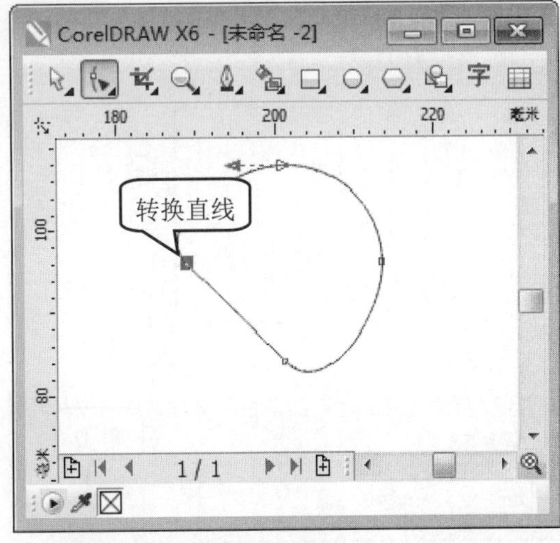

图 5-28

5.1.7 转换直线为曲线

在 CorelDRAW X6 中，使用“转换为曲线”功能，用户可以将直线转换为曲线。下面介绍转换直线为曲线的操作方法。

step 1 使用矩形工具，在绘图区中绘制一个闭合矩形图形并将其转换为曲线图形，如图 5-29 所示。

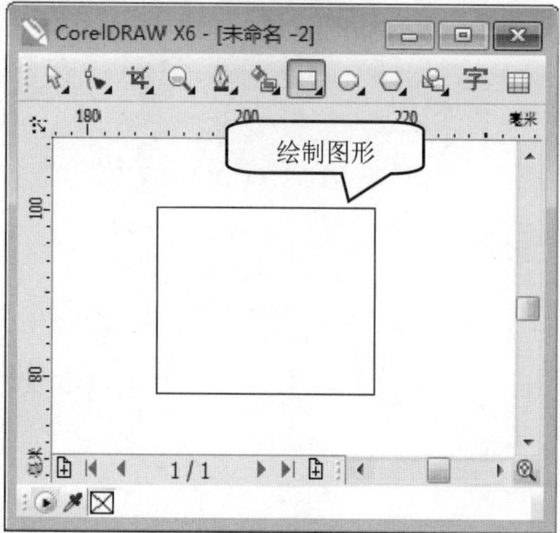

图 5-29

step 2 ① 在工具箱中，单击【形状工具】按钮，② 在绘图区中，在图形上选择准备转换曲线的节点，如图 5-30 所示。

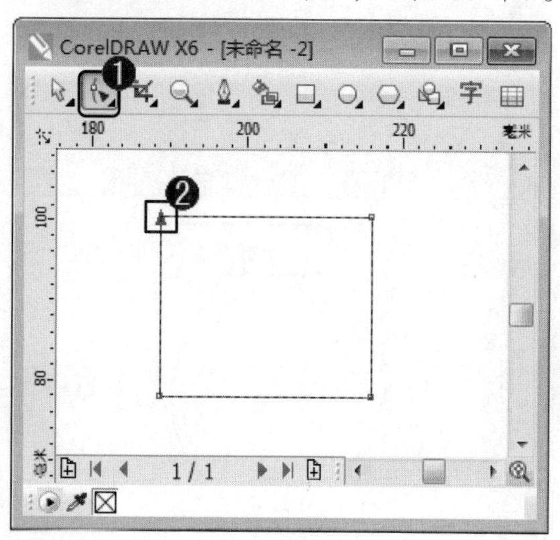

图 5-30

step 3 在属性栏中，单击【转换为曲线】按钮，如图 5-31 所示。

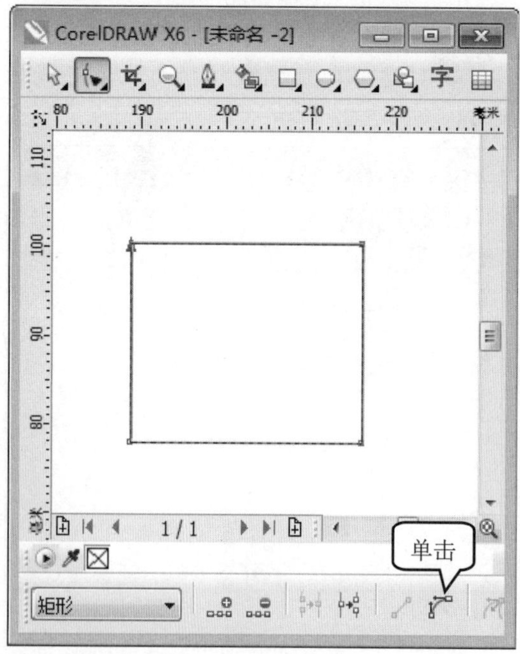

图 5-31

step 4 此时，在该线条上出现两个控制点，拖曳其中一个控制点，可以看见直线随控制点变弯曲，这样即可完成转换直线为曲线的操作，如图 5-32 所示。

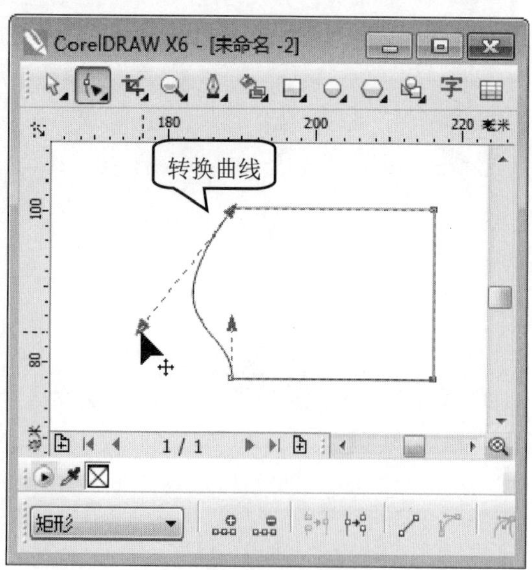

图 5-32

5.2 涂抹笔刷

在 CorelDRAW X6 中，使用涂抹笔刷工具，用户可以绘制更复杂的曲线图形。下面详细介绍使用涂抹笔刷工具方面的知识与操作技巧。

5.2.1 涂抹笔刷的属性栏设置

在 CorelDRAW X6 中，使用涂抹笔刷工具，用户可以对其属性栏进行设置，使用户可以更好地绘制图形，如图 5-33 所示。

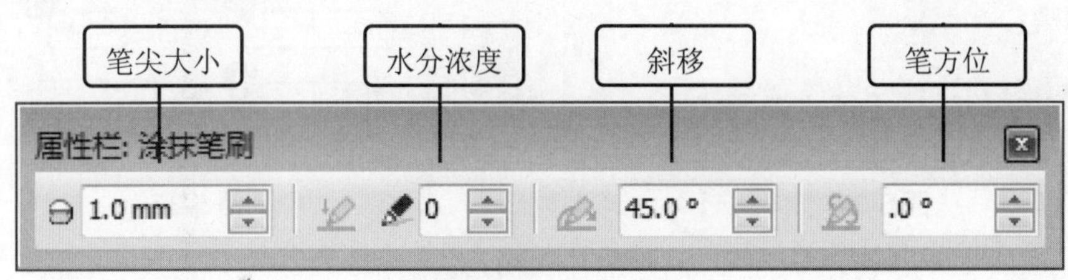

图 5-33

涂抹笔刷工具属性栏的参数介绍如下。

- 笔尖大小：输入数值来设置涂抹笔刷的宽度。
- 水分浓度：可设置涂抹笔刷的力度。
- 斜移：用于设置涂抹笔刷、模拟压感笔的倾斜角度。
- 笔方位：用于设置涂抹笔刷、模拟压感笔的笔尖方位角。

5.2.2 涂抹笔刷的应用效果

在 CorelDRAW X6 中，涂抹笔刷工具可在矢量图形边缘或内部任意涂抹，这样可以达到变形对象的目的。下面介绍运用涂抹笔刷的操作方法。

① 绘制一个曲线图形后，在工具箱中，单击【选择工具】按钮，② 在绘图区中，选择准备处理的图形对象，如图 5-34 所示。

① 单击【涂抹笔刷工具】按钮，② 在属性栏中，在【笔尖大小】微调框中，输入笔尖的大小数值，③ 在【水分浓度】微调框中，输入水分浓度的数值，④ 在【斜移】微调框中，输入笔倾斜的角度值，⑤ 在【笔方位】微调框中，输入笔方位的角度值，如图 5-35 所示。

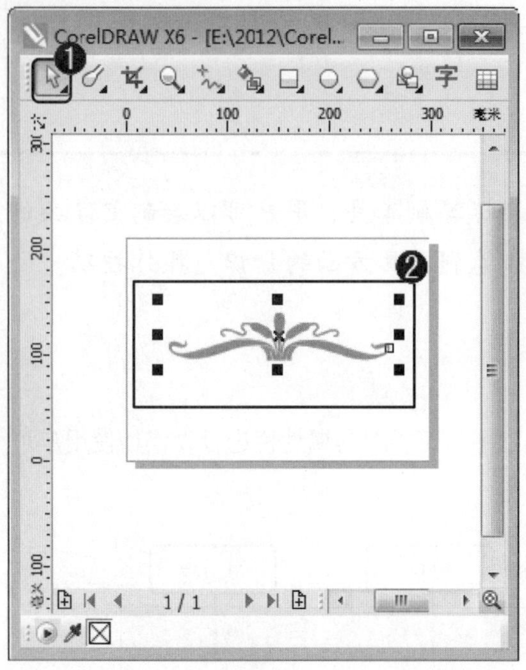

图 5-34

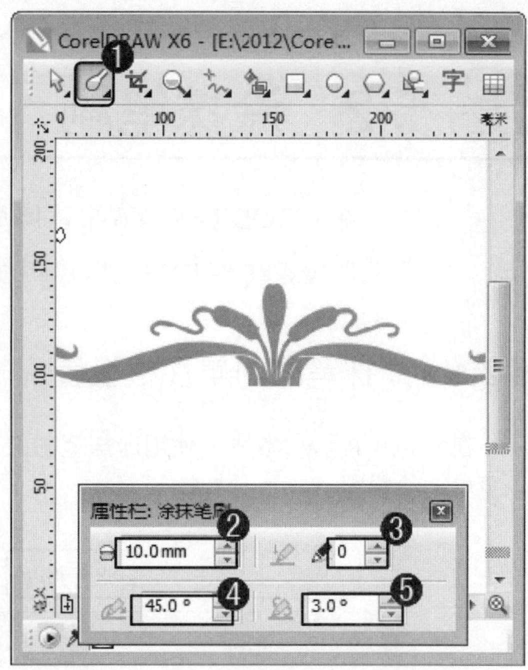

图 5-35

step 3 当鼠标指针变为形状时，然后在对象上按下鼠标左键并拖动鼠标，这样即可涂抹拖移处的部位，如图 5-36 所示。

step 4 反复涂抹图形对象，通过以上方法即可完成使用涂抹笔刷的操作，如图 5-37 所示。

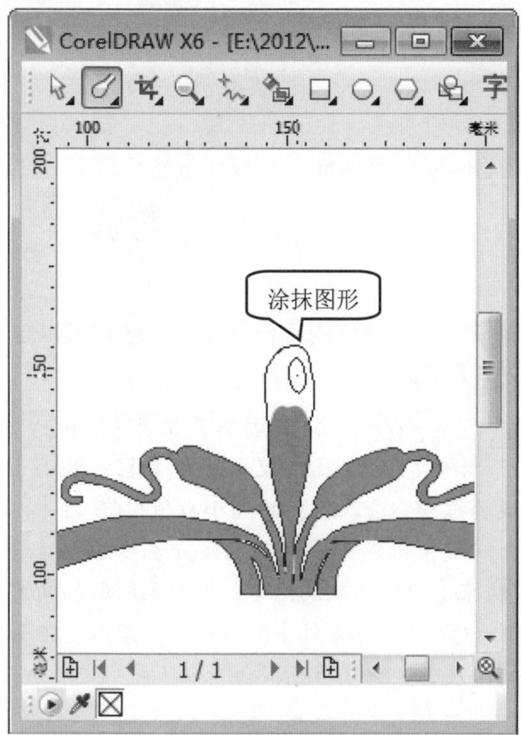

图 5-36

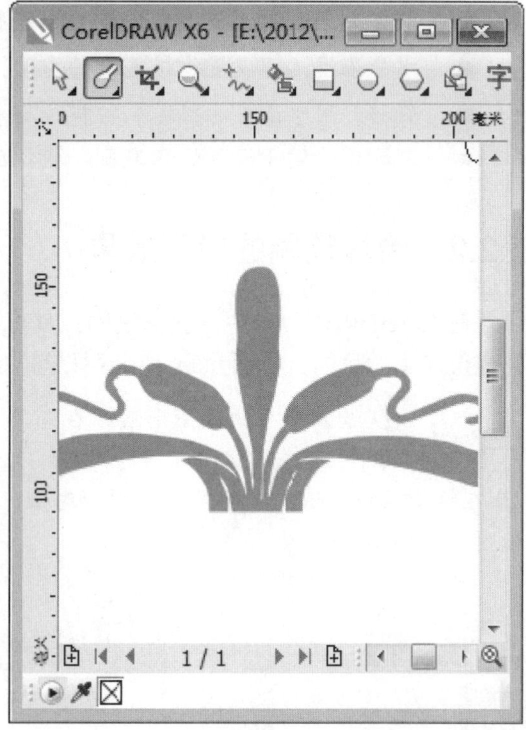

图 5-37

5.3 粗糙笔刷

在 CorelDRAW X6 中，使用粗糙笔刷工具，用户可以改变矢量图形对象中曲线的平滑度，从而产生粗糙边缘变形效果。下面详细介绍使用粗糙笔刷工具方面的知识与操作技巧。

5.3.1 粗糙笔刷的属性栏设置

在 CorelDRAW X6 中，使用粗糙笔刷工具，用户可以对其属性栏进行设置，使用户可以更好地绘制图形，如图 5-38 所示。

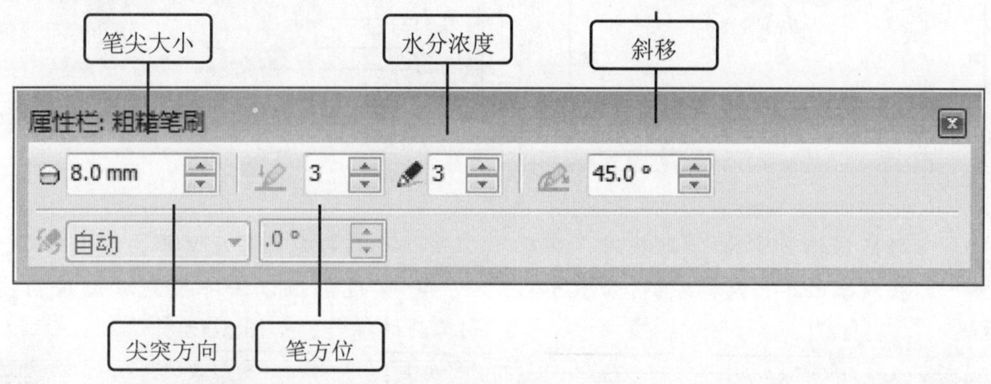

图 5-38

粗糙笔刷工具属性栏的参数介绍如下。

- 笔尖大小：输入数值来设置粗糙笔刷的宽度。
- 水分浓度：可设置粗糙笔刷的力度。
- 斜移：用于设置粗糙笔刷、模拟压感笔的倾斜角度。
- 尖突方向：用于设置粗糙笔刷的尖突方向。
- 笔方位：用于设置粗糙笔刷、模拟压感笔的笔尖方位角。

5.3.2 粗糙笔刷的应用效果

在 CorelDRAW X6 中，使用粗糙笔刷工具，用户可以快速制作图形边缘粗糙的效果。下面介绍运用粗糙笔刷工具的操作方法。

① 绘制一个曲线图形后，在工具箱中，单击【选择工具】按钮，② 在绘图区中，选择准备处理的图形对象，如图 5-39 所示。

① 单击【粗糙笔刷工具】按钮，② 在属性栏的【笔尖大小】微调框中，输入笔尖的大小数值，③ 在【水分浓度】微调框中，输入水分浓度的数值，④ 在【斜移】微调框中，输入笔倾斜的角度值，如图 5-40 所示。

图 5-39

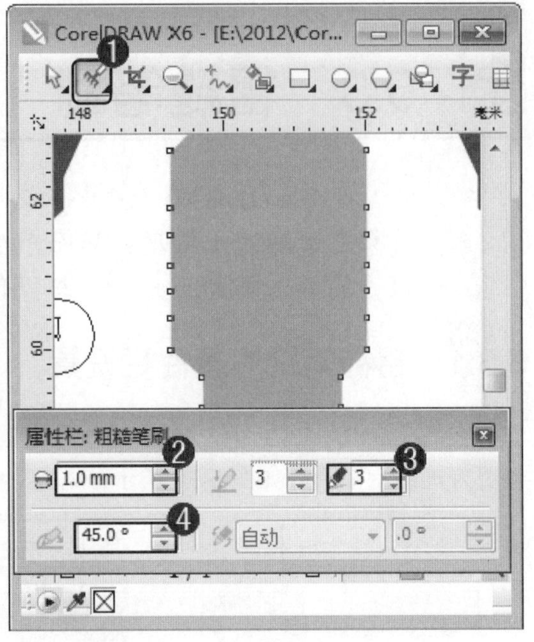

图 5-40

当鼠标指针变为①形状时，然后在对象上单击鼠标左键，如图 5-41 所示。

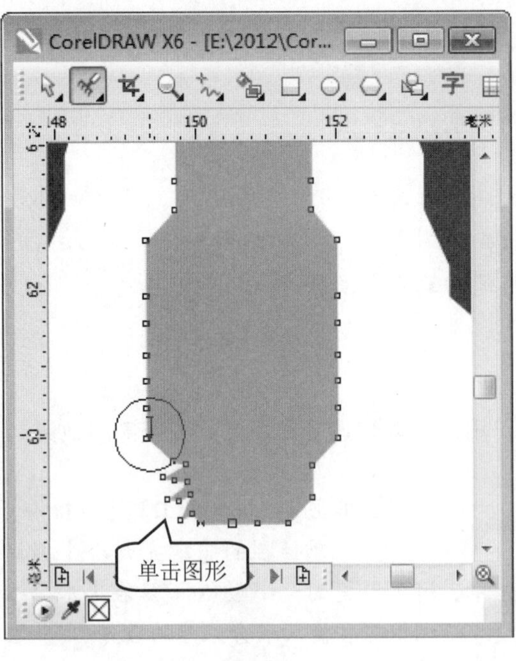

图 5-41

step 4 在指定位置反复单击图形对象，通过以上方法即可完成使用粗糙笔刷工具的操作，如图 5-42 所示。

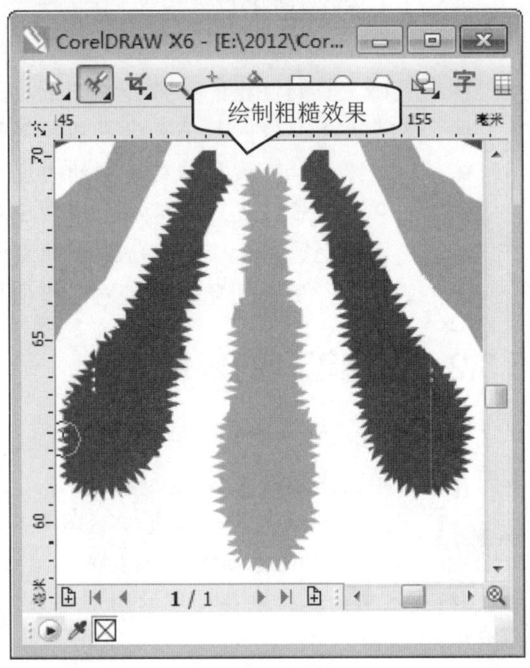

图 5-42

5.4　自由变换工具

在 CorelDRAW X6 中，使用自由变换工具，用户可以对对象进行自由调节、自由旋转和自由角度反射等操作。下面详细介绍使用自由变换工具方面的知识与操作技巧。

5.4.1　自由变换工具的属性栏设置

在 CorelDRAW X6 中，使用自由变换工具，用户可以对其属性栏进行设置，使用户可以更好地绘制图形，如图 5-43 所示。

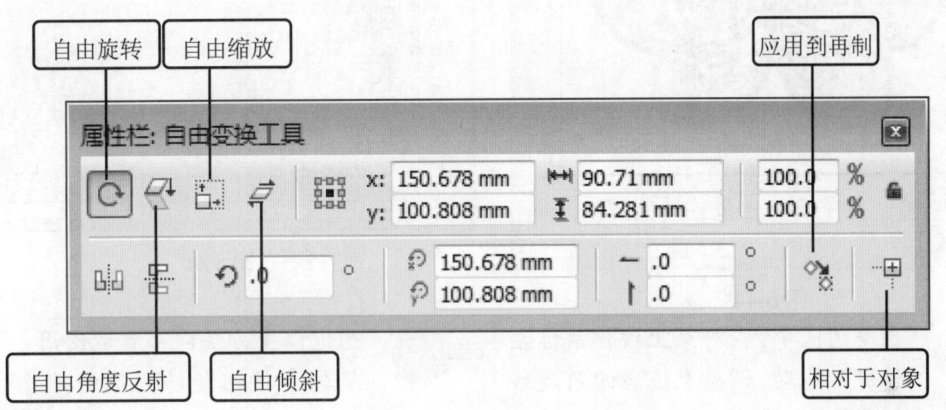

图 5-43

- 自由旋转：单击该按钮，用户可以对选中的图形对象进行自由角度旋转。
- 自由角度反射：单击该按钮，用户可以对选中的图形对象进行自由角度反射。
- 自由缩放：单击该按钮，用户可对选中的图形对象进行自由缩放。
- 自由倾斜：单击该按钮，用户可对选中的图形对象进行自由倾斜。
- 应用到再制：单击该按钮，用户可以在旋转、镜像、调节和扭曲对象的同时再制对象。
- 相对于对象：单击该按钮，用户可以在【对象位置】文本框中输入需要的参数值，按 Enter 键，可以将对象移动至指定的位置。

5.4.2　自由旋转按钮

在 CorelDRAW X6 中，使用【自由旋转】按钮，用户可以将对象按任意角度进行旋转操作，同时也可以指定旋转中心点旋转图形对象，下面介绍运用【自由旋转】按钮的操作方法。

step 1 ① 绘制一个曲线图形后，在工具箱中，单击【选择工具】按钮，② 在绘图区中，选择准备处理的图形对象，如图 5-44 所示。

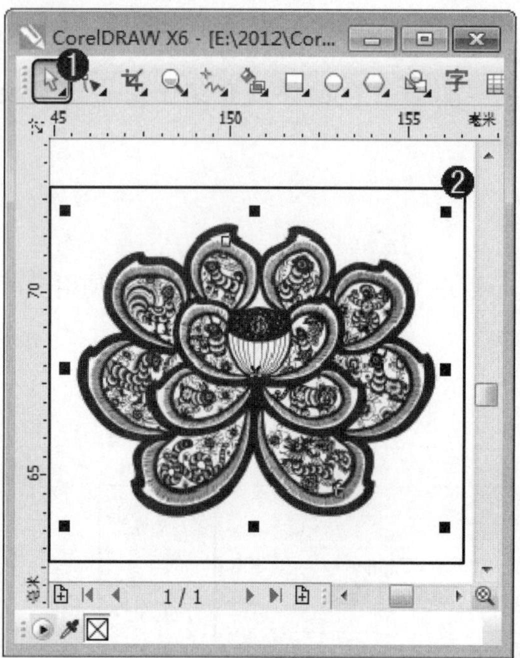

图 5-44

step 2 ① 在工具箱中，单击【自由变换】按钮，② 在属性栏中，单击【自由旋转】按钮，如图 5-45 所示。

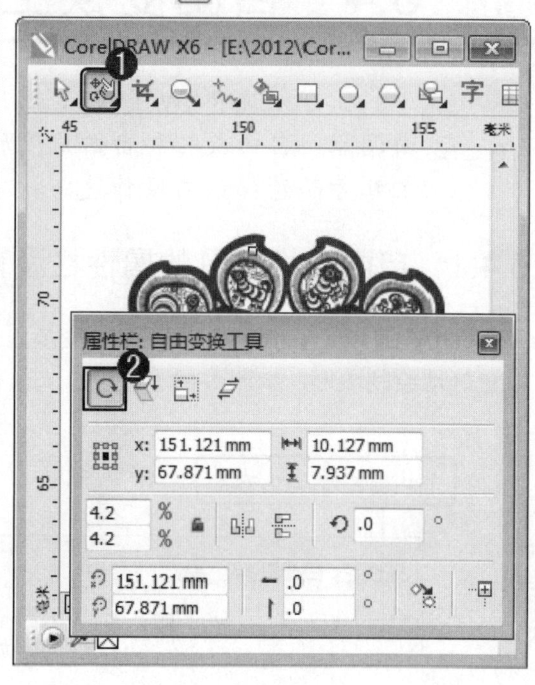

图 5-45

step 3 在绘图区中，在对象上按住鼠标左键进行拖动，调整至适当的角度后释放鼠标，如图 5-46 所示。

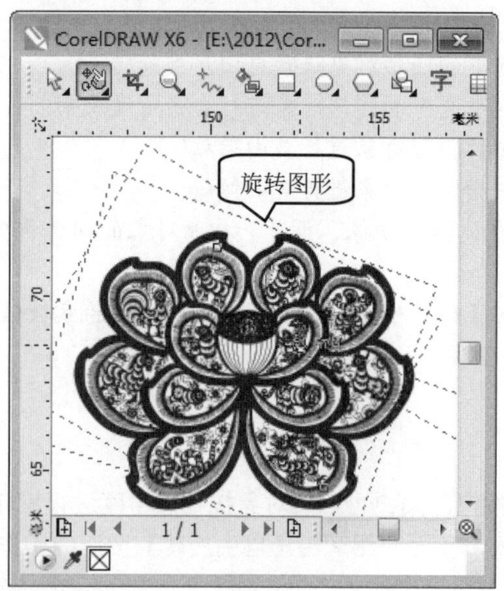

图 5-46

step 4 通过以上方法即可完成使用【自由旋转】按钮旋转图形的操作，如图 5-47 所示。

图 5-47

5.4.3 【自由角度反射】按钮

在 CorelDRAW X6 中，使用【自由角度反射】按钮，用户可以将选择的对象按任一个角度镜像，也可以在镜像对象中再制对象。下面介绍运用【自由角度反射】工具的方法。

step 1 ① 绘制一个曲线图形后，在工具箱中，单击【选择工具】按钮，② 在绘图区中，选择准备处理的图形对象，如图 5-48 所示。

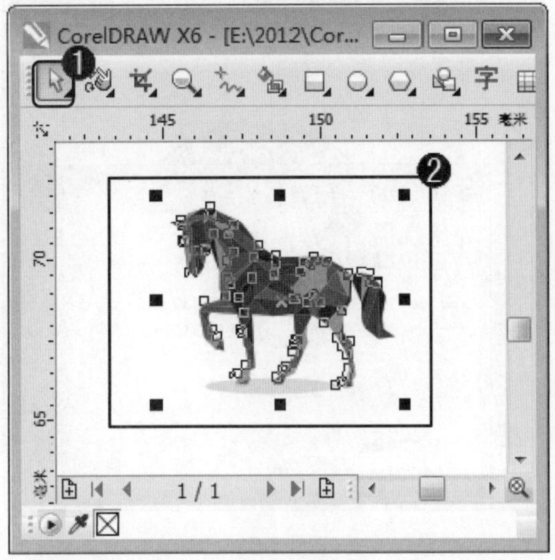

图 5-48

step 2 ① 在工具箱中，单击【自由变换】按钮，② 在属性栏中，单击【自由角度反射】按钮，如图 5-49 所示。

图 5-49

step 3 在绘图区中，在对象上按住鼠标左键进行拖动，调整至适当的角度后释放鼠标，如图 5-50 所示。

图 5-50

step 4 通过以上方法即可完成使用【自由角度反射】按钮镜像图形的操作，如图 5-51 所示。

图 5-51

5.4.4 【自由缩放】按钮

在 CorelDRAW X6 中，使用【自由缩放】按钮，用户可以将选择的对象放大或缩小，也可以将对象扭曲或在调节时再制对象。下面介绍运用【自由角度反射】按钮的方法。

step 1 ① 绘制一个曲线图形后，在工具箱中，单击【选择工具】按钮，② 在绘图区中，选择准备处理的图形对象，如图 5-52 所示。

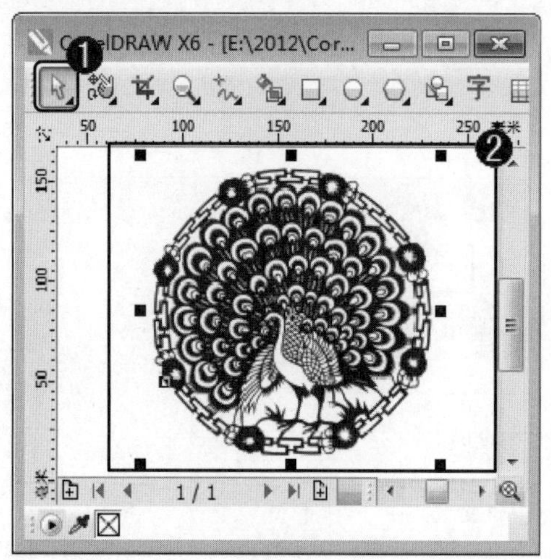

图 5-52

step 2 ① 在工具箱中，单击【自由变换】按钮，② 在属性栏中，单击【自由缩放】按钮，如图 5-53 所示。

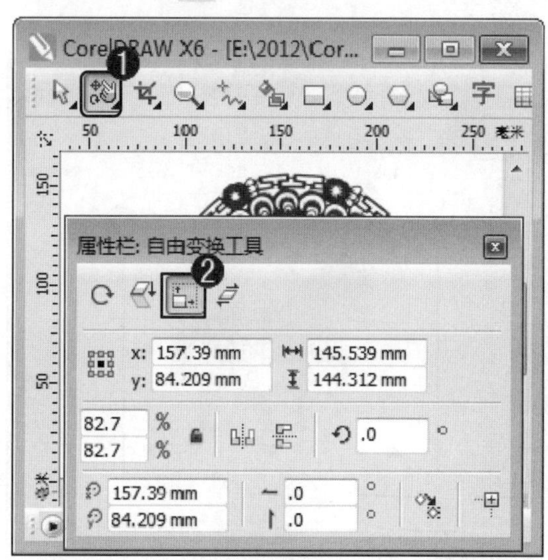

图 5-53

step 3 在绘图区中，在对象上按住鼠标左键进行拖动，调整至适当的大小后释放鼠标，如图 5-54 所示。

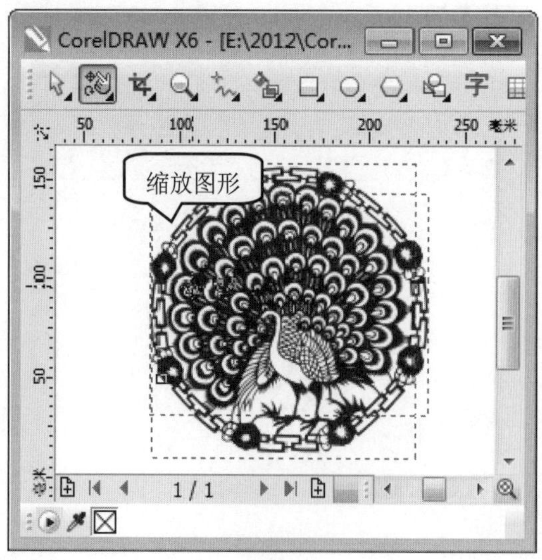

图 5-54

step 4 通过以上方法即可完成使用【自由缩放】按钮缩放图形的操作，如图 5-55 所示。

图 5-55

5.4.5 【自由倾斜】按钮

在 CorelDRAW X6 中，使用【自由倾斜】按钮，用户可以将选择的对象进行扭曲。下面介绍运用【自由倾斜】按钮的方法。

step 1 ① 绘制一个曲线图形后，在工具箱中，单击【选择工具】按钮，② 在绘图区中，选择准备处理的图形对象，如图 5-56 所示。

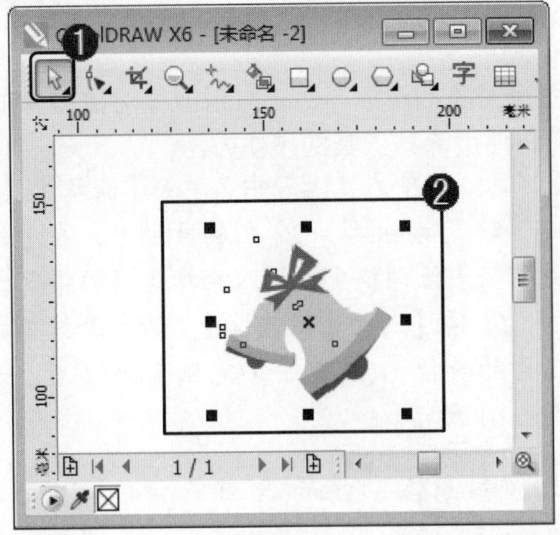

图 5-56

step 2 ① 在工具箱中，单击【自由变换】按钮，② 在属性栏中，单击【自由倾斜】按钮，如图 5-57 所示。

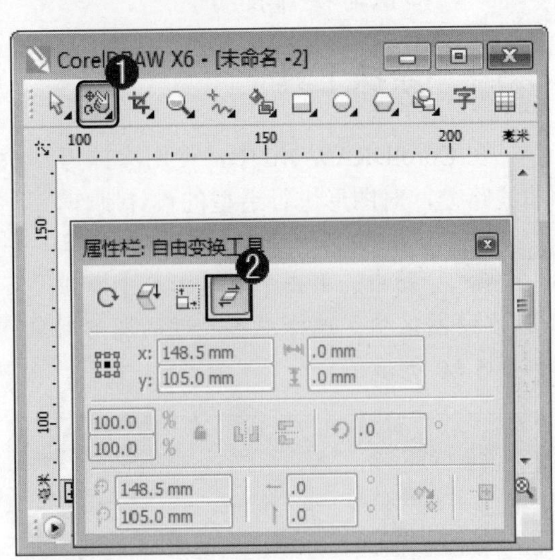

图 5-57

step 3 在绘图区中，在对象上按住鼠标左键进行拖动，调整至适当的角度后释放鼠标，如图 5-58 所示。

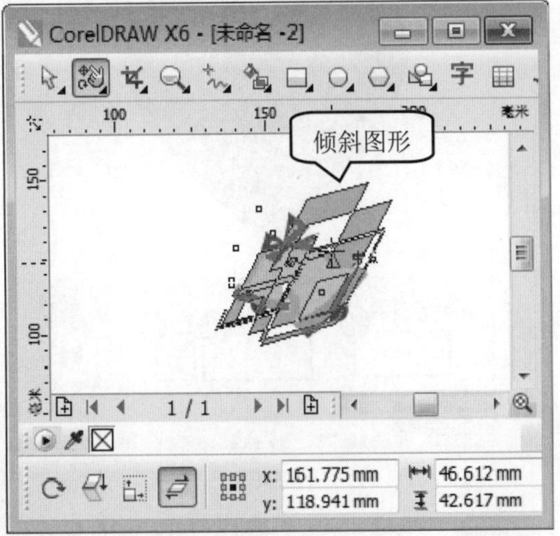

图 5-58

step 4 通过以上方法即可完成使用自由倾斜工具倾斜图形的操作，如图 5-59 所示。

图 5-59

5.5 其他变形工具

在 CorelDRAW X6 中，用户还可以使用涂抹工具、转动工具和吸引与排斥工具等来编辑绘制图像。下面详细介绍使用其他变形工具方面的知识与操作技巧。

5.5.1 涂抹工具

在 CorelDRAW X6 中，使用涂抹工具涂抹图形对象的边缘，用户可以改变对象边缘的曲线路径，对图形进行造型的设计制作，下面介绍使用涂抹工具的操作方法。

step 1 ① 绘制一个曲线图形后，在工具箱中，单击【选择工具】按钮，② 在绘图区中，选择准备处理的图形对象，如图 5-60 所示。

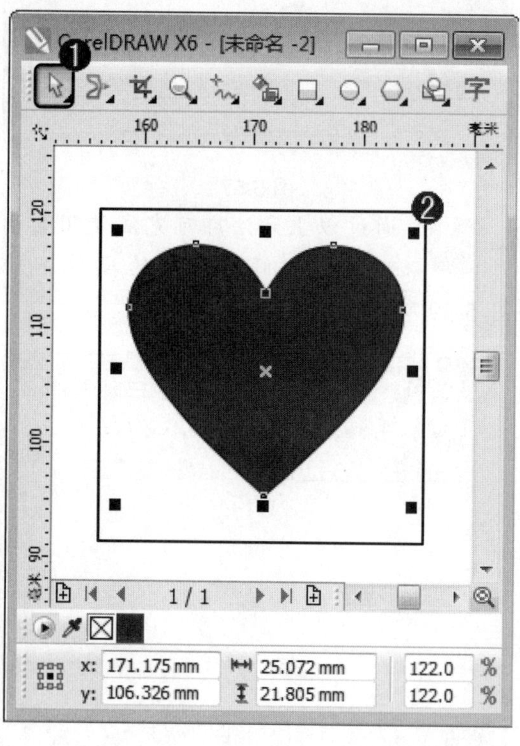

图 5-60

step 2 ① 在工具箱中，单击【涂抹工具】按钮，② 在属性栏中，在【笔尖半径】微调框中，输入涂抹工具的半径大小，③ 在【压力】微调框中，输入涂抹工具压力的数值，④ 单击【笔压】按钮，如图 5-61 所示。

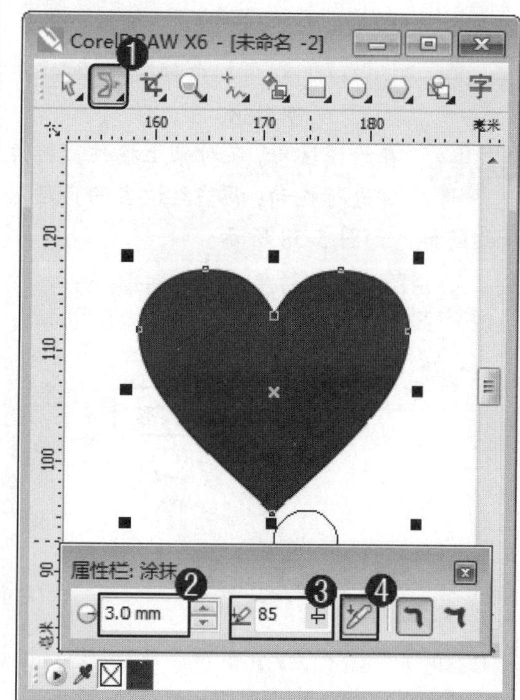

图 5-61

step 3 在绘图区中，在图形对象边缘按住并拖动鼠标，对图形进行涂抹操作，如图 5-62 所示。

step 4 通过以上方法即可完成使用涂抹工具倾斜图形的操作，如图 5-63 所示。

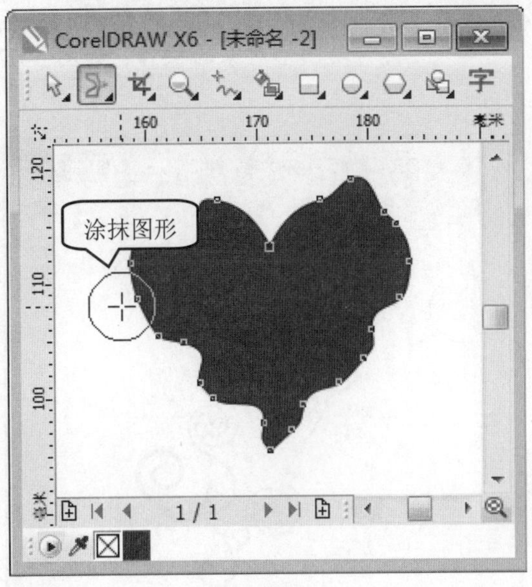

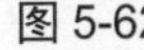

图 5-62

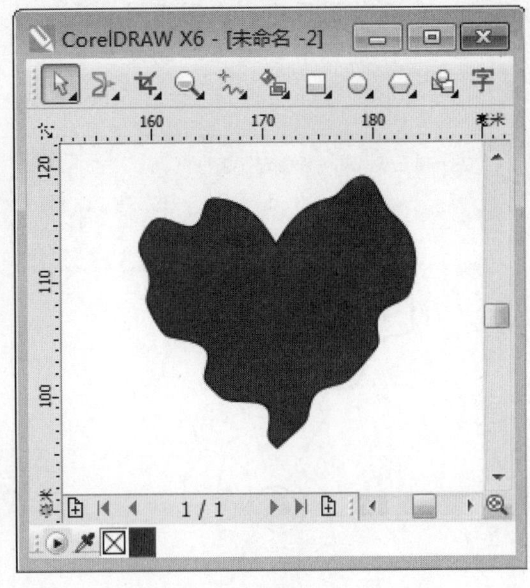

图 5-63

5.5.2 转动工具

在 CorelDRAW X6 中，使用转动工具在图形对象的边缘按住鼠标左键不放，这样可以按指定方向对图形边缘的曲线进行转动。下面介绍使用转动工具的操作方法。

step 1 ① 绘制一个曲线图形后，在工具箱中，单击【选择工具】按钮，② 在绘图区中，选择准备处理的图形对象，如图 5-64 所示。

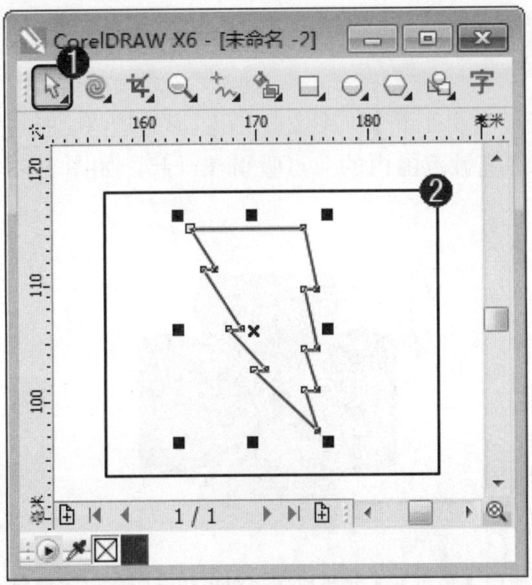

图 5-64

step 2 ① 在工具箱中，单击【转动工具】按钮，② 在属性栏中，在【笔尖半径】微调框中，输入转动工具的半径大小，③ 在【压力】文本框中，输入转动工具压力的数值，④ 单击【逆时针转动】按钮，如图 5-65 所示。

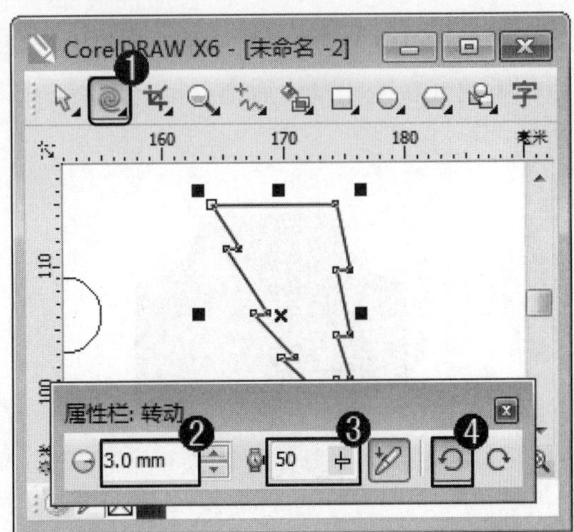

图 5-65

step 3 在绘图区中，在图形对象边缘按住鼠标不动或在转动发生后拖动鼠标，对图形进行转动操作，如图 5-66 所示。

图 5-66

step 4 通过以上方法即可完成使用转动工具转动图形对象的操作，如图 5-67 所示。

图 5-67

5.5.3 吸引与排斥工具

在 CorelDRAW X6 中，吸引工具与排斥工具对图形对象边缘的变化效果是相反的。下面介绍吸引工具与排斥工具方面的知识。

1. 吸引工具

在 CorelDRAW X6 中，在工具箱中，单击【吸引工具】按钮，在图形的边缘上按住鼠标不动或在变化发生后拖动鼠标，用户可以将笔触范围内的节点吸引在一起，如图 5-68 所示。

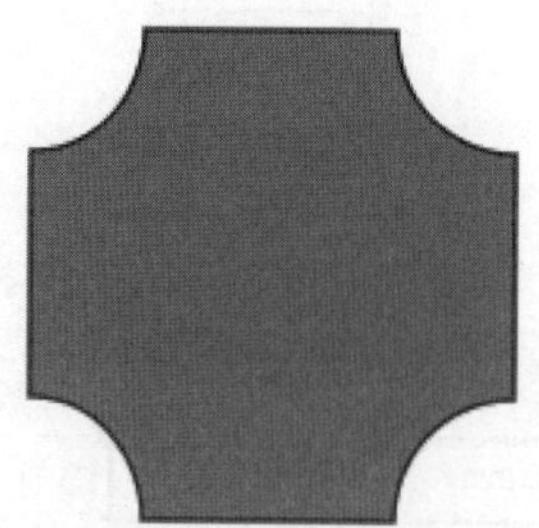

使用【吸引】工具吸引图形对象边缘的变化效果前

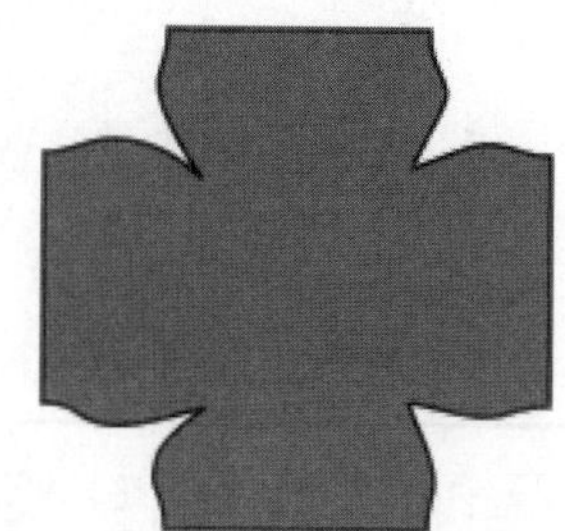

使用【吸引】工具吸引图形对象边缘的变化效果后

图 5-68

2. 排斥工具

在 CorelDRAW X6 中，在工具箱中，单击【排斥工具】按钮，在图形的边缘上按住鼠标不动或在变化发生后拖动鼠标，这样用户可以将笔触范围内的节点分散开来，如图 5-69 所示。

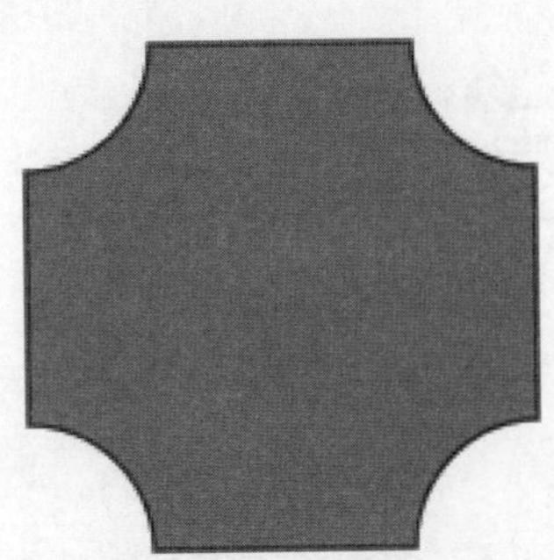

使用排斥工具排斥图形对象边缘的变化效果前

使用排斥工具排斥图形对象边缘的变化效果后

图 5-69

5.6 范例应用与上机操作

通过本章的学习，用户已经初步掌握变换与变形工具组方面的基础知识，下面介绍几个实践案例，巩固一下用户学习到的知识要点。

5.6.1 绘制茶壶

在 CorelDRAW X6 中，结合本章的知识点，用户可以绘制一个茶壶图形。下面介绍绘制茶壶的操作方法。

素材文件 无

效果文件 配套素材\第 5 章\效果文件\绘制茶壶

step 1 ① 新建空白文件后，在工具箱中，单击【贝塞尔工具】按钮，② 在绘图区中，在指定位置绘制一个闭合图形，如图 5-70 所示。

step 2 ① 绘制闭合图形后，在工具箱中，单击【钢笔工具】按钮，② 在绘图区中，当鼠标指针变为形状时，在闭合图形指定的位置单击，这样可以添加一个节点，如图 5-71 所示。

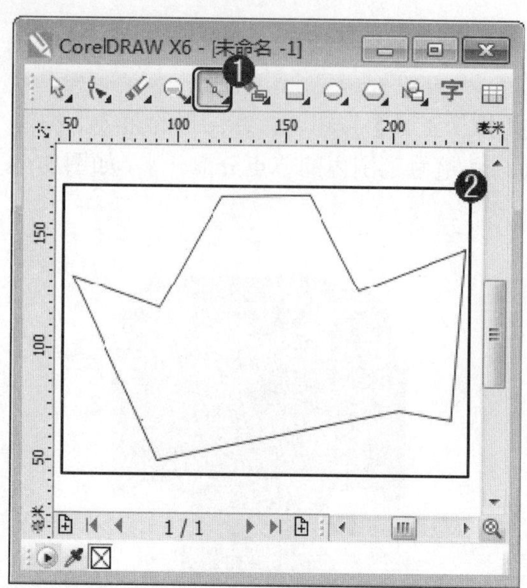

图 5-70

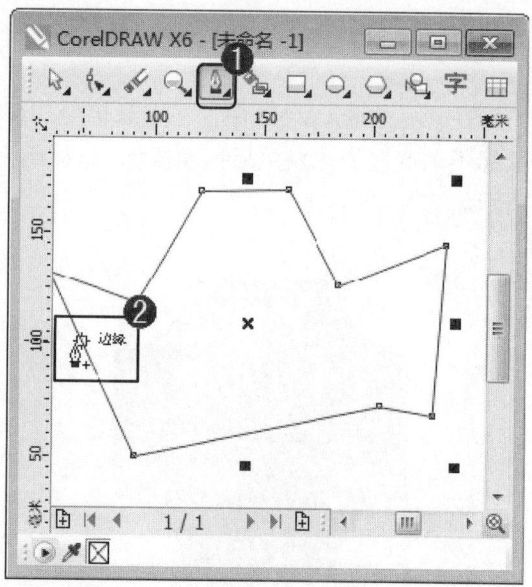

图 5-71

step 3 添加节点后，运用相同的方法继续在闭合图形上添加其他节点，如图 5-72 所示。

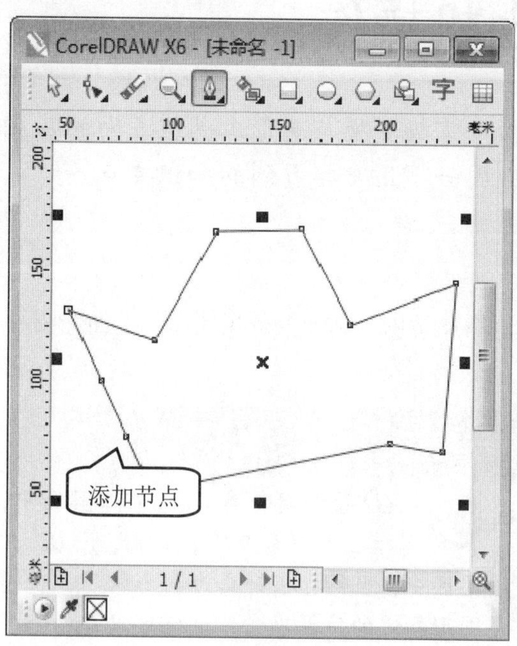

图 5-72

step 4 ① 添加节点后，在工具箱中，单击【形状工具】按钮，② 在绘图区中，拖动鼠标绘制一个矩形框，将闭合图形中的节点全部包含其中，释放鼠标后，这样可以全选节点，如图 5-73 所示。

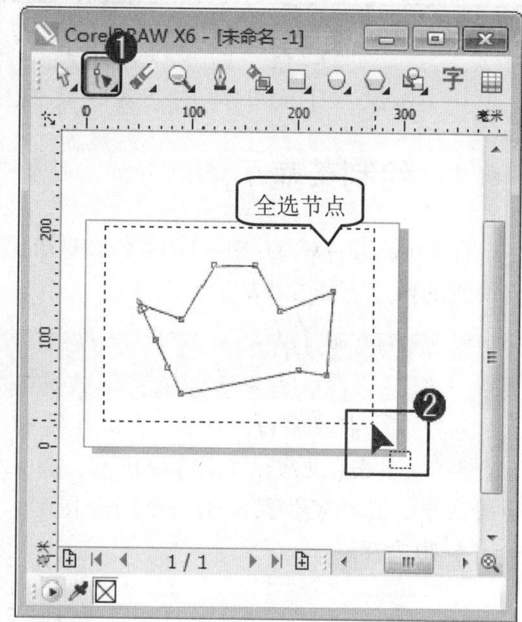

图 5-73

step 5 选择闭合图形全部节点以后，在属性栏中，单击【转换为曲线】按钮，将图形转换为曲线图形，如图 5-74 所示。

step 6 将图形转换为曲线图形后，使用形状工具将刚刚添加的两个节点移动至指定位置，如图 5-75 所示。

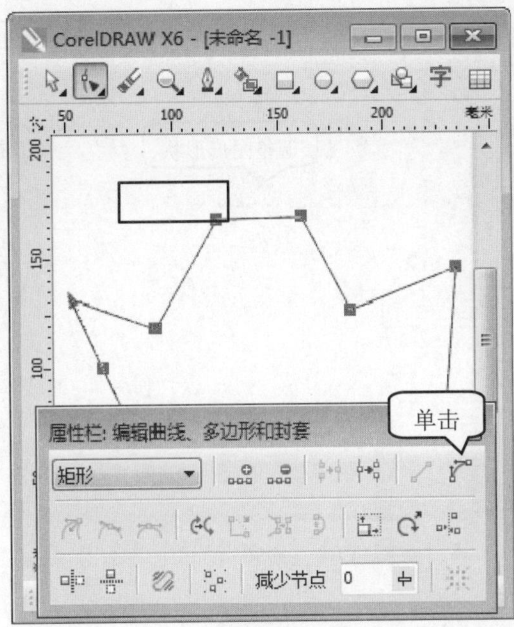

图 5-74

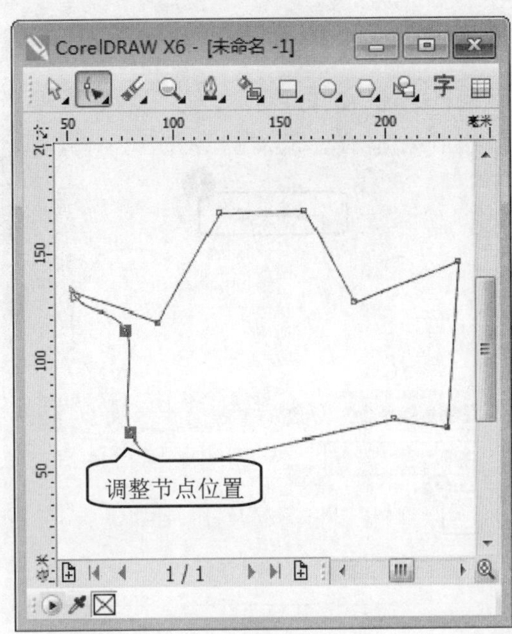

图 5-75

step 7 拖动节点至指定位置后，运用相同方法调节闭合图形其他节点至指定位置，形成茶壶基本轮廓，如图 5-76 所示。

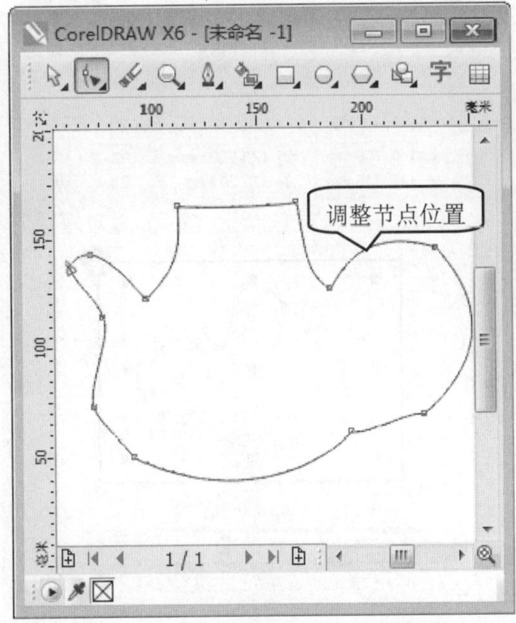

图 5-76

step 8 ① 绘制茶壶基本轮廓后，在工具箱中，单击【钢笔工具】按钮，② 在绘图区中，当鼠标指针变为形状时，在闭合图形指定的位置单击，添加两个节点，如图 5-77 所示。

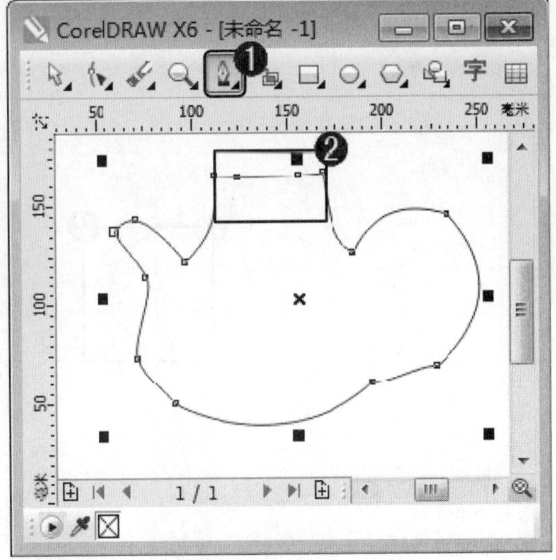

图 5-77

step 9 ① 添加节点后，在键盘上按住 Shift 键的同时，使用形状工具选择添加的两个节点，② 在属性栏中，单击【尖突节点】按钮，如图 5-78 所示。

step 10 将选择的节点转换为尖突节点后，在两个节点中间的位置，使用形状工具调整图形形状，如图 5-79 所示。

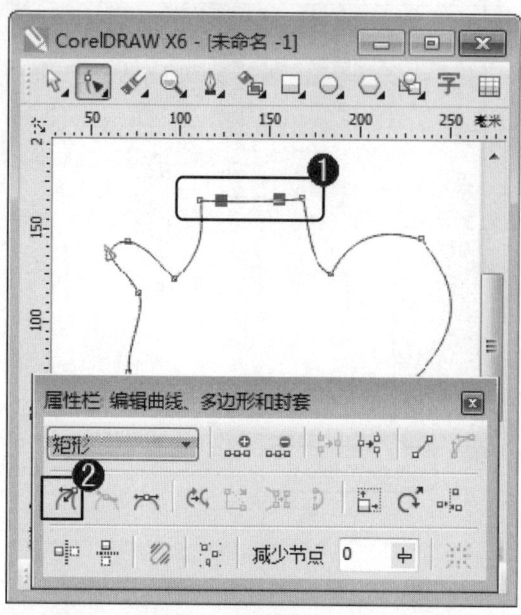

图 5-78

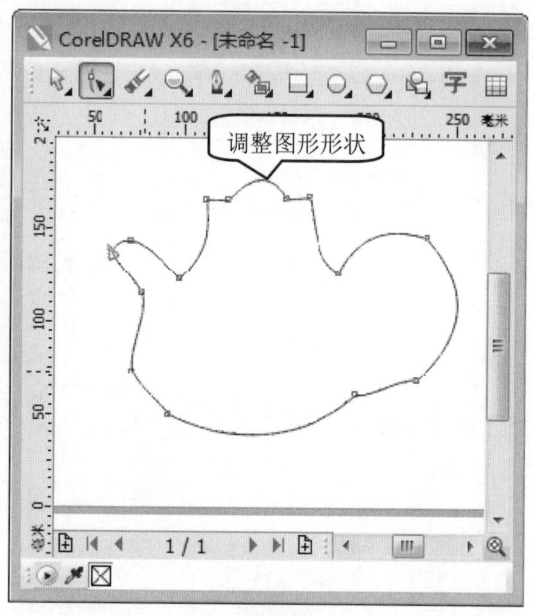

图 5-79

step 11 ① 在工具箱中，单击【贝塞尔工具】按钮，② 在绘图区中，在指定位置绘制一个闭合图形，如图 5-80 所示。

step 12 ① 选择茶壶主体图形，② 打开【调色板】面板，单击准备填充的颜色，如“茶绿色”，如图 5-81 所示。

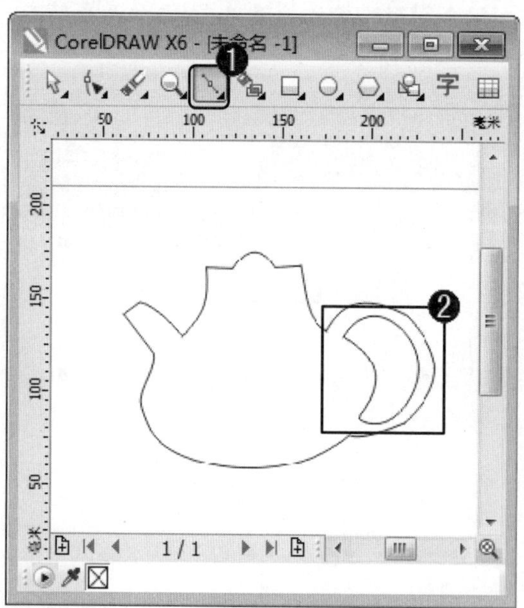

图 5-80

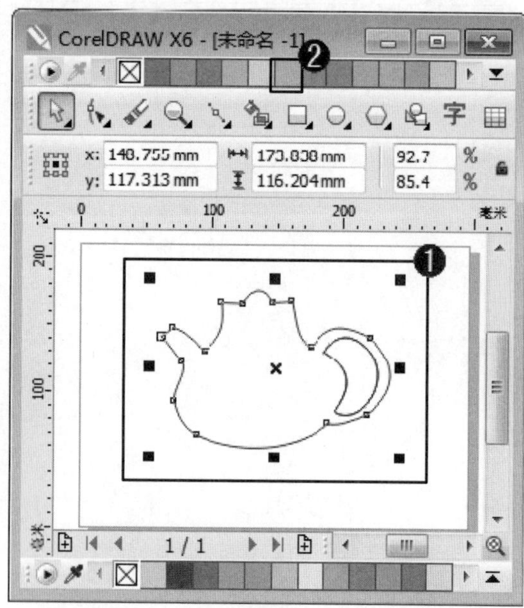

图 5-81

step 13 将茶壶主体填充颜色后，使用选择工具，选中茶壶内部闭合图形，如图 5-82 所示。

step 14 选中茶壶内部闭合图形后，打开【调色板】面板，单击准备填充的颜色，如“白色”，如图 5-83 所示。

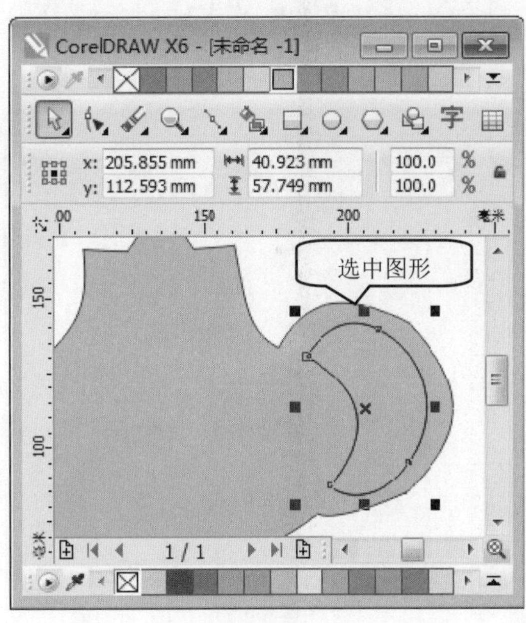

图 5-82

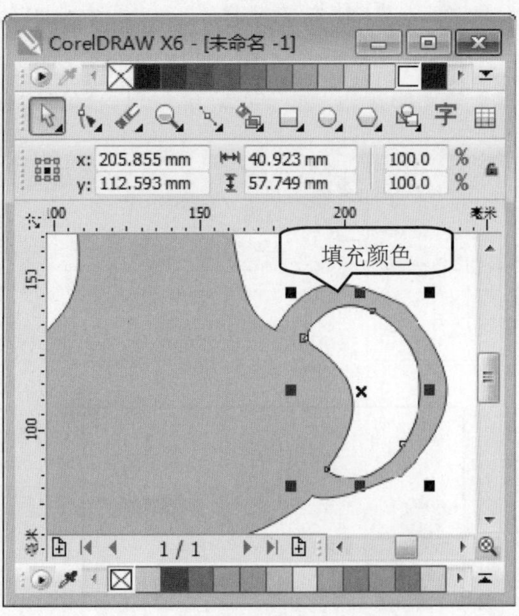

图 5-83

step15 ① 在工具箱中，单击【艺术笔工具】按钮，② 在属性栏中，单击【喷涂】按钮，③ 在【类别】下拉列表框中，选择准备应用的艺术笔类别，④ 在【喷射图样】下拉列表框中，选择准备应用的图样样式，如图 5-84 所示。

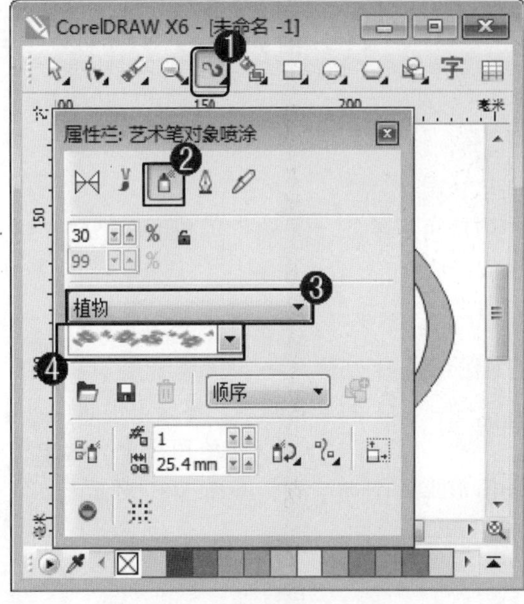

图 5-84

step16 设置喷射属性后，在闭合图形中，拖曳鼠标，绘制喷射效果，如图 5-85 所示。

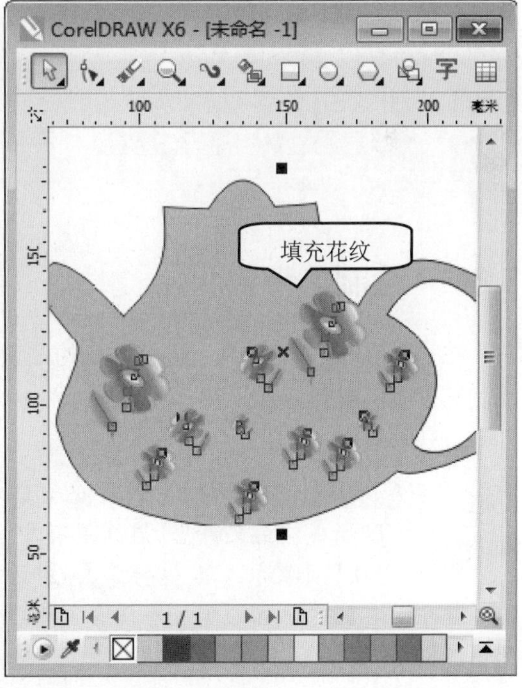

图 5-85

step 17 ① 填充花纹样式后，选中喷射的花纹样式，② 在调色板中，单击准备填充的颜色，如“白色”，如图 5-86 所示。

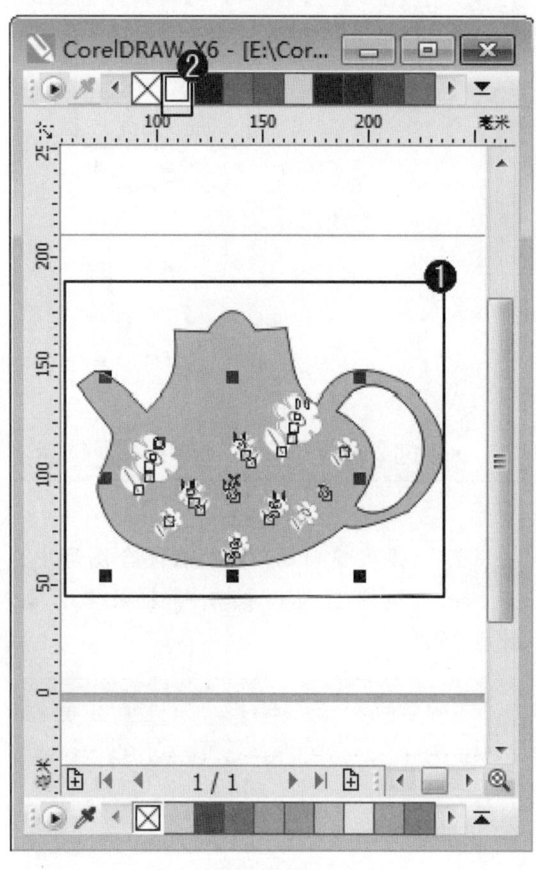

图 5-86

step 18 通过以上操作方法即可完成绘制茶壶的操作，如图 5-87 所示。

图 5-87

5.6.2 绘制热带鱼

在 CorelDRAW X6 中，结合本章的知识点，用户可以绘制一个热带鱼图形。下面介绍绘制热带鱼的操作方法。

素材文件 无
效果文件 配套素材\第 5 章\效果文件\绘制热带鱼

step 1 ① 新建空白文件后，在工具箱中，单击【贝塞尔工具】按钮，② 在绘图区中，在指定位置绘制一个闭合图形，如图 5-88 所示。

step 2 ① 在工具箱中，单击【形状工具】按钮，② 在绘图区中，选中闭合图形上的全部节点，如图 5-89 所示。

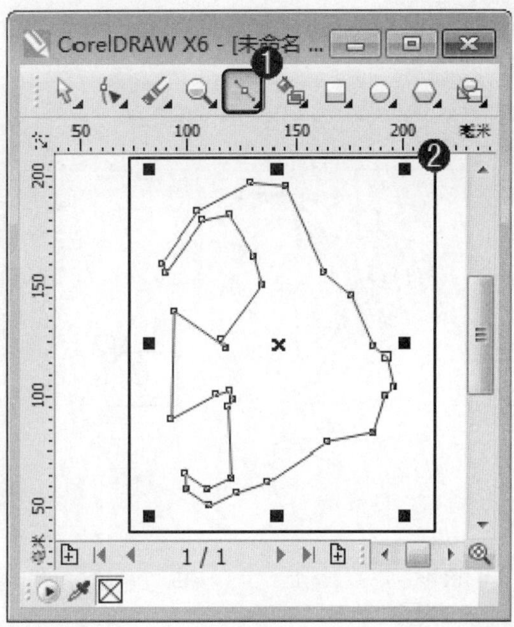

图 5-88

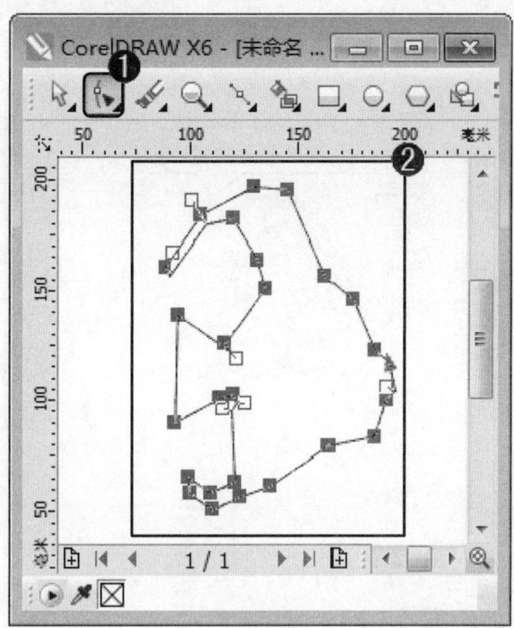

图 5-89

step 3 选择闭合图形全部节点以后，在属性栏中，单击【转换为曲线】按钮，将图形转换为曲线图形，如图 5-90 所示。

step 4 在属性栏中，单击【平滑节点】按钮，平滑所有节点，如图 5-91 所示。

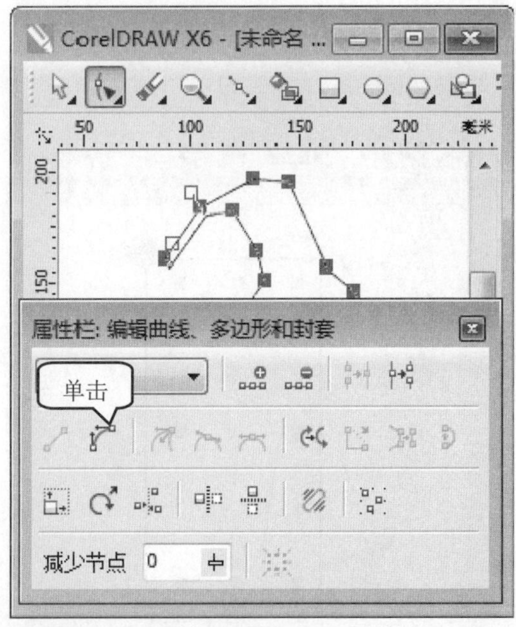

图 5-90

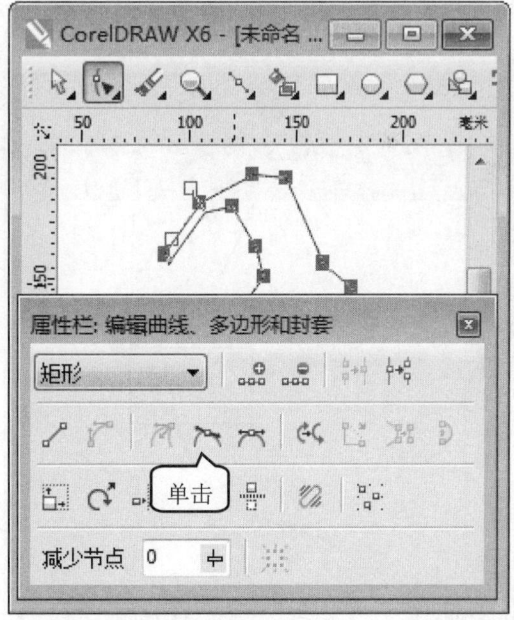

图 5-91

step 5 使用形状工具调节闭合图形上各个节点的位置，如图 5-92 所示。

step 6 ① 在工具箱中，单击【椭圆形工具】按钮，② 在绘图区中，拖动鼠标至目标位置释放鼠标，绘制一个椭圆，如图 5-93 所示。

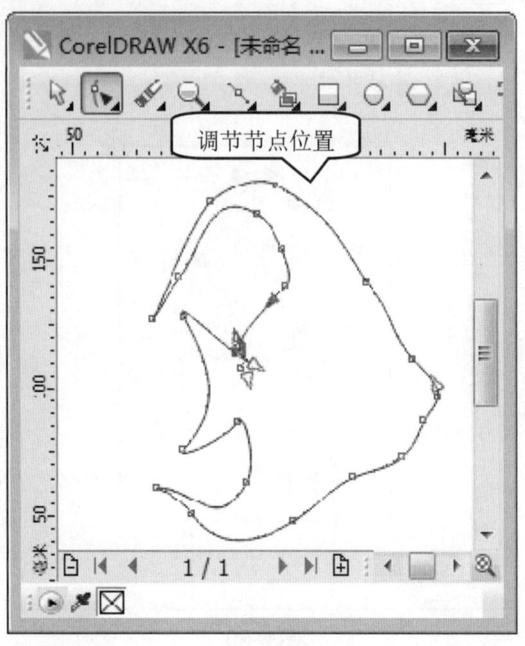

图 5-92

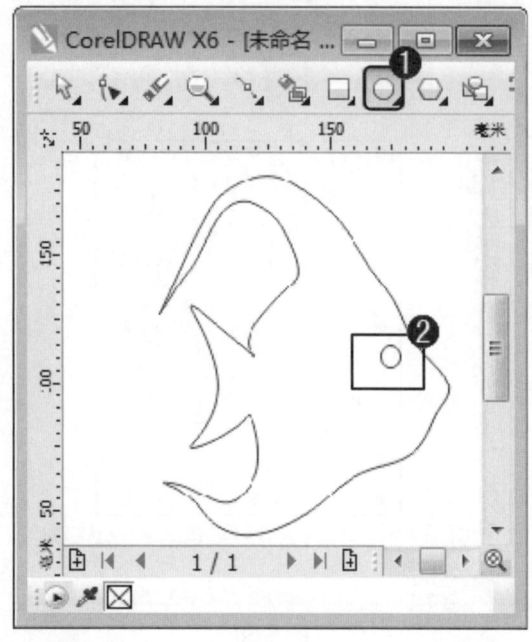

图 5-93

step 7 ① 在工具箱中，单击【贝塞尔工具】按钮，② 在绘图区中，在指定位置绘制一条曲线，如图 5-94 所示。

step 8 ① 在工具箱中，单击【贝塞尔工具】按钮，② 在绘图区中，在指定位置绘制两条曲线，如图 5-95 所示。

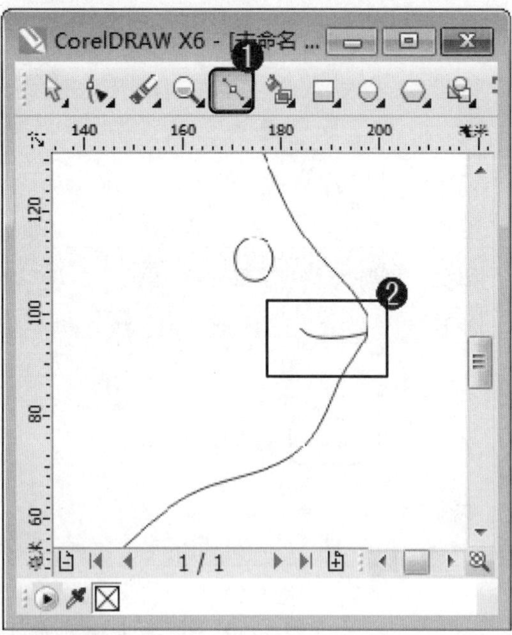

图 5-94

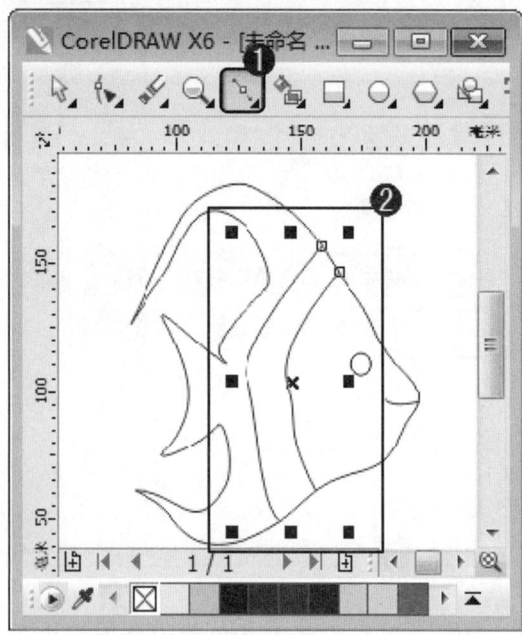

图 5-95

step 9 ① 使用选择工具将所有图形选中，在键盘上按下 F12 键，弹出【轮廓笔】对话框，在【宽度】下拉列表框中，选择准备应用的轮廓宽度值，② 单击【确定】按钮，如图 5-96 所示。

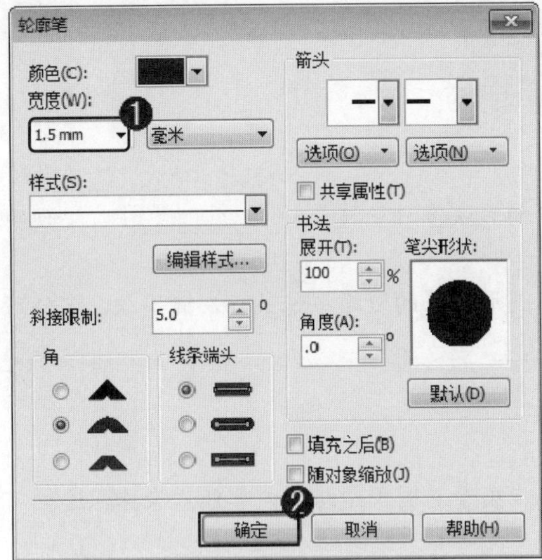

图 5-96

step 10 ① 在工具箱中，单击【智能填充工具】按钮，② 在属性栏中，在填充色框中，选择准备填充的颜色，如“蓝色”，③ 在绘图区中，在指定位置单击填充颜色，如图 5-97 所示。

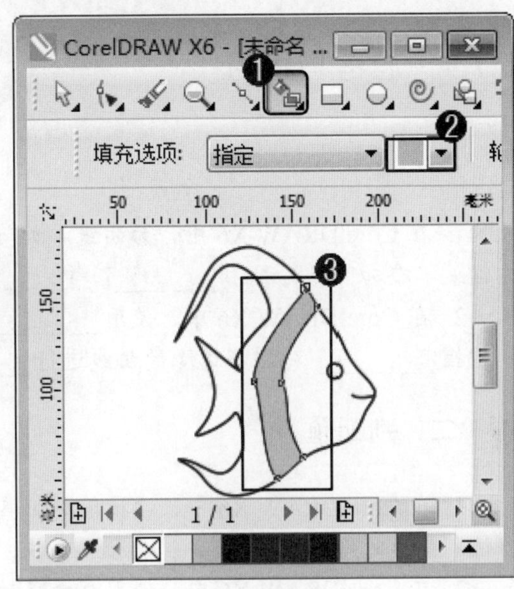

图 5-97

step 11 ① 使用形状工具将热带鱼轮廓选中后，在调色板中，单击准备应用的颜色块，② 填充指定颜色，如图 5-98 所示。

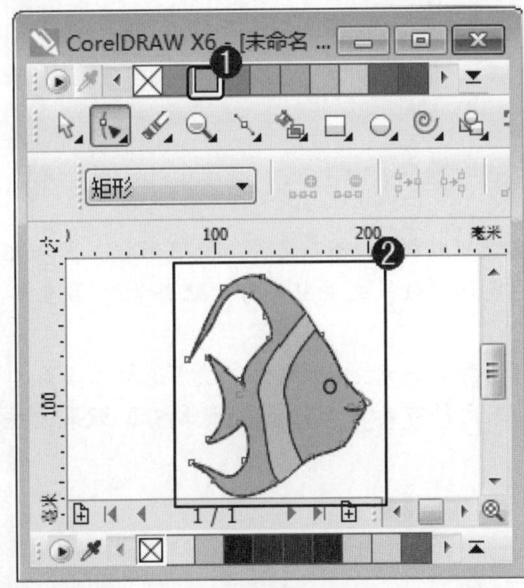

图 5-98

step 12 通过以上操作方法即可完成绘制热带鱼的操作，如图 5-99 所示。

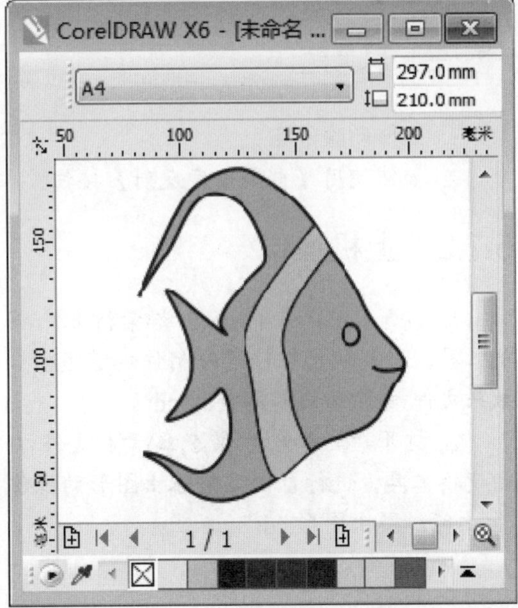

图 5-99

5.7 课后练习

5.7.1 思考与练习

一、填空题

1. 在 CorelDRAW X6 中，为曲线添加节点的方法多种多样，如“________”、“使用右键菜单添加节点”和“________”等。

2. 在 CorelDRAW X6 中，使用________在图形对象的边缘按住鼠标左键不放，这样可以按指定________对图形边缘的曲线进行________。

二、判断题

1. 在 CorelDRAW X6 中，涂抹笔刷工具可在矢量 k 图形边缘或内部任意涂抹，这样可以达到变形对象的目的。 (　)

2. 在 CorelDRAW X6 中，使用自由移动工具，用户可以将对象按任意角度进行旋转操作，同时也可以指定旋转中心点旋转图形对象。 (　)

3. 在 CorelDRAW X6 中，使用涂抹工具涂抹图形对象的边缘，用户可以改变对象边缘的曲线路径，对图形进行造型的设计制作。 (　)

三、思考题

1. 如何删除节点？

2. 如何使用【自由角度反射】按钮？

5.7.2 上机操作

1. 打开“配套素材\第 5 章\素材文件\修改蝴蝶翅膀样式.cdr”文件，使用形状工具和粗糙工具，进行使用粗糙笔刷制作蝴蝶翅膀样式的操作。效果文件可参考“配套素材\第 5 章\效果文件\修改蝴蝶翅膀样式.cdr”。

2. 打开“配套素材\第 5 章\素材文件\自由倾斜瓢虫图形.cdr”文件，使用选择工具和自由变换工具，进行自由倾斜瓢虫图形的操作。效果文件可参考“配套素材\第 5 章\效果文件\自由倾斜瓢虫图形.cdr”。

第 6 章

填充图形颜色

本章主要介绍了自定义调色板、填充对象和渐变填充方面的知识与技巧，同时还讲解了填充图案、纹理和 PostScript 底纹以及网格填充工具方面的技巧。通过本章的学习，读者可以掌握填弃图形颜色方面的知识，为深入学习 CorelDRAW X6 知识奠定基础。

范例导航

1. 自定义调色板
2. 填充对象
3. 渐变填充
4. 填充图案、纹理和 PostScript 底纹
5. 使用网格填充工具

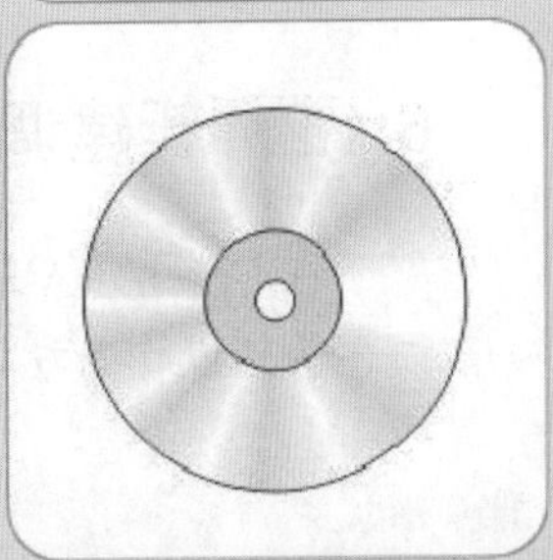

6.1 自定义调色板

在 CorelDRAW X6 中，用户可以自定义调色板，方便用户对编辑的图形对象进行填充等操作，本节将重点介绍自定义调色板方面的知识与操作技巧。

6.1.1 打开调色板编辑器

在 CorelDRAW X6 中，自定义调色板编辑器之前，用户首先需要打开它。下面介绍打开调色板编辑器的操作方法。

step 1 ① 新建文件后，单击【工具】主菜单，② 在弹出的下拉菜单中，选择【调色板编辑器】菜单项，如图 6-1 所示。

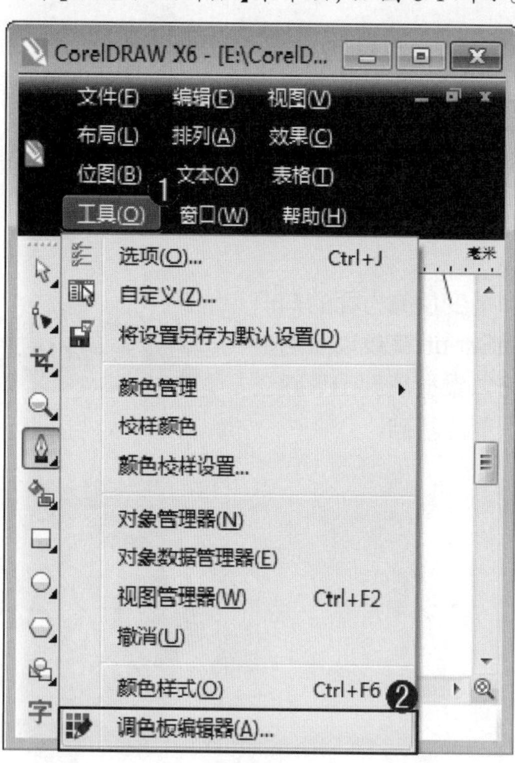

图 6-1

通过以上方法即可完成打开调色板编辑器的操作，如图 6-2 所示。

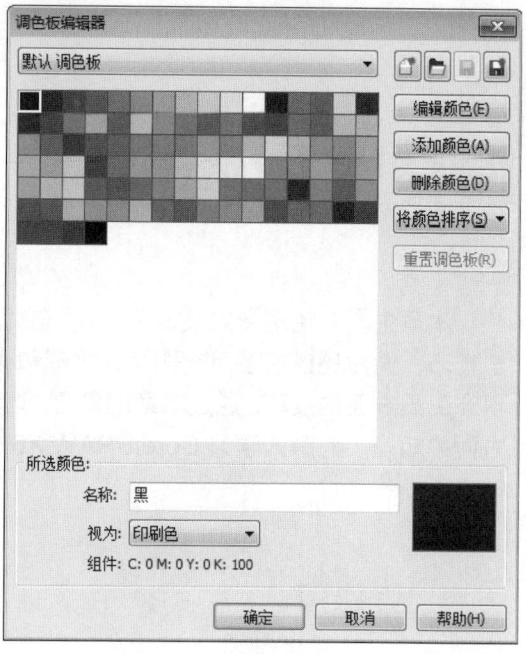

图 6-2

6.1.2 新建调色板

在 CorelDRAW X6 中，打开调色板编辑器后，用户即可创建新调色板。下面介绍新建调色板的操作方法。

step 1 打开【调色板编辑器】对话框，单击【新建调色板】按钮，如图 6-3 所示。

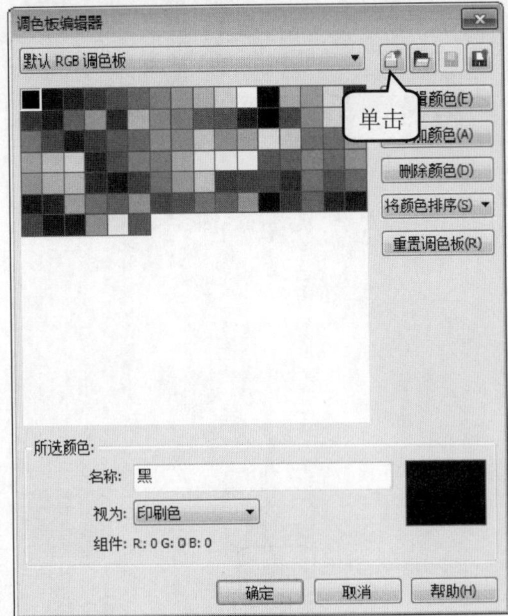

图 6-3

step 2 ① 弹出【新建调色板】对话框，在【保存在】下拉列表框中，选择用户自定义存放的位置，② 在【文件名】下拉列表框中，输入新建调色板的名称，③ 单击【保存】按钮，如图 6-4 所示。

图 6-4

step 3 返回到【调色板编辑器】对话框，单击【添加颜色】按钮，如图 6-5 所示。

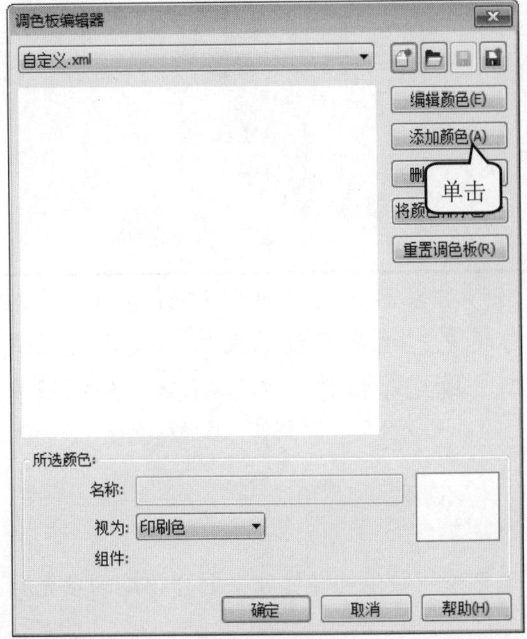

图 6-5

step 4 ① 弹出【选择颜色】对话框，在【调色板】选项卡中，选择用户准备添加的颜色，② 单击【确定】按钮，如图 6-6 所示。

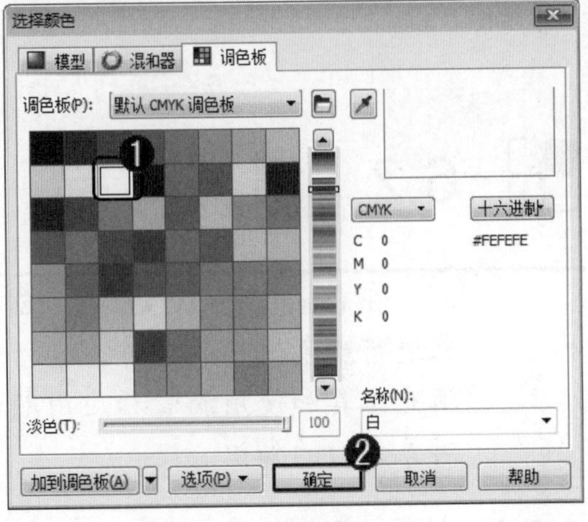

图 6-6

step 5 返回到【调色板编辑器】对话框，单击【添加颜色】按钮，继续添加其他颜色，如图 6-7 所示。

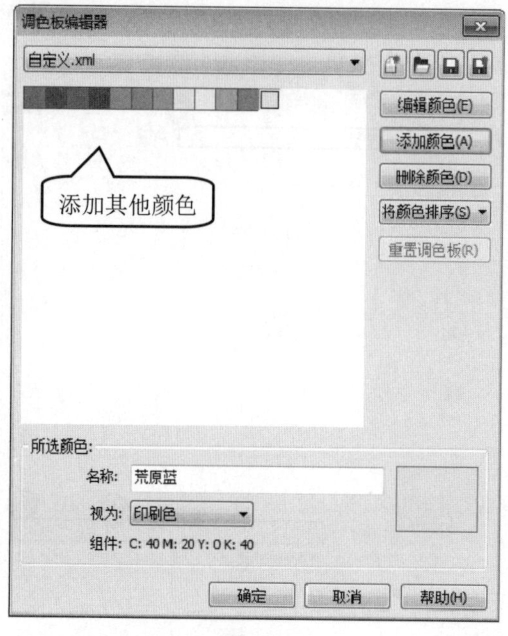

图 6-7

step 6 添加颜色后，单击【确定】按钮。通过以上方法即可完成新建调色板的操作，如图 6-8 所示。

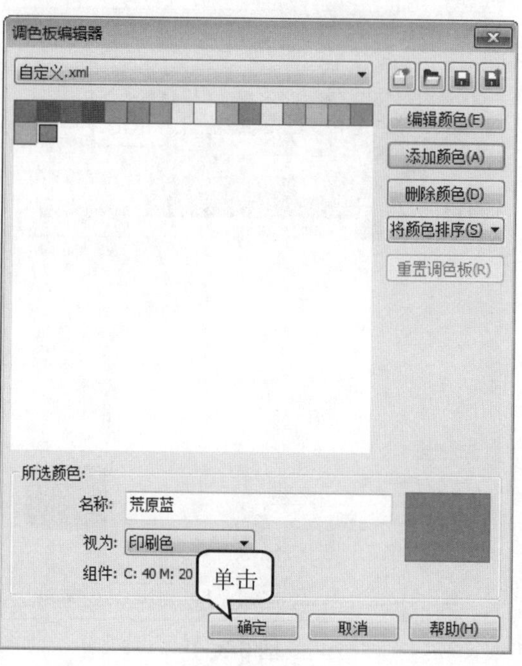

图 6-8

在 CorelDRAW X6 中，在【调色板编辑器】对话框中，按住 Shift 键或 Ctrl 键的同时，在颜色选择区域中单击，用户可以选取多个连续或不连续排列的颜色。

6.2 填充对象

在 CorelDRAW X6 中，创建图形对象后，用户可以对创建的图形对象进行颜色填充的操作，包括均匀填充、填充开放的曲线、使用交互式填充工具和使用滴管和应用颜色工具填充等操作。本节将重点介绍填充对象方面的知识。

6.2.1 均匀填充

在 CorelDRAW X6 中，均匀填充是为对象填充单一颜色的操作。下面介绍均匀填充颜色的操作方法。

编辑图形对象后，在绘图区中，选择准备填充的图形对象，如图 6-9 所示。

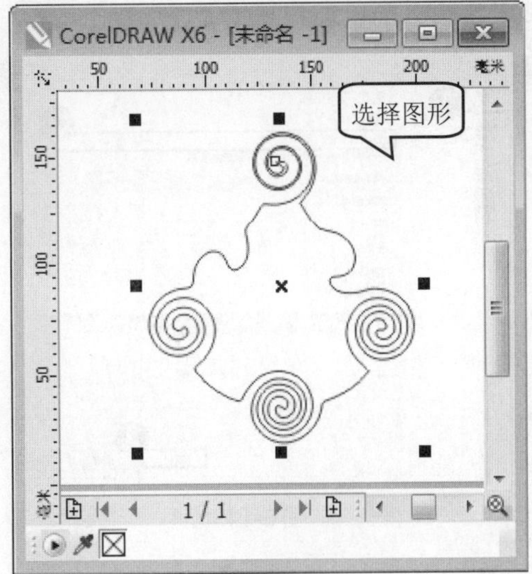

图 6-9

step 3

① 弹出【均匀填充】对话框，在【调色板】选项卡中，选择准备应用的颜色，② 单击【确定】按钮，如图 6-11 所示。

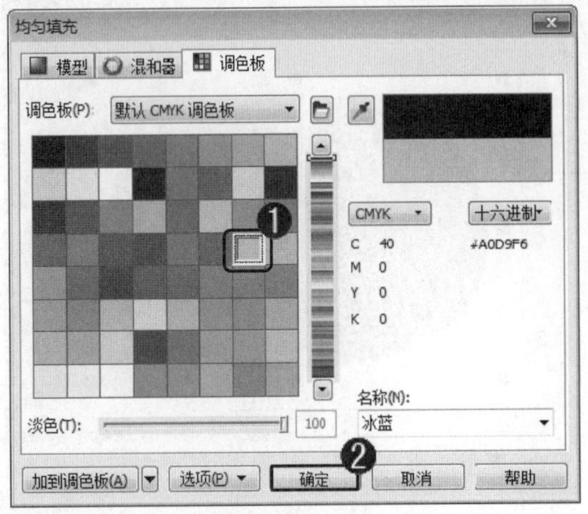

图 6-11

在工具箱中，单击【填充工具】按钮，如图 6-10 所示。

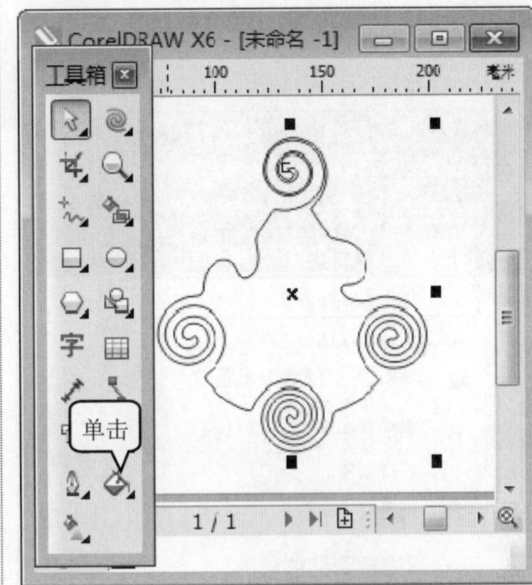

图 6-10

通过以上方法即可完成均匀填充的操作，如图 6-12 所示。

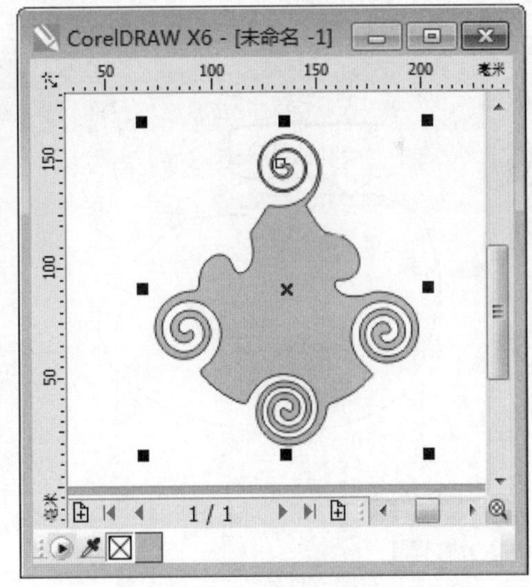

图 6-12

6.2.2 填充开放的曲线

在 CorelDRAW X6 中，通过对颜色的设置，用户可以对开放的曲线进行填充。下面介绍填充开放曲线的操作方法。

step 1 ① 新建文件后，单击【工具】主菜单，② 在弹出的下拉菜单中，选择【选项】菜单项，如图 6-13 所示。

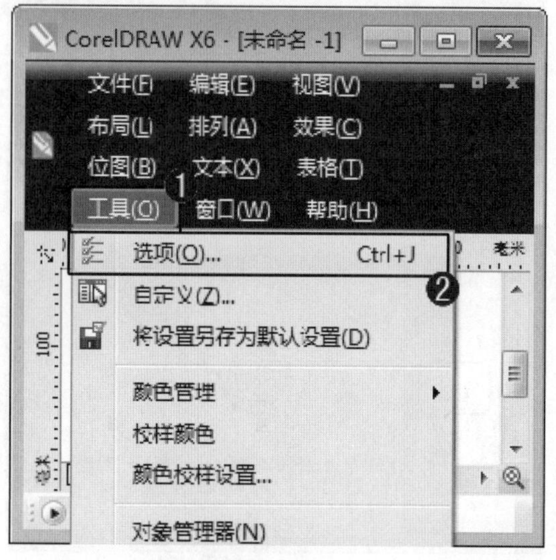

图 6-13

step 2 ① 弹出【选项】对话框，在树状图列表框中，选择【常规】选项，② 选中【填充开放式曲线】复选框，③ 单击【确定】按钮，如图 6-14 所示。

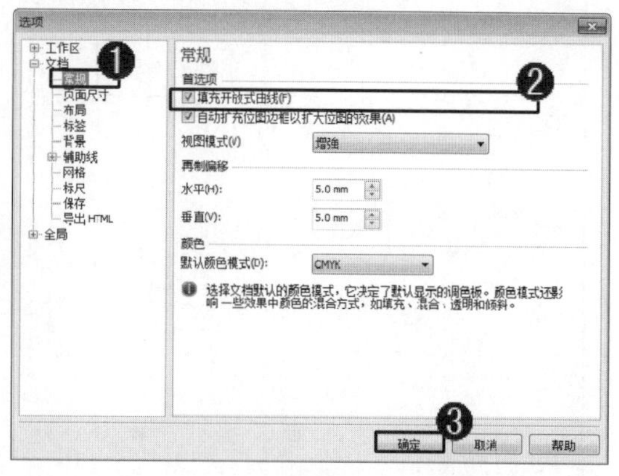

图 6-14

step 3 设置【填充开放式曲线】选项后，在绘图区中，绘制一个开放式的曲线，如图 6-15 所示。

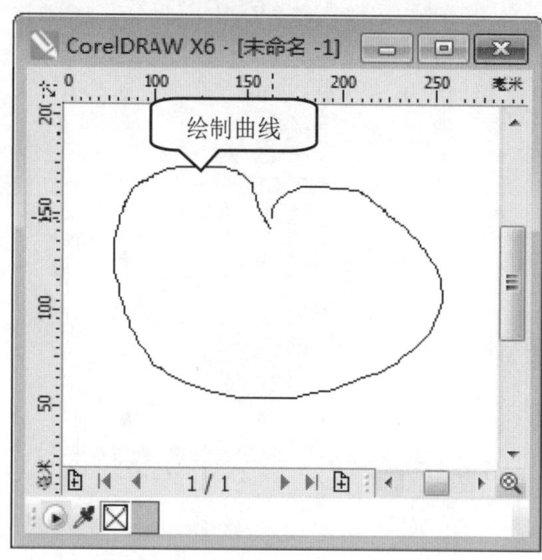

图 6-15

step 4 通过以上方法即可完成绘制填充开放曲线的操作，如图 6-16 所示。

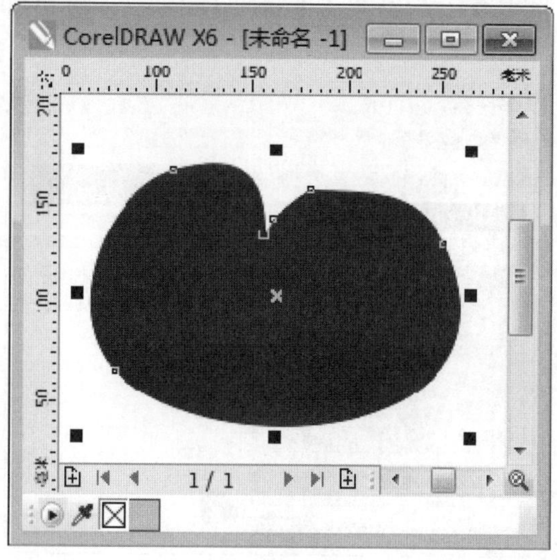

图 6-16

6.2.3 使用交互式填充工具

在 CorelDRAW X6 中，使用交互式填充工具，用户可以直接在对象上设置填充参数并进行颜色的调整。下面介绍使用交互式填充工具的操作方法。

step 1 ① 绘制图形后，在绘图区中，选择准备填充颜色的文字区域，② 在工具箱中，单击【交互式填充工具】按钮，③ 在属性栏中，在【填充类型】下拉列表框中，选择【均匀填充】选项，④ 在【均匀填充类型】下拉列表框中，选择【调色板】选项，⑤ 在【均匀填充调色板】下拉列表框中，选择【标准色】选项，⑥ 在【均匀填充调色板颜色】下拉列表框中，选择准备应用的颜色，如图 6-17 所示。

图 6-17

通过以上操作方法即可完成使用交互式填充工具的操作，如图 6-18 所示。

图 6-18

知识精讲

在 CorelDRAW X6 中，使用交互式填充工具填充图形对象，其主要的填充方式包括：标准填充、渐变填充、图样填充、底纹填充和 PostScript 填充等。使用不同的填充方式对应不同的填充效果，用户在填充图形对象时，应区分使用。

6.2.4 使用滴管和应用颜色工具填充

在 CorelDRAW X6 中，用户可以使用滴管工具，选择对象准备填充的颜色，使用应用颜色工具，用户可以填充已经选择的颜色。下面介绍使用滴管和应用颜色工具的操作方法。

step 1 新建文件后，在绘图区中，绘制四个相同的图形对象，然后将其中三个图形对象填充成不同的颜色，如图 6-19 所示。

step 2 ① 在工具箱中，单击【颜色滴管工具】按钮，② 在绘图区中，当鼠标指针变为形状时，选择准备应用的颜色，如图 6-20 所示。

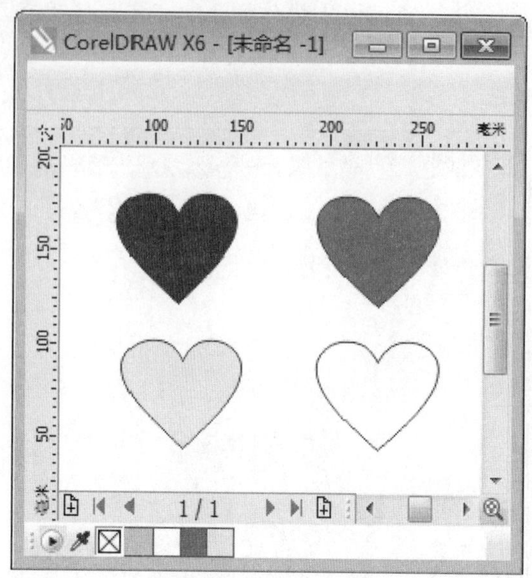

图 6-19

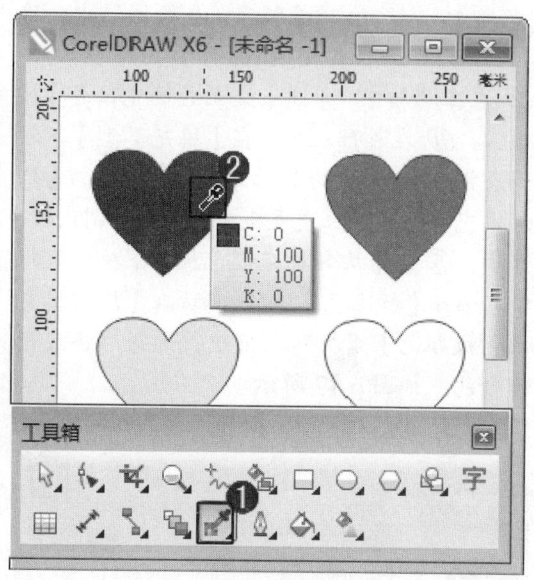

图 6-20

step 3 ① 选择准备应用的颜色后，在属性栏中，【选择颜色】按钮自动转换成【应用颜色】按钮，② 在绘图区中，当鼠标指针变为形状时，在指定位置单击，如图 6-21 所示。

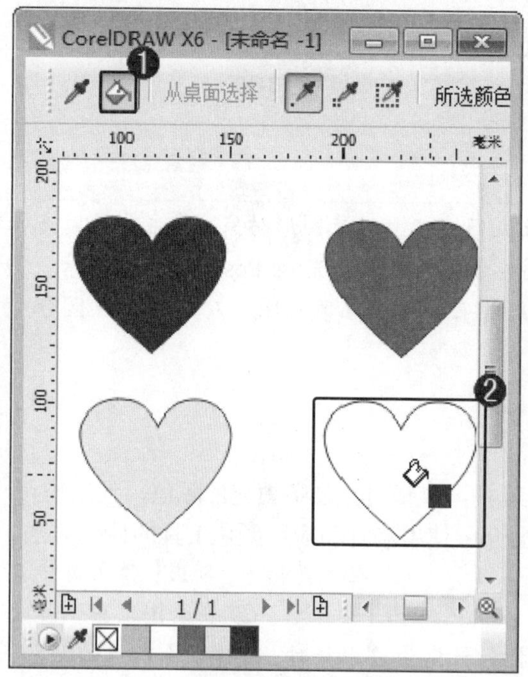

图 6-21

step 4 通过以上方法即可完成使用滴管和应用颜色工具的操作，如图 6-22 所示。

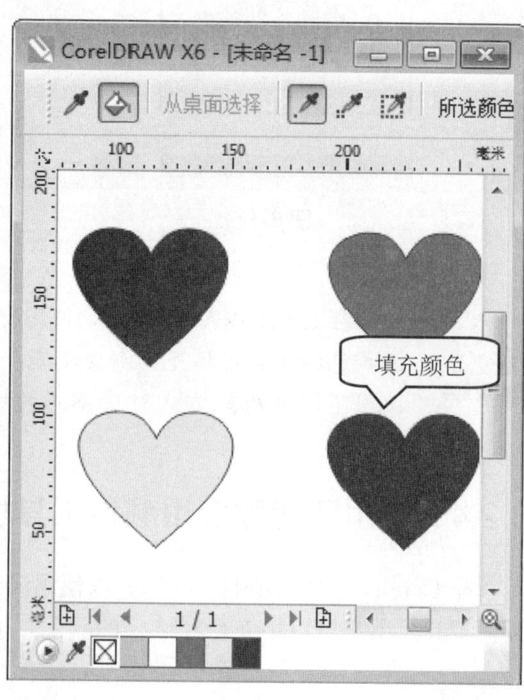

图 6-22

6.3 渐变填充

在 CorelDRAW X6 中，渐变填充是指为图形对象增加两种或两种以上颜色的平滑渐进的色彩效果。本节将重点介绍渐变填充图形方面的知识与操作技巧。

6.3.1 使用填充工具进行填充

在 CorelDRAW X6 中，渐变填充包含 4 种类型，分别是线性渐变、辐射渐变、圆锥渐变和正方形渐变等。下面以“线性填充老虎图形”为例，介绍使用填充工具进行填充颜色的方法。

step 1 新建文件后，在绘图区中，绘制一个老虎图形，如图 6-23 所示。

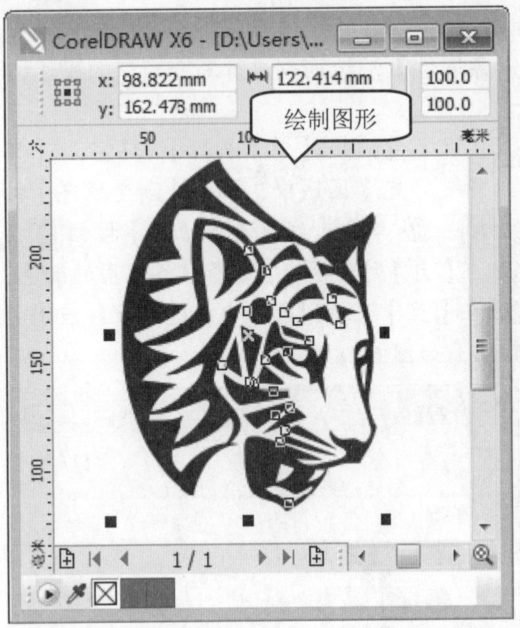

图 6-23

step 2 ① 在工具箱中，单击【填充工具】下拉按钮，② 在弹出的下拉菜单中，选择【渐变填充】菜单项，如图 6-24 所示。

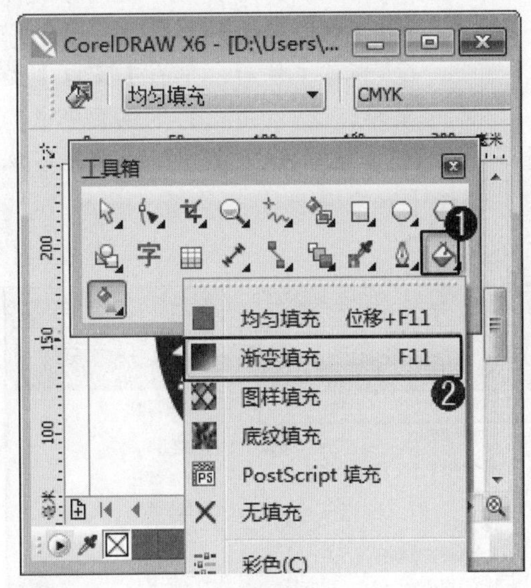

图 6-24

step 3 ① 弹出【渐变填充】对话框，在【类型】下拉列表框中，选择【线性】选项，② 选择【双色】单选按钮，③ 在【从】下拉列表框中，选择准备应用的颜色，④ 在【到】下拉列表框中，选择准备应用的颜色，⑤ 在【角度】微调框中，输入渐变颜色的角度，⑥ 单击【确定】按钮，如图 6-25 所示。

请您根据上述方法创建一个渐变填充图形，测试一下您的学习效果。

step 4 通过以上操作方法即可完成使用填充工具进行填充的操作，如图 6-26 所示。

第6章 填充图形颜色

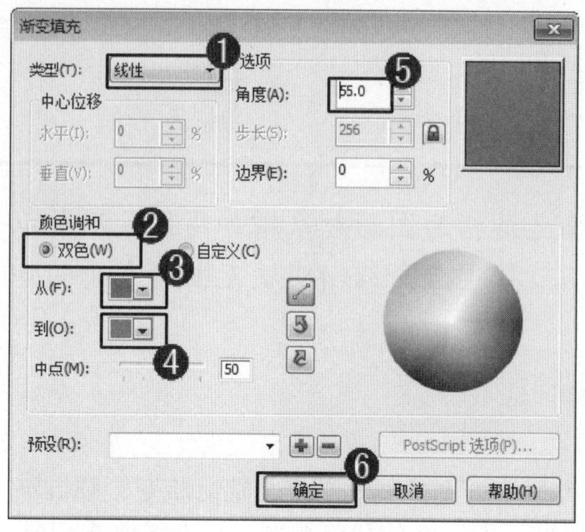

图 6-25

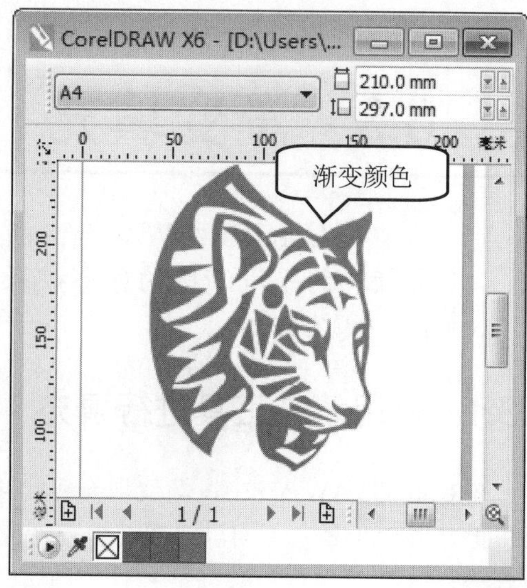

图 6-26

6.3.2 使用【对象属性】泊坞窗

在 CorelDRAW X6 中，用户还可以使用【对象属性】泊坞窗来进行渐变填充的操作。下面介绍使用【对象属性】泊坞窗的操作方法。

step 1 ① 新建文件后，单击【窗口】主菜单，② 在弹出的下拉菜单中，选择【泊坞窗】菜单项，③ 在弹出的子菜单中，选择【对象属性】菜单项，如图 6-27 所示。

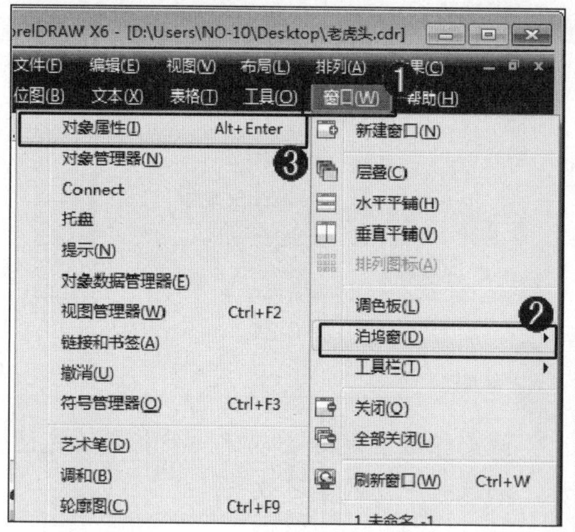

图 6-27

step 2 ① 弹出【对象属性】泊坞窗，在【填充】区域中，单击【渐变填充】按钮，② 单击【线性渐变填充】按钮，③ 在【自】列表框中，选择准备应用的颜色，④ 在【至】下拉列表框中，选择准备应用的颜色，如图 6-28 所示。

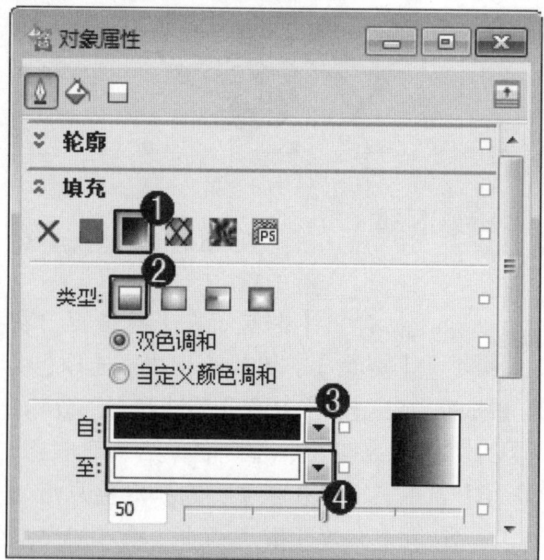

图 6-28

设置渐变颜色后，在绘图区中，绘制准备填充渐变色的图形，如图 6-29 所示。

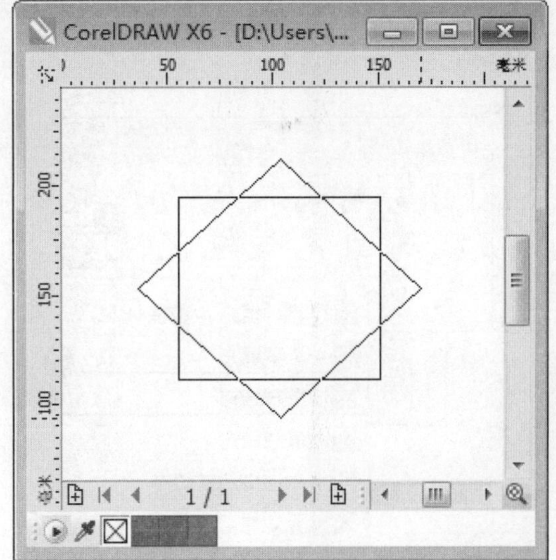

图 6-29

通过以上方法即可完成使用【对象属性】泊坞窗填充渐变颜色的操作，如图 6-30 所示。

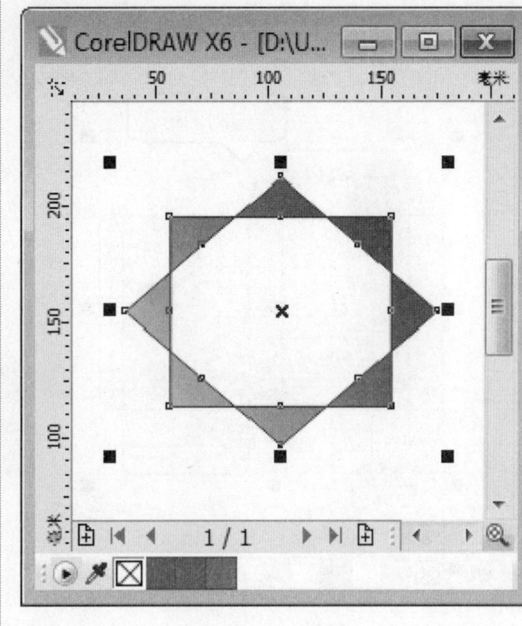

图 6-30

知识精讲

在 CorelDRAW X6 中，线性渐变填充是指两个或两个以上的颜色直接产生直线形的颜色渐变，从而产生丰富的颜色变化效果；辐射渐变填充是指两个或两个以上的颜色之间，产生以同心圆的形式由对象中心向外辐射的颜色渐变效果；圆锥渐变填充是指两个或两个以上的颜色产生的色彩渐变，以模拟光线落在圆锥上的视觉效果；正方形渐变填充是指两个或两个以上的颜色之间，产生以同心方形的形式从对象中心向外扩散的色彩渐变效果。

6.4 图样、纹理和 PostScript 底纹

在 CorelDRAW X6 中，程序提供了预设的填充图案、纹理和 PostScript 底纹等样式，用户可以将这些样式注解填充到对象上，也可将绘制的对象或导入的图像来创建图样进行填充的操作。本节将重点介绍填充图案、纹理和 PostScript 底纹方面的知识。

6.4.1 使用图样填充

在 CorelDRAW X6 中，用户可以运用预设的图案样式，对图形对象进行填充。下面介绍使用图样填充方面的知识与操作方法。

step 1 新建文件后，在绘图区中，绘制一个包装盒图形并选中准备填充图样的区域，如图 6-31 所示。

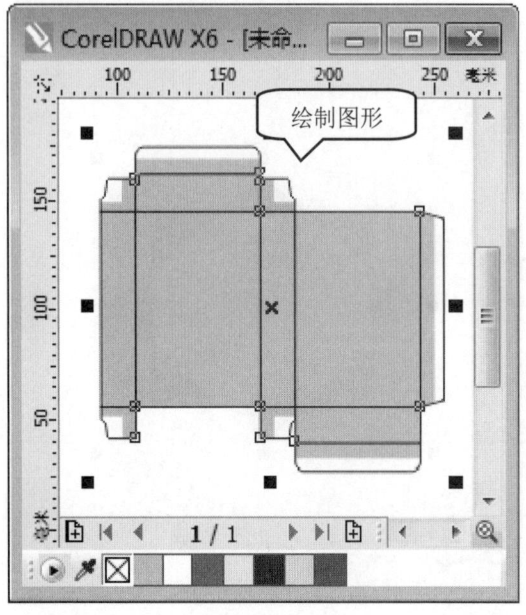

图 6-31

step 2 ① 在工具箱中，单击【填充工具】下拉按钮，② 在弹出的下拉菜单中，选择【图样填充】菜单项，如图 6-32 所示。

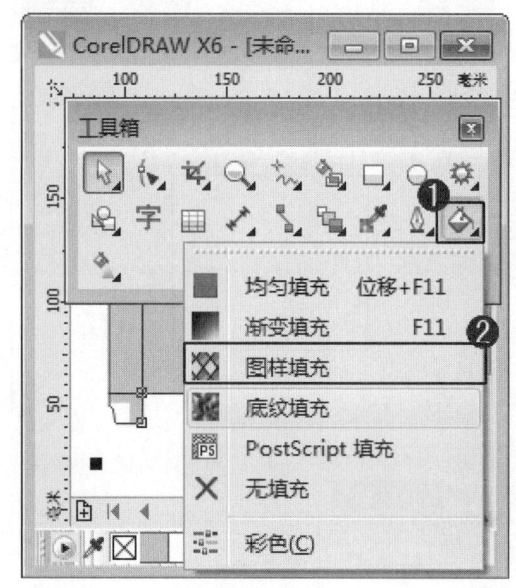

图 6-32

step 3 ① 弹出【图样填充】对话框，选中【全色】单选按钮，② 在【图样】下拉列表框中，选择应用的图样样式，③ 单击【确定】按钮，如图 6-33 所示。

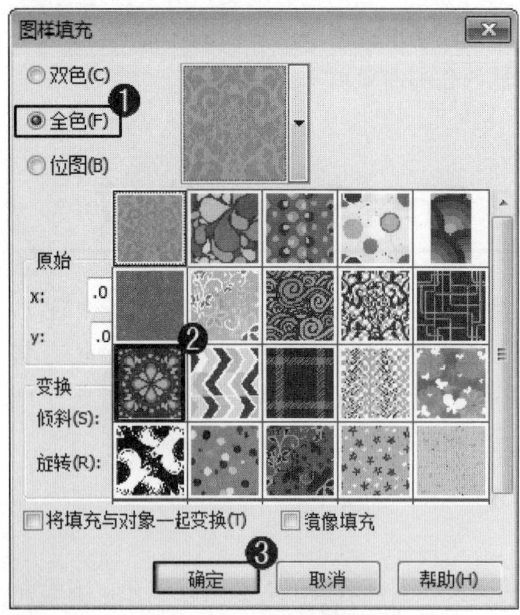

图 6-33

step 4 通过以上操作方法即可完成图样填充图形的操作，如图 6-34 所示。

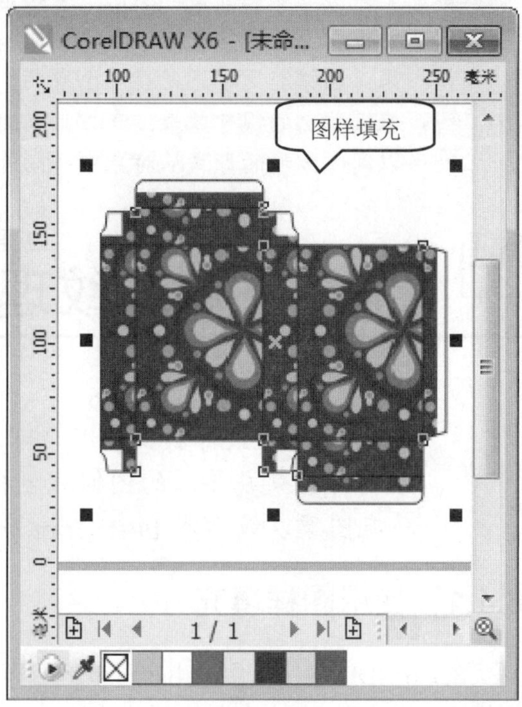

图 6-34

6.4.2 使用底纹填充

在 CorelDRAW X6 中，程序提供预设的底纹样式，且每种底纹均有一组可更改的选项。下面介绍使用底纹填充方面的知识与操作方法。

step 1 新建文件后，在绘图区中，绘制一个纸牌图形并选中准备填充底纹的区域，如图 6-35 所示。

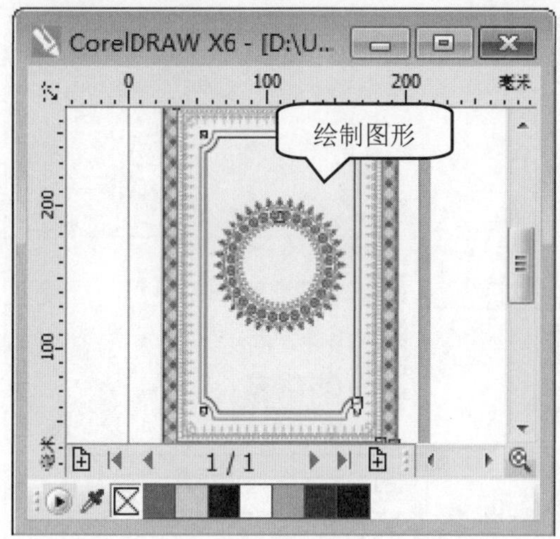

图 6-35

step 2 ① 单击【填充工具】下拉按钮，② 在弹出的下拉菜单中，选择【底纹填充】菜单项，如图 6-36 所示。

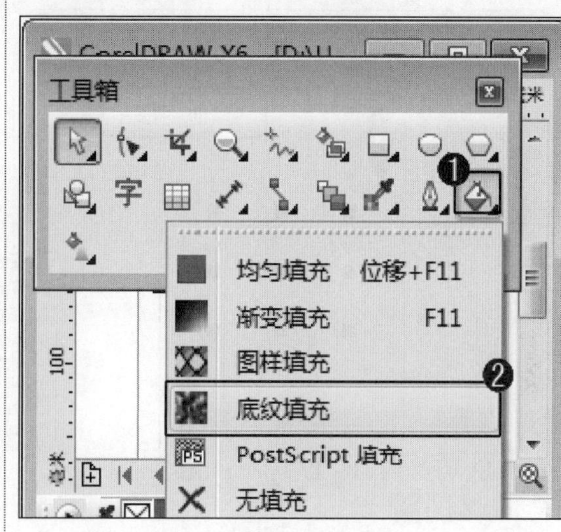

图 6-36

step 3 ① 弹出【底纹填充】对话框，在【底纹库】下拉列表框中，选择【样式】选项，② 在【底纹列表】列表框中，选择准备应用的底纹，③ 单击【确定】按钮，如图 6-37 所示。

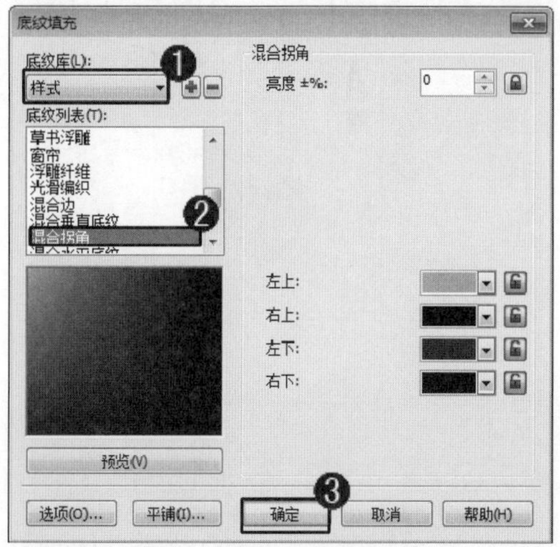

图 6-37

step 4 通过以上操作方法即可完成底纹填充图形的操作，如图 6-38 所示。

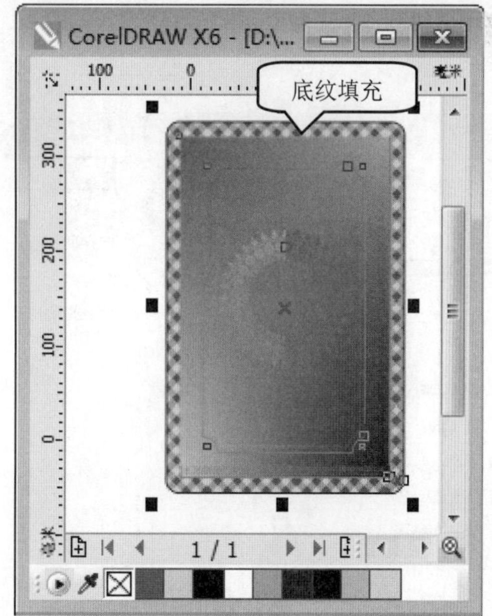

图 6-38

6.4.3 使用 PostScript 填充

在 CorelDRAW X6 中，PostScript 填充是指使用 PostScript 语言设计的特殊纹理填充。下面介绍使用 PostScript 填充的操作方法。

step 1 新建文件后，在绘图区中，绘制一个纸牌图形并选中准备填充 PostScript 的区域，如图 6-39 所示。

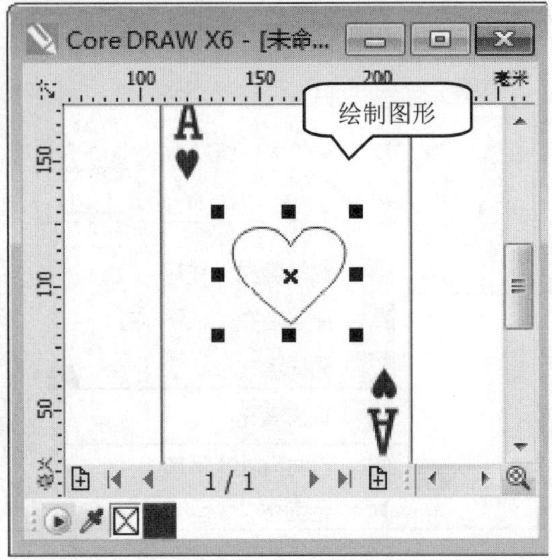

图 6-39

step 2 ① 单击【填充工具】下拉按钮，② 在弹出的下拉菜单中，选择【PostScript 填充】菜单项，如图 6-40 所示。

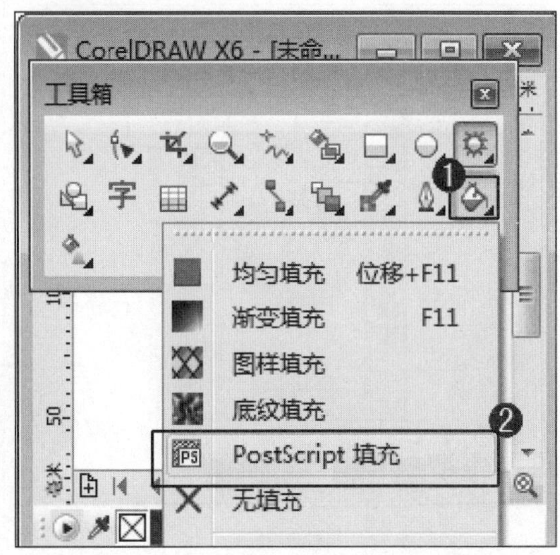

图 6-40

step 3 ① 弹出【PostScript 底纹】对话框，在【底纹样式】列表框中，选择【样式】选项，② 单击【确定】按钮，如图 6-41 所示。

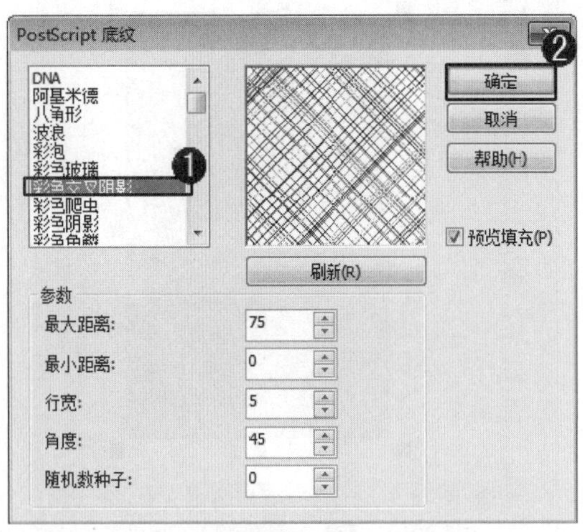

图 6-41

step 4 通过以上操作方法即可完成 PostScript 填充图形的操作，如图 6-42 所示。

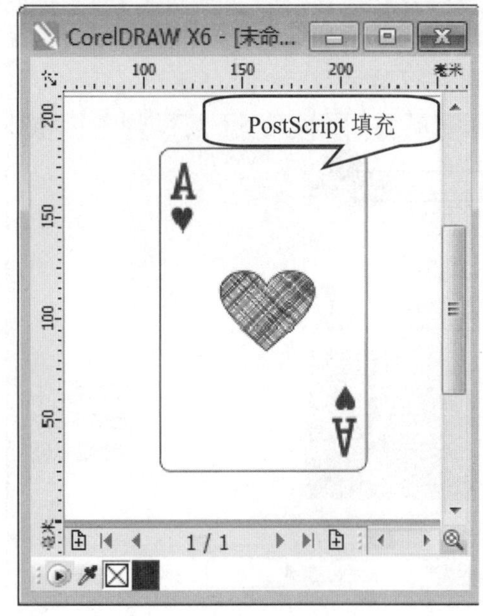

图 6-42

6.5 使用网格填充工具

在 CorelDRAW X6 中，使用网格填充工具，用户可以为对象应用复杂多变的网状填充效果，同时，在不同的网点上，用户可以填充不同的颜色，也可以扭曲网格的方向，制作出不同的填充效果。本节将重点介绍使用网格填充工具方面的知识。

6.5.1 创建及编辑对象网格

在 CorelDRAW X6 中，用户可以创建及编辑对象网格，以便绘制出用户需要的图形对象。下面介绍创建及编辑对象网格的操作方法。

step 1 ① 新建文件后，在绘图区中，绘制图形，② 在工具箱中，单击【网状填充工具】下拉按钮，③ 在属性栏中，在【网格大小】微调框中，设置网格的行数，④ 在【网格大小】微调框中，设置网格的列数，⑤ 在【选取范围模式】下拉列表框中，选择【手绘】选项，如图 6-43 所示。

图 6-43

step 2 在绘图区中，将鼠标靠近创建的网格，当鼠标指针变为形状后，在网格上双击，这样可以添加一条经过该点的网格线，如图 6-44 所示。

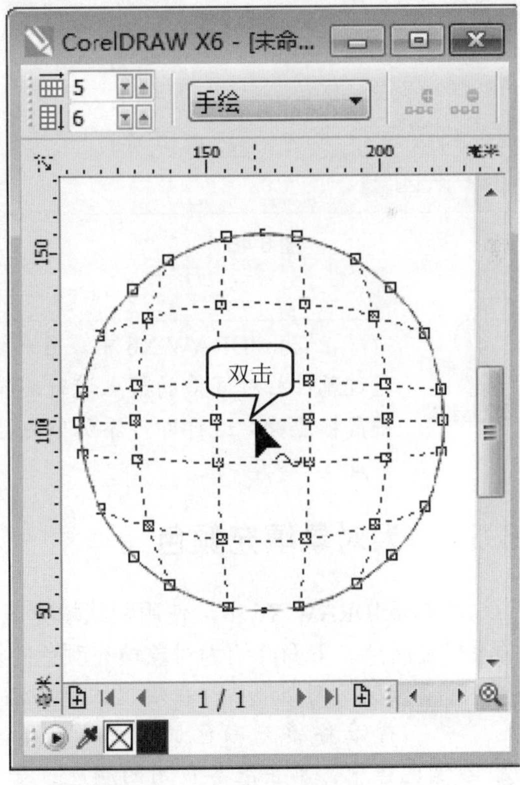

图 6-44

step 3 在绘图区中，选择不再准备使用的节点，然后在键盘上按下 Delete 键，如图 6-45 所示。

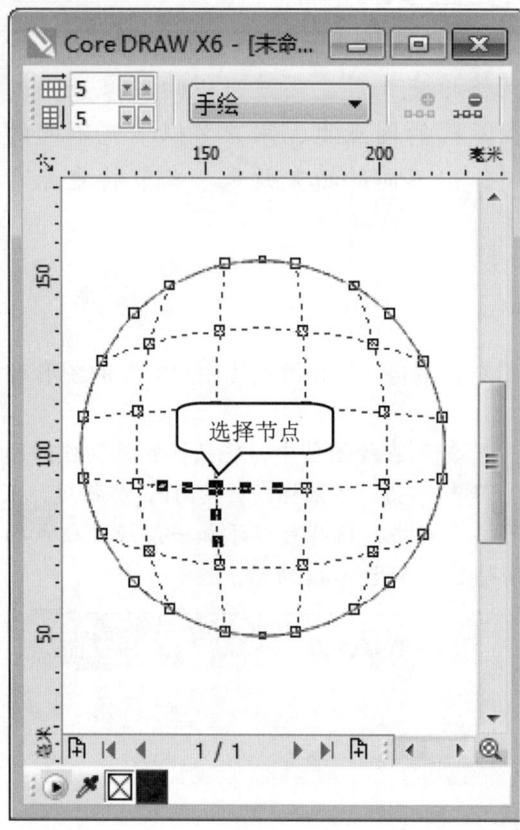

图 6-45

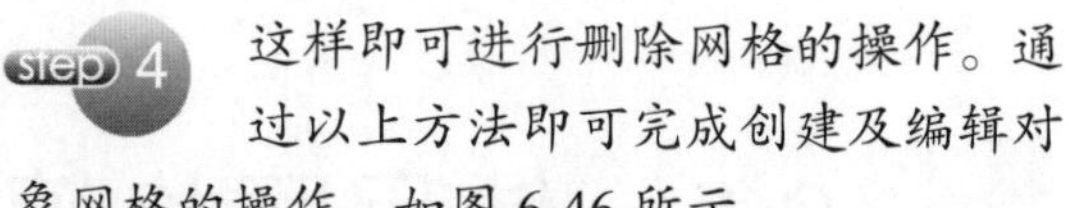

step 4 这样即可进行删除网格的操作。通过以上方法即可完成创建及编辑对象网格的操作，如图 6-46 所示。

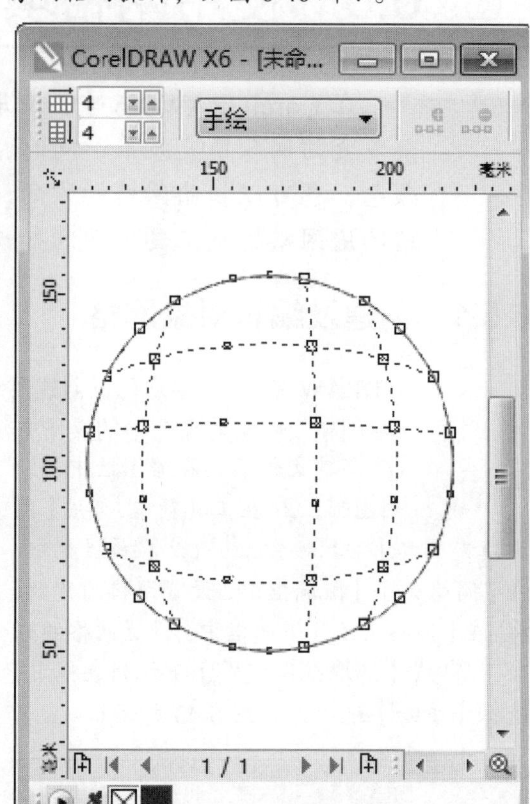

图 6-46

知识精讲

在 CorelDRAW X6 中，用户编辑网格的方法与控制曲线的方法类似，都是通过属性栏对网格的节点进行编辑，在添加或删除网格节点时，在网格线上双击鼠标左键，这样即可添加节点，同时，在节点上双击鼠标左键则可以删除该节点。

6.5.2 为对象填充颜色

在 CorelDRAW X6 中，使用网状填充工具为对象添加颜色，这样能表现出对象的光影关系以及质感。下面介绍为对象填充颜色的操作方法。

step 1 ① 绘制图形后，在绘图区中，选择准备填充颜色的网格节点，② 在调色板中，单击准备应用的颜色，如图 6-47 所示。

step 2 在绘图区中，选择的节点四周已经填充成颜色。通过以上方法即可完成为对象填充颜色的操作，如图 6-48 所示。

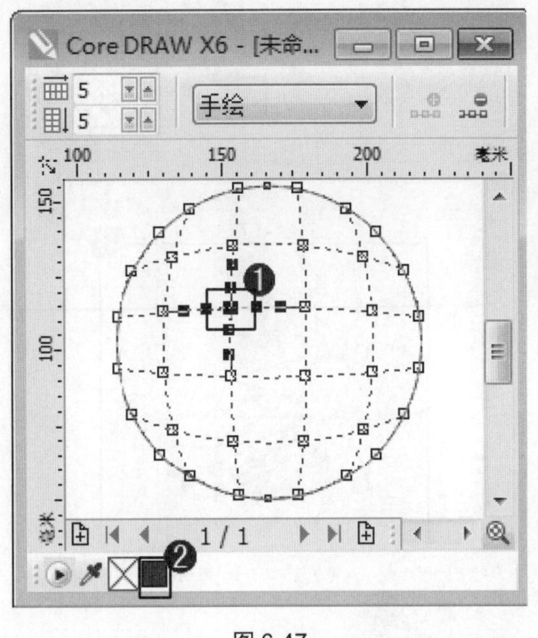

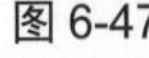

图 6-47

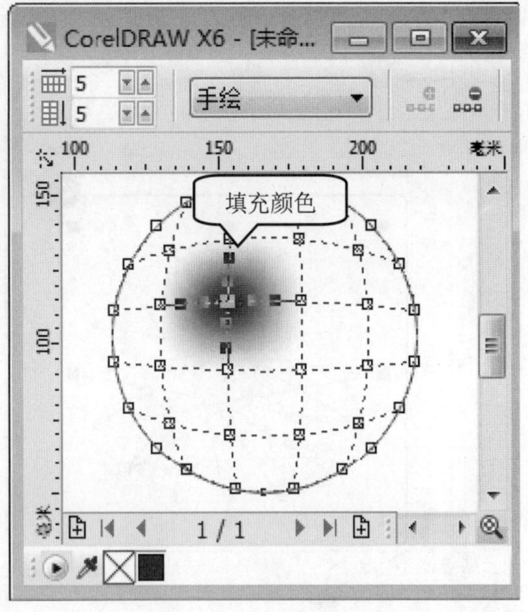

图 6-48

6.6 范例应用与上机操作

通过本章的学习，用户已经初步掌握填充图形颜色方面的基础知识，下面介绍几个实践案例，巩固一下用户学习到的知识要点，使用户达到活学活用的效果。

6.6.1 绘制漩涡

在 CorelDRAW X6 中，用户可以运用均匀填充和渐变填充命令，绘制效果逼真的漩涡效果。下面介绍绘制漩涡的操作方法。

素材文件 无

效果文件 配套素材\第 6 章\效果文件\绘制漩涡

step 1 ① 新建文件后，在工具箱中，单击【复杂星形工具】按钮，② 在属性栏中，在【点数或边数】微调框中，设置复杂星形的边数，如“16”，③ 在【锐度】微调框中，设置复杂星形的锐度，④ 在绘图区中，绘制一个多边星形，如图 6-49 所示。

step 2 ① 绘制星形后，在工具箱中，单击【变形工具】按钮，② 在属性栏中，单击【扭曲变形】按钮，③ 在绘图区中，任意角度扭曲图形对象，如图 6-50 所示。

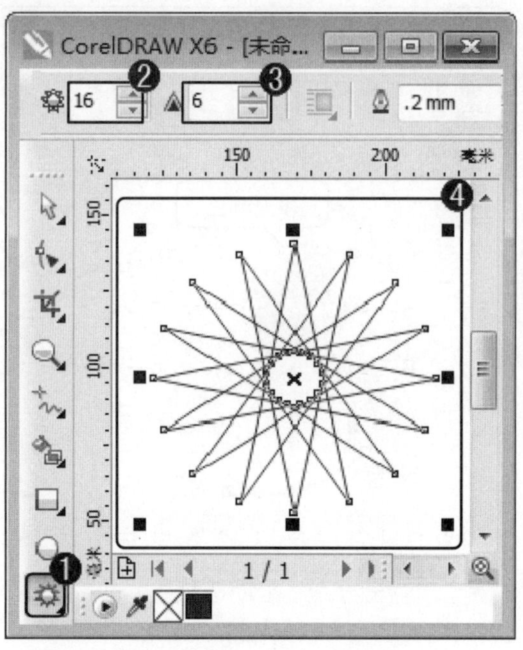

图 6-49

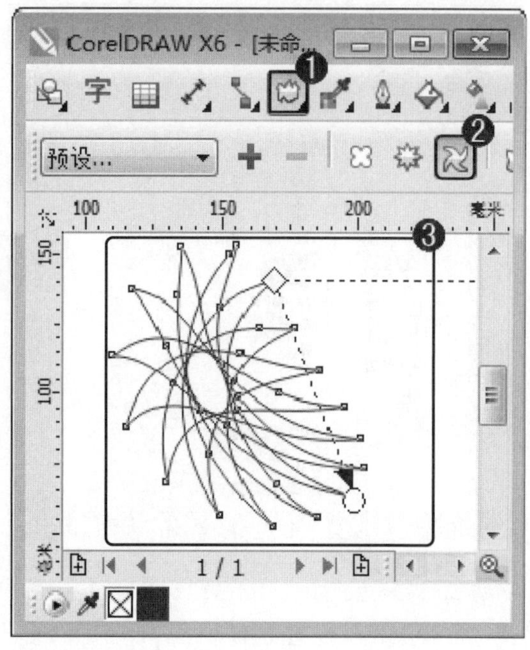

图 6-50

step 3 ① 在属性栏中，在【完全旋转】微调框中输入数值，如“3”，②在【附加角度】微调框中输入数值，如“246”，③ 在绘图区中，图形变形，如图 6-51 所示。

图 6-51

step 4 ① 变形图形后，单击【排列】主菜单，② 在弹出的下拉菜单中，选择【变换】菜单项，③ 在弹出的子菜单中，选择【倾斜】菜单项，如图 6-52 所示。

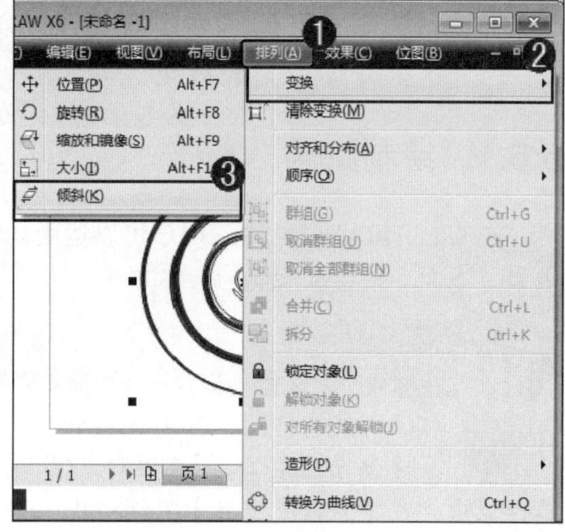

图 6-52

step 5 ① 开启【变换】泊坞窗，在 x 和 y 微调框中，输入对象倾斜后的水平和垂直位置参数，② 单击【应用】按钮，如图 6-53 所示。

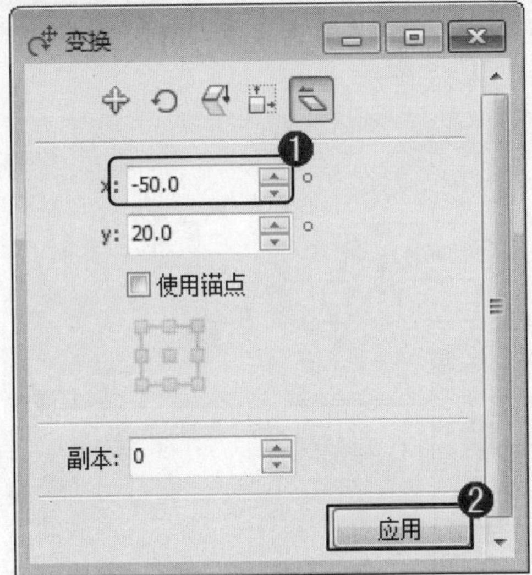

图 6-53

step 6 调整倾斜角度后，在绘图区中，使用选择工具选择倾斜的图形并调整其大小及角度，如图 6-54 所示。

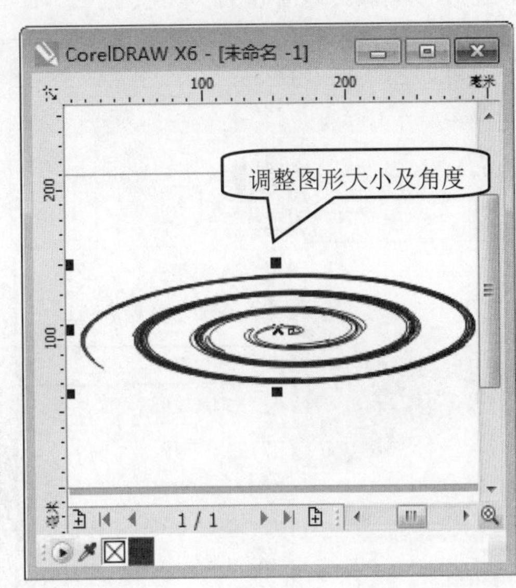

图 6-54

step 7 ① 在工具箱中，单击【多边形工具】按钮，② 在属性栏中，在【点数或边数】微调框中，输入多边形的边数值，③ 在绘图区中，绘制一个 16 边形图形对象，如图 6-55 所示。

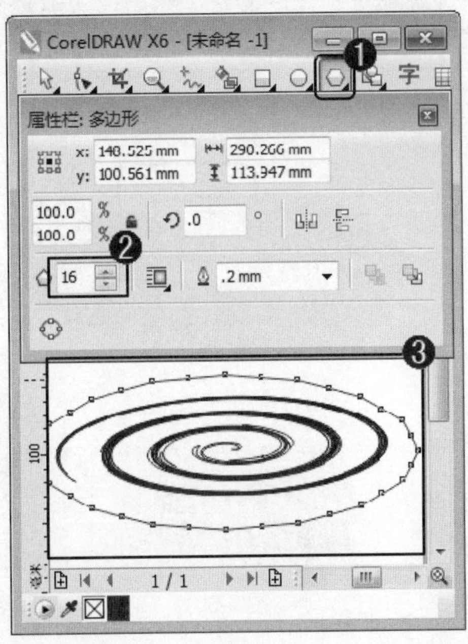

图 6-55

step 8 ① 在调色板中，选择准备应用的颜色，如“灰色”，② 在绘图区中，选择 16 边形对象并将其填充灰色，如图 6-56 所示。

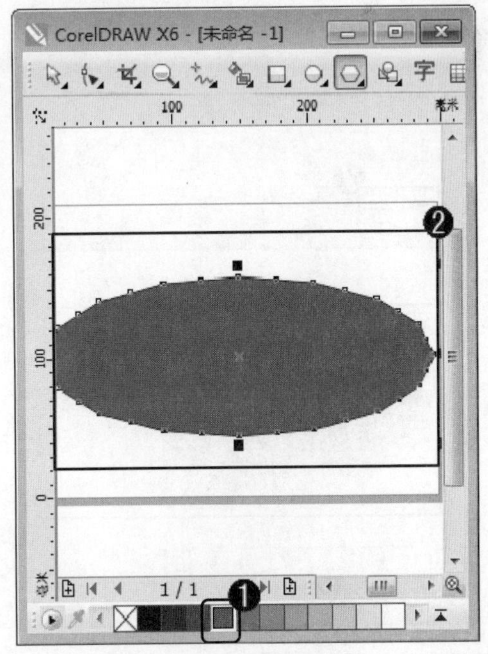

图 6-56

step 9 ① 在工具箱中，单击【轮廓笔】下拉按钮，② 在弹出的下拉菜单中，选择【无轮廓】菜单项，这样可取消16边形的轮廓，如图6-57所示。

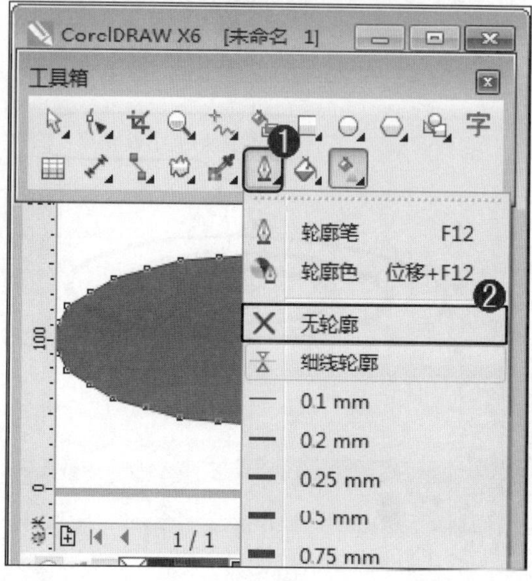

图 6-57

step 10 ① 在工具箱中，单击【变形工具】按钮，② 在属性栏中，单击【拉链变形】按钮，③ 在【拉链失真振幅】微调框中，输入数值，④ 在【拉链失真频率】微调框中，输入数值，⑤ 单击【随机变形】按钮，⑥ 在绘图区中，图形拉链变形，如图6-58所示。

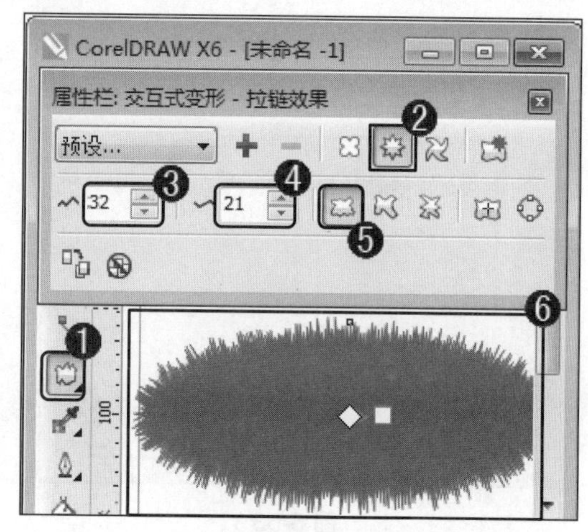

图 6-58

step 11 ① 拉链图形后，在属性栏中，单击【推拉变形】按钮，② 在【推拉振幅】微调框中，输入数值，③ 在绘图区中，图形推拉变形，如图6-59所示。

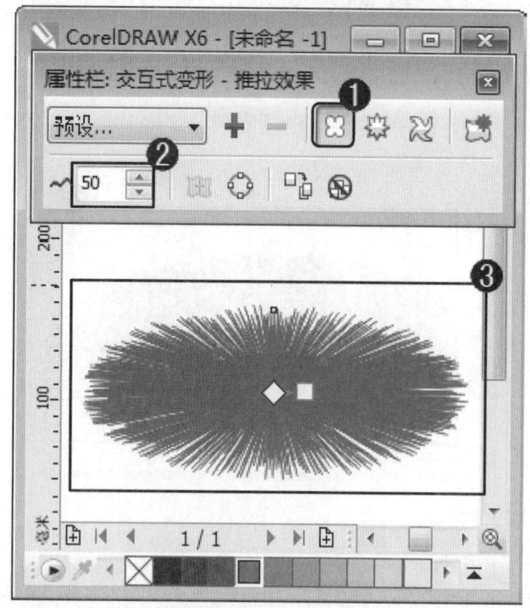

图 6-59

step 12 在键盘上按下组合键Ctrl+PageDown，将变形后的16边形向后放置一层，如图6-60所示。

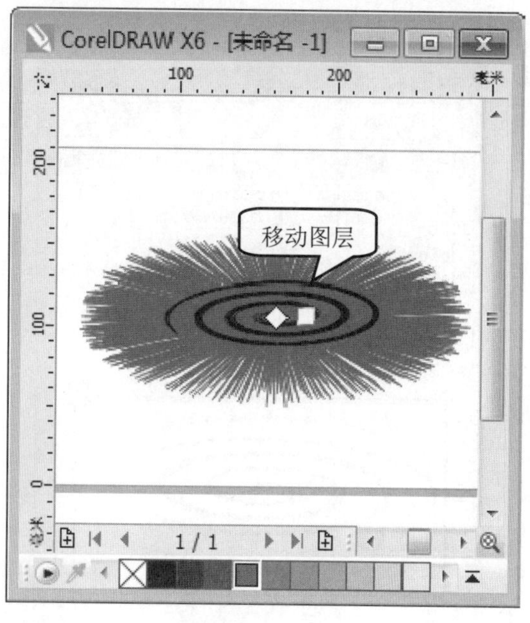

图 6-60

step13 ① 选择创建的漩涡图形，② 在工具箱中，单击【轮廓笔】下拉按钮 ，③ 在弹出的下拉菜单中，选择【无轮廓】菜单项，如图 6-61 所示。

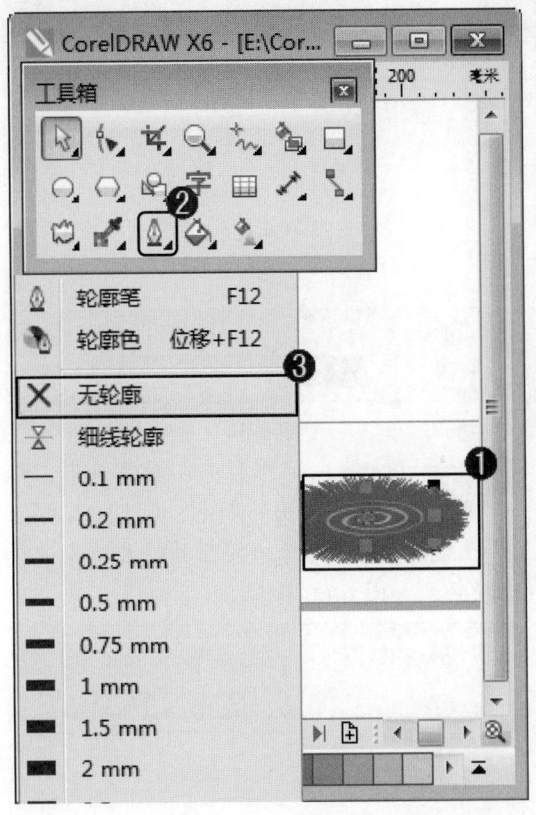

图 6-61

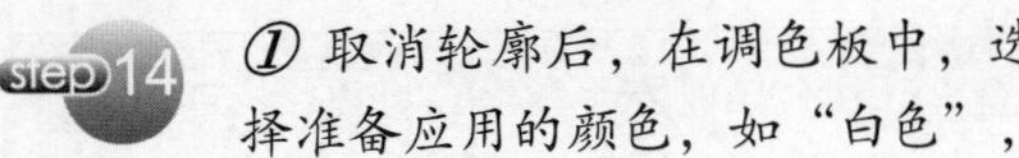

step14 ① 取消轮廓后，在调色板中，选择准备应用的颜色，如“白色”，② 在绘图区中，选择漩涡图形并将其填充选择的颜色。通过以上方法即可完成绘制漩涡的操作，如图 6-62 所示。

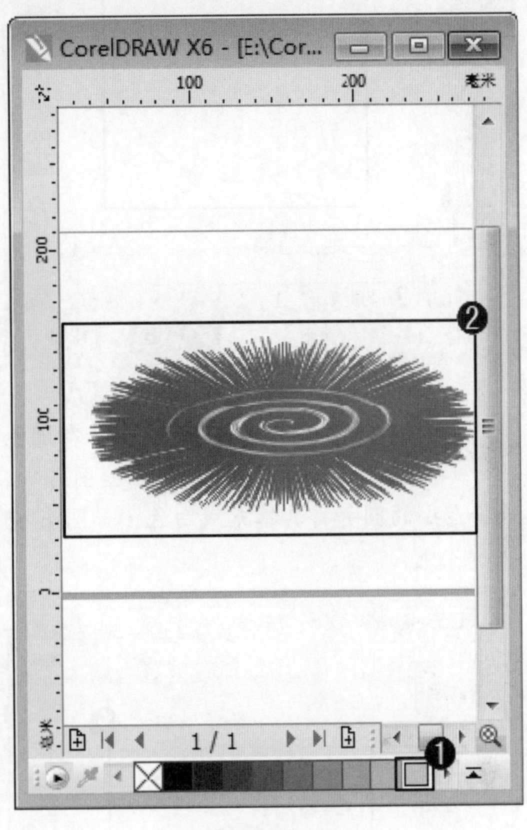

图 6-62

6.6.2 绘制光盘

在 CorelDRAW X6 中，用户可以运用均匀填充和渐变填充命令，绘制效果逼真的光盘效果。下面介绍绘制光盘的操作方法。

素材文件 无

效果文件 配套素材\第 6 章\效果文件\绘制光盘

① 新建文件后，在工具箱中，单击【椭圆形工具】按钮 ，② 在绘图区中，按住 Ctrl 键的同时，绘制一个圆，如图 6-63 所示。

运用相同的方法绘制另外两个圆心相同、大小不同的同心圆，如图 6-64 所示。

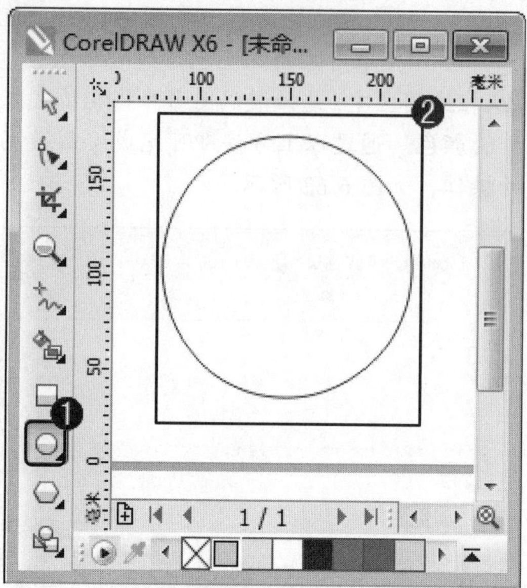

图 6-63

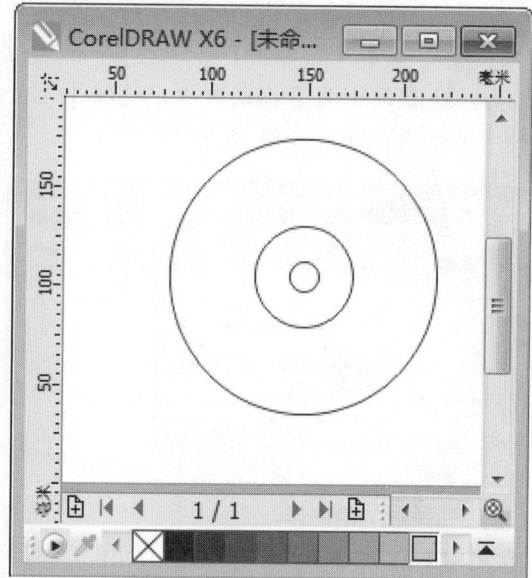

图 6-64

step 3 ① 新绘制三个同心圆后，在调色板中，选择白色，② 在绘图区中，选择最小的圆并将其填充成白色，如图 6-65 所示。

step 4 ① 填充颜色后，在调色板中，选择准备应用的颜色，如“30%黑”，② 在绘图区中，选择中间圆并将其填充选择的颜色，如图 6-66 所示。

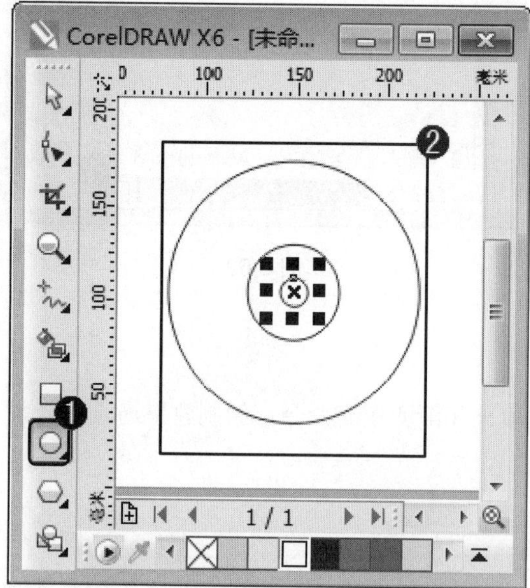

图 6-65

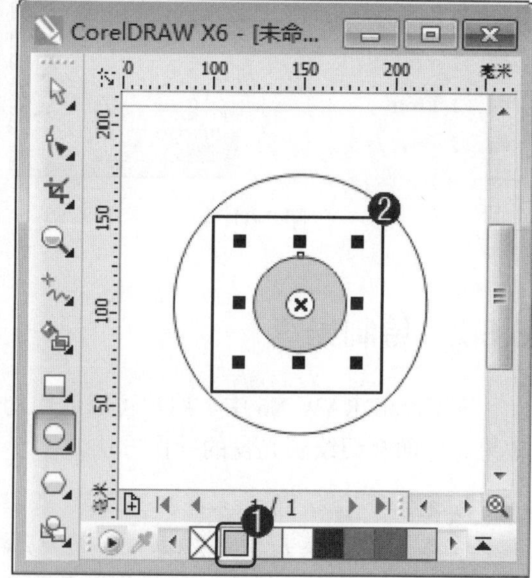

图 6-66

step 5 ① 填充颜色后，在工具箱中，选择【选择工具】按钮，② 在绘图区中，选择最大的圆，如图 6-67 所示。

step 6 ① 选择对象后，在键盘上按下快捷键 F11，弹出【渐变填充】对话框，在【类型】下拉列表框中，选择【圆锥】选项，② 选中【自定义】单选按钮，如图 6-68 所示。

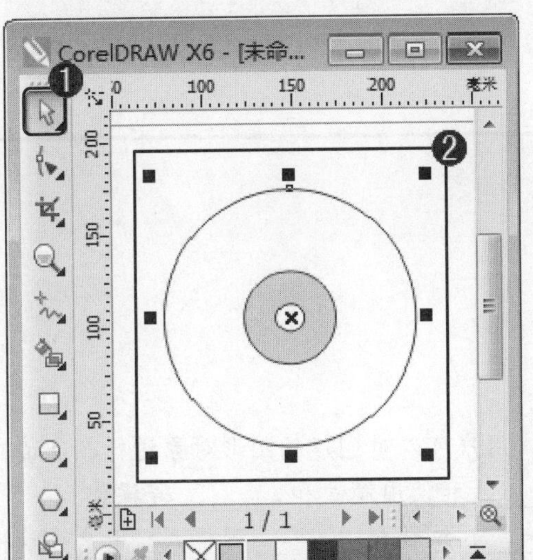

图 6-67

step 7 ① 在【渐变填充】对话框中，在渐变颜色条中的适当位置处添加适当数量的控制点，并为每个控制点设置相应的颜色，② 单击【确定】按钮，如图 6-69 所示。

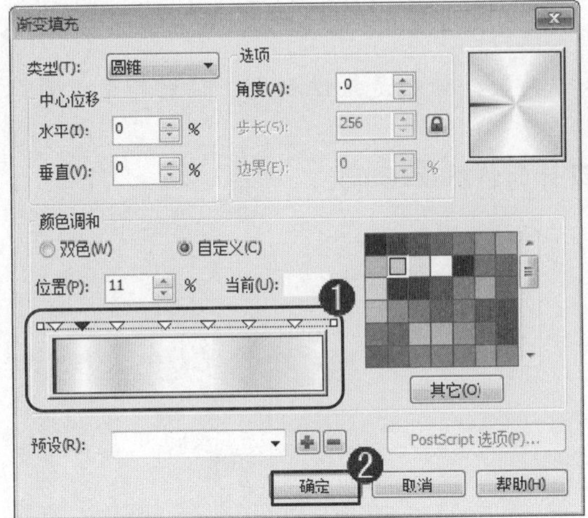

图 6-69

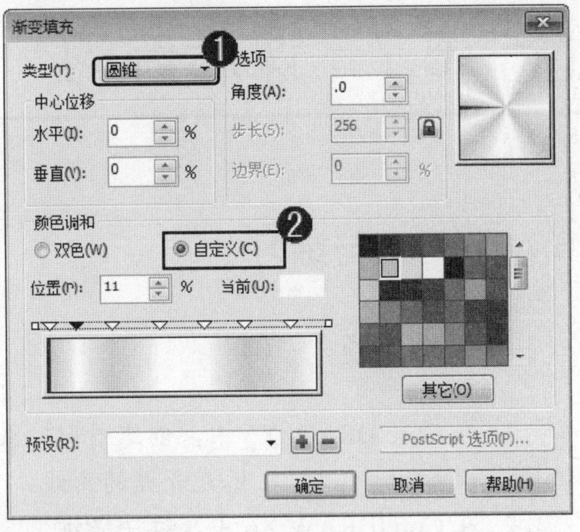

图 6-68

step 8 通过以上方法即可完成绘制光盘的操作，如图 6-70 所示。

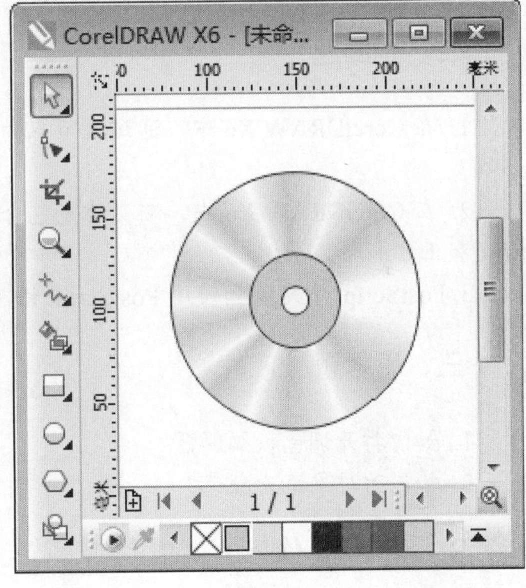

图 6-70

6.7 课后练习

6.7.1 思考与练习

一、填空题

1. 在 CorelDRAW X6 中，创建图形对象后，用户可以对创建的图形对象进行颜色填充的操作，包括________、填充开放的曲线、________和使用滴管和________等操作。

2. 在 CorelDRAW X6 中，程序提供了________、纹理和________等样式，用户可以将这些样式注解填充到对象上，也可将绘制的对象或导入的图像来创建图样进行填充的操作。

3. 在 CorelDRAW X6 中，使用________工具，用户可以为对象应用复杂多变的网状填充效果，同时，在不同的网点上，用户可以填充不同的________，也可以扭曲网格的方向，制作出不同的________效果。

二、判断题

1. 在 CorelDRAW X6 中，通过对节点的设置，用户可以对开放的曲线进行填充。 (　　)

2. 在 CorelDRAW X6 中，渐变填充包含 4 种类型，分别是线性渐变、辐射渐变、圆锥渐变和正方形渐变等。 (　　)

3. PostScript 填充是指使用 PostScript 语言设计的特殊纹理填充。 (　　)

三、思考题

1. 如何打开调色板编辑器？

2. 如何为对象填充颜色？

6.7.2 上机操作

1. 打开“配套素材\第 6 章\素材文件\填充四叶草.cdr”文件，使用填充工具，进行渐变填充图形对象的操作。效果文件可参考“配套素材\第 6 章\效果文件\填充四叶草.cdr”。

2. 打开“配套素材\第 6 章\素材文件\图样填充苹果图形.cdr”文件，使用填充工具，进行图样填充图形的操作。效果文件可参考“配套素材\第 6 章\效果文件\图样填充苹果图形.cdr”。

第 7 章

编辑图形

本章主要介绍了编辑曲线、切割图形和设置轮廓线方面的知识与技巧，同时还讲解了重新整形图形和图框精确剪裁对象方面的技巧。通过本章的学习，读者可以掌握编辑图形方面的知识，为深入学习 CorelDRAW X6 知识奠定基础。

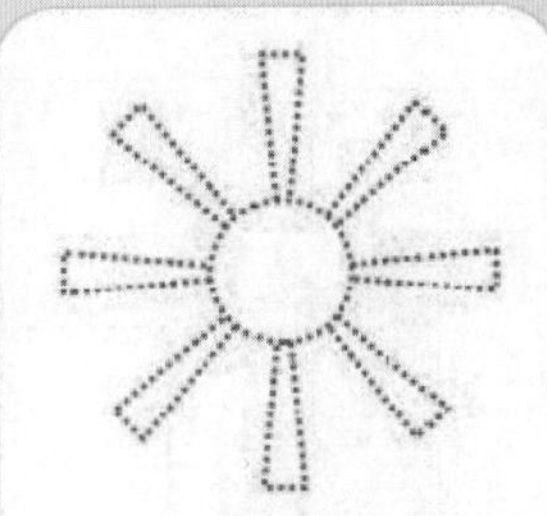

1. 编辑曲线
2. 切割图形
3. 设置轮廓线
4. 重新整形图形
5. 图框精确剪裁对象

7.1 编辑曲线

在 CorelDRAW X6 中，用户可以对已经创建的曲线进行编辑，包括曲线的自动闭合和更改节点的属性等操作。本节将重点介绍编辑曲线方面的知识与操作技巧。

7.1.1 曲线的自动闭合

在 CorelDRAW X6 中，用户可以将开放式曲线的起始节点和终止节点自动闭合。下面介绍自动闭合曲线的操作方法。

step 1 ① 新建文件后，在工具箱中，单击【贝塞尔工具】按钮，② 在绘图区中，绘制一个开放式的曲线，如图 7-1 所示。

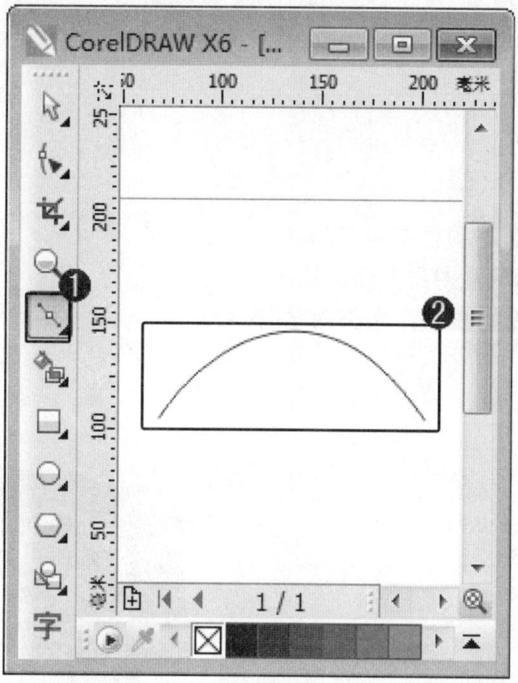

图 7-1

step 2 ① 在工具箱中，单击【形状工具】按钮，② 在键盘上按住 Shift 键的同时，单击曲线的起始节点和终止节点，如图 7-2 所示。

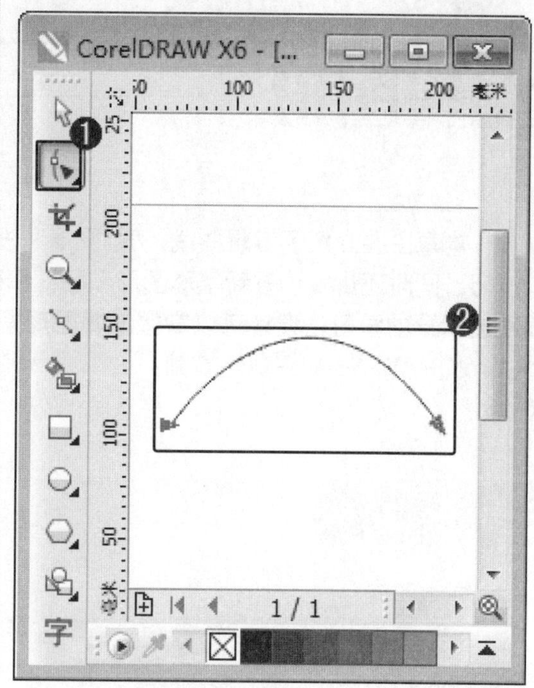

图 7-2

step 3 选择准备闭合的曲线节点后，在属性栏中，单击【闭合曲线】按钮，如图 7-3 所示。

step 4 此时，在绘图区中，绘制的曲线图形对象已经自动闭合。通过以上方法即可完成自动闭合曲线的操作，如图 7-4 所示。

图 7-3

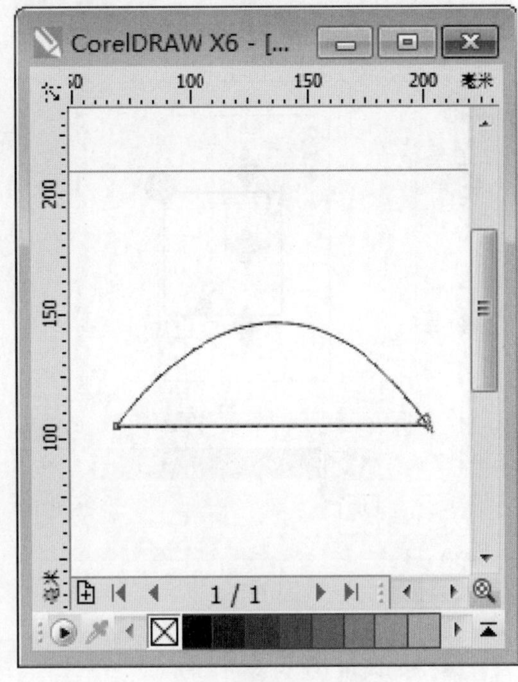

图 7-4

在 CorelDRAW X6 中，一般情况下，在绘制图形对象的过程中，有时需要将开放的路径闭合。其操作方法如下：选择【排列】主菜单，在弹出的下拉菜单中，选择【闭合路径】菜单项，用户同样可以以直线或曲线方式闭合图形对象的路径。

7.1.2 更改节点的属性

在 CorelDRAW X6 中，在编辑曲线的过程中，用户可以调整节点的属性，以更好地为曲线造型。下面介绍更改节点属性的操作方法。

1. 转换尖突节点

在 CorelDRAW X6 中，将节点转换为尖突节点后，节点两端的控制手柄成为相对独立的状态，当移动其中一个控制手柄的位置时，不会影响另一个控制手柄。下面介绍转换尖突节点的操作方法。

step 1 ① 在绘图区中绘制图形后，在工具箱中，单击【形状工具】按钮，② 在绘图区中，使用矩形框选择准备转换尖突节点的图形，③ 在属性栏中，单击【尖突节点】按钮，如图 7-5 所示。

step 2 ① 拖动图形对象中的一个节点至指定位置，用户可以看到图形对象以尖突节点方式变形。通过以上方法即可完成转换尖突节点的操作，如图 7-6 所示。

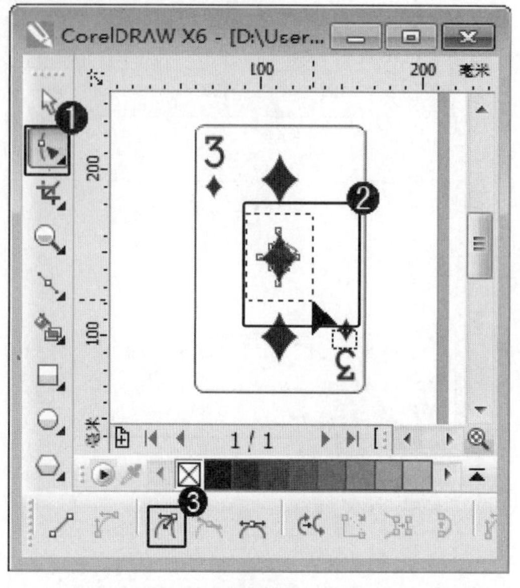
图 7-5

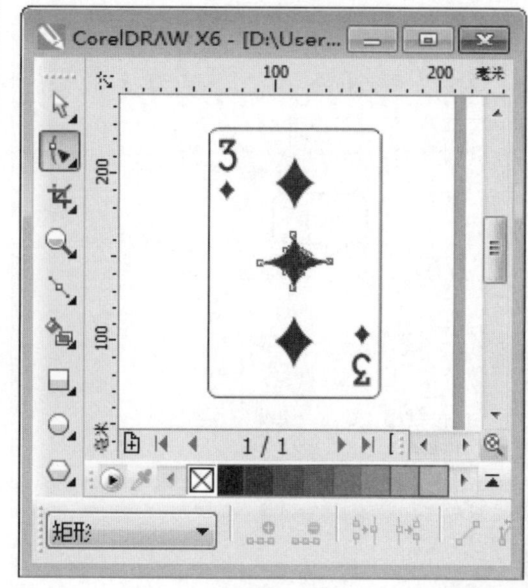
图 7-6

2. 转换平滑节点

在 CorelDRAW X6 中，平滑节点两边的控制点是相互关联的，这样移动其中一个控制点时，另一个控制点也会移动。下面介绍转换平滑节点的操作方法。

step 1 ① 在绘图区中绘制图形后，在工具箱中，单击【形状工具】按钮，② 在绘图区中，使用矩形框选择准备转换平滑节点的图形，③ 在属性栏中，单击【平滑节点】按钮，如图 7-7 所示。

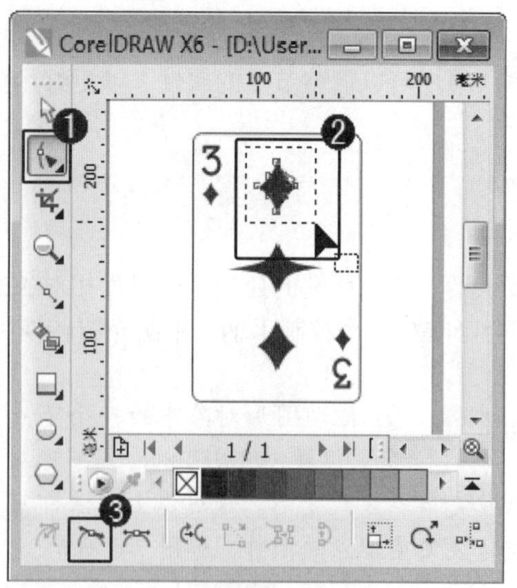
图 7-7

step 2 拖动图形对象中的一个节点至指定位置，用户可以看到图形对象以平滑节点方式变形。通过以上方法即可完成转换平滑节点的操作，如图 7-8 所示。

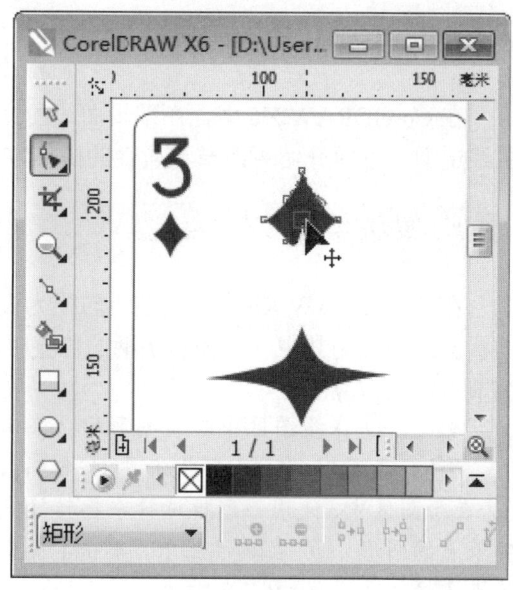
图 7-8

3. 转换对称节点

在 CorelDRAW X6 中，对称节点是指在平滑节点特征的基础上，使各个控制线的长度相等，从而使平滑节点两边的曲线率也相等。下面介绍转换对称节点的操作方法。

step 1 ① 在绘图区中绘制图形后，在工具箱中，单击【形状工具】按钮，② 在绘图区中，使用矩形框选择准备转换对称节点的图形，③ 在属性栏中，单击【对称节点】按钮，如图 7-9 所示。

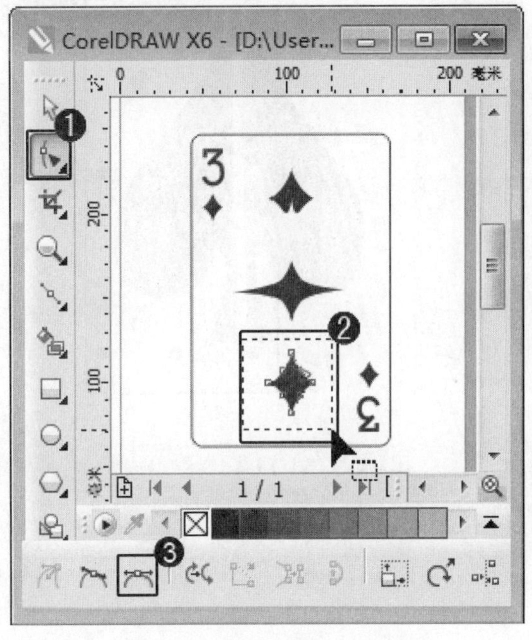

图 7-9

step 2 拖动图形对象中的一个节点至指定位置，用户可以看到图形对象以对称节点方式变形。通过以上方法即可完成转换对称节点的操作，如图 7-10 所示。

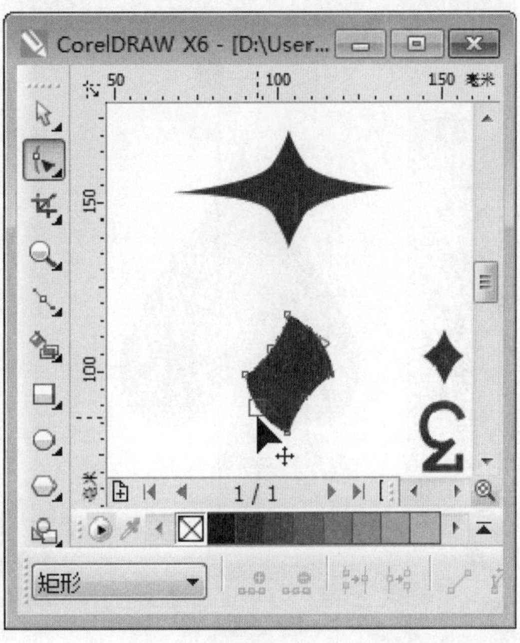

图 7-10

7.2 切割图形

在 CorelDRAW X6 中，用户可以将完整的图形对象切割成几个部分，同时，用户可以对创建的图形对象进行修饰。本节将重点介绍切割图形方面的知识。

7.2.1 切割图形对象

在 CorelDRAW X6 中，使用刻刀工具，用户可以把一个对象切割成几个部分。下面介绍切割图形对象的操作方法。

step 1 ① 绘制并填充图形后，在工具箱中，单击【刻刀工具】按钮，② 在属性栏中，单击【剪切时自动闭合】按钮，③ 在绘图区中，将光标指向准备切割的图形对象，当光标变为形状时单击对象，拖动鼠标至指定位置后，再次单击对象，如图 7-11 所示。

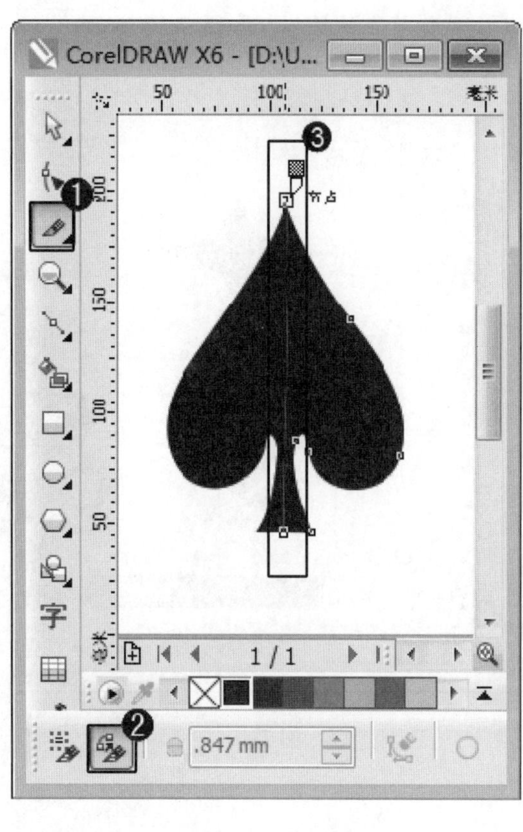

图 7-11

step 2 ① 绘制刻刀路径后，在工具箱中，单击【选择工具】按钮，② 在绘图区中，拖动图形对象至指定位置。通过以上方法即可完成切割图形的操作，如图 7-12 所示。

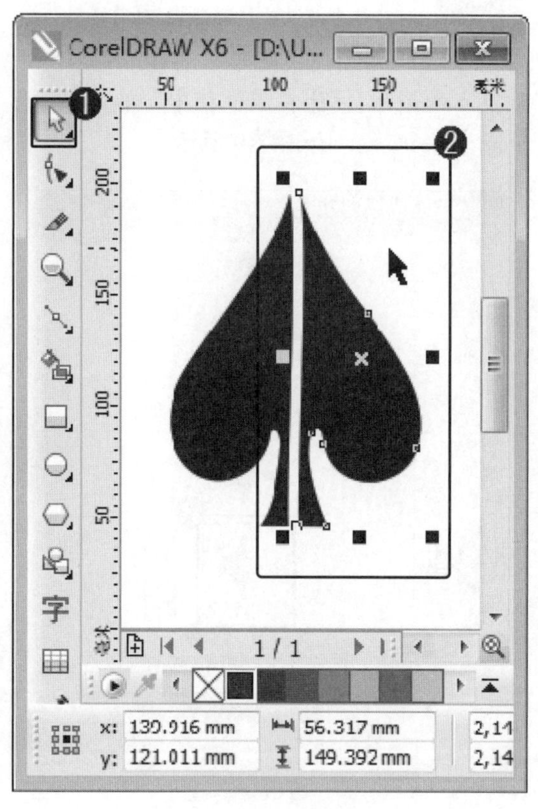

图 7-12

7.2.2 运用虚拟段删除工具

在 CorelDRAW X6 中，使用虚拟段删除工具可以删除相交对象中两个交叉点之间的线段，从而形成新的图形对象。本节将重点介绍运用虚拟段删除工具绘制图形的操作方法。

step 1 ① 绘制一个图形后，在工具箱中，单击【虚拟段删除工具】按钮，② 在绘图区中，将光标指向准备删除的图形对象，当光标变为形状时，单击对象，拖动鼠标至指定位置后，再次单击对象，如图 7-13 所示。

step 2 此时，选择的图形部分已经被删除。通过以上操作方法即可完成运用虚拟段删除工具删除图形的操作，如图 7-14 所示。

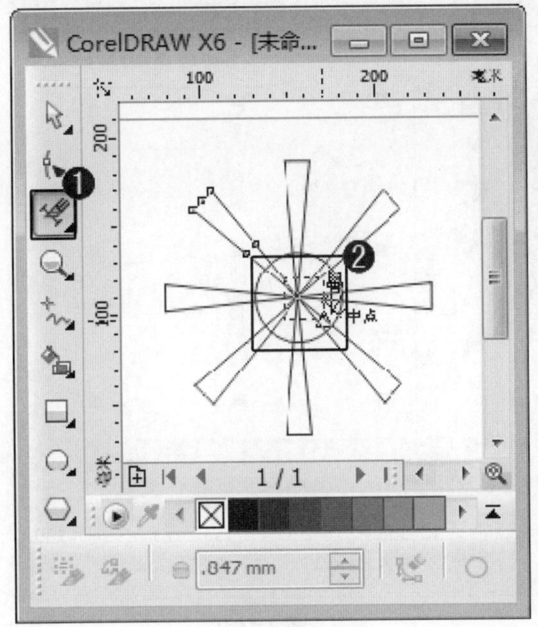

图 7-13

图 7-14

知识精讲

在 CorelDRAW X6 中，运用虚拟段删除工具的过程中，用户还可以移动鼠标指针到需要删除的线段处，此时，图标会竖立起来，单击鼠标即可删除选定线段。

7.3 设置轮廓线

在 CorelDRAW X6 中，用户可以对图形对象的轮廓线进行编辑，以便对图形对象进行修饰操作。下面介绍编辑轮廓线方面的知识。

7.3.1 更改轮廓线的颜色

在 CorelDRAW X6 中，默认状态下，绘制的图形轮廓线颜色为黑色。下面介绍更改轮廓线颜色的操作方法。

step 1 ① 绘制图形后，在工具箱中，单击【选择工具】按钮，② 在绘图区中选择准备更改轮廓线颜色的图形，③ 在调色板中，右键单击准备应用的颜色，如图 7-15 所示。

step 2 此时，选择的图形部分已经更改轮廓颜色。通过以上操作方法即可完成更改轮廓线颜色的操作，如图 7-16 所示。

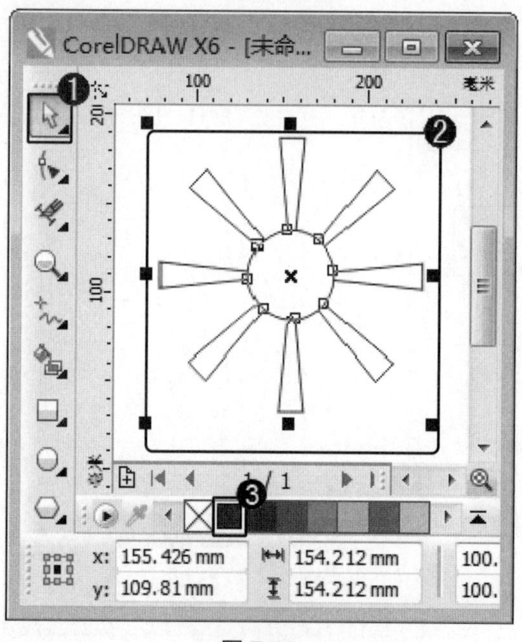
图 7-15

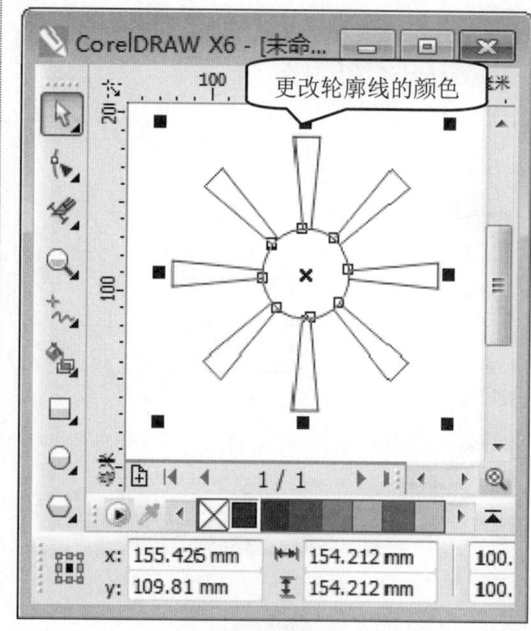

图 7-16

7.3.2 更改轮廓线的宽度

在 CorelDRAW X6 中，默认状态下，绘制的图形轮廓线宽度为 0.2mm。下面介绍更改轮廓线宽度的操作方法。

step 1 ① 选择图形后，在键盘上按下 F12 键，弹出【轮廓笔】对话框，在【宽度】下拉列表框中，选择准备应用的宽度值，② 单击【确定】按钮，如图 7-17 所示。

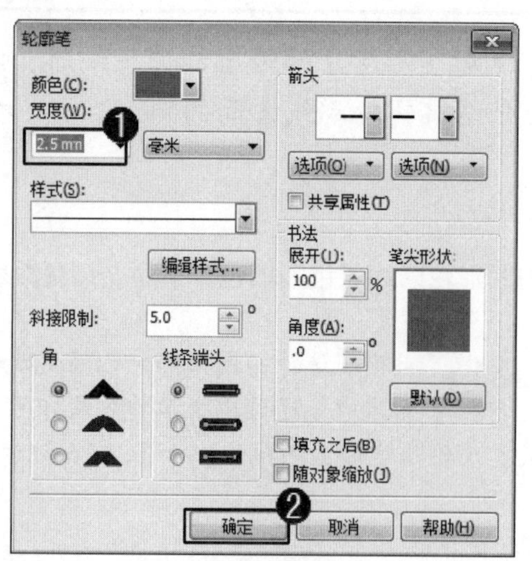

图 7-17

step 2 此时，选择的图形部分已经更改轮廓宽度。通过以上操作方法即可完成更改轮廓线宽度的操作，如图 7-18 所示。

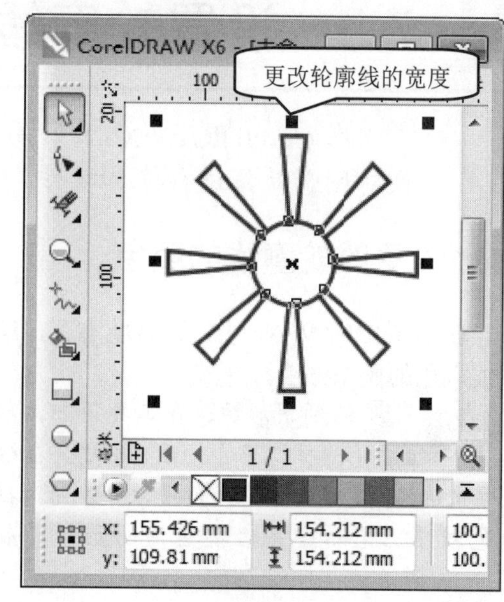

图 7-18

7.3.3 更改轮廓线的样式

在 CorelDRAW X6 中，默认状态下，绘制的图形轮廓线样式为直线型。下面介绍更改轮廓线样式的操作方法。

step 1 ① 选择图形对象后，在键盘上按下 F12 键，弹出【轮廓笔】对话框，在【样式】下拉列表框中，选择准备应用的轮廓线样式，② 单击【确定】按钮，如图 7-19 所示。

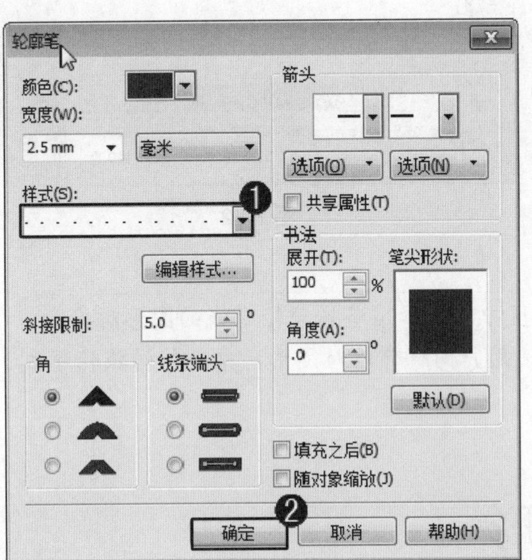

图 7-19

step 2 此时，选择的图形部分已经更改轮廓样式。通过以上操作方法即可完成更改轮廓线样式的操作，如图 7-20 所示。

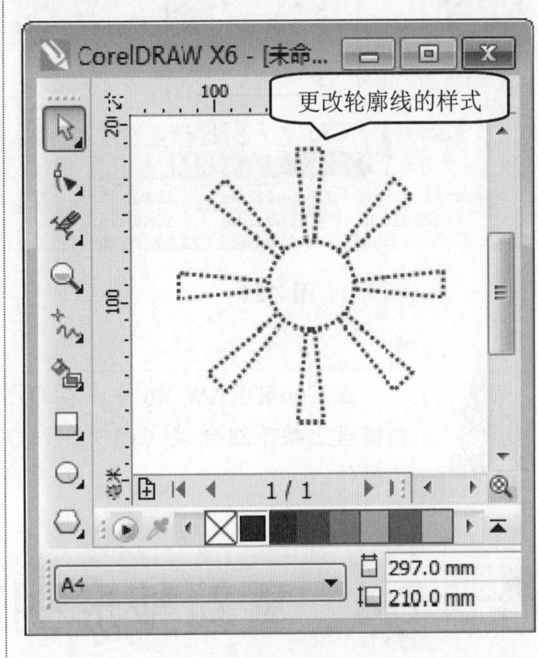

图 7-20

7.3.4 转换轮廓线

在 CorelDRAW X6 中，用户可以将轮廓线转换成对象，这样可以对其进行更多的编辑操作。下面介绍将轮廓线转换成对象的操作方法。

step 1 ① 绘制图形文件后，选择准备将轮廓线转换成对象的图形，② 单击【排列】主菜单，③ 在弹出的下拉菜单中，选择【将轮廓转换为对象】菜单项，如图 7-21 所示。

step 2 此时，选择的轮廓线已经转换成对象。通过以上操作方法即可完成转换轮廓线成对象的操作，如图 7-22 所示。

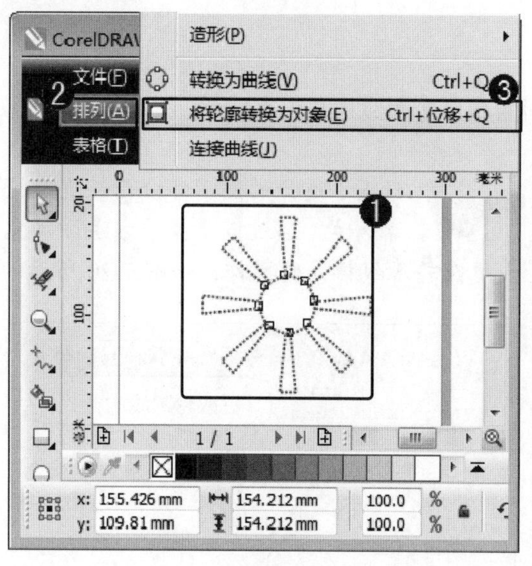

图 7-21

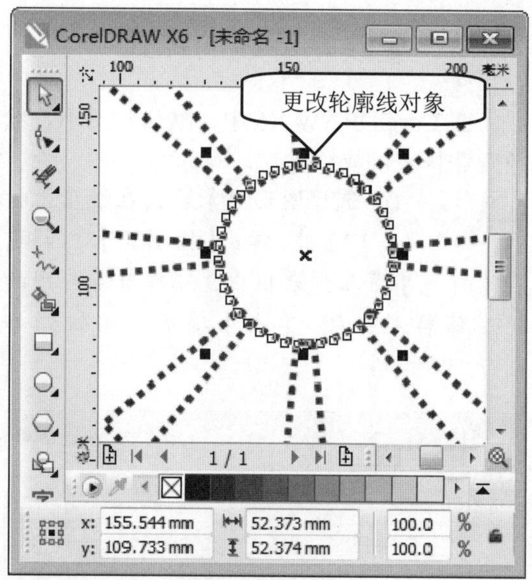

图 7-22

知识精讲

在 CorelDRAW X6 中，在绘图区中，选择准备转换轮廓线的图形对象后，在键盘上按下组合键 Ctrl+位移+Q，用户同样可以对图形对象进行转换轮廓线的操作。

7.4 重新整形图形

在 CorelDRAW X6 中，用户可以将创建的图形对象重新整形，以便编辑出需要的图形对象。重新整形图形的操作包括合并图形、修剪图形、相交图形、简化图形、移除后面对象与移除前面对象等。本节将重点介绍重新整形图形方面的知识。

7.4.1 合并图形

在 CorelDRAW X6 中，结合功能可以结合多个单一对象或组合的多个图形对象。下面介绍合并图形的操作方法。

step 1 ① 绘制图形文件后，在工具箱中，单击【选择工具】按钮，② 在绘图区中，在准备合并的图形上单击鼠标左键，这样即可选中准备合并的第一个图形对象，如图 7-23 所示。

step 2 ① 单击【窗口】主菜单，② 在弹出的下拉菜单中，选择【泊坞窗】菜单项，③ 在弹出的子菜单中，选择【造形】菜单项，如图 7-24 所示。

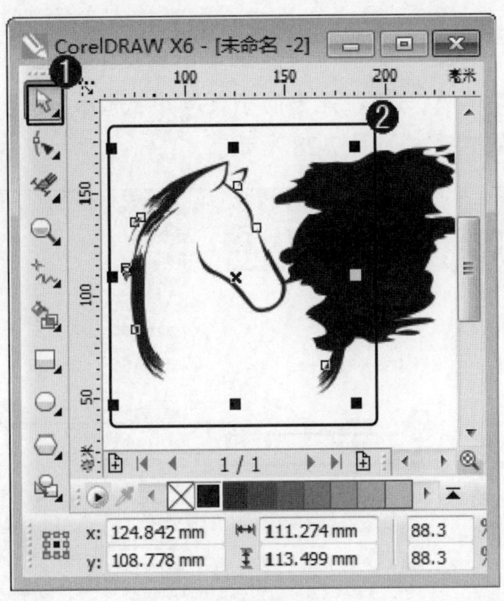

图 7-23

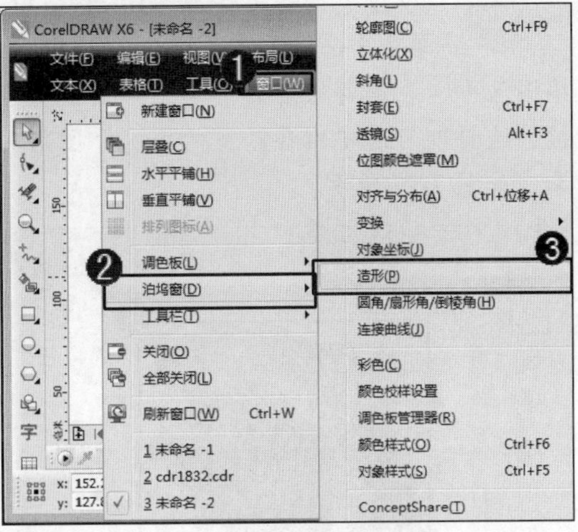

图 7-24

step 3 ① 弹出【造型】泊坞窗，单击【焊接到】按钮，② 当鼠标指针变为形状时，选择准备焊接到的图形，如图 7-25 所示。

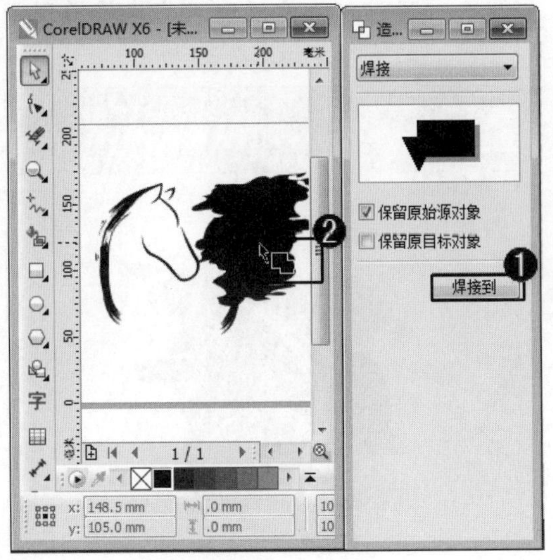

图 7-25

step 4 通过以上方法即可完成合并图形的操作，如图 7-26 所示。

图 7-26

7.4.2 修剪图形

在 CorelDRAW X6 中，使用修剪功能，用户可以从目标对象上剪掉与其他对象之间重叠的部分，目标对象仍保留原有的轮廓和轮廓属性。下面介绍修剪图形的操作方法。

step 1 ① 绘制图形文件后，在工具箱中，单击【选择工具】按钮，② 在绘图区中，在准备修剪的图形上单击鼠标左键，这样即可选中准备修剪的第一个图形对象，如图 7-27 所示。

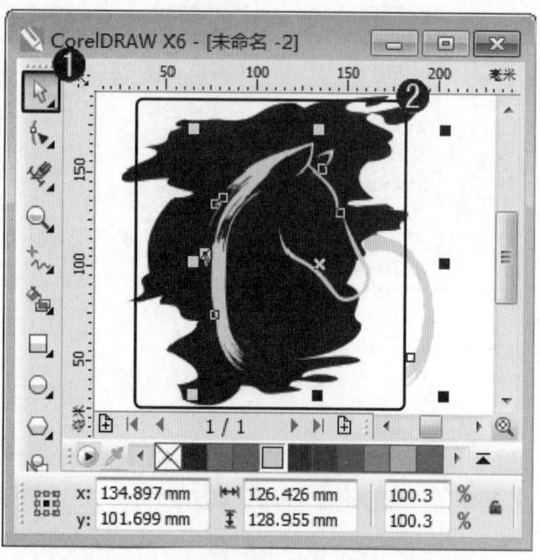

图 7-27

step 2 ① 单击【窗口】主菜单，② 在弹出的下拉菜单中，选择【泊坞窗】菜单项，③ 在弹出的子菜单中，选择【造形】菜单项，如图 7-28 所示。

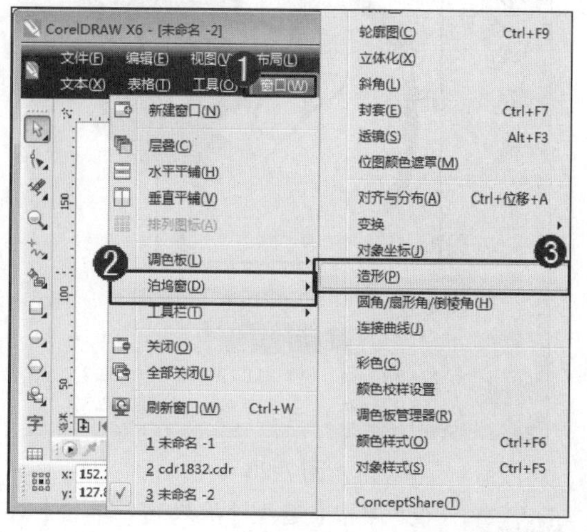

图 7-28

step 3 ① 弹出【造型】泊坞窗，选择【修剪】选项，② 单击【修剪】按钮，③ 当鼠标指针变为形状时，选择准备修剪的图形，如图 7-29 所示。

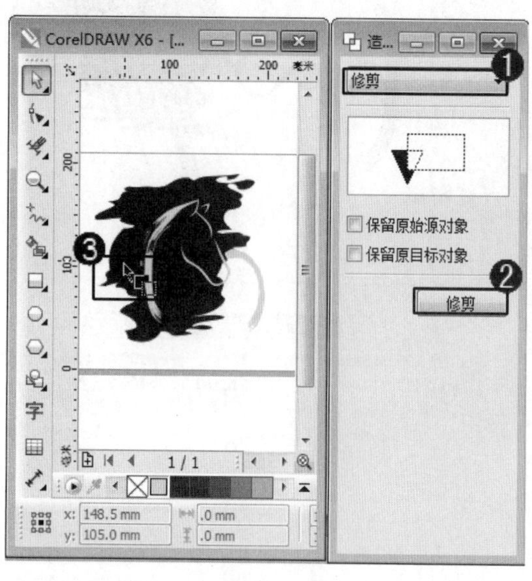

图 7-29

step 4 通过以上方法即可完成修剪图形的操作，如图 7-30 所示。

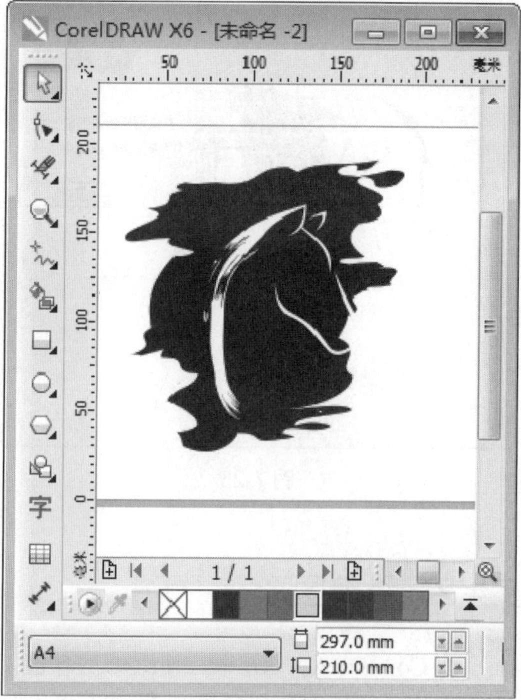

图 7-30

7.4.3 相交图形

在 CorelDRAW X6 中，应用相交功能，用户可以得到两个或多个对象重叠的交集部分。下面介绍相交图形的操作方法。

step 1 ① 在工具箱中，单击【选择工具】按钮，② 在绘图区中，在准备相交的图形上单击鼠标左键，选中相交的第一个图形对象，如图 7-31 所示。

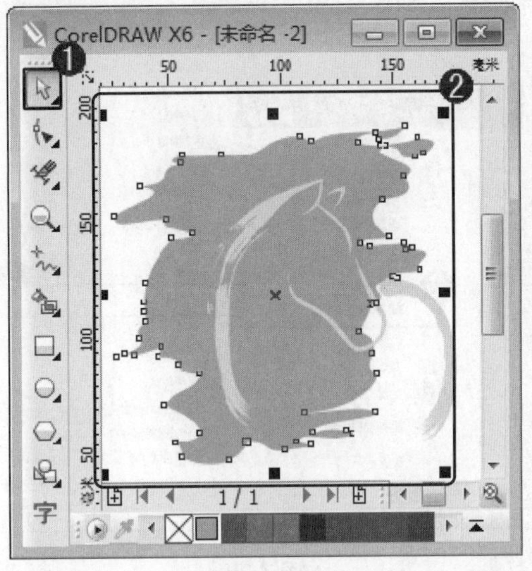

图 7-31

step 2 ① 单击【窗口】主菜单，② 在弹出的下拉菜单中，选择【泊坞窗】菜单项，③ 在弹出的子菜单中，选择【造形】菜单项，如图 7-32 所示。

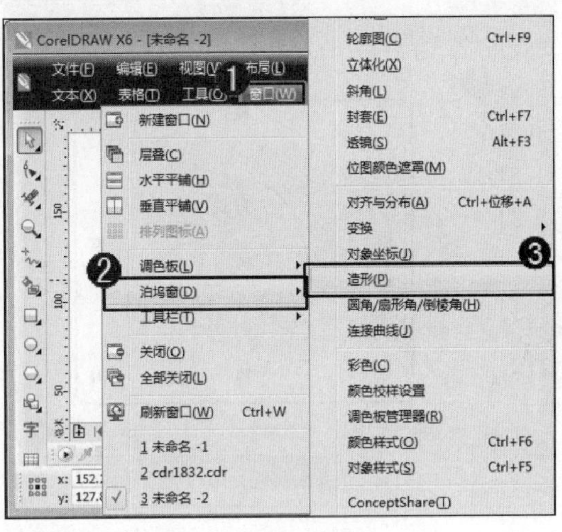

图 7-32

step 3 ① 弹出【造型】泊坞窗，选择【相交】选项，② 单击【相交对象】按钮，③ 当鼠标指针变为形状时，选择准备相交的图形，如图 7-33 所示。

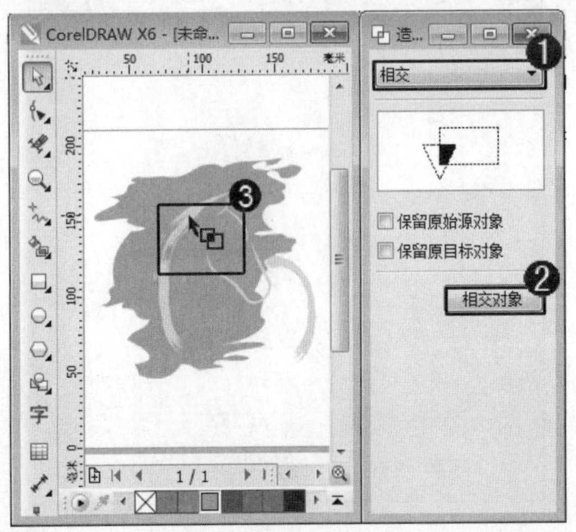

图 7-33

step 4 通过以上方法即可完成相交图形的操作，如图 7-34 所示。

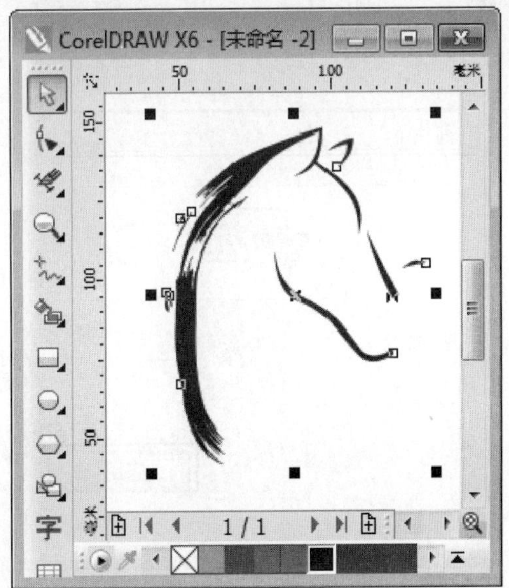

图 7-34

7.4.4 简化图形

在 CorelDRAW X6 中，应用简化功能，用户可以减去两个或多个重叠对象的交集部分。下面介绍简化图形的操作方法。

step 1 ① 在工具箱中，单击【选择工具】按钮，② 在绘图区中，选择准备简化的所有图形对象，如图 7-35 所示。

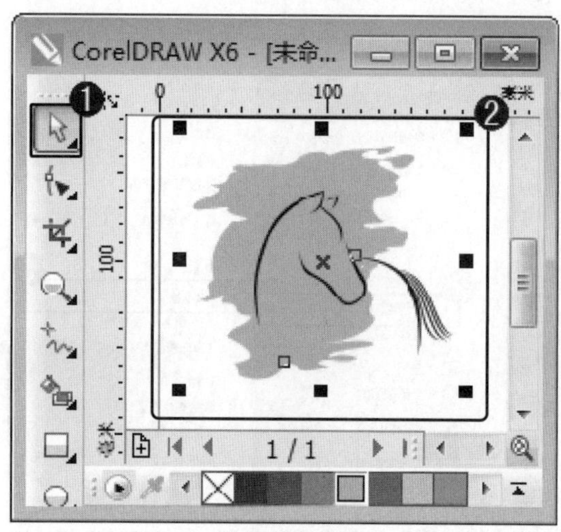

图 7-35

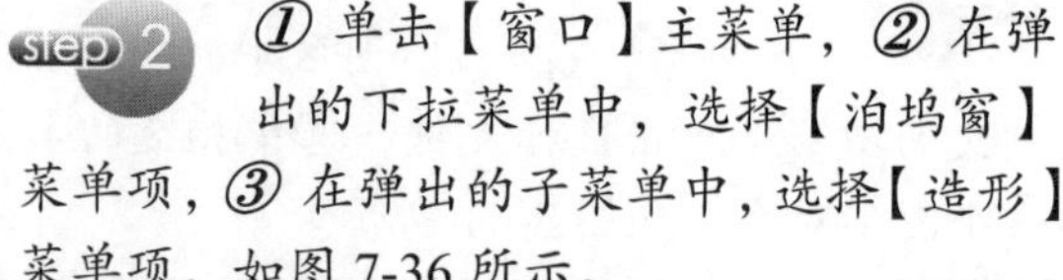

step 2 ① 单击【窗口】主菜单，② 在弹出的下拉菜单中，选择【泊坞窗】菜单项，③ 在弹出的子菜单中，选择【造形】菜单项，如图 7-36 所示。

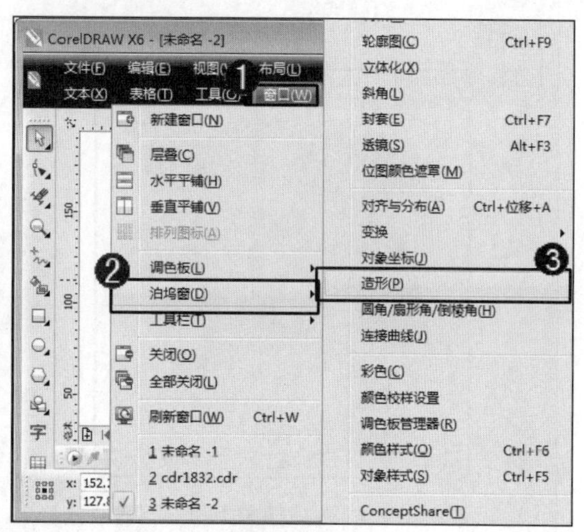

图 7-36

step 3 ① 弹出【造形】泊坞窗，选择【简化】选项，② 单击【应用】按钮，如图 7-37 所示。

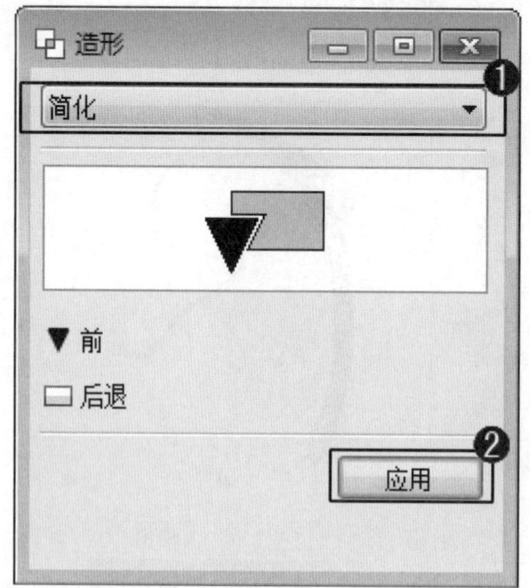

图 7-37

step 4 将图形移到指定位置，用户可以看到简化效果。通过以上方法即可完成简化图形的操作，如图 7-38 所示。

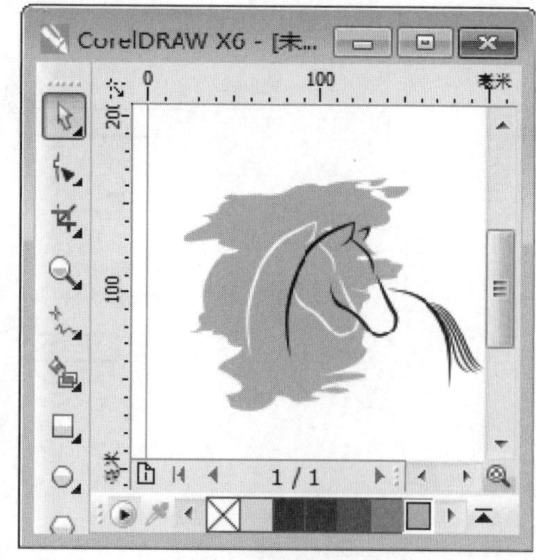

图 7-38

7.4.5　移除后面对象与移除前面对象

在 CorelDRAW X6 中，用户可以使用“移除后面对象”功能与“移除前面对象”功能编辑绘制的图形。下面介绍移除后面对象与移除前面对象的操作方法。

1. 移除后面对象

在 CorelDRAW X6 中，移除后面对象会减去后面图形，减去前后图形的重叠部分，并保留前面图形的剩余部分，下面介绍移除后面对象的操作方法。

step 1 ① 选择准备移除后面对象的所有图形后，打开【造形】泊坞窗，选择【移除后面对象】选项，② 单击【应用】按钮，如图 7-39 所示。

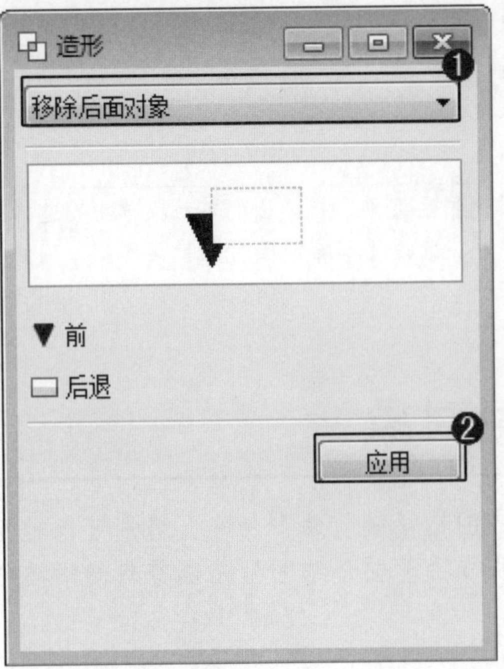

图 7-39

step 2 此时处于后方的图形已经被移除。通过以上方法即可完成移除后面对象的操作，如图 7-40 所示。

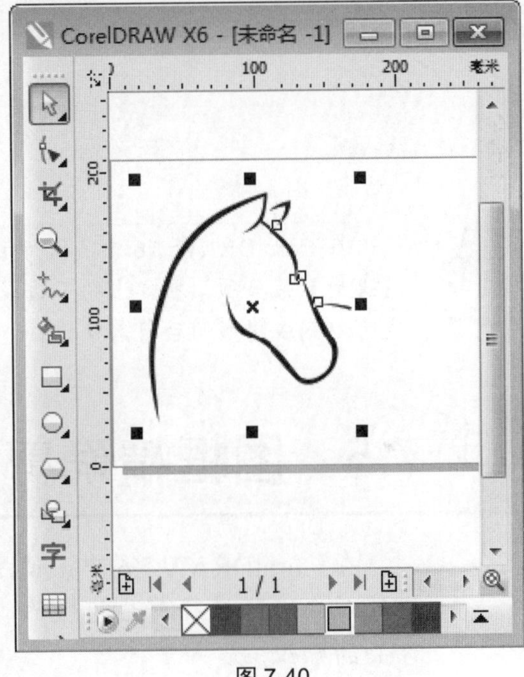

图 7-40

2. 移除前面对象

在 CorelDRAW X6 中，移除前面对象会减去前面图形，减去前后图形的重叠部分，并保留后面图形的剩余部分，下面介绍移除前面对象的操作方法。

step 1 ① 选择准备移除前面对象的所有图形后，打开【造形】泊坞窗，选择【移除前面对象】选项，② 单击【应用】按钮，如图 7-41 所示。

step 2 此时处于前方的图形已经被移除。通过以上方法即可完成移除前面对象的操作，如图 7-42 所示。

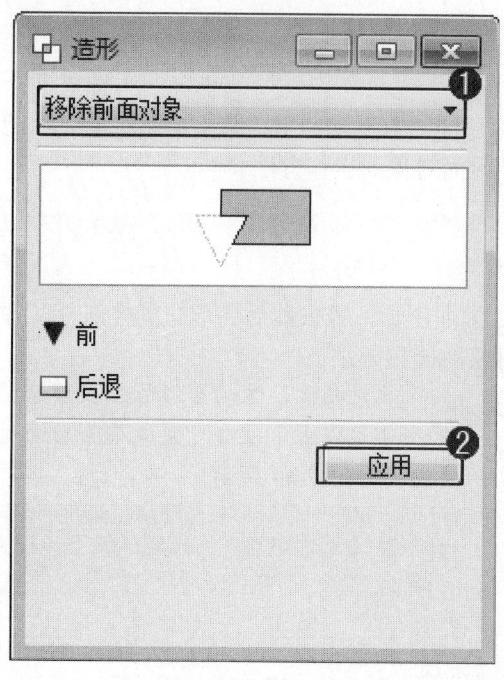

图 7-41

图 7-42

知识精讲

在 CorelDRAW X6 中，执行【排列】主菜单，在弹出的下拉菜单中，选择【造形】菜单项，在弹出的下拉菜单中，选择【移除前面对象】菜单项，用户也可以完成图形的后剪前操作。

7.5 图框精确剪裁对象

在 CorelDRAW X6 中，使用“图框精确剪裁”功能，用户可以对指定的对象进行精确剪裁的操作。本节将重点介绍图框精确剪裁使用技巧方面的知识。

7.5.1 放置在容器中

在 CorelDRAW X6 中，用户可以将指定图像导入到图框容器中，以便制作出需要的艺术效果。下面介绍应用【置于图文框内部】命令的操作方法。

step 1 ① 新建空白文件后，在工具箱中单击【基本形状】按钮，② 在属性栏中，单击【完美形状】下拉按钮，③ 在弹出的菜单列表中，选择准备应用的形状，④ 在绘图区中，绘制图形，如图 7-43 所示。

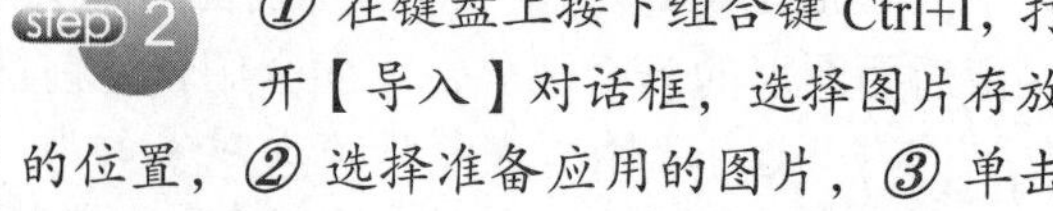
step 2 ① 在键盘上按下组合键 Ctrl+I，打开【导入】对话框，选择图片存放的位置，② 选择准备应用的图片，③ 单击【导入】按钮，如图 7-44 所示。

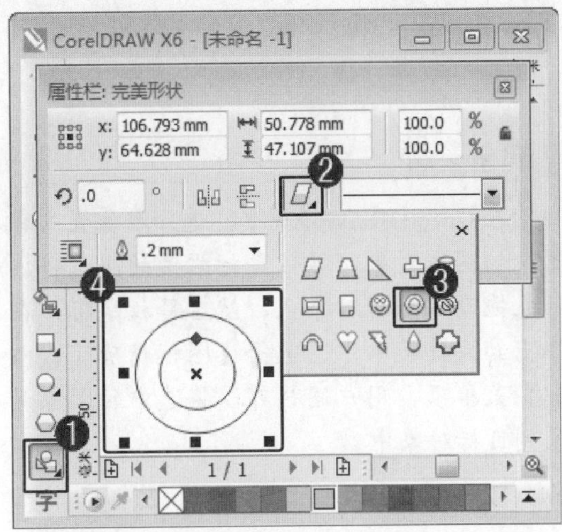

图 7-43

图 7-44

step 3 ① 导入图片并调整其大小和位置后，执行【效果】主菜单，② 在弹出的下拉菜单中，选择【图框精确剪裁】菜单项，③ 在弹出的子菜单中，选择【放置于图文框内部】菜单项，如图 7-45 所示。

step 4 当鼠标指针变为形状时，在指定图形对象中单击，如图 7-46 所示。

图 7-45

图 7-46

step 5 此时，图像文件已经置入图形对象中。通过以上方法即可完成应用【置于图文框内部】命令的操作，如图 7-47 所示。

考考您

请您根据上述方法创建一个放置在容器中的效果，测试一下您的学习效果。

图 7-47

智慧锦囊

在 CorelDRAW X6 中，选择准备置入容器中的图形对象，按住鼠标右键的同时将该对象拖动到目标对象上，然后释放鼠标，在弹出的快捷菜单中，选择【图框精确剪裁内部】菜单项，用户同样可以将选中的图像置入到目标对象中。

7.5.2 提取内容

在 CorelDRAW X6 中，【提取内容】命令用于提取嵌套图框精确剪裁中每一级的内容。下面介绍应用【提取内容】命令的操作方法。

step 1 ① 导入图片并调整其大小和位置后，执行【效果】主菜单，② 在弹出的下拉菜单中，选择【图框精确剪裁】菜单项，③ 在弹出的子菜单中，选择【提取内容】菜单项，如图 7-48 所示。

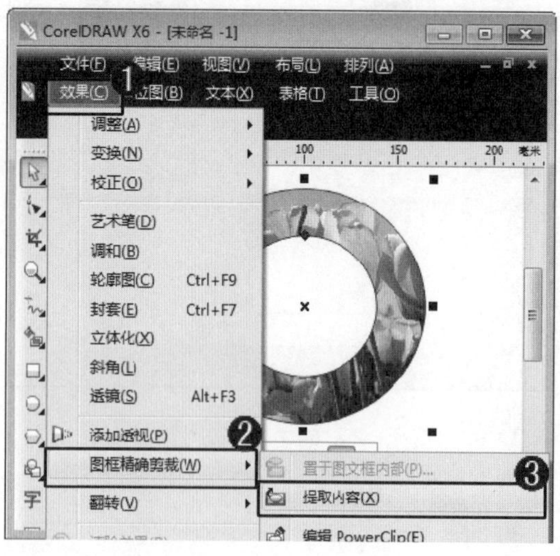

图 7-48

step 2 通过以上操作方法即可完成应用【提取内容】命令的操作，如图 7-49 所示。

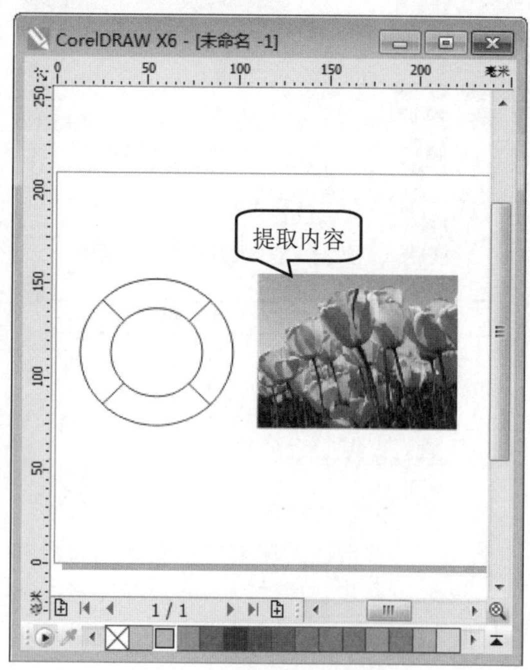

图 7-49

7.5.3 编辑内容

在 CorelDRAW X6 中，将对象精确剪裁后，用户还可以进入容器内部，对容器内的对象进行缩放、移动或镜像等调整。下面介绍应用编辑内容命令的操作方法。

step 1 ① 新文件置入容器后，执行【效果】主菜单，② 在弹出的下拉菜单中，选择【图框精确剪裁】菜单项，③ 在弹出的子菜单中，选择【编辑 PowerClip】菜单项，如图 7-50 所示。

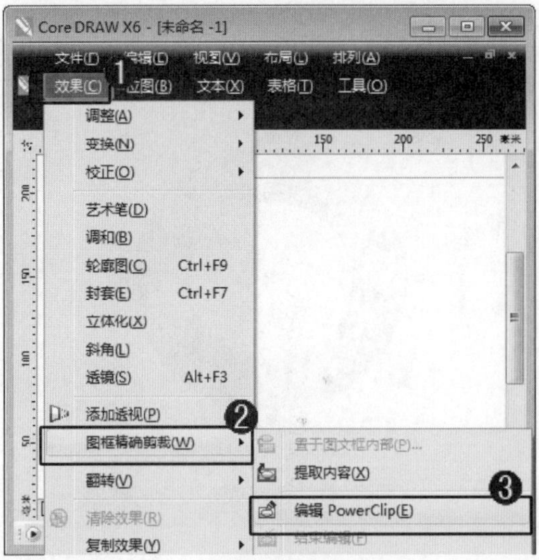

图 7-50

step 2 ① 在绘图区中，目标对象以轮廓形式显示，在工具箱中，单击【选择工具】按钮，② 选择图形，调整目标对象的大小和位置，如图 7-51 所示。

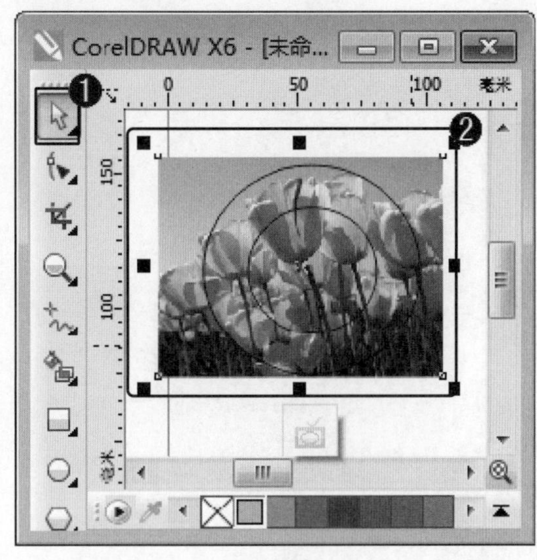

图 7-51

step 3 在绘图区中，右键单击目标对象，在弹出的快捷菜单中，选择【结束编辑】菜单项，如图 7-52 所示。

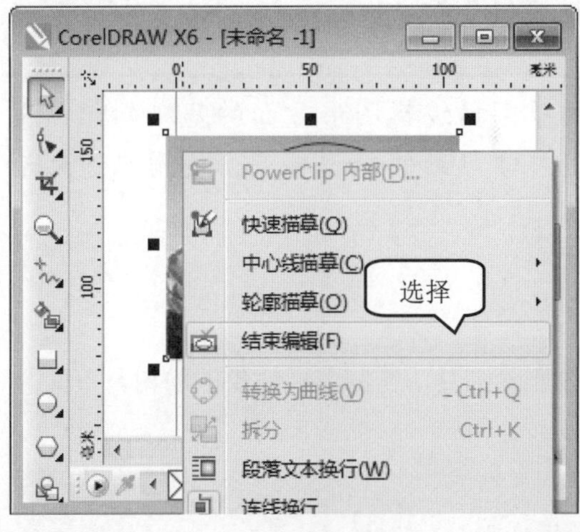

图 7-52

step 4 通过以上方法即可完成编辑内容的操作，如图 7-53 所示。

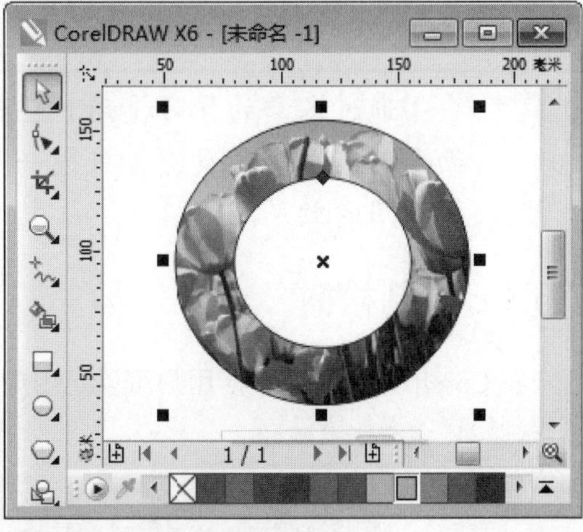

图 7-53

7.5.4 锁定图框精确剪裁的内容

在 CorelDRAW X6 中，将对象精确剪裁后，用户还可以锁定图框精确剪裁的内容，以避免误操作带来的影响。下面介绍锁定图框精确剪裁的内容操作方法。

step 1 在绘图区中，右键单击目标对象，在弹出的快捷菜单中，选择【锁定 PowerClip 的内容】菜单项，如图 7-54 所示。

图 7-54

step 2 锁定图框精确剪裁的内容后，移动容器，图框精确剪裁的内容会跟随容器移动。通过以上方法即可完成锁定图框精确剪裁内容的操作，如图 7-55 所示。

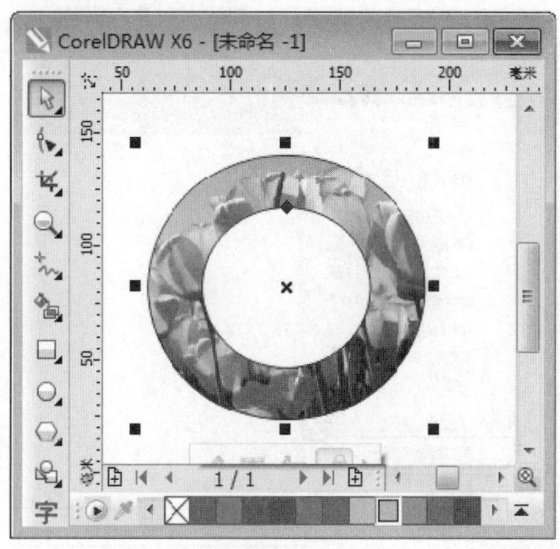

图 7-55

7.6 范例应用与上机操作

通过本章的学习，用户已经初步掌握编辑图形方面的基础知识，下面介绍几个实践案例，巩固一下用户学习到的知识要点，使用户达到活学活用的效果。

7.6.1 绘制松树

在 CorelDRAW X6 中，用户可以运用虚拟段删除工具，绘制卡通效果的松树。下面介绍绘制松树的操作方法。

素材文件 无

效果文件 配套素材\第 7 章\效果文件\绘制松树

step 1 ① 新建文件后，在工具箱中，单击【多边形工具】按钮，② 在【点数或边数】微调框中，输入多边形的边数，如“3”，③ 绘制一个三角形，如图 7-56 所示。

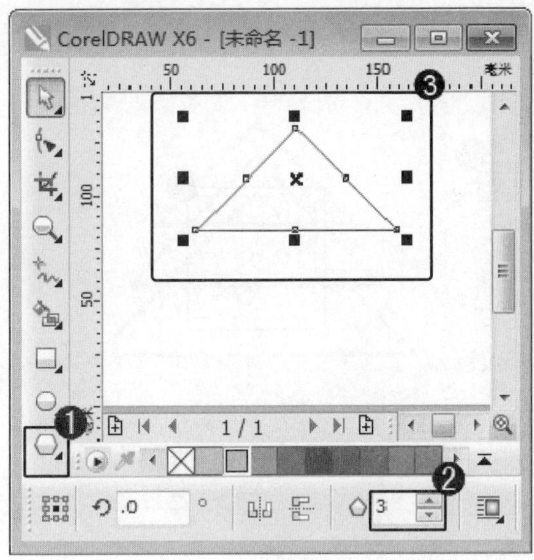

图 7-56

step 2 在小键盘中，按下“+”键，复制该图形对象，移动图形至指定位置，然后按住 Shift 键的同时，等比例放大图形对象，如图 7-57 所示。

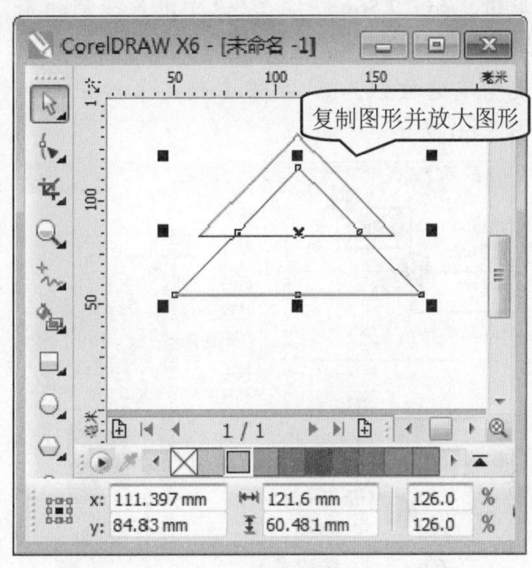

图 7-57

step 3 在小键盘中，按下“+”号键，复制该图形对象，移动图形至指定位置，然后按住 Shift 键的同时，等比例放大图形对象，如图 7-58 所示。

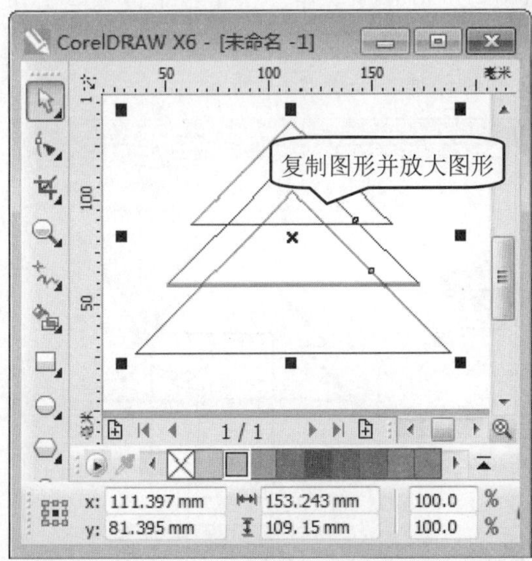

图 7-58

step 4 ① 绘制图形后，在工具箱中，单击【选择工具】按钮，② 在绘图区中，将所有图形选中，如图 7-59 所示。

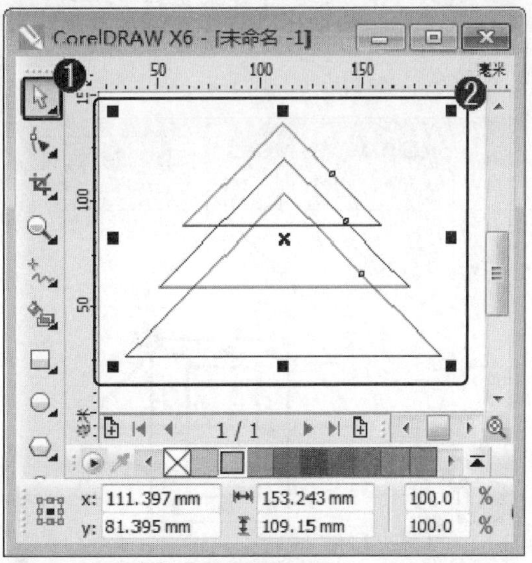

图 7-59

step 5 ① 在键盘上按下 F12 键，弹出【轮廓笔】对话框，在【颜色】下拉列表框中，选择准备应用的颜色，② 在【宽度】下拉列表框中，选择准备应用的宽度值，如“2.5mm”，③ 选中准备应用的角类型单选按钮，④ 选中准备应用的线条端头类型单选按钮，⑤ 单击【确定】按钮，如图 7-60 所示。

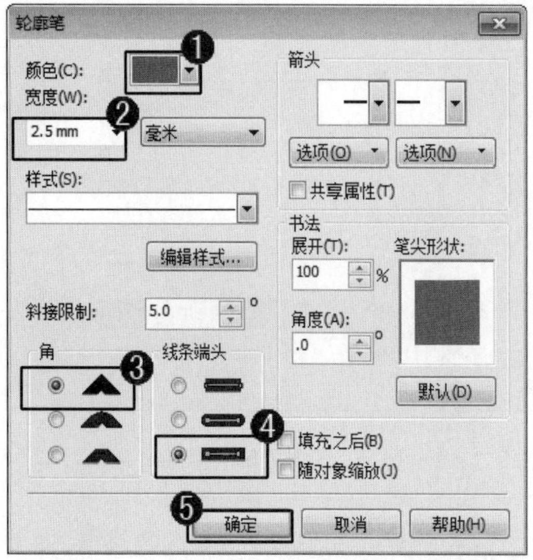

图 7-60

step 7 ① 删除多余线段后，在工具箱中，单击【矩形工具】按钮，② 在绘图区中，绘制一个矩形并将轮廓色填充成棕色，如图 7-62 所示。

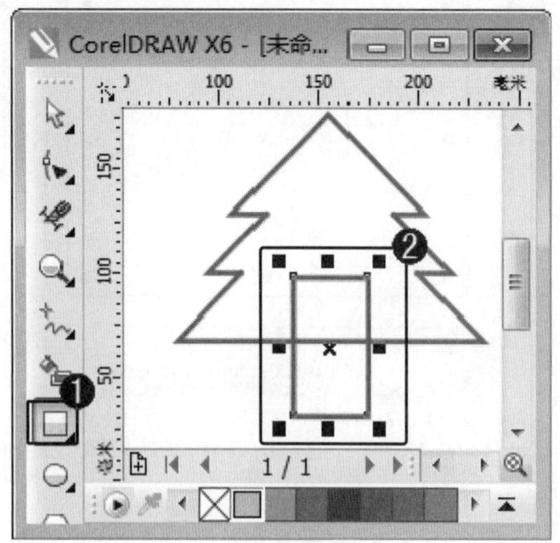

图 7-62

step 6 ① 设置图形轮廓属性后，在工具箱中，单击【虚拟段删除工具】按钮，② 在绘图区中，在要删除的对象位置处拖动鼠标，划取一个虚线框，然后释放鼠标左键，删除多余线段，如图 7-61 所示。

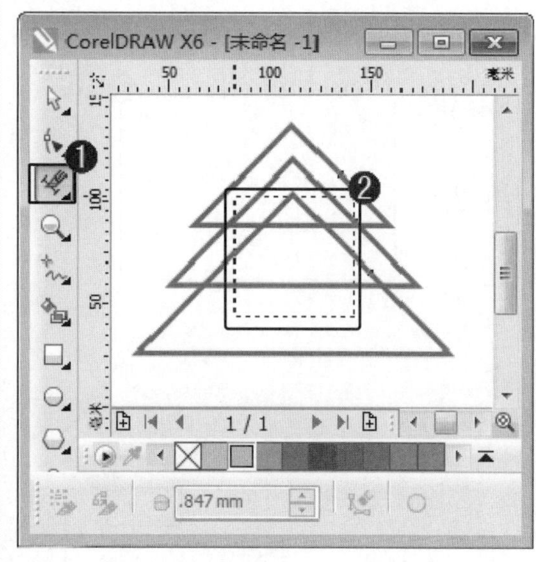

图 7-61

step 8 ① 设置图形轮廓属性后，在工具箱中，单击【虚拟段删除工具】按钮，② 在绘图区中，运用虚拟段删除工具删除多余线段。通过以上方法即可完成绘制松树的操作，如图 7-63 所示。

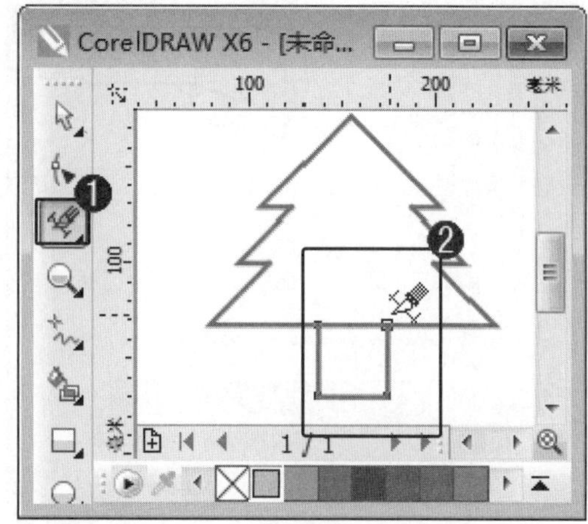

图 7-63

7.6.2 绘制四叶草

在 CorelDRAW X6 中，用户可以运用重新整形方面的知识，绘制卡通效果的四叶草。下面介绍绘制四叶草的操作方法。

素材文件 无

效果文件 配套素材\第 7 章\效果文件\绘制四叶草

step 1 ① 新建文件后，在工具箱中，单击【基本形状工具】按钮，② 在属性栏中，单击【完美形状】下拉按钮，③ 在弹出的下拉列表中，选择准备应用的形状，如图 7-64 所示。

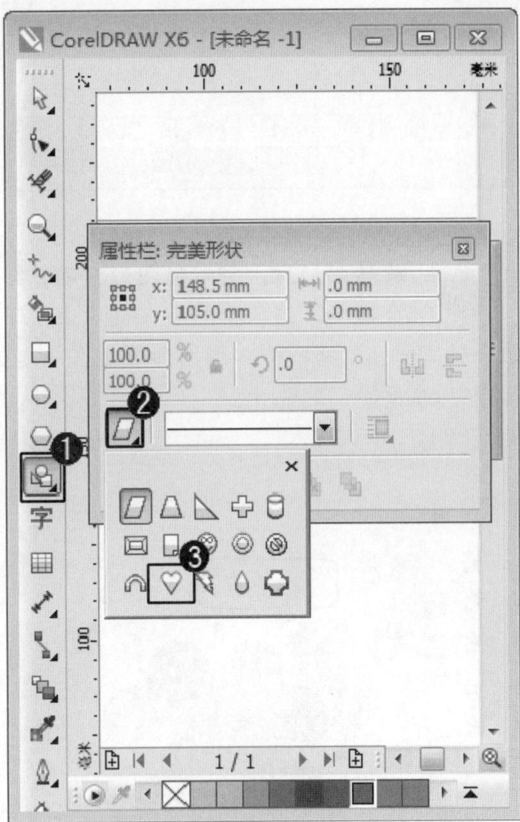

图 7-64

step 2 在绘图区中，绘制一个心形图形，如图 7-65 所示。

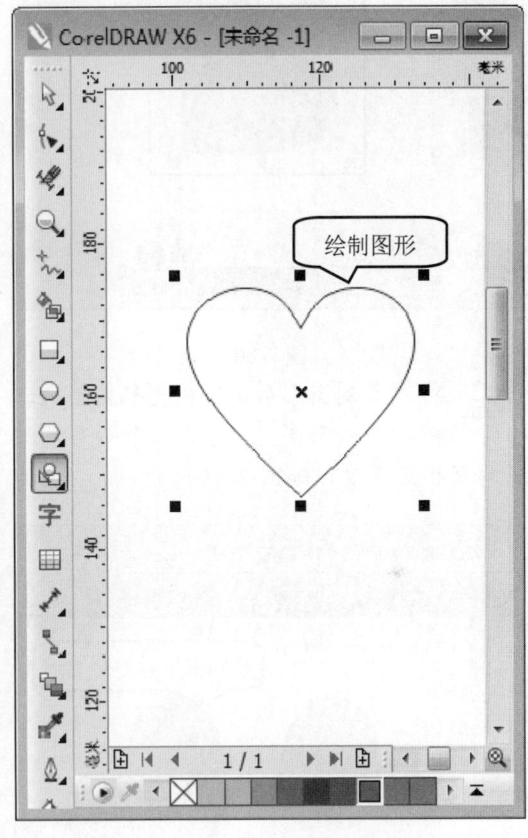

图 7-65

step 3 ① 绘制图形后，在调色板中，选择准备应用的颜色，② 在属性栏中，在【旋转角度】文本框中，输入图形旋转的角度，③ 在绘图区中，选择的图形已经填充成准备应用的颜色并按指定的角度旋转，如图 7-66 所示。

step 4 旋转图形后，在小键盘上按下三次"+"键，复制出三个心形图形，如图 7-67 所示。

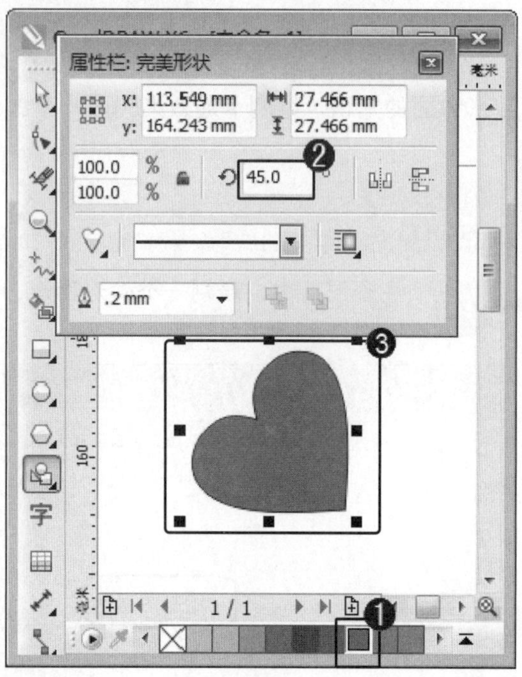

图 7-66

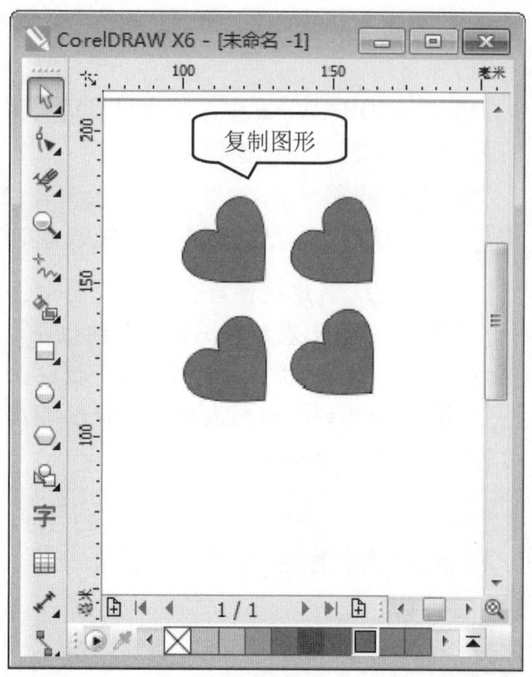

图 7-67

step 5 复制图形后，分别选中复制的三个心形图形，并将三个心形图形旋转至指定角度，如图 7-68 所示。

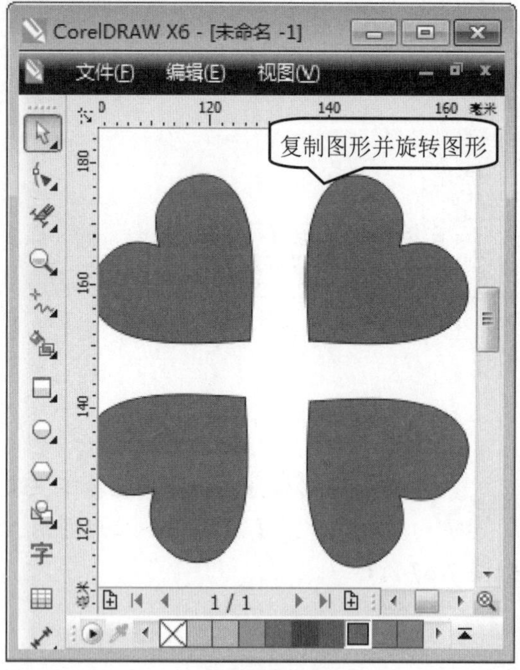

图 7-68

step 6 旋转图形后，将心形图形移动，组合四叶草形状，然后在键盘上按下组合键 Ctrl+G，将四个心形图形群组在一起，如图 7-69 所示。

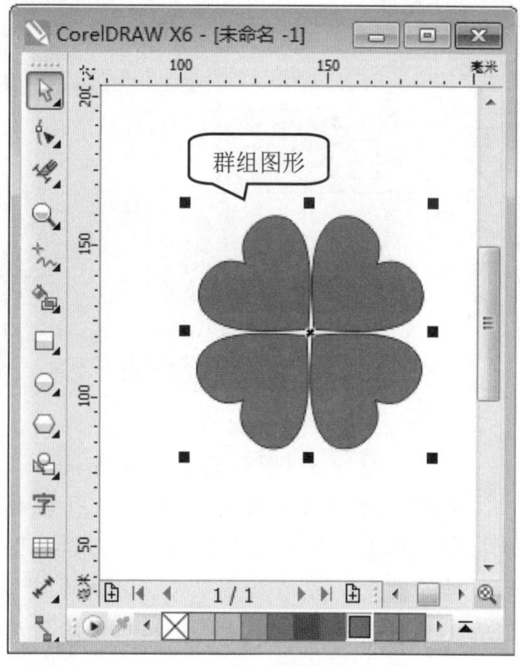

图 7-69

step 7 ① 在工具箱中，单击【钢笔工具】按钮，② 在绘图区中，绘制一个钢笔路径并移动至指定位置，如图 7-70 所示。

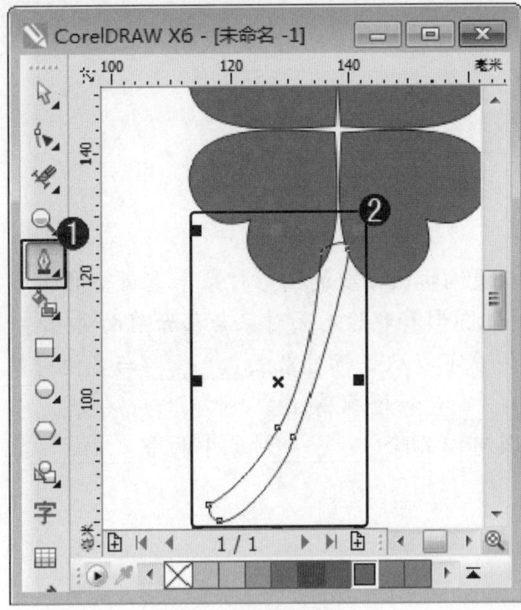

图 7-70

step 8 ① 在调色板中，选择准备应用的颜色，② 在绘图区中，选择的图形已经填充成准备应用的颜色，如图 7-71 所示。

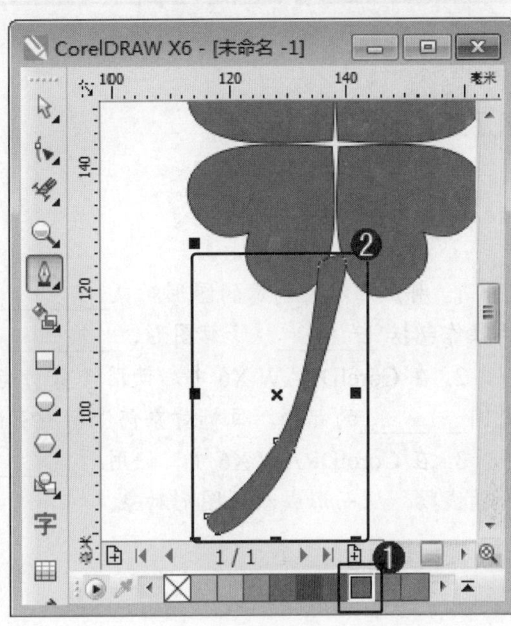

图 7-71

step 9 ① 选择所有图形后，在【造形】泊坞窗中，单击【焊接到】按钮，② 当鼠标指针变为形状时，选择准备焊接到的图形，如图 7-72 所示。

图 7-72

step 10 通过以上方法即可完成绘制四叶草的操作，如图 7-73 所示。

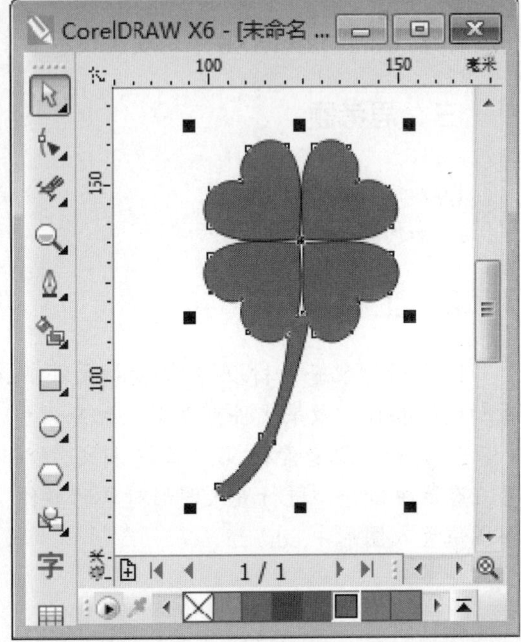

图 7-73

7.7 课后练习

7.7.1 思考与练习

一、填空题

1. 用户可以将创建的图形对象________，以便编辑出需要的图形对象，重新整形图形的操作包括________、修剪图形、________、简化图形和移除后面对象与移除前面对象等。

2. 在 CorelDRAW X6 中，使用修剪功能，用户可以从目标对象上________与其他对象之间________的部分，目标对象仍保留原有的________和轮廓属性。

3. 在 CorelDRAW X6 中，使用________工具可以删除________对象中两个________之间的线段，从而形成新的图形对象。

二、判断题

1. 在 CorelDRAW X6 中，用户可以将开放式曲线的起始节点和终止节点自动闭合。 (　　)

2. 在 CorelDRAW X6 中，使用刻刀工具，用户可以把一个对象切割成几个部分。 (　　)

3. 在 CorelDRAW X6 中，默认状态下，绘制的图形轮廓线样式为曲线型。 (　　)

三、思考题

1. 如何切割图形对象？
2. 如何提取内容？

7.7.2 上机操作

1. 打开“配套素材\第 7 章\素材文件\马年 2014.cdr”文件，使用选择工具，进行更改轮廓颜色的操作。效果文件可参考“配套素材\第 7 章\效果文件\马年 2014.cdr”。

2. 打开“配套素材\第 7 章\素材文件\将图像置入图形中.cdr”文件，使用导入命令和放置在容器中命令，进行置入图形对象的操作。效果文件可参考“配套素材\第 7 章\效果文件\将图像置入图形中.cdr”。

第8章

效果工具及应用

本章主要介绍了应用调和效果、轮廓图效果、变形工具和透明效果方面的知识与技巧，同时还讲解了应用立体化效果、阴影效果、封套效果和透视与透镜方面的技巧。通过本章的学习，读者可以掌握效果工具及应用方面的知识，为深入学习 CorelDRAW X6 知识奠定基础。

范例导航

1. 应用调和效果
2. 应用轮廓图效果
3. 应用变形工具
4. 应用透明效果
5. 应用立体化效果
6. 应用阴影效果
7. 封套效果
8. 透视与透镜

 8.1 应用调和效果

在 CorelDRAW X6 中，调和效果也被称为混合效果，应用调和效果，用户可以在两个或两个以上对象之间产生形状和颜色上的过渡。下面介绍应用调和效果方面的知识。

8.1.1 创建调和效果

在 CorelDRAW X6 中，用户可以将开放式曲线的起始节点和终止节点自动闭合。下面介绍自动闭合曲线的操作方法。

step 1 ① 新建文件后，在工具箱中，单击【钢笔工具】按钮，② 在绘图区中，绘制两条曲线，如图 8-1 所示。

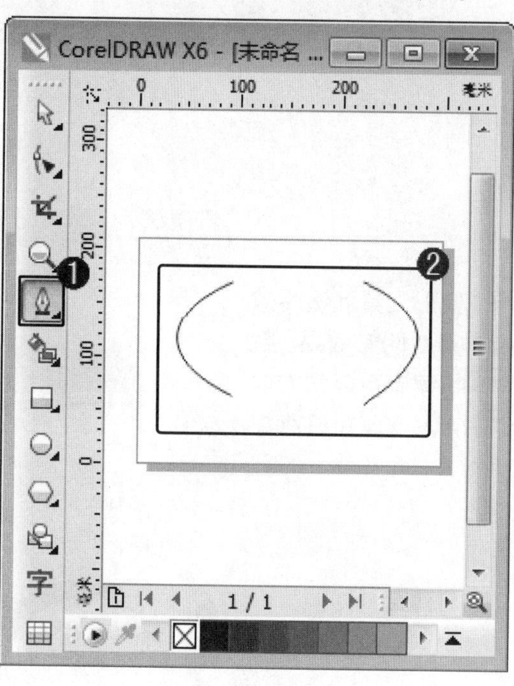

图 8-1

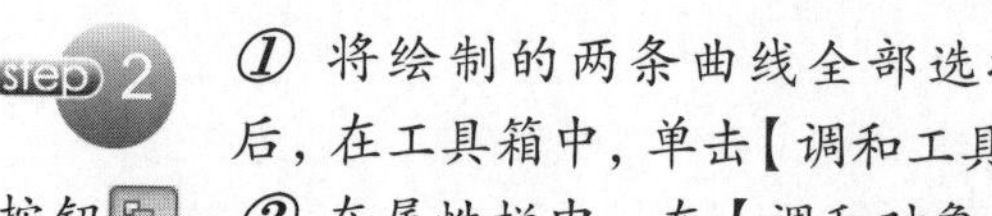

step 2 ① 将绘制的两条曲线全部选择后，在工具箱中，单击【调和工具】按钮，② 在属性栏中，在【调和对象】微调框中，设置调和形状之间的偏移量，如图 8-2 所示。

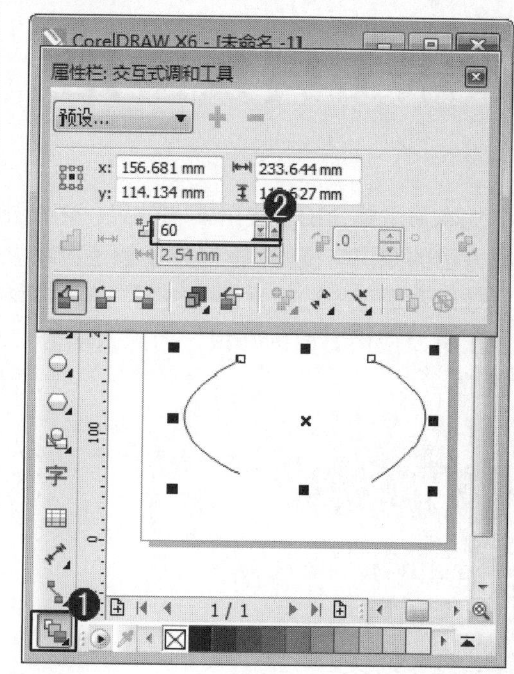

图 8-2

step 3 设置偏移量后，在绘图区中，在起始对象上按下鼠标左键不放，拖动鼠标向目标对象上移动，此时在两个对象之间出现起始控制柄和结束控制柄，如图 8-3 所示。

step 4 通过以上方法即可完成创建调和效果的操作，如图 8-4 所示。

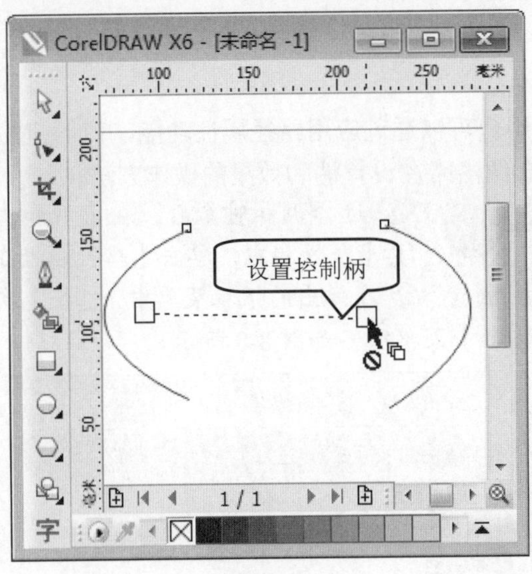

图 8-3

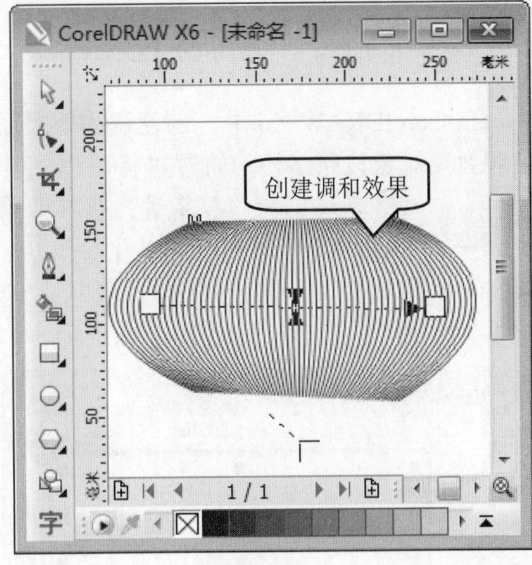

图 8-4

8.1.2　设置调和效果

在 CorelDRAW X6 中，创建调和效果后，用户可以设置调和效果，以便更精确地调整图形的设置效果。下面介绍设置调和效果的操作方法。

step 1　① 调和图形对象后，在属性栏中，在【调和对象】微调框中，设置调和形状之间的偏移量，② 单击【逆时针调和】按钮，③ 单击【对象和颜色加速】下拉按钮，④ 在弹出的下拉面板中，向左拖动【对象】滑块，如图 8-5 所示。

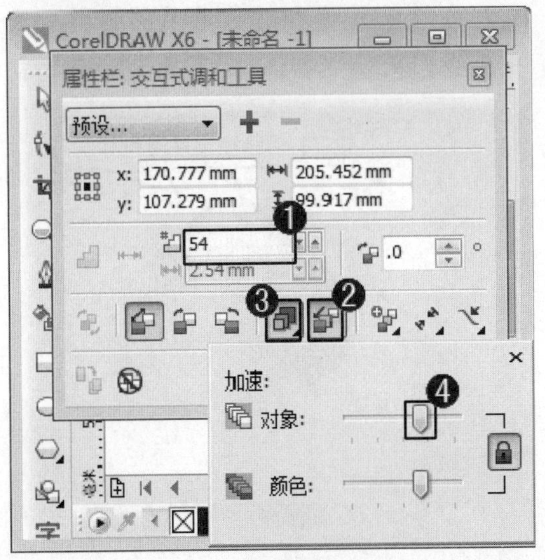

图 8-5

step 2　通过以上方法即可完成设置调和效果的操作，如图 8-6 所示。

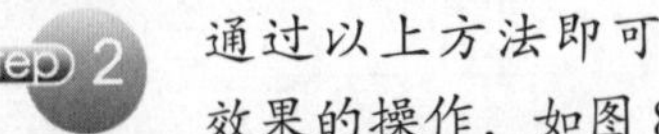

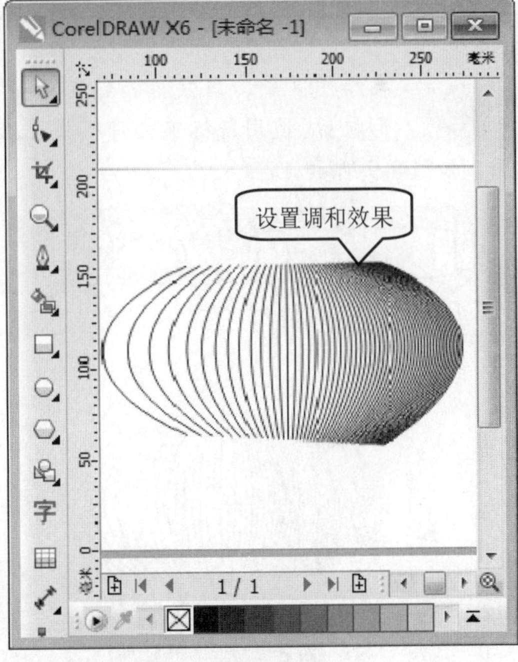

图 8-6

8.1.3 沿路径设置调和效果

在 CorelDRAW X6 中，创建调和效果后，用户可以通过应用路径属性功能，使创建的调和效果对象按照路径的轨迹进行调和。下面介绍沿路径设置调和效果的操作方法。

step 1 ① 创建调和的对象后，在工具箱中，单击【贝塞尔工具】按钮，② 在绘图区中，绘制一个曲线路径，如图 8-7 所示。

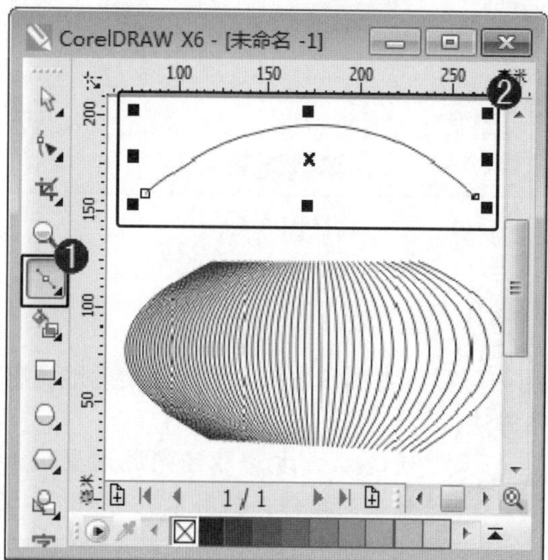

图 8-7

step 2 ① 选择调和对象后，在【调和工具】属性栏中，单击【路径属性】按钮，② 在弹出的下拉菜单中，选择【新路径】菜单项，如图 8-8 所示。

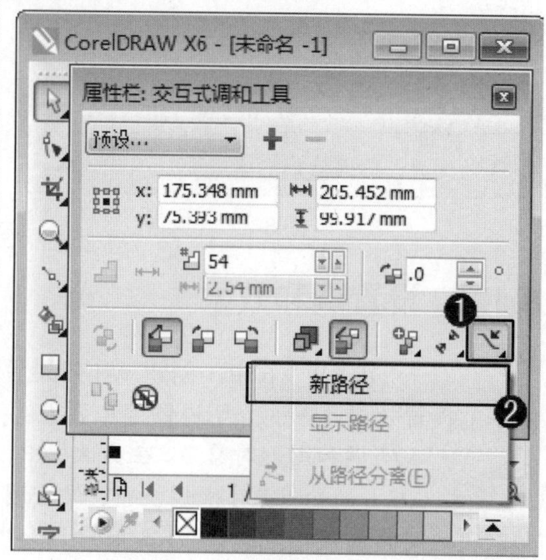

图 8-8

step 3 在绘图区中，当鼠标指针变为形状后，使用鼠标单击目标曲线路径，如图 8-9 所示。

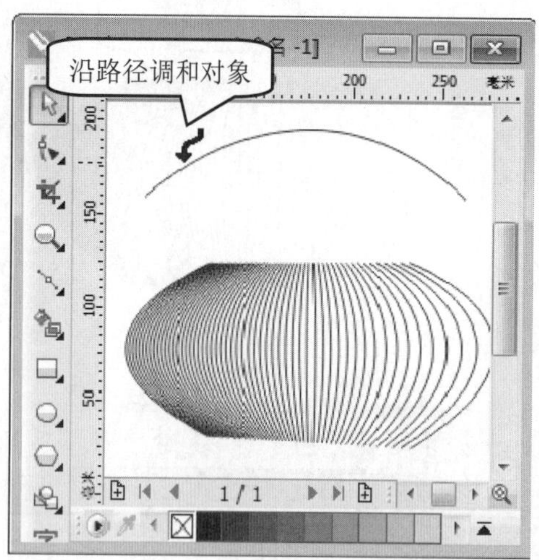

图 8-9

step 4 此时，创建的调和对象沿该曲线路径进行调和。通过以上方法即可完成沿路径设置调和对象效果的操作，如图 8-10 所示。

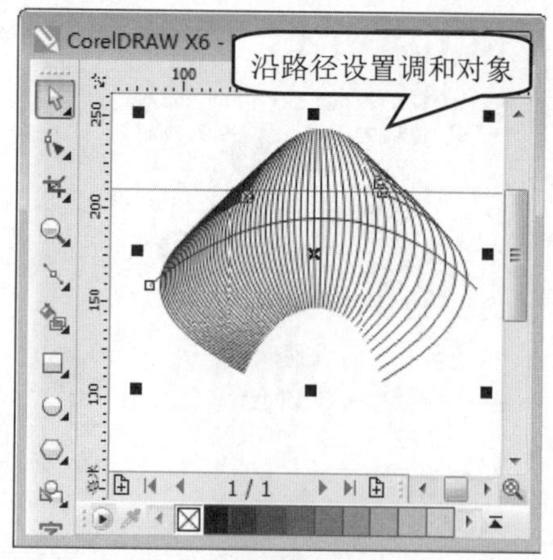

图 8-10

8.1.4 复制调和属性

当绘图窗口中有两个或两个以上的调和对象时，使用复制调和属性功能，用户可以将其中一个调和对象中的属性复制到另一个调和对象中。下面介绍复制调和属性的方法。

step 1 创建两个调和对象后，在绘图区中，选择需要修改调和属性的目标对象，如图 8-11 所示。

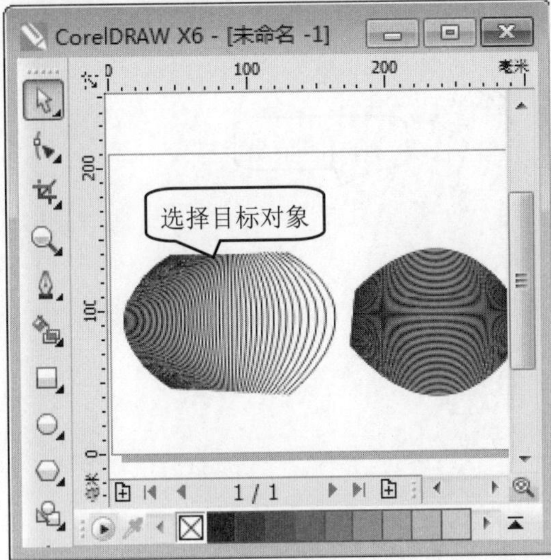

图 8-11

step 2 在属性栏中，单击【复制调和属性】按钮 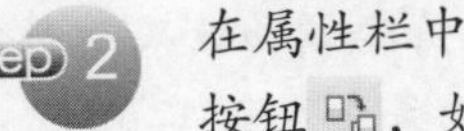，如图 8-12 所示。

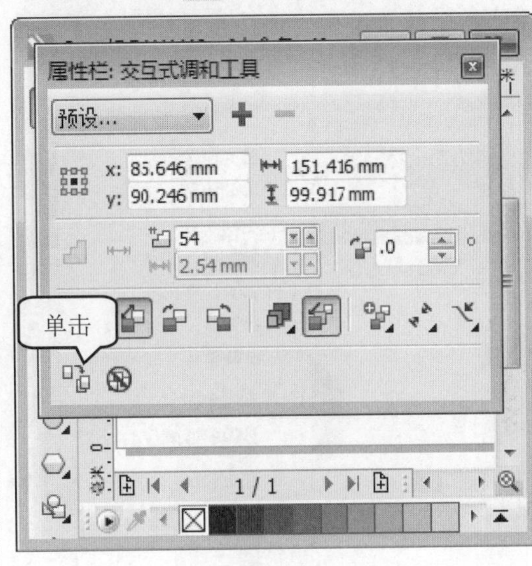

图 8-12

step 3 复制属性后，当鼠标指针变为➡形状后，单击用于复制调和属性的源对象，如图 8-13 所示。

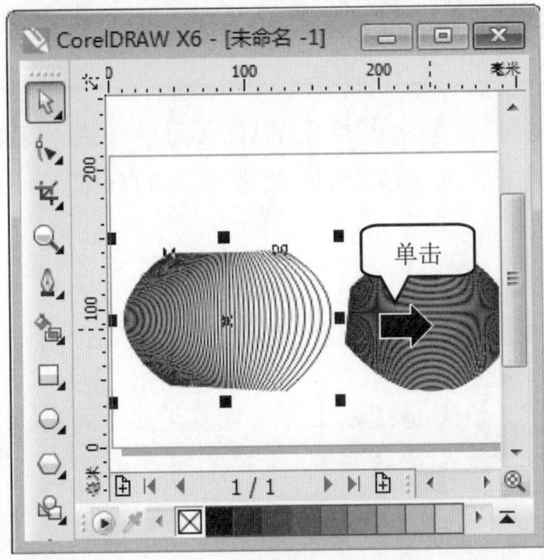

图 8-13

step 4 通过以上方法即可完成复制调和属性的操作，如图 8-14 所示。

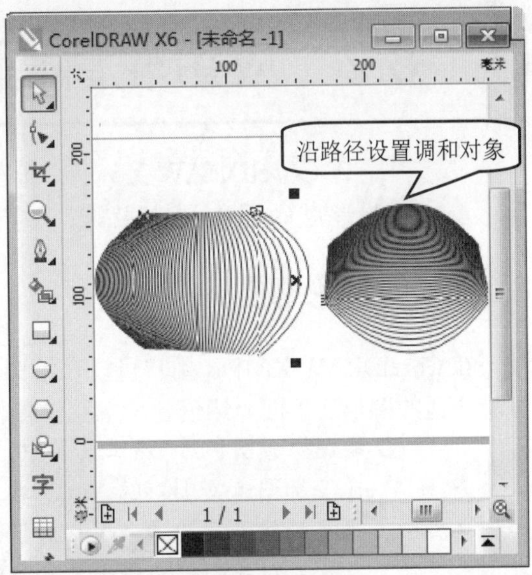

图 8-14

8.1.5 清除调和效果

在 CorelDRAW X6 中，如果创建的调和效果不再准备使用，用户可以清除调和对象。下面介绍清除调和效果的操作方法。

step 1 ① 选择准备清除调和效果的对象后，执行【效果】主菜单，② 在弹出的下拉菜单中，选择【清除调和】菜单项，如图 8-15 所示。

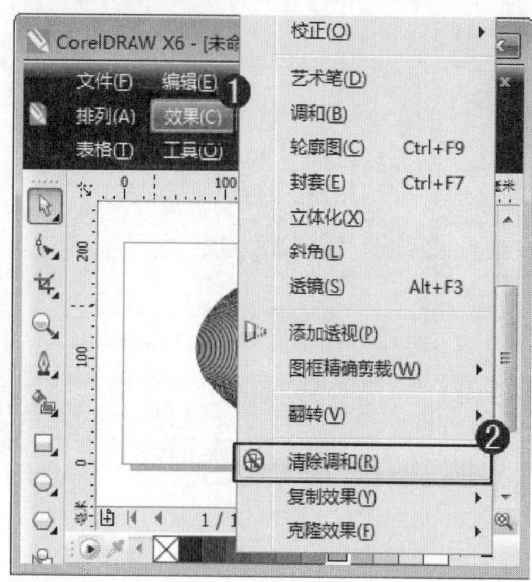

图 8-15

step 2 通过以上方法即可完成清除调和效果的操作，如图 8-16 所示。

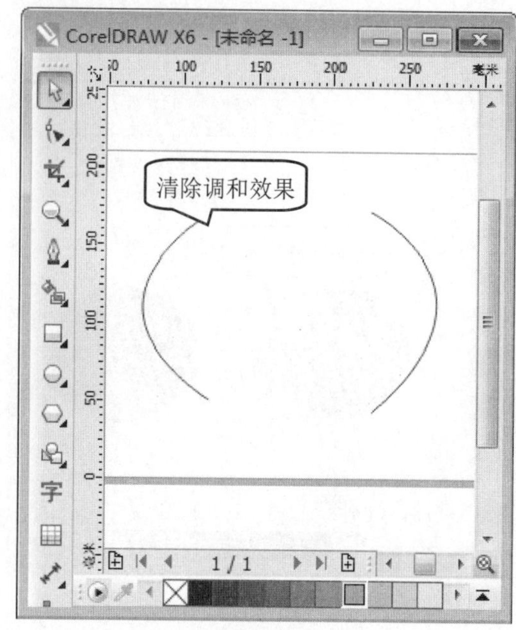

图 8-16

8.2 应用轮廓图效果

在 CorelDRAW X6 中，轮廓图效果是指由对象的轮廓向内或向外放射而形成的同心图形效果。本节将重点介绍轮廓图效果方面的知识。

8.2.1 创建轮廓图

在 CorelDRAW X6 中，用户可以在绘图区中快速创建一个轮廓图效果，以便帮助用户编辑合适的图形。下面介绍创建轮廓图的操作方法。

step 1 ① 绘制螺旋图形后，在工具箱中，单击【轮廓图工具】按钮，② 在绘图区域中，当鼠标指针变为形状时，在图形上按下鼠标左键并向对象中心拖动鼠标，绘制一个轮廓图，如图 8-17 所示。

step 2 通过以上方法即可完成创建轮廓图的操作，如图 8-18 所示。

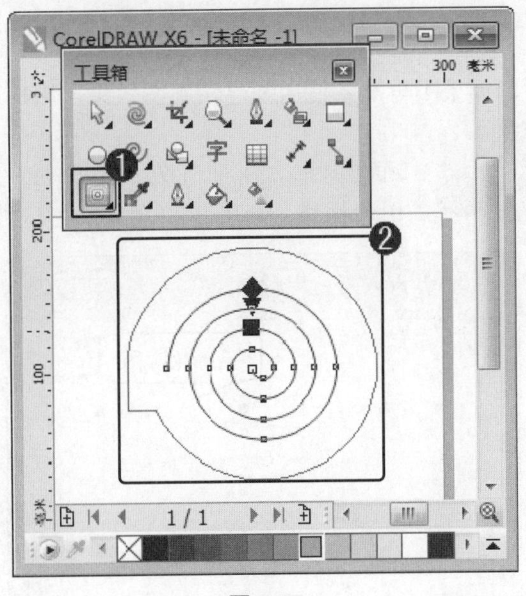

图 8-17

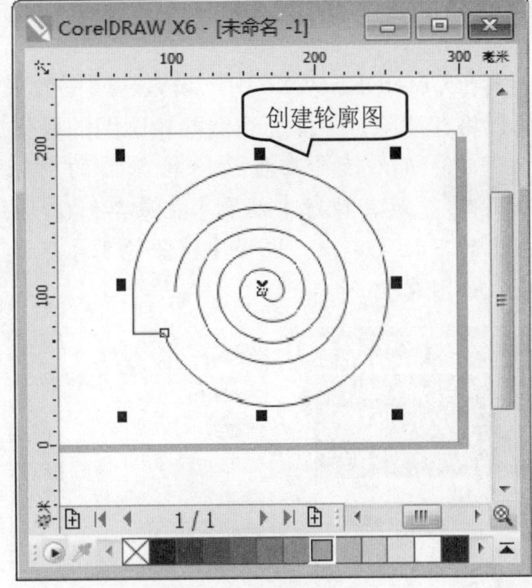

图 8-18

8.2.2 填充轮廓图

在 CorelDRAW X6 中，设置轮廓图效果后，用户可以设置不同的轮廓颜色和内部填充颜色。下面介绍填充轮廓图的操作方法。

step 1 ① 选择准备填充轮廓图的图形后，在属性栏中，在填充色下拉列表框中，选择准备填充的内部颜色，② 在调色板中，选择准备填充起端对象的内部填充颜色，如图 8-19 所示。

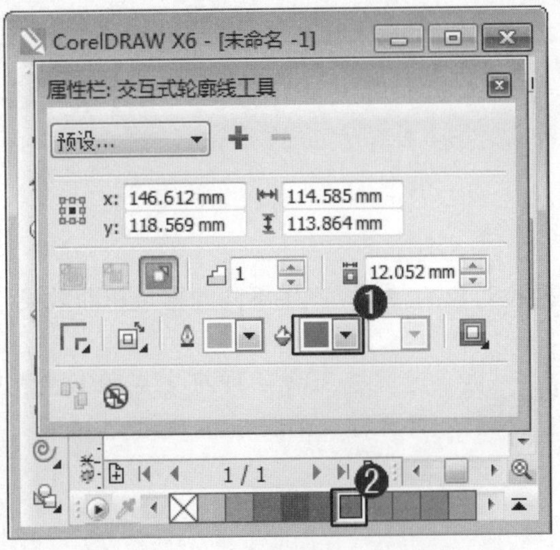

图 8-19

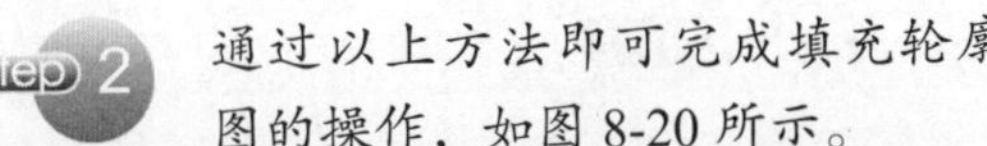

step 2 通过以上方法即可完成填充轮廓图的操作，如图 8-20 所示。

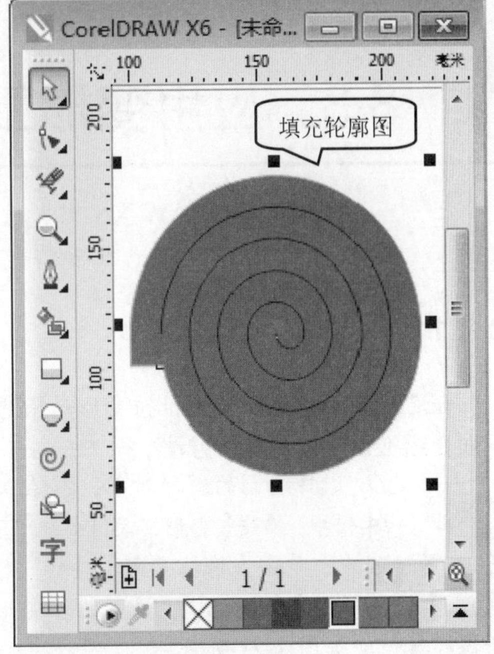

图 8-20

8.2.3 清除轮廓图

在 CorelDRAW X6 中，设置轮廓图效果后，如果不再准备使用创建轮廓图效果，用户可以将其清除。下面介绍清除轮廓图的操作方法。

step 1 ① 选择准备清除轮廓图的对象后，执行【效果】主菜单，② 在弹出的下拉菜单中，选择【清除轮廓】菜单项，如图 8-21 所示。

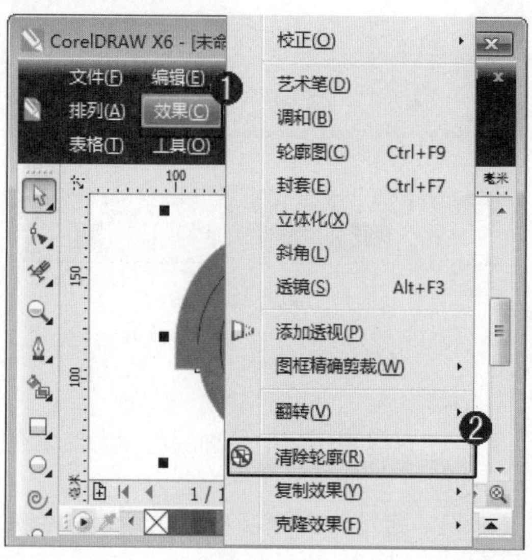

图 8-21

step 2 通过以上方法即可完成清除轮廓图的操作，如图 8-22 所示。

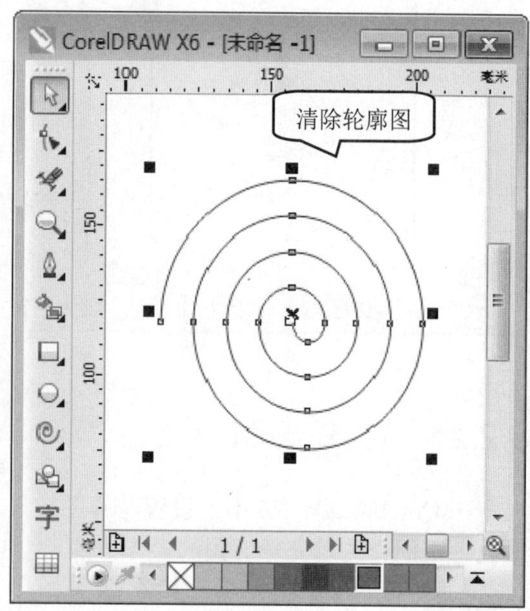

图 8-22

8.3 应用变形工具

在 CorelDRAW X6 中，使用变形工具，用户可以对选择对象进行各种不同效果的变形。本节将重点介绍变形工具方面的知识。

8.3.1 推拉变形

在 CorelDRAW X6 中，推拉变形是指通过推拉对象的节点，产生不同的推拉扭曲效果。下面介绍推拉变形的操作方法。

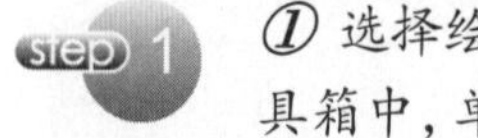
step 1 ① 选择绘制的图形对象，② 在工具箱中，单击【变形工具】按钮，③ 在属性栏中，单击【推拉变形】按钮，④ 在【推拉振幅】微调框中，设置推拉变形的振幅数值，如图 8-23 所示。

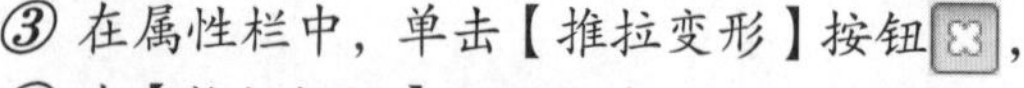

step 2 通过以上方法即可完成推拉变形的操作，如图 8-24 所示。

图 8-23

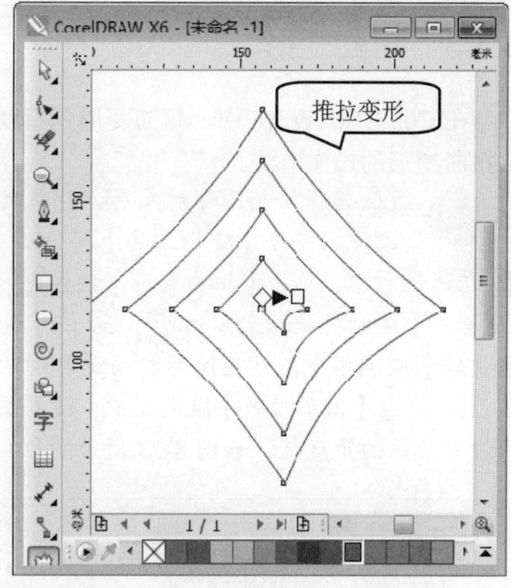

图 8-24

8.3.2 拉链变形

在 CorelDRAW X6 中，拉链变形是指在对象的内侧和外侧产生一系列的节点，从而使对象的轮廓变成锯齿状的效果。下面介绍拉链变形的操作方法。

step 1 ① 选择绘制的图形对象后，在工具箱中，单击【变形工具】按钮，② 在属性栏中，单击【拉链变形】按钮，③ 在【拉链振幅】微调框中，设置拉链变形的振幅数值，④ 在【拉链频率】微调框中，设置拉链频率的振幅数值，⑤ 单击【随机变形】按钮，如图 8-25 所示。

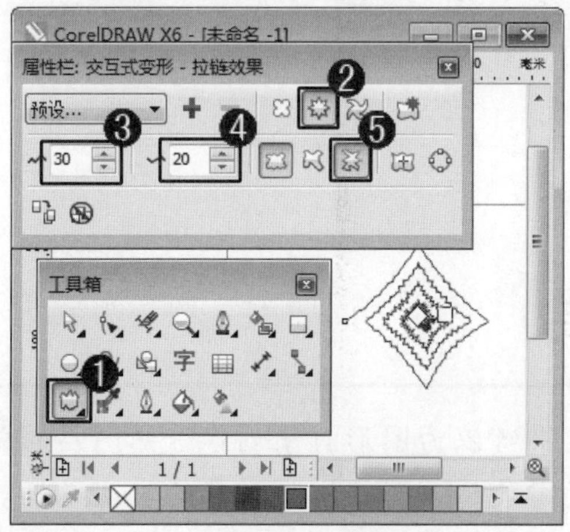

图 8-25

step 2 通过以上方法即可完成拉链变形的操作，如图 8-26 所示。

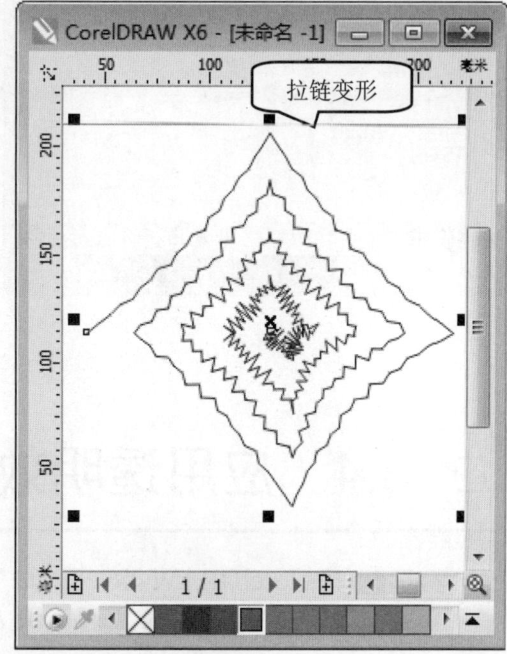

图 8-26

8.3.3 扭曲变形

在 CorelDRAW X6 中，扭曲变形是指使对象围绕自身旋转，形成螺旋的效果。下面介绍扭曲变形的操作方法。

step 1 ① 选择绘制图形对象后，在工具箱中，单击【变形工具】按钮，② 在属性栏中，单击【扭曲变形】按钮，③ 单击【逆时针旋转】按钮，④ 在【完整旋转】微调框中，设置图形扭曲旋转的次数值，⑤ 在【附加度数】微调框中，设置图形扭曲旋转的角度值，如图 8-27 所示。

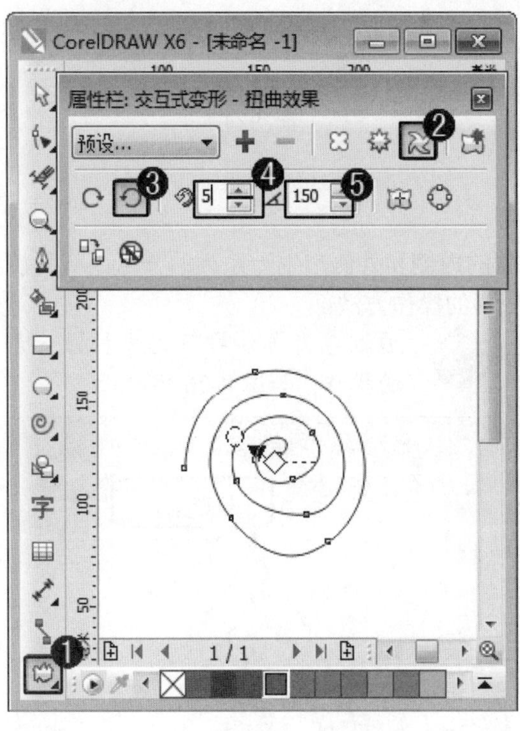

图 8-27

step 2 通过以上方法即可完成扭曲变形的操作，如图 8-28 所示。

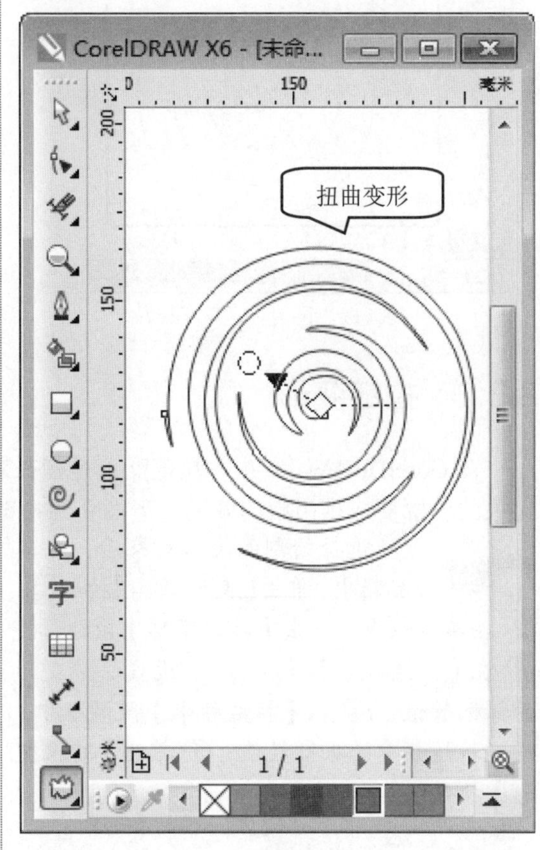

图 8-28

8.4 应用透明效果

在 CorelDRAW X6 中，透明效果可以为图形对象创建透明图层的效果，同时可以更好地表现对象的光滑质感，有效增强对象的真实效果。本节将重点介绍透明效果方面的知识与操作技巧。

8.4.1 创建透明效果

在 CorelDRAW X6 中，用户可以快速地将选择的对象转换成透明效果。下面介绍创建透明效果的操作方法。

① 在新建的文件中，导入两个图片并重叠后，选择准备设置透明度的图片对象，② 在工具箱中，单击【透明度工具】按钮，③ 当鼠标指针变为形状时，拖动出现的控制柄，设置图像的透明度距离，如图 8-29 所示。

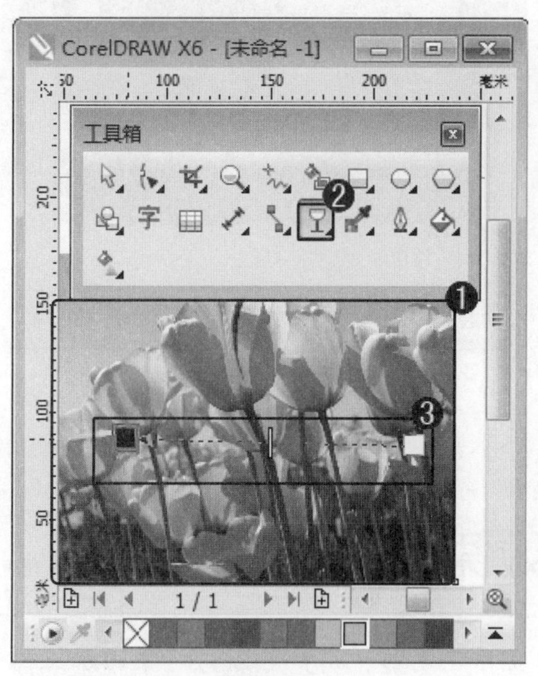

图 8-29

step 2 通过以上方法即可完成创建透明效果的操作，如图 8-30 所示。

图 8-30

8.4.2 编辑透明效果

在 CorelDRAW X6 中，应用透明效果后，用户可以通过属性栏调整对象的透明效果。下面介绍编辑透明效果的操作方法。

① 创建透明效果后，在属性栏中，在【透明度类型】下拉列表框中，选择【线性】选项，② 在【透明度操作】下拉列表框中，选择【强光】选项，③ 在【透明中心点】文本框中，设置透明度中心点的数值，④ 在【透明度目标】下拉列表框中，选择【填充】选项，如图 8-31 所示。

请您根据上述方法创建一个透明效果并编辑，测试一下您的学习效果。

step 2 通过以上方法即可完成编辑透明效果的操作，如图 8-32 所示。

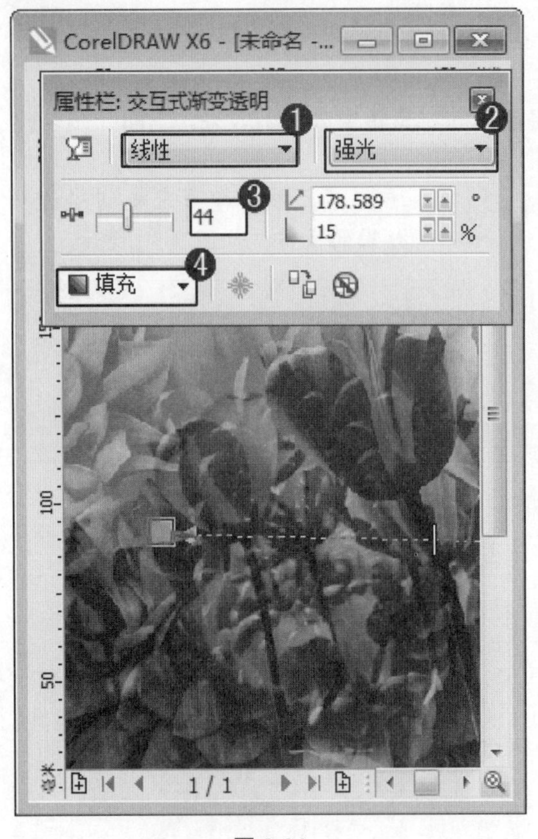

图 8-31

图 8-32

8.5 应用立体化效果

在 CorelDRAW X6 中，应用立体化功能，用户可以为对象添加三维效果，这样可以使对象具有立体感。本节将重点介绍立体化效果方面的知识与技巧。

8.5.1 创建立体化效果

在 CorelDRAW X6 中，立体化效果主要应用于图形和文本对象。下面介绍创建立体化效果的操作方法。

step 1 ① 绘制图形并填充颜色后，在工具箱中，单击【立体化工具】按钮，② 当鼠标指针变为形状后，拖动出现的控制柄，设置立体化的方向和位置，如图 8-33 所示。

step 2 通过以上方法即可完成创建立体化效果的操作，如图 8-34 所示。

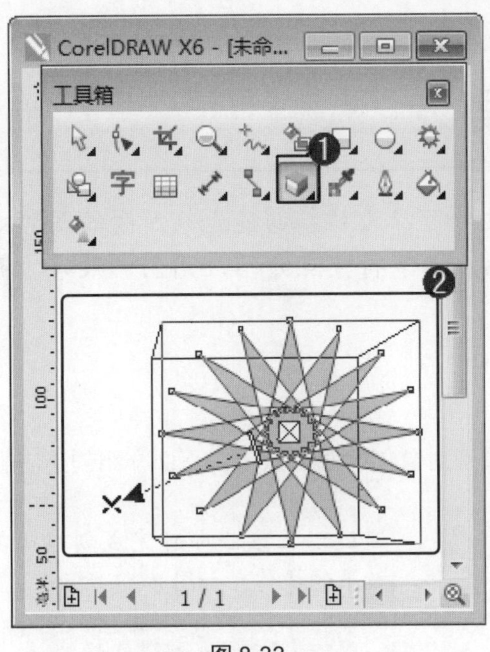

图 8-33

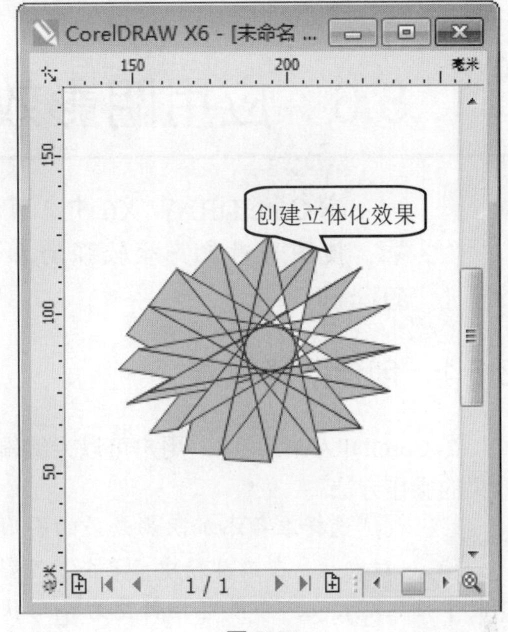

图 8-34

8.5.2 编辑立体化效果

在 CorelDRAW X6 中，创建立体化效果后，用户可以在属性栏中编辑已经创建的立体化效果，调整图形对象的样式。下面介绍编辑立体化效果的操作方法。

step 1 ① 创建立体化效果后，在属性栏中，单击【立体化颜色】下拉按钮，② 在弹出的下拉面板中，单击【使用递减的颜色】按钮，③ 在【从】下拉列表框中，选择应用的颜色，④ 在【到】下拉列表框中，选择应用的颜色，如图 8-35 所示。

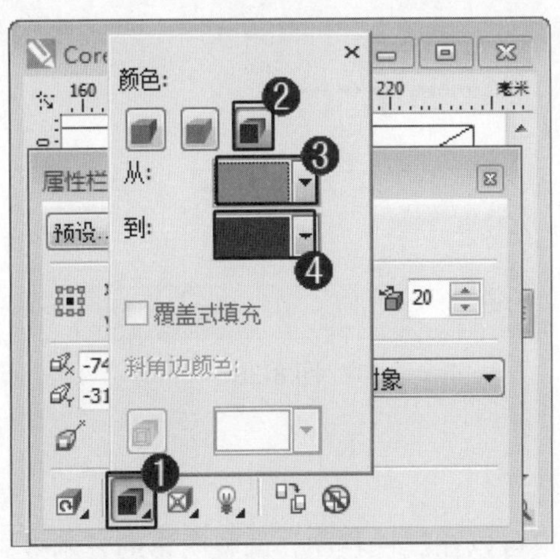

图 8-35

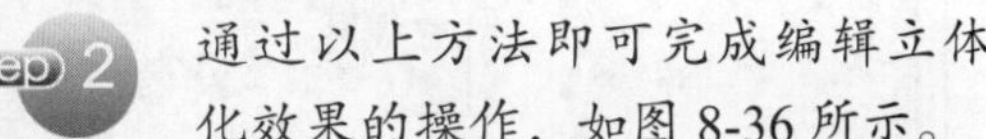

step 2 通过以上方法即可完成编辑立体化效果的操作，如图 8-36 所示。

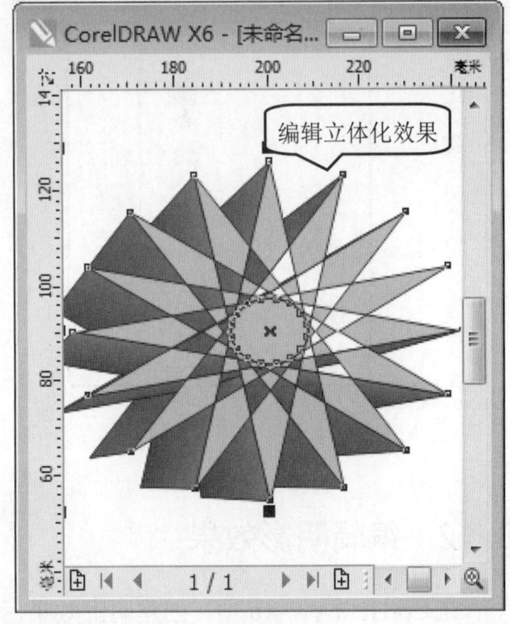

图 8-36

8.6 应用阴影效果

在 CorelDRAW X6 中，阴影效果可以为对象创建光线照射的阴影效果，使图形对象产生较强的立体感。本节将重点介绍应用阴影效果方面的知识。

8.6.1 创建阴影效果

在 CorelDRAW X6 中，用户可以为编辑的图形对象创建阴影效果。下面介绍创建阴影效果的操作方法。

step 1 ① 选择准备添加阴影效果的图形对象后，在工具箱中，单击【阴影工具】按钮，② 当鼠标指针变为形状时，拖动出现的控制柄，设置图像阴影效果的距离，如图 8-37 所示。

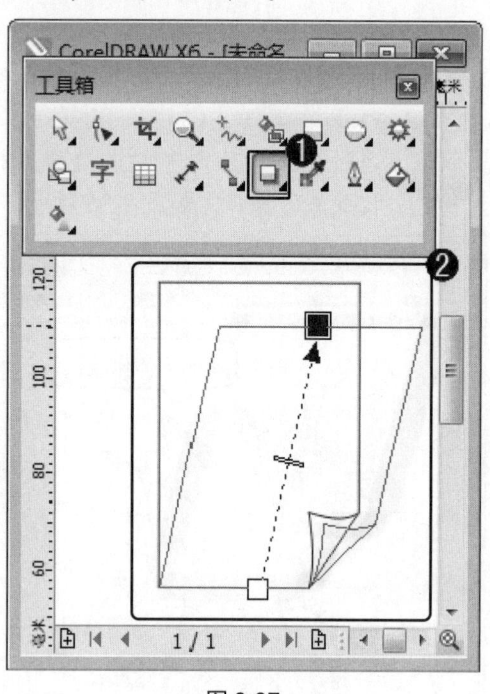

图 8-37

step 2 通过以上方法即可完成创建阴影效果的操作，如图 8-38 所示。

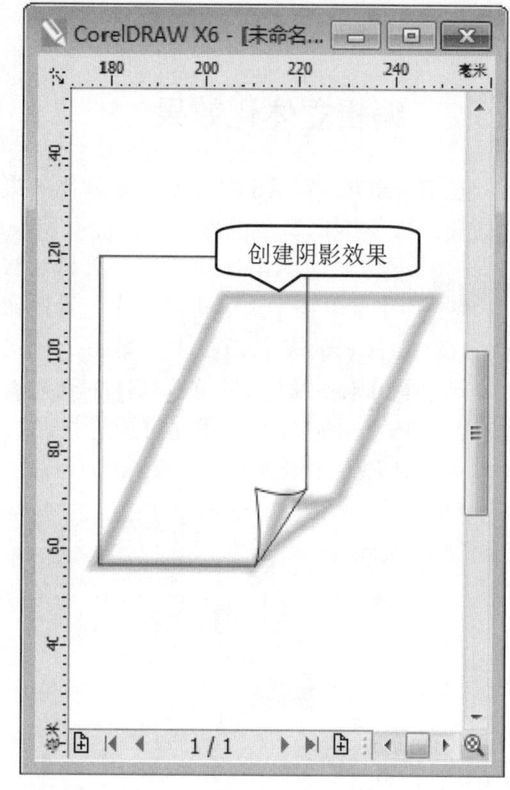

图 8-38

8.6.2 编辑阴影效果

在 CorelDRAW X6 中，创建阴影效果后，用户可以在属性栏中，调整阴影的艺术效果。下面介绍编辑阴影效果的操作方法。

step 1 ① 创建对象的阴影效果后，在属性栏中，在【阴影的不透明度】文本框中，调整阴影效果的不透明度数值，② 在【阴影羽化】文本框中，调整阴影效果的羽化数值，③ 单击【羽化方向】下拉按钮，④ 在弹出的下拉面板中，单击【中间】按钮，如图 8-39 所示。

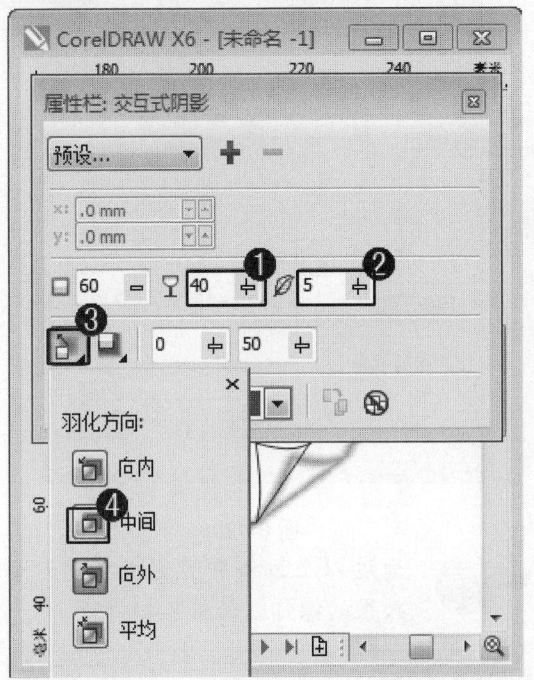

图 8-39

step 2 通过以上方法即可完成编辑阴影效果的操作，如图 8-40 所示。

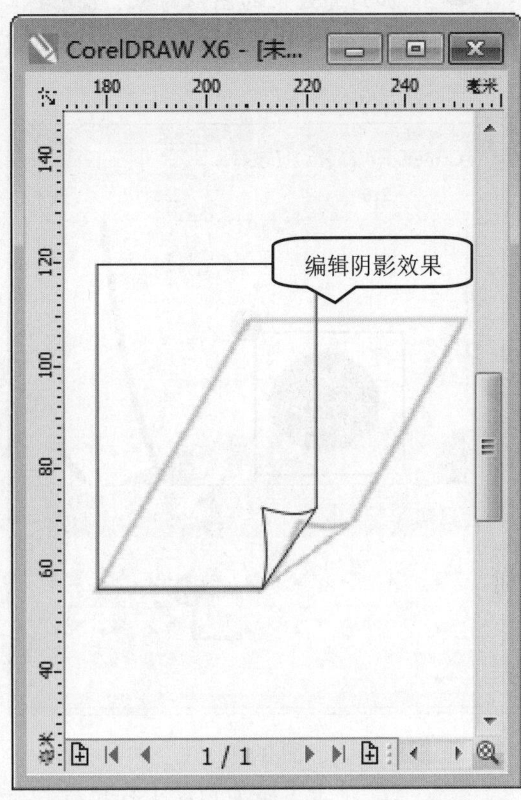

图 8-40

8.7 封套效果

在 CorelDRAW X6 中，使用封套效果功能，用户可以为图形对象设置简单的变形效果，从而达到绘制满意图形的操作。本节将重点介绍封套效果方面的知识。

8.7.1 创建封套效果

在 CorelDRAW X6 中，用户可以为编辑的图形对象创建封套效果。下面介绍创建封套效果的操作方法。

step 1 ① 打开图像文件后，选择准备添加封套效果的图形对象，② 在工具箱中，单击【封套工具】按钮，如图 8-41 所示。

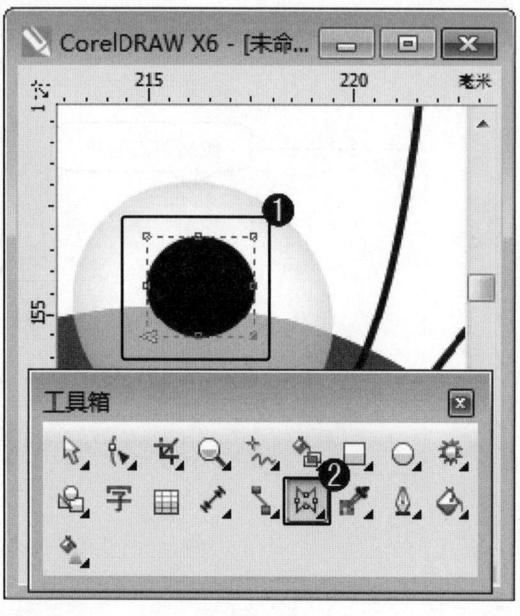

图 8-41

step 2 图形对象上出现蓝色的封套编辑框后，在键盘上按下组合键 Ctrl+F7，弹出【封套】泊坞窗，单击【添加预设】按钮，如图 8-42 所示。

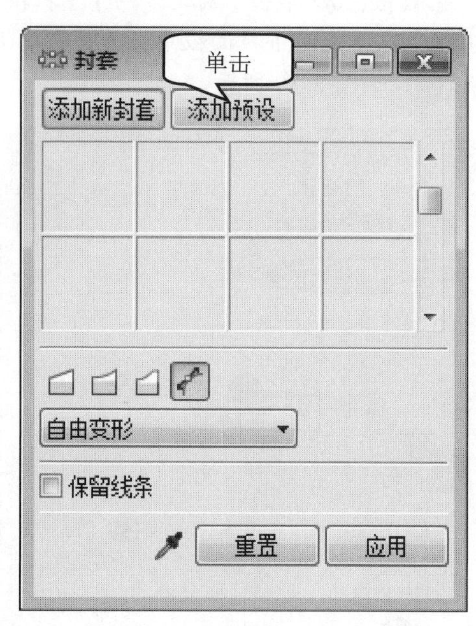

图 8-42

step 3 ① 单击【添加预设】按钮后，在【样式】列表框中选择一种预设的封套样式，② 单击【应用】按钮，如图 8-43 所示。

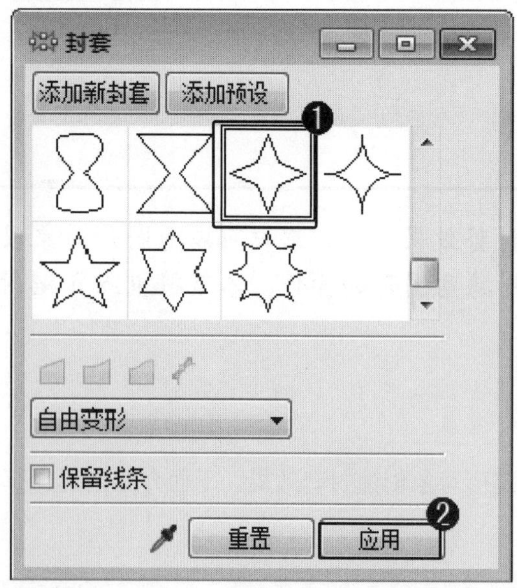

图 8-43

step 4 通过以上方法即可完成创建封套效果的操作，如图 8-44 所示。

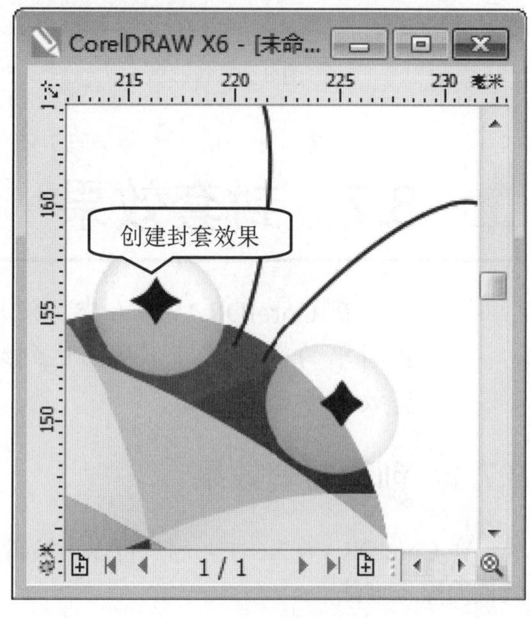

图 8-44

8.7.2 编辑封套效果

在 CorelDRAW X6 中，创建封套效果后，用户可以在属性栏中调整封套的效果。下面介绍编辑封套效果的操作方法。

step 1 ① 创建对象的封套效果后，在属性栏中，单击【非强制模式】按钮，② 在绘图区中，在【封套】编辑框中，选择准备编辑的节点，然后拖动节点至指定位置，如图 8-45 所示。

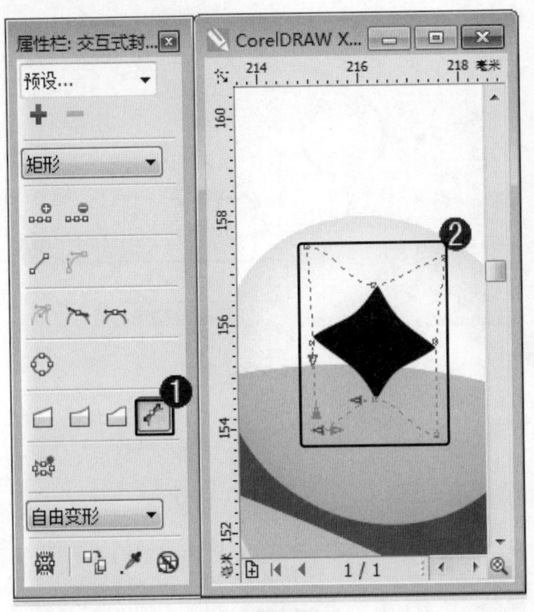

图 8-45

通过以上方法即可完成编辑封套效果的操作，如图 8-46 所示。

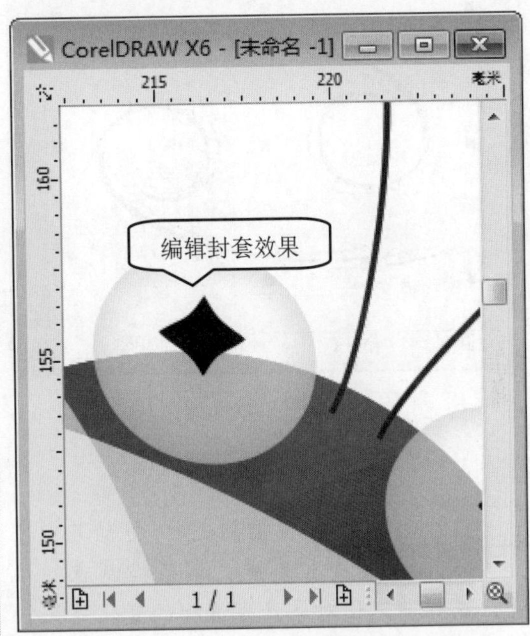

图 8-46

8.8 透视与透镜

在 CorelDRAW X6 中，透视功能可以对对象进行倾斜或拉伸等变形操作；透镜功能则可以改变透镜下方区域的外观。本节将重点介绍透视与透镜方面的知识。

8.8.1 应用透视效果

在 CorelDRAW X6 中，使用透视功能，用户可以使对象产生空间透视的效果。下面介绍应用透视效果的操作方法。

step 1 打开矢量文件后，在绘图区中，选择准备编辑的矢量对象，如图 8-47 所示。

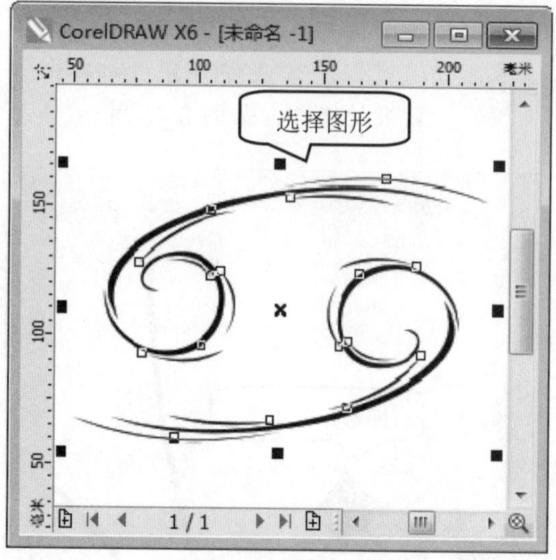

图 8-47

step 2 ① 单击【效果】主菜单，② 在弹出的下拉菜单中，选择【添加透视】菜单项，如图 8-48 所示。

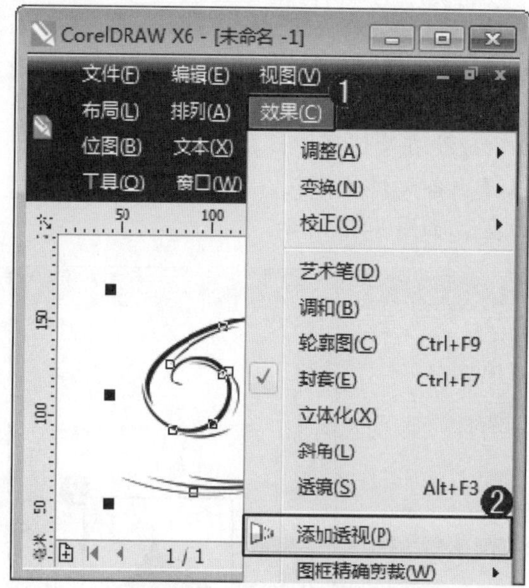

图 8-48

step 3 对象上出现控制框后，拖动其中任意一个控制点，调节控制点的位置，这样即可使对象产生透视的变化效果，如图 8-49 所示。

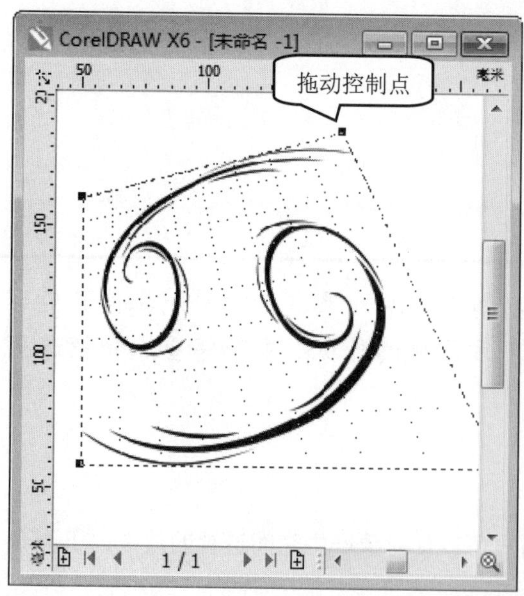

图 8-49

step 4 继续调整其他控制点，退出编辑状态。通过以上方法即可完成应用透视效果的操作，如图 8-50 所示。

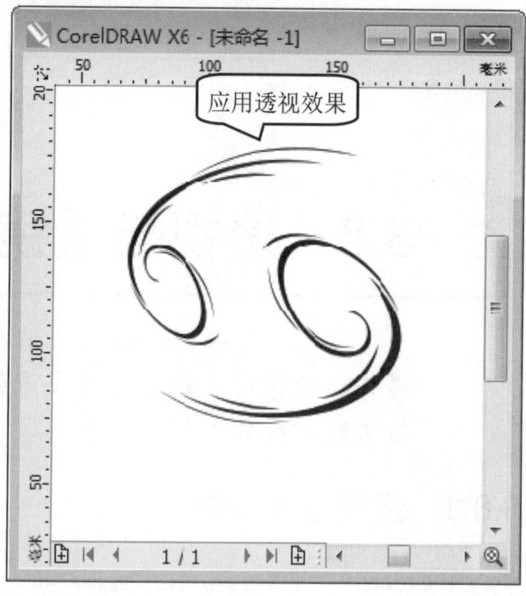

图 8-50

8.8.2 调整透镜效果

在 CorelDRAW X6 中，使用透镜功能，用户可以对任何矢量图形对象进行透镜效果的应用。下面介绍调整透镜效果的操作方法。

step 1 打开矢量文件后，在绘图区中，选择准备编辑的矢量对象，如图 8-51 所示。

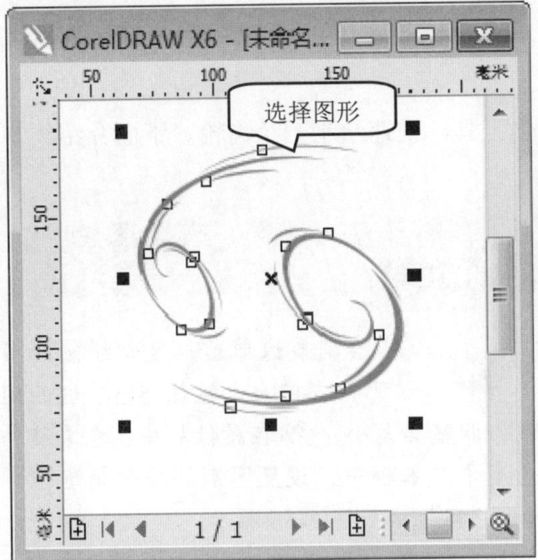

图 8-51

step 2 ① 单击【效果】主菜单，② 在弹出的下拉菜单中，选择【透镜】菜单项，如图 8-52 所示。

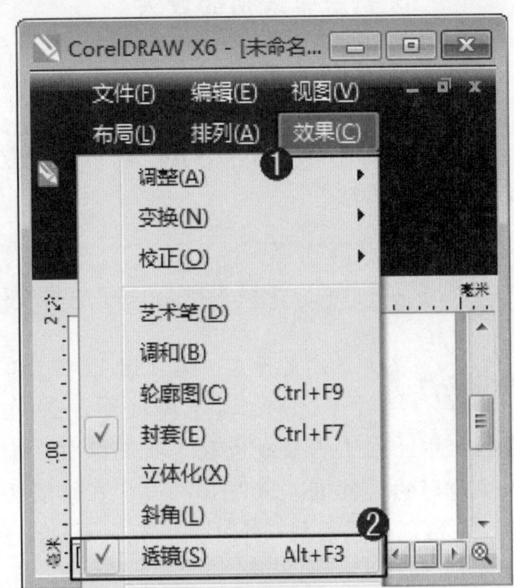

图 8-52

step 3 ① 弹出【透镜】泊坞窗，在【透镜类型】下拉列表框中，选择准备应用的透镜类型，② 在【比率】微调框中，设置不透明度的比率值，③ 单击【锁定】按钮，④ 单击【应用】按钮，如图 8-53 所示。

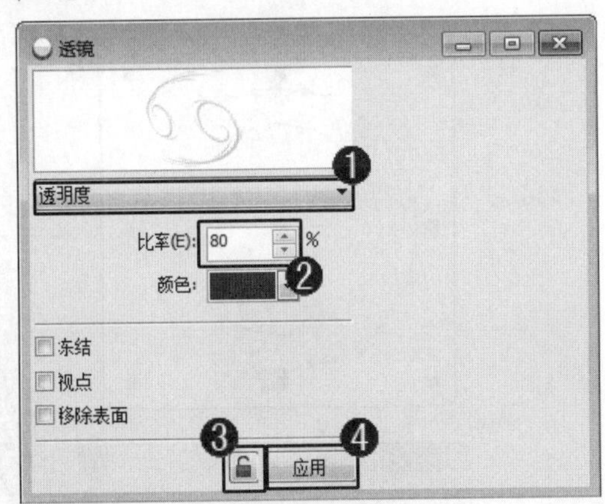

图 8-53

step 4 通过以上方法即可完成调整透镜效果的操作，如图 8-54 所示。

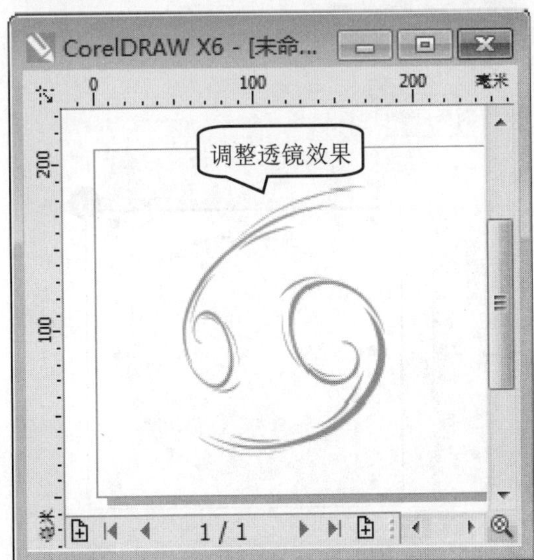

图 8-54

8.9 范例应用与上机操作

通过本章的学习，用户已经初步掌握效果工具及应用方面的基础知识，下面介绍几个实践案例，巩固一下用户学习到的知识要点，使用户达到活学活用的效果。

8.9.1 绘制机械齿轮

在 CorelDRAW X6 中，用户可以运用立体化工具，快速绘制一个齿轮。下面介绍绘制齿轮的操作方法。

素材文件 无

效果文件 配套素材\第 8 章\效果文件\绘制机械齿轮

step 1 ① 新建文件后，在工具箱中，单击【多边形工具】按钮，② 在属性栏中，在【点数或边数】微调框中，输入多边形的边数值，如“16”，③ 在绘图区中，在指定位置绘制一个 16 边形，如图 8-55 所示。

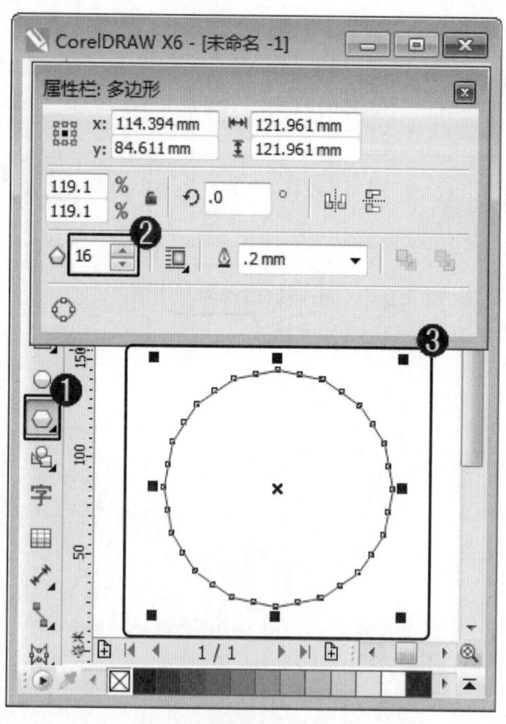

图 8-55

step 2 ① 绘制多边形后，复制绘制的多边形，在键盘上按住 Shift 键的同时，调整其大小，② 在属性栏中，在【旋转角度】文本框中，设置图形的旋转角度值，如“348”，如图 8-56 所示。

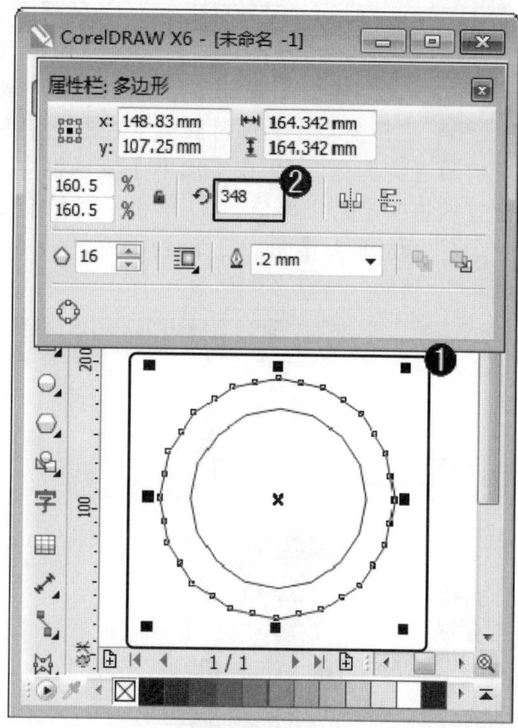

图 8-56

step 3 ① 复制并设置多边形后，在工具箱中，单击【星形工具】按钮，② 在属性栏中，在【点数或边数】微调框中，输入星形的边数值，如“16”，③ 在【锐度】微调框中，输入星形的锐度值，如“25”，④ 在绘图区中，在指定位置绘制一个 16 边星形，并调整其位置，如图 8-57 所示。

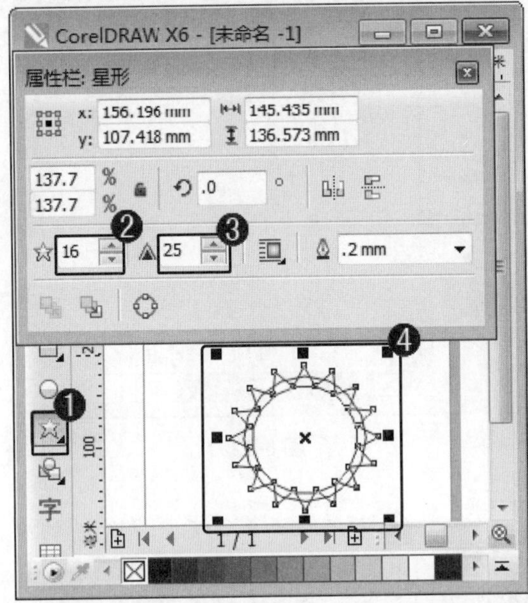

图 8-57

step 5 使用椭圆形工具，在星形中心的位置，在键盘上按住 Ctrl 键的同时绘制一个正圆图形，如图 8-59 所示。

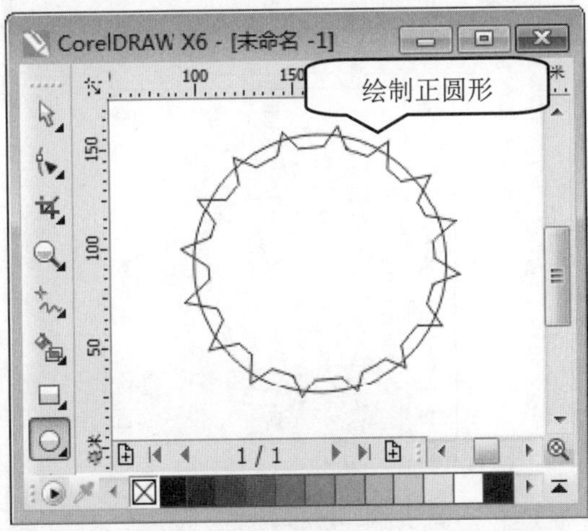

图 8-59

step 4 ① 绘制 16 边星形后，旋转所绘制的星形和多边形，② 在属性栏中，单击属性栏中的【合并】按钮，如图 8-58 所示。

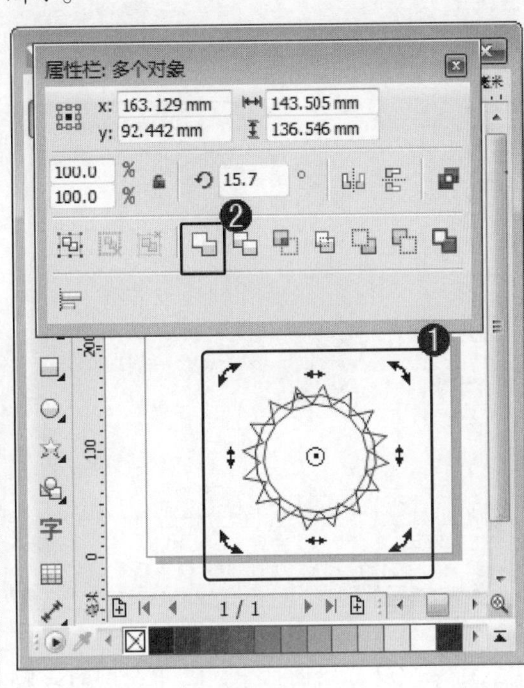

图 8-58

step 6 ① 绘制正圆后，在工具箱中，单击【智能填充工具】按钮，② 在属性栏中，在【填充选项】下拉列表框中，选择【指定】选项，③ 在填充色下拉列表框中，选择准备应用的颜色，如“灰色”，如图 8-60 所示。

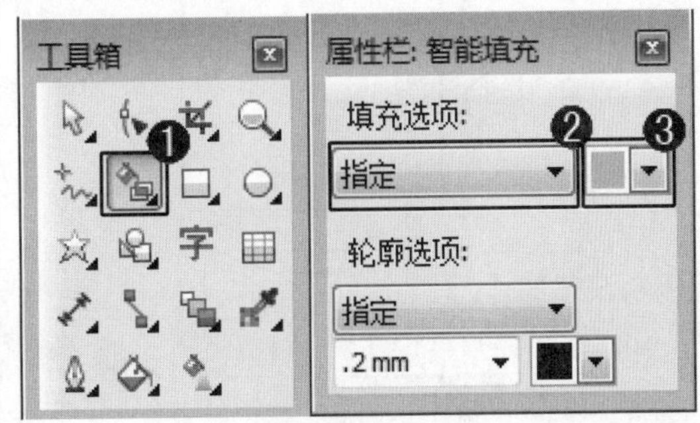

图 8-60

step 7 在绘图区中，在齿轮轮廓图形内部单击，智能填充颜色，如图 8-61 所示。

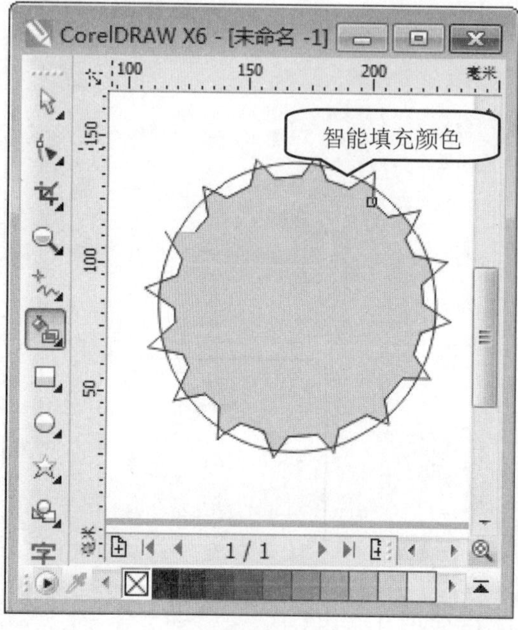

图 8-61

step 8 使用椭圆形工具，在齿轮轮廓图形中心的位置，在键盘上按住 Ctrl 键的同时绘制一个正圆图形，如图 8-62 所示。

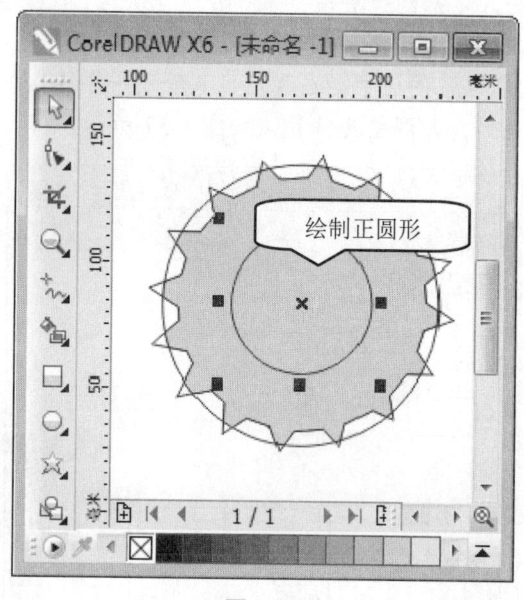

图 8-62

step 9 ① 在绘图区中，选中绘制的正圆形，② 在调色板中，单击准备填充的颜色色块，如“白色”，如图 8-63 所示。

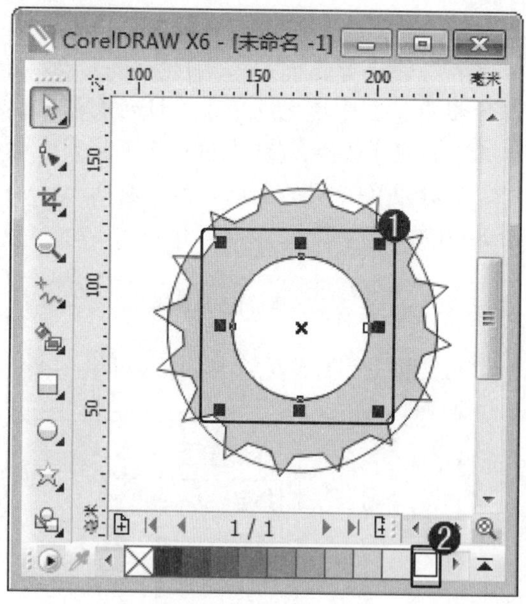

图 8-63

step 10 ① 填充图形颜色后，将绘制的小正圆和齿轮轮廓图形同时选中，② 在属性栏中，单击【简化】按钮，如图 8-64 所示。

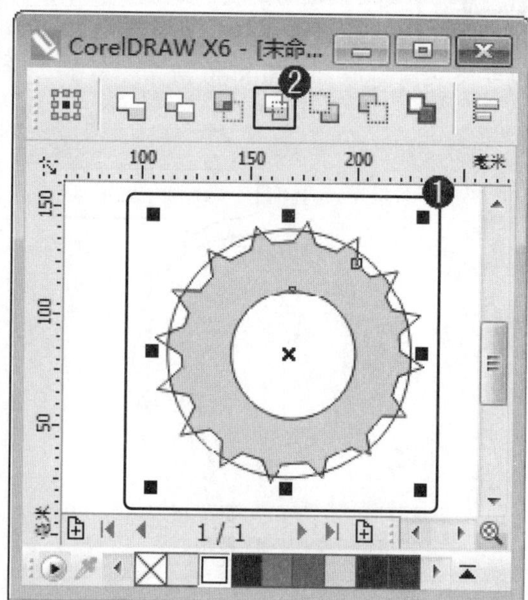

图 8-64

step 11 在绘图区中，选择所绘制的大正圆形、小正圆形与 16 边星形后，在键盘上按下 Delete 键，将多余的图形部分删除，只保留如图 8-65 所示的图形对象。

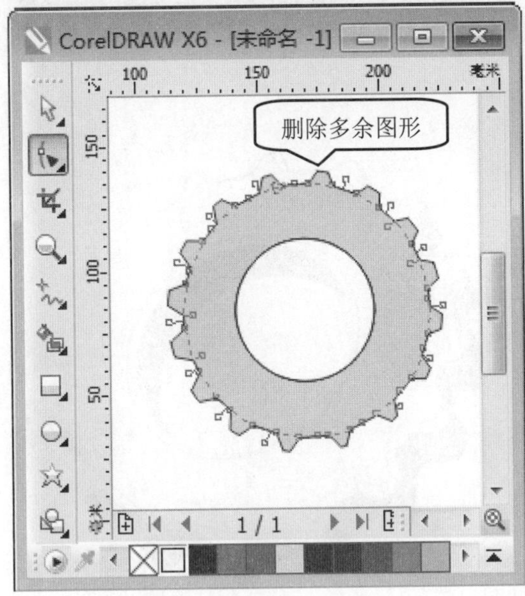

图 8-65

step 12 ① 在工具箱中，单击【立体化工具】按钮，② 当鼠标指针变为形状后，拖动出现的控制柄，设置立体化的方向和位置，如图 8-66 所示。

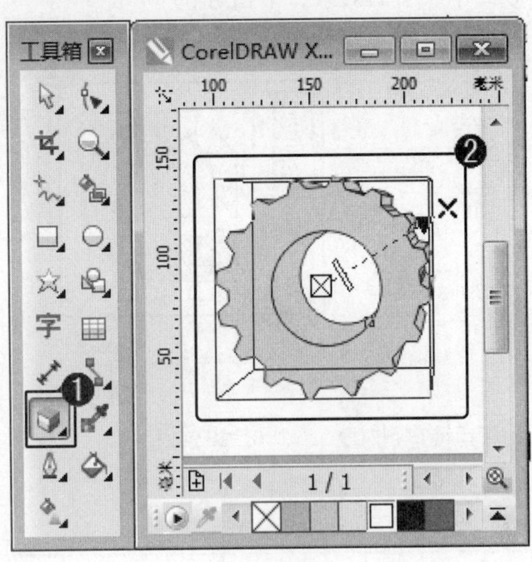

图 8-66

step 13 ① 设置图形立体化效果后，在属性栏中，在【深度】微调框中，输入图形立体化的深度值，如“3”，② 单击【立体化旋转】下拉按钮，③ 在弹出的面板中，移动鼠标指针至圆形区域中，鼠标指针变为形状后，拖动鼠标旋转数字“3”图形的立体方向，如图 8-67 所示。

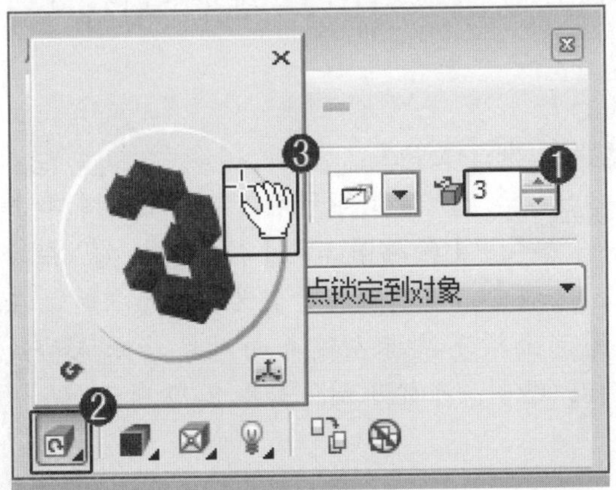

图 8-67

step 14 ① 设置图形立体化效果后，在属性栏中，单击【立体化倾斜】下拉按钮，② 在弹出的下拉面板中，选中【使用斜角修饰边】复选框，③ 在【斜角修饰边深度】微调框中，输入深度值，如“2”，④ 在【斜角修饰边角度】微调框中，输入角度值，如“45”，如图 8-68 所示。

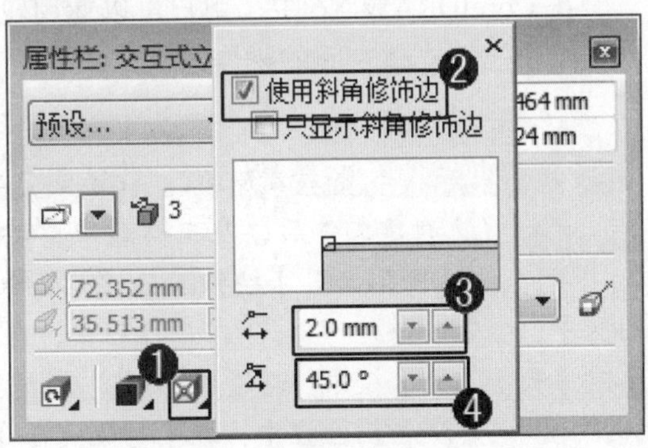

图 8-68

step 15 ① 设置图形立体化倾斜效果后，在属性栏中，单击【立体化照明】下拉按钮，② 在弹出的面板中，设置图形立体照明的效果，如图 8-69 所示。

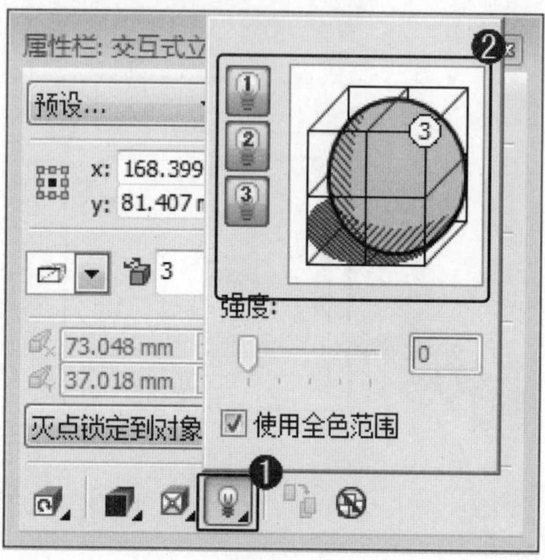

图 8-69

考考您

请您根据上述方法创建机械齿轮图形，测试一下您的学习效果。

step 16 取消图形的编辑状态。通过以上方法即可完成绘制机械齿轮的操作，如图 8-70 所示。

图 8-70

8.9.2 绘制三维立体空间

在 CorelDRAW X6 中，用户可以运用轮廓图工具，快速绘制一个三维立体空间。下面介绍绘制三维立体空间的操作方法。

素材文件 无
效果文件 配套素材\第 8 章\效果文件\绘制三维立体空间

step 1 ① 新建文件后，在工具箱中，单击【矩形工具】按钮，② 在绘图区中，绘制一个矩形，③ 在属性栏中，在【对象大小】文本框中，设置矩形的宽度值，如“100”，④ 在属性栏中，在【对象大小】文本框中，设置矩形的高度值，如“80”，如图 8-71 所示。

step 2 ① 绘制矩形后，在工具箱中单击【轮廓图工具】按钮，② 在绘图区域中，当鼠标指针变为形状时，在图形上按下鼠标左键并向对象外侧拖动鼠标，绘制一个轮廓图，如图 8-72 所示。

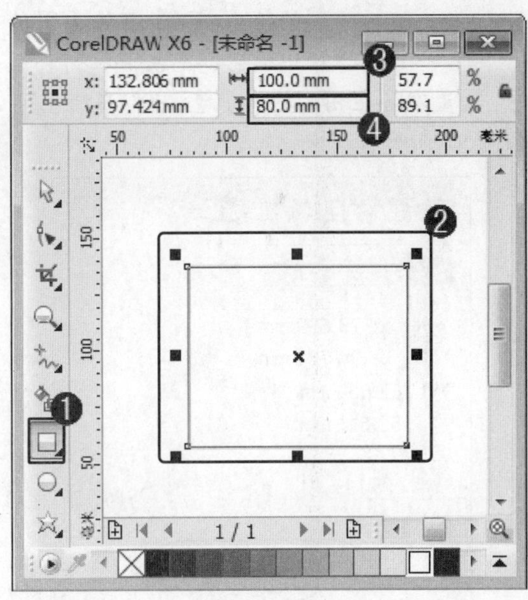

图 8-71

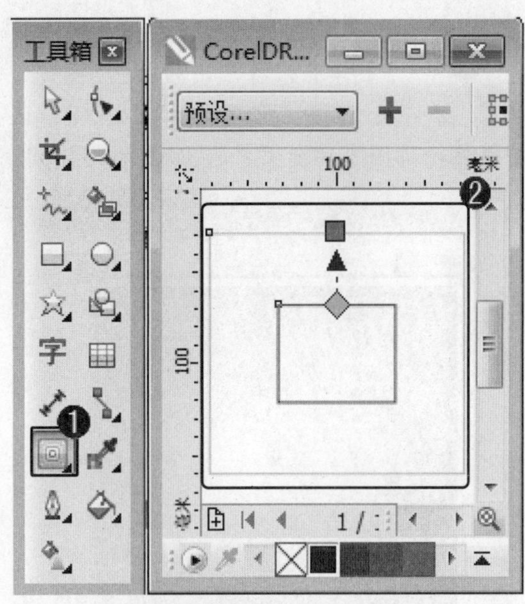

图 8-72

step 3 ① 绘制轮廓图后，在属性栏中，在【轮廓图步长】微调框中，设置图形轮廓产生的轮廓层数，② 在【轮廓图偏移】微调框中，设置轮廓与轮廓之间的距离值，③ 单击【对象和颜色加速】下拉按钮，④ 在弹出的下拉面板中，向左拖动【对象】滑块，设置轮廓图加速样式，如图 8-73 所示。

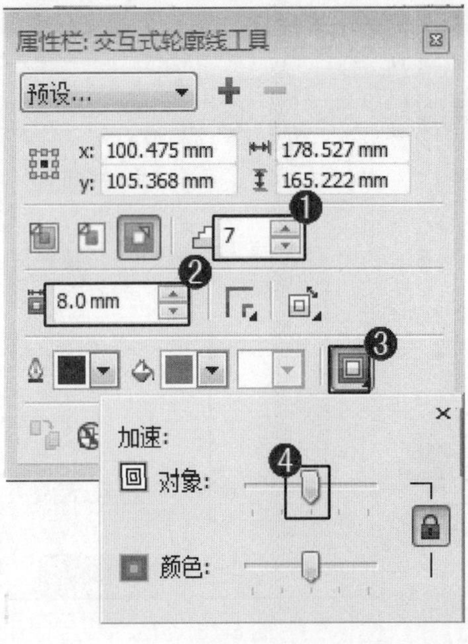

图 8-73

step 4 ① 设置轮廓图后，选择轮廓图中间的矩形，② 在调色板中，单击准备应用的颜色，如“白色”，将选择的矩形填充成白色，如图 8-74 所示。

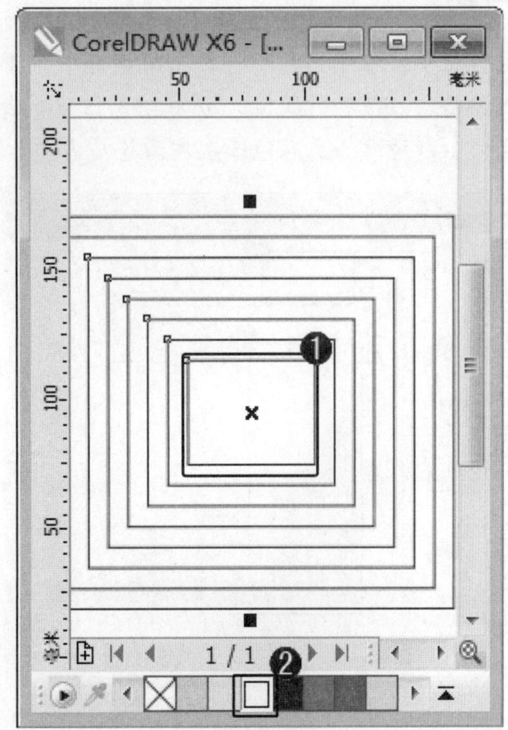

图 8-74

step 5 ① 填充轮廓图后，在调色板中，右键单击准备应用的颜色，如“白色”，② 在绘图区中，将轮廓线填充成白色，这样其他轮廓图自动渐变黑色，如图 8-75 所示。

图 8-75

step 7 ① 填充轮廓颜色后，在工具箱中，单击【图纸工具】按钮，② 在属性栏中，在【列数和行数】微调框中，输入网格列数值和行数值，③ 在绘图区中，绘制一个网格并填充成白色，如图 8-77 所示。

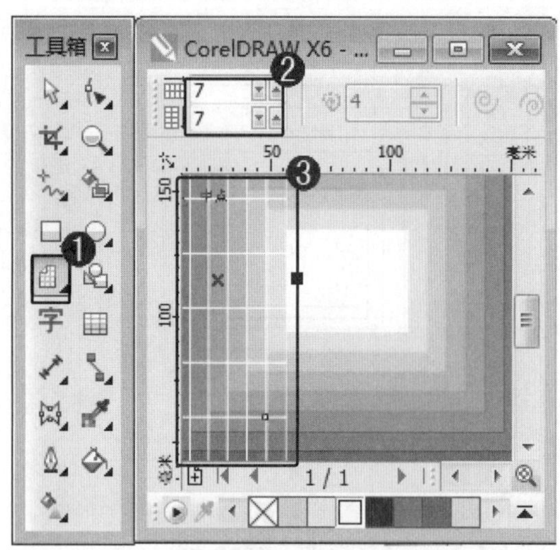

图 8-77

step 6 选择绘制的轮廓图后，在轮廓图工具属性栏中，在填充色下拉列表框中，设置准备应用的轮廓颜色，如“墨绿色”，如图 8-76 所示。

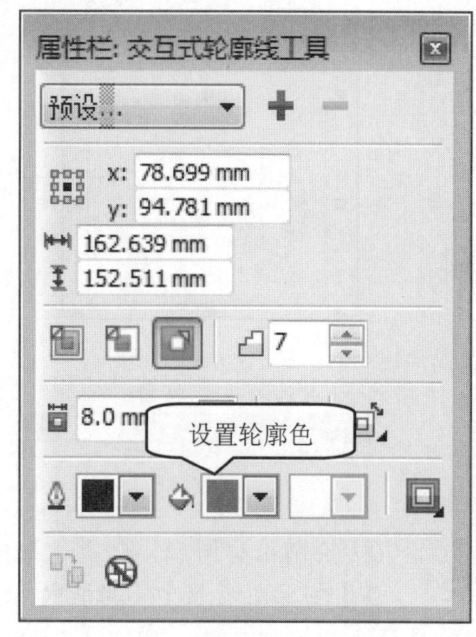

图 8-76

step 8 ① 绘制网格后，在工具箱中，单击【封套工具】按钮，② 在属性栏中，单击【直线模式】按钮，③ 在绘图区中，在【封套】编辑框中，选择准备编辑的节点，然后拖动节点至指定位置，如图 8-78 所示。

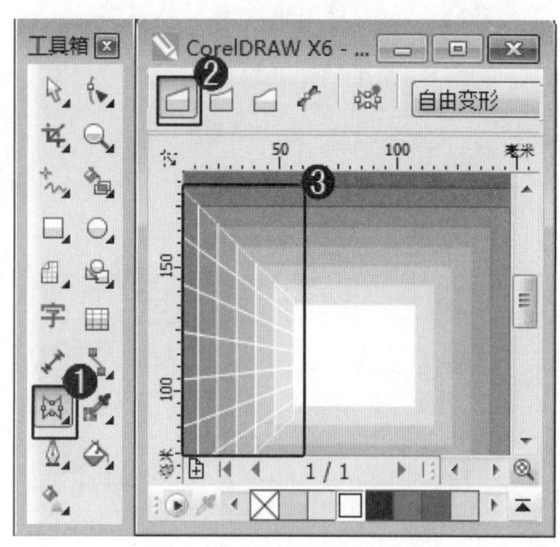

图 8-78

step 9 设置网格形状后，运用复制及旋转的方法，将旋转的网格图形复制 3 个，调整其大小和位置，如图 8-79 所示。

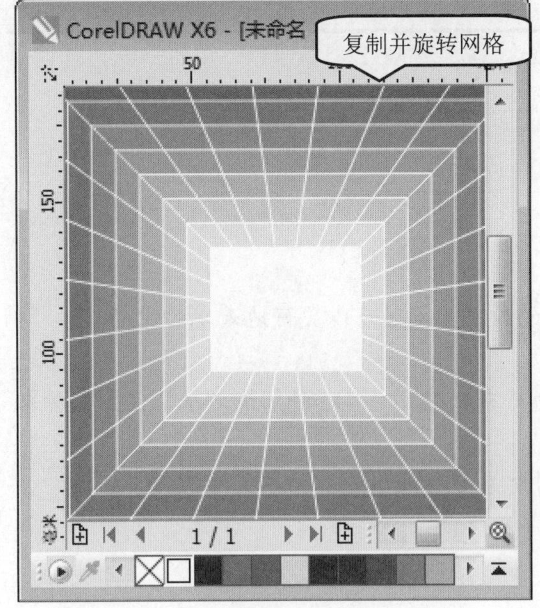

图 8-79

step 10 复制网格并调整其形状后，图形产生三维透视的效果，在键盘上按下组合键 Ctrl+I，导入准备应用的图片并将其放置在指定的位置处，如图 8-80 所示。

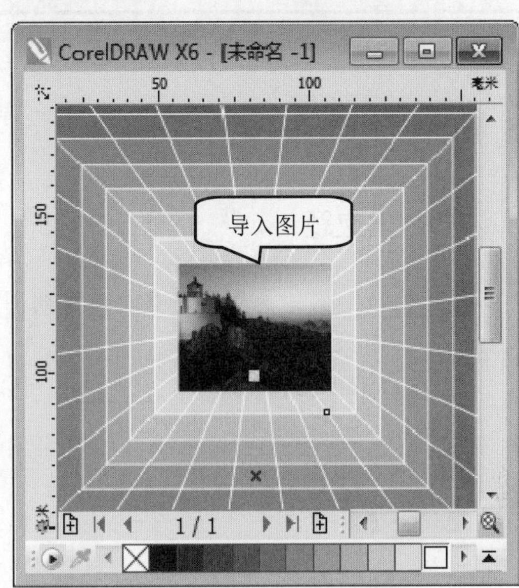

图 8-80

step 11 ① 导入图片后，在工具箱中，单击【透明度工具】按钮，② 在属性栏中，在【透明度类型】下拉列表框中，选择【标准】选项，③ 在【开始透明度】文本框中，设置透明度的数值，如图 8-81 所示。

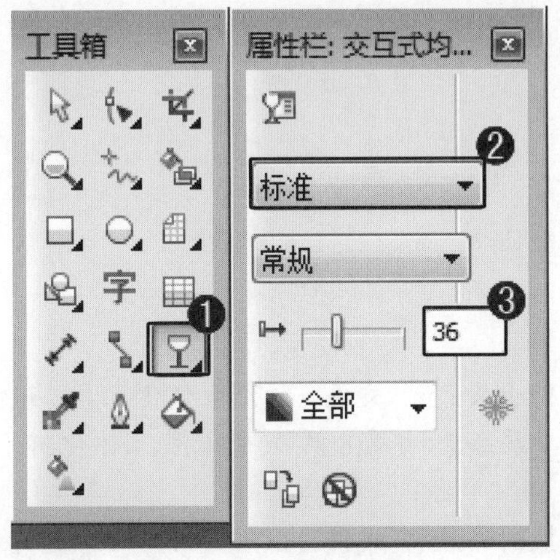

图 8-81

step 12 通过以上方法即可完成绘制三维空间的操作，如图 8-82 所示。

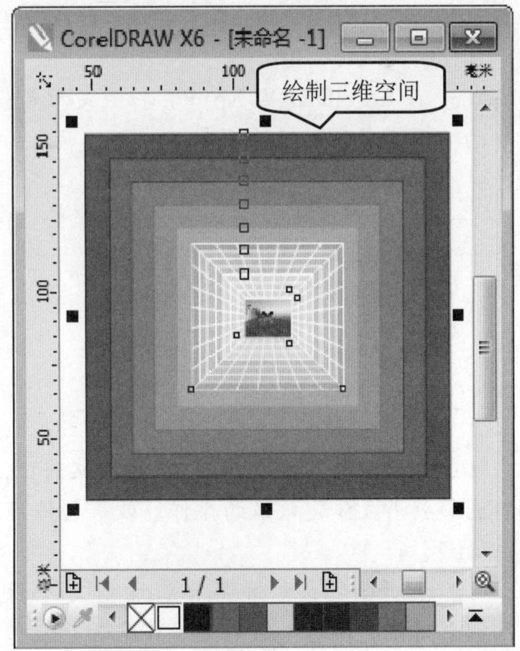

图 8-82

8.10 课后练习

8.10.1 思考与练习

一、填空题

1. ________可以为图形对象创建透明图层的效果，同时可以更好地表现对象的________，有效增强对象的________。

2. 在 CorelDRAW X6 中，________可以为对象创建________的阴影效果，使图形对象产生较强的________。

3. 在 CorelDRAW X6 中，________可以对对象进行倾斜或拉伸等变形操作，________则可以改变透镜下方区域的外观。

二、判断题

1. 调和效果也被称为混合效果，应用调和效果，用户可以在两个或两个以上对象之间产生形状和颜色上的过渡。（ ）

2. 在 CorelDRAW X6 中，设置轮廓图效果后，如果不再准备使用创建轮廓图效果，用户可以将其清除。（ ）

3. 在 CorelDRAW X6 中，拉链变形是指只在对象的内侧产生一系列的节点，从而使对象的轮廓变成锯齿状的效果。（ ）

三、 思考题

1. 如何扭曲变形？

2. 如何创建阴影效果？

8.10.2 上机操作

1. 打开“配套素材\第 8 章\素材文件\立体化狮子头.cdr”文件，使用立体化工具，进行将图形应用立体化效果的操作。效果文件可参考“配套素材\第 8 章\效果文件\立体化狮子头.cdr”。

2. 打开“配套素材\第 8 章\素材文件\拉链变换图形.cdr”文件，使用变形工具，进行变形图形对象的操作。效果文件可参考“配套素材\第 8 章\效果文件\拉链变换图形.cdr”。

第 9 章

文本与表格

本章主要介绍了添加文本、设置文本格式、设置段落文本的常用格式以及查找和替换文本方面的知识与技巧，同时还讲解了文本的链接、图文混排和表格工具方面的技巧。通过本章的学习，读者可以掌握文本与表格方面的知识，为深入学习 CorelDRAW X6 知识奠定基础。

范 例 导 航

1. 添加文本
2. 设置文本格式
3. 设置段落文本的常用格式
4. 查找和替换文本
5. 文本的链接
6. 图文混排
7. 表格工具

9.1 添加文本

在 CorelDRAW X6 中，文本是具有特殊属性的图形对象，方便用户设计和编辑。下面介绍添加文本方面的知识。

9.1.1 在图形中输入美术字文本

在 CorelDRAW X6 中，用户可以快速创建美术字文本，用于输入准备编辑的文字。下面介绍创建美术字文本的操作方法。

step 1 ① 新建文件后，在工具箱中，单击【文字工具】按钮字，② 在绘图区中，当鼠标指针变为 形状时，在指定位置单击，如图 9-1 所示。

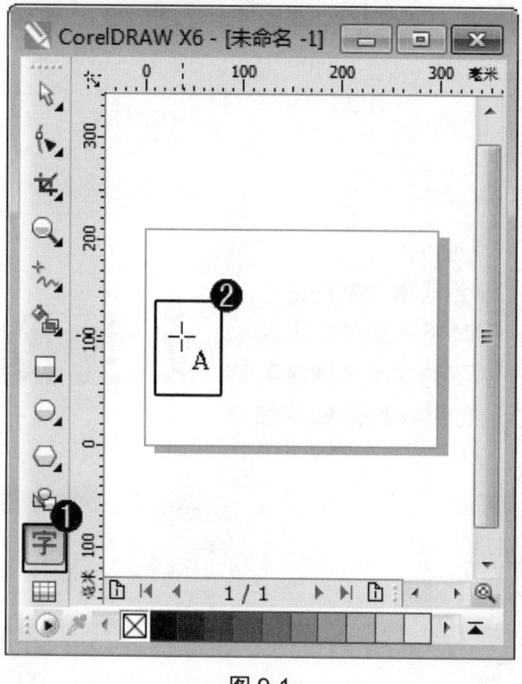

图 9-1

step 2 ① 绘图区中出现光标后，在属性栏中，在【字体列表】下拉列表框中，选择准备应用的字体，② 在【字体大小】下拉列表框中，输入字体的大小数值，③ 输入准备编辑的文本内容。通过以上方法即可完成创建美术字文本的操作，如图 9-2 所示。

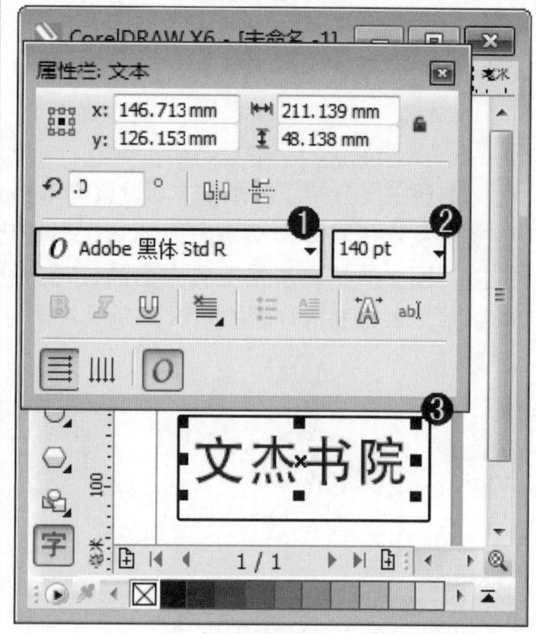

图 9-2

9.1.2 添加段落文本

在 CorelDRAW X6 中添加段落文本，用户可以输入大量的文本内容，同时还可以对输入的文本进行格式的排版、样式的编辑等操作。下面介绍添加段落文本的操作方法。

step 1 ① 新建文件后，在工具箱中，单击【文字工具】按钮字，② 在绘图区中，当鼠标指针变为 $+_A$ 形状时，在指定位置按住鼠标左键不放，沿对角线拖曳鼠标，出现一个矩形文本框，然后释放鼠标左键，如图 9-3 所示。

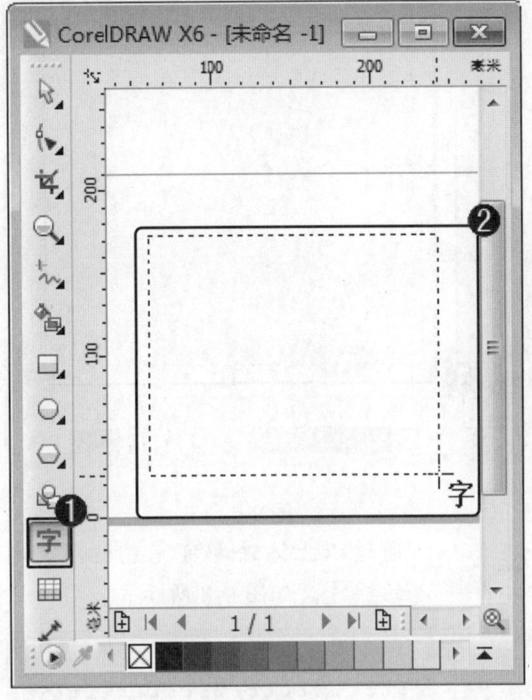

图 9-3

step 2 ① 绘图区中出现文本矩形框后，在属性栏中，在【字体列表】下拉列表框中，选择准备应用的字体，② 在【字体大小】下拉列表框中，输入字体的大小数值，③ 在文本矩形框中，输入准备编辑的文本内容。通过以上方法即可完成创建段落文本的操作，如图 9-4 所示。

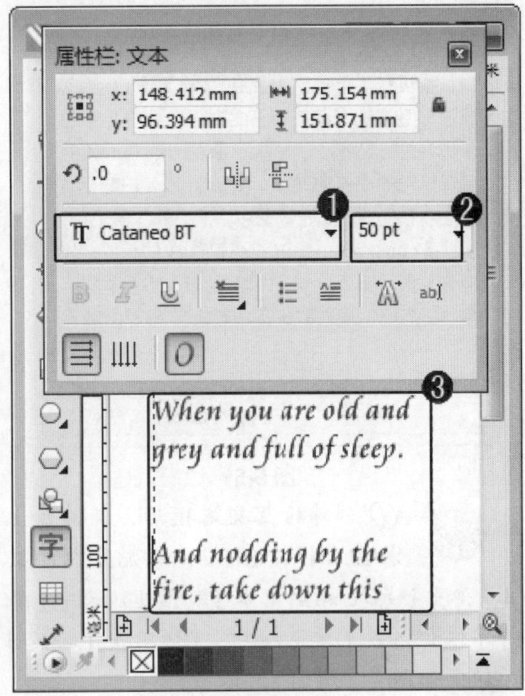

图 9-4

在 CorelDRAW X6 中，创建的美术字文本与段落文本之间可以相互转化，要将创建的段落文本转换成美术字文本，只需要在选择的段落文本上单击鼠标右键，从弹出的快捷菜单中选择【转换为美术字】菜单项即可。

9.1.3 贴入与导入外部文本

在 CorelDRAW X6 中，用户可以将其他文字处理程序中的文本，贴入或导入到 CorelDRAW 程序中。下面介绍贴入与导入外部文本的操作方法。

1. 贴入外部文本

在 CorelDRAW X6 中，用户可以将其他文字处理程序中的文本贴入到 CorelDRAW 程序中。下面介绍贴入文本的操作方法。

step 1 在 Word 文档中输入文字后，选中准备贴入的文本，然后在键盘上按组合键 Ctrl+C，复制选中的文本，如图 9-5 所示。

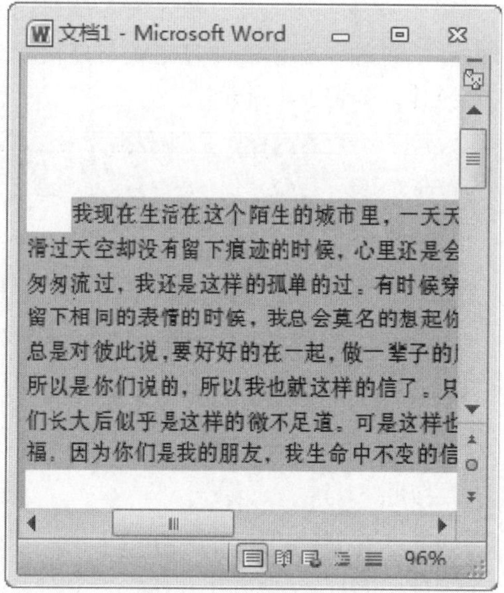

图 9-5

step 2 ① 在 CorelDRAW X6 中，在工具箱中，单击【文字工具】按钮字，② 在绘图区中，按住鼠标左键并拖动鼠标，创建一个段落文本框，如图 9-6 所示。

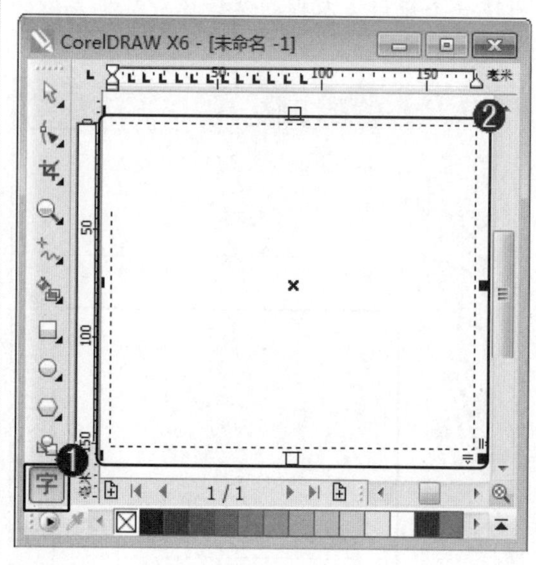

图 9-6

step 3 ① 创建段落文本框后，在键盘上按组合键 Ctrl+V，粘贴复制的文本，弹出【导入/粘贴文本】对话框，选中【保持字体和格式】单选按钮，② 单击【确定】按钮，如图 9-7 所示。

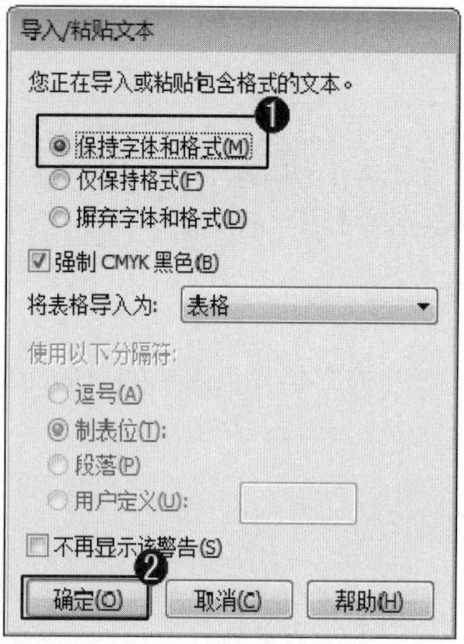

导入/粘贴文本

您正在导入或粘贴包含格式的文本。

◉ 保持字体和格式(M)
○ 仅保持格式(F)
○ 摒弃字体和格式(D)

☑ 强制 CMYK 黑色(B)

将表格导入为：表格

使用以下分隔符：
○ 逗号(A)
◉ 制表位(T)：
○ 段落(P)
○ 用户定义(U)：

☐ 不再显示该警告(S)

确定(O)　取消(C)　帮助(H)

图 9-7

step 4 通过以上方法即可完成贴入文本的操作，如图 9-8 所示。

图 9-8

2. 导入外部文本

在 CorelDRAW X6 中，用户可以将其他文字处理程序中的文本导入到 CorelDRAW 程序中。下面介绍导入文本的操作方法。

step 1 ① 创建文本框后，单击【文件】主菜单，② 在弹出的下拉菜单中，选择【导入】菜单项，如图 9-9 所示。

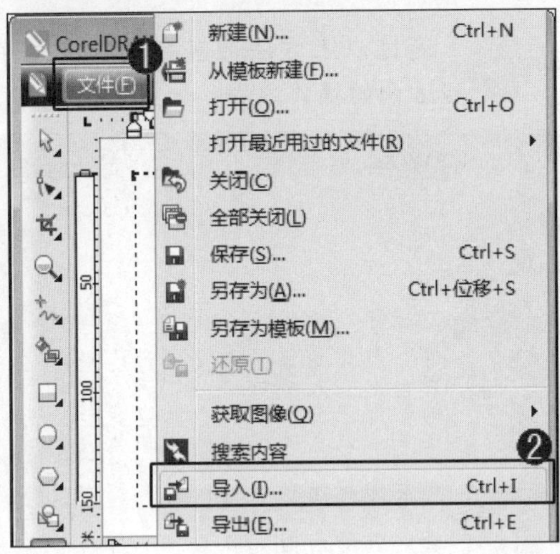

图 9-9

step 2 ① 弹出【导入】对话框，选择导入文本存放的位置，② 选择准备应用的文本，如"青春散场"，③ 单击【导入】按钮，如图 9-10 所示。

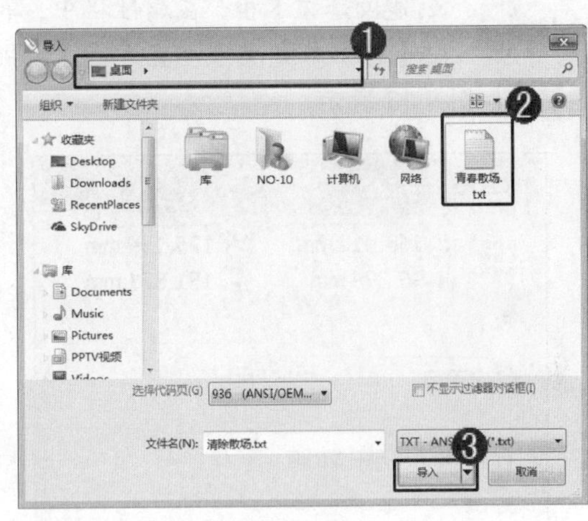

图 9-10

step 3 ① 弹出【导入/粘贴文本】对话框，选中【保持字体和格式】单选按钮，② 单击【确定】按钮，如图 9-11 所示。

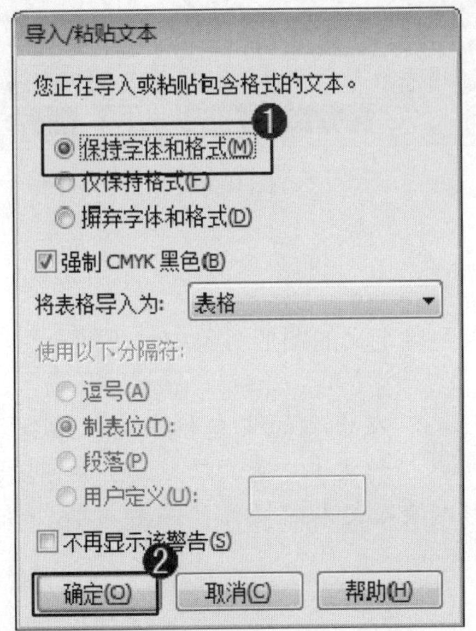

图 9-11

step 4 通过以上方法即可完成导入文本的操作，如图 9-12 所示。

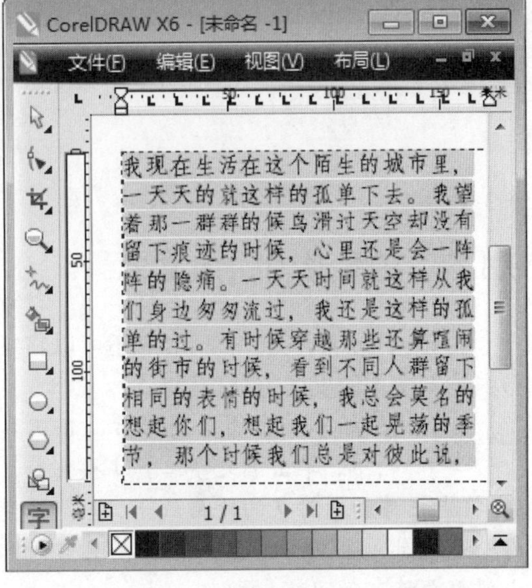

图 9-12

第9章 文本与表格

知识精讲

在 CorelDRAW X6 中，将记事本中的文字进行复制并粘贴到 CorelDRAW 文件中时，系统会直接对文字进行粘贴操作，而不会弹出【导入/粘贴文本】对话框。

9.1.4 转换文字方向

在 CorelDRAW X6 中，创建文本内容后，用户可以根据编辑的需要转换文字方向。下面介绍转换文字方向的操作方法。

step 1 创建段落文本框，在属性栏中，单击【将文本更改为垂直方向】按钮，如图 9-13 所示。

图 9-13

step 2 通过以上方法即可完成转换文字方向的操作方法，如图 9-14 所示。

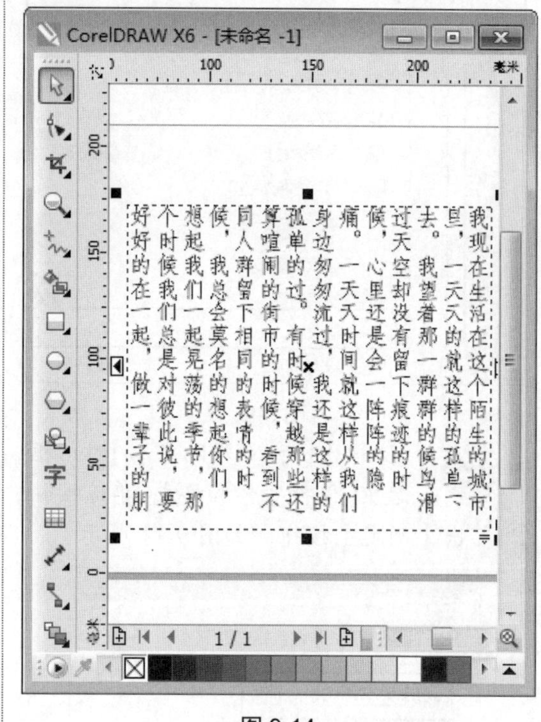

图 9-14

9.1.5 在图形内输入文本

在 CorelDRAW X6 中，用户还可以将文本输入到自定义的图形对象中。下面介绍在图形内输入文本的操作方法。

step 1 ① 绘制一个闭合图形后，在工具箱中，单击【文字工具】按钮字，② 将光标移动到对象的轮廓线上，当光标变为形状时单击鼠标左键，此时在图形内部出现文本框，如图 9-15 所示。

step 2 在出现的文本框中输入准备添加的文本。通过以上方法即可完成在图形内输入文本的操作，如图 9-16 所示。

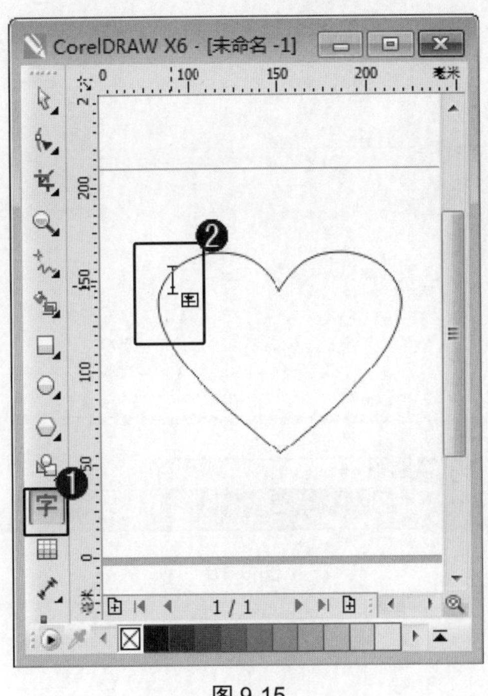

图 9-15

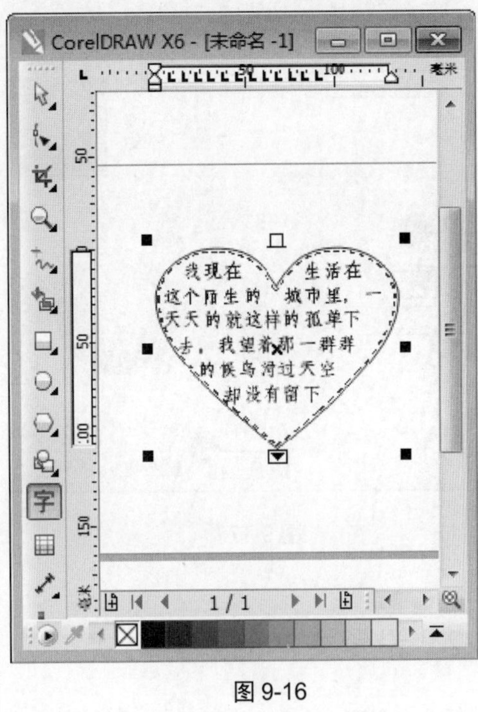

图 9-16

9.2 设置文本格式

在 CorelDRAW X6 中，创建文本后，为达到突出主题的目的，用户可以设置文本格式，包括设置字体颜色、设置文本的对齐方式、设置字符间距、设置字符下划线和移动和旋转字符等操作。本节将重点介绍设置文本格式方面的知识。

9.2.1 设置字体颜色

在 CorelDRAW X6 中，创建文本后，用户可以设置文本的颜色，以便制作出用户满意的字体效果。下面介绍设置文本颜色的操作方法。

step 1 ① 选择准备设置颜色的文本后，在键盘上按下 F11 键，弹出【渐变填充】对话框，在【类型】下拉列表框中，选择【辐射】选项，② 选中【双色】单选按钮，③ 在【从】下拉列表框中，设置准备应用的颜色，④ 在【到】下拉列表框中，设置准备应用的颜色，⑤ 单击【确定】按钮，如图 9-17 所示。

step 2 此时，选中的文本已经改变颜色。通过以上方法即可完成设置文本颜色的操作，如图 9-18 所示。

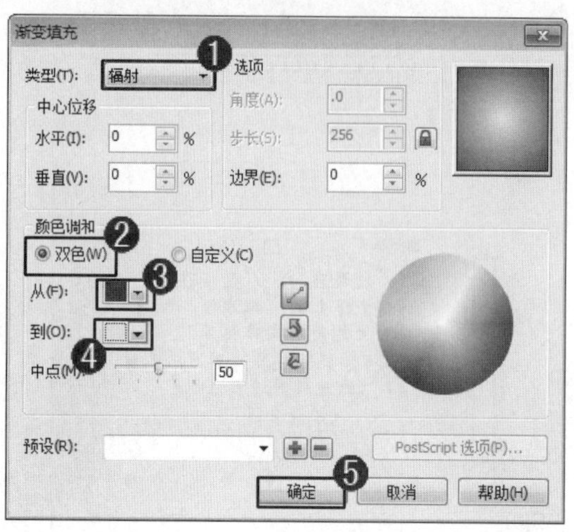

图 9-17

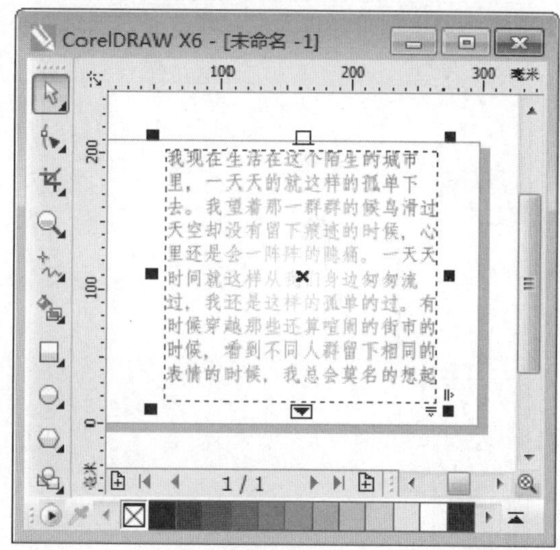

图 9-18

9.2.2 设置文本的对齐方式

在 CorelDRAW X6 中，通过【段落格式化】泊坞窗，用户可以设置段落文本的对齐方式。下面介绍设置文本对齐方式的操作方法。

step 1 新建文档后，在绘图区中导入一张背景图片并创建段落文本，如图 9-19 所示。

图 9-19

step 2 ① 选择段落文本后，执行【文本】主菜单，② 在弹出的下拉菜单中，选择【编辑文本】菜单项，如图 9-20 所示。

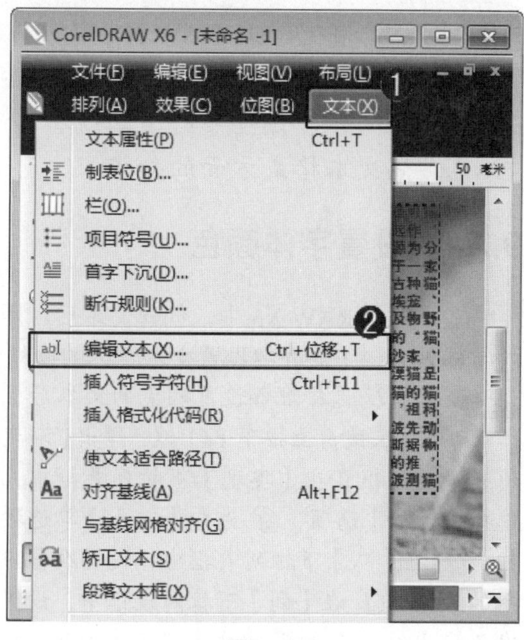

图 9-20

step 3 ① 弹出【编辑文本】对话框，单击【对齐】下拉按钮，② 在弹出的下拉菜单中，选择【强制调整】菜单项，③ 单击【确定】按钮，如图 9-21 所示。

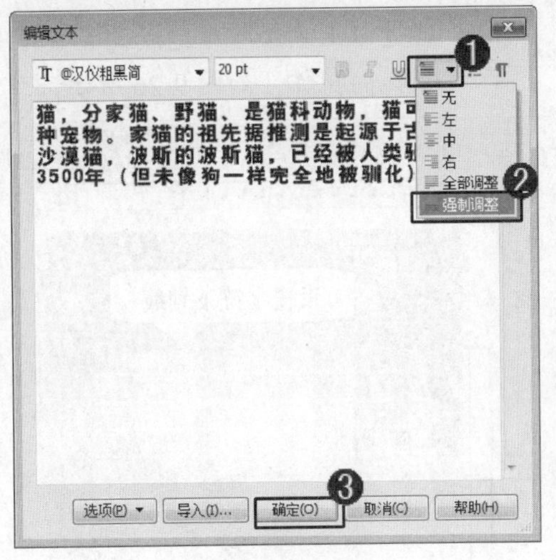

图 9-21

step 4 通过以上方法即可完成设置文本对齐方式的操作，如图 9-22 所示。

图 9-22

9.2.3 设置字符间距

在 CorelDRAW X6 中，用户可以设置字符的间距，以便达到调整段落文字的效果。下面介绍设置字符间距的操作方法。

step 1 ① 选择段落文本后，在属性栏中，单击【文本属性】按钮，② 弹出【文本属性】泊坞窗，在【字符间距】微调框中，输入间距的数值，如图 9-23 所示。

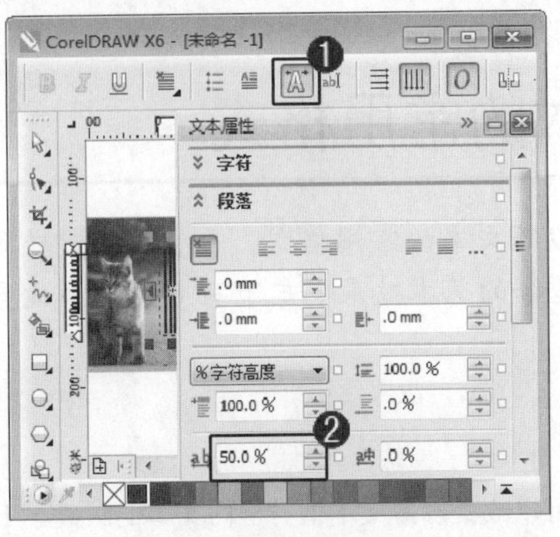

图 9-23

step 2 通过以上方法即可完成设置字符间距的操作，如图 9-24 所示。

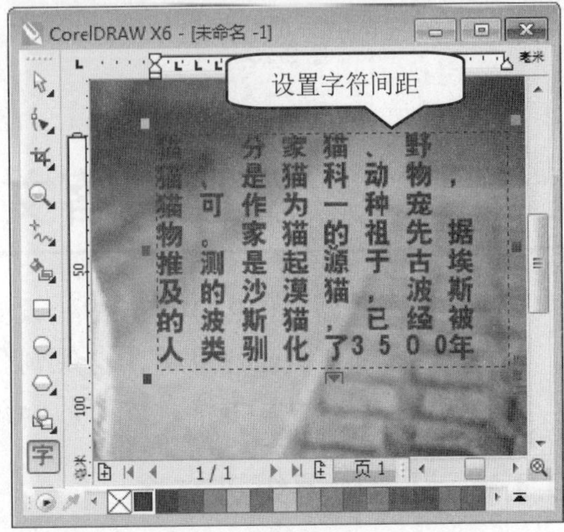

图 9-24

9.2.4 设置字符下划线

在 CorelDRAW X6 中，在编辑文本的过程中，用户可以根据文字内容，为文字添加各式各样的下划线。下面介绍设置字符下划线的操作方法。

step 1 ① 选择段落文本后，在【文本属性】泊坞窗中，单击【下划线】下拉按钮，② 在弹出的下拉菜单中，选择【字下加单粗线】菜单项，如图 9-25 所示。

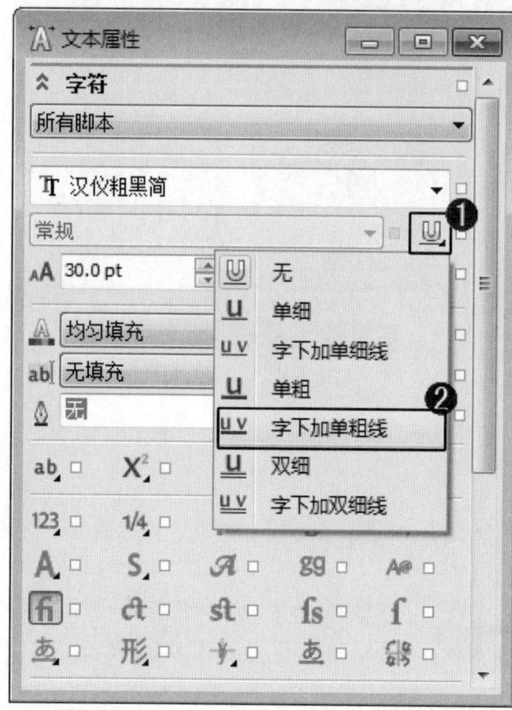

图 9-25

step 2 通过以上方法即可完成设置字符下划线的操作，如图 9-26 所示。

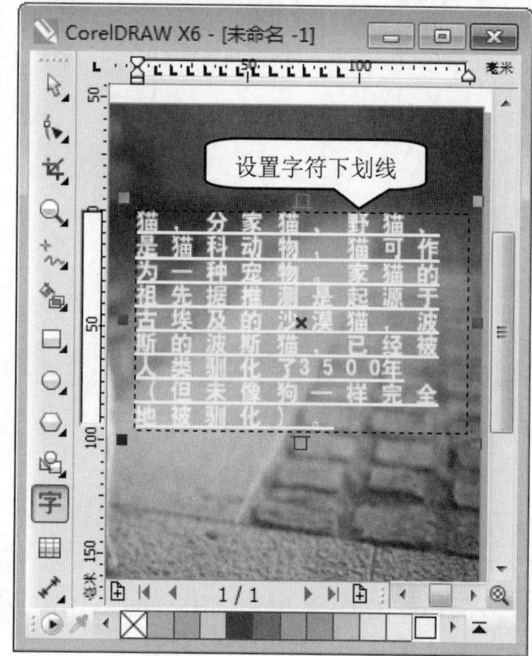

图 9-26

9.3 设置段落文本的常用格式

在 CorelDRAW X6 中，设置段落文本的常用格式，一般用于对较多文字的文本进行编辑，以便制作适合的艺术效果。本节将重点介绍设置段落文本的常用格式方面的知识。

9.3.1 设置段落缩进方式

在 CorelDRAW X6 中，文本的段落缩进，可以改变段落文本框与框内文本的距离。下面介绍设置段落文本缩进方式的操作方法。

step 1 ① 选择段落文本后，启动【文本属性】泊坞窗，在【段落】区域中，在【首行缩进】微调框中，设置文本首行缩进的距离值，② 在【左行缩进】微调框中，设置文本左行缩进的距离值，③ 在【右行缩进】微调框中，设置文本右行缩进的距离值，如图 9-27 所示。

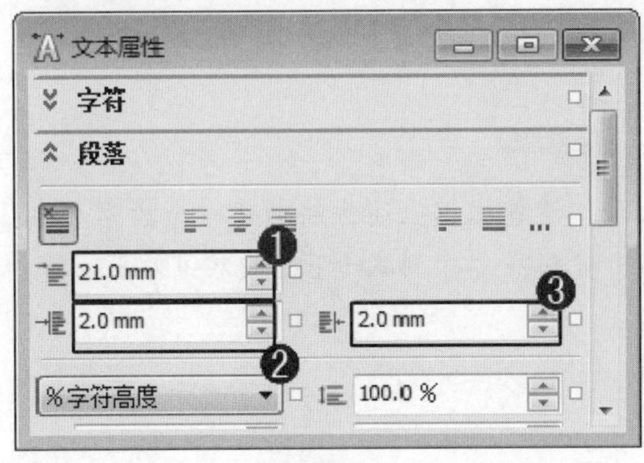

图 9-27

step 2 通过以上方法即可完成设置段落缩进方式的操作，如图 9-28 所示。

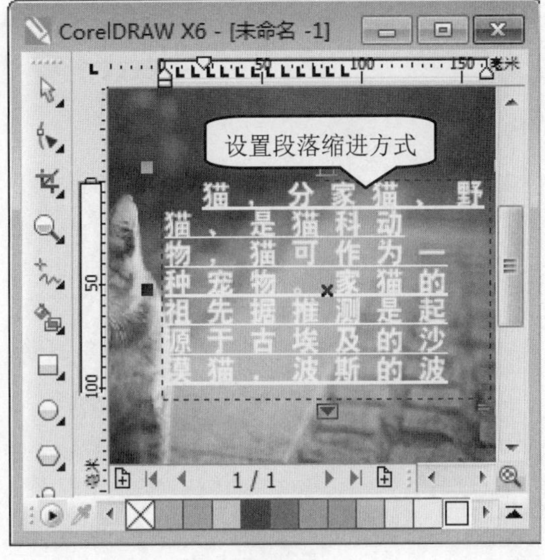

图 9-28

9.3.2 设置分栏

在 CorelDRAW X6 中，文本栏是指按分栏的形式将段落文本分为两个或两个以上的文本栏，使文字在文本栏中进行排列。下面介绍设置分栏的操作方法。

step 1 ① 选择段落文本后，单击【文本】主菜单，② 在弹出的下拉菜单中，选择【栏】菜单项，如图 9-29 所示。

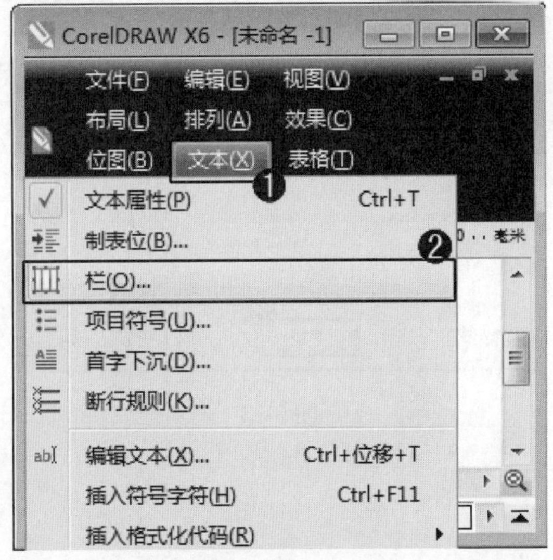

图 9-29

step 2 ① 弹出【栏设置】对话框，在【栏数】微调框中，输入分栏数目，② 单击【确定】按钮，如图 9-30 所示。

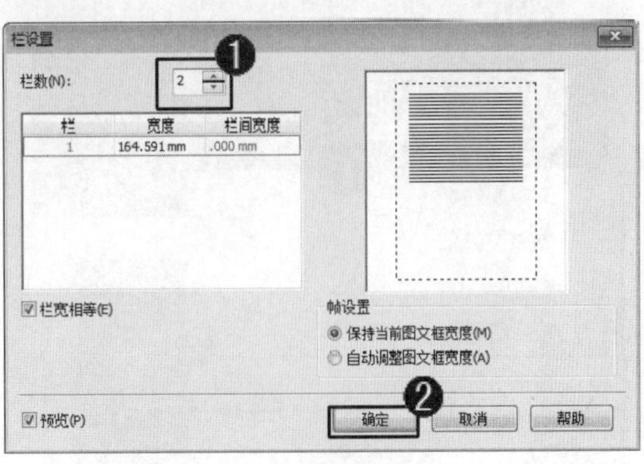

图 9-30

step 3 通过以上方法即可完成设置分栏的操作，如图 9-31 所示。

图 9-31

智慧锦囊

在 CorelDRAW X6 中，设置分栏后，使用文本工具拖动段落文本框，用户可以改变栏和装订线的大小，也可以通过选择手柄的方式来进行调整。

考考您

请您根据上述方法创建一个段落文本并分栏显示，测试一下您的学习效果。

9.3.3 设置首字下沉

在 CorelDRAW X6 中，在段落中应用首字下沉功能可以放大句首字符，以突出段落的句首。下面介绍设置首字下沉的操作方法。

step 1 ① 选择段落文本后，单击【文本】主菜单，② 在弹出的下拉菜单中，选择【首字下沉】菜单项，如图 9-32 所示。

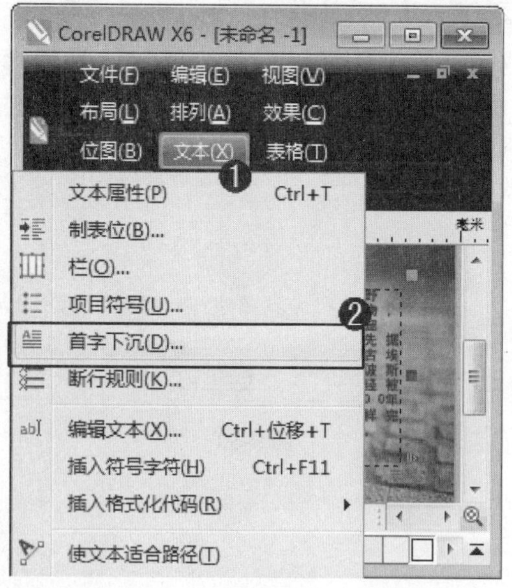

图 9-32

step 2 ① 弹出【首字下沉】对话框，选中【使用首字下沉】复选框，② 在【下沉行数】微调框中，输入下沉行数，如“3”，③ 单击【确定】按钮，如图 9-33 所示。

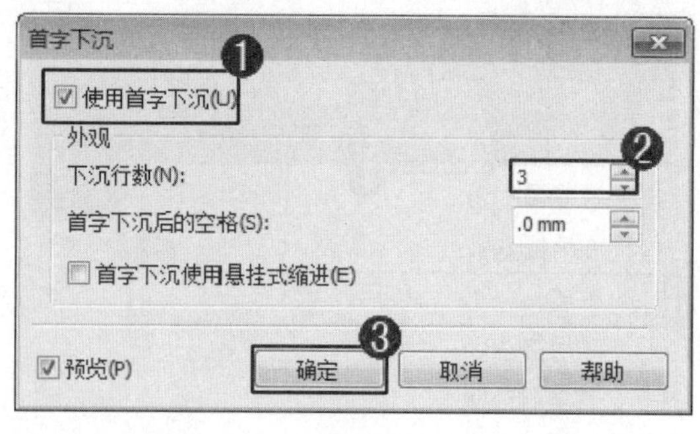

图 9-33

通过以上方法即可完成设置首字下沉的操作，如图 9-34 所示。

图 9-34

智慧锦囊

在 CorelDRAW X6 中，要取消段落文本中的首字下沉效果，可在选择段落文本后，在【首字下沉】对话框中，取消选中【使用首字下沉】复选框，这样即可完成取消首字下沉效果的操作。

考考您

请您根据上述方法创建一个段落文本并设置首字下沉的效果，测试一下您的学习效果。

9.3.4 设置自动断字

在 CorelDRAW X6 中，自动断字功能用于当某个单词不能排入一行时，将该单词拆分。下面介绍设置自动断字的操作方法。

step 1 ① 选择英文文本后，单击【文本】主菜单，② 在弹出的下拉菜单中，选择【使用断字】菜单项，如图 9-35 所示。

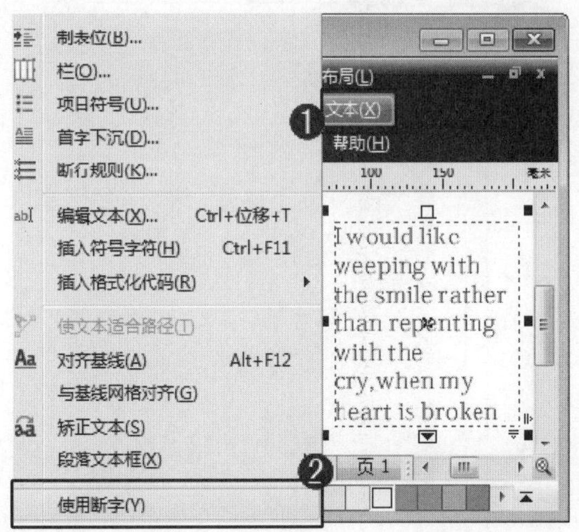

图 9-35

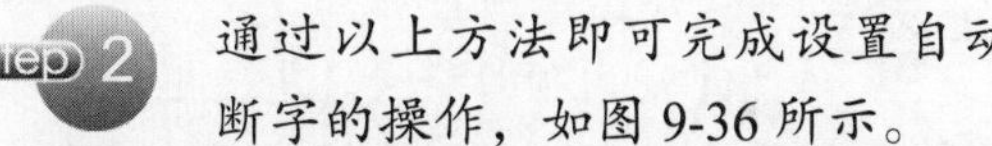

step 2 通过以上方法即可完成设置自动断字的操作，如图 9-36 所示。

图 9-36

9.3.5 设置项目符号

在 CorelDRAW X6 中，程序为用户提供了丰富的项目符号样式，通过对项目符号进行设置，用户可以在段落文本的句首添加各种项目符号。下面介绍设置项目符号的操作方法。

step 1 新建文档后，在绘图区中导入一张背景图片并创建段落文本，如图 9-37 所示。

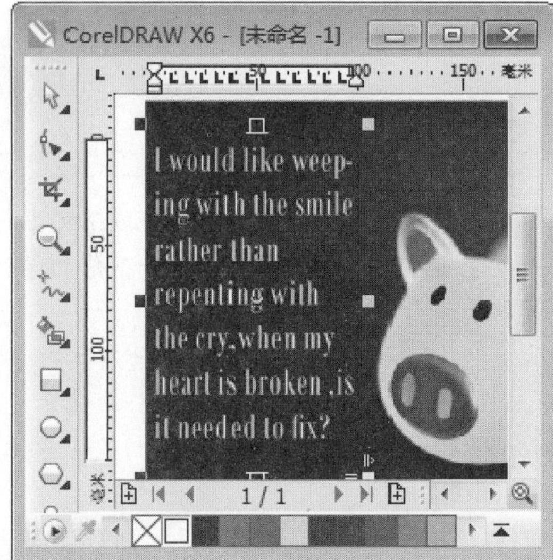

图 9-37

step 2 ① 选择一个段落文本后，执行【文本】主菜单，② 在弹出的下拉菜单中，选择【项目符号】菜单项，如图 9-38 所示。

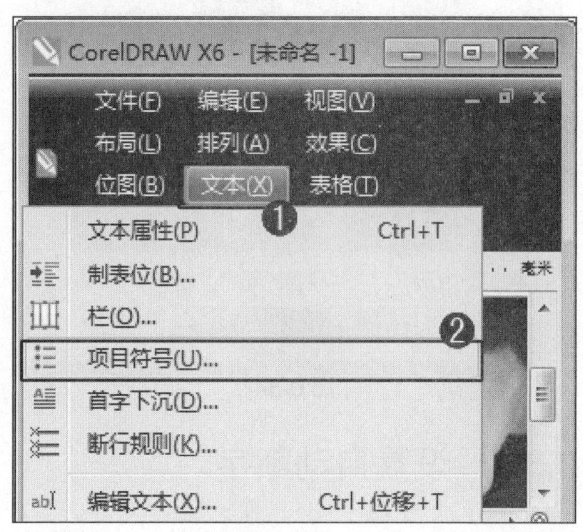

图 9-38

step 3 ① 弹出【项目符号】对话框，选中【使用项目符号】复选框，② 在【符号】下拉列表框中，选择准备应用的符号，③ 在【大小】微调框中，设置符号的大小数值，④ 单击【确定】按钮，如图 9-39 所示。

图 9-39

step 4 通过以上方法即可完成设置项目符号的操作，如图 9-40 所示。

图 9-40

9.4 查找和替换文本

在 CorelDRAW X6 中，通过查找和替换命令，用户可以查找当前文件中指定的文本内容，同时也可以替换当前文件中指定的文本内容。本节将重点介绍查找和替换文本方面的知识。

9.4.1 查找文本

在 CorelDRAW X6 中，当需要查找当前文件中的单个文本对象时，用户可以执行【查找文本】命令来查找指定的文本内容。下面介绍查找文本的操作方法。

step 1 ① 选择段落文本，单击【编辑】主菜单，② 在弹出的下拉菜单中，选择【查找并替换】菜单项，③ 在弹出的子菜单中，选择【查找文本】菜单项，如图 9-41 所示。

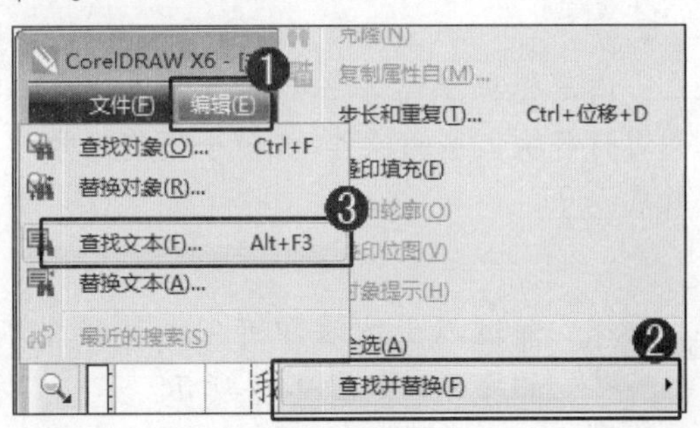

图 9-41

step 2 ① 弹出【查找文本】对话框，在【查找】下拉列表框中，输入需要查找的文本内容，如“时间”，② 单击【查找下一个】按钮，查找文本内容，如图 9-42 所示。

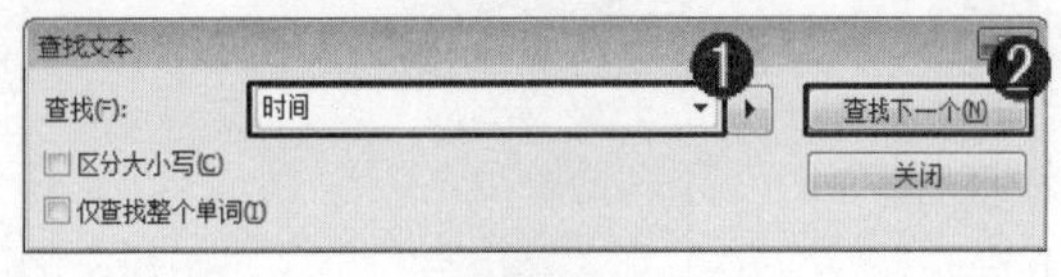

图 9-42

通过以上方法即可完成查找文本的操作，如图 9-43 所示。

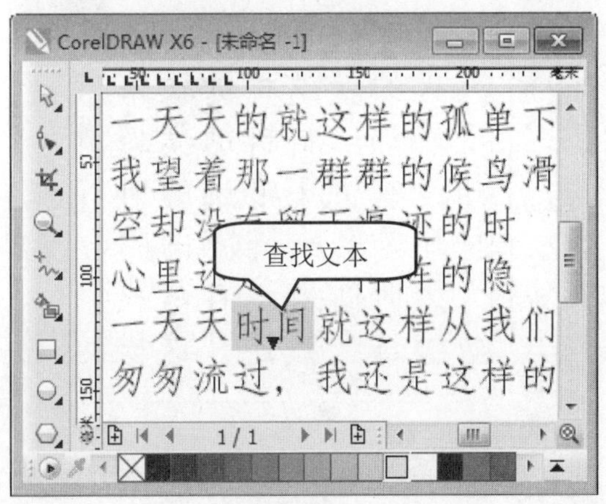

图 9-43

智慧锦囊

在 CorelDRAW X6 中，选择段落文本后，在键盘上按下组合键 Alt+F3，用户同样可以打开【查找文本】对话框，进行查找文本的操作。

考考您

请您根据上述方法创建一个段落文本并进行查找文本，测试一下您的学习效果。

9.4.2 替换文本

在 CorelDRAW X6 中，在编辑文本时出现了错误，用户可以使用【替换文本】命令对错误的文本内容进行替换。下面介绍替换文本的操作方法。

step 1 ① 选择段落文本后，单击【编辑】主菜单，② 在弹出的下拉菜单中，选择【查找并替换】菜单项，③ 在弹出的子菜单中，选择【替换文本】菜单项，如图 9-44 所示。

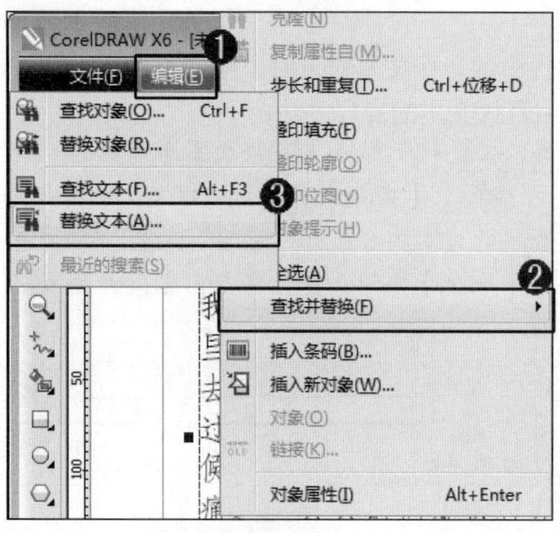

图 9-44

step 2 ① 弹出【替换文本】对话框，在【查找】下拉列表框中，输入需要查找的文本内容，② 在【替换为】下拉列表框中，输入替换的文本内容，③ 单击【全部替换】按钮，如图 9-45 所示。

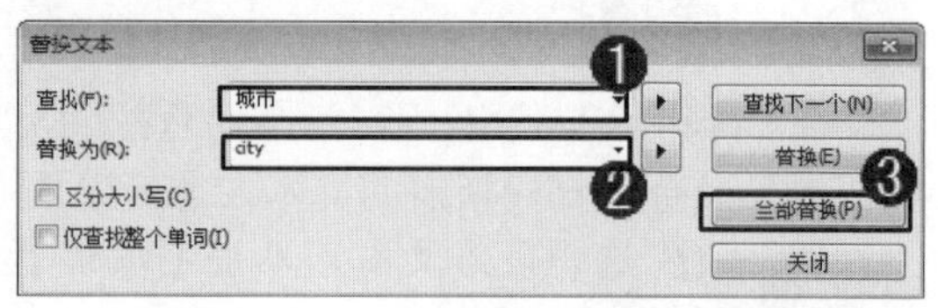

图 9-45

考考您

请您根据上述方法创建一个段落文本并进行替换文本的操作，测试一下您的学习效果。

step 3 弹出 CorelDRAW X6 对话框，提示“替换完成”信息，单击【确定】按钮，如图 9-46 所示。

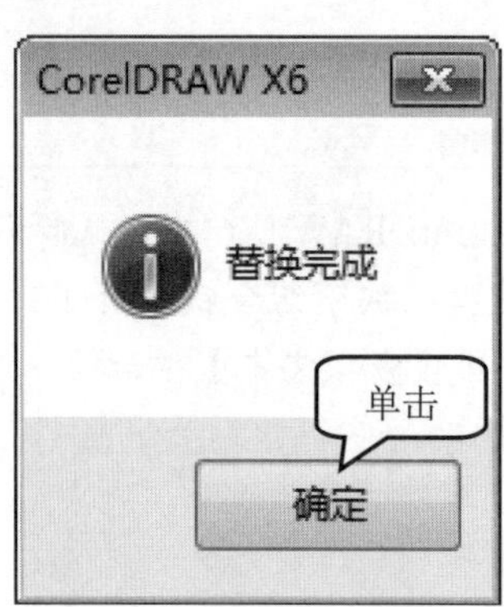

图 9-46

step 4 通过以上方法即可完成替换文本的操作，如图 9-47 所示。

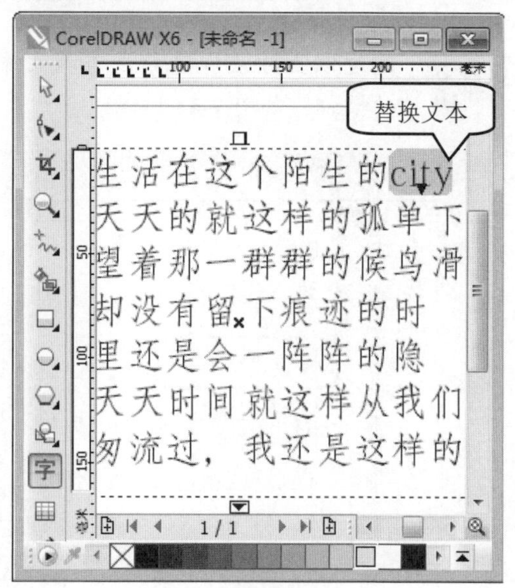

图 9-47

9.5 文本的链接

在 CorelDRAW X6 中，用户可以通过链接文本的方式，将一个段落文本分离成多个文本框链接，每一个文本链接可移动到同一个页面的不同位置，也可以在不同页面中进行链接，它们之间是相互关联的。本节将重点介绍文本链接方面的知识。

9.5.1 多个对象之间的链接

在 CorelDRAW X6 中，用户可以将多个文本对象进行链接，以便更好地显示与编辑文本内容。下面介绍多个对象之间链接的操作方法。

step 1 选择段落文本后，将鼠标指针移动至文本框下方的▼控制点上，如图 9-48 所示。

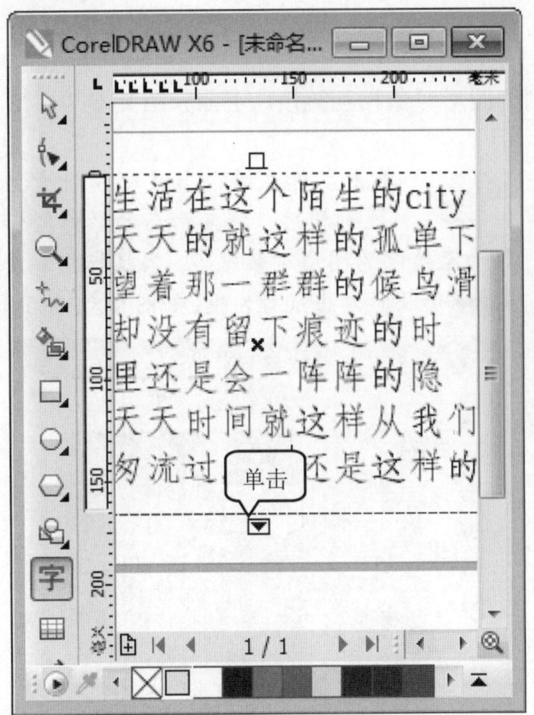

图 9-48

step 2 单击鼠标左键，当鼠标指针变为▤形状后，在页面上的其他位置按住鼠标左键拖曳出一个段落文本框，如图 9-49 所示。

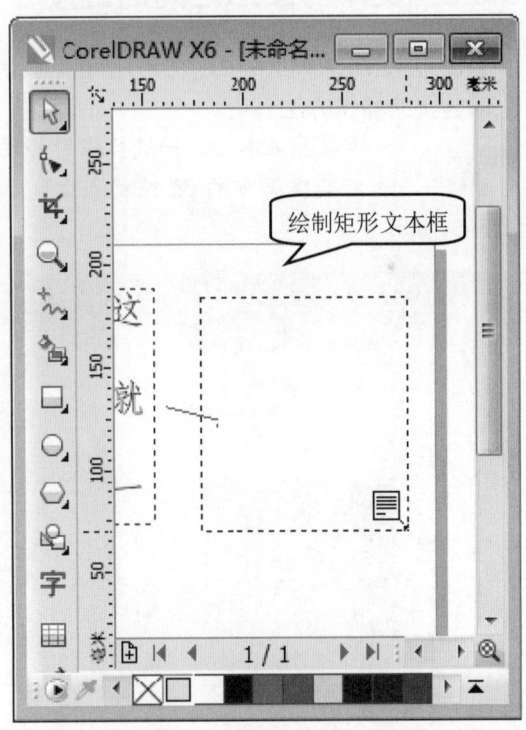

图 9-49

step 3 此时被隐藏的部分文本将自动移动至新创建的链接文本框中。通过以上方法即可完成多个对象之间链接的操作，如图 9-50 所示。

请您根据上述方法创建一个段落文本并进行文本链接，测试一下您的学习效果。

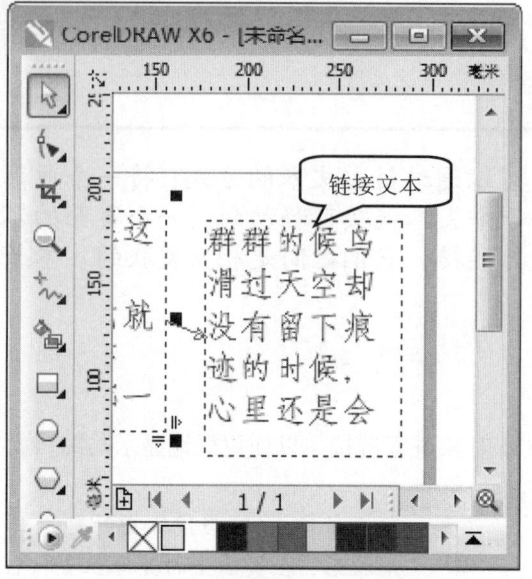

图 9-50

智慧锦囊

在 CorelDRAW X6 中，链接后的文本可以联系在一起，当其中一个文本框中的内容增加的时候，多出的文本框的内容将自动放置在下一个文本框中，如果其中一个文本框被删除，那么其中的文字会自动移动至与之链接的下一个文本框中。

9.5.2 文本与图形之间的链接

在 CorelDRAW X6 中，文本还可以和绘制的图形对象相互链接。下面介绍文本与图形之间链接的操作方法。

step 1 选择段落文本后，将鼠标指针移动至文本框下方的▣控制点上，如图 9-51 所示。

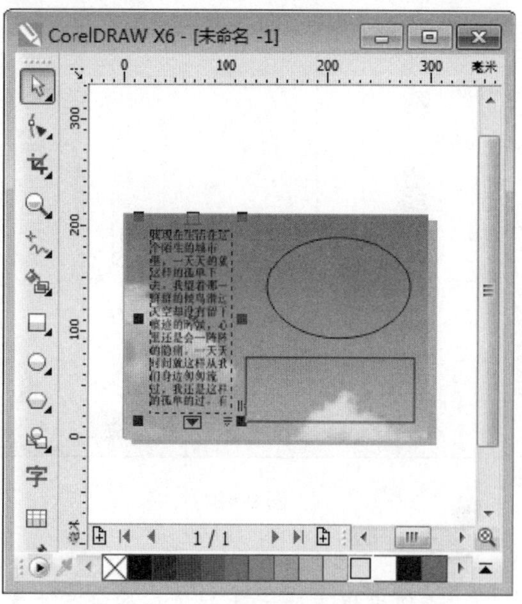

图 9-51

step 2 单击鼠标左键，当鼠标指针变为▤形状后，将变形后的鼠标指针移动至绘制的图形对象内部，当鼠标指针变为➡形状时单击鼠标左键，如图 9-52 所示。

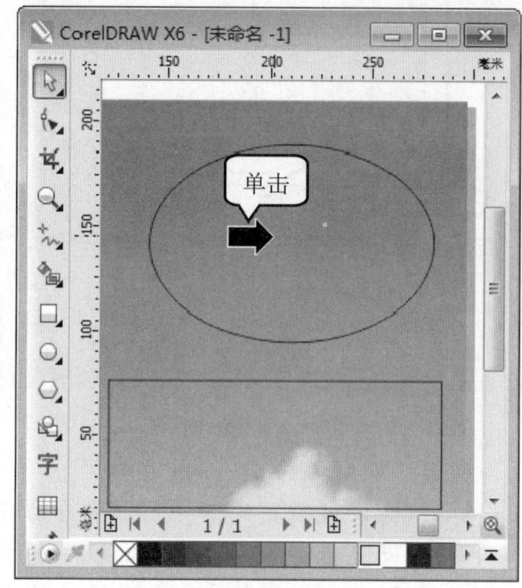

图 9-52

step 3 此时文本将自动链接到图形对象中，如图 9-53 所示。

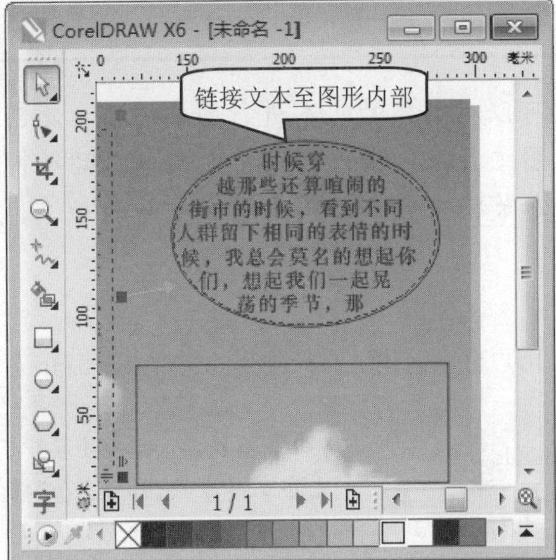

图 9-53

step 4 ① 选择原段落文本后，在键盘上按下 Delete 键，删除原段落文本，② 链接的文本框里面的文本内容自动更改，如图 9-54 所示。

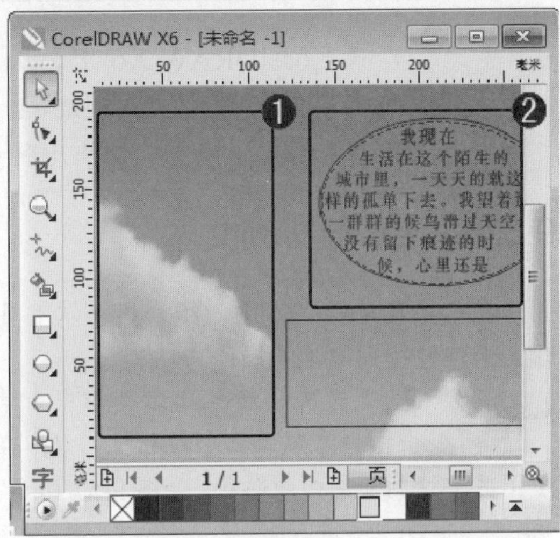

图 9-54

step 5 选择段落文本后，将鼠标指针移动至文本框下方的▼控制点上，如图 9-55 所示。

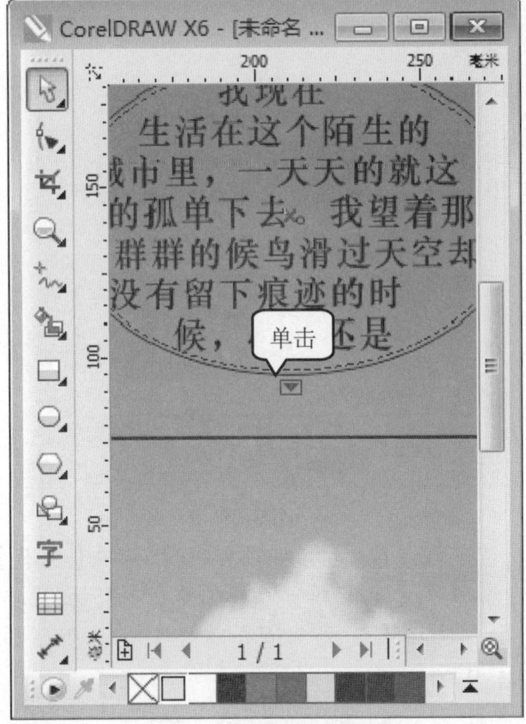

图 9-55

step 6 单击鼠标左键，当鼠标指针变为形状后，将变形后的鼠标指针移动至绘制的图形对象内部，当鼠标指针变为➡形状时单击鼠标左键，这样即可创建第二个文本链接，如图 9-56 所示。

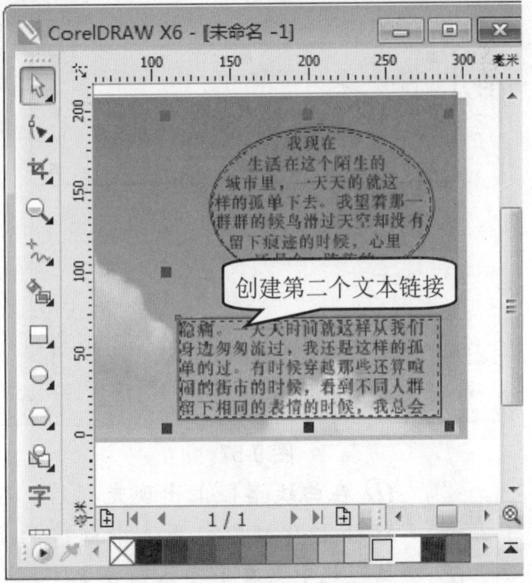

图 9-56

9.6 图文混排

在 CorelDRAW X6 中，用户可以对创建的文本进行图文混排，使创建的文本能与图形更好地融合。图文混排包括沿路径排列文本、插入特殊字符和绕图排列文本等几种。本节将重点介绍图文混排方面的知识。

9.6.1 沿路径排列文本

在 CorelDRAW X6 中，结合贝塞尔工具，用户可以创建沿路径排列的文本。下面介绍输入沿路径排列文本的操作方法。

step 1 ① 新建文档后，在工具箱中，单击【贝塞尔工具】按钮，② 在绘图区中绘制一条曲线路径，如图 9-57 所示。

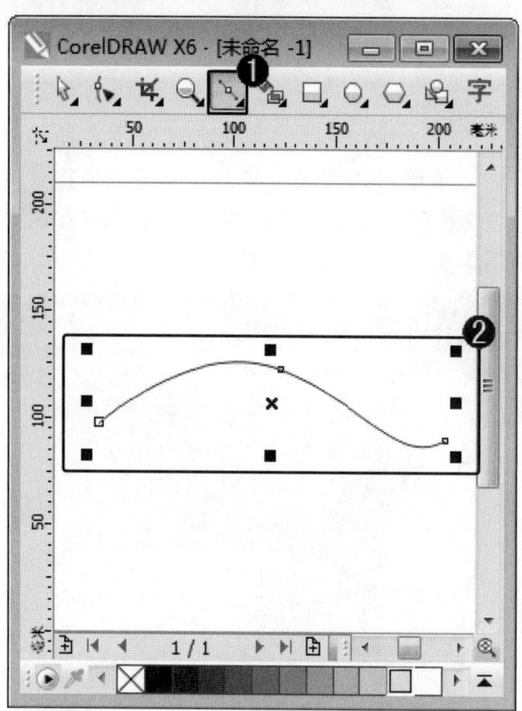

图 9-57

step 2 ① 创建曲线路径后，在工具箱中，单击【文字工具】按钮字，② 将光标移动到路径边缘，当鼠标指针变为形状时，单击绘制的曲线路径，如图 9-58 所示。

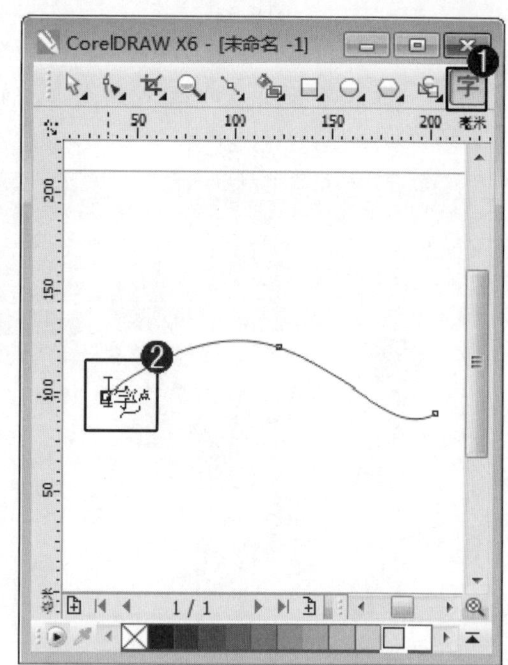

图 9-58

step 3 ① 在曲线路径上出现光标后，在路径上输入文字并选中创建的文字，② 在属性栏中，在【字体列表】下拉列表框中，选择准备应用的字体，③ 在【字体大小】下拉列表框中，输入字体的大小数值，如图 9-59 所示。

step 4 ① 选取路径文字后，单击【文本】主菜单，② 在弹出的下拉菜单中，选择【使文本适合路径】菜单项，如图 9-60 所示。

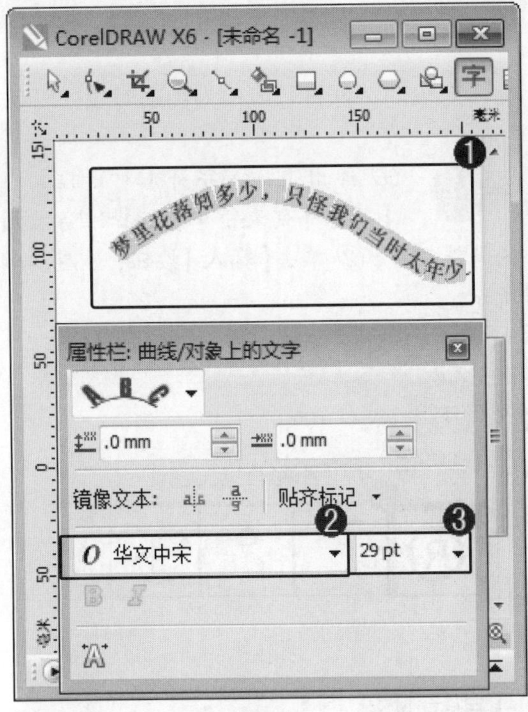

图 9-59

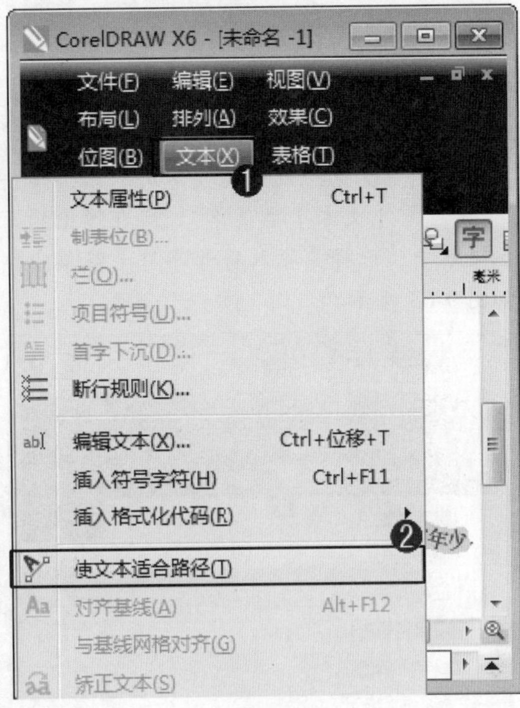

图 9-60

step 5 进入文本路径编辑状态后，在绘图区中，指定文本路径的位置和距离，如图 9-61 所示。

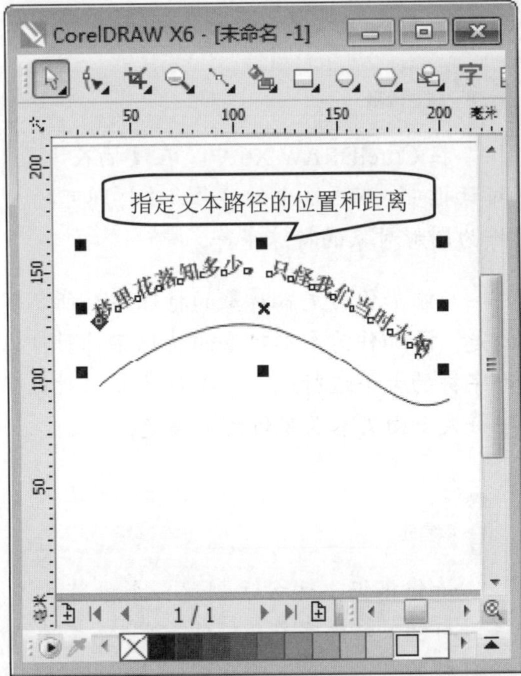

图 9-61

step 6 指定文本路径的位置和距离后，删除绘制的曲线路径。通过以上方法即可完成输入沿路径排列文本的操作，如图 9-62 所示。

图 9-62

9.6.2　插入特殊字符

在 CorelDRAW X6 中，用户可以添加作为文本对象的特殊符号或作为图形对象的特殊字符。下面介绍插入特殊字符的操作方法。

step 1　① 选择创建的段落文本后，单击【文本】主菜单，② 在弹出的下拉菜单中，选择【插入符号字符】菜单项，如图 9-63 所示。

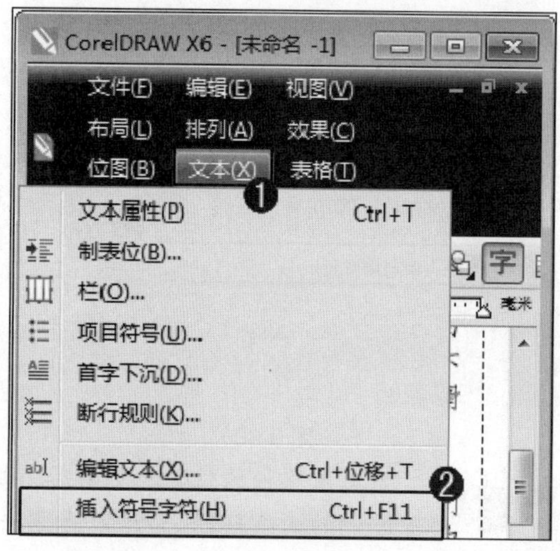

图 9-63

step 2　① 弹出【插入字符】对话框，在【符号】列表框中，选择准备应用的特殊字符，② 单击【插入】按钮，如图 9-64 所示。

图 9-64

step 3　通过以上方法即可完成插入特殊字符的操作，如图 9-65 所示。

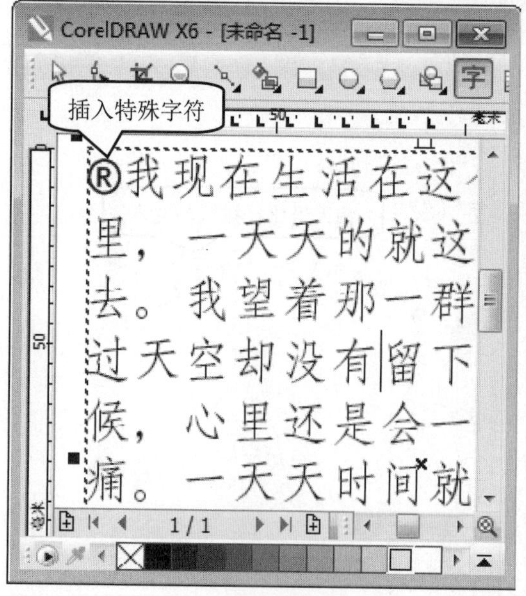

图 9-65

智慧锦囊

在 CorelDRAW X6 中，在【插入字符】对话框中，双击选中的符号，这样即可插入作为图形对象的特殊字符。

与添加作为文本对象的特殊字符所不同的是，添加作为图形对象的特殊字符时可以对字符的大小进行设置，而作为文本对象的字符大小由文本的字体大小决定。

考考您

请您根据上述方法创建一个段落文本并进行插入特殊字符的操作，测试一下您的学习效果。

9.6.3 绕图排列文本

在 CorelDRAW X6 中，程序提供了多种文本绕图的形式，使文本和图形结合得更加美观，以便用户设计的图形更加生动。下面介绍绕图排列文本的操作方法。

step 1 ① 创建段落文本后，在键盘上按下组合键 Ctrl+I，弹出【导入】对话框，选择准备导入的图形文件，② 单击【导入】按钮，如图 9-66 所示。

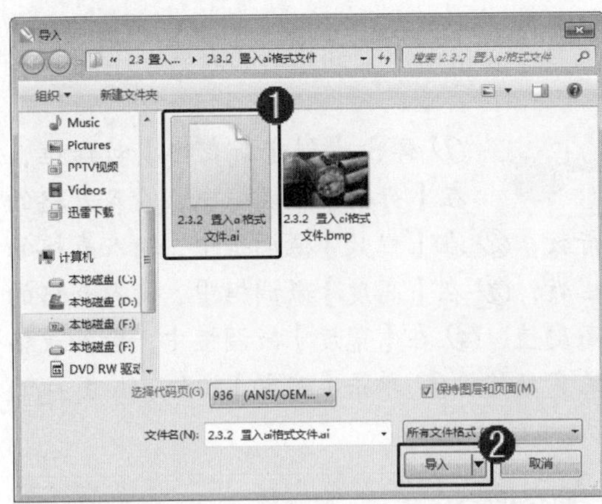

图 9-66

step 2 导入图形后，将导入的图形移动至准备排列的位置，如图 9-67 所示。

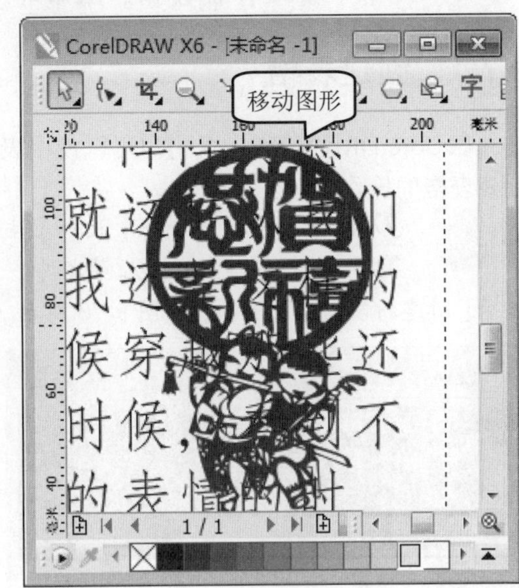

图 9-67

step 3 右键单击导入的图形对象，在弹出的快捷菜单中，选择【段落文本换行】菜单项，如图 9-68 所示。

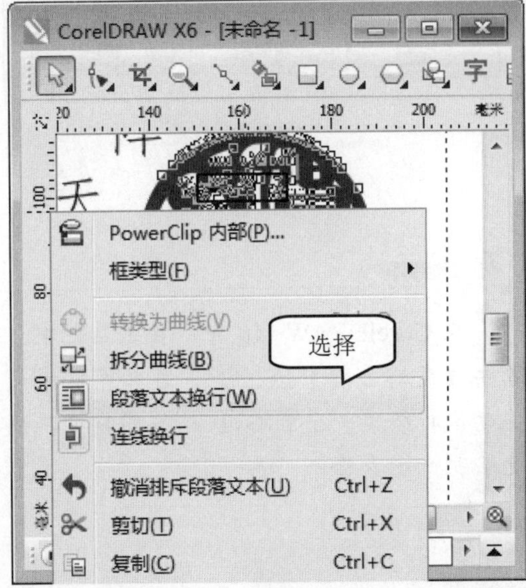

图 9-68

step 4 通过以上方法即可完成绕图排列文本的操作，如图 9-69 所示。

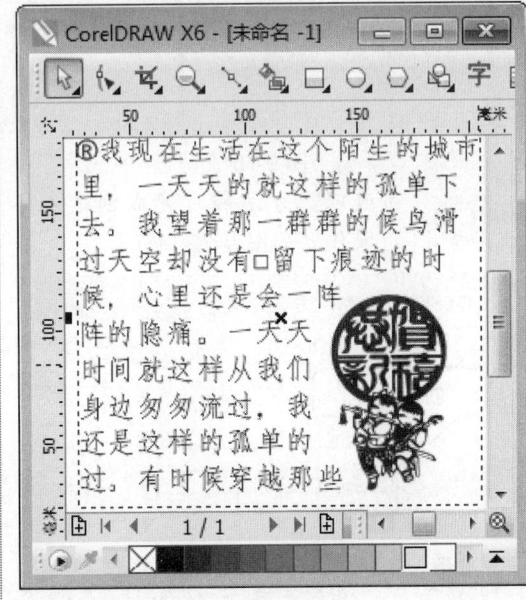

图 9-69

9.7 表格工具

在 CorelDRAW X6 中，使用表格工具，用户可以创建表格，以便在表格中输入各种数据。本节将重点介绍表格工具方面的知识。

9.7.1 创建表格

在 CorelDRAW X6 中，用户可以使用表格工具或表格命令来创建新的表格。下面介绍创建表格的操作方法。

step 1 ① 新建文档后，单击【表格】主菜单，② 在弹出的下拉菜单中，选择【创建新表格】菜单项，如图 9-70 所示。

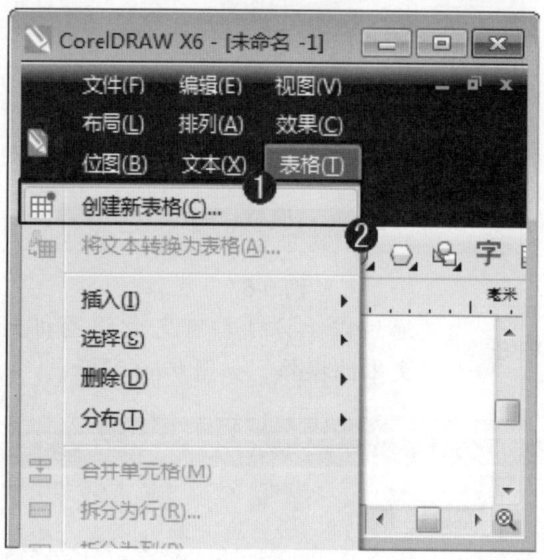

图 9-70

step 2 ① 弹出【创建新表格】对话框，在【行数】微调框中，输入表格的行数，② 在【栏数】微调框中，输入表格的栏数，③ 在【高度】微调框中，输入表格的高度值，④ 在【宽度】微调框中，输入表格的宽度值，⑤ 单击【确定】按钮，如图 9-71 所示。

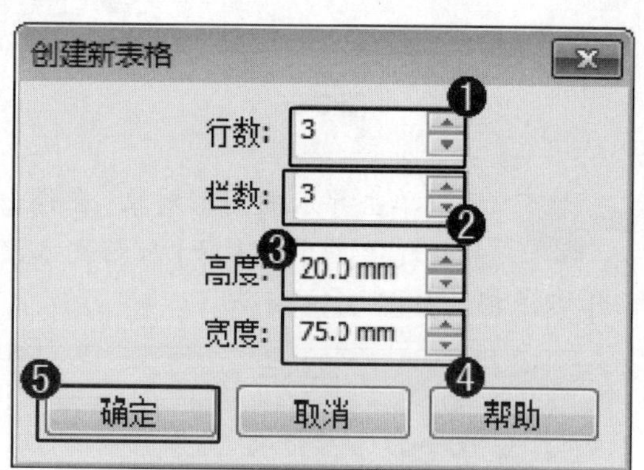

图 9-71

step 3 通过以上方法即可完成创建表格的操作，如图 9-72 所示。

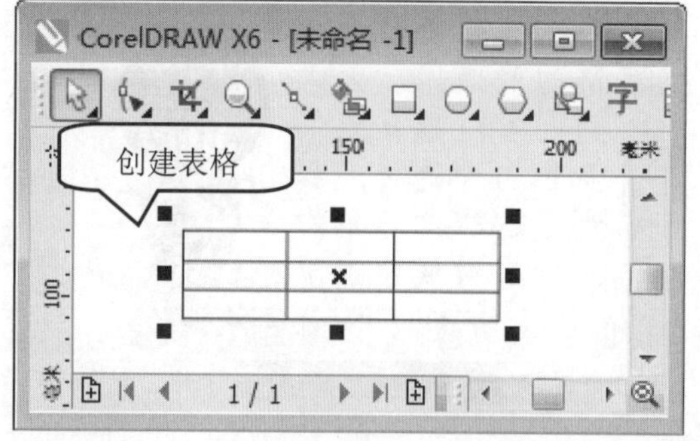

图 9-72

智慧锦囊

在 CorelDRAW X6 中，在工具栏中，单击【表格工具】按钮，在绘图区中，拖动鼠标绘制一个表格框，这样同样可以快速绘制一个表格。

9.7.2 将表格转换成文本

在 CorelDRAW X6 中，创建表格后，用户可以将表格转换成文本，以便用户将表格中的数据以文本形式进行编辑。下面介绍将表格转换成文本的操作方法。

step 1 新建一个文档，在绘图区中创建一个表格并在其中输入文本，如图 9-73 所示。

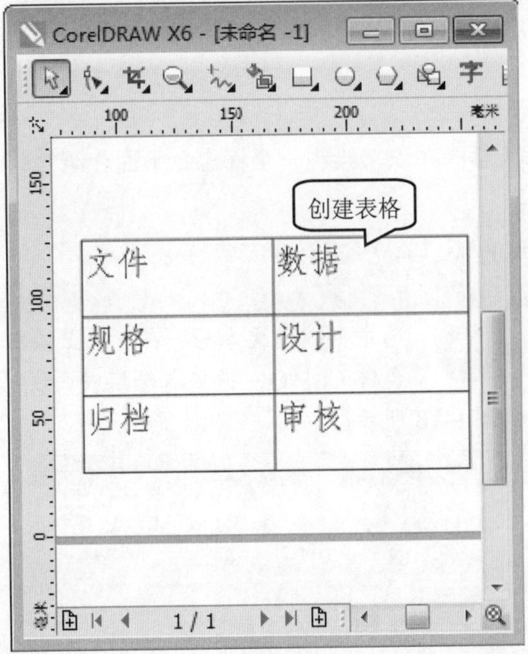

图 9-73

step 2 ① 选择创建的表格后，单击【表格】主菜单，② 在弹出的下拉菜单中，选择【将表格转换为文本】菜单项，如图 9-74 所示。

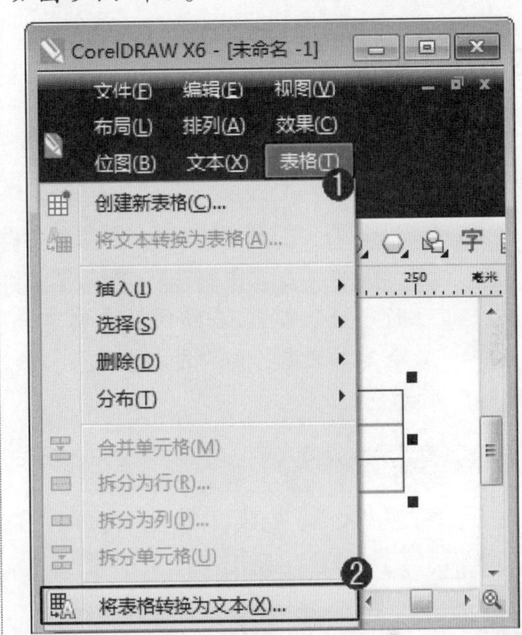

图 9-74

step 3 ① 弹出【将表格转换为文本】对话框，选中【制表位】单选按钮，② 单击【确定】按钮，如图 9-75 所示。

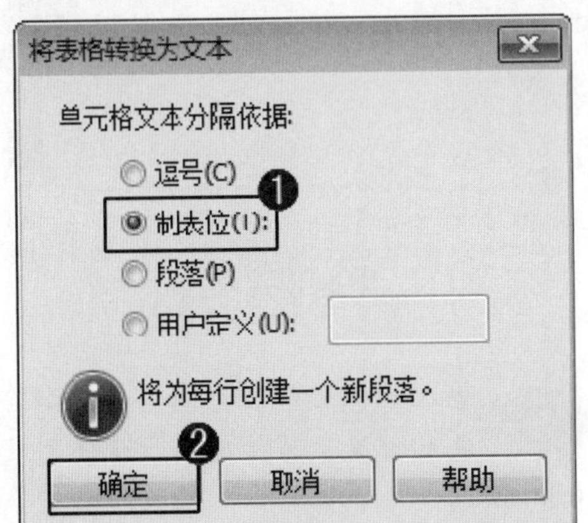

图 9-75

step 4 通过以上方法即可完成将表格转换成文本的操作，如图 9-76 所示。

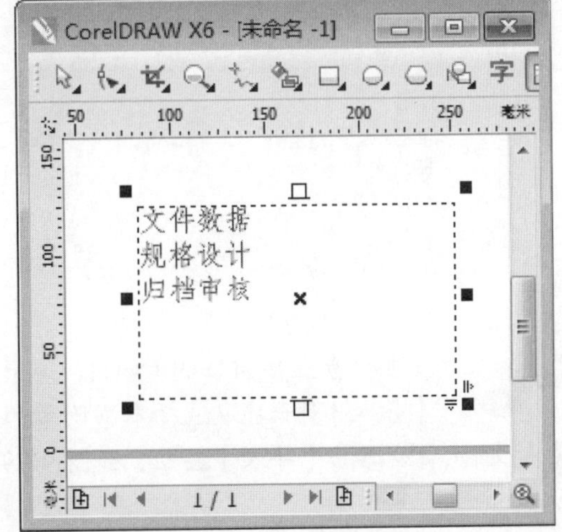

图 9-76

9.8 范例应用与上机操作

通过本章的学习，用户已经初步掌握文本与表格方面的基础知识。下面介绍几个实践案例，巩固一下学习到的知识要点，使用户达到活学活用的效果。

9.8.1 绘制标志

在 CorelDRAW X6 中，用户可以运用本章所学的知识，绘制一个标志。下面介绍绘制标志的操作方法。

素材文件 配套素材\第 9 章\素材文件\祥云.ai

效果文件 配套素材\第 9 章\效果文件\绘制标志

step 1 新建一个文档，在绘图区中创建一个美术文本，如“文杰书院”，如图 9-77 所示。

图 9-77

step 2 选中创建的文本后，在键盘上按组合键 Ctrl+Q，将文本转换成曲线，如图 9-78 所示。

图 9-78

step 3 ①在键盘上按组合键 Ctrl+I，弹出【导入】对话框，选择本书附带的素材文件，② 单击【导入】按钮，如图 9-79 所示。

step 4 导入素材文件后，调整其大小、颜色和位置，等待后续步骤使用，如图 9-80 所示。

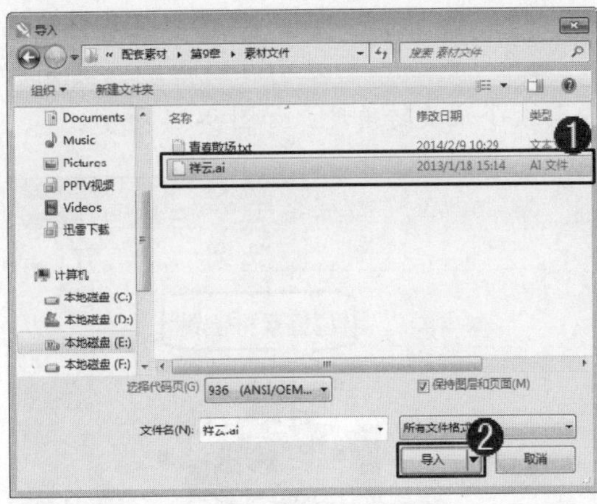

图 9-79

图 9-80

step 5 使用形状工具，用圈选的方法将需要删除的文字节点选中，在键盘上按下 Delete 键，将其删除，如图 9-81 所示。

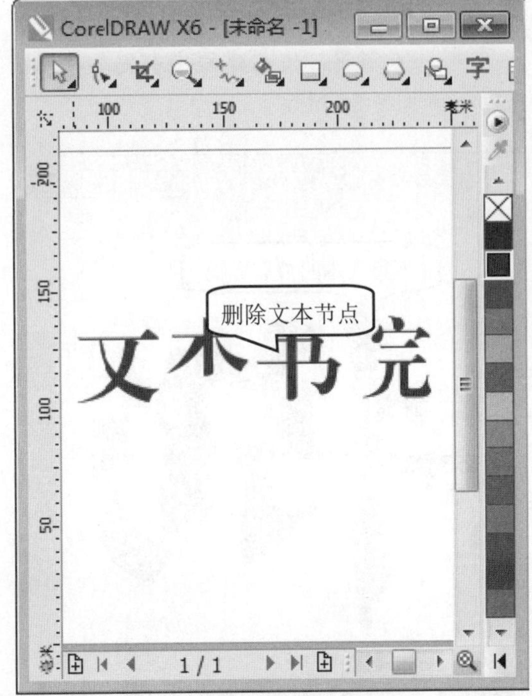

图 9-81

step 6 删除文本节点后，选中导入的素材文件并将其移动至第一文字上方指定位置，如图 9-82 所示。

图 9-82

step 7 ① 复制导入的素材文件，在【移动工具】属性栏中，单击【水平镜像】按钮，② 将镜像后的素材移动至第二个文字下方指定位置并调整其大小，如图 9-83 所示。

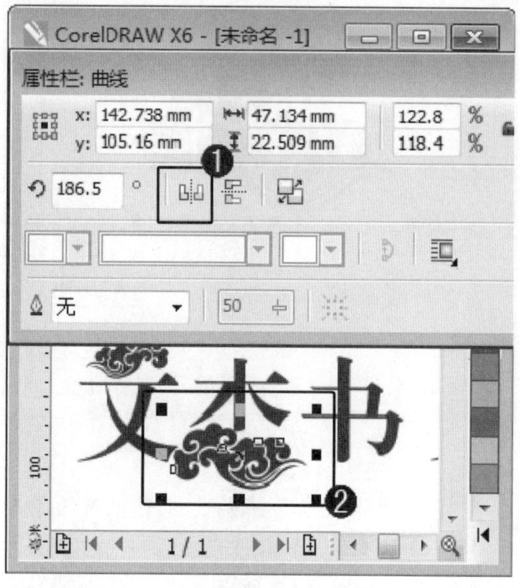

图 9-83

step 8 复制导入的素材文件，将素材移动至第三个文字右侧指定位置并调整其大小及旋转角度，如图 9-84 所示。

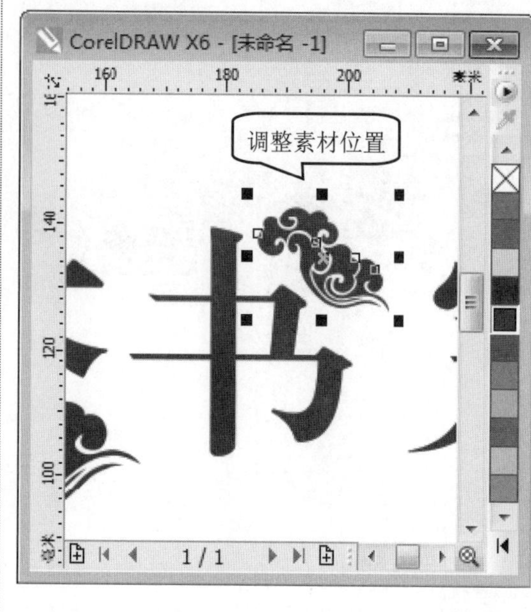

图 9-84

step 9 复制导入的素材文件，将素材移动至第四个文字左侧指定位置并调整其大小，如图 9-85 所示。

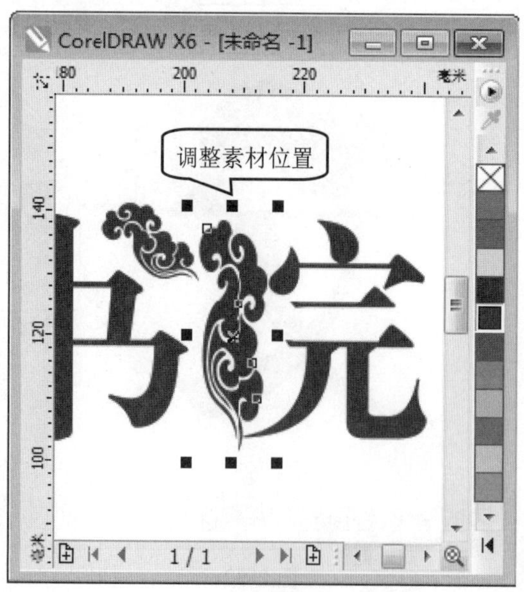

图 9-85

step 10 使用形状工具调整各个文本的节点形状，使创建的文本更加美观、生动，如图 9-86 所示。

图 9-86

step 11 将所有图形对象选中，在调色板中，单击准备使用的色块，如“红色”，将所有图形对象填充指定的颜色，如图 9-87 所示。

图 9-87

step 12 通过以上方法即可完成绘制标志的操作，如图 9-88 所示。

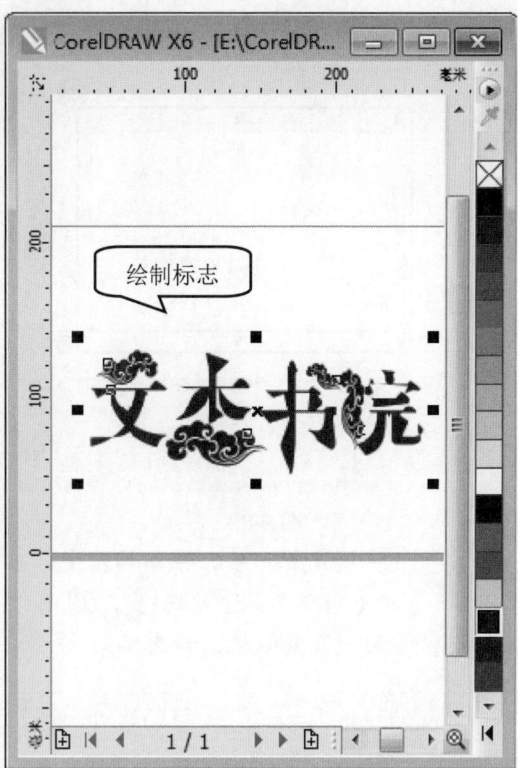

图 9-88

9.8.2 绘制名片

在 CorelDRAW X6 中，用户可以运用本章所学的知识，绘制一个名片。下面介绍绘制名片的操作方法。

素材文件 配套素材\第 9 章\素材文件\绘制标志.cdr

效果文件 配套素材\第 9 章\效果文件\绘制名片

step 1 ① 新建文件后，在工具箱中，单击【矩形工具】按钮，② 在绘图区中，绘制一个矩形图形，③ 在【对象大小】文本框中，调整矩形的高度与宽度，如图 9-89 所示。

step 2 ① 绘制矩形后，在绘图区中，选择准备填充的矩形对象，② 在调色板中，单击准备填充的颜色，将图形填充颜色，如图 9-90 所示。

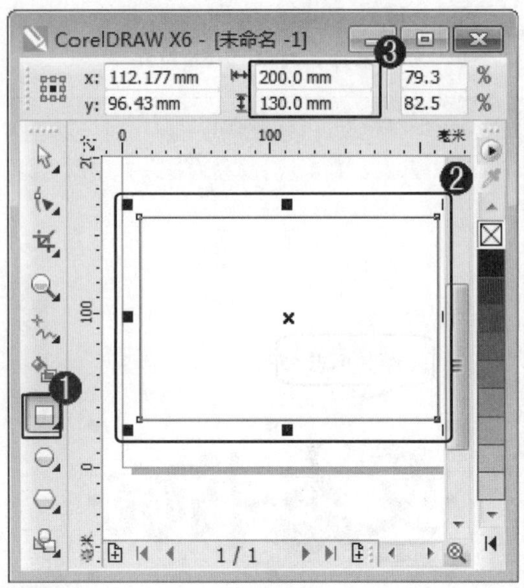

图 9-89

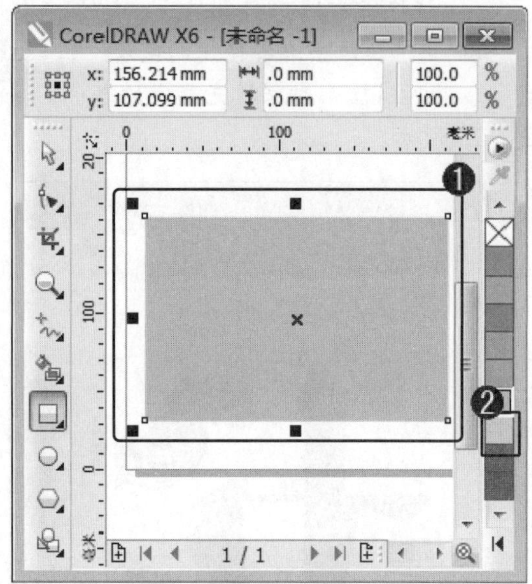

图 9-90

step 3 ① 填充矩形后，在工具箱中，单击【折线工具】按钮，② 在绘图区中，绘制一条直线段，如图 9-91 所示。

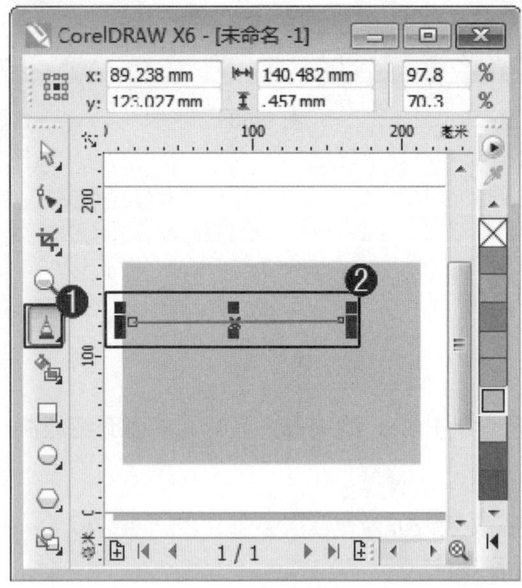

图 9-91

step 4 ① 选中绘制的直线段后，在属性栏中，在【轮廓宽度】下拉列表框中，选择直线段的轮廓值，如“2.0 mm”，② 在绘图区中，直线轮廓发生改变，如图 9-92 所示。

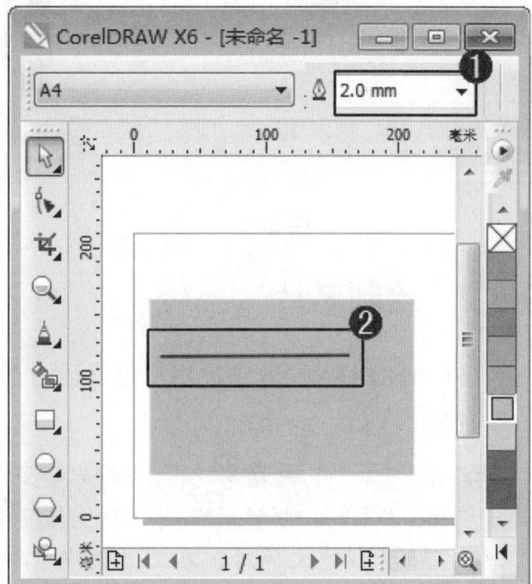

图 9-92

step 5 ①在键盘上按组合键 Ctrl+I，弹出【导入】对话框，选择本书附带的素材文件，② 单击【导入】按钮，如图 9-93 所示。

step 6 导入素材文件后，将其移动至名片内部指定位置并调整其大小和颜色，如图 9-94 所示。

图 9-93

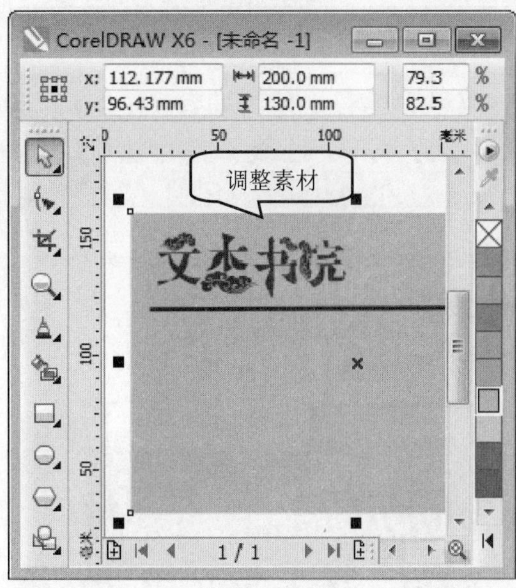

图 9-94

step 7 ① 在工具箱中，单击【矩形工具】按钮，② 在绘图区中，绘制一个矩形并填充成红色，如图 9-95 所示。

step 8 ① 在工具箱中，单击【阴影工具】按钮，② 在绘图区中，拖动鼠标为矩形添加阴影效果，如图 9-96 所示。

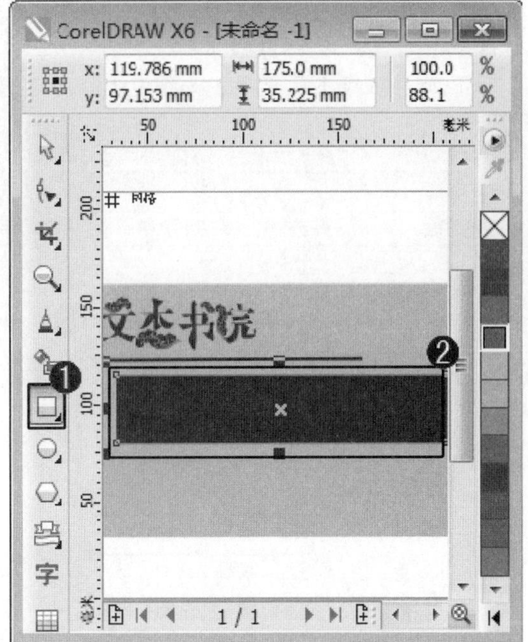

图 9-95

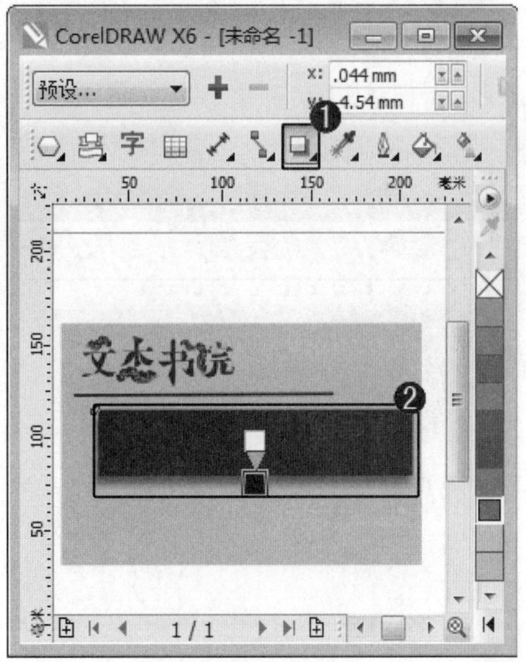

图 9-96

step 9 使用文字工具在绘图区中绘制一个段落文本框，然后在绘制的段落文本框中，输入准备应用的文本内容并填充颜色，如“黄色”，如图 9-97 所示。

step 10 使用文字工具在绘图区中绘制一个段落文本框，然后在绘制的段落文本框中，输入准备应用的文本内容并填充颜色，如“黄色”，如图 9-98 所示。

图 9-97

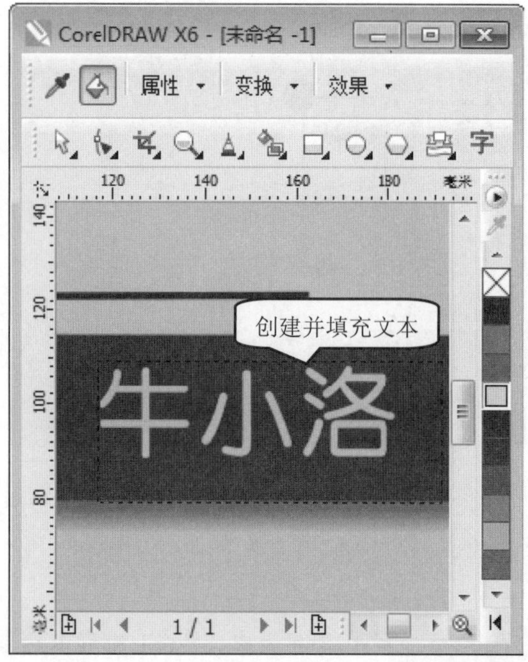

图 9-98

step 11 使用文字工具在绘图区中绘制一个段落文本框，然后在绘制的段落文本框中，输入准备应用的文本内容并填充颜色，如“红色”，如图 9-99 所示。

step 12 ① 选择段落文本后，在【文本属性】泊坞窗中，单击【下划线】下拉按钮，② 在弹出的下拉菜单中，选择【字下加单粗线】菜单项，如图 9-100 所示。

图 9-99

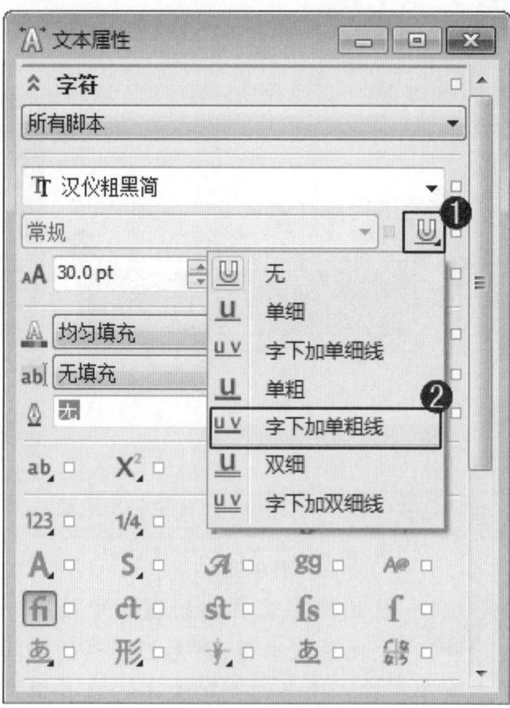

图 9-100

step 13 此时，选择的段落文本将显示下划线效果，如图 9-101 所示。

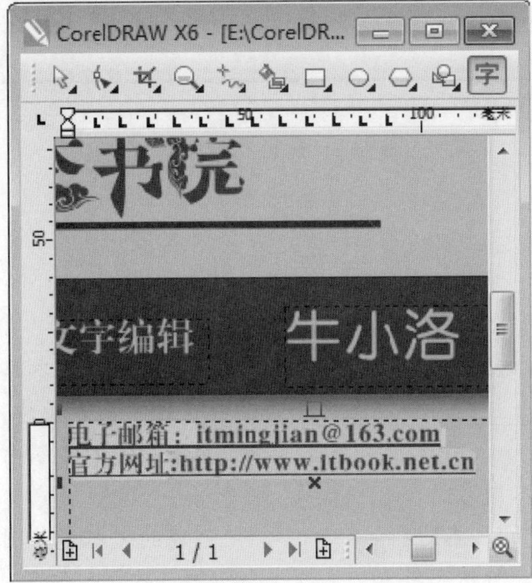

图 9-101

step 14 ①在键盘上按组合键 Ctrl+F11，弹出【插入字符】对话框，在【符号】列表框中，选择准备应用的特殊字符，②单击【插入】按钮，如图 9-102 所示。

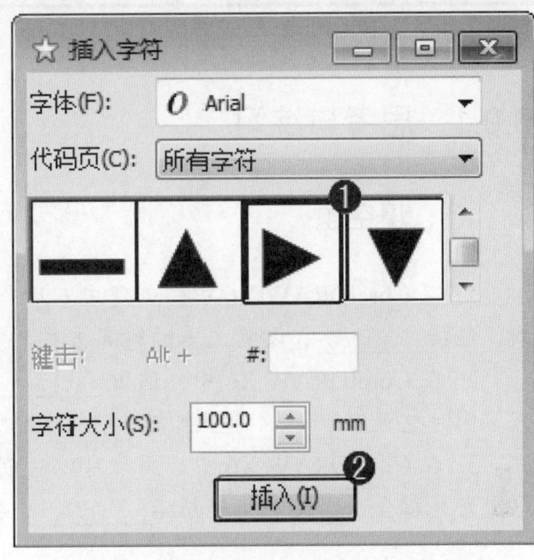

图 9-102

step 15 ① 在弹出的【插入字符】对话框中，继续在【符号】列表框中选择准备应用的特殊字符，② 单击【插入】按钮，如图 9-103 所示。

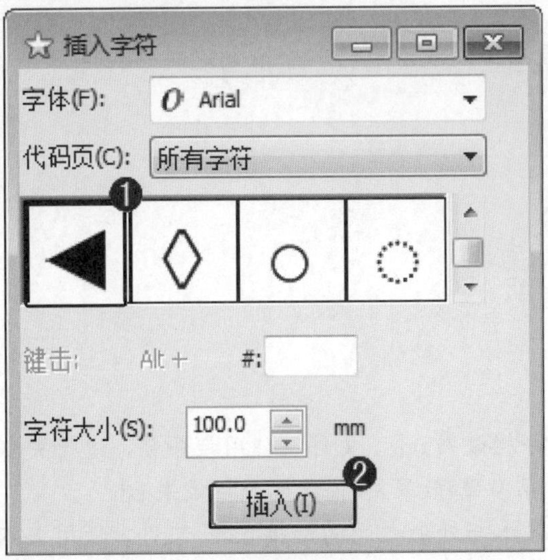

图 9-103

step 16 调整各个图形的位置和大小，使设计的名片更加美观。通过以上方法即可完成绘制名片的操作，如图 9-104 所示。

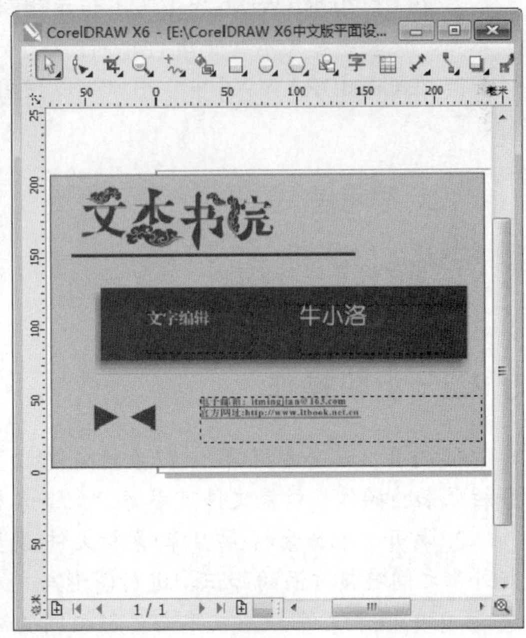

图 9-104

9.9 课后练习

9.9.1 思考与练习

一、填空题

1. 在 CorelDRAW X6 中，创建文本后，为达到突出主题的目的，用户可以设置文本格式，包括________、设置文本的对齐方式、________、________和移动和旋转字符等操作。

2. 在 CorelDRAW X6 中，通过________命令，用户可以查找________中指定的文本内容，同时也可以________当前文件中指定的文本内容。

3. 在 CorelDRAW X6 中，用户可以对创建的文本进行________，使创建的文本能与图形更好地融合，图文混排包括沿________、插入特殊字符和________等几种。

二、判断题

1. 在 CorelDRAW X6 中，当需要查找当前文件中的单个文本对象时，用户可以执行【替换文本】命令来查找指定的文本内容。 （ ）

2. 在 CorelDRAW X6 中，文本栏是指按分栏的形式将段落文本分为两个或两个以上的文本栏，使文字在文本栏中进行排列。 （ ）

3. 在 CorelDRAW X6 中，用户可以使用表格工具或者表格命令来创建新的表格。 （ ）

三、思考题

1. 如何设置字符间距？

2. 如何设置自动断字？

9.9.2 上机操作

1. 打开“配套素材\第 9 章\素材文件\设置分栏效果.cdr”文件，使用栏命令，进行文本分栏效果的操作。效果文件可参考“配套素材\第 9 章\效果文件\设置分栏效果.cdr”。

2. 打开“配套素材\第 9 章\素材文件\设置文本与外形之间的链接.cdr”文件，使用文本与外形之间链接方面的知识，进行图形与文本之间链接的操作。效果文件可参考“配套素材\第 9 章\效果文件\设置文本与外形之间的链接.cdr”。

第 10 章

图层、样式和模板

本章主要介绍了使用图层控制图形对象以及样式与样式集方面的知识与技巧，同时还讲解了设置颜色样式和创建与应用模板方面的技巧。通过本章的学习，读者可以掌握图层、样式和模板方面的知识，为深入学习 CorelDRAW X6 知识奠定基础。

范例导航

1. 使用图层控制图形对象
2. 样式与样式集
3. 设置颜色样式
4. 创建与应用模板

10.1 使用图层控制图形对象

在 CorelDRAW X6 中，所有绘制的图形都是由多个对象堆叠组成的，不同的堆叠顺序，会影响整个图像组成的效果。下面介绍使用图层控制对象方面的知识。

10.1.1 新建图层

在 CorelDRAW X6 中，要控制绘制的图形对象，用户首先要在【对象管理器】泊坞窗中新建图层。下面介绍新建图层的操作方法。

step 1 ① 绘制图形后，单击【窗口】主菜单，② 在弹出的下拉菜单中，选择【泊坞窗】菜单项，③ 在弹出的子菜单中，选择【对象管理器】菜单项，如图 10-1 所示。

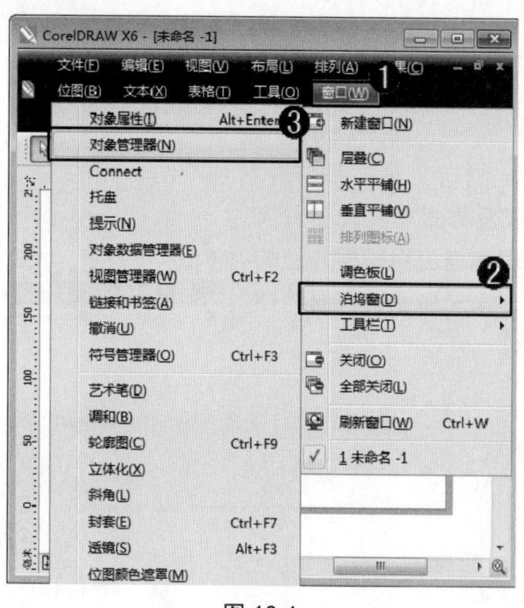

图 10-1

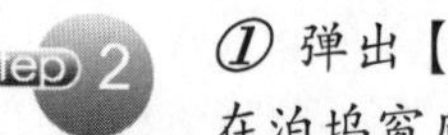

① 弹出【对象管理器】泊坞窗，在泊坞窗底部，单击【新建图层】按钮，② 通过以上方法即可完成新建图层的操作，如图 10-2 所示。

图 10-2

10.1.2 在指定图层中添加对象

在 CorelDRAW X6 中，创建多个图层后，用户可以在指定的图层中添加图形对象，应注意的是，锁定的图层将无法添加对象。下面介绍在图层中添加对象的操作方法。

step 1 ① 绘制图形后，在【对象管理器】泊坞窗中，选择准备添加对象的图层，② 在绘图窗口中，选择绘制的图形，如图 10-3 所示。

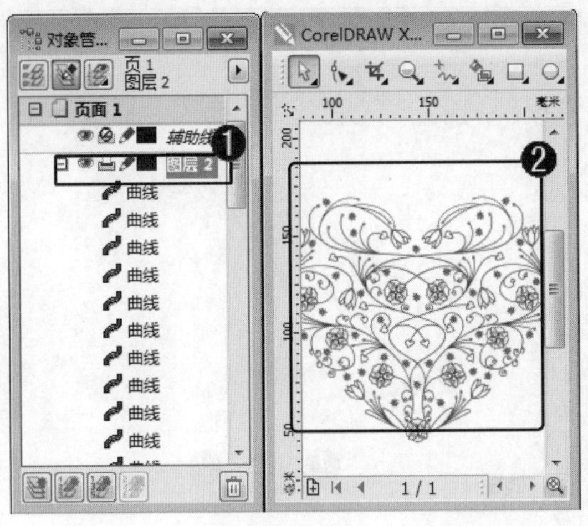

图 10-3

step 2 通过以上方法即可完成在指定图层中添加对象的操作，如图 10-4 所示。

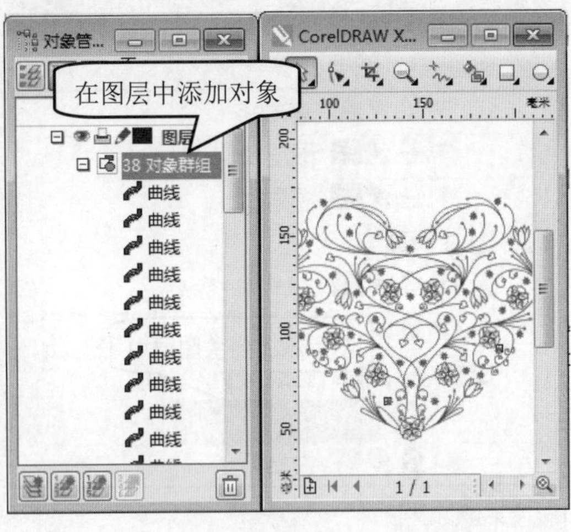

图 10-4

10.1.3　为新建的主图层添加对象

在新建主图层后，用户可以将一个或多个图层添加到主页面，以便保持这些页面具有相同的页眉、页脚或静态背景等内容。下面介绍为新建的主图层添加对象的操作方法。

step 1 ① 在【对象管理器】泊坞窗中，在泊坞窗底部，单击【新建主图层】按钮，② 新建一个主图层，如“图层 1(所有页)”，如图 10-5 所示。

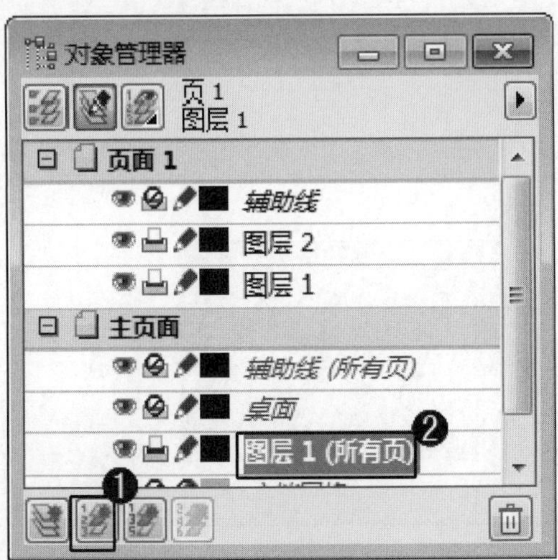

图 10-5

step 2 在绘图区中，导入一张图片作为页面背景的图像，如图 10-6 所示。

图 10-6

step 3 此时，该图像将被添加到主图层的【图层 1】中，如图 10-7 所示。

图 10-7

step 4 ① 在页面标签栏中，单击【导入】按钮，② 插入一个新的页面，如“页 2”，页 2 具有和“页 1”相同的背景，如图 10-8 所示。

图 10-8

step 5 ① 插入页面后，执行【视图】主菜单，② 在弹出的下拉菜单中，选择【页面排序器视图】菜单项，如图 10-9 所示。

图 10-9

step 6 此时，用户可以查看两个页面的内容。通过以上方法即可完成为新建的主图层添加对象的操作，如图 10-10 所示。

图 10-10

10.1.4 在图层中移动对象

在【对象管理器】泊坞窗中，用户可以将图层中的对象移动至指定的位置或不同的图层中。下面介绍在图层中移动对象的操作方法。

1. 移动图层

在 CorelDRAW X6 中，用户可以在【对象管理器】泊坞窗中，将指定的图层移动至目标位置。下面介绍移动图层的操作方法。

step 1 在【对象管理器】泊坞窗中，单击准备移动的图层，拖动该图层至指定位置，然后释放鼠标左键，如图 10-11 所示。

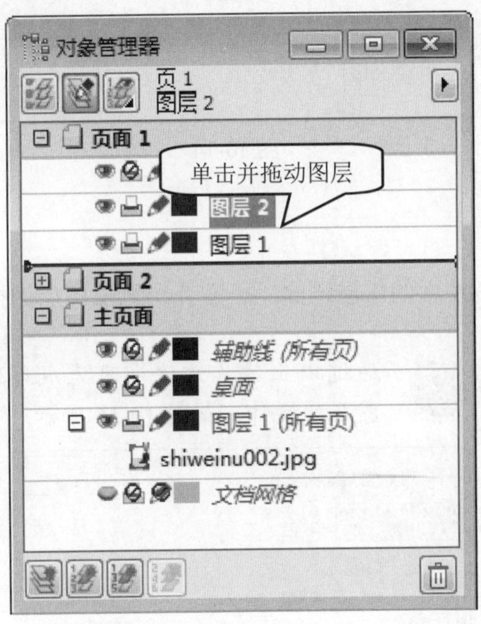

图 10-11

step 2 通过以上方法即可完成移动图层的操作，如图 10-12 所示。

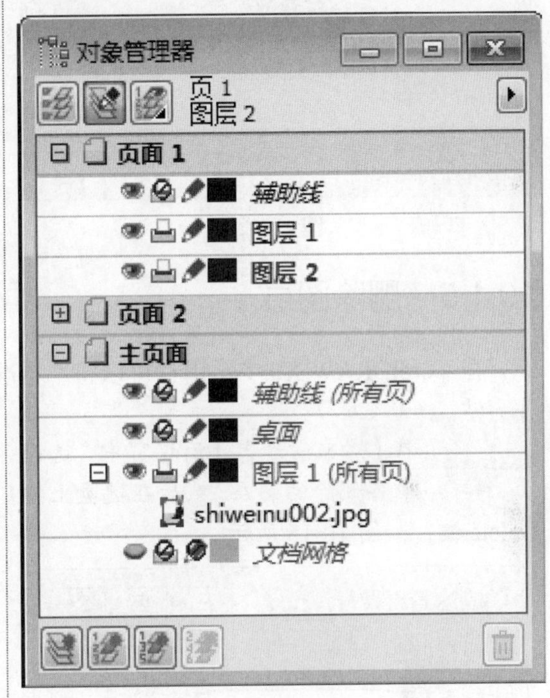

图 10-12

2. 移动对象到新图层中

在 CorelDRAW X6 中，用户可以在【对象管理器】泊坞窗中，将指定的图形对象移动至指定的新图层中。下面介绍移动对象到新图层中的操作方法。

step 1 ① 在【对象管理器】泊坞窗中，选择图形对象所在的图层，② 展开图层名称左边的拓展按钮⊟，③ 在展开的子图层中，选择要移动的对象所在的子图层，④ 将其拖动至指定的图层中，如图 10-13 所示。

step 2 此时，指定的图形对象被移动到指定图层中。通过以上操作方法即可完成移动对象到新图层中的操作，如图 10-14 所示。

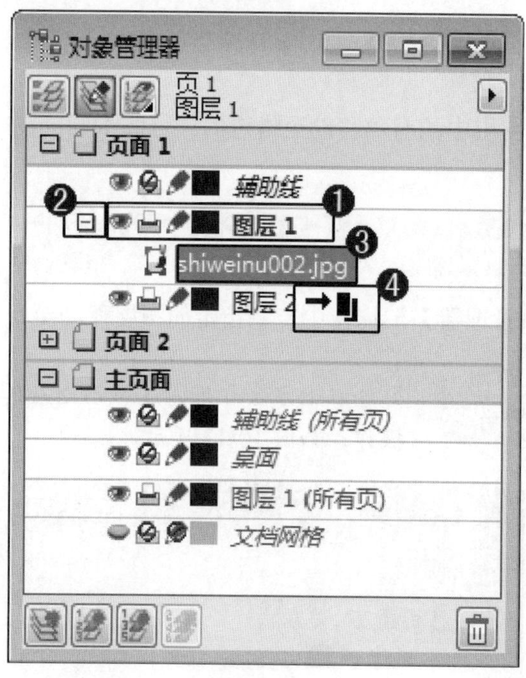

图 10-13

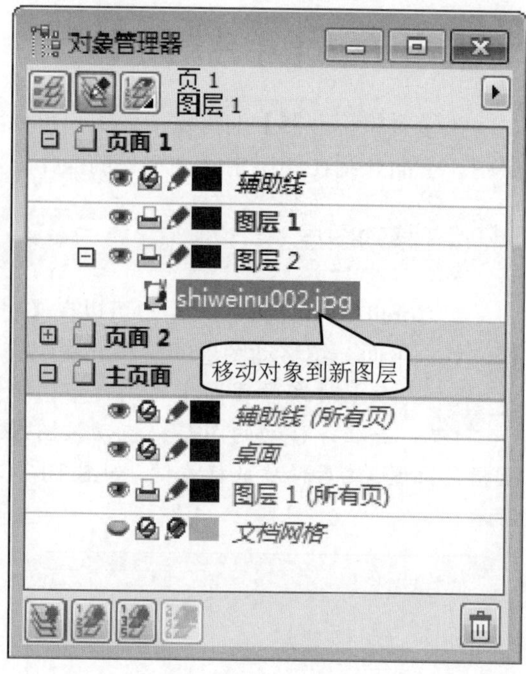

图 10-14

10.1.5 删除图层

在 CorelDRAW X6 中，用户可以将不再准备使用的图层删除。下面介绍删除图层的操作方法。

在【对象管理器】泊坞窗中，选择准备删除的图层，然后在键盘上按 Delete 键，如图 10-15 所示。

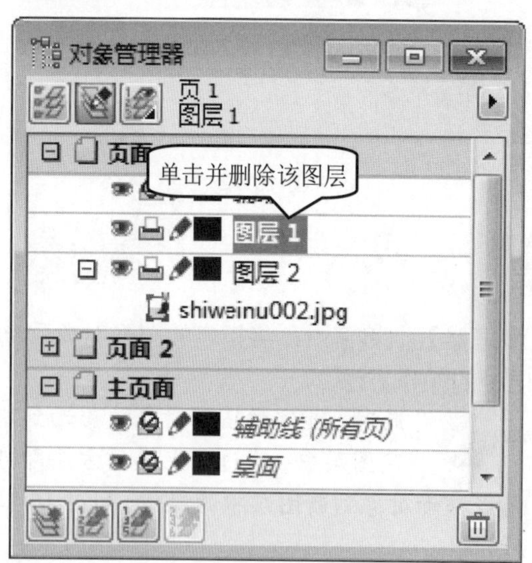

图 10-15

通过以上操作方法即可完成删除图层的操作，如图 10-16 所示。

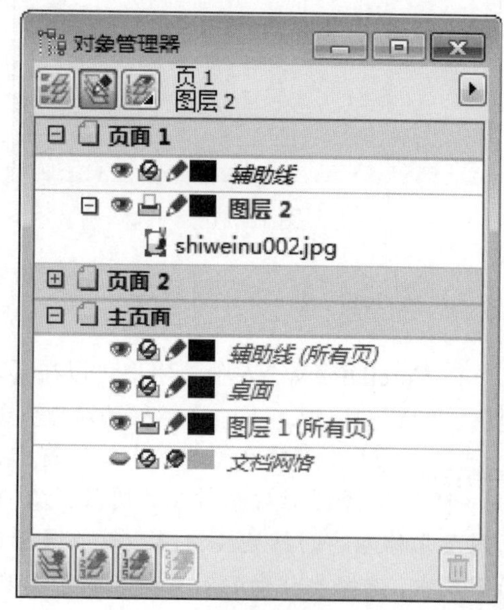

图 10-16

10.2 设置图形样式和文本样式

在 CorelDRAW X6 中，样式是一组定义对象属性的格式化属性。下面介绍使用样式方面的知识。

10.2.1 创建样式

在 CorelDRAW X6 中，用户可以创建新的图形和文本样式。下面将分别详细介绍创建图形样式和创建文本样式的操作方法。

1. 创建图形样式

在 CorelDRAW X6 中，用户可以依据现有对象的属性创建图形样式，也可以重新创建图形样式。下面介绍创建图形样式的操作方法。

step 1 ① 打开准备编辑的图形对象，在对象上单击鼠标右键，在弹出的快捷菜单中，选择【对象样式】菜单项，② 在弹出的子菜单中，选择【从以下项新建样式】菜单项，③ 再在弹出的子菜单中，选择【填充】菜单项，如图 10-17 所示。

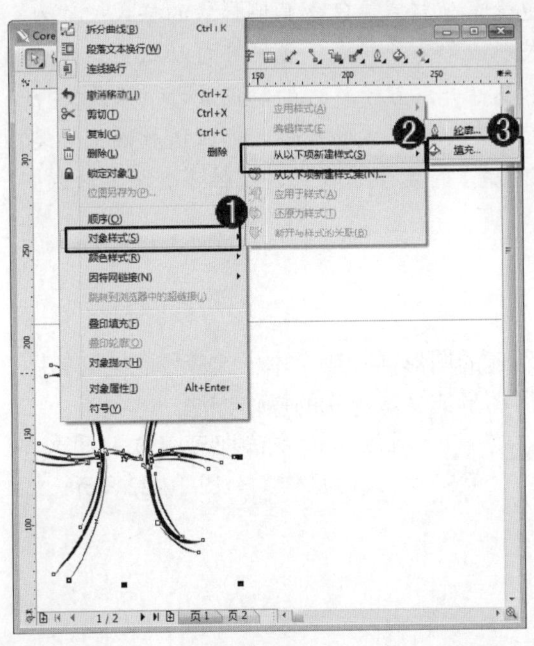

图 10-17

step 2 ① 弹出【从以下项新建样式】对话框，在【新样式名称】文本框中，输入新建样式的名称，② 单击【确定】按钮。通过以上方法即可完成创建图形样式的操作，如图 10-18 所示。

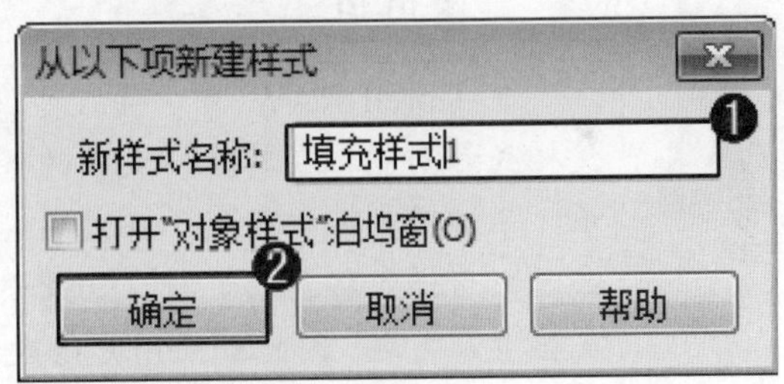

图 10-18

智慧锦囊

在 CorelDRAW X6 中，在【从以下项新建样式】对话框中，选中【打开“对象样式”泊坞窗】复选框，这样在新建样式的时候，用户可以在【对象样式】泊坞窗中编辑创建的样式。

第10章 图层、样式和模板

2. 创建文本样式

在 CorelDRAW X6 中，用户可以依据现有对象的属性创建文本样式，也可以重新创建文本样式。下面介绍创建文本样式的操作方法。

step 1 ① 打开准备编辑的图形对象，在对象上单击鼠标右键，在弹出的快捷菜单中，选择【对象样式】菜单项，② 在弹出的子菜单中，选择【从以下项新建样式】菜单项，③ 再在弹出的子菜单中，选择【字符】菜单项，如图 10-19 所示。

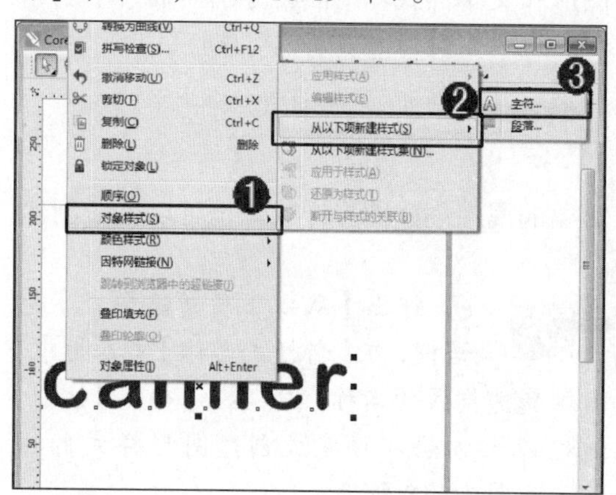

图 10-19

step 2 ① 弹出【从以下项新建样式】对话框，在【新样式名称】文本框中，输入新建样式的名称，② 单击【确定】按钮。通过以上方法即可完成创建文本样式的操作，如图 10-20 所示。

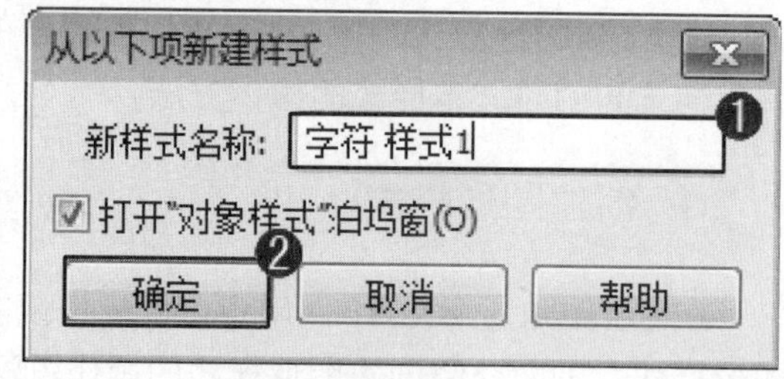

图 10-20

知识精讲

在 CorelDRAW 中，样式可以包含其他样式。包含其他样式的样式被称为父样式；而包含在其他样式中的样式则被称为子样式。属性可自动从父样式继承；不过用户可以替代子样式的继承属性并设置子样式的特定属性。修改父样式时，子样式将自动更新。如果设置特定于子样式的属性，那么该属性将与父属性没有关联，因此如果用户修改父样式，特定于子样式的属性不会随之修改。父-子关系也适用于样式集。

10.2.2 应用图形或文本样式

新建图形样式或文本样式后，用户可以将新建的图形样式或文本样式应用到绘制的图形对象中。下面以应用文本样式为例，介绍应用图形或文本样式的操作方法。

step 1 ① 选择准备应用样式的对象，在对象上单击鼠标右键，在弹出的快捷菜单中，选择【对象样式】菜单项，② 在弹出的子菜单中，选择【应用样式】菜单项，③ 再在弹出的子菜单中，选择【字符样式 1】菜单项，如图 10-21 所示。

 step 2 通过以上方法即可完成应用文本样式的操作，如图 10-22 所示。

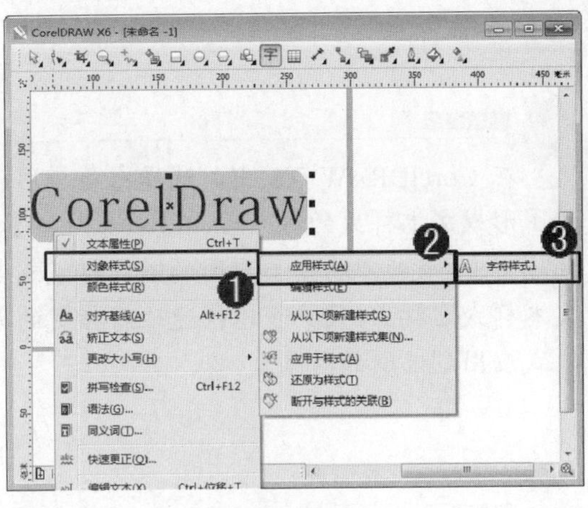

图 10-21

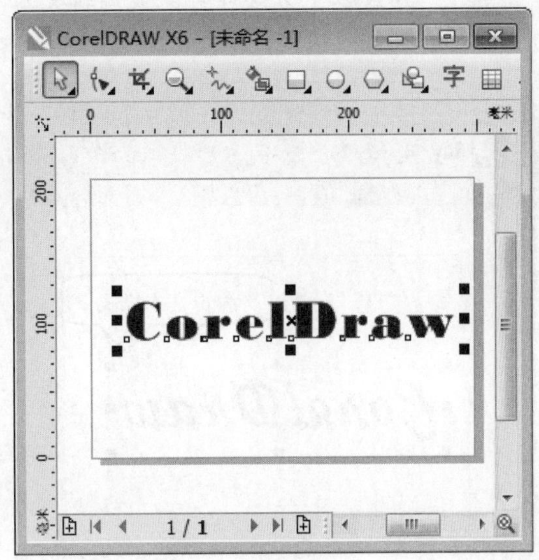

图 10-22

10.2.3　编辑样式

在 CorelDRAW X6 中，用户可以对已经创建的图形样式或文本样式进行再次编辑，以便对应用该样式的图形对象进行修改。下面以编辑文本样式为例，介绍编辑样式的方法。

step 1 ① 选择准备修改样式的对象，在对象上单击鼠标右键，在弹出的快捷菜单中，选择【对象样式】菜单项，② 在弹出的子菜单中，选择【编辑样式】菜单项，③ 再在弹出的子菜单中，选择【字符样式 1】菜单项，如图 10-23 所示。

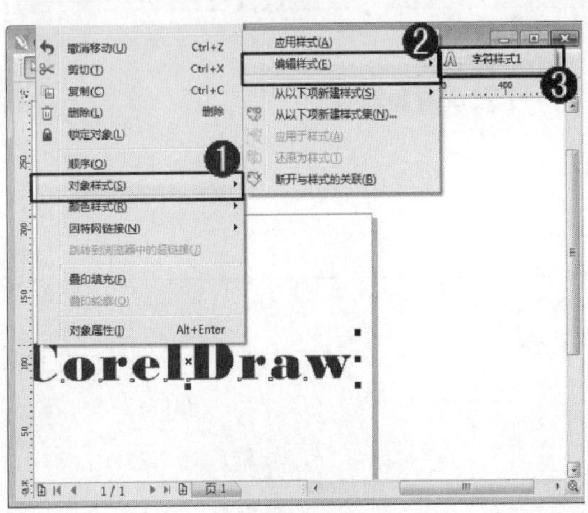

图 10-23

step 2 ① 弹出【对象样式】泊坞窗，选择准备编辑的文本样式，② 在【字体列表】下拉列表框中，设置准备应用的字体，③ 在【字体大小】微调框中，设置准备应用的字体大小，如图 10-24 所示。

图 10-24

step 3 通过以上方法即可完成编辑文本样式的操作，如图 10-25 所示。

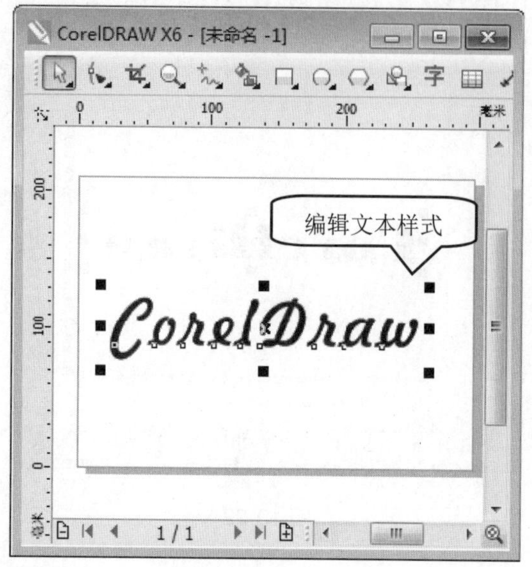

图 10-25

智慧锦囊

在 CorelDRAW X6 中，选择准备应用的图形或文本样式的对象后，在【对象样式】泊坞窗中，直接双击需要应用的图形样式或文本样式名称后，用户可以快速地将指定的样式应用到选取的对象上。

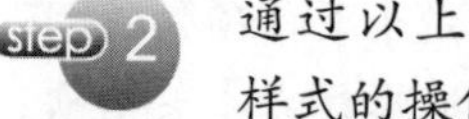
考考您

请您根据上述方法创建一个图形并更改其样式，测试一下您的学习效果。

10.2.4 删除样式

在 CorelDRAW X6 中，如果创建的图形或文本样式已经不能满足用户编辑图形的需要，则可以将其删除。下面以删除文本样式为例，介绍删除图形或文本样式的操作方法。

step 1 ① 在【对象样式】泊坞窗中，右键单击准备删除的样式，② 在弹出的快捷菜单中，选择【删除】菜单项，如图 10-26 所示。

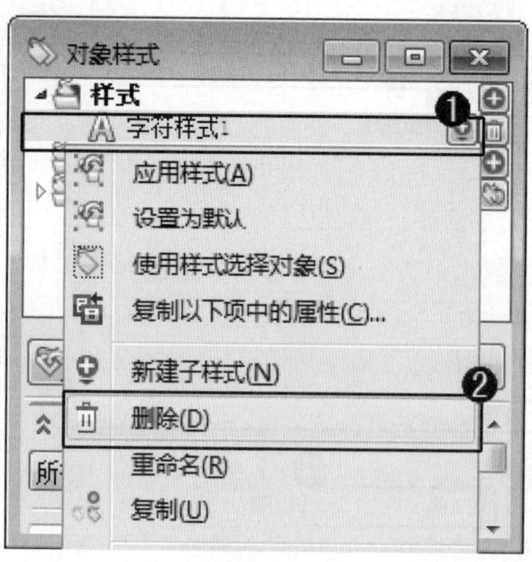

图 10-26

step 2 通过以上方法即可完成删除文本样式的操作，如图 10-27 所示。

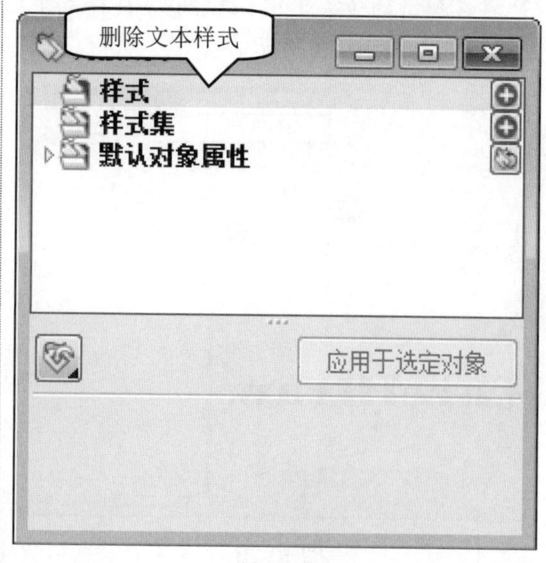

图 10-27

10.3 设置颜色样式

在 CorelDRAW X6 中,颜色样式是指应用于绘图区中对象的颜色集,用户可以将应用在图形对象上的颜色保存为颜色样式。本节将重点介绍设置颜色样式方面的知识。。

10.3.1 创建颜色样式

在 CorelDRAW X6 中，新建的颜色样式会被保存到活动绘图中，同时用户还可以将它应用于绘图区中的对象。下面介绍创建颜色样式的操作方法。

step 1 新建图形后,选择需要创建颜色样式的图形对象,然后将其设置准备应用的填充色和轮廓色，如图 10-28 所示。

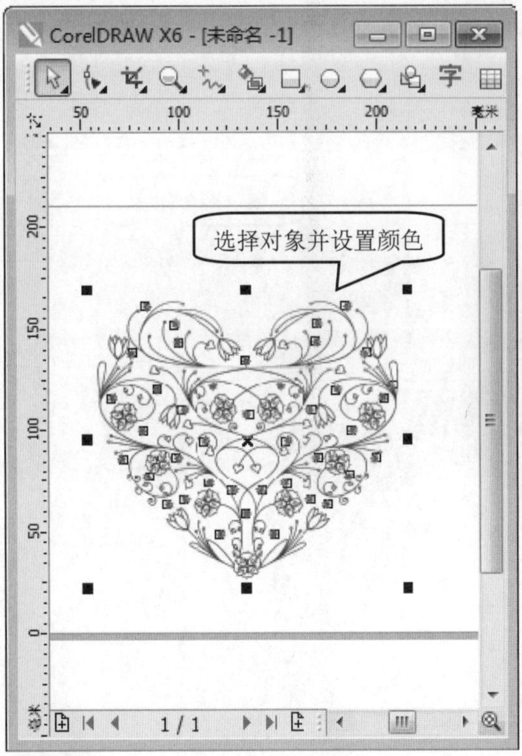

图 10-28

step 3 ① 弹出【创建颜色样式】对话框,选中【填充和轮廓】单选按钮,② 单击【确定】按钮，如图 10-30 所示。

step 2 ① 设置对象后，右键单击准备创建的样式，在弹出的快捷菜单中，选择【颜色样式】菜单项，② 在弹出的子菜单中，选择【从选定项新建】菜单项，如图 10-29 所示。

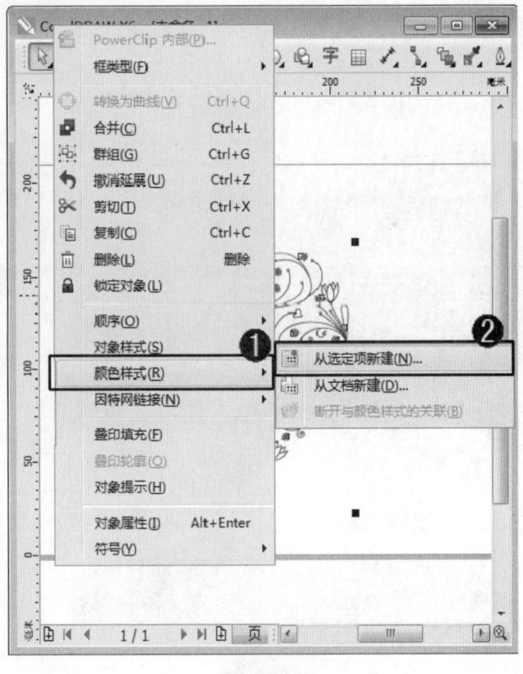

图 10-29

step 4 此时，用户可以在【颜色样式】窗口中查看创建的颜色样式。通过以上方法即可完成创建颜色样式的操作，如图 10-31 所示。

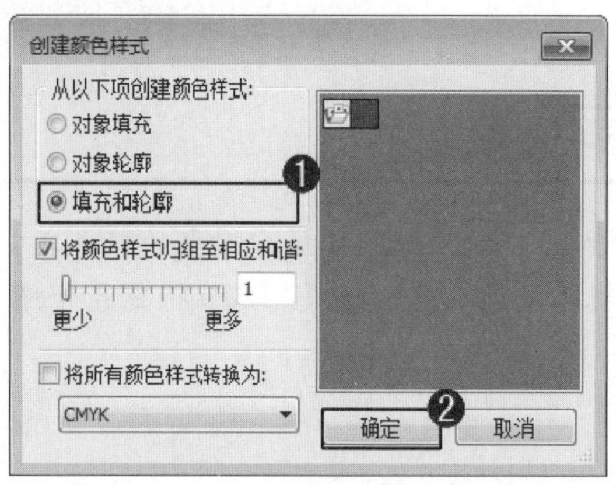

图 10-30

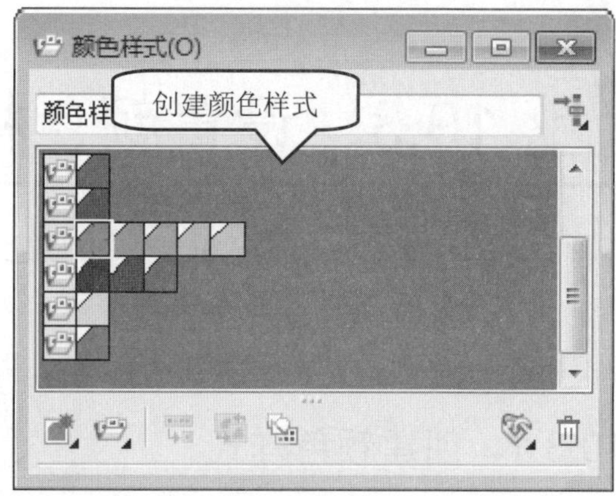

图 10-31

10.3.2 删除颜色样式

在 CorelDRAW X6 中，如果创建的颜色样式已经不能满足用户编辑图形的需要，则可以将其删除。下面介绍删除颜色样式的操作方法。

step 1 ①【颜色样式】泊坞窗中，选择准备删除的颜色样式，② 单击【删除】按钮，如图 10-32 所示。

step 2 通过以上方法即可完成删除颜色样式的操作，如图 10-33 所示。

图 10-32

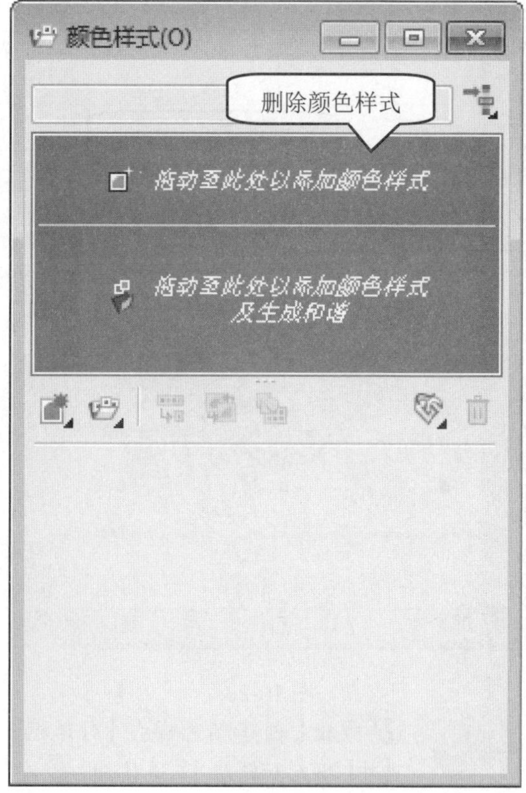

图 10-33

10.4 创建与应用模板

在 CorelDRAW X6 中，模板用于控制绘图布局、页面布局和外观样式的设置。本节将重点介绍创建与应用模板方面的知识。

10.4.1 创建模板

在 CorelDRAW X6 中，如果用户不准备使用程序自带的模板，则可以根据创建的样式来创建新的模板。下面介绍创建模板的操作方法。

step 1 ① 绘制准备创建模板的图形后，单击【文件】主菜单，② 在弹出的下拉菜单中，选择【另存为模板】菜单项，如图 10-34 所示。

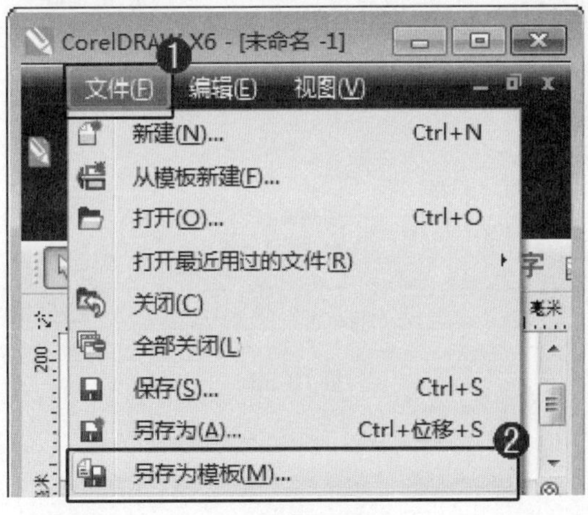

图 10-34

step 2 ① 弹出【保存绘图】对话框，选择模板准备保存的位置，② 在【文件名】下拉列表框中，输入模板保存的名称，③ 单击【保存】按钮，如图 10-35 所示。

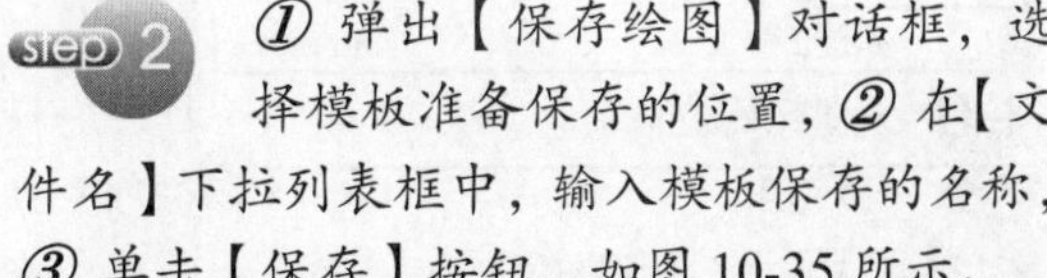

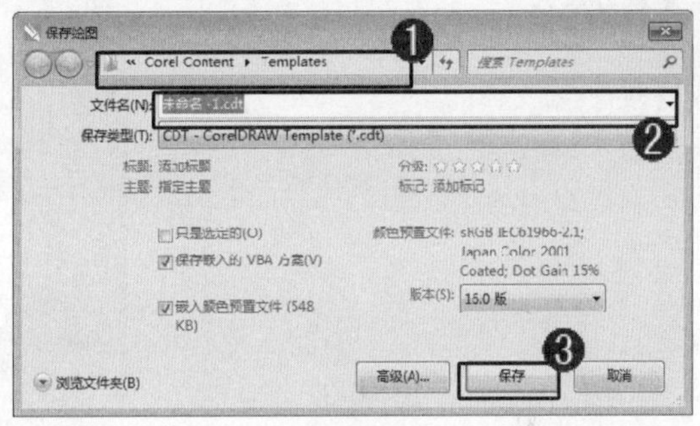

图 10-35

step 3 ① 弹出【模板属性】对话框，在【名称】文本框中，输入模板保存的名称，② 在【打印面】下拉列表框中，选择【单】选项，③ 在【折叠】下拉列表框中，选择【两折】选项，④ 在【类型】下拉列表框中，选择准备应用的类型，⑤ 在【行业】下拉列表框中，选择准备应用的行业类型，⑥ 在【设计员注释】文本框中，输入注释的内容，⑦ 单击【确定】按钮。通过以上方法即可完成创建模板的操作，如图 10-36 所示。

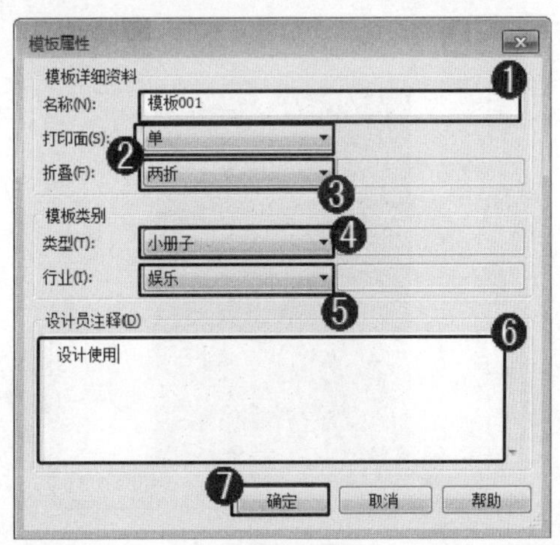

图 10-36

10.4.2 应用模板

在 CorelDRAW X6 中，用户还可以应用程序自带的多套模板，来创建新的绘图页面。下面介绍应用模板的操作方法。

step 1 ① 启动 CorelDRAW X6 后，单击【文件】主菜单，② 在弹出的下拉菜单中，选择【从模板新建】菜单项，如图 10-37 所示。

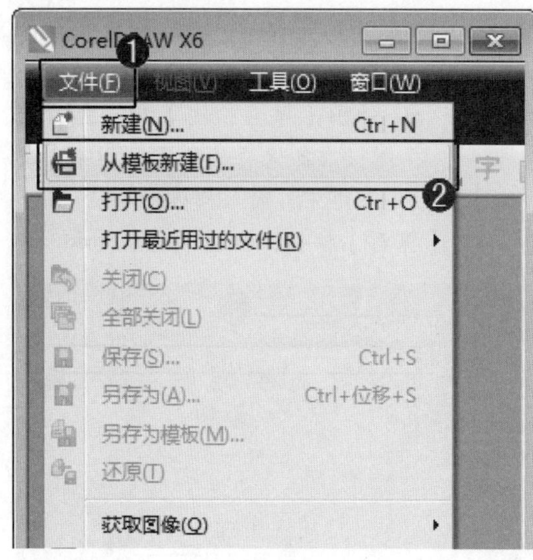

图 10-37

step 3 通过以上方法即可完成应用模板的操作，如图 10-39 所示。

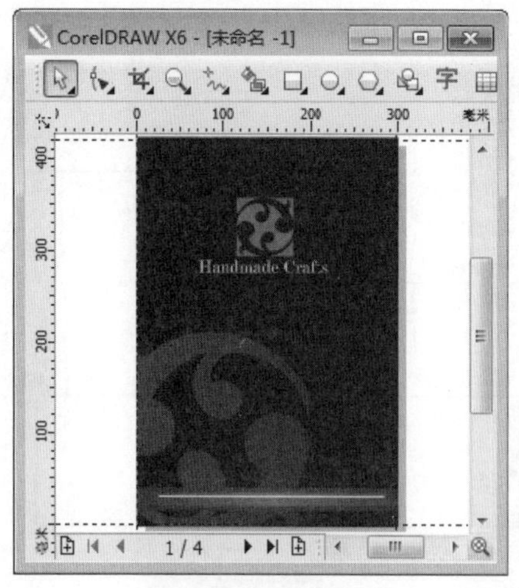

图 10-39

step 2 ① 弹出【从模板新建】对话框，在【查看方式】下拉列表框中，选择准备应用的查看方式，如【类型】，② 选择准备应用的类型，如【目录】，③ 选择准备应用的模板，④ 单击【打开】按钮，如图 10-38 所示。

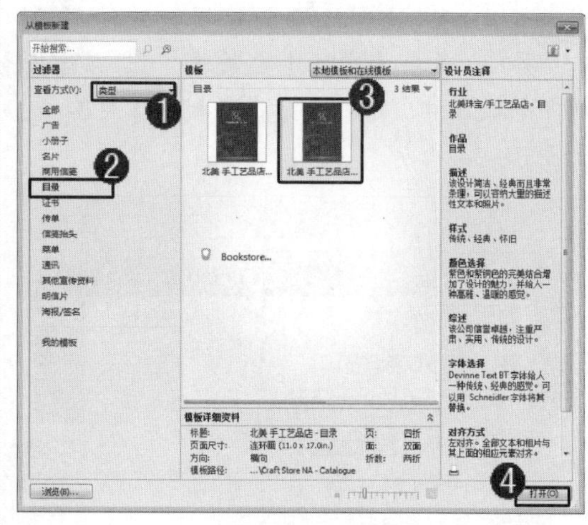

图 10-38

智慧锦囊

在 CorelDRAW X6 中，在【从模板新建】对话框中，在【输入要搜索的文本】文本框中，输入要应用模板的名称，用户可以快速检索到此模板。同时，如果用户准备使用在线模板，只需右键单击该模板，在弹出的快捷菜单中，选择【下载并打开】菜单项即可快速应用该模板。

10.5 范例应用与上机操作

通过本章的学习，用户已经初步掌握图层、样式和模板方面的基础知识，下面介绍几个实践案例，巩固一下学习到的知识要点，使用户达到活学活用的效果。

10.5.1 绘制国旗

在 CorelDRAW X6 中，用户可以在不同的图层中绘制不同的图形对象，组合成国旗的图形对象。下面介绍绘制国旗的操作方法。

素材文件 无

效果文件 配套素材\第 10 章\效果文件\绘制国旗

step 1 ① 新建文件后，打开【对象管理器】泊坞窗，在泊坞窗底部，单击【新建图层】按钮，② 新建一个图层，如“图层 2”，如图 10-40 所示。

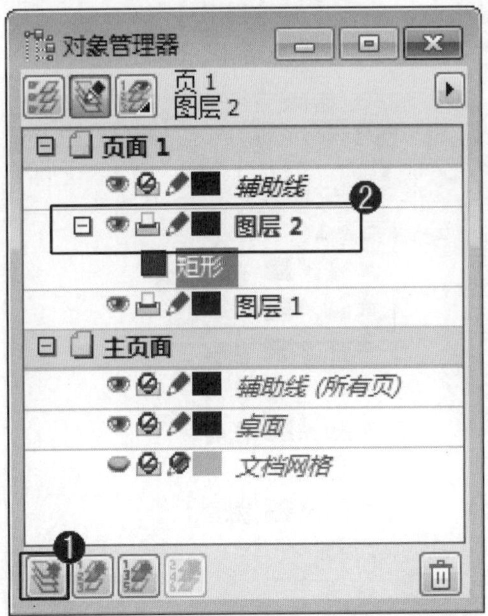

图 10-40

step 2 ① 新建图层后，在工具箱中，单击【矩形工具】按钮，② 在绘图区中，绘制一个矩形，如图 10-41 所示。

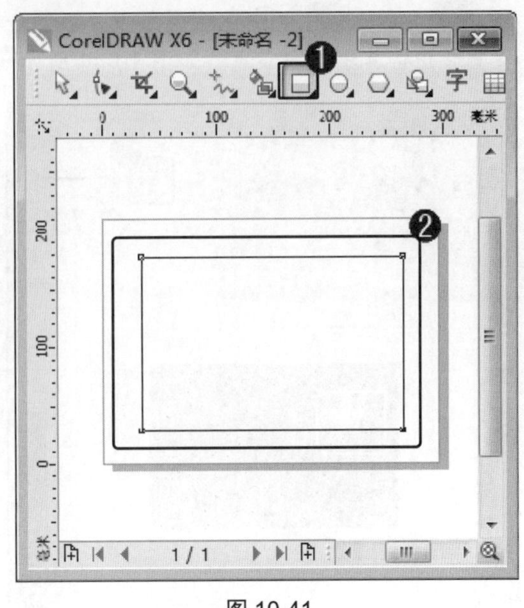

图 10-41

step 3 ① 绘制矩形后，在调色板中，选择准备应用的颜色，如“红色”，② 在绘图区中，将矩形填充选择的颜色，如图 10-42 所示。

step 4 ① 填充颜色后，打开【对象管理器】泊坞窗，在泊坞窗底部，单击【新建图层】按钮，② 新建一个图层，如“图层 3”，如图 10-43 所示。

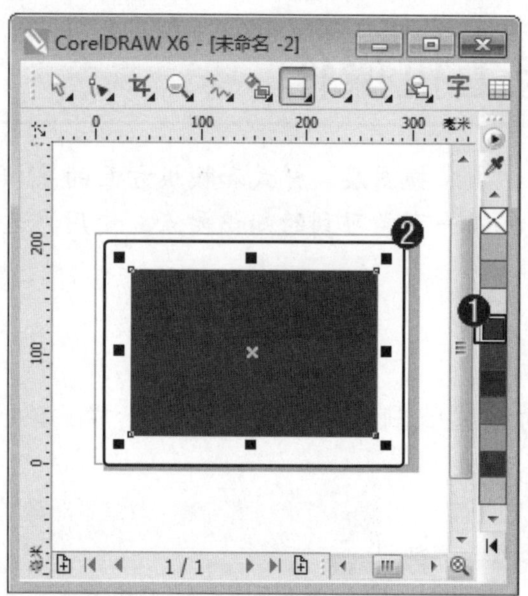

图 10-42

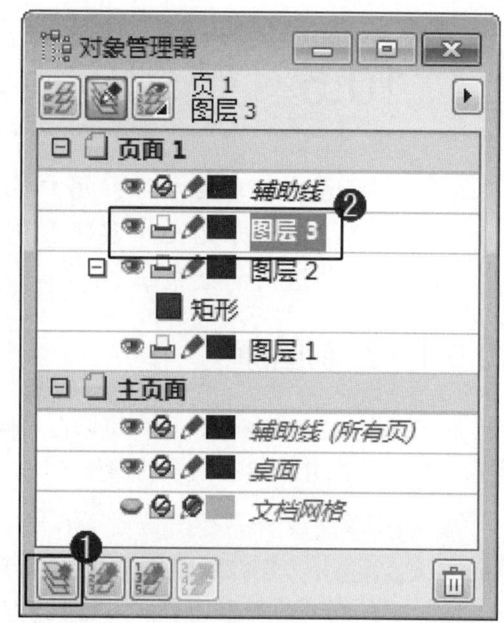

图 10-43

step 5 ① 在工具箱中，单击【星形工具】按钮，② 在绘图区中，绘制一个星形并将其填充成黄色，如图 10-44 所示。

step 6 ① 绘制星形后，复制该星形，在【对象管理器】泊坞窗中，在泊坞窗底部，单击【新建图层】按钮，② 新建一个图层，如“图层 4”，如图 10-45 所示。

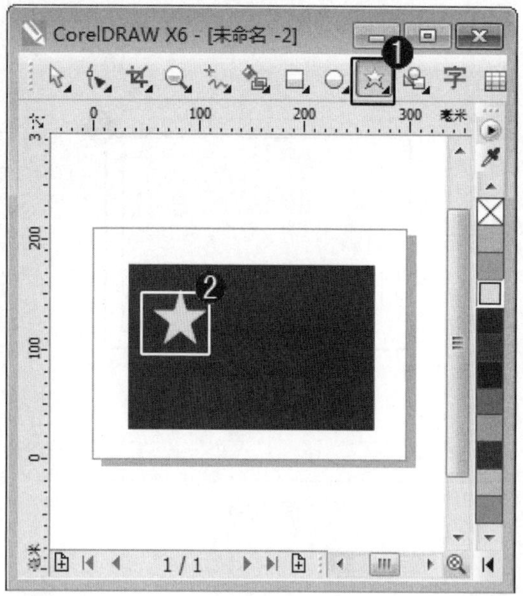

图 10-44

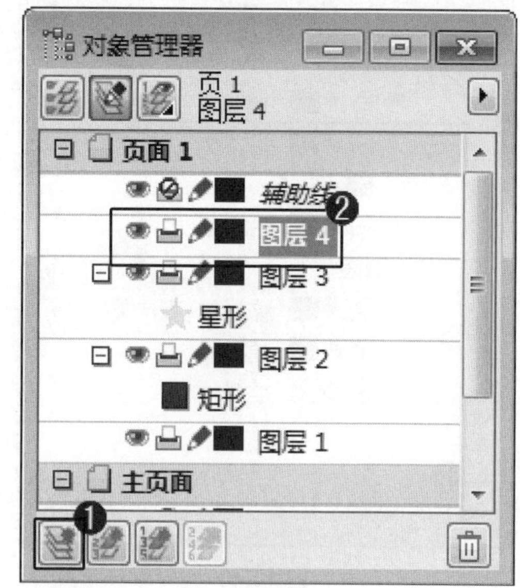

图 10-45

step 7 在绘图区中，将复制的星形粘贴，调整其大小和旋转角度，然后将其移动至指定的位置，如图 10-46 所示。

step 8 ① 设置星形后，复制该星形，在【对象管理器】泊坞窗中，在泊坞窗底部，单击【新建图层】按钮，② 新建一个图层，如“图层 5”，如图 10-47 所示。

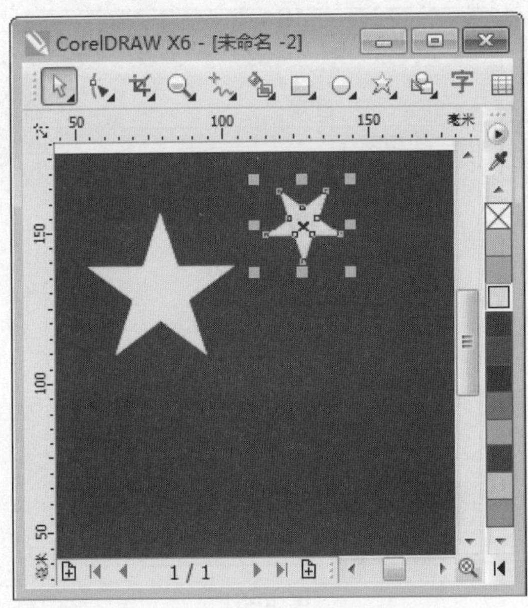

图 10-46

step 9 在绘图区中，将复制的星形粘贴，调整其大小和旋转角度，然后将其移动至指定的位置，如图 10-48 所示。

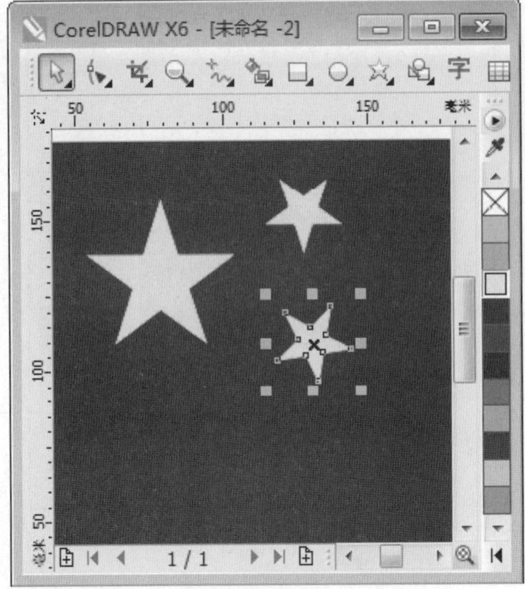

图 10-48

step 11 在绘图区中，将复制的星形粘贴，调整其大小和旋转角度，然后将其移动至指定的位置，如图 10-50 所示。

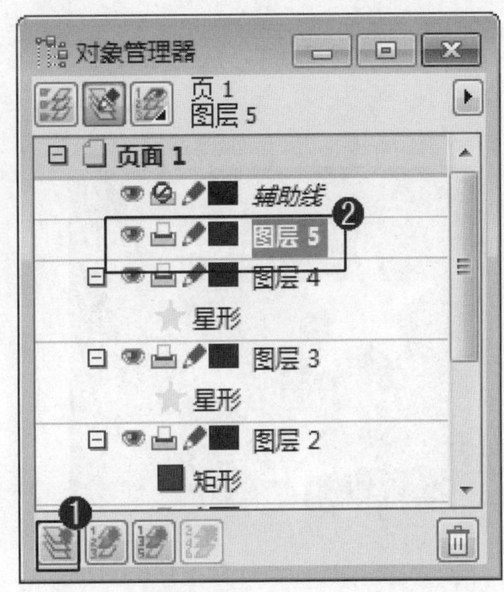

图 10-47

step 10 ① 设置星形后，复制该星形，在【对象管理器】泊坞窗中，在泊坞窗底部，单击【新建图层】按钮，② 新建一个图层，如“图层 6”，如图 10-49 所示。

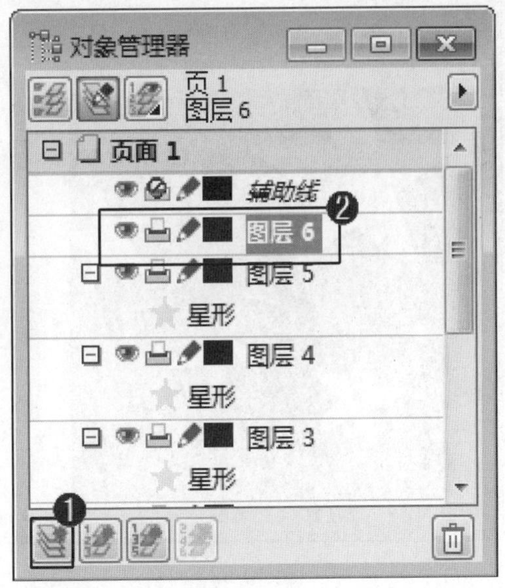

图 10-49

step 12 ① 设置星形后，复制该星形，在【对象管理器】泊坞窗中，在泊坞窗底部，单击【新建图层】按钮，② 新建一个图层，如“图层 7”，如图 10-51 所示。

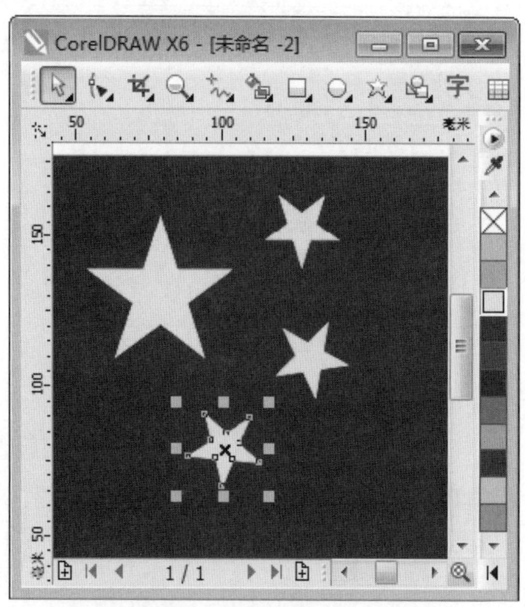

图 10-50

step13 在绘图区中，将复制的星形粘贴，调整其大小和旋转角度，然后将其移动至指定的位置，如图 10-52 所示。

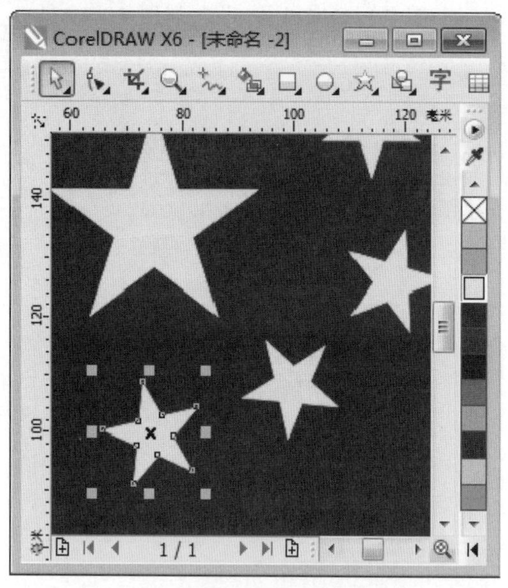

图 10-52

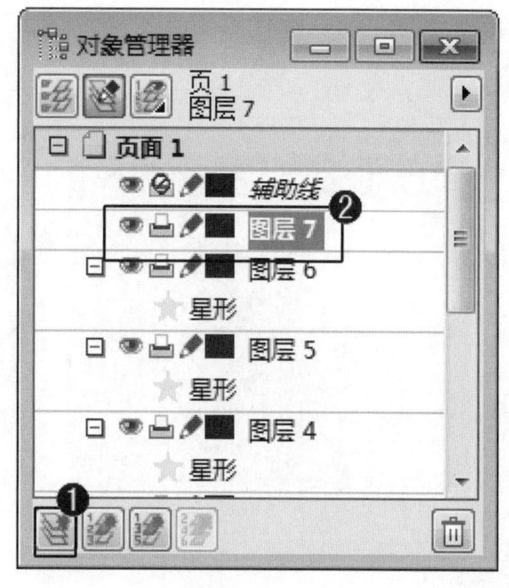

图 10-51

step14 通过以上方法即可完成绘制国旗的操作，如图 10-53 所示。

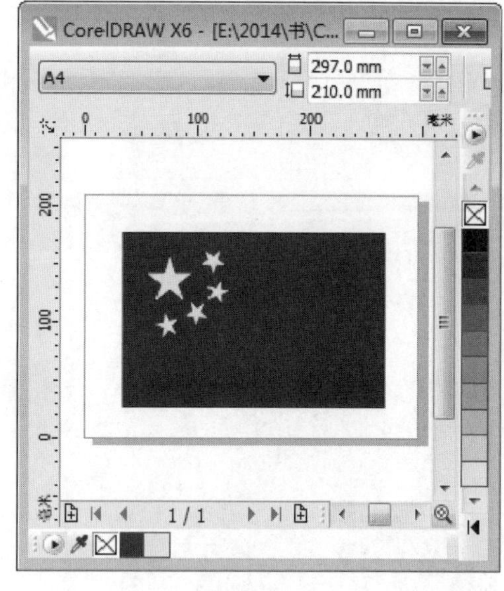

图 10-53

10.5.2 绘制 T 恤衫

在 CorelDRAW X6 中，用户可以通过对图像样式或文本样式的设置，快速绘制一个带有图案的 T 恤衫。下面介绍绘制 T 恤衫的操作方法。

素材文件 无

效果文件 配套素材\第10章\效果文件\绘制T恤衫

step 1 ① 新建文件后，打开【对象管理器】泊坞窗，在泊坞窗底部，单击【新建图层】按钮，② 新建一个图层，如“图层2”，如图10-54所示。

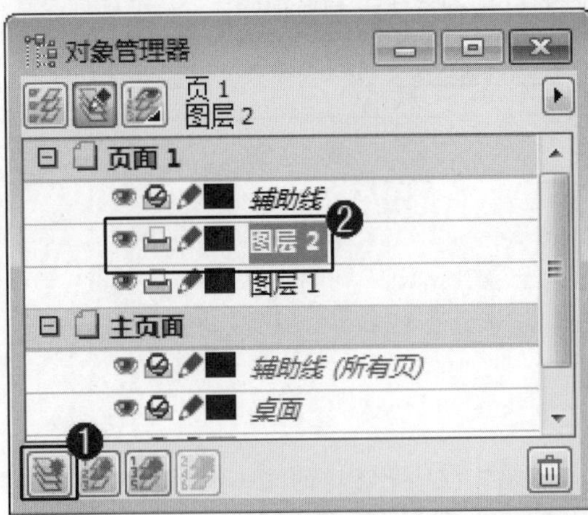

图10-54

step 2 ① 新建图层后，在工具箱中，单击【钢笔工具】按钮，② 在绘图区中，绘制T恤衫轮廓，如图10-55所示。

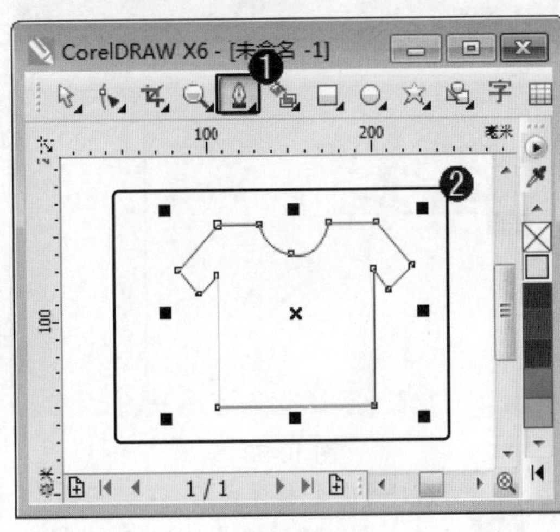

图10-55

step 3 ① 绘制体恤衫轮廓后，在键盘上按下F12键，弹出【轮廓笔】对话框，在【宽度】下拉列表框中，选择准备应用的宽度值，如“2.5 mm”，② 单击【确定】按钮，如图10-56所示。

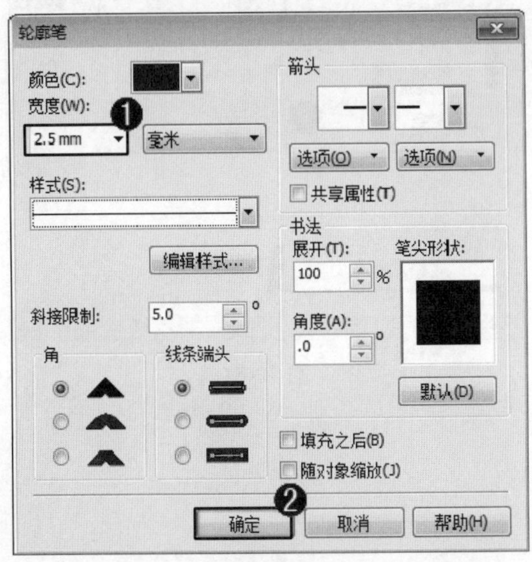

图10-56

step 4 ① 设置体恤衫轮廓线后，在工具箱中，单击【文字工具】按钮，② 在绘图区中，输入准备设置的文字，如“I”，如图10-57所示。

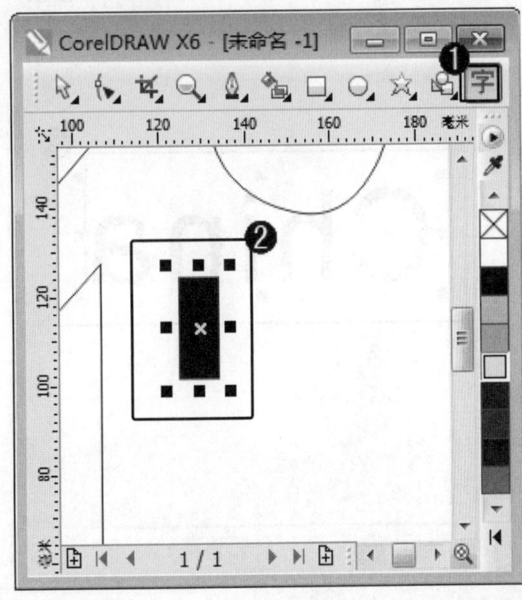

图10-57

step 5 ① 选择创建的文本对象，在对象上单击鼠标右键，在弹出的快捷菜单中，选择【对象样式】菜单项，② 在弹出的子菜单中，选择【从以下项新建样式】菜单项，③ 再在弹出的子菜单中，选择【字符】菜单项，如图 10-58 所示。

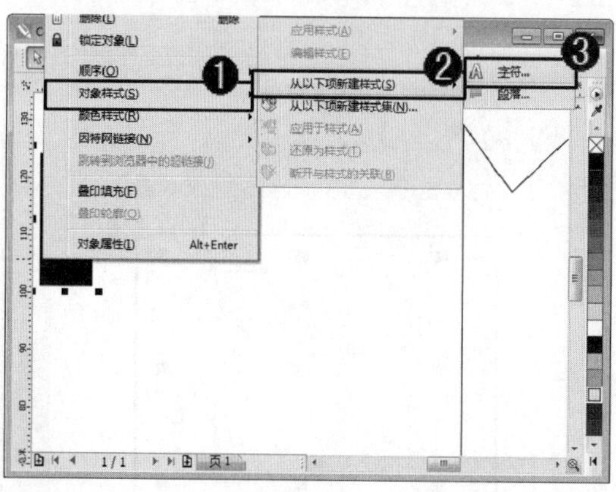

图 10-58

step 6 ① 弹出【从以下项新建样式】对话框，在【新样式名称】文本框中，输入新建样式的名称，② 单击【确定】按钮，如图 10-59 所示。

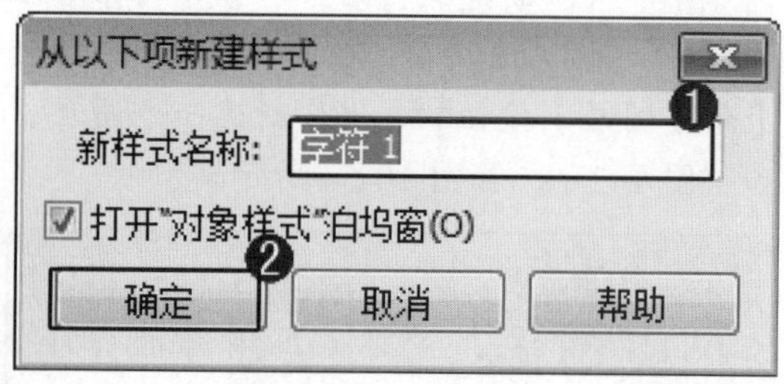

图 10-59

step 7 ① 创建文本样式后，在工具箱中，单击【文字工具】按钮字，② 在绘图区中，输入准备设置的文字，如“China”，如图 10-60 所示。

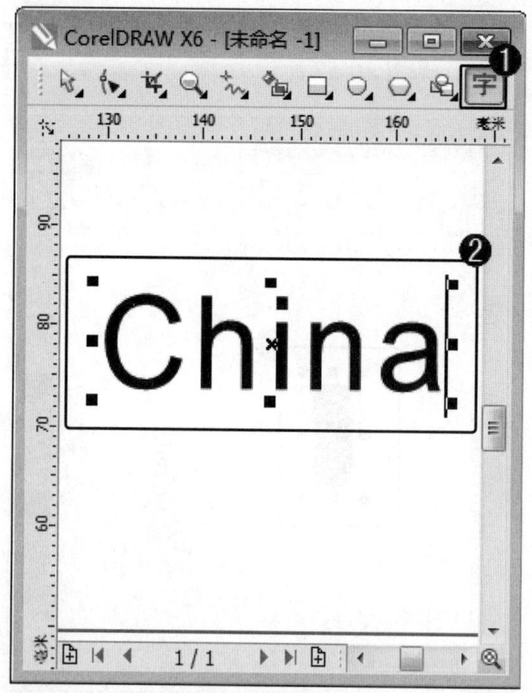

图 10-60

step 8 ① 将创建的文本对象选中，在对象上单击鼠标右键，在弹出的快捷菜单中，选择【对象样式】菜单项，② 在弹出的子菜单中，选择【应用样式】菜单项，③ 再在弹出的子菜单中，选择【字符 1】菜单项，如图 10-61 所示。

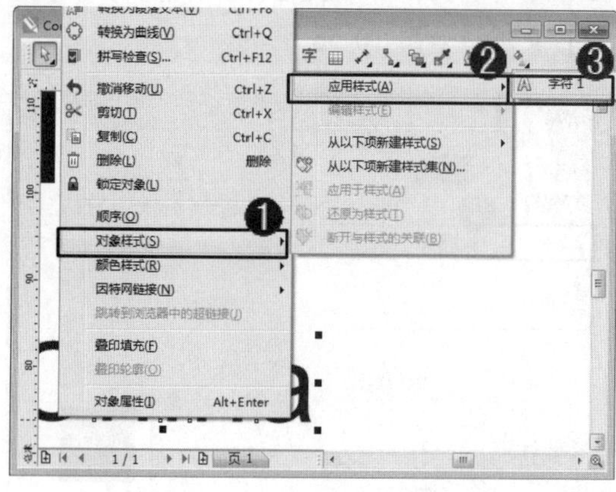

图 10-61

step 9 ① 应用文本样式后，在工具箱中，单击【基本形状工具】按钮，② 在绘图区中，绘制一个心形图形，如图 10-62 所示。

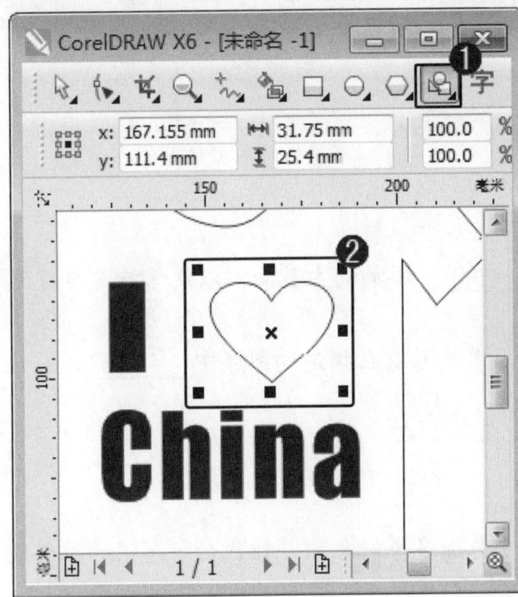

图 10-62

step 10 ① 绘制图形后，在调色板中，选择准备应用的颜色，如“红色”，② 在绘图区中，将心形填充选择的颜色，如图 10-63 所示。

图 10-63

step 11 选择绘制的心形图形后，在调色板中，右键单击准备应用的颜色块，如“红色”，改变心形图形的轮廓色，如图 10-64 所示。

图 10-64

step 12 调整图形对象之间的位置。通过以上方法即可完成绘制 T 恤衫的操作，如图 10-65 所示。

图 10-65

10.6 课后练习

10.6.1 思考与练习

一、填空题

1. 在新建________后，用户可以将一个或________添加到主页面，以便保持这些页面具有________的页眉、页脚或静态背景等内容。

2. 在 CorelDRAW X6 中，创建多个图层后，用户可以在指定的图层中________，应注意的是，锁定的图层将________。

二、判断题

1. 在 CorelDRAW X6 中，所有绘制的图形都是由多个对象堆叠组成的，不同的堆叠顺序，会影响整个图像组成的效果。 (　　)

2. 在 CorelDRAW X6 中，文本样式是指应用于绘图区中的对象的颜色集，用户可以将应用在图形对象上的颜色保存为颜色样式。 (　　)

三、思考题

1. 如何在图层中移动对象？

2. 如何删除样式？

10.6.2 上机操作

1. 打开“配套素材\第 10 章\素材文件\将图形设置样式.cdr”文件，使用创建图形样式方面的知识，进行图形样式设置的操作。

2. 打开“配套素材\第 10 章\素材文件\设置图形颜色样式.cdr”文件，使用创建颜色样式方面的知识，进行图形颜色样式设置的操作。

第11章

编辑与处理位图

本章主要介绍了导入与调整位图、调整位图的颜色和色调、调整位图的色彩效果和更改位图的颜色模式方面的知识与技巧，同时还讲解了描摹位图和色斑与遮罩效果方面的技巧。通过本章的学习，读者可以掌握编辑与处理位图方面的知识，为深入学习 CorelDRAW X6 知识奠定基础。

范例导航

1. 导入与调整位图
2. 调整位图的颜色和色调
3. 调整位图的色彩效果
4. 更改位图的颜色模式
5. 描摹位图
6. 色斑与遮罩效果

11.1 导入与调整位图

在 CorelDRAW X6 中，位图的编辑操作，是一项特色功能，用户可以在当前文件中导入位图，进行位图与矢量图形的转换以及调整位图等操作。本节将重点介绍导入与调整位图方面的知识。

11.1.1 导入位图

在 CorelDRAW X6 中，用户可以将需要编辑的位图导入到当前文件中。下面介绍导入位图的操作方法。

step 1 ① 新建文件后，单击【文件】主菜单，② 在弹出的下拉菜单中，选择【导入】菜单项，如图 11-1 所示。

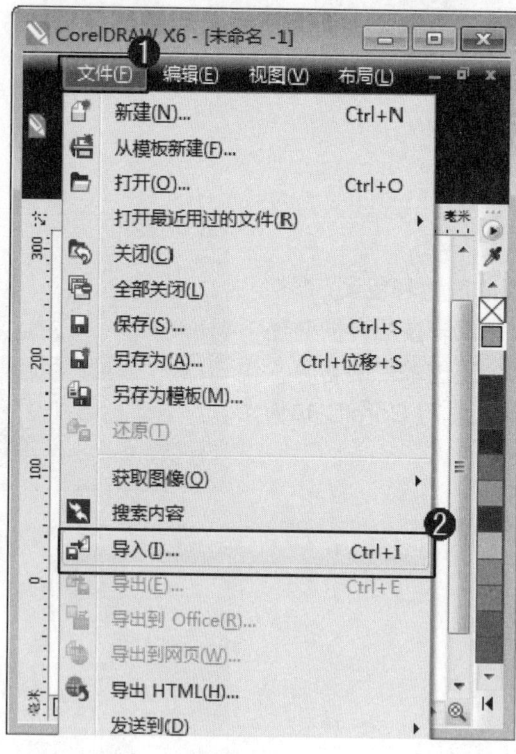

图 11-1

step 2 ① 弹出【导入】对话框，选择文件存放的位置，② 选择准备打开的位图文件，③ 单击【导入】按钮，如图 11-2 所示。

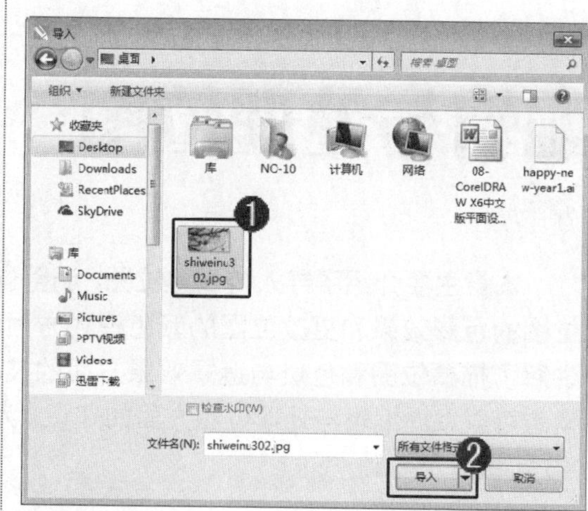

图 11-2

智慧锦囊

在 CorelDRAW X6 中，在【导入】对话框中，单击【导入】下拉按钮，在弹出的下拉菜单中，选择【导入为外部链接的图像】菜单项，用户可以从外表链接位图，而不是将其嵌入文件中。

step 3 在绘图区中，按住鼠标左键拖出一个红色的虚线框，设置导入位图的大小，如图 11-3 所示。

step 4 通过以上方法即可完成导入位图文件的操作，如图 11-4 所示。

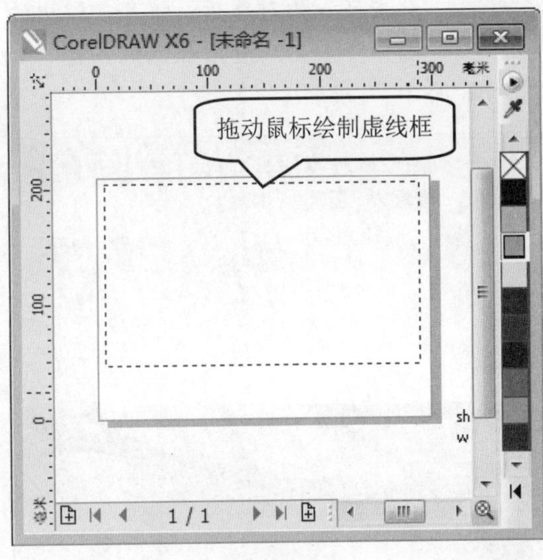

图 11-3

图 11-4

11.1.2 嵌入位图

在 CorelDRAW X6 中，嵌入文件中的位图对象与其源文件之间没有链接关系，仅是集成到活动的文档中。下面介绍嵌入位图的操作方法。

step 1 ① 新建文件后，单击【编辑】主菜单，② 在弹出的下拉菜单中，选择【插入新对象】菜单项，如图 11-5 所示。

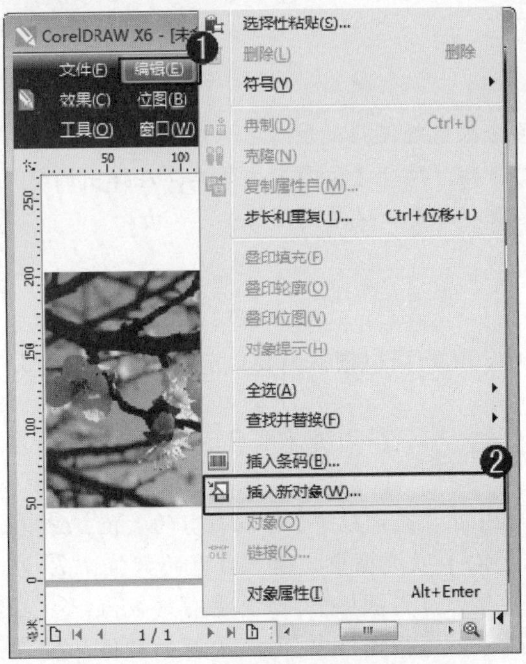

图 11-5

step 2 ① 弹出【插入新对象】对话框，选中【由文件创建】单选按钮，② 在【文件】文本框中，输入文件存放的磁盘路径，③ 选中【链接】复选框，④ 单击【确定】按钮，如图 11-6 所示。

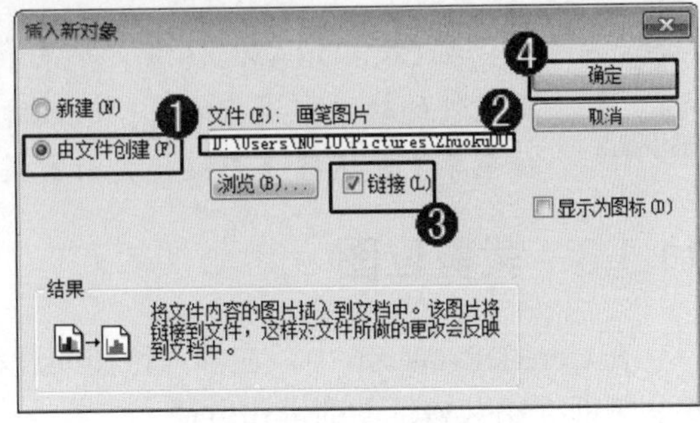

图 11-6

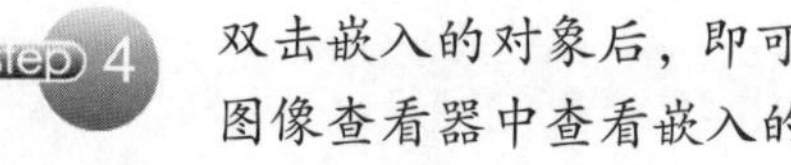

step 3 通过以上方法即可完成嵌入位图的操作，双击嵌入的对象，如图 11-7 所示。

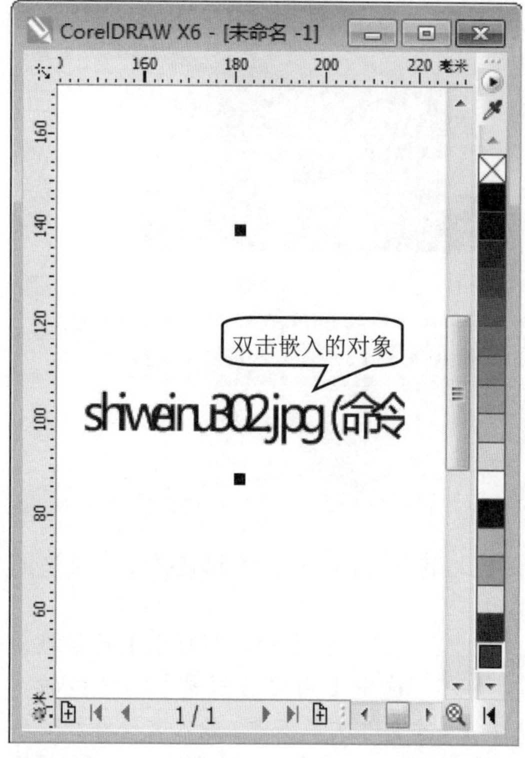

图 11-7

step 4 双击嵌入的对象后，即可在弹出的图像查看器中查看嵌入的图像，如图 11-8 所示。

图 11-8

知识精讲

在 CorelDRAW X6 中，如果准备修改已经链接的图像，用户必须在创建的源文件的软件中进行修改。修改源文件后，执行【位图】主菜单，在弹出的下拉菜单中，选择【自链接更新】菜单项即可更新链接的图像。

11.1.3 裁剪位图

在 CorelDRAW X6 中，在导入位图的过程中，用户可以根据需要自定义裁剪位图的大小。下面介绍裁剪位图的操作方法。

step 1 ① 打开【导入】对话框，选择文件存放的位置，② 选择准备裁剪并打开的位图文件，③ 单击【导入】下拉按钮，④ 在弹出的下拉菜单中，选择【裁剪并装入】菜单项，如图 11-9 所示。

step 2 ① 打开【裁剪图像】对话框，在【选择要裁剪的区域】选项组中，在【上】微调框中，输入裁剪的数值，② 在【左】微调框中，输入裁剪的数值，③ 在【宽度】微调框中，输入裁剪的数值，④ 在【高度】微调框中，输入裁剪的数值，⑤ 单击【确定】按钮，如图 11-10 所示。

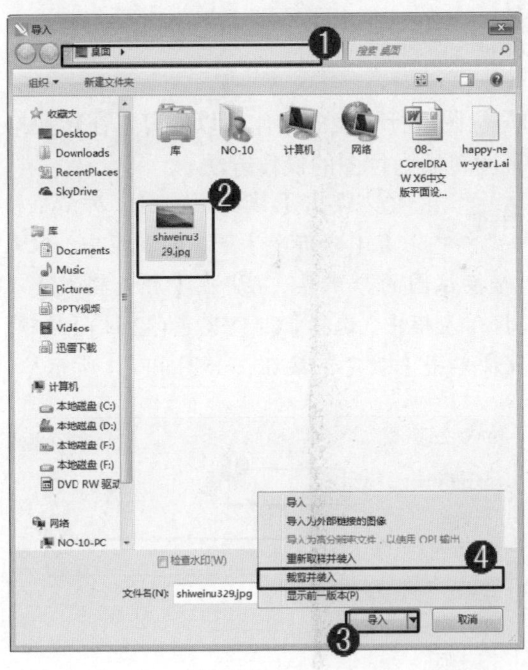

图 11-9

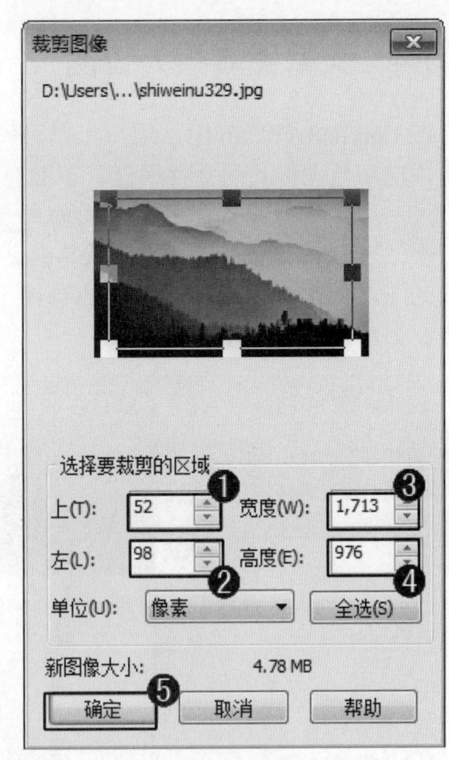

图 11-10

step 3 在绘图区中，按住鼠标左键拖出一个红色的虚线框，设置导入位图的大小，如图 11-11 所示。

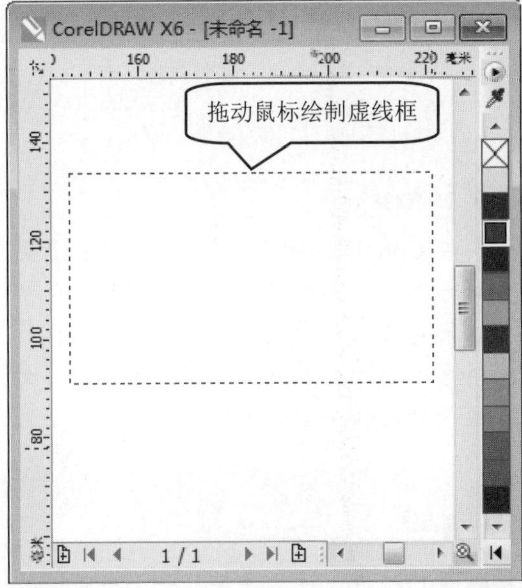

图 11-11

step 4 通过以上方法即可完成裁剪位图文件的操作，如图 11-12 所示。

图 11-12

11.1.4 矢量图转换为位图

在 CorelDRAW X6 中，用户可以对矢量图与位图进行转换的操作，以便可以在转换格式后，应用位图格式的文件属性。下面介绍矢量图转换为位图的操作方法。

step 1 ① 选择准备转换为位图的矢量图形后，单击【位图】主菜单，② 在弹出的下拉菜单中，选择【转换为位图】菜单项，如图 11-13 所示。

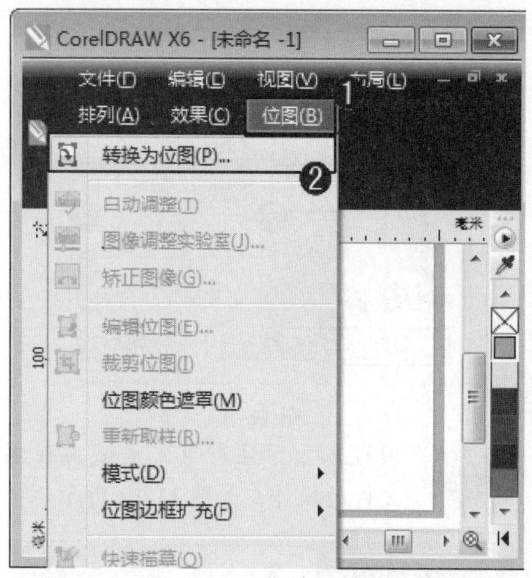

图 11-13

step 3 通过以上方法即可完成矢量图转换成位图的操作，如图 11-15 所示。

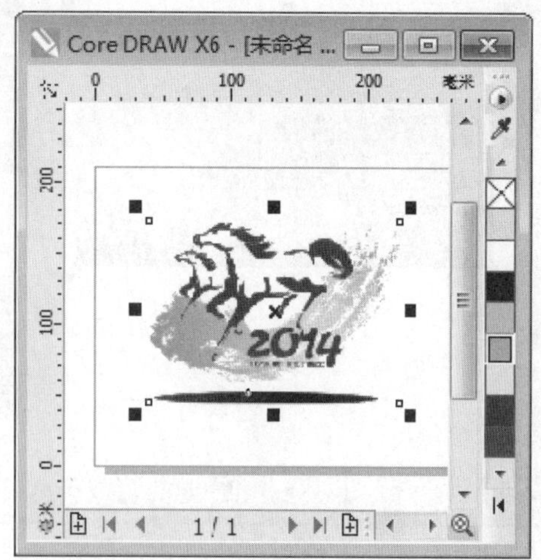

图 11-15

step 2 ① 弹出【转换为位图】对话框，在【分辨率】下拉列表框中，输入转换位图的分辨率，② 在【颜色模式】下拉列表框中，选择【CMYK 色(32 位)】选项，③ 单击【确定】按钮，如图 11-14 所示。

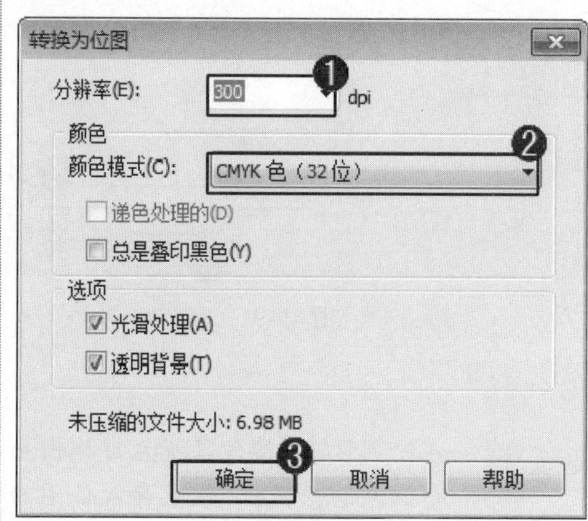

图 11-14

智慧锦囊

在 CorelDRAW X6 中，在转换矢量图形的过程中，用户可以选择位图的颜色模式，颜色模式可以决定构成位图的颜色数量和种类，因此颜色模式可以导致文件大小也受到影响。

考考您

请您根据上述方法导入一个矢量图并转换为位图，测试一下您的学习效果。

11.2 调整位图的颜色和色调

在 CorelDRAW X6 中，用户可以对位图进行色彩亮度、光度和暗度等方面的调整。本节将重点介绍调整颜色与色调方面的知识。

11.2.1 高反差

在 CorelDRAW X6 中，【高反差】命令用于调整位图输出颜色的浓度，用户可以通过从最暗区域到最亮重新分布颜色的浓淡来调整阴影区域、中间区域和高光区域。下面介绍运用【高反差】命令的操作方法。

step 1 ① 打开位图文件后，执行【效果】主菜单，② 在弹出的下拉菜单中，选择【调整】菜单项，③ 在弹出的子菜单中，选择【高反差】菜单项，如图 11-16 所示。

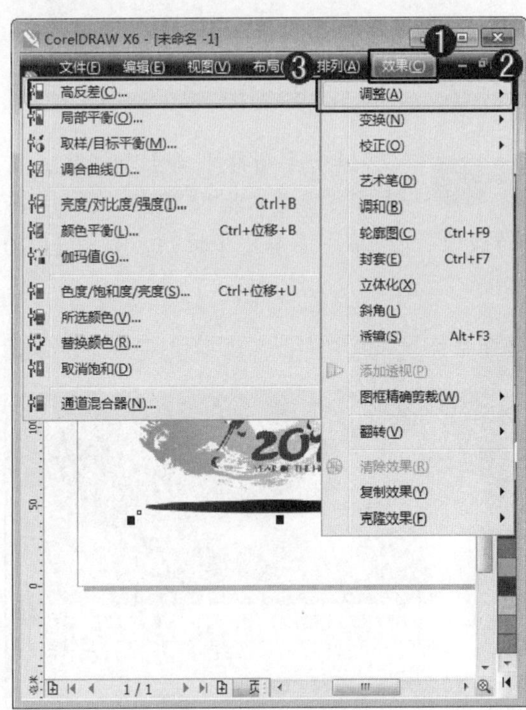

图 11-16

step 2 ① 弹出【高反差】对话框，选中【设置输入值】单选按钮，② 在【输入值剪裁】左侧的微调框中，输入调整数值，③ 在【输入值剪裁】右侧的微调框中，输入调整数值，④ 在【输出范围压缩】左侧的微调框中，输入调整数值，⑤ 在【输出范围压缩】右侧的微调框中，输入调整数值，⑥ 单击【确定】按钮，如图 11-17 所示。

图 11-17

step 3 通过以上方法即可完成运用【高反差】命令的操作，如图 11-18 所示。

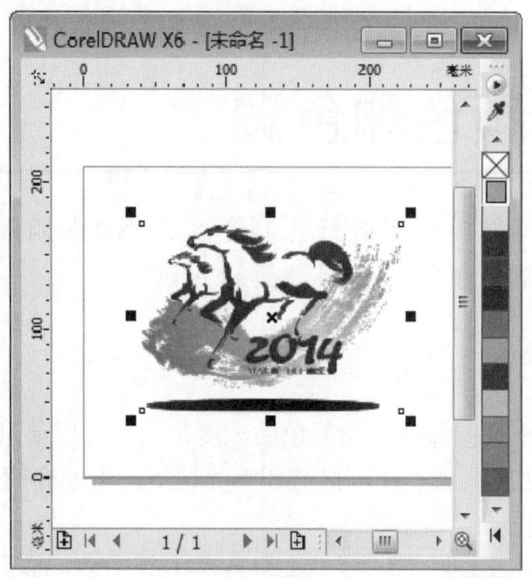

图 11-18

智慧锦囊

在 CorelDRAW X6 中，打开【高反差】对话框后，选中【设置输入值】单选按钮，用户可以设置最小值和最大值，颜色将在这个范围内重新分布。

考考您

请您根据上述方法导入一个位图并制作高反差效果，测试一下您的学习效果。

11.2.2 局部平衡

在 CorelDRAW X6 中，【局部平衡】命令用于提高边缘附近的对比度，以显示明亮区域和暗色区域中的细节，也可以在此区域周围设置高度和宽度来强化对比度。下面介绍运用【局部平衡】命令的操作方法。

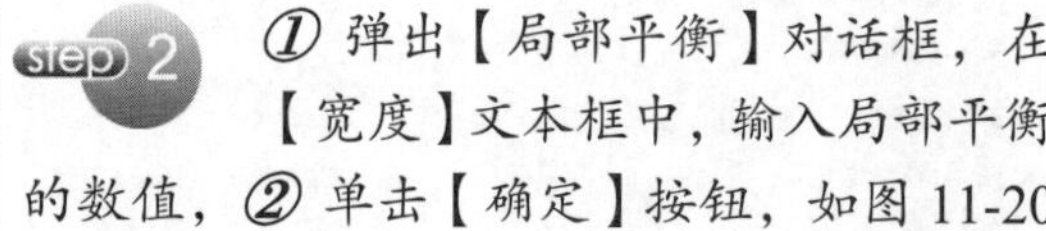

step 1 ① 打开位图文件后，执行【效果】主菜单，② 在弹出的下拉菜单中，选择【调整】菜单项，③ 在弹出的子菜单中，选择【局部平衡】菜单项，如图 11-19 所示。

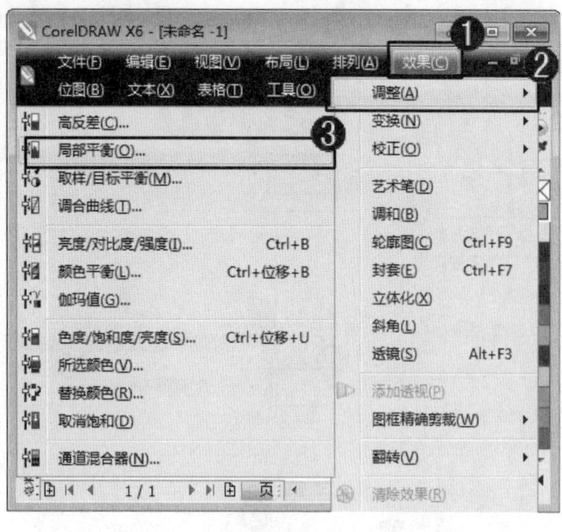

图 11-19

step 2 ① 弹出【局部平衡】对话框，在【宽度】文本框中，输入局部平衡的数值，② 单击【确定】按钮，如图 11-20 所示。

图 11-20

这样即可完成运用【局部平衡】命令的操作，如图 11-21 所示。

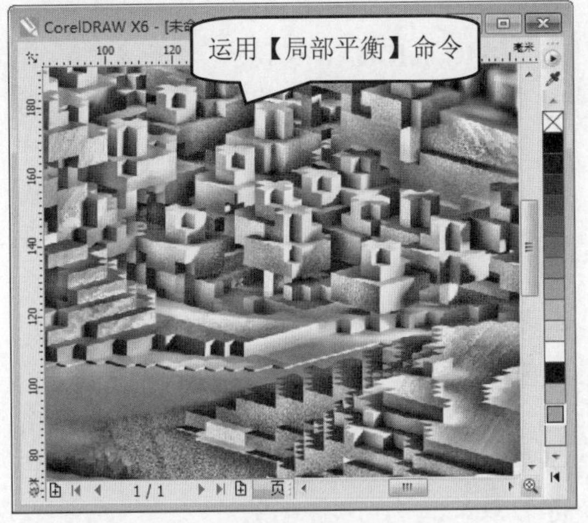

图 11-21

智慧锦囊

在 CorelDRAW X6 中，打开【局部平衡】对话框后，【宽度】滑块用于设置像素局部区域的宽度值，【高度】滑块则用于设置像素局部区域的高度值。

考考您

请您根据上述方法导入一个位图并制作局部平衡效果，测试一下您的学习效果。

11.2.3 取样/目标平衡

在 CorelDRAW X6 中，【取样/目标平衡】命令用于从图像中选取色样来调整位图中的颜色值。下面介绍运用【取样/目标平衡】命令的操作方法。

step 1 ① 打开位图文件后，执行【效果】主菜单，② 在弹出的下拉菜单中，选择【调整】菜单项，③ 在弹出的子菜单中，选择【取样/目标平衡】菜单项，如图 11-22 所示。

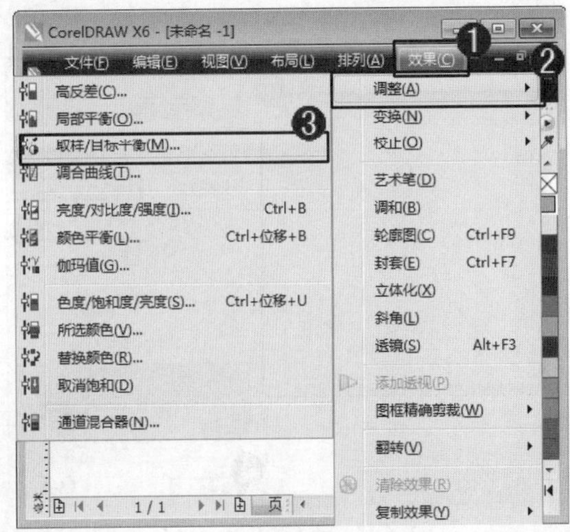

图 11-22

step 2 ① 弹出【取样/目标平衡】对话框，单击【黑色吸管工具】按钮，用户可以将图像中最暗处的色调值设置为图像示例的色调值，② 在【目标】颜色框中，设置准备应用的目标颜色，③ 单击【白色吸管工具】按钮，用户可以将图像中最亮处的色调值设置为图像示例的色调值，④ 在【目标】颜色框中，设置准备应用的目标颜色，⑤ 单击【确定】按钮，如图 11-23 所示。

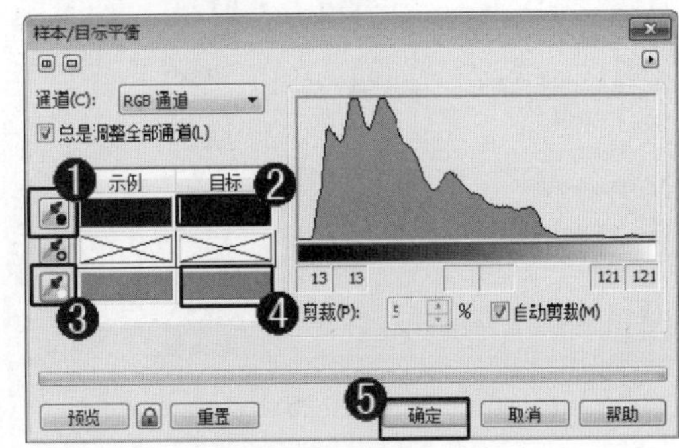

图 11-23

第二章 编辑与处理位图

step 3 这样即可完成运用【取样/目标平衡】命令的操作，如图 11-24 所示。

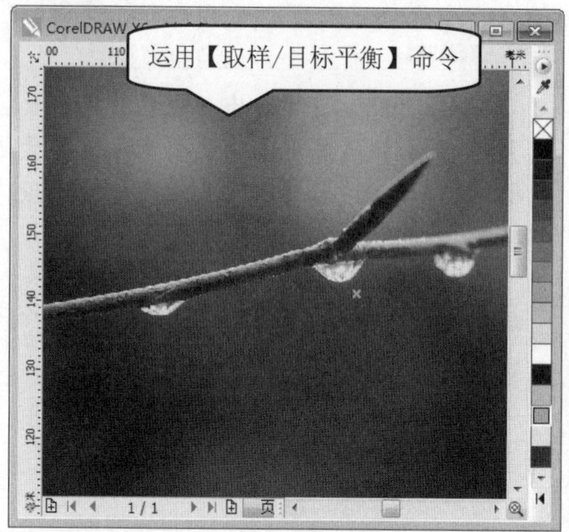

图 11-24

智慧锦囊

在 CorelDRAW X6 中，打开【取样/目标平衡】对话框后，【通道】下拉列表框用于显示当前图像文件的色彩模式，同时可从中选取单色通道对单一的色彩进行调整。

考考您

请您根据上述操作方法导入一个位图并制作取样/目标平衡效果，测试一下您的学习效果。

11.2.4 调合曲线

在 CorelDRAW X6 中，【调合曲线】命令用于改变图像中单个像素的值，包括改变阴影和高光等方面。下面介绍运用【调合曲线】命令的操作方法。

step 1 ① 打开位图文件后，执行【效果】主菜单，② 在弹出的下拉菜单中，选择【调整】菜单项，③ 在弹出的子菜单中，选择【调合曲线】菜单项，如图 11-25 所示。

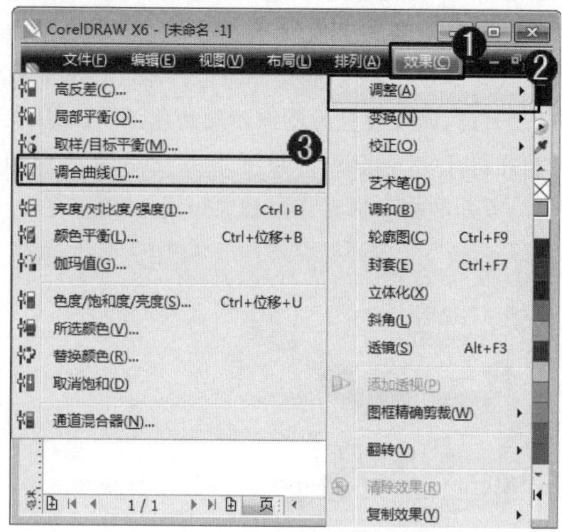

图 11-25

step 2 ① 弹出【调合曲线】对话框，在【活动通道】下拉列表框中，选择 RGB 选项，② 在【样式】下拉列表框中，选择【曲线】选项，③ 设置图像曲线调色的折点，④ 单击【确定】按钮，如图 11-26 所示。

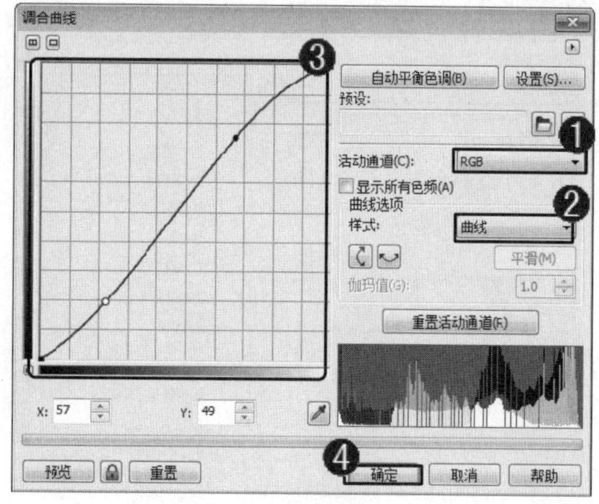

图 11-26

通过以上操作方法即可完成运用【调合曲线】命令的操作，如图 11-27 所示。

图 11-27

智慧锦囊

在 CorelDRAW X6 中，色调曲线显示了图像的阴影、中间色调和高光之间的平衡。当拖动色调曲线时，原始像素值(x)和调整像素值(y)将并排显示。该示例显示了对色调范围所做的小调整，其中将 152 的像素值替换为 141 的像素值。

用户可以通过将节点添加到色调曲线并拖动曲线来固定问题区域。如果要调整图像中的特定区域，可以使用滴管工具在图像窗口中选择区域，然后拖动色调曲线上显示的节点以达到希望的效果。

11.2.5 亮度/对比度/强度

在 CorelDRAW X6 中，【亮度/对比度/强度】命令用于调整所有颜色的亮度以及明亮区域与暗色区域之间的差异。下面介绍运用【亮度/对比度/强度】命令的操作方法。

step 1 ① 打开位图文件后，执行【效果】主菜单，② 在弹出的下拉菜单中，选择【调整】菜单项，③ 在弹出的子菜单中，选择【亮度/对比度/强度】菜单项，如图 11-28 所示。

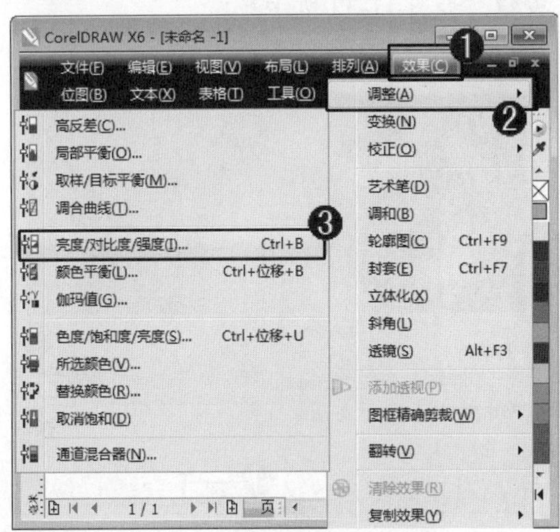

图 11-28

step 2 ① 弹出【亮度/对比度/强度】对话框，在【亮度】文本框中，输入亮度的数值，② 在【对比度】文本框中，输入对比度的数值，③ 在【强度】文本框中，输入强度的数值，④ 单击【确定】按钮，如图 11-29 所示。

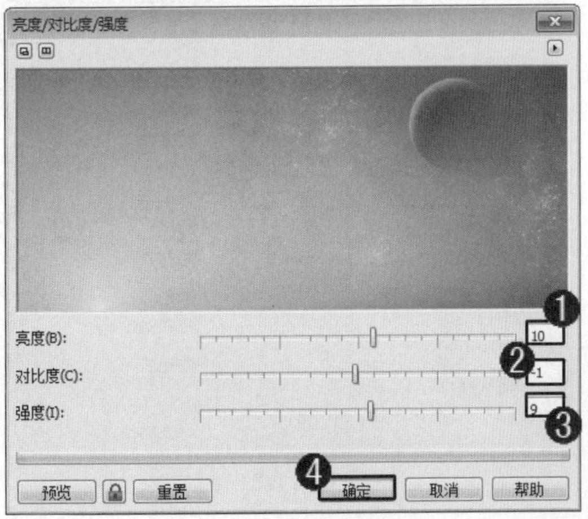

图 11-29

step 3 通过以上方法即可完成运用【亮度/对比度/强度】命令的操作，如图 11-30 所示。

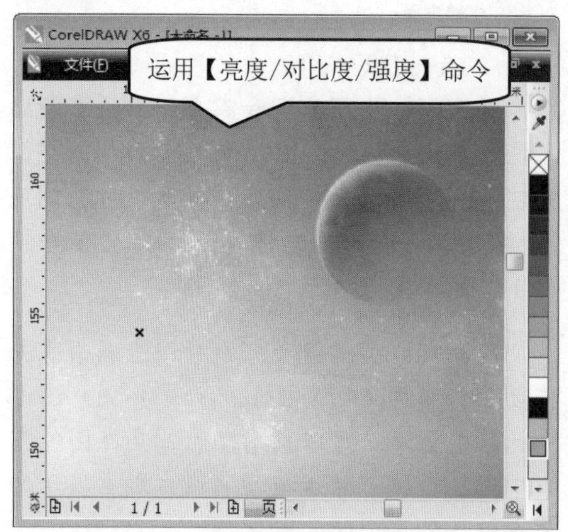

图 11-30

智慧锦囊

在 CorelDRAW X6 中，在键盘上按下组合键 Ctrl+B，用户同样可以打开【亮度/对比度/强度】对话框，进行图像色调的调整操作。

考考您

请您根据上述操作方法导入一个位图并进行亮度/对比度/强度效果调整，测试一下您的学习效果。

11.2.6 颜色平衡

在 CorelDRAW X6 中，【颜色平衡】命令用于对位图进行颜色的添加，以便调和位图选定的色调。下面介绍运用【颜色平衡】命令的操作方法。

step 1 ① 打开位图文件后，执行【效果】主菜单，② 在弹出的下拉菜单中，选择【调整】菜单项，③ 在弹出的子菜单中，选择【颜色平衡】菜单项，如图 11-31 所示。

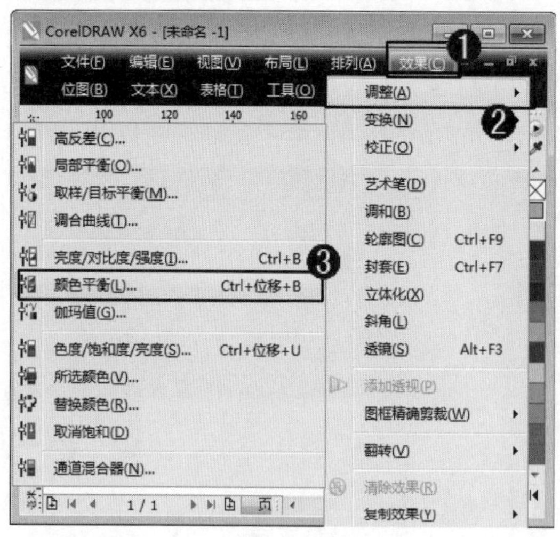

图 11-31

step 2 ① 弹出【颜色平衡】对话框，在【青--红】文本框中，输入颜色平衡的数值，② 在【品红--绿】文本框中，输入颜色平衡的数值，③ 在【黄--蓝】文本框中，输入颜色平衡的数值，④ 单击【确定】按钮，如图 11-32 所示。

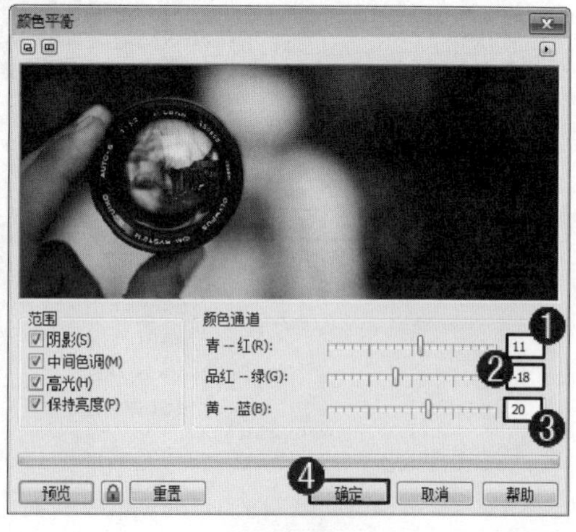

图 11-32

这样即可完成运用【颜色平衡】命令的操作，如图 11-33 所示。

图 11-33

智慧锦囊

在 CorelDRAW X6 中，在键盘上按下组合键 Ctrl+位移+B，用户同样可以打开【颜色平衡】对话框，进行图像颜色平衡的调整操作。

考考您

请您根据上述操作方法导入一个位图并进行颜色平衡效果调整，测试一下您的学习效果。

11.2.7 伽玛值

在 CorelDRAW X6 中，【伽玛值】命令可以在较低对比度区域中强化细节而不会影响阴影或高光。下面介绍运用【伽玛值】命令的操作方法。

step 1 ① 打开位图文件后，执行【效果】主菜单，② 在弹出的下拉菜单中，选择【调整】菜单项，③ 在弹出的子菜单中，选择【伽玛值】菜单项，如图 11-34 所示。

图 11-34

step 3 这样即可完成运用【伽玛值】命令的操作，如图 11-36 所示。

step 2 ① 弹出【伽玛值】对话框，在【伽玛值】文本框中，输入准备应用的数值，② 单击【确定】按钮，如图 11-35 所示。

图 11-35

图 11-36

智慧锦囊

在 CorelDRAW X6 中，伽玛值曲线优化调整是亮度和对比度的辅助功能，伽玛值以对画面进行细微的明暗层次调整，控制整个画面的对比度表现，使画面的亮度和对比度得到极大的优化，画质也可以得到更高的提升。

考考您

请您根据上述操作方法导入一个位图并进行伽玛值效果的调整，测试一下您的学习效果。

11.2.8 色度/饱和度/亮度

在 CorelDRAW X6 中，【色度/饱和度/亮度】命令用于调整位图中的色频通道，并更改色谱中的颜色位置。下面介绍运用【色度/饱和度/亮度】命令的操作方法。

step 1 ① 打开位图文件后，执行【效果】主菜单，② 在弹出的下拉菜单中，选择【调整】菜单项，③ 在弹出的子菜单中，选择【色度/饱和度/亮度】菜单项，如图 11-37 所示。

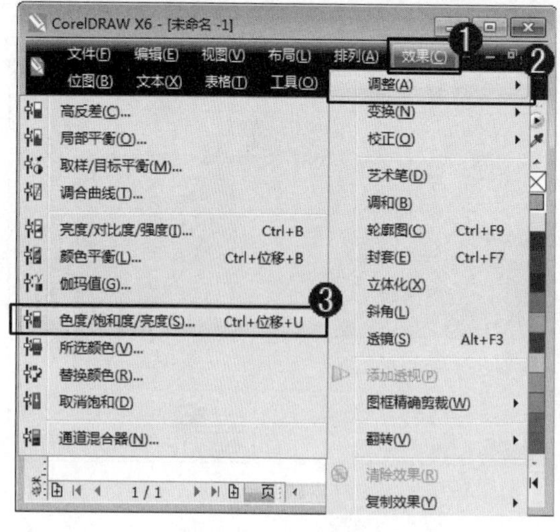

图 11-37

step 2 ① 弹出【色度/饱和度/亮度】对话框，选中【红】单选按钮，② 在【色度】文本框中，输入准备应用的色度数值，③ 在【饱和度】文本框中，输入准备应用的饱和度数值，④ 在【亮度】文本框中，输入准备应用的亮度数值，如图 11-38 所示。

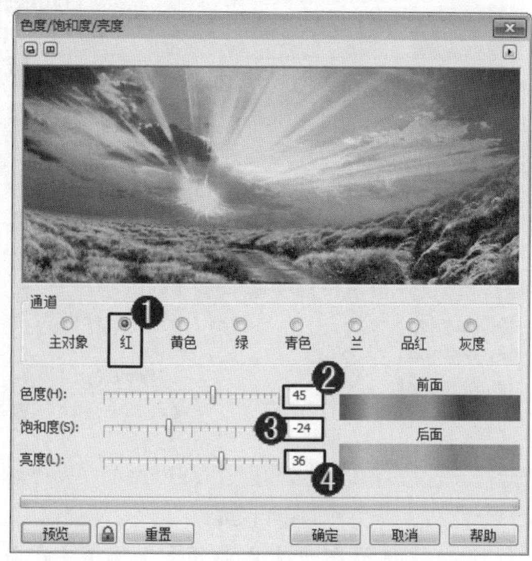

图 11-38

step 3 ① 设置通道后，选中【品红】单选按钮，② 在【色度】文本框中，输入准备应用的色度数值，③ 在【饱和度】文本框中，输入准备应用的饱和度数值，④ 在【亮度】文本框中，输入准备应用的亮度数值，⑤ 单击【确定】按钮，如图 11-39 所示。

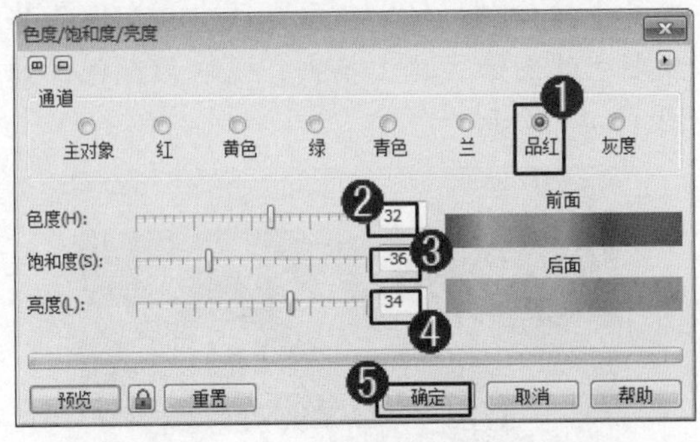

图 11-39

step 4 通过以上方法即可完成运用【色度/饱和度/亮度】命令的操作，如图 11-40 所示。

图 11-40

11.2.9 取消饱和

【取消饱和】命令用于将位图中所有颜色的饱和度降低到零，移除色度组件，然后将每种颜色转换为与其对应的灰度，下面介绍运用【取消饱和】命令的操作方法。

step 1 ① 打开位图文件后，执行【效果】主菜单，② 在弹出的下拉菜单中，选择【调整】菜单项，③ 在弹出的子菜单中，选择【取消饱和】菜单项，如图 11-41 所示。

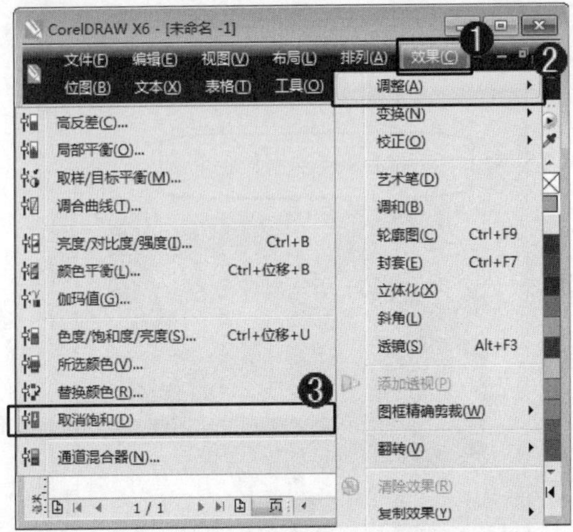

图 11-41

step 2 通过以上操作方法即可完成运用【取消饱和】命令的操作，如图 11-42 所示。

图 11-42

11.2.10 替换颜色

执行【替换颜色】命令，用户可以替换一种颜色或将整个位图从一个颜色范围变换到另一个颜色范围。下面介绍运用【替换颜色】命令的操作方法。

step 1 ① 打开位图后，执行【效果】主菜单，② 在弹出的下拉菜单中，选择【调整】菜单项，③ 在弹出的子菜单中，选择【替换颜色】菜单项，如图 11-43 所示。

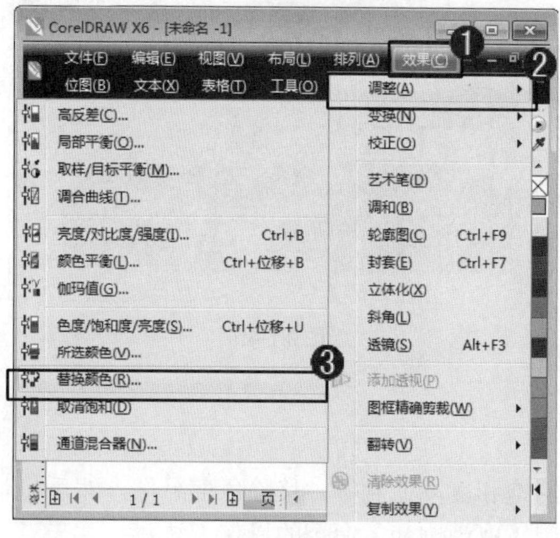

图 11-43

step 3 ① 在【替换颜色】对话框中，单击【新建颜色】颜色框右侧的【吸管工具】按钮，② 在预览区中，在准备应用颜色的图像区域上单击，吸取该颜色，③ 单击【确定】按钮，如图 11-45 所示。

图 11-45

step 2 ① 弹出【替换颜色】对话框，单击【原颜色】颜色框右侧的【吸管工具】按钮，② 在预览区中，在准备替换颜色的图像区域上单击，吸取该颜色，如图 11-44 所示。

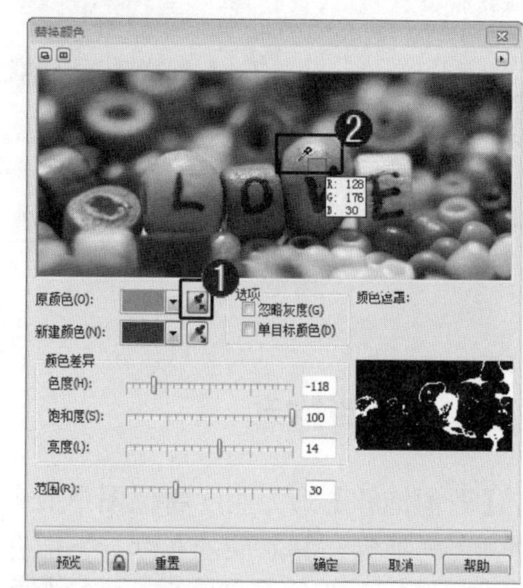

图 11-44

step 4 通过以上操作方法即可完成运用【替换颜色】命令的操作，如图 11-46 所示。

图 11-46

11.3 调整位图的色彩效果

在 CorelDRAW X6 中，用户可以将颜色和色调变换同时应用于位图图像，这样可以产生不同的特殊效果。本节将重点介绍调整位图色彩效果方面的知识。

11.3.1 极色化

在 CorelDRAW X6 中，【极色化】命令用于将图像中的颜色范围转换成纯色色块，使图像简单化，常用于减少图像中的色调值数量。下面介绍运用【极色化】命令的方法。

step 1 ① 打开位图文件后，执行【效果】主菜单，② 在弹出的下拉菜单中，选择【变换】菜单项，③ 在弹出的子菜单中，选择【极色化】菜单项，如图 11-47 所示。

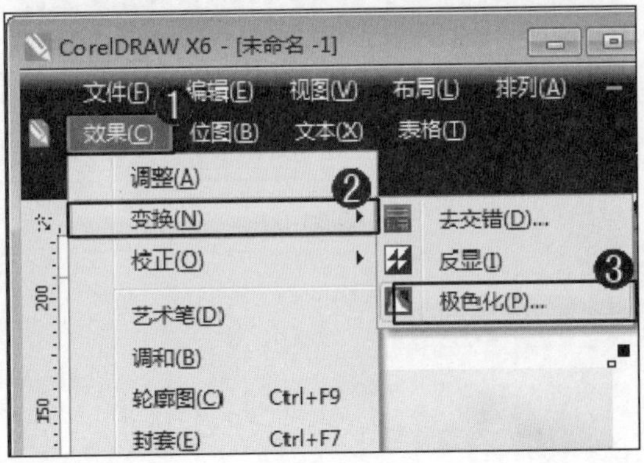

图 11-47

step 2 ① 弹出【极色化】对话框，在【层次】文本框中，设置极色化的层次数值，② 单击【确定】按钮，如图 11-48 所示。

图 11-48

step 3 通过以上方法即可完成运用【极色化】命令的操作，如图 11-49 所示。

图 11-49

智慧锦囊

在 CorelDRAW X6 中，打开【极色化】对话框，设置极色化效果后，单击【预览】按钮，用户可以查看设置的极色化效果。

考考您

请您根据上述方法导入一个位图并制作极色化效果，测试一下您的学习效果。

11.3.2 去交错

在 CorelDRAW X6 中，【去交错】命令用于从扫描或隔行显示的图像中删除线条。下面介绍运用【去交错】命令的操作方法。

step 1 ① 打开位图文件后，执行【效果】主菜单，② 在弹出的下拉菜单中，选择【变换】菜单项，③ 在弹出的子菜单中，选择【去交错】菜单项，如图 11-50 所示。

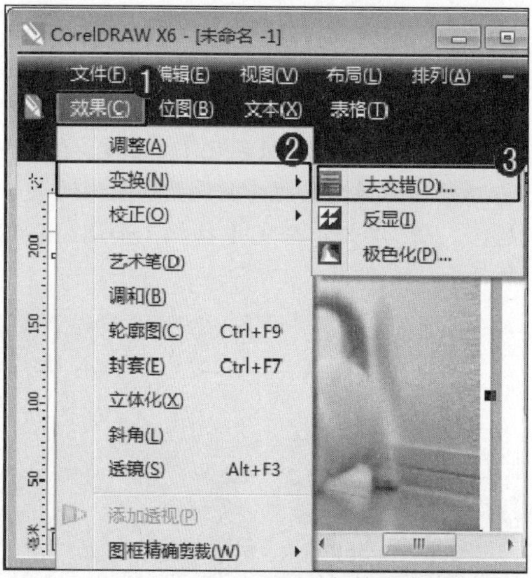

图 11-50

step 2 ① 弹出【去交错】对话框，在【扫描线】选项组中，选中【偶数行】单选按钮，② 在【替换方法】选项组中，选中【插补】单选按钮，③ 单击【确定】按钮，如图 11-51 所示。

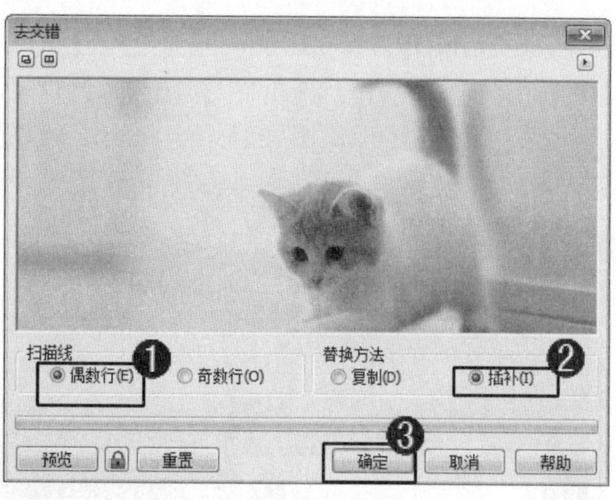

图 11-51

step 3 通过以上方法即可完成运用【去交错】命令的操作，如图 11-52 所示。

图 11-52

在 CorelDRAW X6 中，打开【去交错】对话框，设置去交错效果后，如果对设置的效果不满意，单击【重置】按钮，用户可以重新设置去交错效果。

考考您

请您根据上述方法导入一个位图并制作去交错效果，测试一下您的学习效果。

11.3.3 反显

在 CorelDRAW X6 中，【反显】命令用于反转对象的颜色，反显对象会形成摄影负片的外观。下面介绍运用【反显】命令的操作方法。

step 1 ① 打开位图文件后，执行【效果】主菜单，② 在弹出的下拉菜单中，选择【变换】菜单项，③ 在弹出的子菜单中，选择【反显】菜单项，如图 11-53 所示。

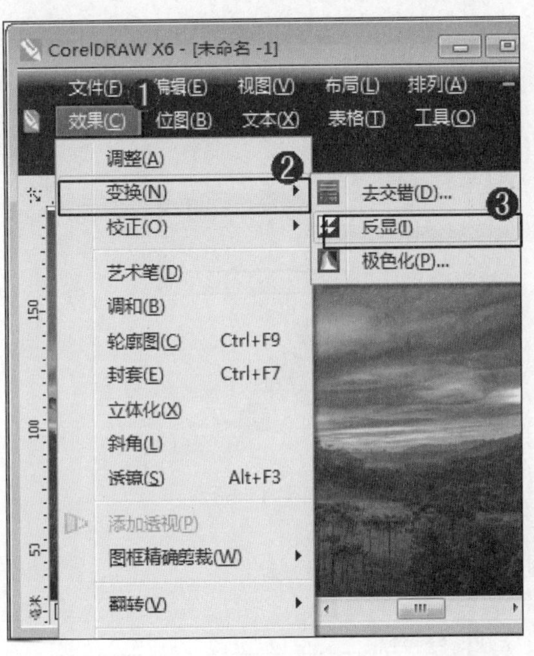

图 11-53

step 2 通过以上方法即可完成运用【反显】命令的操作，如图 11-54 所示。

图 11-54

11.4 更改位图的颜色模式

在 CorelDRAW X6 中，颜色模式是指图像在显示与打印时定义颜色的方式，常见的颜色模式包括 CMYK 模式、RGB 模式、灰度模式和 Lab 模式等。本节将重点介绍设置位图颜色模式方面的知识。

11.4.1 黑白模式

在 CorelDRAW X6 中，运用黑白模式后，图像只显示为黑白色。下面介绍运用黑白模式的操作方法。

step 1 ① 打开位图文件后，执行【位图】主菜单，② 在弹出的下拉菜单中，选择【模式】菜单项，③ 在弹出的子菜单中，选择【黑白(1 位)】菜单项，如图 11-55 所示。

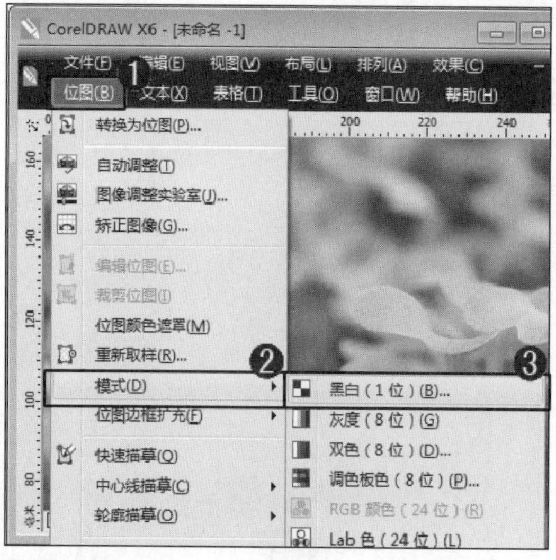

图 11-55

step 2 ① 弹出【转换为 1 位】对话框，在【转换方法】下拉列表框中，选择准备应用的样式，② 在【屏幕类型】下拉列表框中，选择准备应用的类型，③ 在【度】微调框中，输入黑白效果的角度值，④ 在【线数】微调框中，输入黑白效果的线数值，⑤ 单击【确定】按钮，如图 11-56 所示。

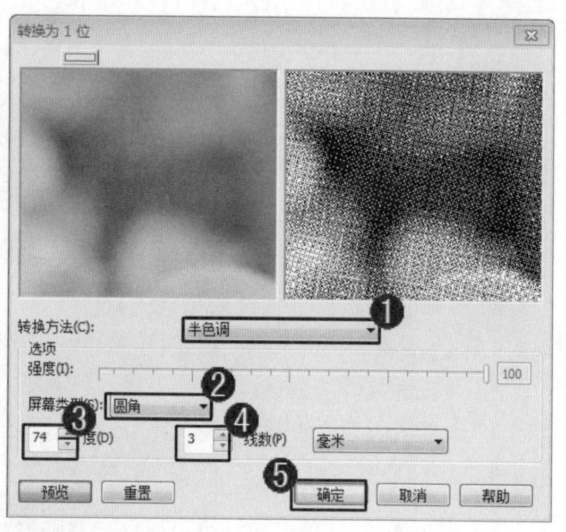

图 11-56

step 3 通过以上方法即可完成运用黑白模式的操作，如图 11-57 所示。

图 11-57

智慧锦囊

在 CorelDRAW X6 中，打开【转换为 1 位】对话框后，【屏幕类型】下拉列表框中包括了正方形、圆角、线条、交叉、固定的4×4和固定的8×8等选项供用户使用。

考考您

请您根据上述方法导入一个位图并制作黑白效果，测试一下您的学习效果。

11.4.2 灰度模式

在 CorelDRAW X6 中，运用灰度模式后，图像只用亮度来定义颜色，颜色值的定义范围为 0～255。下面介绍运用灰度模式的操作方法。

step 1 ① 打开位图文件后，执行【位图】主菜单，② 在弹出的下拉菜单中，选择【模式】菜单项，③ 在弹出的子菜单中，选择【灰度(8 位)】菜单项，如图 11-58 所示。

图 11-58

step 2 此时，导入的位图已经转换成灰度效果。通过以上方法即可完成运用灰度模式的操作，如图 11-59 所示。

图 11-59

知识精讲

在 CorelDRAW X6 中，灰度颜色模式是没有任何彩色信息的，一般用于作品的黑白印刷业务。应用灰度颜色模式后，用户可以去掉图像中的色彩信息，只保留 0～255 的不同级别的灰度颜色，因此应用灰度颜色模式后的图像只有黑、白、灰的颜色显示。

11.4.3 双色模式

在 CorelDRAW X6 中，双色模式包括单色调、双色调、三色调和四色调四种类型。下面以双色调为例，介绍运用双色模式的操作方法。

step 1 ① 打开位图文件后，执行【位图】主菜单，② 在弹出的下拉菜单中，选择【模式】菜单项，③ 在弹出的子菜单中，选择【双色(8 位)】菜单项，如图 11-60 所示。

step 2 ① 弹出【双色调】对话框，切换到【曲线】选项卡，② 在【类型】下拉列表框中，选择【双色调】选项，③ 在颜色框中，双击颜色条，选择准备应用的颜色，④ 设置双色调的曲线折点，⑤ 单击【确定】按钮，如图 11-61 所示。

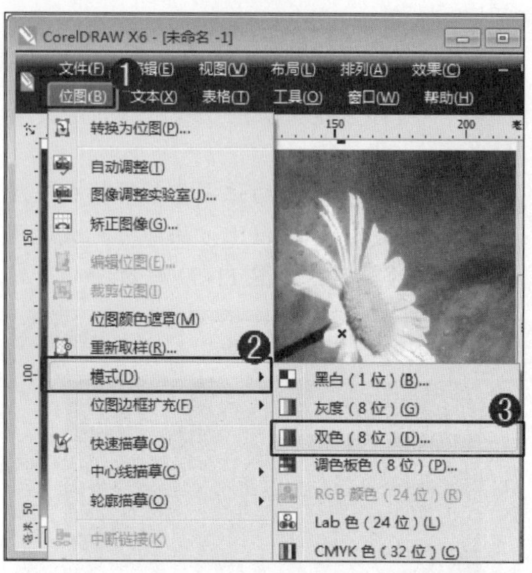

图 11-60

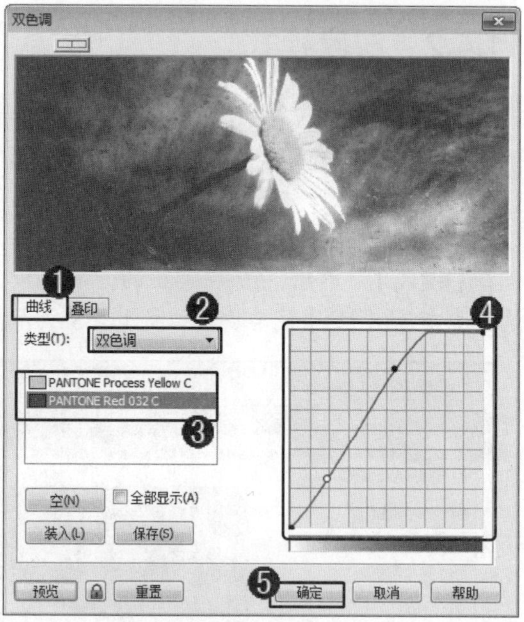

双色调

曲线 叠印

类型(T): 双色调

PANTONE Process Yellow C

PANTONE Red 032 C

空(N) 全部显示(A)

装入(L) 保存(S)

预览 重置 确定 取消 帮助

图 11-61

step 3 通过以上方法即可完成运用双色模式的操作，如图 11-62 所示。

图 11-62

智慧锦囊

在 CorelDRAW X6 中，打开【双色调】对话框后，【类型】下拉列表框中包括单色调、双色调、三色调和四色调等选项供用户使用。

考考您

请您根据上述方法导入一个位图并制作双色调效果，测试一下您的学习效果。

11.4.4 调色板模式

调色板模式最多能够使用 256 种颜色来保存和显示图像，位图对象转换为调色板模式后可以减少文件的大小。下面介绍运用调色板模式的操作方法。

step 1 ① 打开位图文件后，执行【位图】主菜单，② 在弹出的下拉菜单中，选择【模式】菜单项，③ 在弹出的子菜单中，选择【调色板色(8 位)】菜单项，如图 11-63 所示。

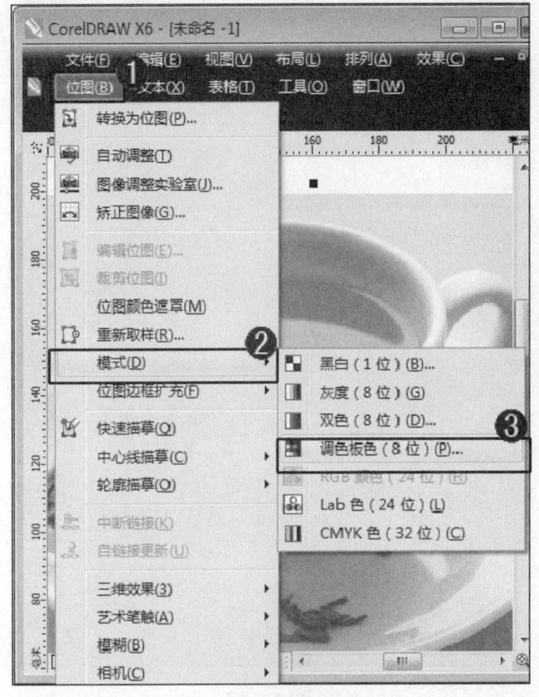

图 11-63

这样即可完成运用调色板模式的操作，如图 11-65 所示。

图 11-65

step 2 ① 弹出【转换至调色板色】对话框，切换到【选项】选项卡，② 在【调色板】下拉列表框中，选择【优化】选项，③ 在【递色处理的】下拉列表框中，选择【顺序】选项，④ 在【抵色强度】文本框中，输入抵色强度的数值，⑤ 单击【确定】按钮，如图 11-64 所示。

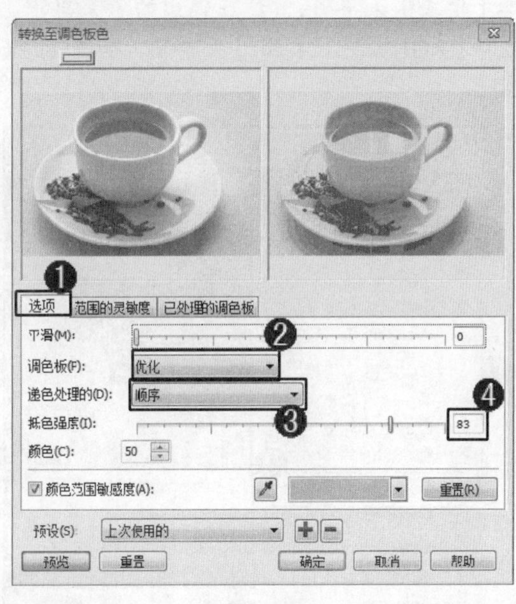

图 11-64

智慧锦囊

在 CorelDRAW X6 中，在【转换至调色板色】对话框中，在【调色板】下拉列表框中，选择指定的选项，如【优化】，用户才可以激活【颜色范围敏感度】复选框，从而在【范围的灵敏度】选项卡下进行颜色设置。

考考您

请您根据上述方法导入一个位图并制作调色板调色效果，测试一下您的学习效果。

11.4.5 RGB 模式

在 CorelDRAW X6 中，RGB 模式的色彩数值设置范围为 0～255，其中 R 代表红色、G 代表绿色、B 代表蓝色，三种色彩集合成不同的颜色。下面介绍运用 RGB 模式的操作方法。

step 1 ① 打开位图，执行【位图】主菜单，② 在弹出的下拉菜单中，选择【模式】菜单项，③ 在弹出的子菜单中，选择【RGB 颜色(24 位)】菜单项，如图 11-66 所示。

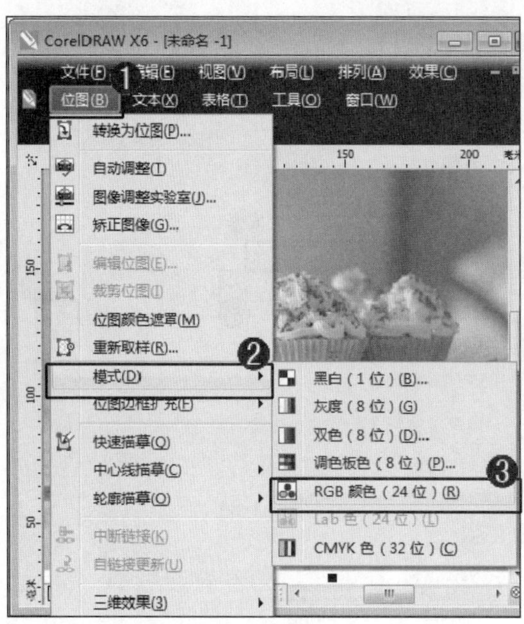

图 11-66

step 2 通过以上方法即可完成运用 RGB 模式的操作，如图 11-67 所示。

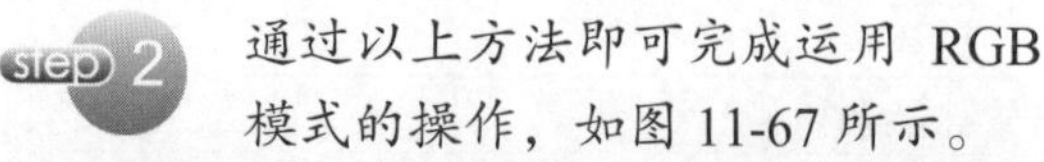

图 11-67

知识精讲

在 CorelDRAW X6 中，只有导入的位图不是 RGB 模式，用户才可以将 RGB 模式应用到导入的位图中。

11.4.6 Lab 模式

在 CorelDRAW X6 中，Lab 颜色模式是一种色彩范围最广的色彩模式，它是各种色彩模式之间相互转换的中间模式。下面介绍运用 Lab 模式的操作方法。

step 1 ① 打开位图，执行【位图】主菜单，② 在弹出的下拉菜单中，选择【模式】菜单项，③ 在弹出的子菜单中，选择【Lab 色(24 位)】菜单项，如图 11-68 所示。

step 2 通过以上操作方法即可完成运用 Lab 模式的操作，如图 11-69 所示。

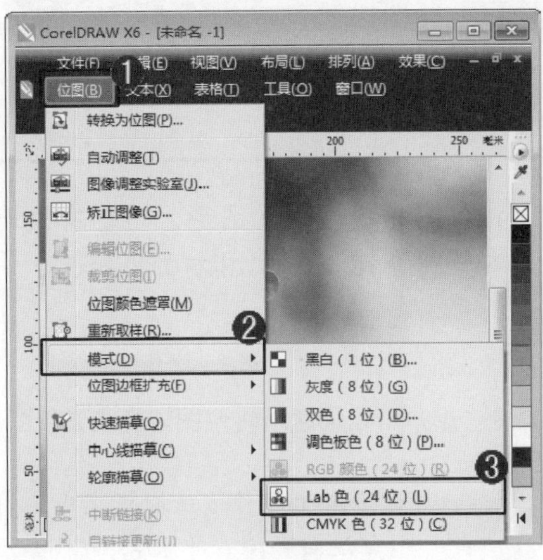

图 11-68

图 11-69

11.4.7 CMYK 模式

CMYK 也称作印刷色彩模式，是一种依靠反光的色彩模式。下面介绍运用 CMYK 模式的操作方法。

step 1 ① 打开位图，执行【位图】主菜单，② 在弹出的下拉菜单中，选择【模式】菜单项，③ 在弹出的子菜单中，选择【CMYK 色(32 位)】菜单项，如图 11-70 所示。

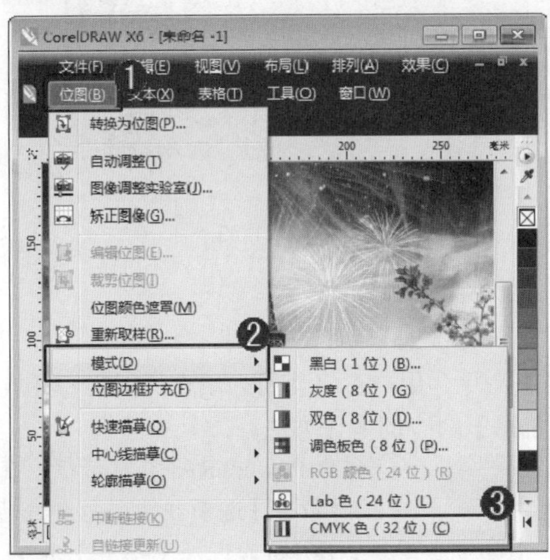

图 11-70

step 2 通过以上操作方法即可完成运用 CMYK 模式的操作，如图 11-71 所示。

图 11-71

11.5 描摹位图

通过描摹位图命令，用户可以将位图转换为矢量图形，这样有效地提升了用户编辑图形的工作效率。本节将介绍描摹位图方面的知识。

11.5.1 快速描摹位图

在 CorelDRAW X6 中，运用【快速描摹】命令，用户可以快速地将位图转换成矢量图。下面介绍运用【快速描摹】命令的操作方法。

step 1 ① 打开位图，执行【位图】主菜单，② 在弹出的下拉菜单中，选择【快速描摹】菜单项，如图 11-72 所示。

step 2 通过以上操作方法即可完成运用【快速描摹】命令的操作，如图 11-73 所示。

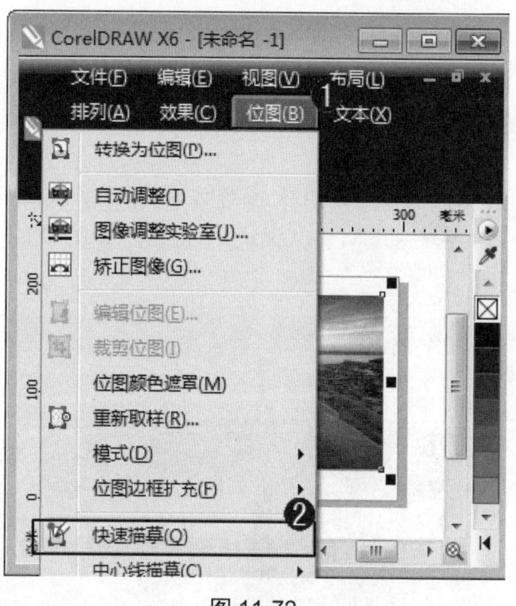

图 11-72

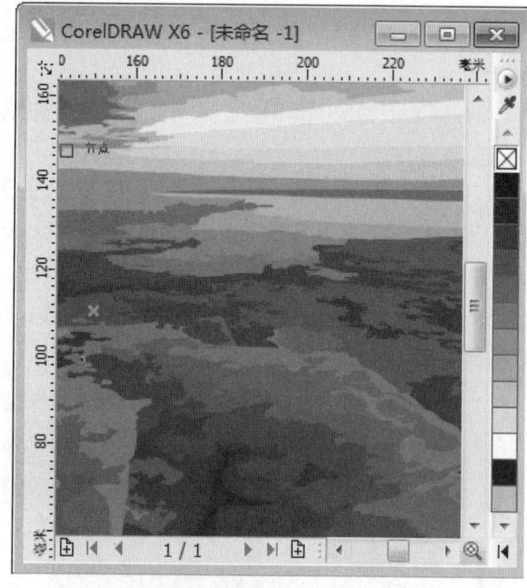

图 11-73

11.5.2 中心线描摹位图

在 CorelDRAW X6 中，运用【中心线描摹】命令，用户可以使用为填充的封闭和开放曲线来描摹位图图像。下面介绍运用【中心线描摹】命令的操作方法。

step 1 ① 打开位图，执行【位图】主菜单，② 在弹出的下拉菜单中，选择【中心线描摹】菜单项，③ 在弹出的子菜单中，选择【线条画】菜单项，如图 11-74 所示。

step 2 ① 弹出 PowerTRACE 对话框，在【跟踪控件】选项组中，向右拖动【细节】滑块，② 向右拖动【平滑】滑块，③ 单击【确定】按钮，如图 11-75 所示。

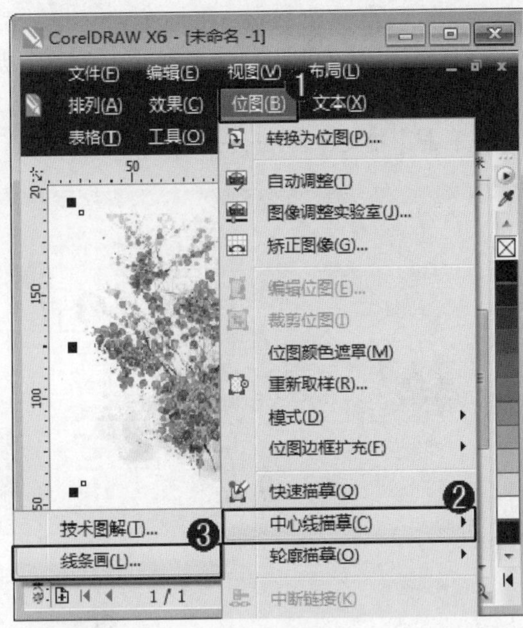

图 11-74

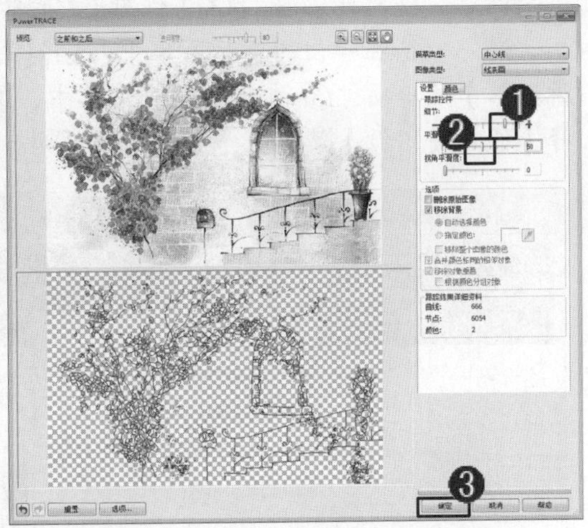

图 11-75

通过以上方法即可完成运用【中心线描摹】命令的操作，如图 11-76 所示。

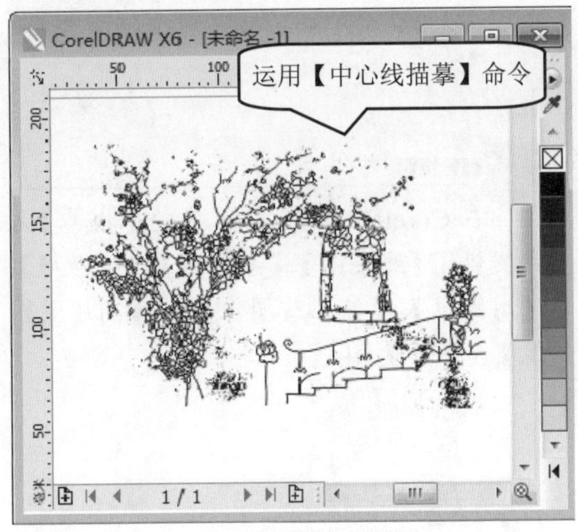

图 11-76

智慧锦囊

在 CorelDRAW X6 中，【中心线描摹】方式提供了两种预设的描摹样式，分别是【技术图解】样式和【线条画】样式，选择【技术图解】样式，用户可以使用很细很淡的线条描摹黑白图解，选择【线条画】样式，用户可以使用很粗并且很突出的线条描摹黑白草图。

考考您

请您根据上述方法导入一个位图并制作中心线描摹位图的效果，测试一下您的学习效果。

11.5.3 轮廓描摹位图

在 CorelDRAW X6 中，运用【轮廓描摹】命令，用户可以使用无轮廓的曲线对象来描摹图形对象。下面介绍运用【轮廓描摹】命令的操作方法。

step 1 ① 打开位图，执行【位图】主菜单，② 在弹出的下拉菜单中，选择【轮廓描摹】菜单项，③ 在弹出的子菜单中，选择【低品质图像】菜单项，如图 11-77 所示。

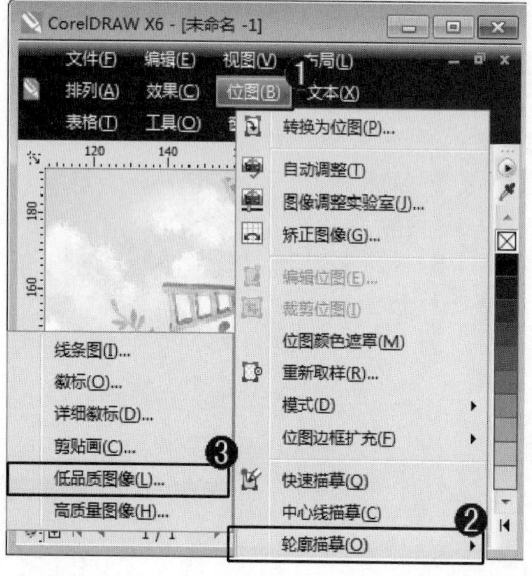

图 11-77

step 2 ① 弹出 PowerTRACE 对话框，在【跟踪控件】选项组中，向右拖动【细节】滑块，② 向右拖动【平滑】滑块，③ 单击【确定】按钮，如图 11-78 所示。

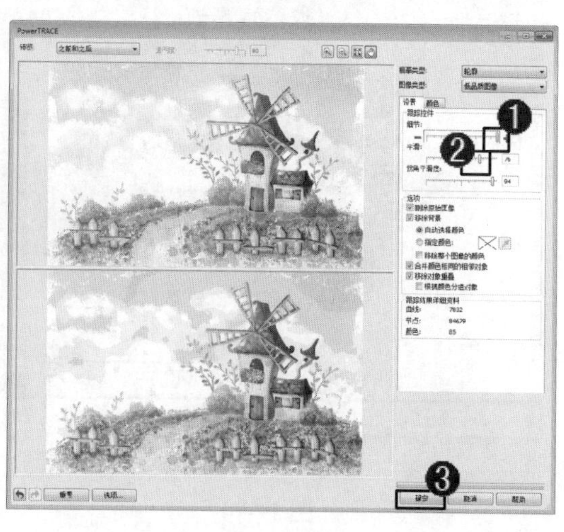

图 11-78

step 3 通过以上操作方法即可完成运用【轮廓描摹】命令的操作，如图 11-79 所示。

图 11-79

智慧锦囊

在 CorelDRAW X6 中，【轮廓描摹】方式提供了【线条图】、【徽标】、【详细徽标】、【剪贴画】、【低品质图像】和【高质量图像】6 种预设样式。

考考您

请您根据上述方法导入一个位图并制作轮廓描摹位图的艺术效果，测试一下您的学习效果。

11.6 色斑与遮罩效果

色斑与遮罩效果一般用于更改图像的特定颜色，可以方便用户制作出不同的艺术效果。本节将介绍色斑与遮罩效果方面的知识。

11.6.1 校正位图色斑效果

在 CorelDRAW X6 中，运用【校正】命令，用户可以通过更改图像中的相异色素来减少杂色。下面介绍校正位图色斑效果的操作方法。

step 1 ① 打开位图，执行【效果】主菜单，② 在弹出的下拉菜单中，选择【校正】菜单项，③ 在弹出的子菜单中，选择【尘埃与刮痕】菜单项，如图 11-80 所示。

图 11-80

step 2 ① 弹出【尘埃与刮痕】对话框，在【阈值】文本框中，输入尘埃与刮痕的阈值，② 在【半径】文本框中，输入尘埃与刮痕的半径值，③ 单击【确定】按钮，如图 11-81 所示。

图 11-81

step 3 通过以上方法即可完成校正位图色斑效果的操作，如图 11-82 所示。

图 11-82

智慧锦囊

通过移除尘埃与刮痕标记，用户可以快速改进位图的外观，尘埃与刮痕过滤器用于消除超过用户设置的对比度阈值的像素之间的对比度，也可以设置半径以确定更改影响的像素数量，所选的设置取决于瑕疵大小及其周围的区域。

11.6.2 位图的颜色遮罩

在 CorelDRAW X6 中，颜色遮罩功能不仅可以隐藏位图中的颜色，同时还可以改变选定的颜色，而不改变图像中的其他颜色。下面介绍运用位图颜色遮罩的操作方法。

step 1 ① 打开位图，执行【位图】主菜单，② 在弹出的下拉菜单中，选择【位图颜色遮罩】菜单项，如图 11-83 所示。

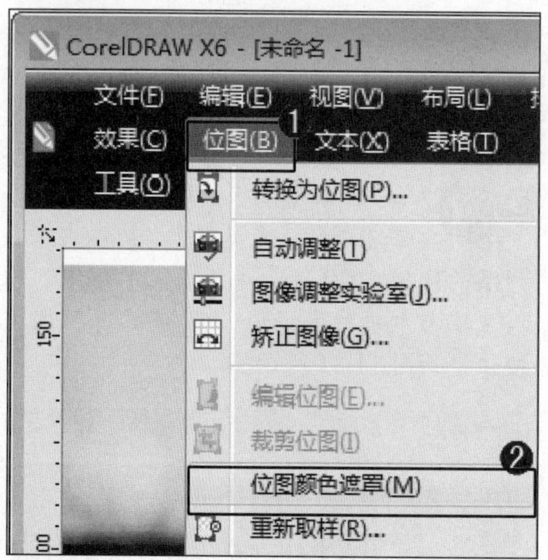

图 11-83

step 2 ① 弹出【位图颜色遮罩】泊坞窗，选中【隐藏颜色】单选按钮，② 在色彩条列表框中，选择一个彩色条，③ 单击【颜色选择】按钮，④ 在绘图区中，在位图中需要隐藏的颜色上单击，⑤ 在【容限】文本框中，输入隐藏颜色的范围值，⑥ 单击【应用】按钮，如图 11-84 所示。

图 11-84

step 3 通过以上操作方法即可完成运用位图颜色遮罩的操作，如图 11-85 所示。

图 11-85

智慧锦囊

在 CorelDRAW X6 中，在【位图颜色遮罩】泊坞窗中，在隐藏颜色的过程中，容限级别越高，所选颜色周围的颜色范围也就越广。

考考您

请您根据上述方法导入一个位图并制作位图颜色遮罩的艺术效果，测试一下您的学习效果。

11.7 范例应用与上机操作

通过本章的学习，用户已经初步掌握编辑与处理位图方面的基础知识，下面介绍几个实践案例，巩固一下学习到的知识要点，使用户达到活学活用的效果。

11.7.1 绘制黄昏景色

在 CorelDRAW X6 中，结合本章的知识，用户可以绘制一幅黄昏景色。下面介绍绘制黄昏景色的操作方法。

素材文件 无

效果文件 配套素材\第 11 章\效果文件\绘制黄昏景色

step 1 ① 新建文件后，在工具箱中，单击【矩形工具】按钮，② 在绘图区中，绘制一个矩形，作为黄昏景色的轮廓图，如图 11-86 所示。

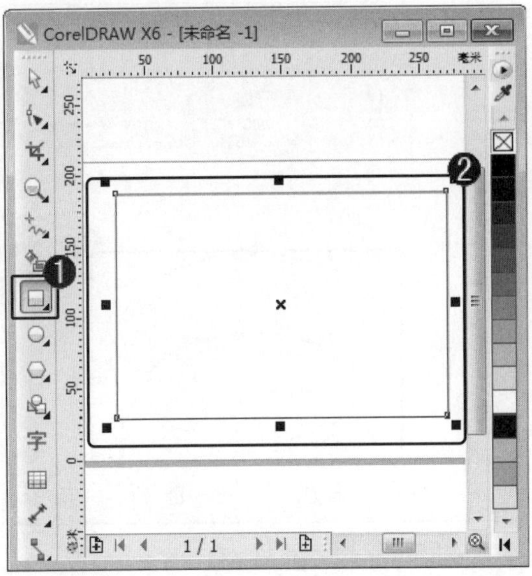

图 11-86

step 2 ① 绘制矩形后，在工具箱中，单击【贝塞尔工具】按钮，② 在绘图区中，绘制一条曲线，如图 11-87 所示。

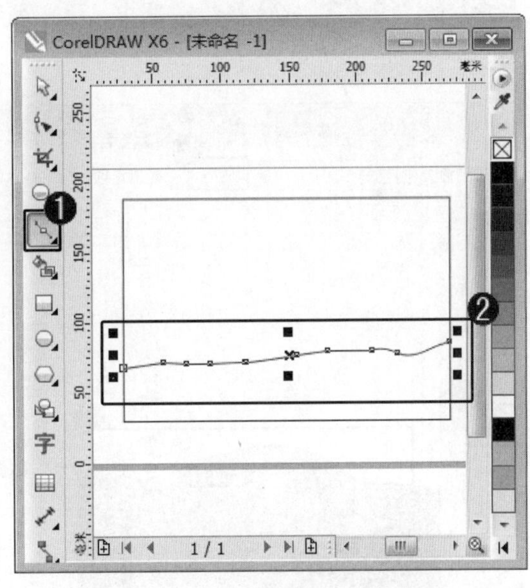

图 11-87

step 3 ① 绘制曲线后，在工具箱中，单击【智能填充工具】按钮，② 在属性栏的填充色下拉列表框中，设置填充的颜色，如“黑色”，③ 在绘图区中，填充颜色，如图 11-88 所示。

step 4 ① 绘制矩形后，在工具箱中，单击【贝塞尔工具】按钮，② 在绘图区中，绘制一条曲线，如图 11-89 所示。

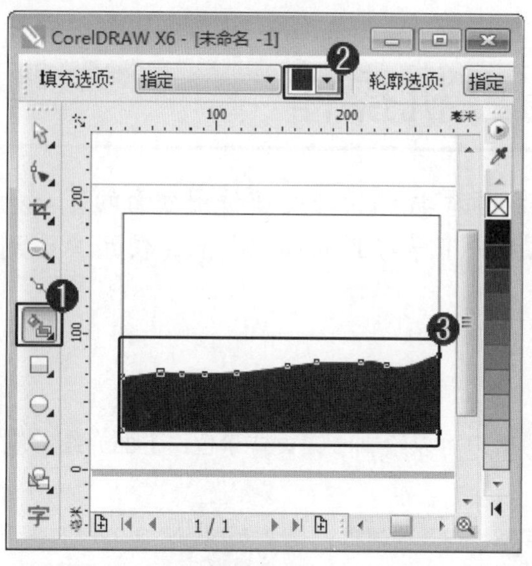

图 11-88

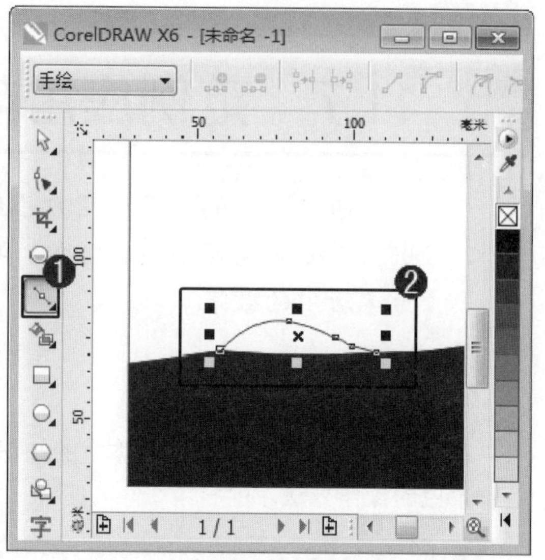

图 11-89

step 5 ① 绘制曲线后，在工具箱中，单击【智能填充工具】按钮，② 在属性栏的填充色下拉列表框中，设置填充的颜色，如“紫色”，③ 在绘图区中，填充颜色，如图 11-90 所示。

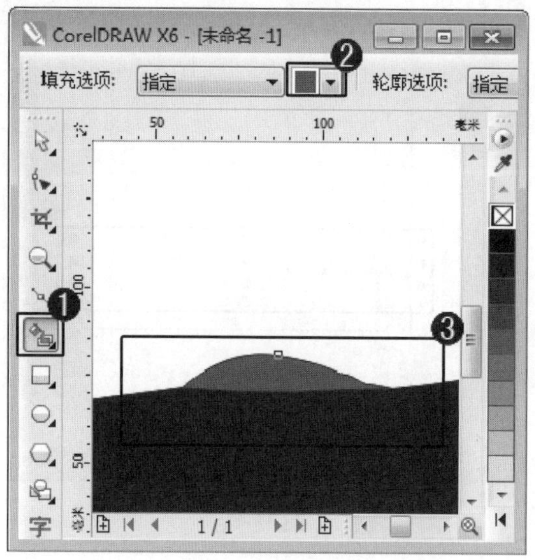

图 11-90

step 6 ① 绘制曲线后，在工具箱中，单击【椭圆工具】按钮，② 在绘图区中，由内向外，绘制三个椭圆形，如图 11-91 所示。

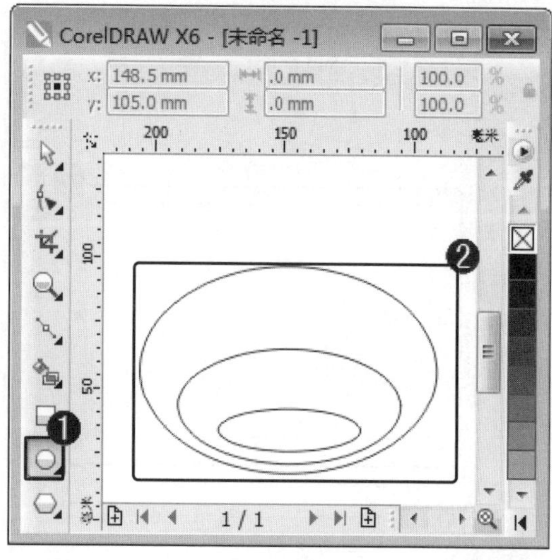

图 11-91

step 7 ① 在调色板中，设置准备应用的颜色，② 在绘图区中，选择绘制的椭圆，由内至外分别填充为“白色”、“淡紫色”和“淡蓝色”，如图 11-92 所示。

step 8 填充椭圆形颜色后，选择填充淡紫色的椭圆，然后在小键盘上按下“+”键，快速复制一个填充淡紫色的椭圆，如图 11-93 所示。

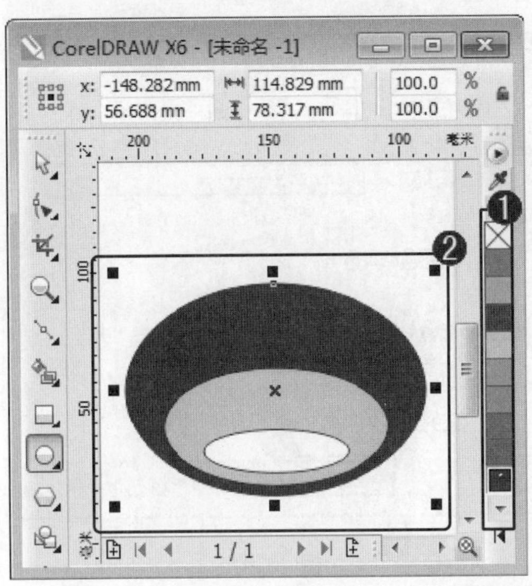

图 11-92

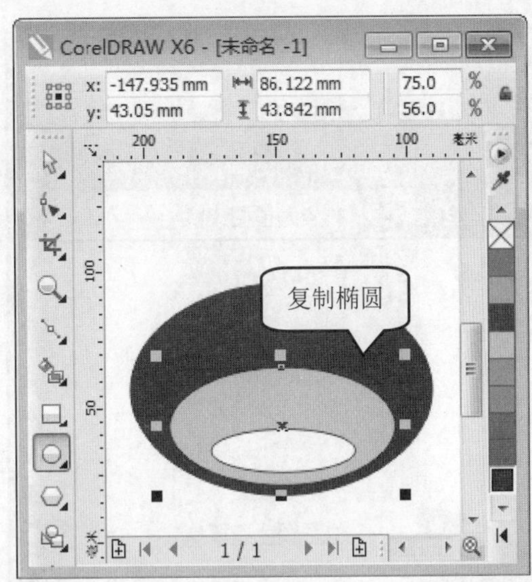

图 11-93

step 9 ① 复制椭圆后，按住 Shift 键的同时，将白色椭圆与淡紫椭圆同时选择，在工具箱中，单击【调和工具】按钮，② 将白色椭圆与淡紫椭圆调和，如图 11-94 所示。

step 10 ① 调和颜色后，按住 Shift 键的同时，将复制的淡紫椭圆与绘制的淡蓝椭圆同时选择，在工具箱中，单击【调和工具】按钮，② 将淡紫椭圆与淡蓝椭圆调和，如图 11-95 所示。

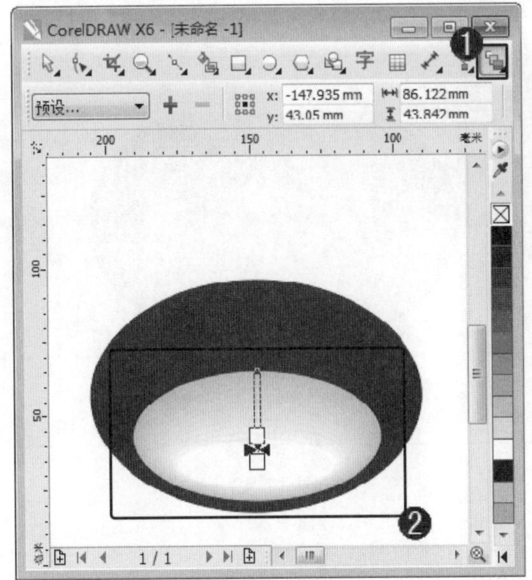

图 11-94

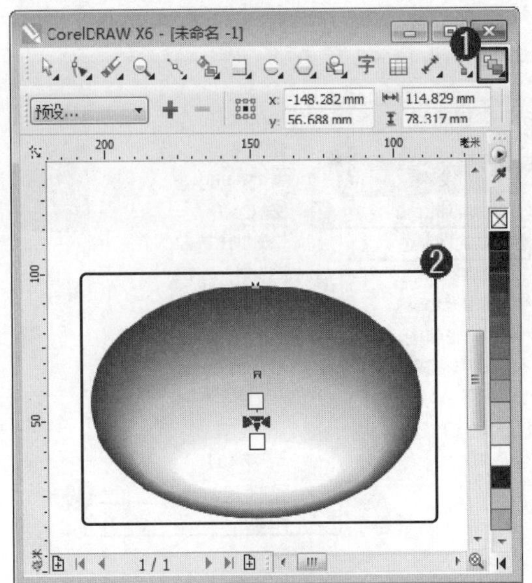

图 11-95

step 11 ① 按住 Shift 键的同时，将所有椭圆同时选择，单击【位图】主菜单，② 在弹出的下拉菜单中，选择【转换为位图】菜单项，如图 11-96 所示。

step 12 ① 弹出【转换为位图】对话框，在【分辨率】下拉列表框中，输入转换位图的分辨率，② 在【颜色模式】下拉列表框中，选择【CMYK 色(32 位)】选项，③ 单击【确定】按钮，如图 11-97 所示。

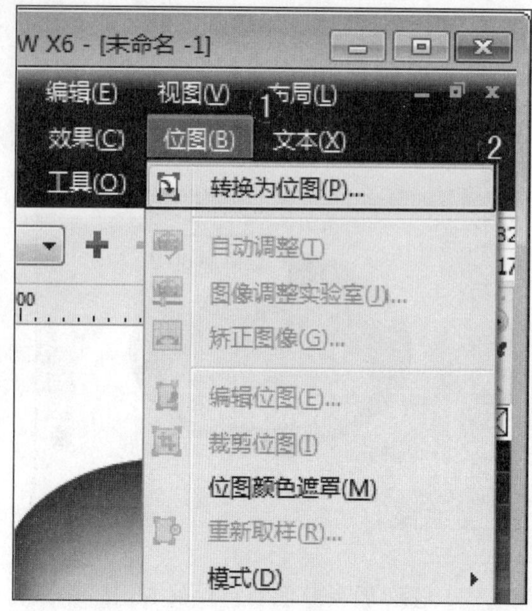

图 11-96

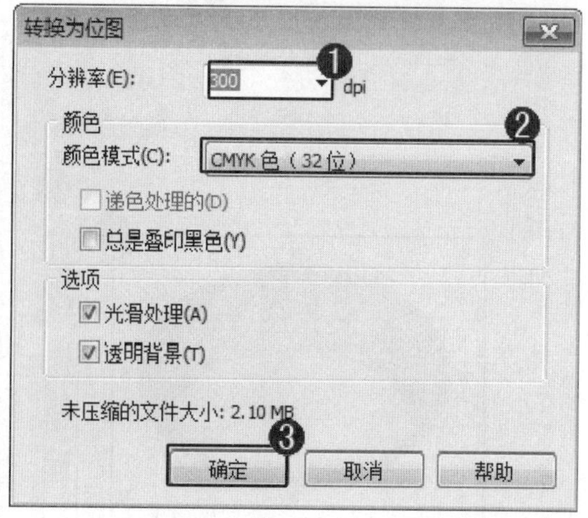

图 11-97

step 13 ① 绘制的椭圆形转换成位图后，单击【位图】主菜单，② 在弹出的下拉菜单中，选择【模糊】菜单项，③ 在弹出的子菜单中，选择【高斯式模糊】菜单项，如图 11-98 所示。

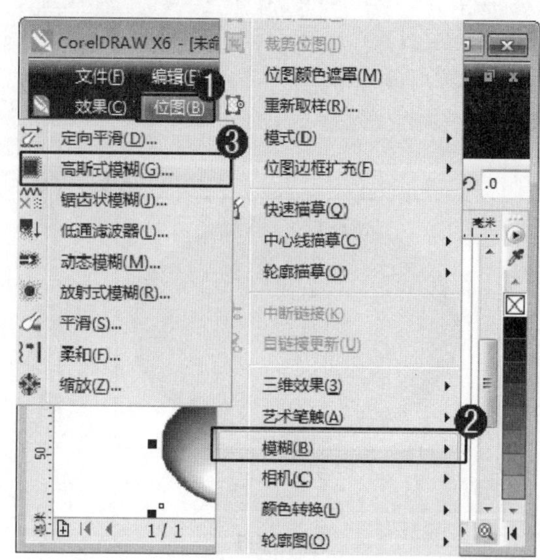

图 11-98

step 14 ① 弹出【高斯式模糊】对话框，在【半径】文本框中，输入高斯模糊的数值，② 单击【确定】按钮，如图 11-99 所示。

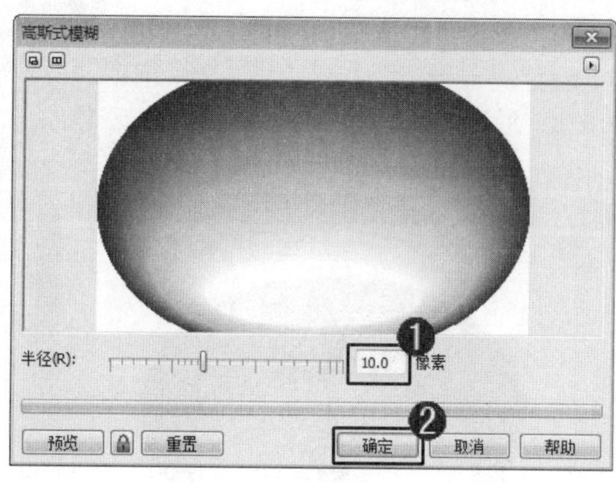

图 11-99

step 15 设置高斯模糊效果后，调整各个图形之间的位置和大小，如图 11-100 所示。

step 16 ① 设置图形位置和大小后，在工具箱中，单击【裁切工具】按钮，② 在绘图区中，绘制一个矩形框，选中准备裁切的图形区域，如图 11-101 所示。

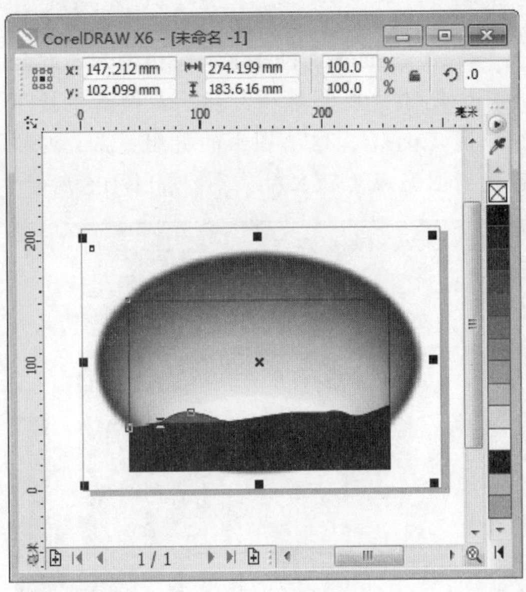

图 11-100

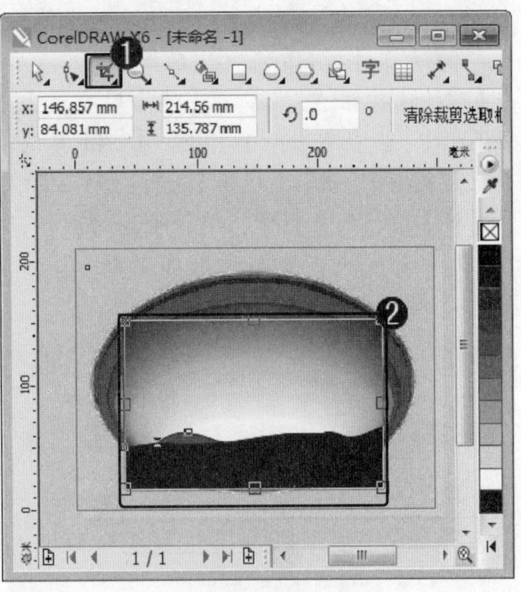

图 11-101

step17 在键盘上按下 Enter 键，完成图形裁切的操作，保留需要的图形，如图 11-102 所示。

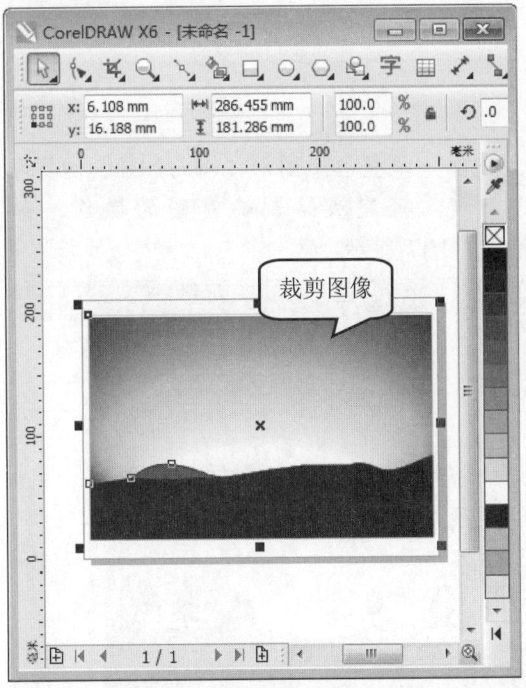

图 11-102

step18 ① 裁切图形后，在工具箱中，单击【艺术笔工具】按钮，② 在属性栏中，单击【喷涂】按钮，③ 在【喷涂对象大小】微调框中，设置喷涂大小数值，④ 在【类别】下拉列表框中，选择【星形】选项，⑤ 在【喷射图样】下拉列表框中，选择喷涂的图样，⑥ 在绘图区中，绘制星形散布的轨迹，如图 11-103 所示。

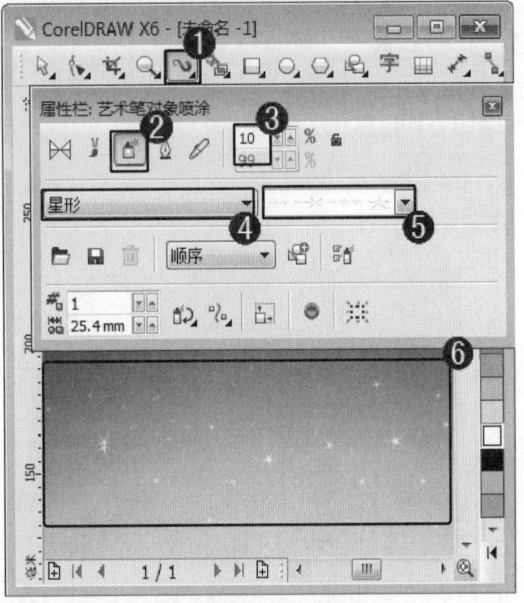

图 11-103

step19 ① 在工具箱中，单击【艺术笔工具】按钮，② 在属性栏中，单击【喷涂】按钮，③ 在【喷涂对象大小】微调框中，设置喷涂大小数值，④ 在【类别】下拉列表框中，选择【植物】选项，⑤ 在【喷射图样】下拉列表框中，选择喷涂的图样，⑥ 在绘图区中，绘制树散布的轨迹，如图 11-104 所示。

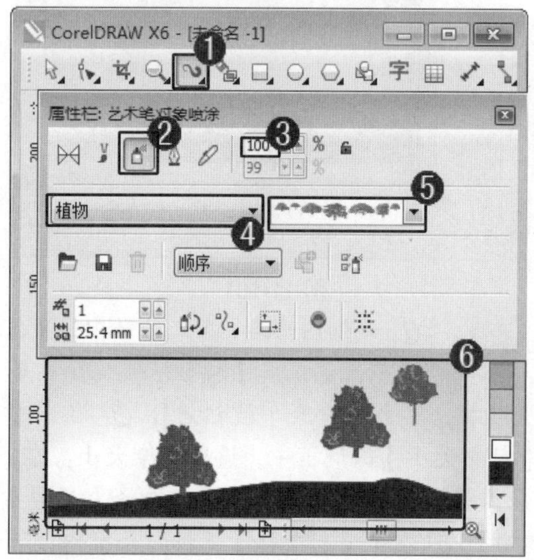

图 11-104

step20 绘制树的散布轨迹后，在键盘上按下组合键 Ctrl+K，将树图形与路径拆分，删除出现的路径，然后在键盘上按下组合键 Ctrl+U，取消图形的群组关系，这样可使树图案成为独立对象，如图 11-105 所示。

图 11-105

step21 ① 设置独立图形对象后，在绘图区中，选择合适的树图形对象，② 在调色板中，单击准备应用的颜色，如"黑色"，将选择的图形对象填充成黑色，如图 11-106 所示。

图 11-106

step22 调整各个图形之间的位置，这样即可完成绘制晚霞图的操作，如图 11-107 所示。

图 11-107

11.7.2 调整摄影作品

在 CorelDRAW X6 中，结合本章的知识，用户可以为摄像作品制作各种效果，达到美化摄影作品的目的。下面介绍调整摄影作品的操作方法。

素材文件 配套素材\第 11 章\素材文件\调整摄影作品.jpg
效果文件 配套素材\第 11 章\效果文件\调整摄影作品

step 1 ① 新建空白文件后，打开【导入】对话框，选择文件存放的位置，② 选择准备打开的位图文件，③ 单击【导入】下拉按钮，④ 在弹出的下拉菜单中，选择【裁剪并装入】菜单项，如图 11-108 所示。

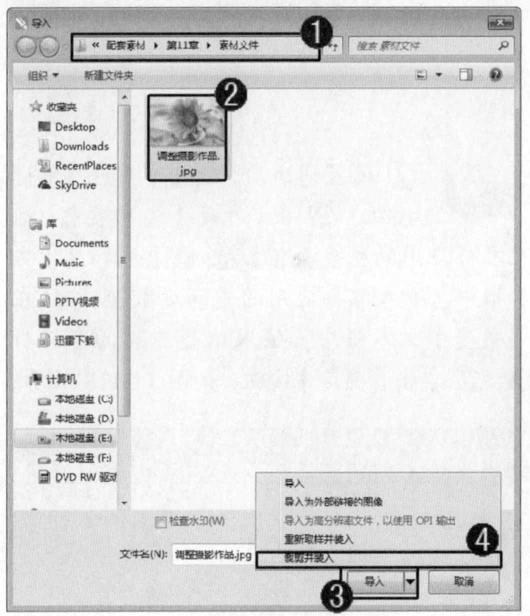

图 11-108

step 2 ① 打开【裁剪图像】对话框，在【选择要裁剪的区域】选项组中，在【上】微调框中，输入裁剪的数值，② 在【左】微调框中，输入裁剪的数值，③ 在【宽度】微调框中，输入裁剪的数值，④ 在【高度】微调框中，输入裁剪的数值，⑤ 单击【确定】按钮，如图 11-109 所示。

图 11-109

step 3 在绘图区中，在指定位置单击，这样即可导入一张位图，调整其大小，如图 11-110 所示。

step 4 ① 导入位图后，执行【效果】主菜单，② 在弹出的下拉菜单中，选择【调整】菜单项，③ 在弹出的子菜单中，选择【色度/饱和度/亮度】菜单项，如图 11-111 所示。

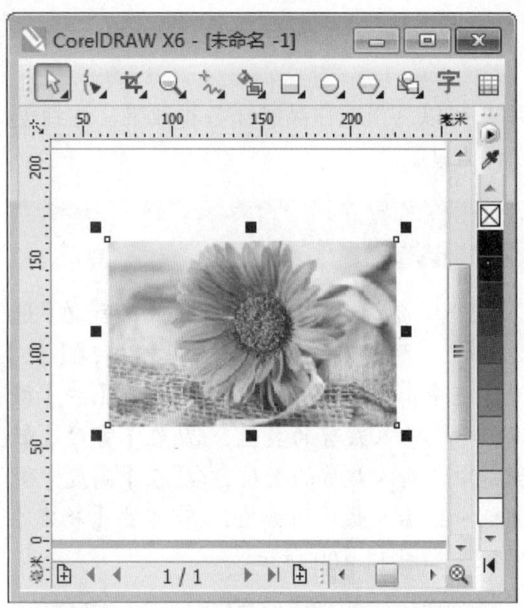

图 11-110

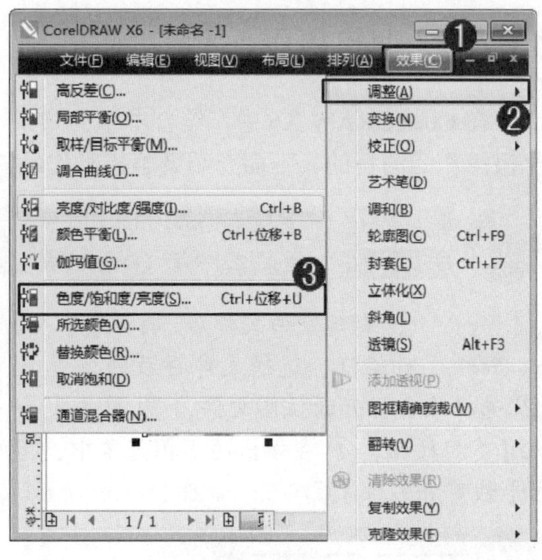

图 11-111

step 5 ① 在【色度/饱和度/亮度】对话框中，选中【主对象】单选按钮，② 在【色度】文本框中，输入准备应用的色度数值，③ 在【饱和度】文本框中，输入准备应用的饱和度数值，④ 在【亮度】文本框中，输入准备应用的亮度数值，如图 11-112 所示。

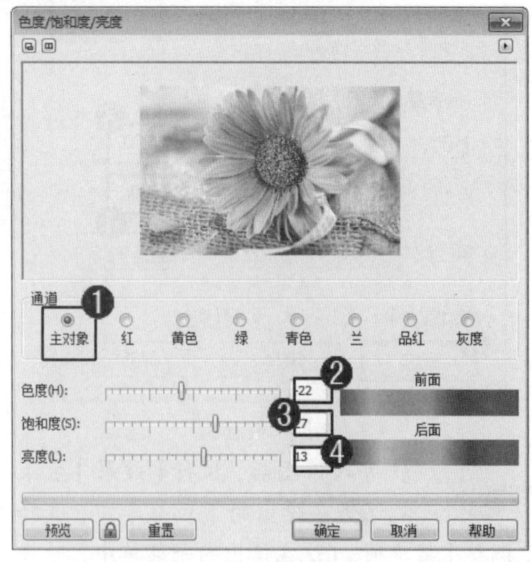

图 11-112

step 6 ① 设置通道后，选中【黄色】单选按钮，② 在【色度】文本框中，输入准备应用的色度数值，③ 在【饱和度】文本框中，输入准备应用的饱和度数值，④ 在【亮度】文本框中，输入准备应用的亮度数值，⑤ 单击【确定】按钮，如图 11-113 所示。

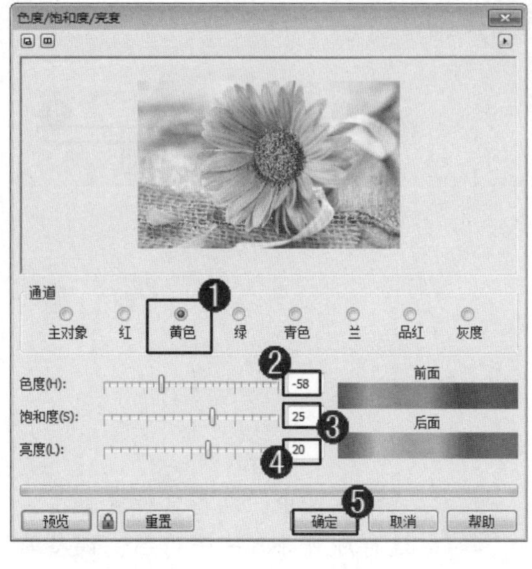

图 11-113

step 7 ① 调整位图色度、饱和度、亮度后，执行【效果】主菜单，② 在弹出的下拉菜单中，选择【校正】菜单项，③ 在弹出的子菜单中，选择【尘埃与刮痕】菜单项，如图 11-114 所示。

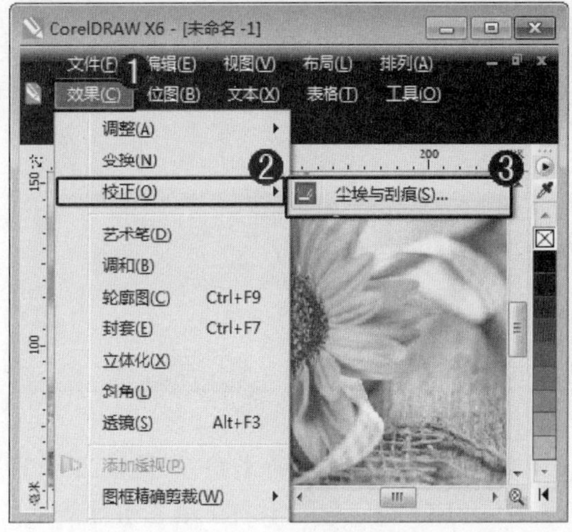

图 11-114

step 8 ① 弹出【尘埃与刮痕】对话框，在【阈值】文本框中，输入尘埃与刮痕的阈值，② 在【半径】文本框中，输入尘埃与刮痕的半径值，③ 单击【确定】按钮，如图 11-115 所示。

图 11-115

step 9 ① 校正位图色斑效果后，执行【效果】主菜单，② 在弹出的下拉菜单中，选择【变换】菜单项，③ 在弹出的子菜单中，选择【极色化】菜单项，如图 11-116 所示。

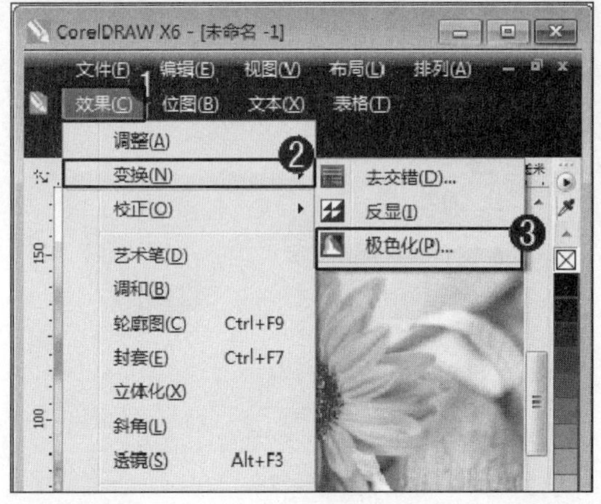

图 11-116

step 10 ① 弹出【极色化】对话框，在【层次】文本框中，设置极色化的层次数值，② 单击【确定】按钮，如图 11-117 所示。

图 11-117

step 11 ① 校正位图色斑效果后，执行【位图】主菜单，② 在弹出的下拉菜单中，选择【快速描摹】菜单项，如图 11-118 所示。

step 12 制作快速描摹效果后，摄影作品被快速描摹成特殊效果，如图 11-119 所示。

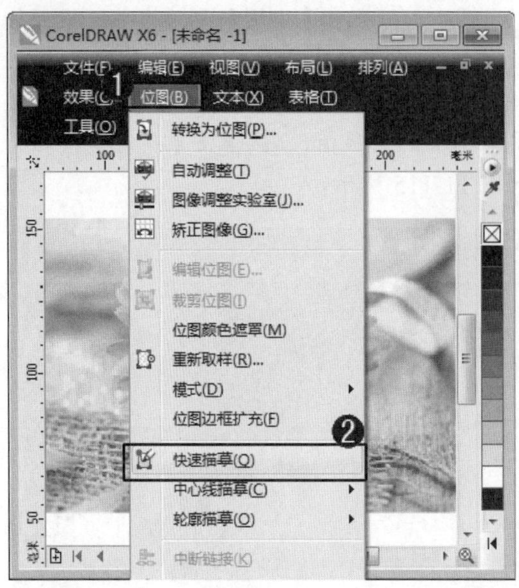

图 11-118

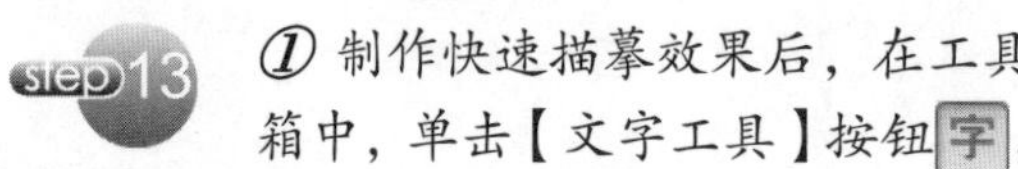

step 13 ① 制作快速描摹效果后，在工具箱中，单击【文字工具】按钮字，② 在绘图区中，输入准备设置的文字，如图 11-120 所示。

图 11-120

step 15 制作文本颜色渐变效果后，文本样式发生改变，如图 11-122 所示。

图 11-119

step 14 ① 选择创建的文字，在键盘上按下 F11 键，弹出【渐变填充】对话框，在【类型】下拉列表框中，选择【线性】选项，② 选中【双色】单选按钮，③ 在【从】下拉列表框中，选择准备应用的颜色，④ 在【到】下拉列表框中，选择准备应用的颜色，⑤ 单击【确定】按钮，如图 11-121 所示。

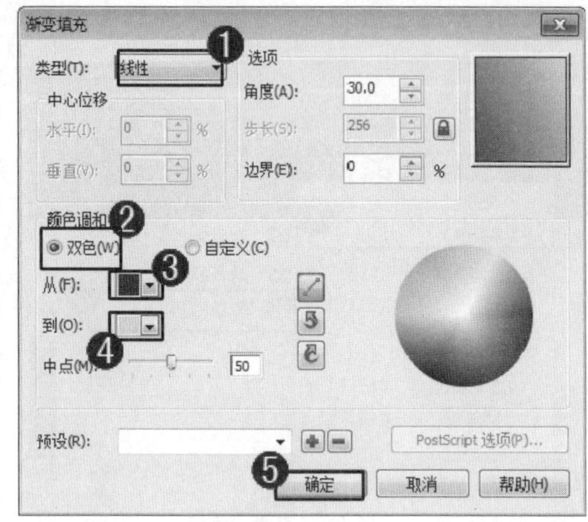

图 11-121

step 16 ① 执行【效果】主菜单，② 在弹出的下拉菜单中，选择【调整】菜单项，③ 在弹出的子菜单中，选择【亮度/对比度/强度】菜单项，如图 11-123 所示。

图 11-122

step17 ① 弹出【亮度/对比度/强度】对话框，在【亮度】文本框中，输入亮度的数值，② 在【对比度】文本框中，输入对比度的数值，③ 在【强度】文本框中，输入强度的数值，④ 单击【确定】按钮，如图 11-124 所示。

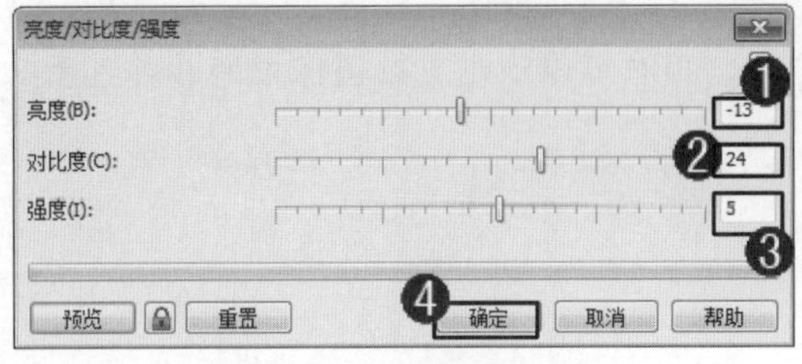

图 11-124

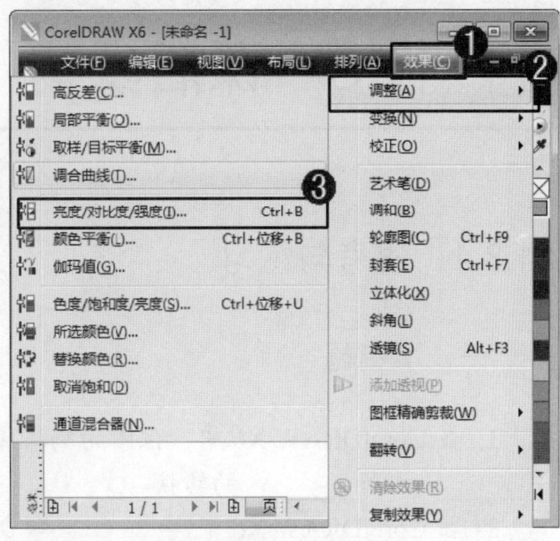

图 11-123

step18 调整文字对象的位置，通过以上方法即可完成调整摄影作品的操作，如图 11-125 所示。

图 11-125

11.8 课后练习

11.8.1 思考与练习

一、填空题

1. 在 CorelDRAW X6 中，位图的编辑操作是一项特色功能，用户可以在当前文件中________，进行________的转换、________等操作。

2. 在 CorelDRAW X6 中，________命令用于调整位图输出颜色的________，用户可以通过从最暗区域到最亮重新分布颜色的浓淡来调整________、中间区域和高光区域。

3. 在 CorelDRAW X6 中，RGB 模式的色彩数值设置范围为________，其中 R 代表________、G 代表绿色、B 代表________，三种色彩集合成不同的颜色。

二、判断题

1. 在 CorelDRAW X6 中，【极色化】命令用于将图像中的颜色范围转换成纯色色块，使图像简单化，常用于减少图像中的色调值数量。（ ）

2. 在 CorelDRAW X6 中，运用【中心线描摹】命令，用户可以使用为填充的封闭和开放曲线来描摹位图图像。（ ）

3. 在 CorelDRAW X6 中，运用【校正】命令，用户可以通过更改图像中的相异色素来增加杂色。（ ）

三、思考题

1. 如何转换 Lab 模式？
2. 如何制作反显效果？

11.8.2 上机操作

1. 打开“配套素材\第 11 章\素材文件\将位图线条化.cdr”文件，使用线条化命令，进行中心线描摹位图的操作。效果文件可参考“配套素材\第 11 章\效果文件\将位图线条化.cdr”。

2. 打开“配套素材\第 11 章\素材文件\调整摄影作品伽玛值.cdr”文件，使用伽玛值命令，进行调整位图伽玛值的操作。效果文件可参考“配套素材\第 11 章\效果文件\调整摄影作品伽玛值.cdr”。

第12章 滤镜的应用

本章主要介绍了添加和删除滤镜方面的知识与技巧，同时还讲解了滤镜效果方面的技巧。通过本章的学习，读者可以掌握滤镜应用方面的知识，为深入学习 CorelDRAW X6 知识奠定基础。

1. 添加和删除滤镜
2. 滤镜效果

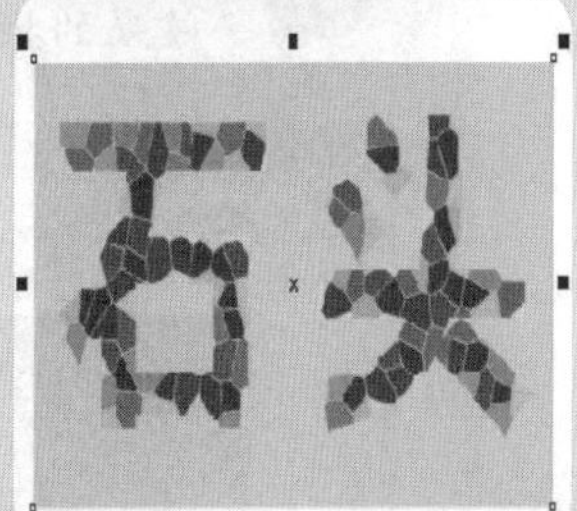

 12.1 添加和删除滤镜

在 CorelDRAW X6 中，使用滤镜功能，用户可以直接在平面绘图软件中完成各种特殊艺术效果的制作。本节将重点介绍添加和删除滤镜效果方面的知识。

12.1.1 添加滤镜效果

在 CorelDRAW X6 中，用户可以快速将滤镜效果应用到导入的位图上，下面以添加【卷页】滤镜效果为例，详细介绍添加滤镜的操作方法。

step 1 ① 导入位图后，单击【位图】主菜单，② 在弹出的下拉菜单中，选择【三维效果】菜单项，③ 在弹出的子菜单中，选择【卷页】菜单项，如图 12-1 所示。

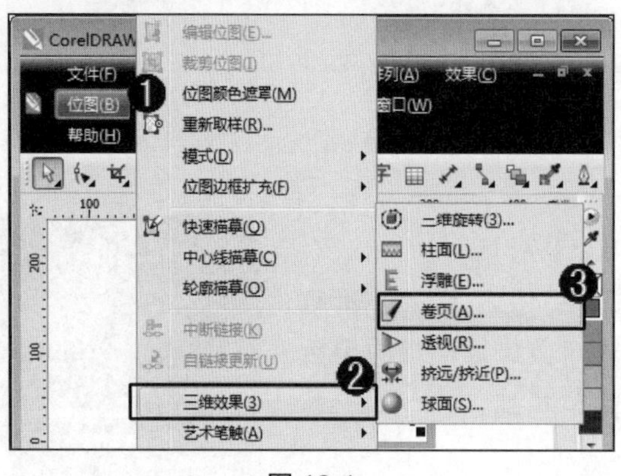

图 12-1

step 2 ① 弹出【卷页】对话框，单击卷页按钮，② 在【宽度】文本框中，输入卷页的的宽度数值，③ 单击【确定】按钮，如图 12-2 所示。

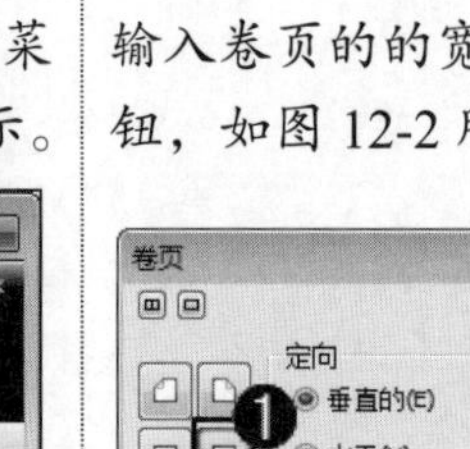

图 12-2

 通过以上方法即可完成添加滤镜效果的操作，如图 12-3 所示。

图 12-3

智慧锦囊

在 CorelDRAW X6 中，在所有的滤镜效果对话框中，左上角的【双窗口】按钮和【单窗口】按钮是用于在双窗口、单窗口和取消预览窗口之间进行切换。同时单击【预览】按钮，用户可以预览应用后的滤镜效果。

12.1.2 删除滤镜

在 CorelDRAW X6 中，如果用户对应用的滤镜效果不是很满意，可以快速将应用的滤镜效果撤消，下面以撤消【卷页】滤镜效果为例，介绍删除滤镜效果的操作方法。

step 1 ① 应用滤镜效果后，单击【编辑】主菜单，② 在弹出的下拉菜单中，选择【撤消卷页】菜单项，如图 12-4 所示。

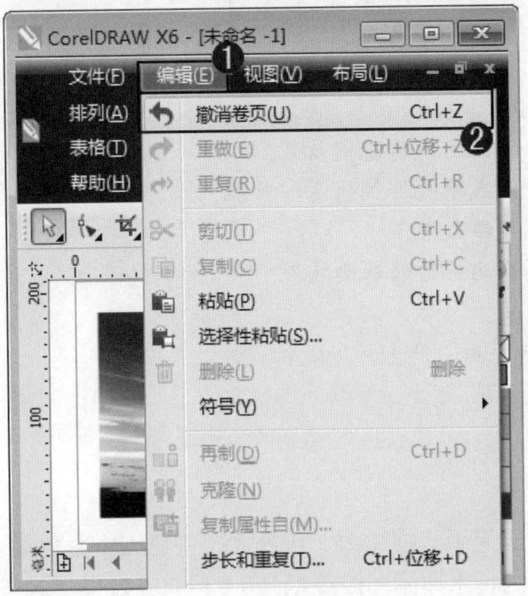

图 12-4

step 2 通过以上方法即可完成撤消滤镜效果的操作，如图 12-5 所示。

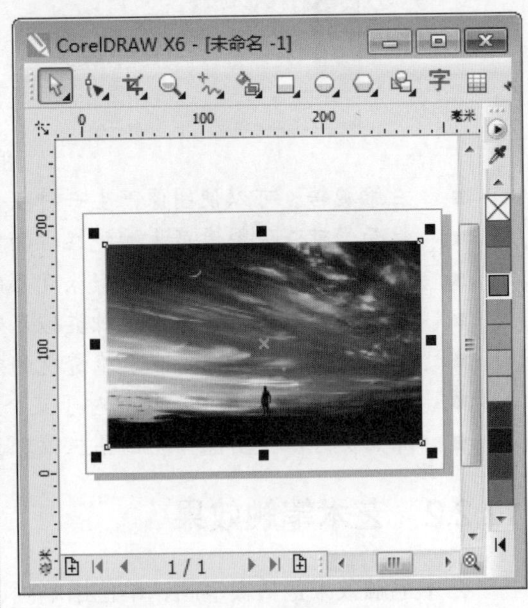

图 12-5

12.2 滤镜效果

在 CorelDRAW X6 中，常用的滤镜效果包括三维效果、艺术笔触效果、模糊效果、相机效果、颜色转换效果、轮廓图效果、创造性效果、扭曲效果、杂点效果、鲜明化效果等。本节将重点介绍滤镜效果方面的知识。

12.2.1 三维效果

三维效果包括三维旋转、柱面、浮雕、卷页、透视、挤远/挤近和球面 7 种滤镜效果，这些滤镜可以为位图添加各种模拟的三维立体效果。

执行【位图】主菜单，在弹出的下拉菜单中，选择【三维效果】菜单项，在弹出的子菜单中，选择对应的菜单项，这样即可创建对应的三维效果，如图 12-6 所示。

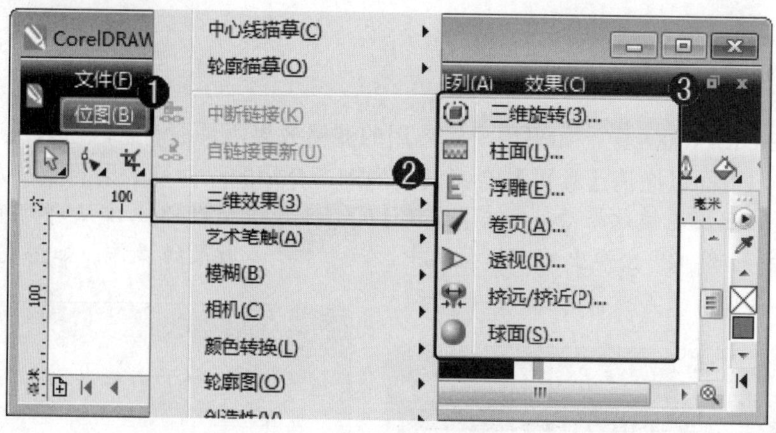

图 12-6

- 三维旋转：可以使图像产生一种立体的画面旋转透视效果。
- 柱面：可以使图像产生缠绕在柱面内侧或柱面外侧的变形效果。
- 浮雕：可以使图像模拟具有深度感的浮雕效果。
- 卷页：可以为位图添加一种类似卷起页面一角的卷曲效果。
- 透视：可以使图像产生三维透视的效果。
- 挤远/挤近：可以使图像相对于某个点弯曲，产生拉近或拉远的效果。
- 球面：可以使图像产生凹凸三维球面效果。

12.2.2 艺术笔触效果

艺术笔触效果包括炭笔画、单色蜡笔画、蜡笔画、立体派、印象派、调色刀、彩色蜡笔画、钢笔画、点彩派、木版画、素描、水彩画、水印画和波纹纸画 14 种滤镜效果，这些滤镜可以使用艺术笔触滤镜为位图添加一些特殊的艺术技法效果。

执行【位图】主菜单，在弹出的下拉菜单中，选择【艺术笔触】菜单项，在弹出的下拉菜单中，选择对应的菜单项，这样即可创建对应的艺术笔触效果，如图 12-7 所示。

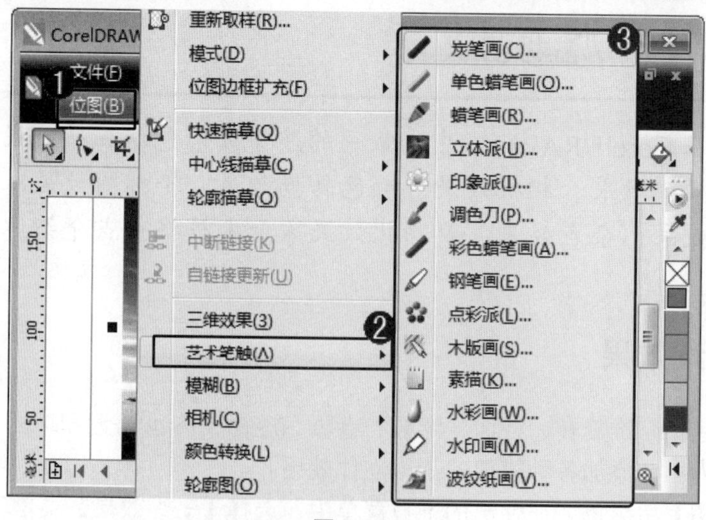

图 12-7

- 炭笔画：可以使位图图像具有类似于炭笔绘制的画面效果。
- 单色蜡笔画：可以将图像制作成类似于粉笔画的滤镜效果。
- 蜡笔画：可以使图像产生蜡笔画的滤镜效果。
- 立体派：可以将图像中相同颜色的像素组合成颜色块，形成类似于立体化的绘画风格效果。
- 印象派：可以将图像制作成类似印象派的绘画风格效果。
- 调色刀：可以将图像制作成类似调色刀绘制的绘画风格效果。
- 彩色蜡笔画：可以使图像产生彩色蜡笔画的滤镜效果。
- 钢笔画：可以使图像产生钢笔和墨水绘画的滤镜效果。
- 点彩派：可以将图像制作成由大量颜色点组成的图像效果。
- 木版画：可以在图像的色彩黑白之间产生鲜明的对照点。
- 素描：可以将图像制作成素描的绘画滤镜效果。
- 水彩画：可以使位图图像具有类似于水彩画一样的画面效果。
- 水印画：可以使图像呈现使用水印绘制的画面效果。
- 波纹纸画：可以将图像制作成在带有纹理的纸张上绘制出的画面效果。

12.2.3 模糊效果

模糊效果包括定向平滑、高斯式模糊、锯齿状模糊、低通滤波器、动态模糊、放射状模糊、平滑、柔和、缩放 9 种滤镜效果，这些滤镜可以使用模糊滤镜使位图产生像素柔化、边缘平滑、颜色渐变，同时具有运动感的画面的滤镜效果。

执行【位图】主菜单，在弹出的下拉菜单中，选择【模糊】菜单项，在弹出的下拉菜单中，选择对应的菜单项，这样即可创建对应的模糊滤镜效果，如图 12-8 所示。

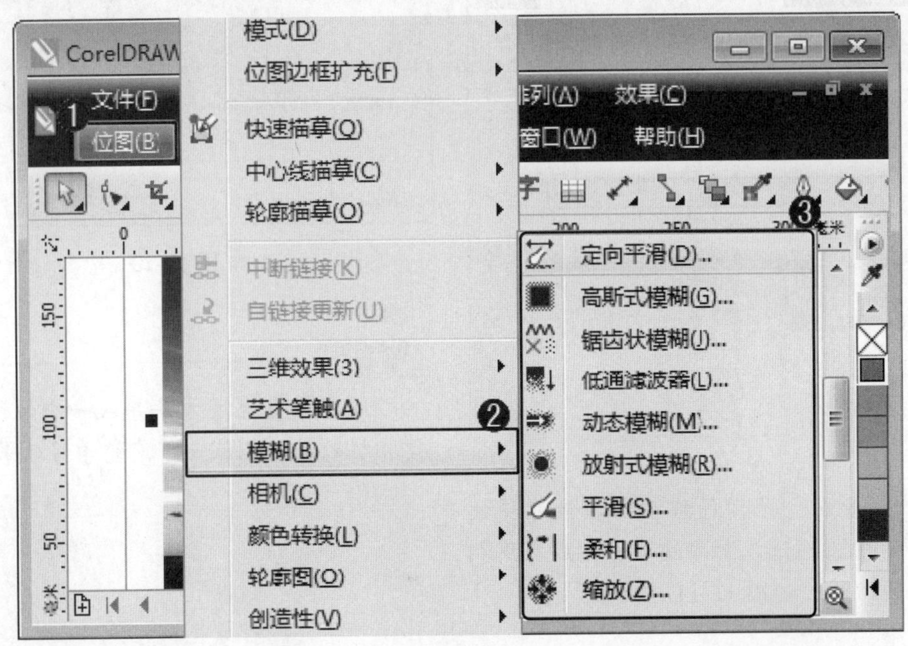

图 12-8

- 定向平滑：可以为凸显添加细微的模糊效果。
- 高斯式模糊：可以使图像按照高斯分布变化来产生模糊效果。
- 锯齿状模糊：可以在相邻颜色的一定高度和宽度范围内产生锯齿状波动的模糊滤镜效果。
- 低通滤波器：可以使图像降低相邻像素间的对比度。
- 动态模糊：可以将图像沿一定方向创建镜头运动所产生的动态模糊效果。
- 放射式模糊：可以使位图图像从指定的圆心处产生同心旋转的模糊效果。
- 平滑：可以减小图像中相邻像素之间的色调差别。
- 柔和：可以使图像产生轻微的模糊效果。
- 缩放：可以从图像的某个点向外扩散，产生爆炸的视觉冲击效果。

12.2.4 相机效果

在 CorelDRAW X6 中，【相机】命令是通过模仿照相机原理，使图像产生散光等效果，应注意的是，该滤镜组中只包含【扩散】一种滤镜命令，下面介绍应用相机滤镜效果的操作方法。

step 1 ① 导入位图后，单击【位图】主菜单，② 在弹出的下拉菜单中，选择【相机】菜单项，③ 在弹出的子菜单中，选择【扩散】菜单项，如图 12-9 所示。

图 12-9

step 2 ① 弹出【扩散】对话框，在【层次】文本框中，输入图像扩散的数值，② 单击【确定】按钮，如图 12-10 所示。

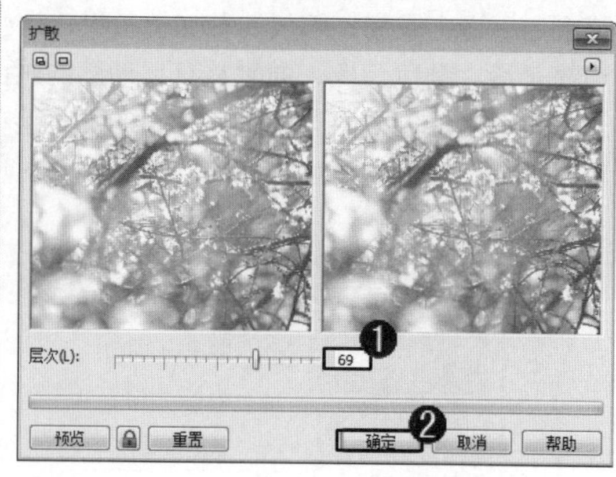

图 12-10

step 3 此时，位图已经添加扩散滤镜效果。通过以上方法即可完成应用相机效果的操作，如图 12-11 所示。

请您根据上述方法导入一个位图并创建相机效果，测试一下您的学习效果。

图 12-11

智慧锦囊

在 CorelDRAW X6 中，使用【扩散】命令，用户可以使位图的像素向周围均匀扩散，达到美化图形的操作。

12.2.5 颜色转换效果

颜色转换效果包括位平面、半色调、梦幻色调和曝光 4 种滤镜效果，这些滤镜可以改变位图图像中原有的颜色。

执行【位图】主菜单，在弹出的下拉菜单中，选择【颜色转换】菜单项，在弹出的子菜单中，选择对应的菜单项，这样即可创建对应的颜色转换滤镜效果，如图 12-12 所示。

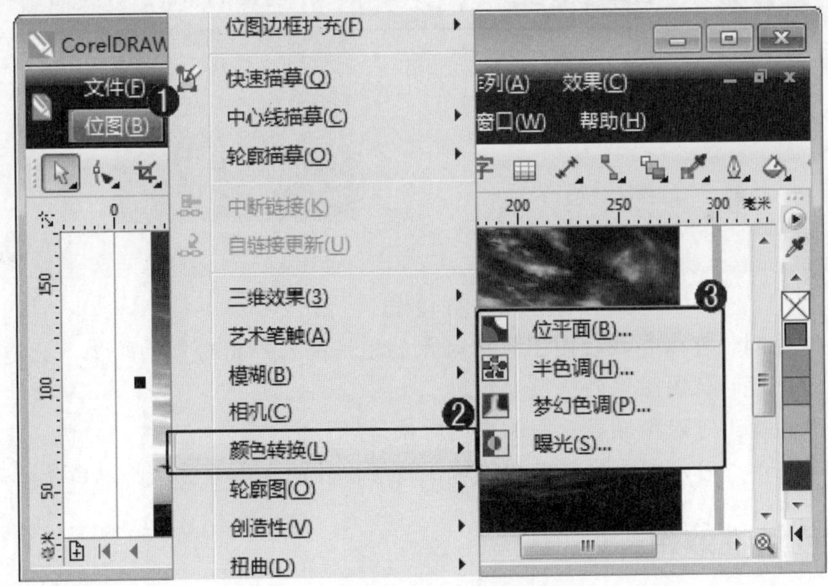

图 12-12

- 位平面：可以将位图图像的颜色以红、绿和蓝三种色块平面显示出来，产生特殊的视觉效果。
- 半色调：可以使图像产生彩色网版的效果。
- 梦幻色调：可以将位图图像中的颜色转换为明快、鲜艳的颜色，从而产生一种高对比度的幻觉效果。
- 曝光：可以将图像制作成类似照片底片的效果。

12.2.6 轮廓图效果

轮廓图效果包括边缘检测、查找边缘和描摹轮廓 3 种滤镜效果，这些滤镜可以根据图像的对比度，使对象的轮廓变成特殊的线条效果。

在 CorelDRAW X6 中，执行【位图】主菜单，在弹出的下拉菜单中，选择【轮廓图】菜单项，在弹出的子菜单中，选择对应的菜单项，这样即可创建对应的轮廓图滤镜效果，如图 12-13 所示。

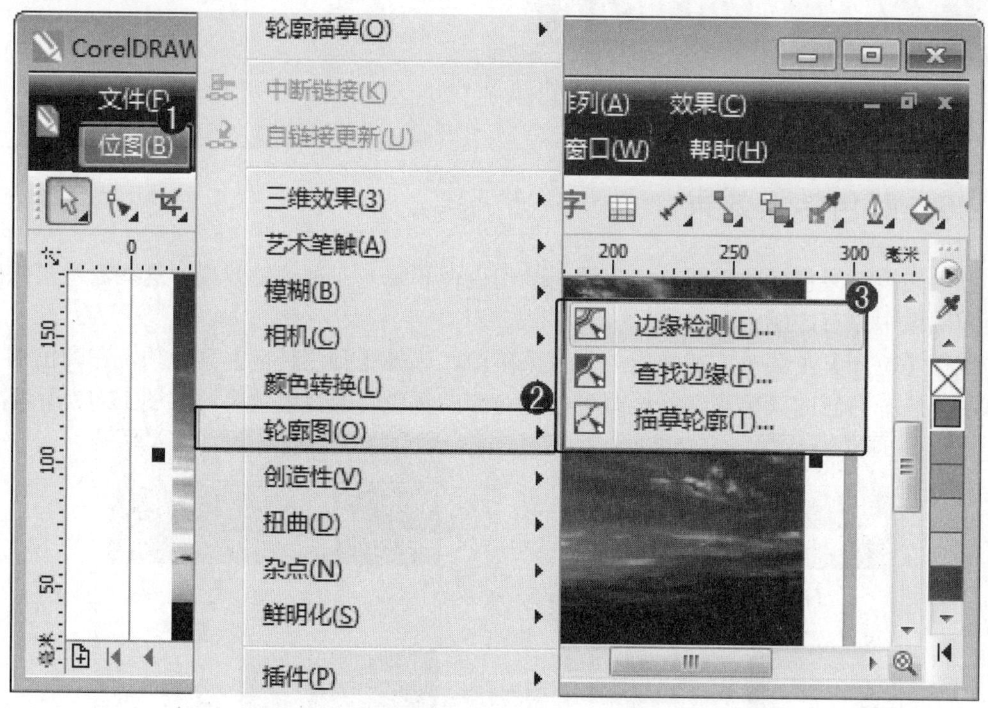

图 12-13

- 边缘检测：可以查找位图图像中对象的边缘并勾画出对象的轮廓，此滤镜使用于高对比度的位图图像的轮廓查找。
- 查找边缘：可以彻底显示图像中的对象边缘。
- 描摹轮廓：可以勾画出图像的边缘，边缘以外的大部分区域将以白色填充。

12.2.7 创造性效果

创造性效果包括工艺、晶体化、织物、框架、玻璃砖、儿童游戏、马赛克、粒子、散开、茶色玻璃、彩色玻璃、虚光、旋涡和天气 14 种滤镜效果，这些滤镜可以为图像添加许多具有创意的滤镜效果。

在 CorelDRAW X6 中，执行【位图】主菜单，在弹出的下拉菜单中，选择【创造性】菜单项，在弹出的子菜单中，选择对应的菜单项，这样即可创建对应的创造性滤镜效果，如图 12-14 所示。

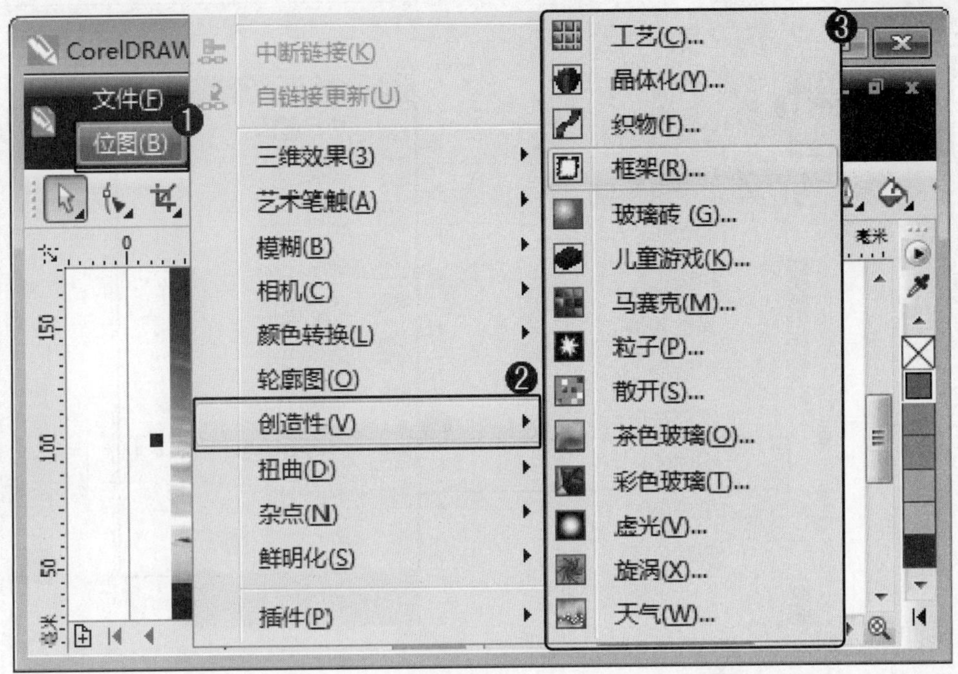

图 12-14

- 工艺：可以使位图图像具有类似于工艺元素拼接起来的画面效果。
- 晶体化：可以使位图图像产生类似于晶体块状组合的画面效果。
- 织物：可以使图像产生类似于各种编织物的画面效果。
- 框架：可以使图像边缘产生艺术抹刷的画面效果。
- 玻璃砖：可以使图像产生映照在块状玻璃上的画面效果。
- 儿童游戏：可以使图像产生类似于儿童涂鸦游戏时所绘制出的画面效果。
- 马赛克：可以使图像产生类似于马赛克拼接成的画面效果。
- 粒子：可以在图像上添加星点或气泡的画面效果。
- 散开：可以使图像散开成颜色点的画面效果。
- 茶色玻璃：可以使图像产生类似于透过茶色玻璃或其他单色玻璃看到的画面效果。
- 彩色玻璃：可以使图像产生类似于彩色玻璃的画面效果。
- 虚光：可以使图像周围产生虚光的画面效果。
- 旋涡：可以使图像产生旋涡旋转的变形画面效果。
- 天气：可以在位图图像中模拟雨、雪、雾的天气效果。

12.2.8 扭曲效果

扭曲效果包括块状、置换、偏移、像素、龟纹、旋涡、平铺、湿笔画、涡流和风吹效果 10 种滤镜效果，这些滤镜可以为图像添加各种扭曲变形的滤镜效果。

在 CorelDRAW X6 中，执行【位图】主菜单，在弹出的下拉菜单中，选择【扭曲】菜单项，在弹出的下拉菜单中，选择对应的菜单项，这样即可创建对应的扭曲滤镜效果，如图 12-15 所示。

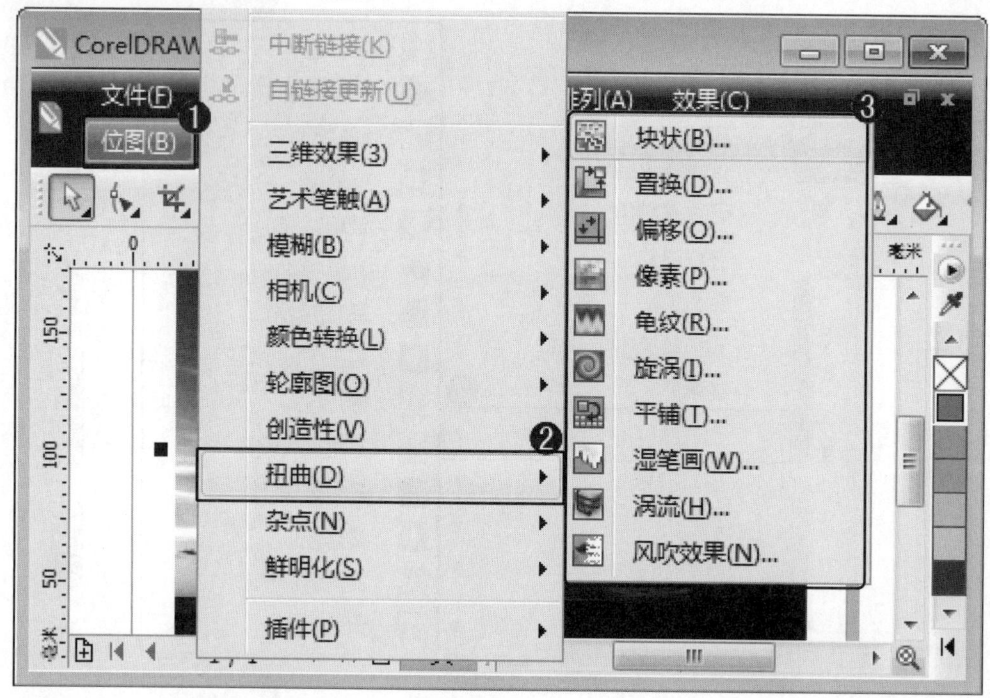

图 12-15

- 块状：可以使图像分裂成块状的效果。
- 置换：可以使图像被预置的波浪、星形或方格等图形置换出来，产生特殊的效果。
- 偏移：可以使图像产生画面对象的位置偏移效果。
- 像素：可以使图像产生由正方形、矩形和射线组成的像素效果。
- 龟纹：可以按照设置，对位图中的像素进行颜色混合，使图像产生畸变的波浪效果。
- 旋涡：可以使图像产生顺时针或逆时针的旋涡变形效果。
- 平铺：可以使图像产生由多个原图像平铺成的画面效果。
- 湿笔画：可以使图像产生类似于油漆未干时，油漆往下流的画面浸染效果。
- 涡流：可以使图像产生无规则的条纹流动效果。
- 风吹效果：可以使图像产生类似于被风吹过的画面效果。

在 CorelDRAW X6 中，在所有的滤镜效果对话框中，单击【重置】按钮，用户可以取消对话框中个选项参数的修改，恢复默认的状态。

12.2.9 杂点效果

杂点效果包括添加杂点、最大值、中值、最小、去除龟纹和去除杂点 6 种滤镜效果，这些滤镜可以在位图中模拟或消除由于扫描或者颜色过渡所造成的颗粒效果。

在 CorelDRAW X6 中，执行【位图】主菜单，在弹出的下拉菜单中，选择【杂点】菜单项，在弹出的子菜单中，选择对应的菜单项，这样即可创建对应的杂点滤镜效果，如图 12-16 所示。

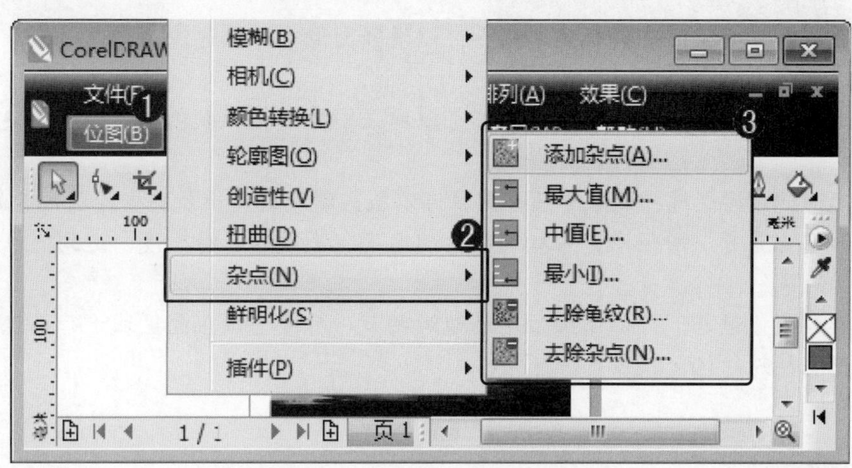

图 12-16

- 添加杂点：可以在位图图像中添加颗粒，使图像画面具有粗糙的效果。
- 最大值：可以使位图图像具有非常明显的杂点画面效果。
- 中值：可以使位图图像具有比较明显的杂点效果。
- 最小：可以使图像具有块状的杂点效果。
- 去除龟纹：可以去除位图图像中的龟纹杂点，减少粗糙程度，但同时去除龟纹后的画面会相应变得模糊。
- 去除杂点：可以去除图像中的灰尘和杂点，使图像具有更加干净的画面效果，但同时去除杂点后的画面会相应变得模糊。

12.2.10 鲜明化效果

鲜明化效果包括适应非鲜明化、定向柔化、高通滤波器、鲜明化和非鲜明化遮罩 5 种滤镜效果，这些滤镜可以改变位图图像中相邻像素的色度、亮度以及对比度，从而增强图像的颜色锐度。

执行【位图】主菜单，在弹出的下拉菜单中，选择【鲜明化】菜单项，在弹出的子菜单中，选择对应的菜单项，这样即可创建对应的鲜明化滤镜效果，如图 12-17 所示。

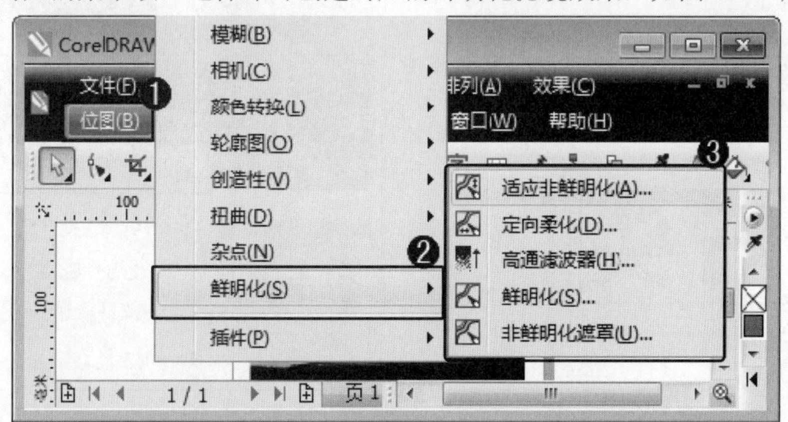

图 12-17

- 适应非鲜明化：选择此菜单项，可以增强图像中对象边缘的颜色锐度，使对象边缘鲜明化。
- 定向柔化：选择此菜单项，用户可以增强图像中相邻颜色的对比度，使图像更鲜明化。
- 高通滤波器：选择此菜单项，用户可以极为清晰地突出位图中绘图元素的边缘。
- 鲜明化：可以增强图像中相邻像素的色度、亮度以及对比度，达到图像更加鲜明的效果。
- 非鲜明化遮罩：可以增强位图的边缘细节，对某些模糊的区域进行调焦，使图像产生特殊的锐化效果。

12.3 范例应用与上机操作

通过本章的学习，用户已经初步掌握滤镜的应用方面的基础知识，下面介绍几个实践案例，巩固一下学习到的知识要点，使用户达到活学活用的效果。

12.3.1 绘制具有石头纹路的文字

在 CorelDRAW X6 中，结合本章的知识，用户可以绘制一个具有石头纹路的文字。下面介绍绘制具有石头纹路的文字操作方法。

素材文件：无

效果文件：配套素材\第 12 章\效果文件\绘制具有石头纹路的文字

step 1 ① 新建文件后，在工具箱中，单击【文字工具】按钮字，② 在绘图区中，输入准备设置的文字，如“石头”，如图 12-18 所示。

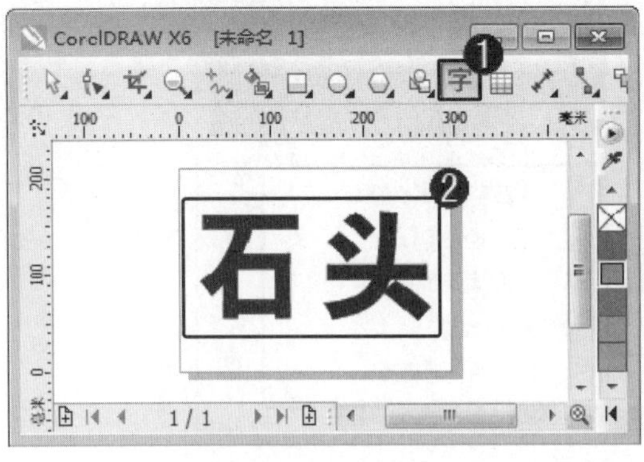

图 12-18

step 2 ① 新建文字后，单击【位图】主菜单，② 在弹出的下拉菜单中，选择【转换为位图】菜单项，如图 12-19 所示。

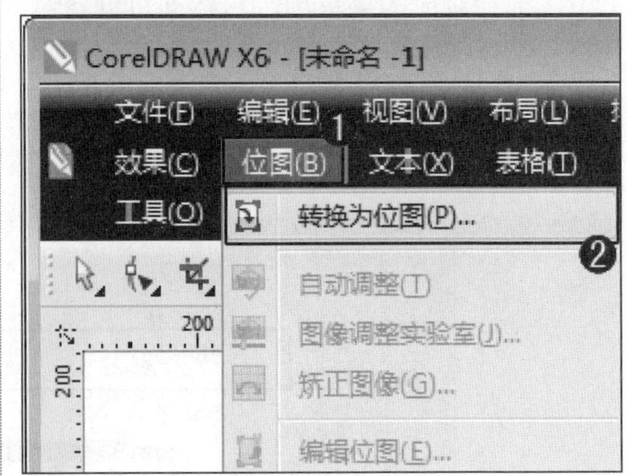

图 12-19

step 3 ① 弹出【转换为位图】对话框，在【分辨率】下拉列表框中，输入转换位图的分辨率，如“300”，② 在【颜色模式】下拉列表框中，选择【CMYK 色(32位)】选项，③ 单击【确定】按钮，如图 12-20 所示。

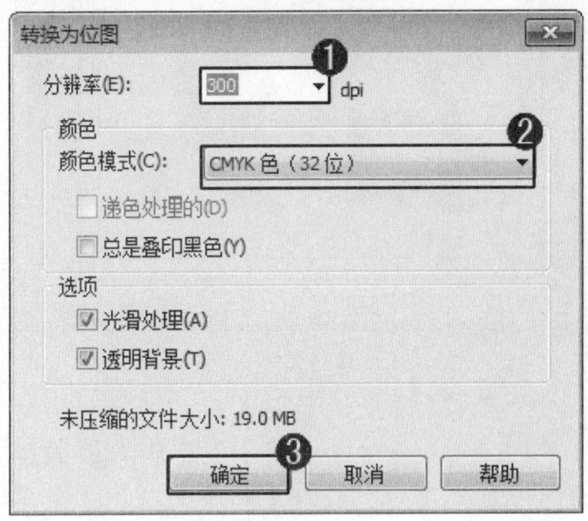

图 12-20

step 4 ① 文字转换位图后，执行【位图】主菜单，② 在弹出的下拉菜单中，选择【创造性】菜单项，③ 在弹出的子菜单中，选择【彩色玻璃】菜单项，如图 12-21 所示。

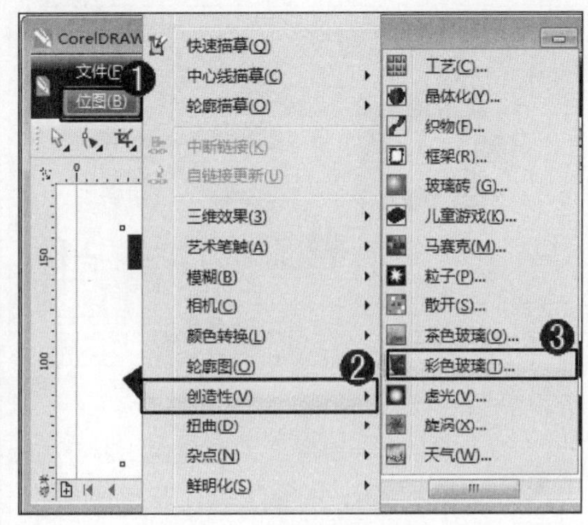

图 12-21

step 5 ① 弹出【彩色玻璃】对话框，在【大小】文本框中，输入数值，如“20”，② 在【光源强度】文本框中，设置光照强度值，③ 在【焊接宽度】微调框中，输入数值，④ 在【焊接颜色】下拉列表框中，选择准备应用的颜色，⑤ 单击【确定】按钮，如图 12-22 所示。

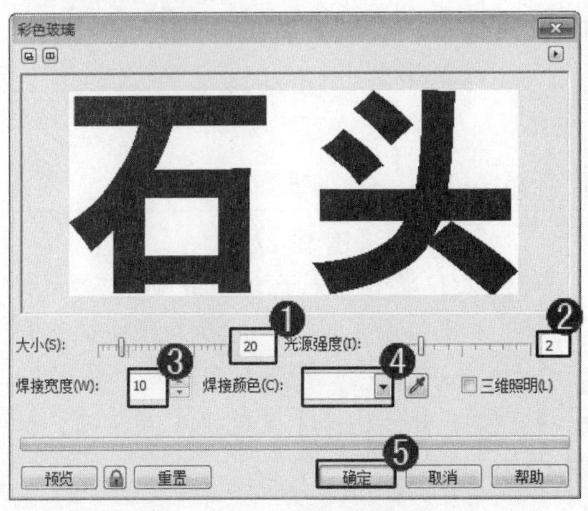

图 12-22

step 6 ① 设置彩色玻璃滤镜效果后，执行【位图】主菜单，② 在弹出的下拉菜单中，选择【艺术笔触】菜单项，③ 在弹出的子菜单中，选择【炭笔画】菜单项，如图 12-23 所示。

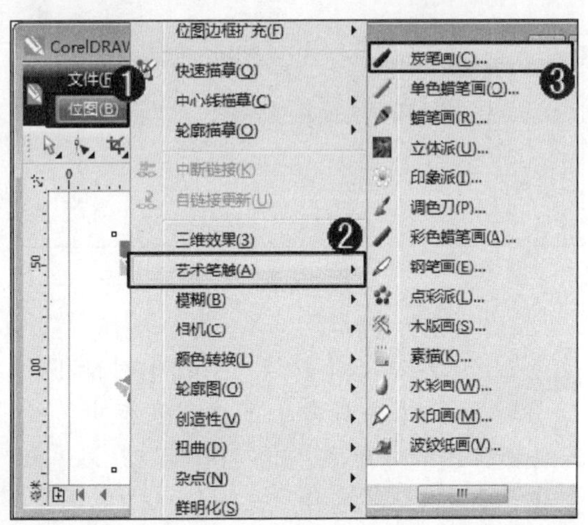

图 12-23

step 7 ① 弹出【炭笔画】对话框，在【大小】文本框中，输入数值，如“5”，② 在【边缘】文本框，输入数值，如“0”，③ 单击【确定】按钮，如图 12-24 所示。

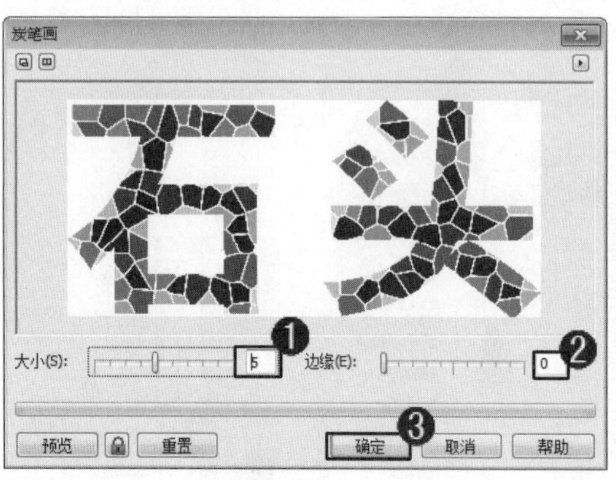

图 12-24

step 8 ① 设置炭笔画滤镜效果后，在工具箱中，单击【矩形工具】按钮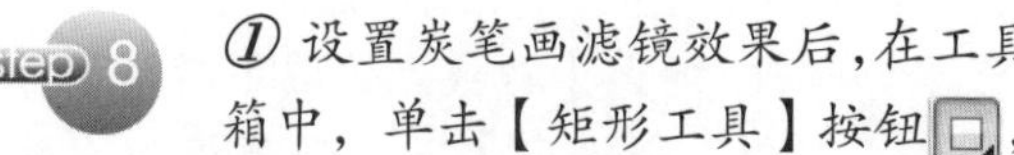，② 在绘图区中，绘制一个矩形，如图 12-25 所示。

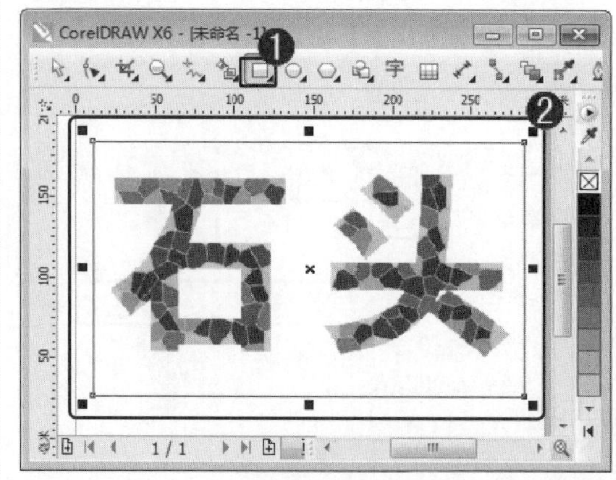

图 12-25

step 9 ① 绘制矩形后，在键盘上按下组合键 Ctrl+PageDown，将所绘制的矩形置于文字后面，② 在调色板中，单击准备应用的颜色，如“30%黑”，③ 将矩形填充颜色，如图 12-26 所示。

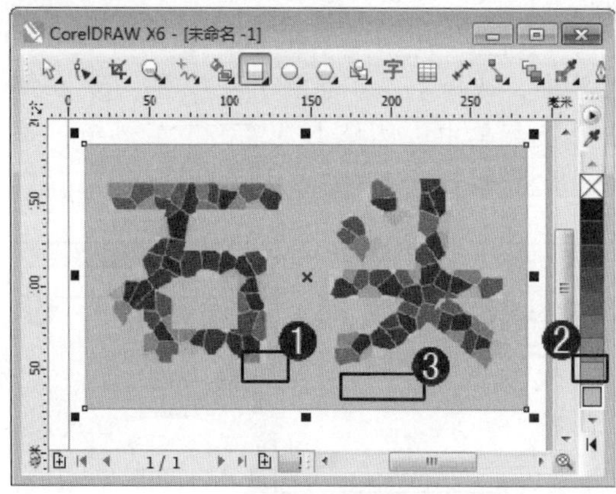

图 12-26

step 10 ① 设置矩形颜色后，选择矩形对象，单击【位图】主菜单，② 在弹出的下拉菜单中，选择【转换为位图】菜单项，如图 12-27 所示。

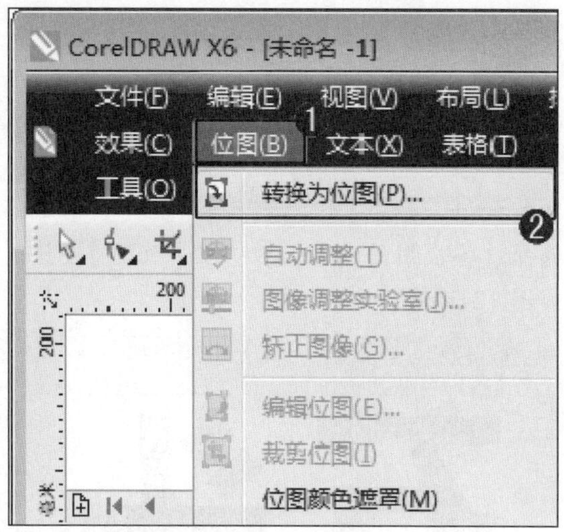

图 12-27

step 11 ① 弹出【转换为位图】对话框，在【分辨率】下拉列表框中，输入转换位图的分辨率，如“300”，② 在【颜色模式】下拉列表框中，选择【CMYK 色(32 位)】选项，③ 单击【确定】按钮，如图 12-28 所示。

step 12 ① 将矩形对象转换成位图后，执行【位图】主菜单，② 在弹出的下拉菜单中，选择【艺术笔触】菜单项，③ 在弹出的子菜单中，选择【炭笔画】菜单项，如图 12-29 所示。

图 12-28

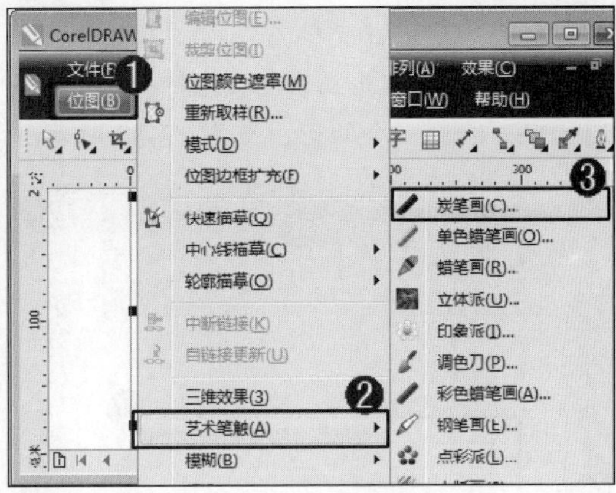

图 12-29

① 弹出【炭笔画】对话框，在【大小】文本框中，输入数值，如“10”，② 在【边缘】文本框，输入数值，如“0”，③ 单击【确定】按钮，如图 12-30 所示。

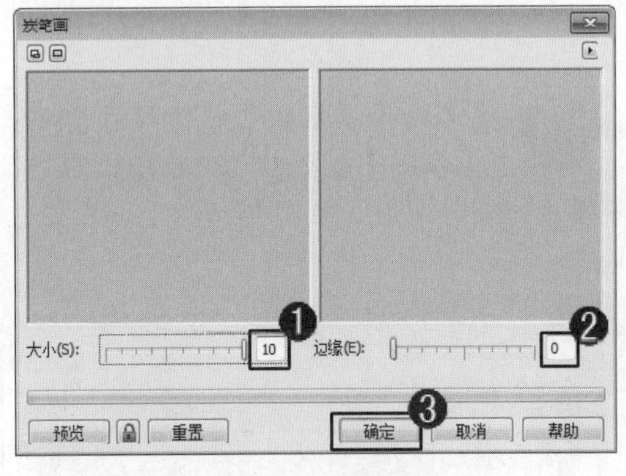

图 12-30

通过以上方法即可完成绘制具有石头纹路文字的操作，如图 12-31 所示。

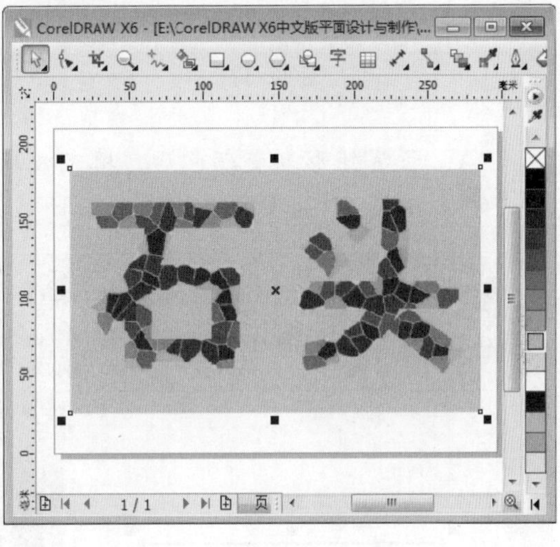

图 12-31

12.3.2 绘制具有冰雪覆盖效果的文字

在 CorelDRAW X6 中，运用本章所学的滤镜等方法以及运用文字工具，用户可以将创建的美术字体制作出冰雪覆盖的效果。下面介绍绘制具有冰雪覆盖效果文字的操作方法。

素材文件 无

效果文件 配套素材\第 12 章\效果文件\绘制具有冰雪覆盖效果的文字

step 1 ① 新建文件后，在工具箱中，单击【矩形工具】按钮，② 在绘图区中，绘制一个矩形，如图 12-32 所示。

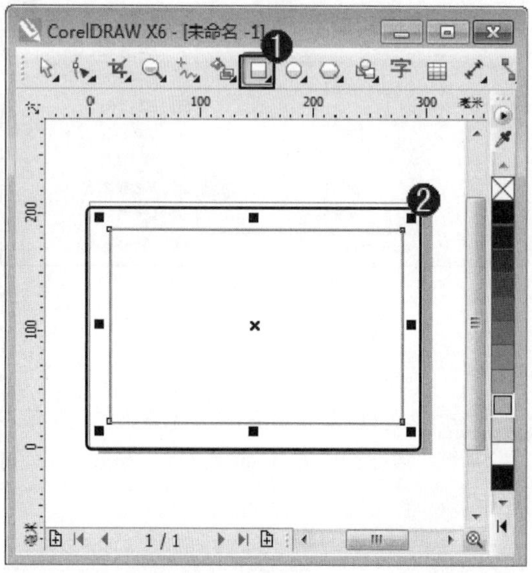

图 12-32

step 2 ① 绘制矩形后，在键盘上按下 F11 键，弹出【渐变填充】对话框，在【类型】下拉列表框中，选择【线性】选项，② 选中【双色】单选按钮，③ 在【从】下拉列表框中，选择准备应用的颜色，④ 在【到】下拉列表框中，选择准备应用的颜色，⑤ 单击【确定】按钮，如图 12-33 所示。

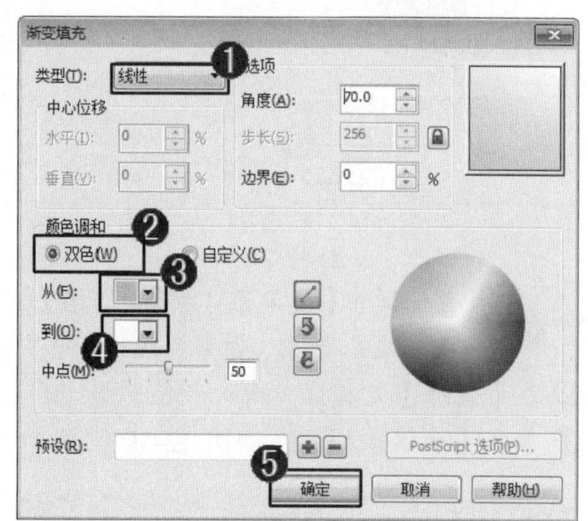

图 12-33

step 3 设置矩形渐变颜色后，填充效果如图 12-34 所示。

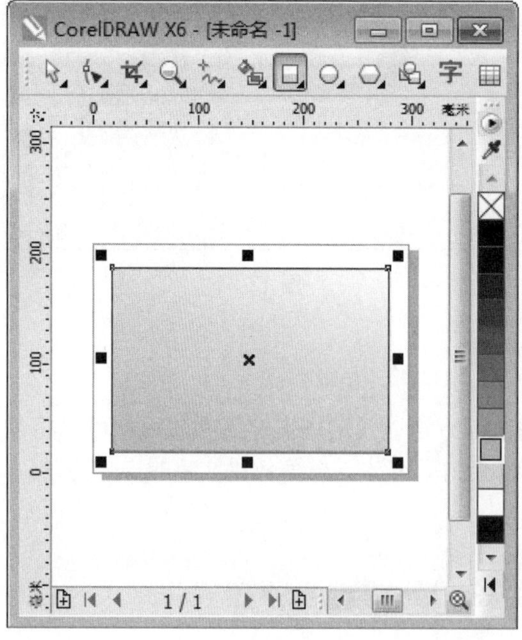

图 12-34

step 4 ① 选择填充颜色的矩形后，单击【位图】主菜单，② 在弹出的下拉菜单中，选择【转换为位图】菜单项，如图 12-35 所示。

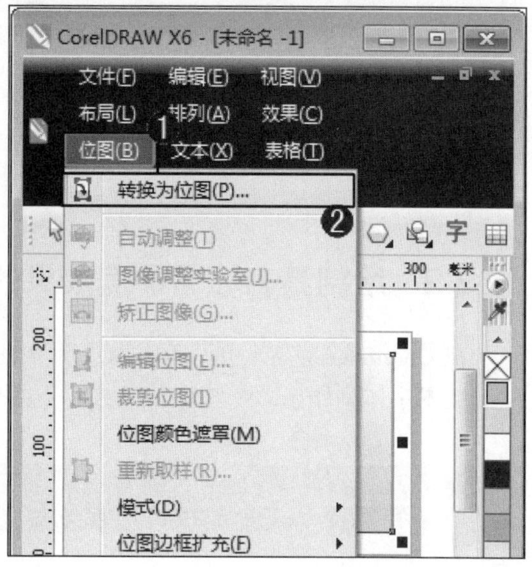

图 12-35

step 5 ① 弹出【转换为位图】对话框，在【分辨率】下拉列表框中，输入转换位图的分辨率，如“150”，② 在【颜色模式】下拉列表框中，选择【CMYK色(32位)】选项，③ 单击【确定】按钮，如图 12-36 所示。

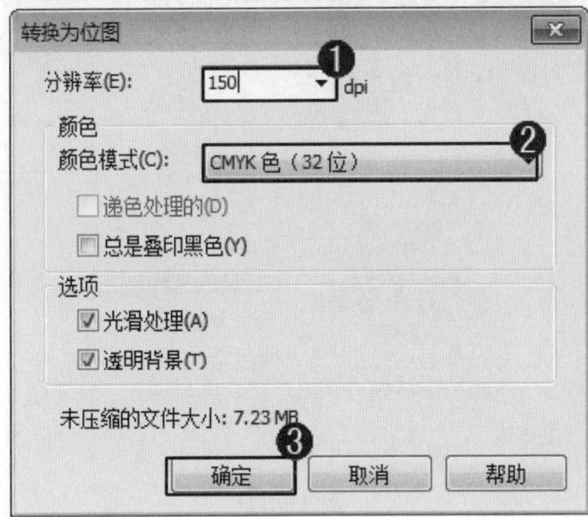

图 12-36

step 6 ① 将矩形对象转换成位图后，执行【位图】主菜单，② 在弹出的下拉菜单中，选择【创造性】菜单项，③ 在弹出的子菜单中，选择【天气】菜单项，如图 12-37 所示。

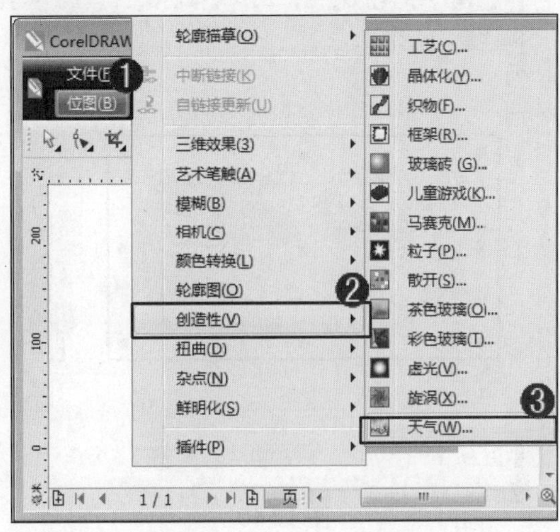

图 12-37

step 7 ① 弹出【天气】对话框，在【预报】选项组中，选中【雪】单选按钮，② 在【浓度】文本框中，设置雪量的浓度数值，如“9”，③ 在【大小】文本框中，设置雪量的大小数值，如“10”，④ 单击【随机化】按钮，⑤ 单击【确定】按钮，如图 12-38 所示。

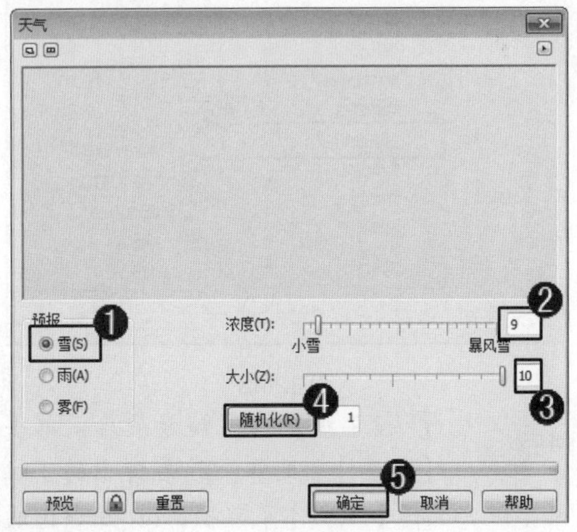

图 12-38

step 8 ① 设置下雪滤镜效果后，在工具箱中，单击【文字工具】按钮字，② 在绘图区中，输入准备设置的文字，如“冰雪”，如图 12-39 所示。

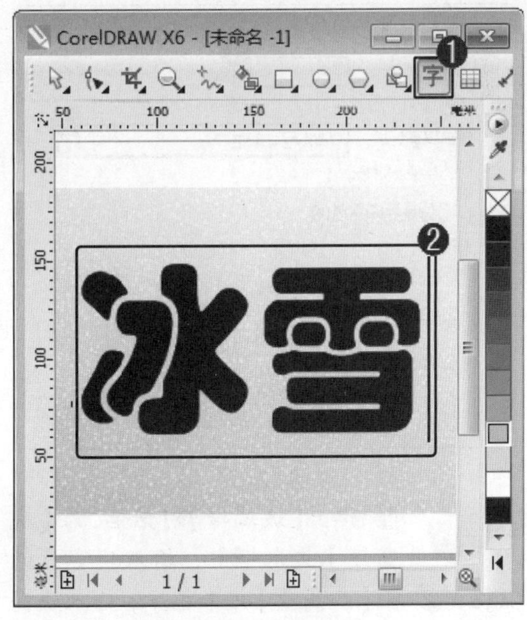

图 12-39

第12章 滤镜的应用

step 9 ① 创建美术文字后，在调色板中，单击准备应用的颜色，如“深蓝”，② 将字体填充颜色，如图 12-40 所示。

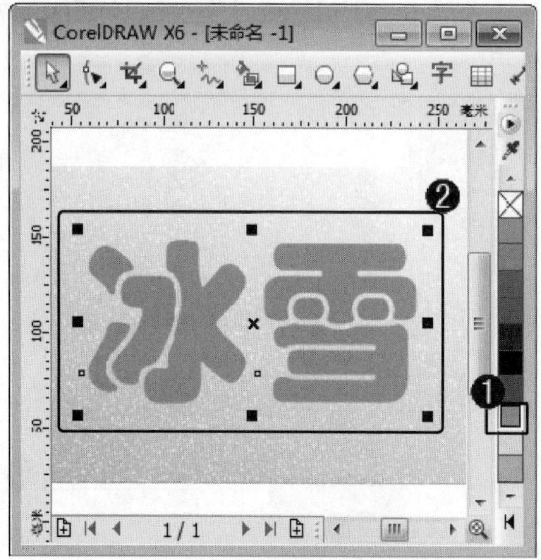

图 12-40

step 10 ① 选择文字，单击【位图】主菜单，② 在弹出的下拉菜单中，选择【转换为位图】菜单项，如图 12-41 所示。

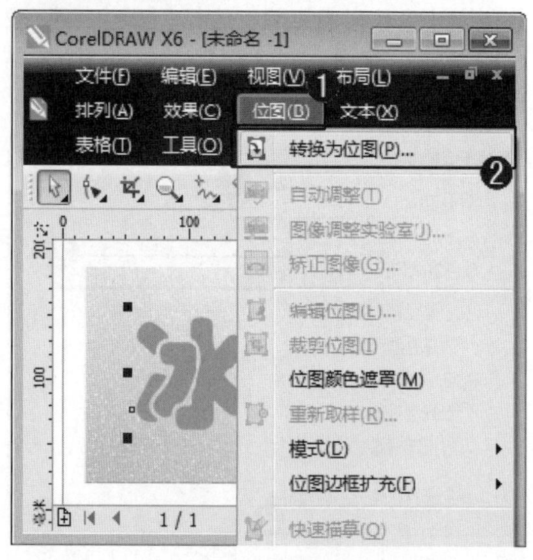

图 12-41

step 11 ① 弹出【转换为位图】对话框，在【分辨率】下拉列表框中，输入转换位图的分辨率，② 在【颜色模式】下拉列表框中，选择【CMYK 色(32 位)】选项，③ 单击【确定】按钮，如图 12-42 所示。

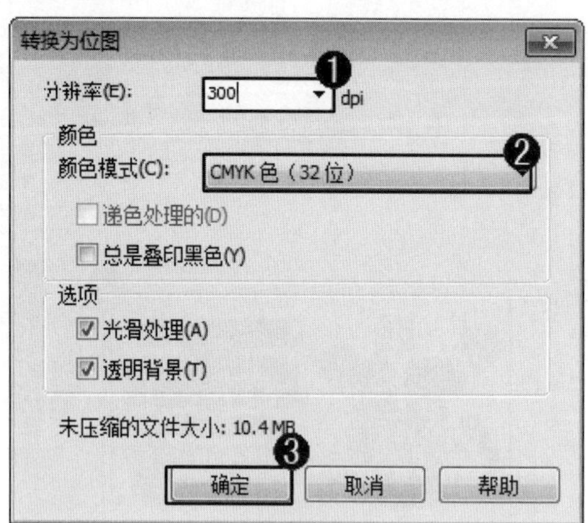

图 12-42

step 12 ① 执行【位图】主菜单，② 在弹出的下拉菜单中，选择【创造性】菜单项，③ 在弹出的子菜单中，选择【玻璃砖】菜单项，如图 12-43 所示。

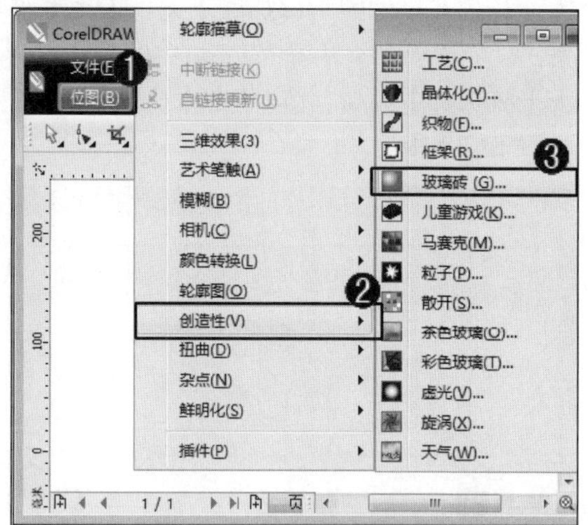

图 12-43

step 13 ① 弹出【玻璃砖】对话框，在【块宽度】文本框中，输入块宽度的数值，② 在【块高度】文本框中，输入块高度的数值，③ 单击【确定】按钮，如图 12-44 所示。

step 14 ① 设置玻璃砖滤镜效果后，单击【位图】主菜单，② 在弹出的下拉菜单中，选择【扭曲】菜单项，③ 在弹出的子菜单中，选择【湿笔画】菜单项，如图 12-45 所示。

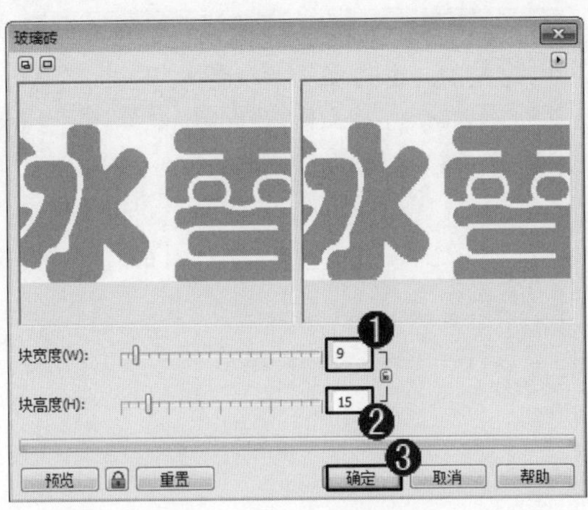

图 12-44

step 15 ① 弹出【湿笔画】对话框，在【润湿】文本框中，输入润湿的数值，如“44”，② 在【百分比】文本框中，输入百分比的数值，如“100”，③ 单击【确定】按钮，如图 12-46 所示。

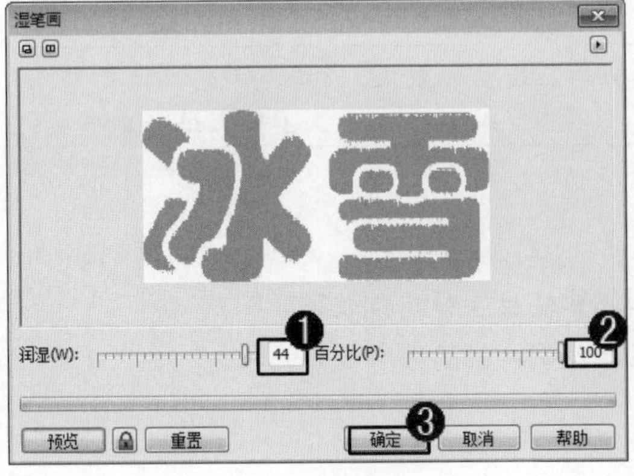

图 12-46

step 17 ① 弹出【浮雕】对话框，在【深度】文本框中，输入【深度】数值，② 在【层次】文本框中，输入数值，③ 在【方向】微调框中，输入浮雕的方向角度数值，④ 在【浮雕色】选项组中，选中【原始颜色】单选按钮，⑤ 单击【确定】按钮，如图 12-48 所示。

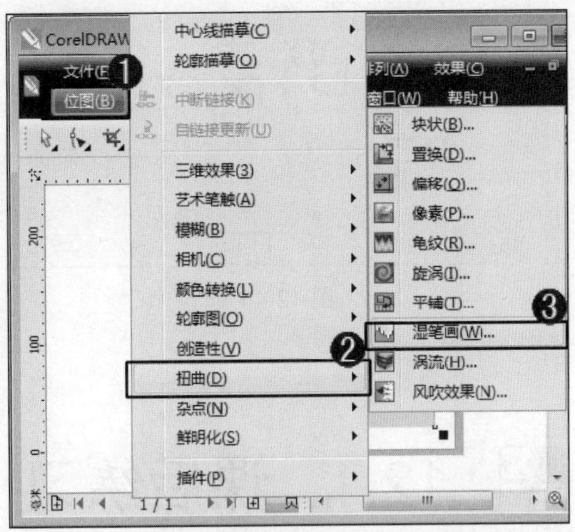

图 12-45

step 16 ① 设置湿笔画滤镜效果后，单击【位图】主菜单，② 在弹出的下拉菜单中，选择【三维效果】菜单项，③ 在弹出的子菜单中，选择【浮雕】菜单项，如图 12-47 所示。

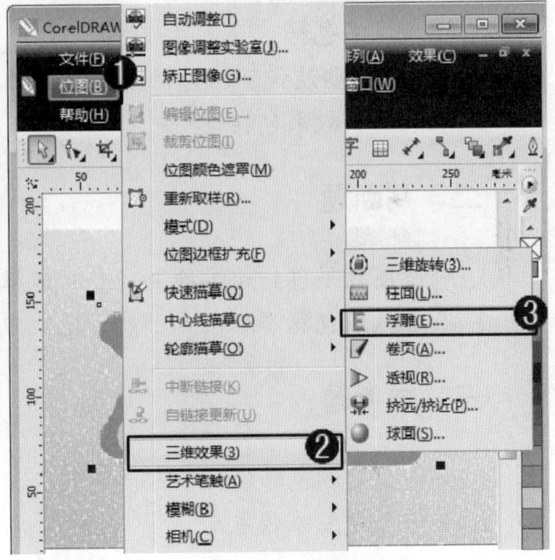

图 12-47

step 18 通过以上操作方法即可完成绘制具有冰雪覆盖效果文字的操作，如图 12-49 所示。

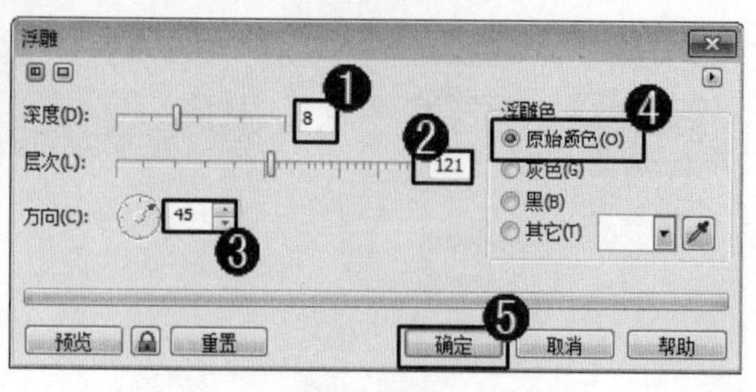

图 12-48

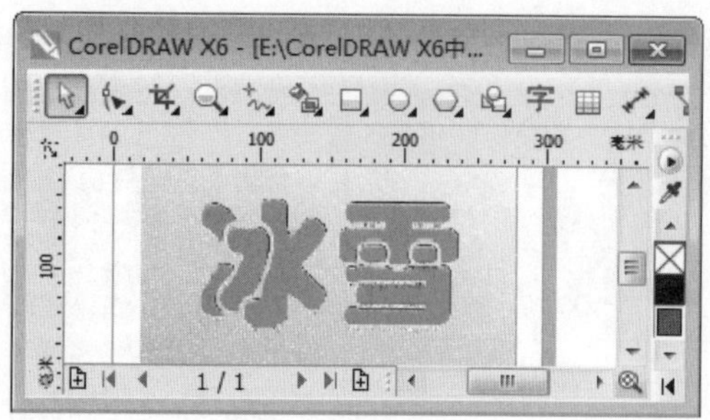

图 12-49

12.4 课后练习

12.4.1 思考与练习

一、填空题

1. 三维效果包括________、柱面、________、卷页、________、________和________7种滤镜效果，这些滤镜可以为位图添加各种模拟的三维立体效果。

2. 颜色转换效果包括________、________、________和________4 种滤镜效果。

二、判断题

1. 轮廓图效果包括边缘检测、查找边缘和描摹轮廓 3 种滤镜效果。（　）

2. 杂点效果包括添加杂点、最大值、中值、最小和去除杂点 5 种滤镜。（　）

三、思考题

1. 如何创建颜色转换效果？

2. 如何创建三维效果？

12.4.2 上机操作

1. 打开“配套素材\第 12 章\素材文件\应用查找边缘.cdr”文件，使用查找边缘命令，进行查找位图边缘效果的操作。效果文件可参考“配套素材\第 12 章\效果文件\应用查找边缘.cdr”。

2. 打开“配套素材\第 12 章\素材文件\应用旋涡效果.cdr”文件，使用旋涡命令，进行设置位图旋涡效果的操作。效果文件可参考“配套素材\第 12 章\效果文件\应用旋涡效果.cdr”。

第 13 章

管理文件与打印

本章主要介绍了管理文件方面的知识与技巧，同时还讲解了打印与印刷方面的技巧。通过本章的学习，读者可以掌握管理文件与打印方面的知识，为深入学习 CorelDRAW X6 知识奠定基础。

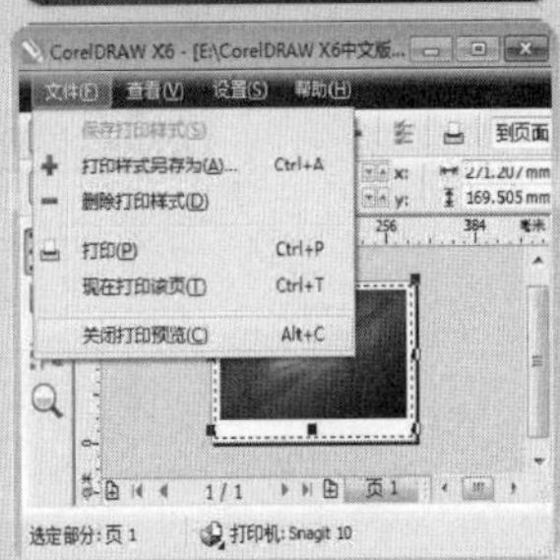

1. 管理文件
2. 打印与印刷

13.1 管理文件

在 CorelDRAW X6 中，制作完成 CorelDRAW 作品后，用户可以通过管理文件的方式将作品发布至 PDF、导出到 Office 及发布到 Web 上，以便用户保存和管理。本节将重点介绍管理文件方面的知识。

13.1.1 发布至 PDF

PDF 是一种常见的文件格式，主要用于保存原始应用程序文件的字体、图像、图形及格式。下面介绍将文件发布到 PDF 的操作方法。

step 1 ① 绘制文件后，单击【文件】主菜单，② 在弹出的下拉菜单中，选择【发布至 PDF】菜单项，如图 13-1 所示。

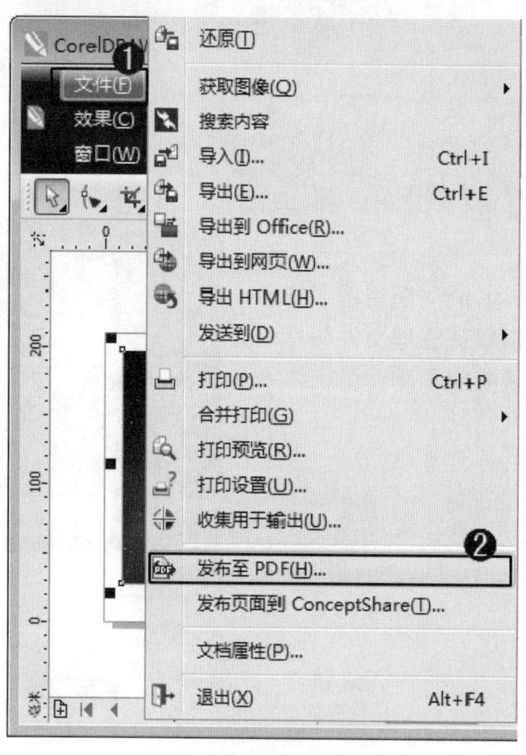

图 13-1

step 2 ① 弹出【发布至 PDF】对话框，选择文件准备存放的位置，② 在【文件名】下拉列表框中，输入保存的名称，③ 在【保存类型】下拉列表框中，选择【PDF-可移植文档格式】选项，④ 在【PDF 预设】下拉列表框中，选择 PDF 文件预设类型，如【文档发布】，⑤ 单击【保存】按钮，通过以上方法即可完成发布至 PDF 的操作，如图 13-2 所示。

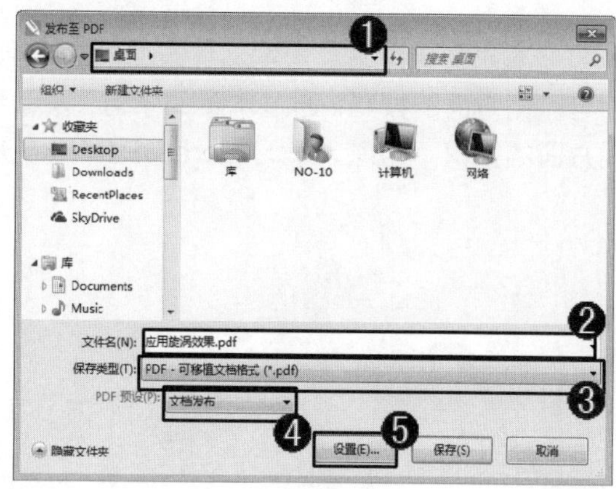

图 13-2

13.1.2 导出到 Office

可以将图像应用到 Office 办公文档的优化输出，方便用户根据用途需要选择合适的质量导出图像。下面介绍将绘制的图像文件导出到 Office 的操作方法。

step 1 ① 绘制文件后，单击【文件】主菜单，② 在弹出的下拉菜单中，选择【导出到 Office】菜单项，如图 13-3 所示。

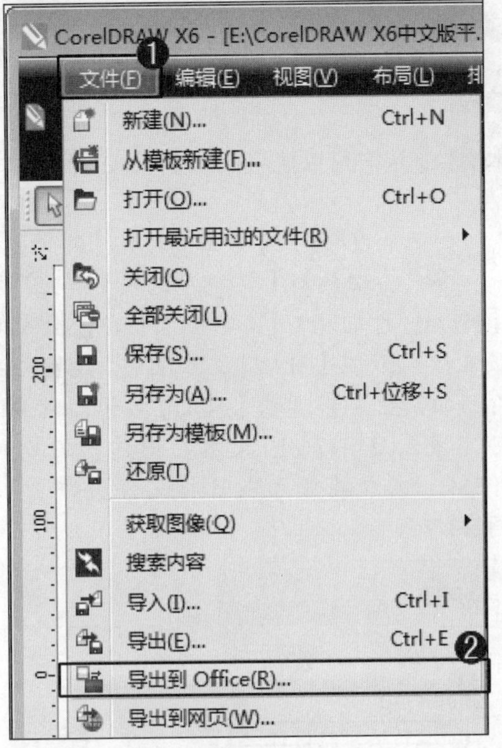

图 13-3

step 2 弹出【导出到 Office】对话框，在【导出到】下拉列表框中，选择 Microsoft Office 选项，② 在【图形最佳适合】下拉列表框中，选择【兼容性】选项，③ 在【优化】下拉列表框中，选择【演示文稿】选项，④ 单击【确定】按钮，如图 13-4 所示。

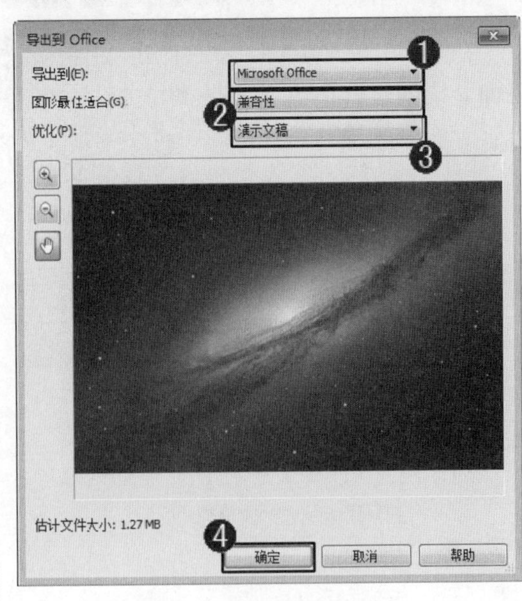

图 13-4

step 3 ① 弹出【另存为】对话框，选择文件准备存放的位置，② 在【文件名】下拉列表框中，输入保存的名称，③ 单击【保存】按钮。通过以上方法即可完成导出到 Office 的操作，如图 13-5 所示。

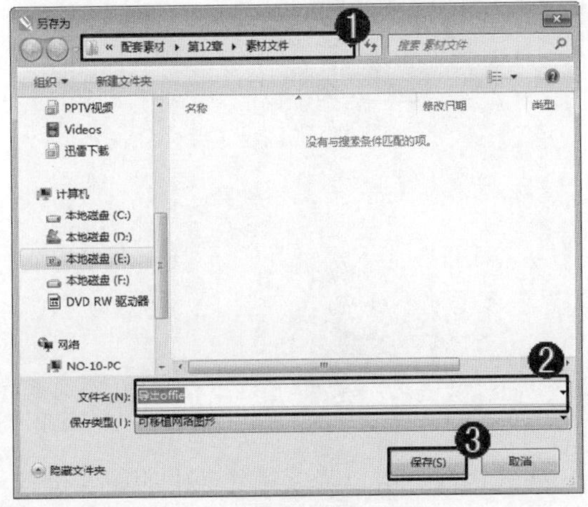

图 13-5

智慧锦囊

在 CorelDRAW X6 中，在【导出到 Office】对话框中，【导出到】下拉列表框的作用是选择图像的应用类型；【图形最佳适合】下拉列表框中，选择【兼容性】选项，可以以基本的演示应用进行导出；选择【编辑】选项，则可以保持图像的最高质量。

考考您

请您根据上述方法创建一个 CorelDRAW 文件并将其导出 Office 中，测试一下您的学习效果。

13.1.3 发布到 Web

在 CorelDRAW X6 中，用户可以将绘制的文件快速发布到 Web 上。下面介绍发布到 Web 的操作方法。

1. 创建 HTML 文本

在 CorelDRAW X6 中，HTML 文件为纯文本文件，用户可以使用任何文本编辑器创建。下面介绍创建 HTML 文本的操作方法。

step 1 ① 绘制文件后，单击【文件】主菜单，② 在弹出的下拉菜单中，选择【导出 HTML】菜单项，如图 13-6 所示。

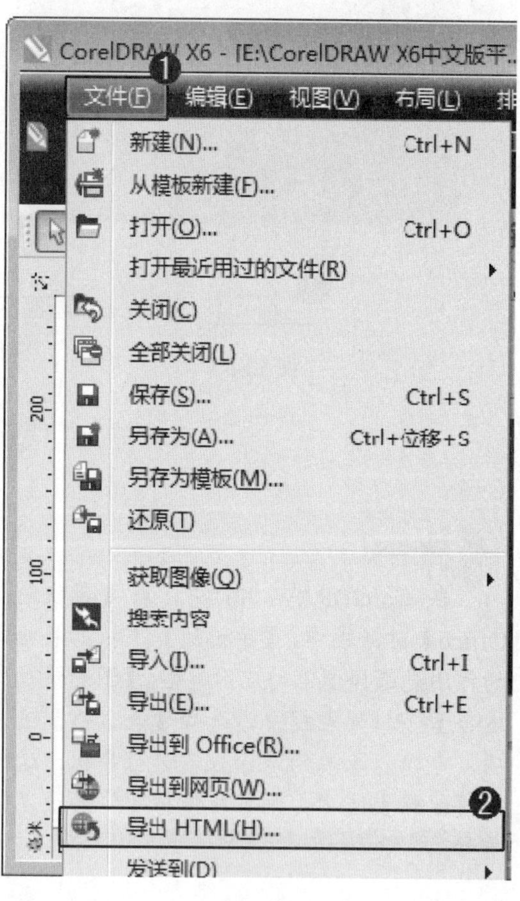

图 13-6

step 2 ① 弹出【导出 HTML】对话框，切换到【常规】选项卡，② 在【HTML 排版方式】下拉列表框中，输入排版名称，③ 在【目标】文本框中，设置文件存放的位置，④ 单击【确定】按钮，这样即可完成创建 HTML 文本的操作，创建的 HTML 文本被放置在目标文件夹中，如图 13-7 所示。

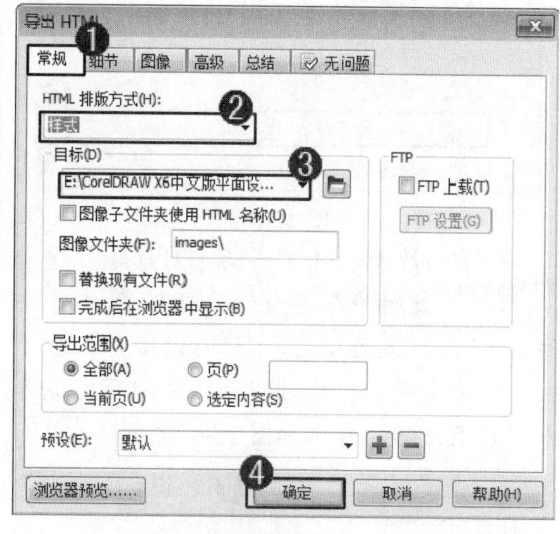

图 13-7

2. 对导出的网络图像进行优化操作

在 CorelDRAW X6 中，将文件输出为 HTML 格式之前，用户可以对文件中的图像进行优化。下面介绍对导出的网络图像进行优化操作的方法。

step 1 ① 绘制文件后，单击【文件】主菜单，② 在弹出的下拉菜单中，选择【导出到网页】菜单项，如图 13-8 所示。

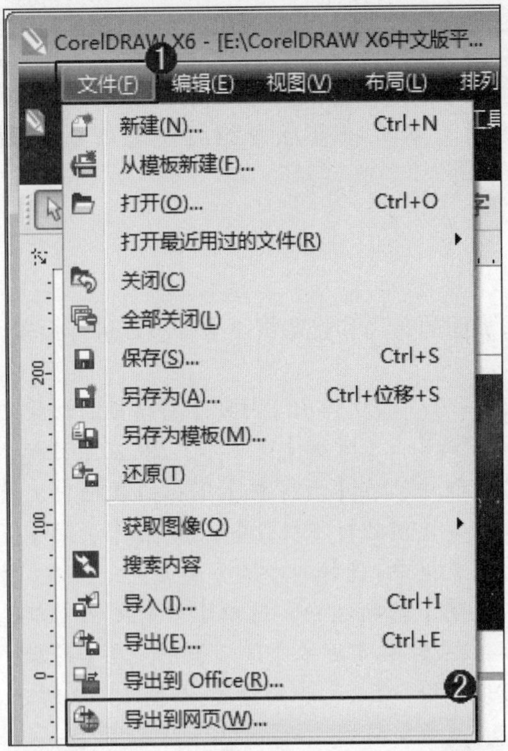

图 13-8

step 2 ① 弹出【导出到网页】对话框，单击【两个垂直预览】按钮，② 在【预设列表】下拉列表框中，选择【自定义】选项，③ 在【格式】下拉列表框中，选择 JPEG 选项，④ 在【颜色模式】下拉列表框中，选择【RGB 色(24 位)】选项，⑤ 在【质量】下拉列表框中，选择【自定义】选项，⑥ 在【颜色设置】选项组中，选中【使用文档颜色设置】单选按钮，⑦ 单击【另存为】按钮，如图 13-9 所示。

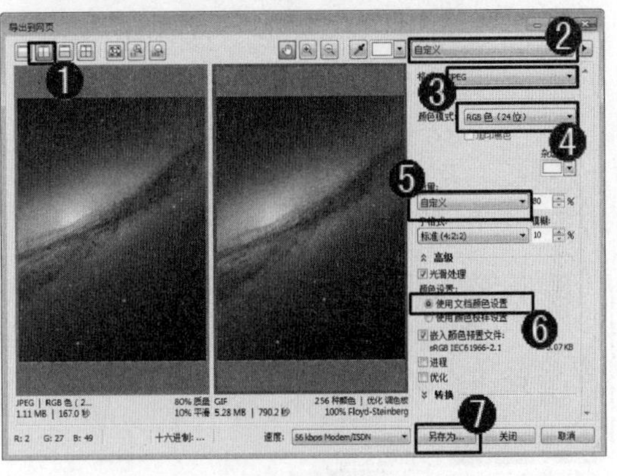

图 13-9

step 3 ① 弹出【另存为】对话框，选择优化后文件准备存放的位置，② 在【文件名】下拉列表框中，输入保存的名称，③ 单击【保存】按钮，通过以上方法即可完成对导出的网络图像进行优化的操作，如图 13-10 所示。

图 13-10

智慧锦囊

在 CorelDRAW X6 中，在【导出到网页】对话框中，单击视图工具选项组中的【全屏预览】按钮，用户可以在单个预览窗口中查看位图；单击【四个预览】按钮，用户可以在单独的图文框中查看位图的四种版本。

考考您

请您根据上述方法创建一个 CorelDRAW 文件并将其导出网页中，测试一下您的学习效果。

13.2 打印与印刷

在 CorelDRAW X6 中，绘制图形文件后，用户可以将绘制的图形打印或印刷出来，以便进行存储或使用。本节将重点介绍打印与印刷方面的知识。

13.2.1 打印设置

在 CorelDRAW X6 中，打印设置是指对打印页面的布局和打印机类型等参数进行设置。下面介绍打印设置方面的知识。

step 1 ① 绘制文件后，单击【文件】主菜单，② 在弹出的下拉菜单中，选择【打印】菜单项，如图 13-11 所示。

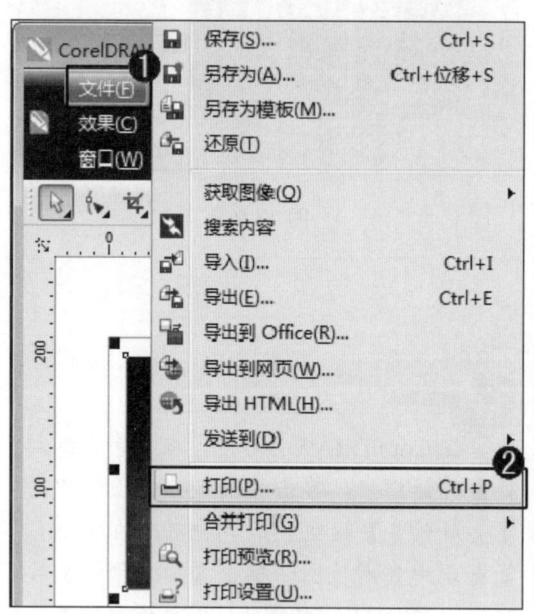

图 13-11

step 2 ① 弹出【打印】对话框，切换到【常规】选项卡，② 在【目标】选项组中，在【打印机】下拉列表框中，选择准备使用的打印机设备，③ 在【页面】下拉列表框中，选择打印的页面设置，④ 在【打印范围】选项组中，选中【当前文档】单选按钮，⑤ 在【副本】选项组中，在【份数】微调框中，输入打印的份数，如图 13-12 所示。

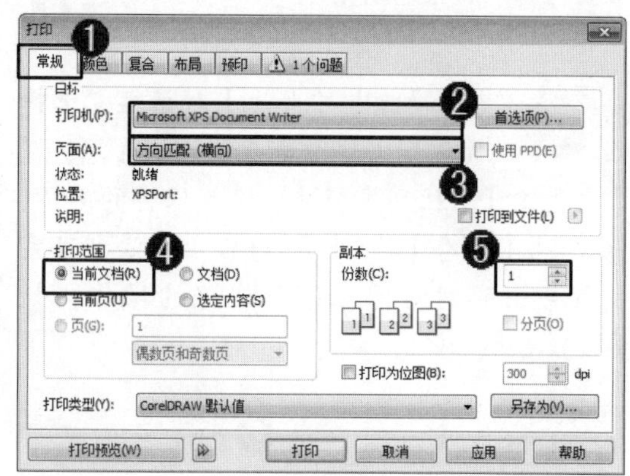

图 13-12

step 3 ① 在【打印】对话框中，切换到【颜色】选项卡，② 选中【复合打印】单选按钮，③ 选中【使用文档颜色设置】单选按钮，④ 在【执行颜色转换】下拉列表框中，选择 CorelDRAW 选项，⑤ 在【将颜色输出为】下拉列表框中，选择 RGB 选项，如图 13-13 所示。

step 4 ① 在【打印】对话框中，切换到【布局】选项卡，② 在【图像位置和大小】选项组中，选中【与文档相同】单选按钮，③ 在【版面布局】下拉列表框中，选择【与文档相同(全页面)】选项，④ 单击【打印】按钮，这样即可输出打印当前图形。通过以上方法即可完成打印设置的操作，如图 13-14 所示。

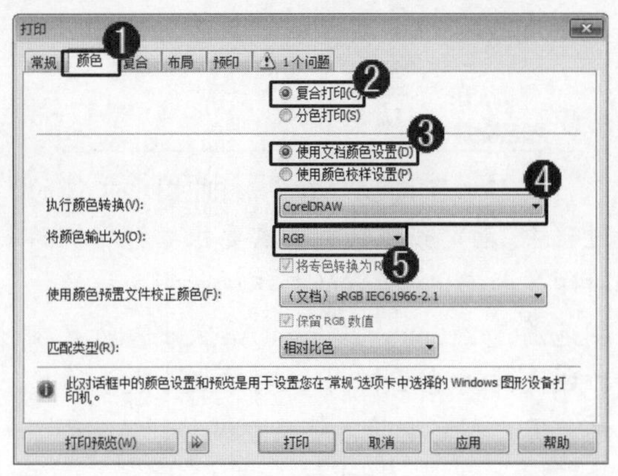

图 13-13

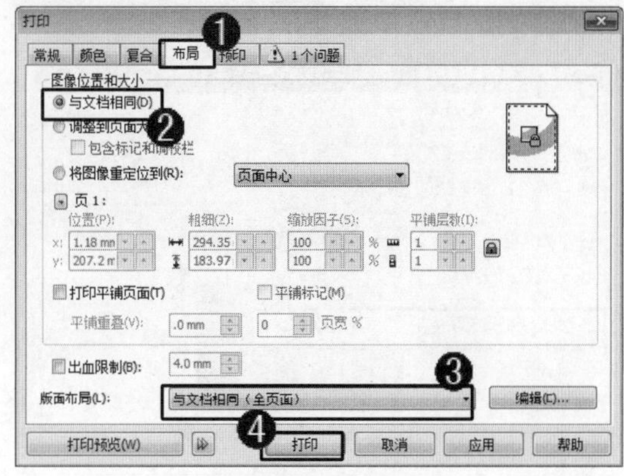

图 13-14

13.2.2 打印预览

在 CorelDRAW X6 中，通过打印预览功能，用户可以预览到文件在输出前的打印状态。下面介绍运用打印预览的操作方法。

step 1 ① 绘制文件后，单击【文件】主菜单，② 在弹出的下拉菜单中，选择【打印预览】菜单项，如图 13-15 所示。

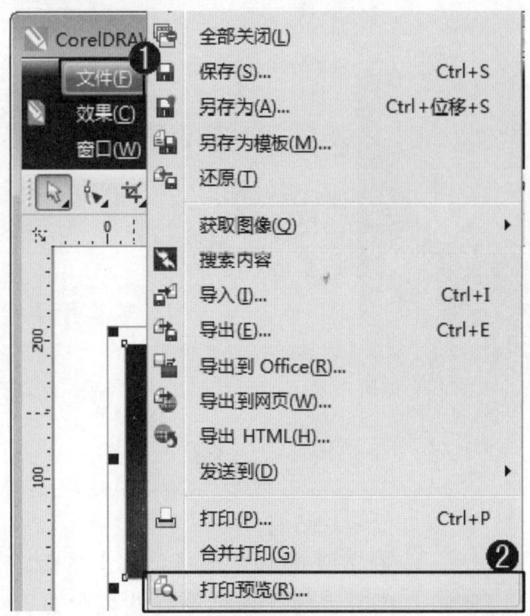

图 13-15

step 2 ① 弹出打印预览窗口，在【预览范围】下拉列表框中，选择【到页面】选项，② 在【文件大小】微调框中，设置文件打印的宽度值，③ 在【文件大小】微调框中，设置文件打印的高度值，④ 单击【挑选工具】按钮，⑤ 在打印预览区域，移动图形打印的位置，如图 13-16 所示。

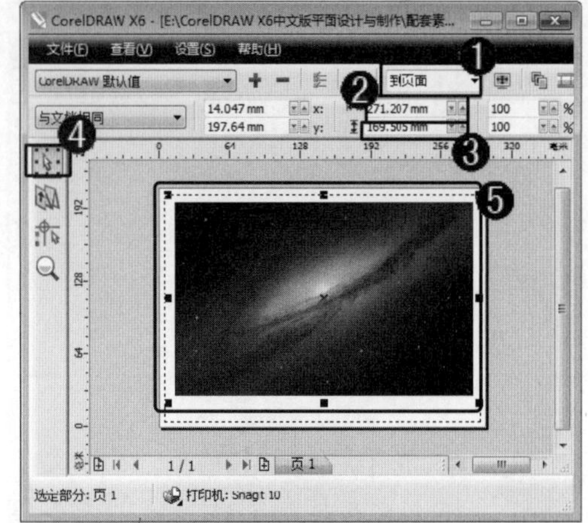

图 13-16

step 3 ① 设置预览文件后，单击【文件】主菜单，② 在弹出的下拉菜单中，选择【关闭打印预览】菜单项，这样即可完成打印预览的操作，如图 13-17 所示。

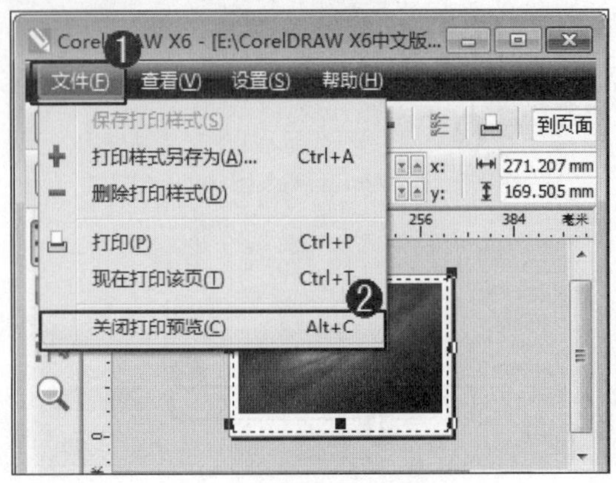

图 13-17

智慧锦囊

在 CorelDRAW X6 中，打印图形文件的过程中，打印纸张的大小需要根据打印机的打印范围而定。通常的打印机所能支持的打印范围是 210mm×297mm(A4 大小)，所有在打印文件的过程中，如果打印尺寸大于该尺寸，用户则需要将文件尺寸调整到 A4 尺寸的范围之内，这样才可正常打印文件。

13.2.3 合并打印

在 CorelDRAW X6 中，用户可以使用合并打印向导来组合文本和绘图。下面介绍合并打印的操作方法。

step 1 ① 绘制文件后，单击【文件】主菜单，② 在弹出的下拉菜单中，选择【合并打印】菜单项，③ 在弹出的子菜单中，选择【创建/装入合并域】菜单项，如图 13-18 所示。

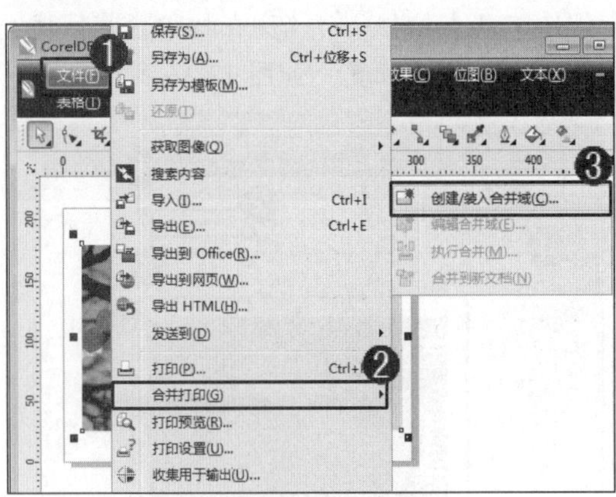

图 13-18

step 2 ① 弹出【合并打印向导】对话框，选中【创建新文本】单选按钮，② 单击【下一步】按钮，如图 13-19 所示。

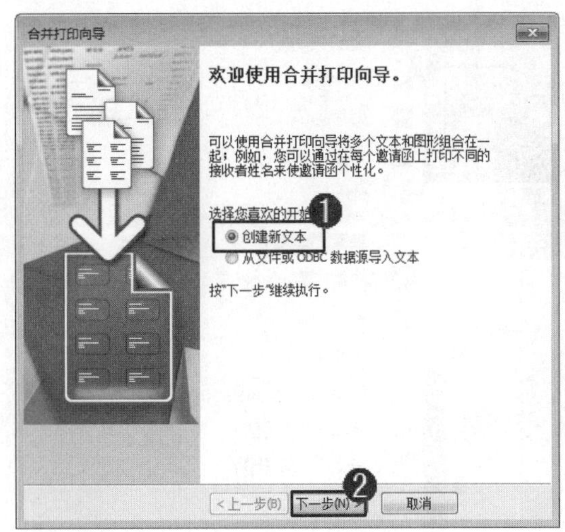

图 13-19

step 3 ① 在【添加域】界面，在【文字域】文本框或【数字域】文本框中，输入域名，② 单击【添加】按钮，③ 在【数据域名称】列表框中，用户可以查看已经添加的信息，④ 单击【下一步】按钮，如图 13-20 所示。

step 4 ① 在【添加或编辑记录】界面，在下方的数据记录列表框中为创建的各个域输入具体内容，② 单击【新建】按钮，③ 用户可以新建一行记录用于添加信息，④ 单击【下一步】按钮，如图 13-21 所示。

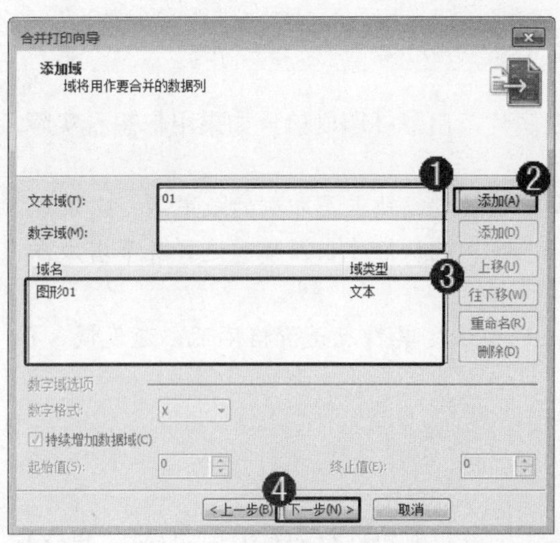

图 13-20

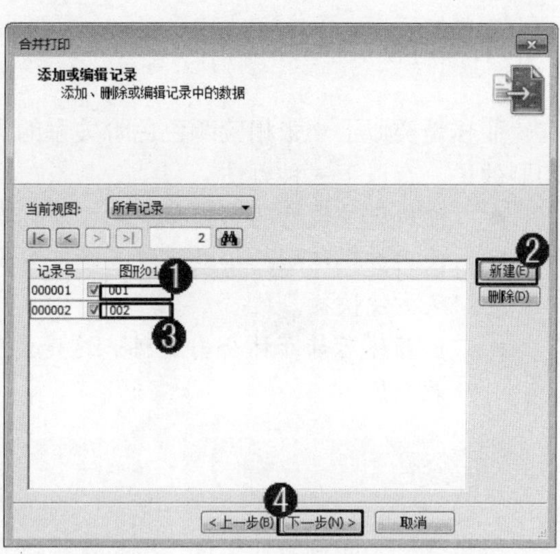

图 13-21

step 5 ① 在【是否要保存这些数据设置】界面，选中【数据设置另存为】复选框，② 在文本框中，输入文件保存的位置，③ 单击【完成】按钮，如图 13-22 所示。

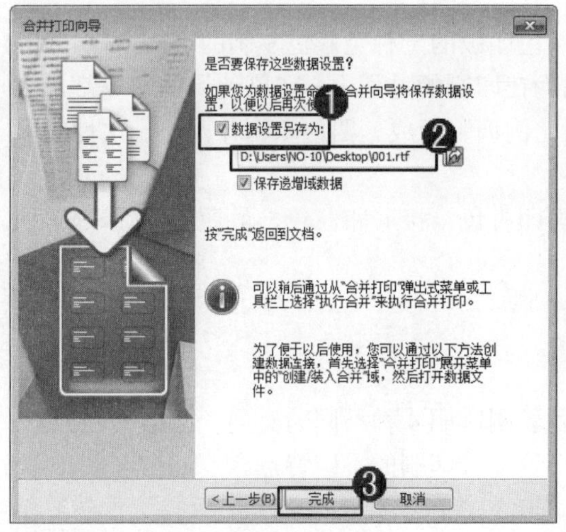

图 13-22

step 6 ① 弹出【合并打印】对话框，单击【编辑域】按钮，用户可以对数据域内容重新编辑，② 单击【打印】按钮，用户可以进行打印图形的操作，③ 单击【合并到新文档】按钮，用户可以将当前文档中的数据域合并到新文档中。通过以上方法即可完成合并打印的操作，如图 13-23 所示。

图 13-23

请您根据上述方法创建一个文档并进行合并打印设置，测试一下您的学习效果。

13.2.4 印前技术

在 CorelDRAW X6 中，如果想更好地印刷作品，用户必须了解印刷方面的知识，这样在文稿设计的过程中，对文件的排版、颜色的应用和后期制作都有非常重要的帮助。下面介绍印前技术方面的知识。

1. 菲林

菲林是类似于一张相应颜色色阶关系的黑白底片，出菲林印刷前，如果用户想看实际印刷效果，有以下三种办法。

- 使用质量较好的彩喷稿：此方法优点是价格便宜，缺点是印刷的效果不一定准确。
- 使用数码印刷：印数比较多时可先试印几张，确认后才出菲林，这样既节省成本，又方便快捷。
- 出菲林后让菲林公司打稿：这是最传统的做法，其特点是价格不低、速度慢，但效果好。

2. 分色

分色是一个印刷专业名词，指的就是将原稿上的各种颜色分解为青(C)、红(M)、黄(Y)、黑(K)4 种原色颜色。在电脑印刷设计或平面设计图像类软件中，分色工作就是将扫描图像或其他来源图像的色彩模式转换为 CMYK 模式。如果要印刷的话，必须进行分色，分成黄、品红、青、黑 4 种颜色，这是印刷的要求。当印刷数量较大时，设置分色，然后进行印刷，这样可以有效地控制印刷成本，保证印刷质量。

3. 四色印刷

四色印刷是为改善减色印刷的效果而增加黑色印版的一种全彩色复制的印刷方法，用于印刷的文件必须是 CMYK 颜色模式，这是因为在印刷的过程中，印刷使用的油墨都是由 C(青)、M(品红)、Y(黄)、K(黑)4 种颜色按不同比例调制而成。四色印刷并不是一次性就能印刷出的颜色，需要 4 次叠合而成。

四色印刷通常的印刷顺序为，先印黑色，再印青色，接着印黄色，最后印品红，然后叠合成需要的各种颜色。

4. 印刷

印刷分为平版印刷、凹版印刷、凸版印刷和丝网印刷 4 种不同的类型，根据不同类型的功能，分色出片的要求也不同。下面详细介绍这 4 种印刷的不同特点。

- 平版印刷：又称为胶印，是由早期石版印刷转印方式发展而来，而描绘于转写纸上再落在版上成为反纹，然后印刷于纸面上为正纹。其优点是工作简便，成本低廉；套色装版准确，印刷版复制容易，可以承印大数量印刷。缺点则是因印刷时水胶之影响，色调再显力减低，鲜艳度缺乏。
- 凹版印刷：是图像从表面上雕刻凹下的制版技术。印版的图文低于空白部分，印刷时全版着墨，然后刮拭版面，使仅在图文部分留有油墨，转移到承印物上，成为印刷品。凹版印刷可分为雕刻凹版、照相腐蚀凹版与电子雕、凹版印刷和刻凹版 3 类。
- 凸版印刷：与凹版印刷原理相反，其原理是图文部分在凸出面且是倒反的，非图

文部分在平面。在印刷的过程中，凸出的印纹沾上油墨，而凹纹则不会沾上油墨，在印版上加压承印物时，凸纹上的凸纹部分的油墨就吸附在纸张上。凸版印刷的优点是，色彩鲜艳、亮度好、文字与线条清晰等，缺点则是只适合印刷量较少时使用。

■ 丝网印刷：印刷时通过刮板的挤压，使油墨通过图文部分的网孔转移到承印物上，形成与原稿一样的图文。丝网印刷的特点是设备简单、操作方便，印刷、制版简易且成本低廉，适应性强。

13.2.5 设置分色

在 CorelDRAW X6 中，在打印文件时，用户可以在普通打印机设置分色，以便打印出用户满意的效果，下面介绍设置分色的操作方法。

step 1 ① 绘制文件后，单击【文件】主菜单，② 在弹出的下拉菜单中，选择【打印预览】菜单项，如图 13-24 所示。

图 13-24

step 2 ① 弹出打印预览窗口，单击【设置】主菜单，② 在弹出的下拉菜单中，选择【分色】菜单项，如图 13-25 所示。

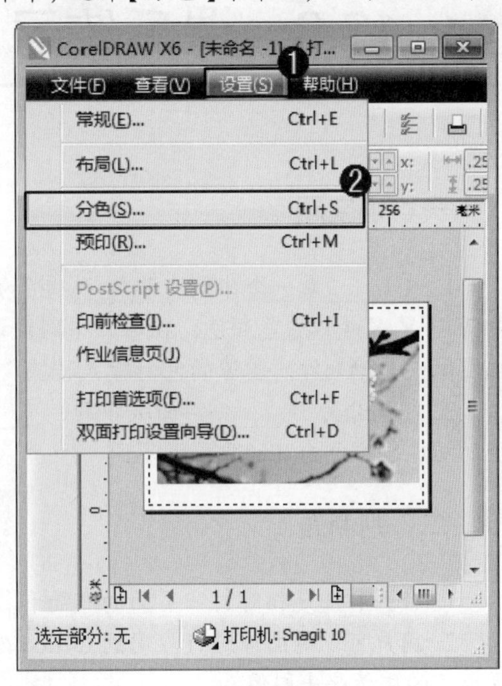

图 13-25

step 3 ① 弹出【打印选项】对话框，在【文档叠印】下拉列表框中，选择【忽略】选项，② 单击【应用】按钮，③ 单击【确定】按钮，如图 13-26 所示。

step 4 ① 返回到打印预览窗口中，在标准栏中，单击【启动分色】按钮，② 在窗口底部，显示分色后的页面，如“页 1-青色”、“页 1-品红”、“页 1-黄色”等，③ 在绘图区中，显示分色后的效果。通过以上方法即可完成设置分色的操作，如图 13-27 所示。

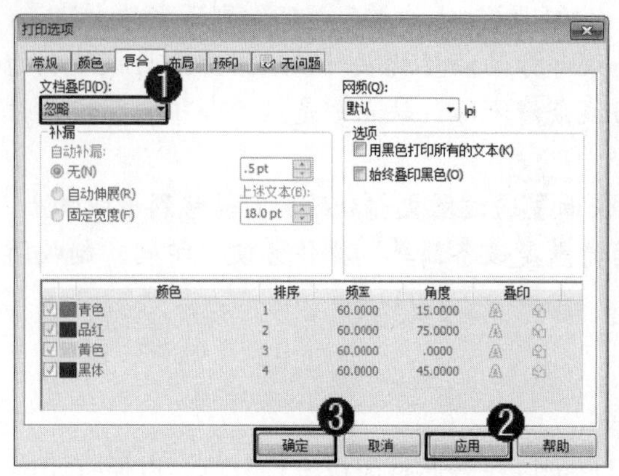

图 13-26

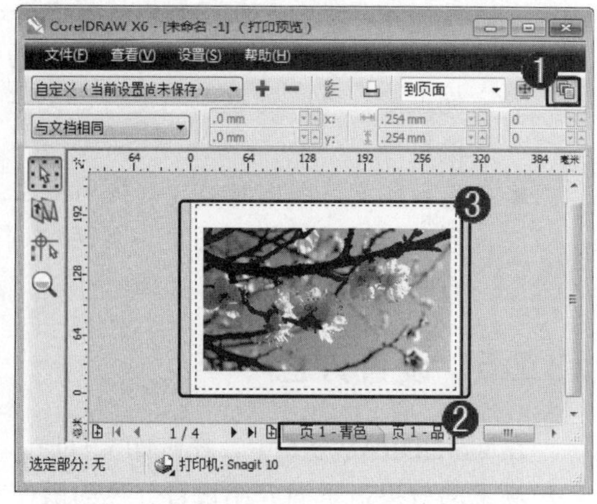

图 13-27

13.3 课后练习

一、填空题

1. ________是一个印刷专业名词，指的就是将原稿上的各种颜色分解为青(C)、红(M)、黄(Y)、黑(K)4 种原色颜色；在电脑印刷设计或平面设计图像类软件中，________就是将扫描图像或其他来源的图像的色彩模式转换________模式。

2. 印刷分为________、凹版印刷、________和________4 种不同的类型，根据不同类型的功能，分色出片的要求也不同。

二、判断题

1. 合并打印是指对打印页面的布局和打印机类型等参数进行设置。 ( )

2. 用户可以将图像进行应用到 Office 办公文档的优化输出，方便用户根据用途需要选择合适的质量导出图像。 ( )

三、思考题

1. 如何发布至 PDF？

2. 如何创建 HTML 文本？

第 14 章

商务应用案例解析

本章主要运用本书所学的知识要点和操作技巧来绘制多个商务应用案例，方便用户在实践中活学活用，达到学以致用的目的，从而更好地掌握 CorelDRAW X6 的操作技巧。

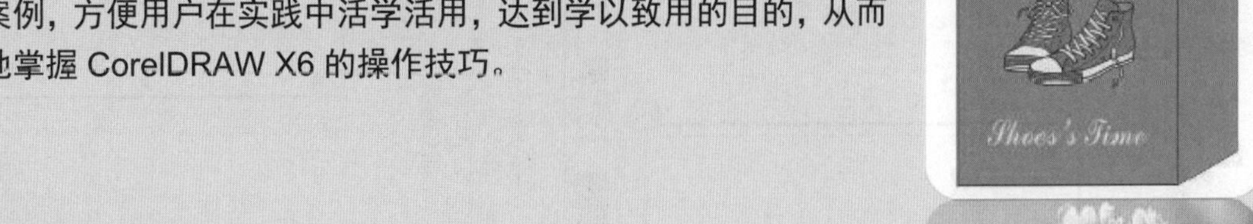

范 例 导 航

1. 绘制 2014 年台历
2. 绘制蝴蝶
3. 绘制红灯笼
4. 绘制手提袋
5. 绘制立体字

14.1 绘制 2014 年台历

在 CorelDRAW X6 中，用户可以运用基本形状工具、智能填充工具、贝塞尔工具、文字工具和调和工具等绘制出一个“台历”图形。下面介绍绘制 2014 年台历的操作方法。

step 1 ① 新建图形文件，在工具箱中，单击【基本形状工具】按钮，② 在属性栏中，单击【完美形状】下拉按钮，③ 在弹出的下拉列表中，选择准备应用的基本形状对象，④ 在绘图区中，绘制一个基本形状，如图 14-1 所示。

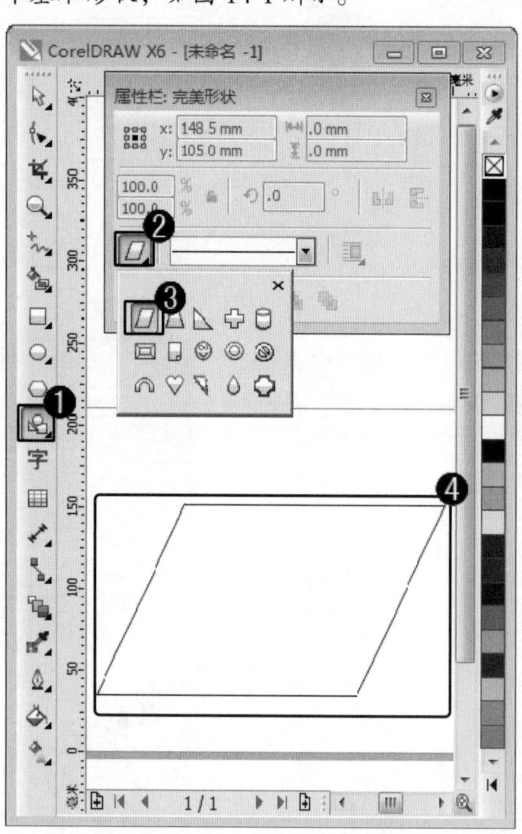

图 14-1

step 2 ① 在小键盘上按下“+”键，快速复制该图形，在属性栏中，单击【水平镜像】按钮，将该图形水平镜像，② 将其移动至指定位置，如图 14-2 所示。

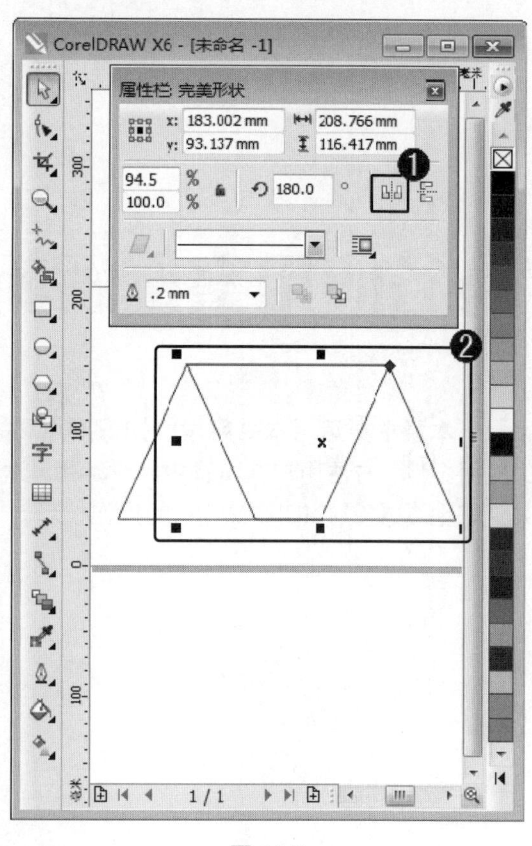

图 14-2

step 3 ① 镜像形状对象后，在工具箱中，单击【手绘工具】按钮，② 在绘图区中，绘制一条直线作为辅助线，如图 14-3 所示。

step 4 ① 绘制直线后，在工具箱中，单击【智能填充工具】按钮，② 在绘图区中，将指定区域填充白色，如图 14-4 所示。

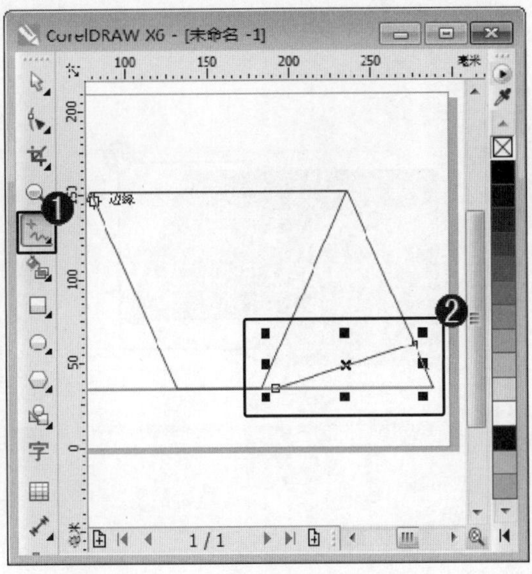

图 14-3

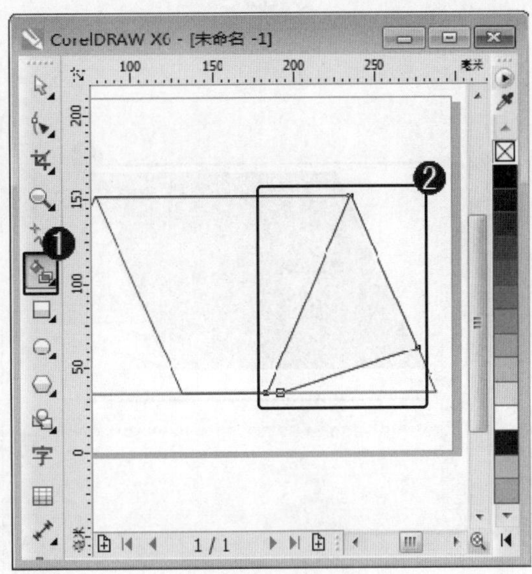

图 14-4

step 5 智能填充颜色后，选择辅助直线和复制镜像的形状图形，然后在键盘上按下 Delete 键，将其删除，如图 14-5 所示。

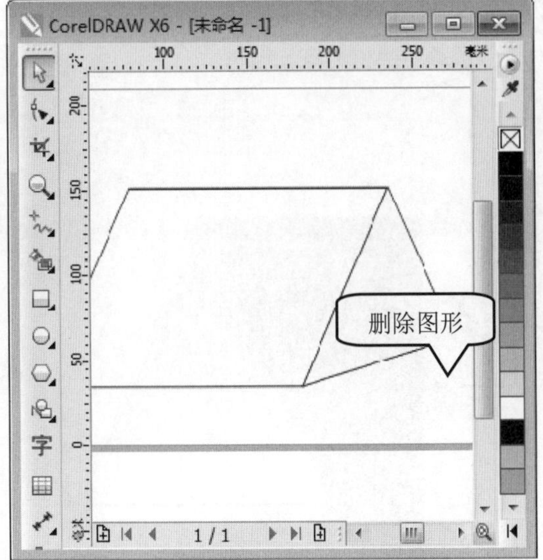

图 14-5

step 6 ① 删除多余图形后，在工具箱中，单击【手绘工具】按钮，② 在绘图区中，绘制几条直线作为辅助线，如图 14-6 所示。

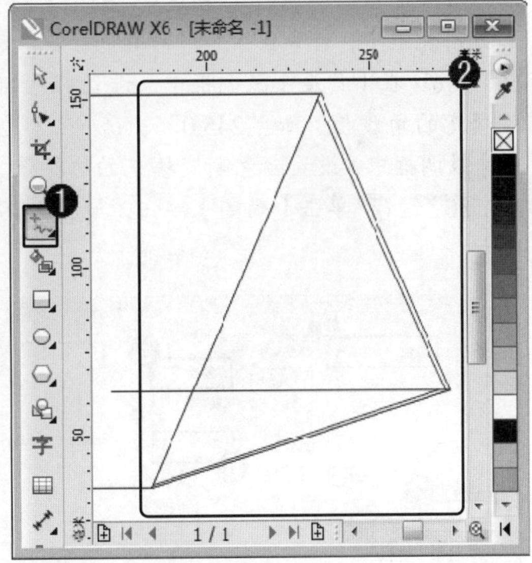

图 14-6

step 7 ① 绘制辅助线后，在工具箱中，单击【智能填充工具】按钮，② 在绘图区中，将指定区域填充红色，如图 14-7 所示。

step 8 ① 智能填充颜色后，在工具箱中，单击【智能填充工具】按钮，② 在绘图区中，将指定区域填充任意颜色，如“深灰色”，如图 14-8 所示。

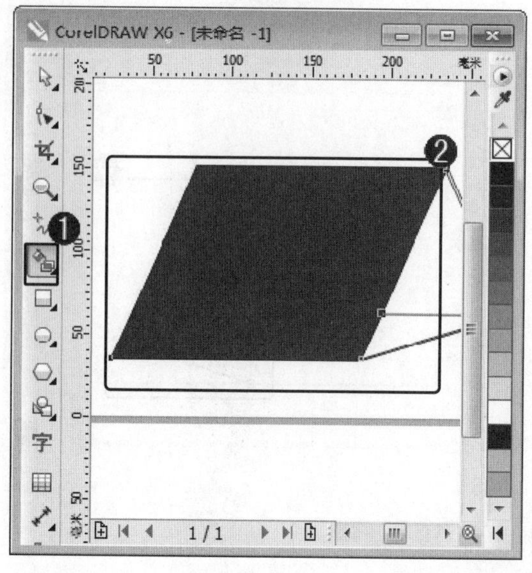

图 14-7

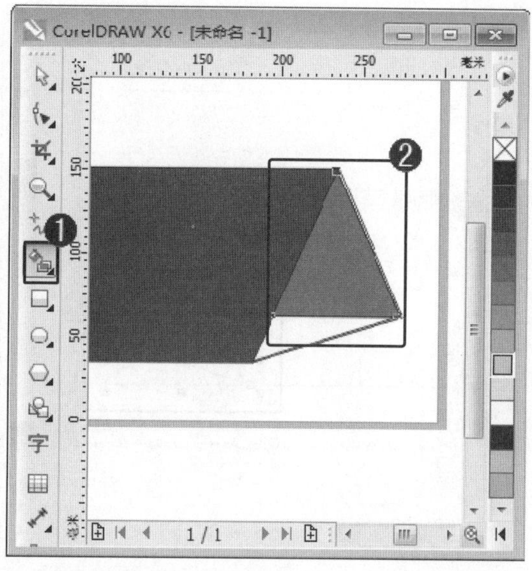

图 14-8

step 9 ① 在键盘上按下 F11 键，弹出【渐变填充】对话框，在【类型】下拉列表框中，选择【线性】选项，② 选中【双色】单选按钮，③ 在【从】下拉列表框中，选择准备应用的颜色，如“白色”，④ 在【到】下拉列表框中，选择准备应用的颜色，如“灰色”，⑤ 在【角度】微调框中，设置颜色渐变填充的角度值，如“245.0”，⑥ 在【边界】微调框中，设置颜色渐变填充的边界值，如“30”，⑦ 单击【确定】按钮，如图 14-9 所示。

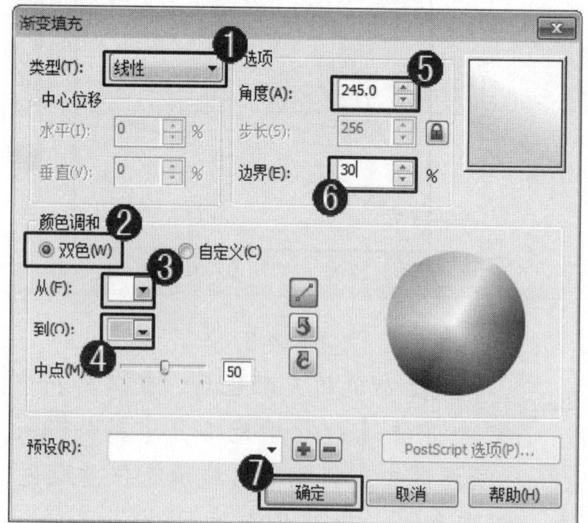

图 14-9

step 10 ① 将智能填充对象渐变颜色后，在工具箱中，单击【智能填充工具】按钮，② 在绘图区中，将指定区域填充任意颜色，如“深灰色”，如图 14-10 所示。

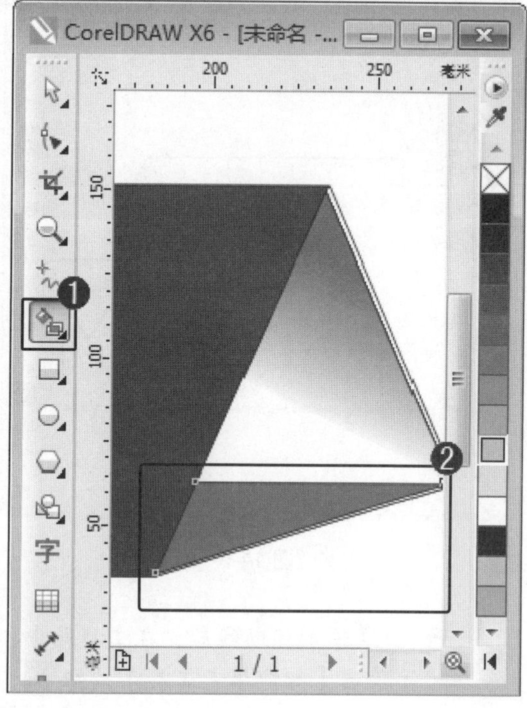

图 14-10

step 11 ① 在键盘上按下 F11 键，弹出【渐变填充】对话框，在【类型】下拉列表框中，选择【线性】选项，② 选中【双色】单选按钮，③ 在【从】下拉列表框中，选择准备应用的颜色，如“白色”，④ 在【到】下拉列表框中，选择准备应用的颜色，如“灰色”，⑤ 在【角度】微调框中，设置颜色渐变填充的角度值，如“70.0”，⑥ 在【边界】微调框中，设置颜色渐变填充的边界值，如“15”，⑦ 单击【确定】按钮，如图 14-11 所示。

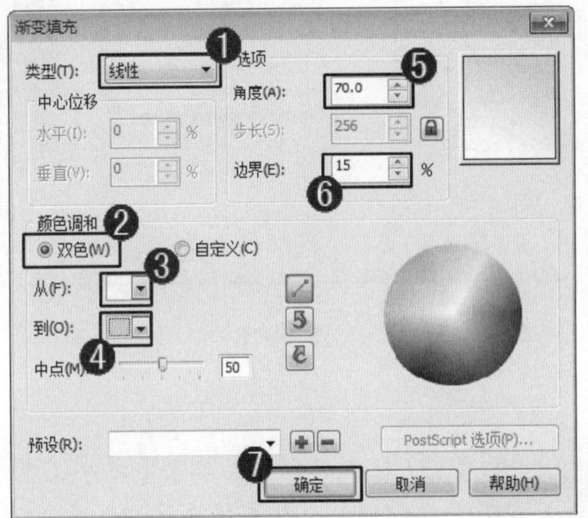

图 14-11

step 12 ① 设置图形渐变颜色后，在工具箱中，单击【矩形工具】按钮，② 在绘图区中，绘制一个矩形，如图 14-12 所示。

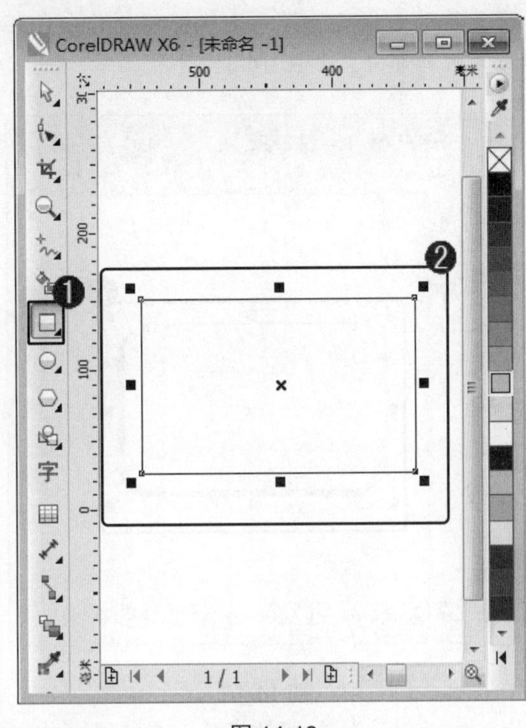

图 14-12

step 13 ① 绘制矩形后，在工具箱中，单击【形状工具】按钮，② 在绘图区中，调节矩形的节点，将其调整为圆角矩形，如图 14-13 所示。

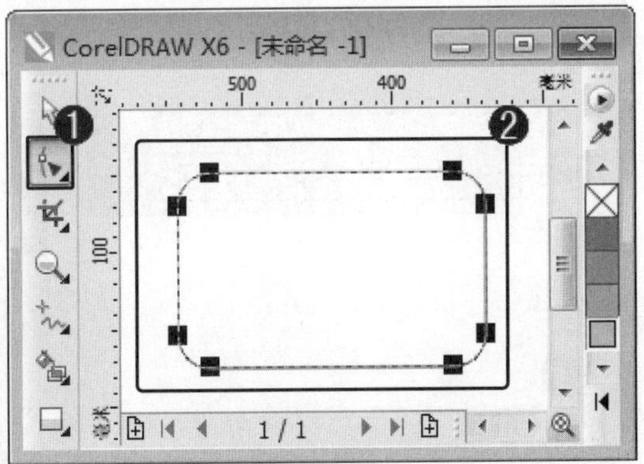

图 14-13

step 14 ① 调整矩形后，在调色板中，单击准备应用的颜色，如“白色”，② 在绘图区中，将矩形填充白色，如图 14-14 所示。

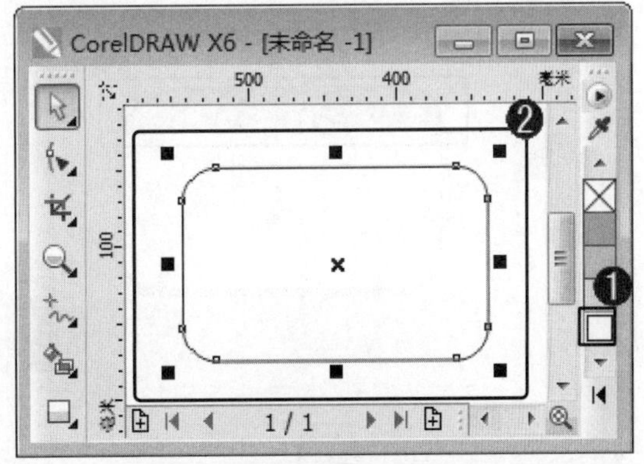

图 14-14

step 15 ① 在小键盘上按下“+”键，快速复制绘制的矩形，在调色板中，单击准备应用的颜色，如“深灰色”，② 在绘图区中，将复制的矩形填充为深灰色，然后将其移动至指定位置，这样可以制作白色矩形的阴影部分，如图 14-15 所示。

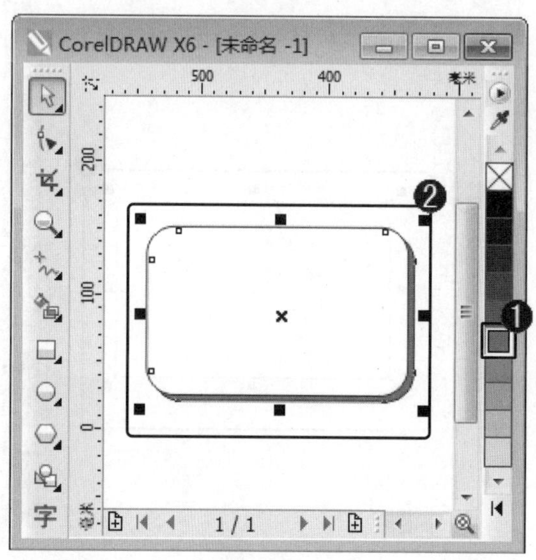

图 14-15

step 16 ① 复制矩形后，在工具箱中，单击【手绘工具】按钮，② 在绘图区中，绘制一条直线作为辅助线，如图 14-16 所示。

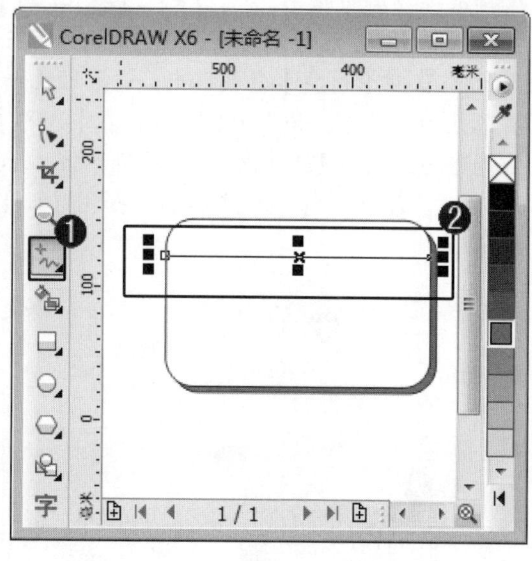

图 14-16

step 17 ① 绘制辅助线后，在工具箱中，单击【智能填充工具】按钮，② 在绘图区中，将辅助线上方的区域填充成蓝色，如图 14-17 所示。

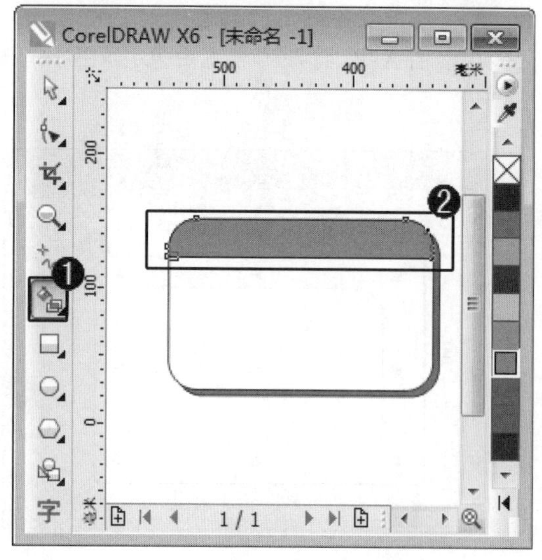

图 14-17

step 18 ① 在工具箱中，单击【文字工具】按钮字，② 在绘图区中，创建准备应用的文本，如图 14-18 所示。

图 14-18

step19 ① 绘制文本内容后，在调色板中，单击准备应用的颜色，如“白色”，② 在绘图区中，将文字填充白色，如图 14-19 所示。

图 14-19

step20 ① 绘制文本后，在工具箱中，单击【文字工具】按钮字，② 在绘图区中，创建准备应用的文本，如图 14-20 所示。

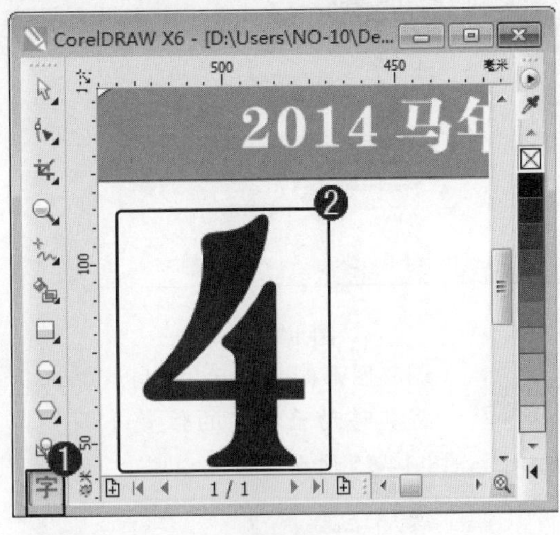

图 14-20

step21 绘制文本后，导入准备应用的台历位图素材，将其移动至指定位置处，并调整其大小，如图 14-21 所示。

图 14-21

step22 导入素材文件后，将台历图形全部选中，然后在键盘上按下组合键 Ctrl+G 将选择的图形群组，如图 14-22 所示。

图 14-22

step23 ① 单击【排列】主菜单，② 在弹出的下拉菜单中，选择【变换】菜单项，③ 在弹出的子菜单中，选择【倾斜】菜单项，如图 14-23 所示。

step24 ① 弹出【变换】泊坞窗，在 x 文本框中，输入水平倾斜的数值，② 单击【应用】按钮，如图 14-24 所示。

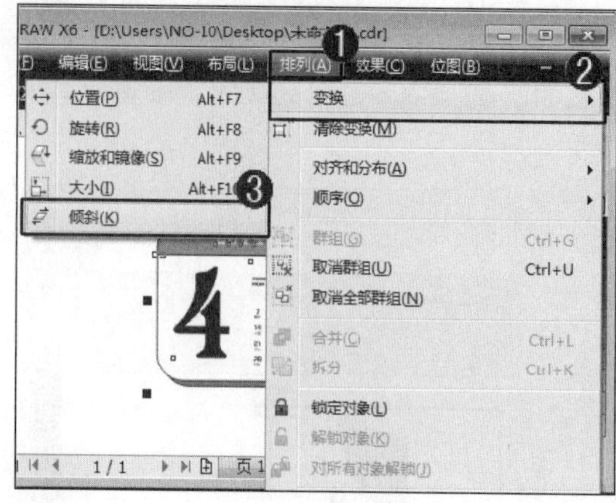

图 14-23

step25 调整图形倾斜度后，使用选择工具将其移动至指定的位置并调整其大小，如图 14-25 所示。

图 14-25

step27 ① 绘制椭圆后，在工具箱中，单击【椭圆形工具】按钮，② 在属性栏中，单击【弧形】按钮，③ 在【起始角度】文本框中，输入起始角度值，如“30”，④ 在【结束角度】微调框中，输入结束角度值，如“310”，⑤ 在绘图区中，绘制一个圆弧，调整其大小并将其移动至指定位置，如图 14-27 所示。

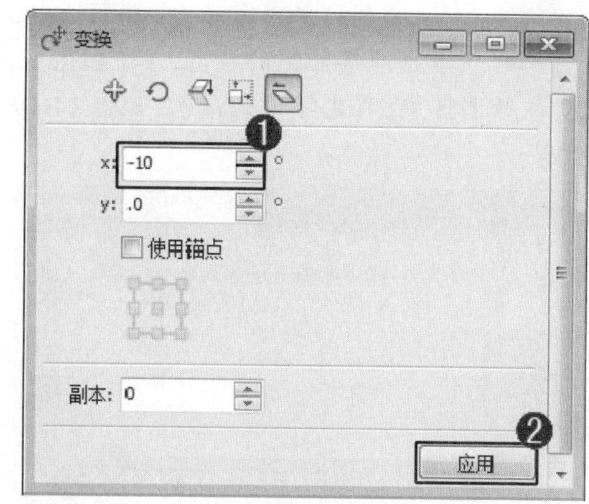

图 14-24

step26 ① 移动图形后，在工具箱中，单击【椭圆形工具】按钮，② 在绘图区中，绘制一个椭圆并将其填充成白色，如图 14-26 所示。

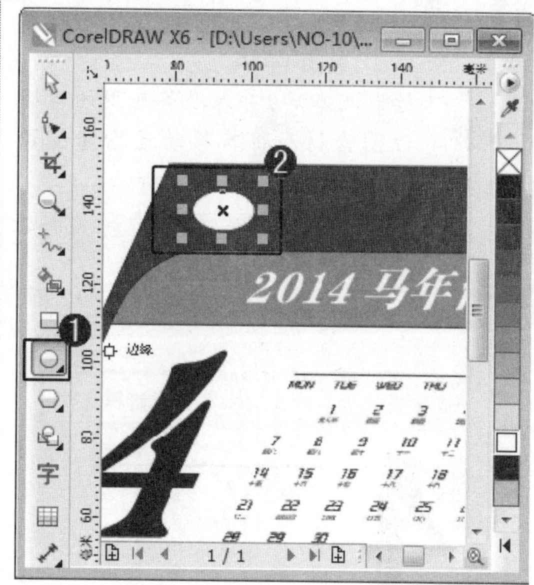

图 14-26

step28 ① 选择弧形，在键盘上按下 F12 键，弹出【轮廓笔】对话框，在【宽度】下拉列表框中，选择准备应用的宽度值，② 单击【确定】按钮，如图 14-28 所示。

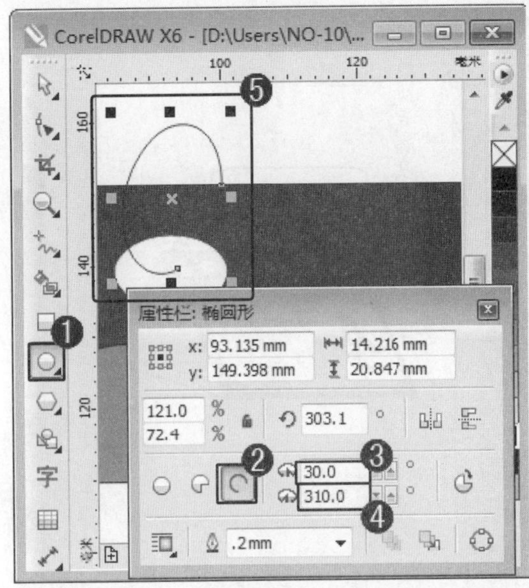

图 14-27

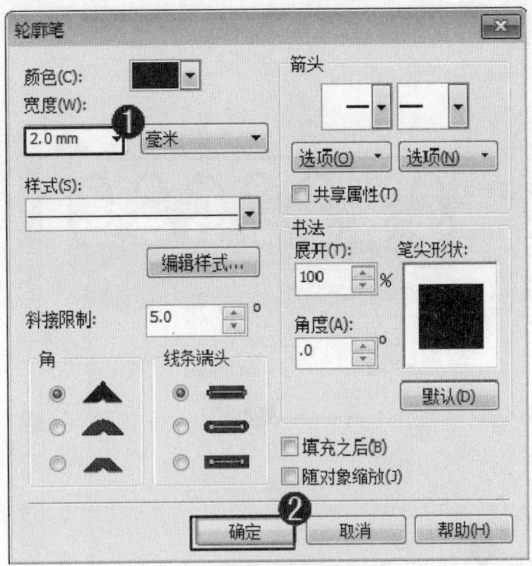

图 14-28

step29 将椭圆和圆弧同时选中，然后在键盘上按下组合键 Ctrl+G 将选择的图形群组，如图 14-29 所示。

step30 选中群组的图形后，在小键盘上按下"+"键，快速复制选择的图形，并将其移动至指定的位置，如图 14-30 所示。

图 14-29

图 14-30

step31 ① 在工具箱中，单击【调和工具】按钮，② 在属性栏中，在【调和对象】微调框中，设置调和形状之间的步长值，③ 在绘图区中，在起始对象上按住鼠标左键不放，拖动鼠标向目标对象上移动，调和出多个图形，如图 14-31 所示。

step32 调整各个图形的位置和大小，通过以上方法即可完成绘制 2014 年台历的操作，如图 14-32 所示。

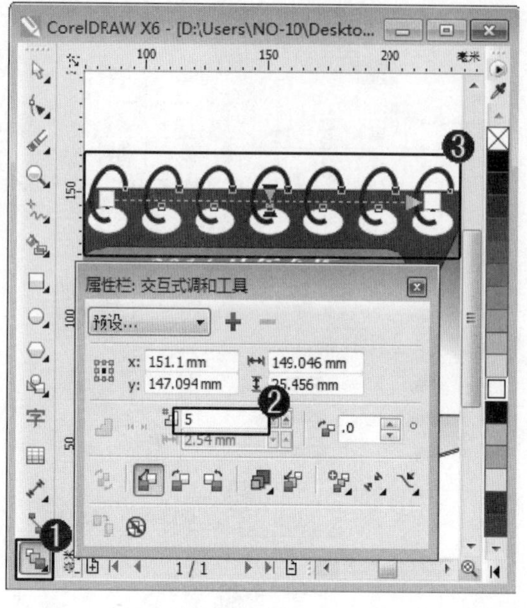

图 14-31

图 14-32

14.2 绘制蝴蝶

绘制图形对象是 CorelDRAW X6 应用程序最为基本的功能，熟练掌握工具箱中的各个工具，用户可以精确地绘制各种图形对象。本节将重点介绍绘制蝴蝶的操作方法。

step 1 ① 新建一个图形文件，在属性栏中，在【画面质量】微调框中，设置纸张的宽度值，② 在【画面质量】微调框中，设置纸张的高度值，如图 14-33 所示。

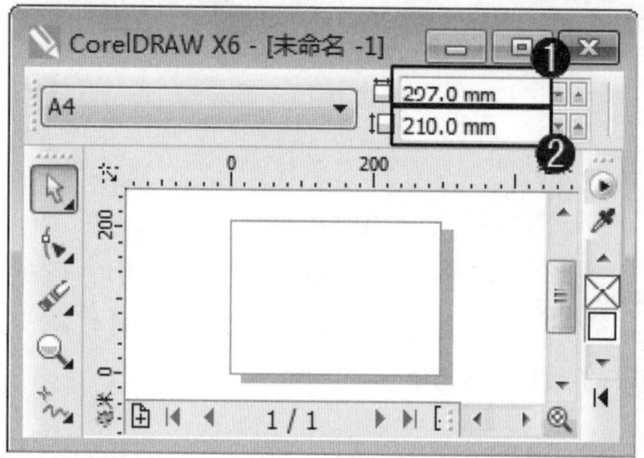

图 14-33

step 2 ① 新建图形文件后，在工具箱中，单击【钢笔工具】按钮，② 在绘图区中，绘制一个不规则的曲线图形对象，如图 14-34 所示。

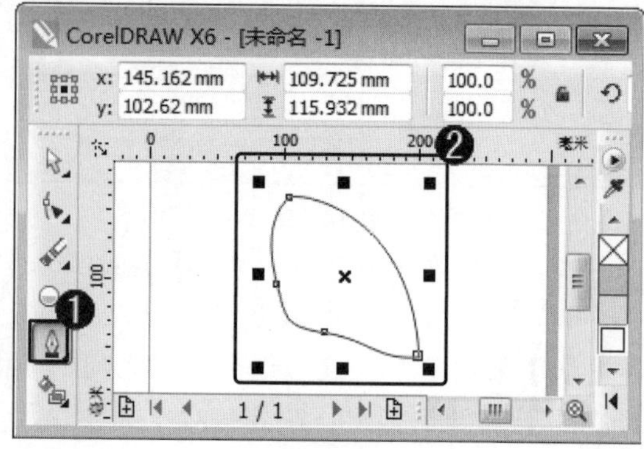

图 14-34

step 3 ① 绘制对象后，在绘图区中，选择绘制的图形，② 在工具箱中，单击【填充工具】下拉按钮，③ 在弹出的下拉面板中，选择【渐变填充】选项，如图 14-35 所示。

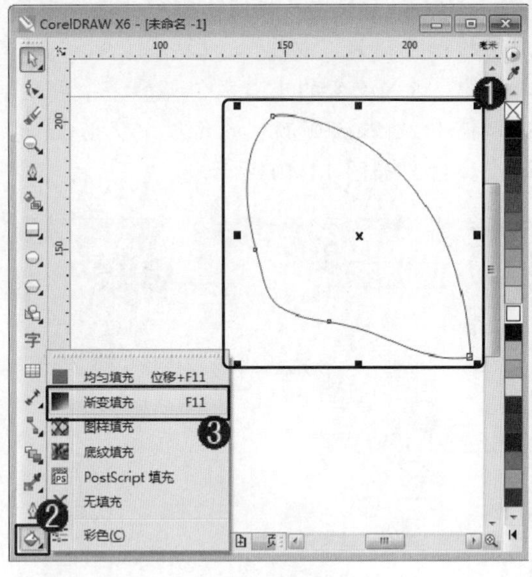

图 14-35

step 5 填充渐变颜色后，在小键盘上按下“+”键，将填充的图形快速复制出一个，如图 14-37 所示。

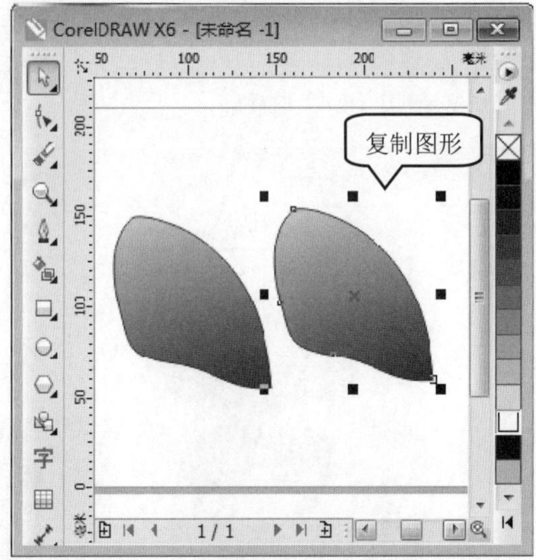

图 14-37

step 4 ① 弹出【渐变填充】对话框，在【类型】下拉列表框中，选择【线性】选项，② 选中【双色】单选按钮，③ 在【从】下拉列表框中，选择准备应用的颜色，如“红色”，④ 在【到】下拉列表框中，选择准备应用的颜色，如“黄色”，⑤ 在【中点】文本框中，输入渐变的中心数值，⑥ 在【角度】微调框中，输入渐变颜色的角度，⑦ 单击【确定】按钮，如图 14-36 所示。

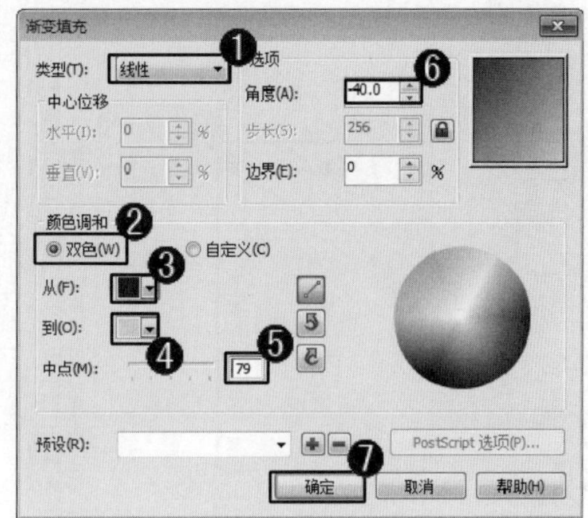

图 14-36

step 6 ① 复制图形后，在属性栏中，单击【水平镜像】按钮，② 在绘图区中，将镜像的图形对象移动至指定的位置，如图 14-38 所示。

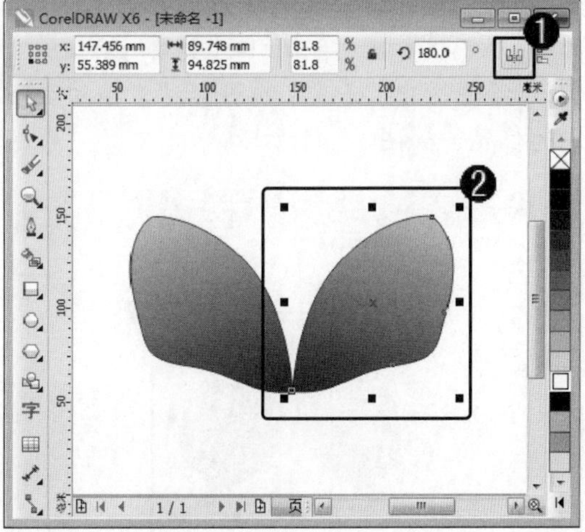

图 14-38

step 7 ① 填充渐变颜色后，在工具箱中，单击【贝塞尔工具】按钮，② 在绘图区中，绘制一个曲线图形对象，如图 14-39 所示。

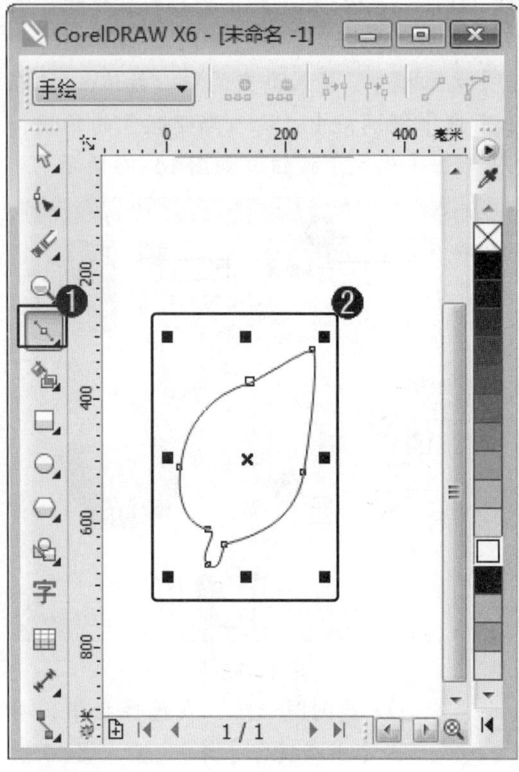

图 14-39

step 8 ① 绘制图形对象后，在键盘上按下 F11 键，弹出【渐变填充】对话框，在【类型】下拉列表框中，选择【线性】选项，② 选中【双色】单选按钮，③ 在【从】下拉列表框中，选择准备应用的颜色，如“红色”，④ 在【到】下拉列表框中，选择准备应用的颜色，如“黄色”，⑤ 在【中点】文本框中，输入渐变的中心数值，⑥ 在【角度】微调框中，输入渐变颜色的角度，⑦ 单击【确定】按钮，如图 14-40 所示。

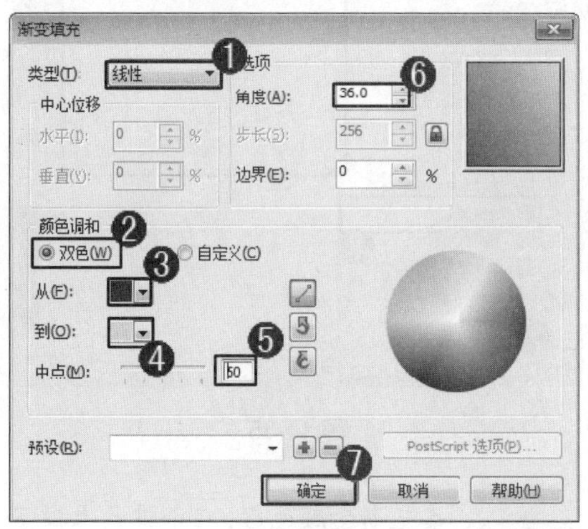

图 14-40

step 9 ① 在小键盘上按下“+”键，将填充的图形快速复制出一个，复制图形后，在属性栏中，单击【水平镜像】按钮，② 在绘图区中，将镜像的图形对象移动至指定的位置，如图 14-41 所示。

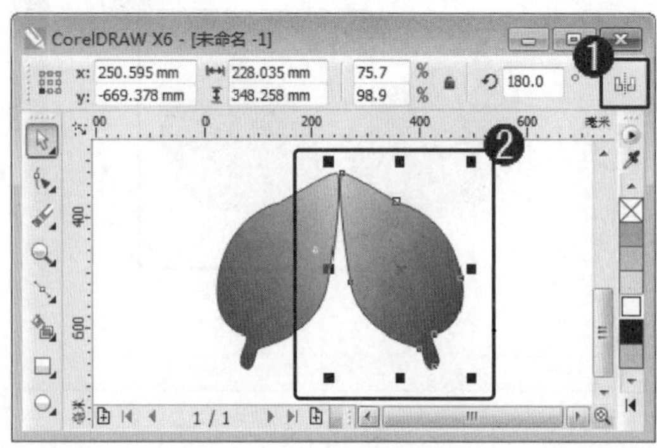

图 14-41

step 10 调整各个图形之间的位置和大小，这样蝴蝶的上下两对翅膀基本绘制完成，如图 14-42 所示。

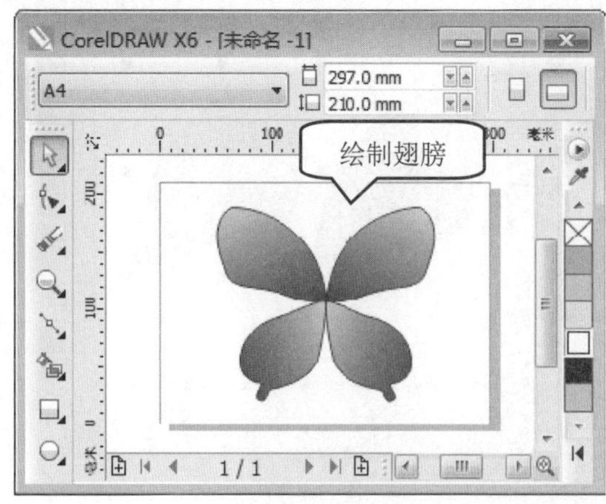

图 14-42

step 11 ① 绘制蝴蝶的翅膀后，在工具箱中，单击【椭圆形工具】按钮，② 在绘图区中，绘制一个椭圆，③ 在调色板中，单击准备填充的颜色，如“咖啡色”，将椭圆填充颜色，如图 14-43 所示。

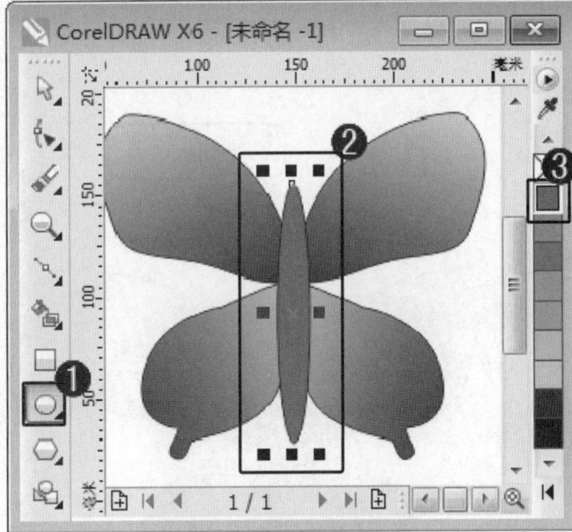

图 14-43

step 12 ① 绘制椭圆后，在工具箱中，单击【椭圆形工具】按钮，② 在绘图区中，绘制两个椭圆，③ 在调色板中，单击准备填充的颜色，如“黄色”，将绘制的椭圆填充颜色，如图 14-44 所示。

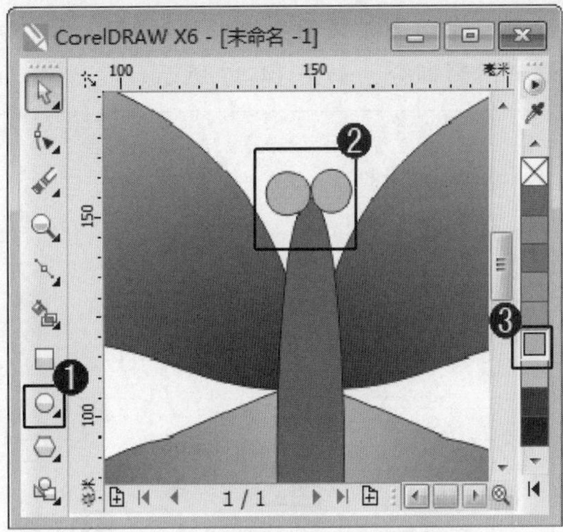

图 14-44

step 13 ① 绘制椭圆后，在工具箱中，单击【3 点曲线工具】按钮，② 在绘图区中，绘制两条曲线，如图 14-45 所示。

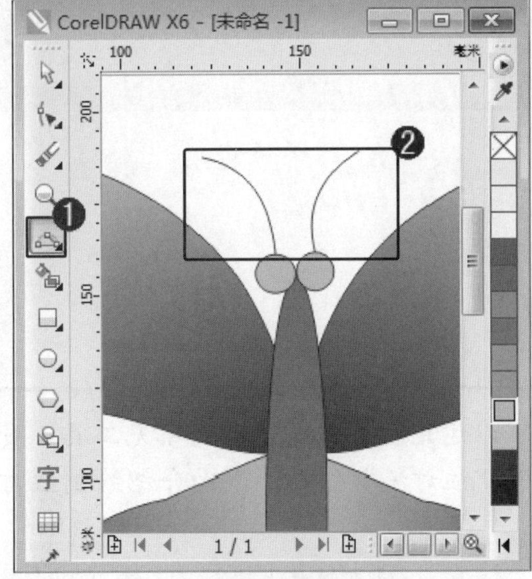

图 14-45

step 14 调整各个图形的位置和大小后，选择全部图形，在键盘上按下 Ctrl+G，将所有图形群组，如图 14-46 所示。

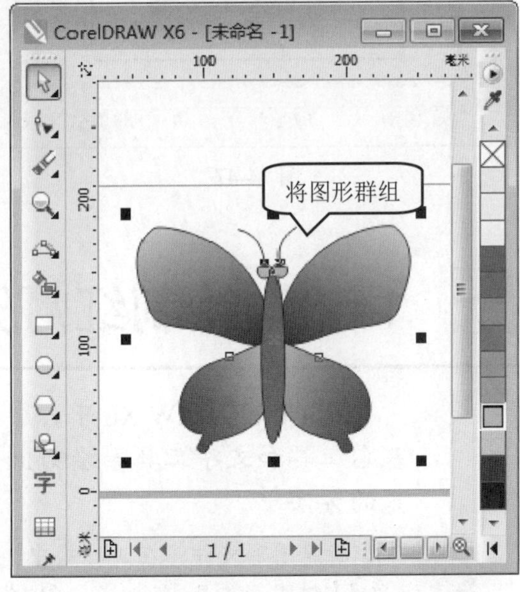

图 14-46

step 15 ① 选择准备添加阴影效果的图形对象，在工具箱中，单击【阴影工具】按钮，② 在属性栏中，在【阴影颜色】下拉列表框中，设置阴影的颜色，③ 当鼠标指针变为形状时，拖动出现的控制柄，设置图像阴影效果的距离，这样可以设置蝴蝶的阴影部分，如图 14-47 所示。

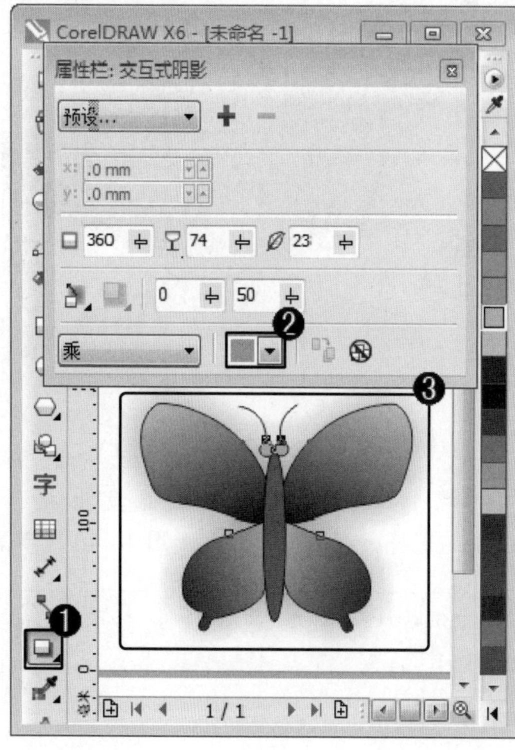

图 14-47

step 16 通过以上方法即可完成绘制蝴蝶的操作，如图 14-48 所示。

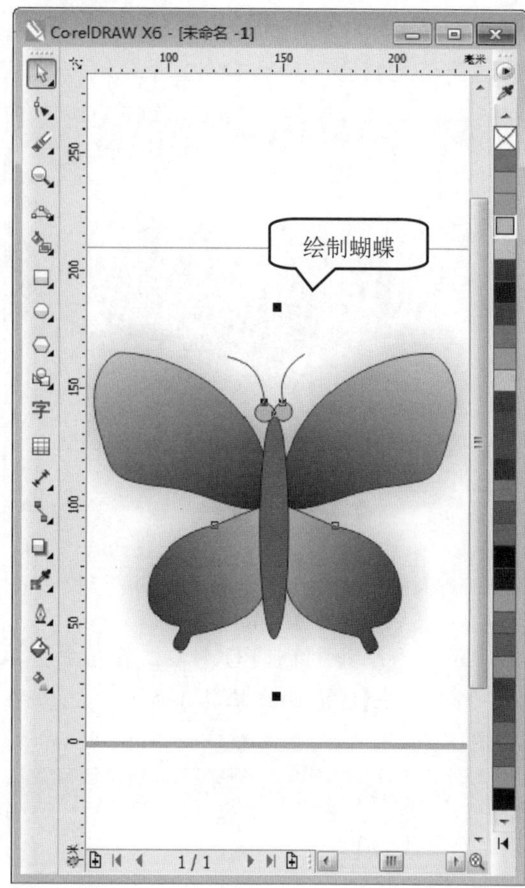

图 14-48

14.3 绘制红灯笼

在 CorelDRAW X6 中，用户可以运用椭圆工具、渐变填充工具、贝塞尔工具和文字工具等绘制出一个“红灯笼”图形。下面介绍绘制红灯笼的方法。

step 1 ① 新建图形文件，在工具箱中，单击【椭圆形工具】按钮，② 在绘图区中，绘制一个椭圆形，③ 在属性栏中，在【对象大小】微调框中，输入椭圆的宽度值，④ 在【对象大小】微调框中，输入椭圆

step 2 ① 在键盘上按下 F11 键，弹出【渐变填充】对话框，在【类型】下拉列表框中，选择【辐射】选项，② 选中【双色】单选按钮，③ 在【从】下拉列表框中，选择准备应用的颜色，④ 在【到】下拉列表

的高度值，如图 14-49 所示。

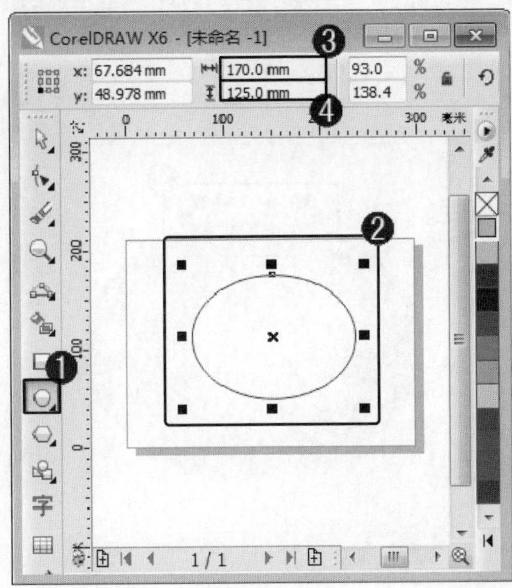

图 14-49

step 3 ① 在调色板中取消椭圆轮廓后，在工具箱中，单击【椭圆形工具】按钮，② 在绘图区，绘制 4 个椭圆形，如图 14-51 所示。

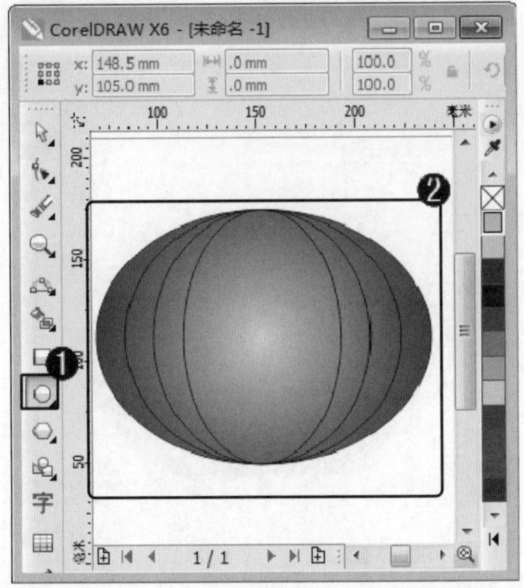

图 14-51

step 5 ① 在工具箱中，单击【矩形工具】按钮，② 在绘图区中，绘制一个矩形，如图 14-53 所示。

框中，选择准备应用的颜色，⑤ 在【中点】文本框中，设置填充的中心偏移数值，⑥ 单击【确定】按钮，如图 14-50 所示。

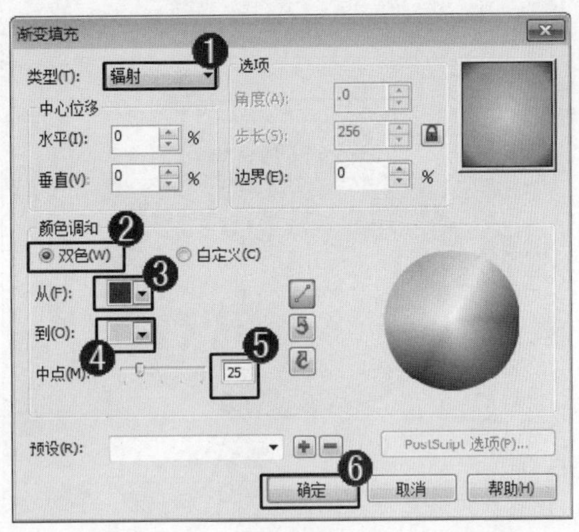

图 14-50

step 4 ① 将 4 个椭圆选中，在键盘上按下 F12 键，弹出【轮廓笔】对话框，在【颜色】下拉列表框中，选择准备应用的颜色，如"黄色"，② 在【宽度】下拉列表框中，选择准备应用的宽度值，③ 单击【确定】按钮，如图 14-52 所示。

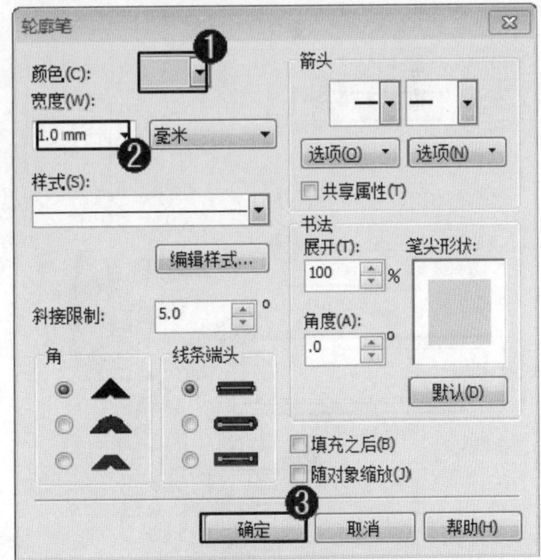

图 14-52

step 6 ① 绘制矩形后，在工具箱中，单击【形状工具】按钮，② 在绘图区中，调整矩形的节点，如图 14-54 所示。

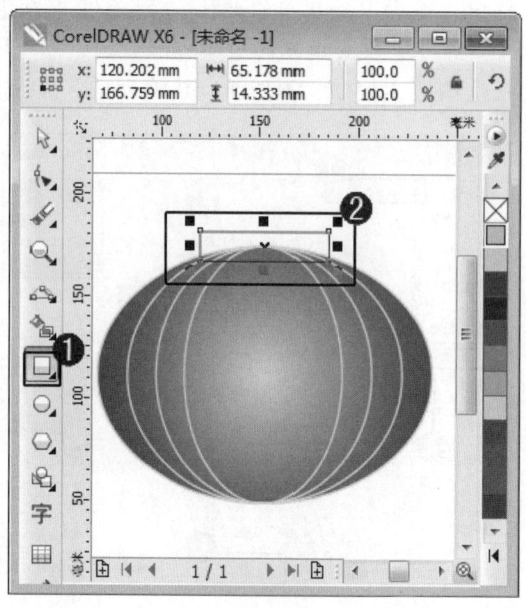

图 14-53

step 7 ① 调整矩形后，在键盘上按下F11键，弹出【渐变填充】对话框，在【类型】下拉列表框中，选择【线性】选项，② 选中【自定义】单选按钮，③ 在颜色条中，将两端设置黄色，将中间值设置成白色，④ 单击【确定】按钮，如图 14-55 所示。

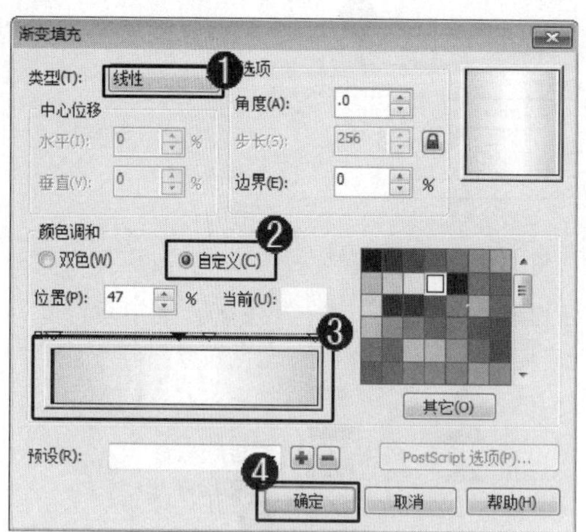

图 14-55

step 9 ① 复制矩形后，在工具箱中，单击【贝塞尔工具】按钮，② 在绘图区中，绘制一条弯曲的曲线，并将其轮廓线填充成红色，如图 14-57 所示。

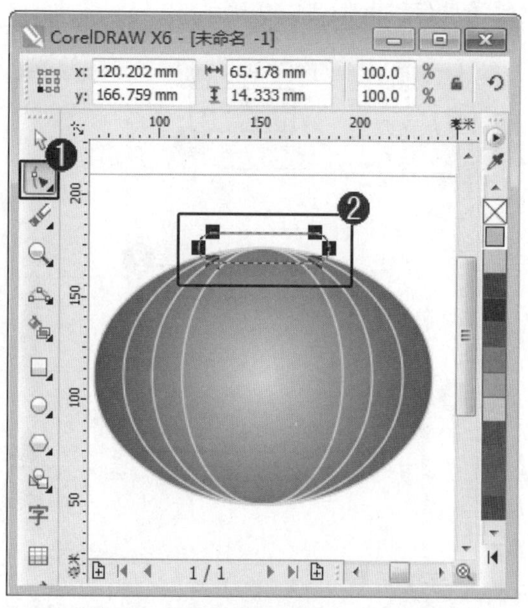

图 14-54

step 8 渐变填充矩形后，选择填充后的矩形，在小键盘上按下“+”键，快速复制填充渐变色的矩形，然后将其移动至指定位置，如图 14-56 所示。

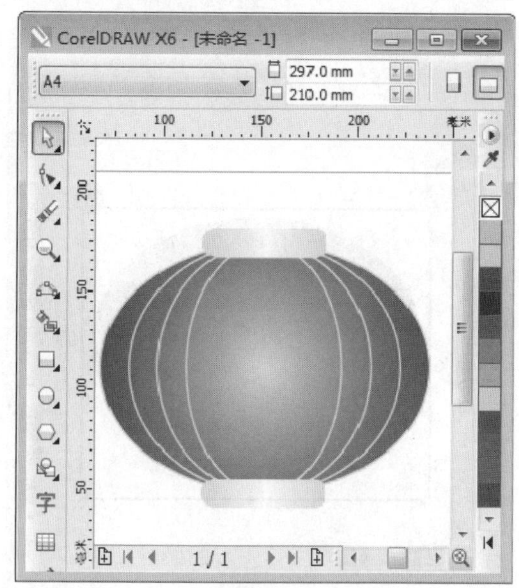

图 14-56

step 10 ① 在工具箱中，单击【贝塞尔工具】按钮，② 在绘图区中，绘制两条弯曲的曲线，如图 14-58 所示。

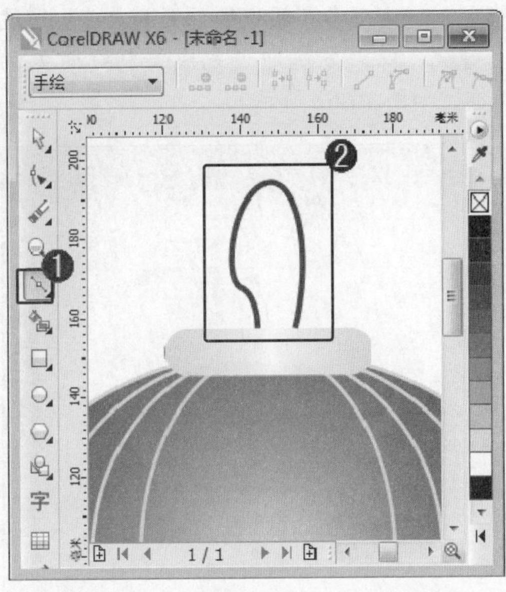

图 14-57

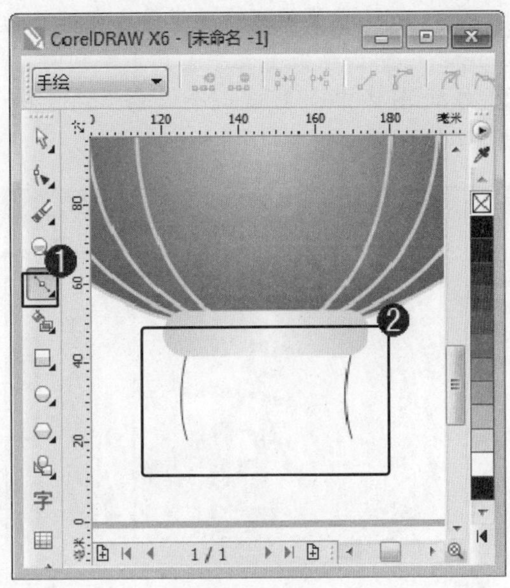

图 14-58

step 11 ① 绘制曲线后，在工具箱中，单击【调和工具】按钮，② 在绘图区中，在起始对象上按住鼠标左键不放，拖动鼠标向目标对象上拖动，调和出多个曲线圆形，③ 在属性栏中，在【调和对象】微调框中，设置调和形状之间的步长值，如“45”，如图 14-59 所示。

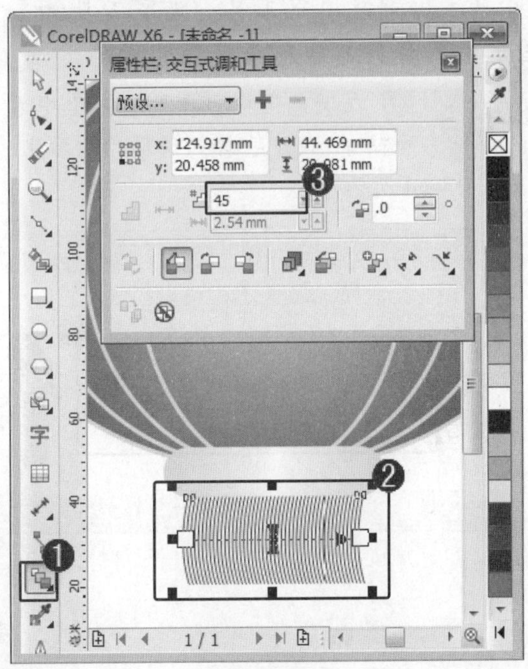

图 14-59

step 12 ① 调和曲线后，在键盘上按下 F12 键，弹出【轮廓笔】对话框，在【颜色】下拉列表框中，选择准备应用的颜色，如“红色”，② 在【宽度】下拉列表框中，选择准备应用的宽度值，③ 单击【确定】按钮，如图 14-60 所示。

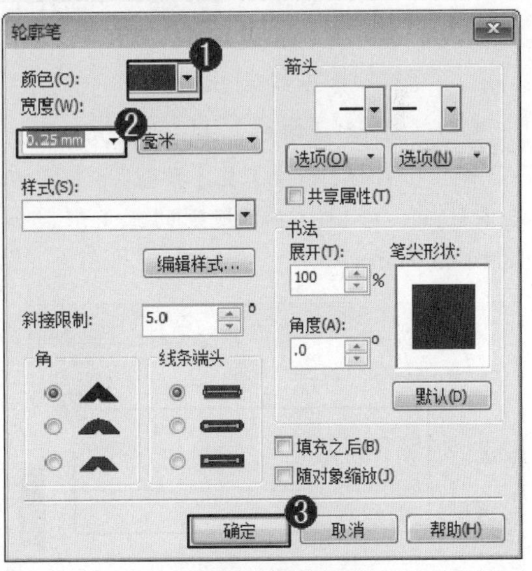

图 14-60

step 13 ① 设置曲线轮廓线后，在工具箱中，单击【文字工具】按钮，② 在绘图区中，创建一个“春”字，如图 14-61 所示。

图 14-61

step 14 调整各个图形的位置和大小，通过以上方法即可完成绘制红灯笼的操作，如图 14-62 所示。

图 14-62

14.4 绘制手提袋

在 CorelDRAW X6 中，用户可以运用智能填充工具、文字工具和手绘工具等绘制出一个“手提袋”图形。下面介绍绘制手提袋的操作方法。

step 1 ① 新建图形文件，在工具箱中，单击【手绘工具】按钮，② 在绘图区中，绘制一个不规则的三角形，如图 14-63 所示。

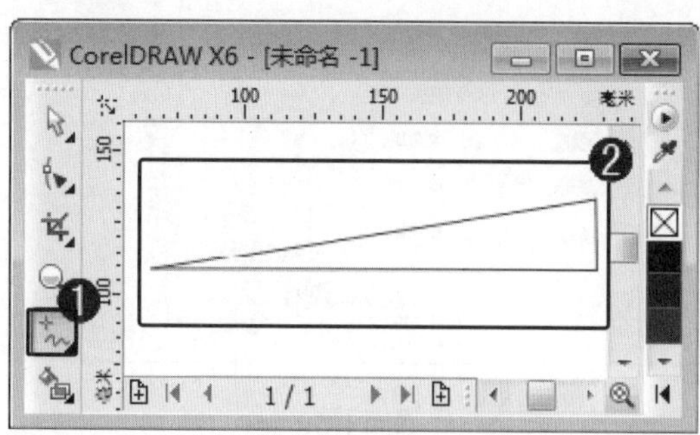

图 14-63

step 2 ① 在调色板中，在无填充框中右键单击，② 去掉三角形的轮廓色，如图 14-64 所示。

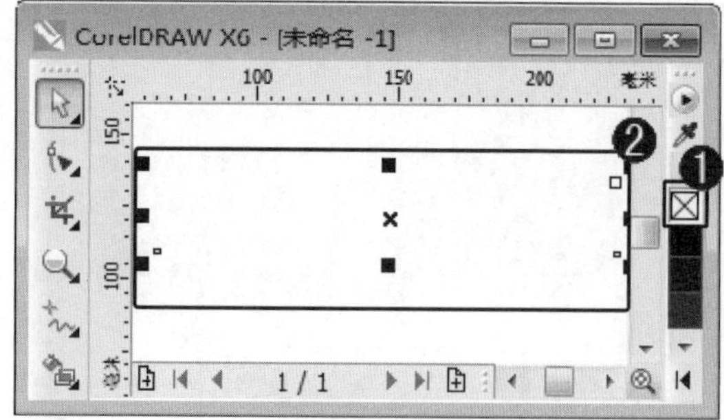

图 14-64

step 3 ① 确定三角形对象选中状态后，在键盘上按下 F11 键，弹出【渐变填充】对话框，在【类型】下拉列表框中，选择【线性】选项，② 选中【双色】单选按钮，③ 在【从】下拉列表框中，选择准备应用的颜色，如“黑色”，④ 在【到】下拉列表框中，选择准备应用的颜色，如“灰色”，⑤ 单击【确定】按钮，如图 14-65 所示。

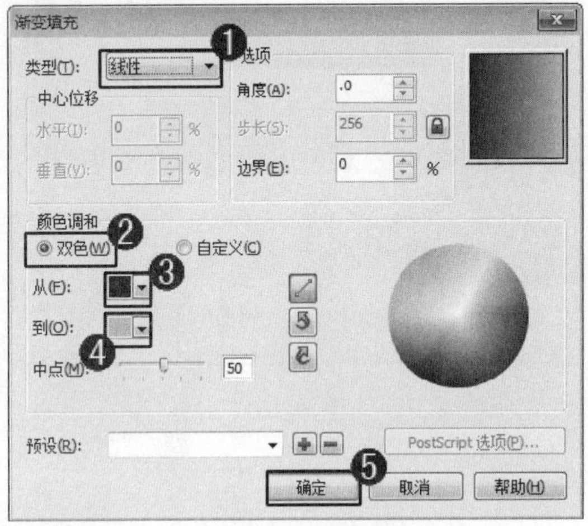

图 14-65

step 4 此时，选择的三角形已经渐变填充指定的颜色，如图 14-66 所示。

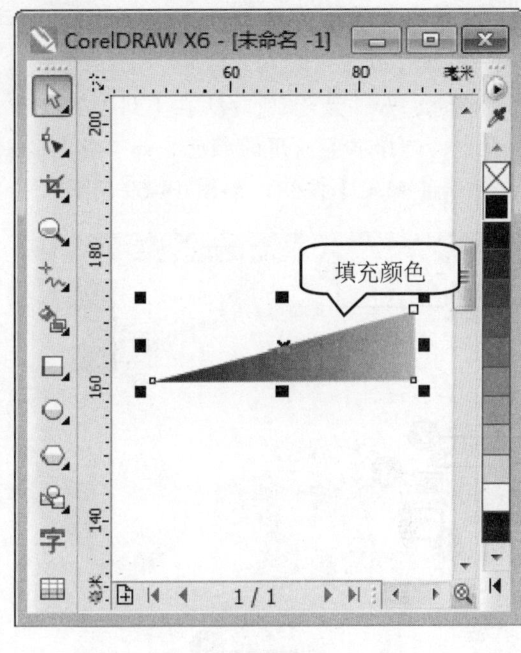

图 14-66

step 5 ① 在工具箱中，单击【手绘工具】按钮，② 在绘图区中，绘制一个不规则的四边形，如图 14-67 所示。

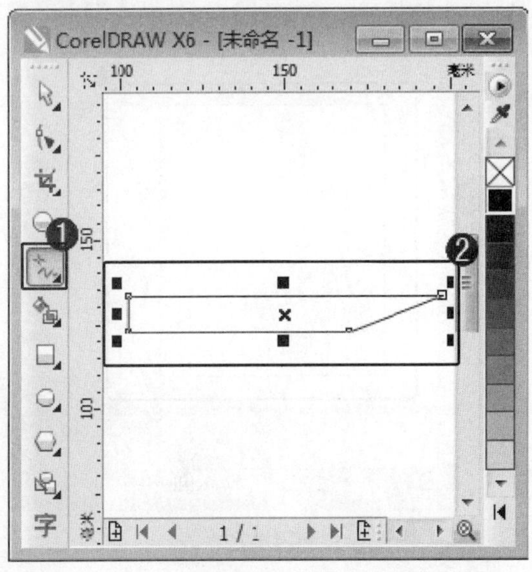

图 14-67

step 6 ① 在调色板中，在无填充框中右键单击，② 去掉四边形的轮廓色，如图 14-68 所示。

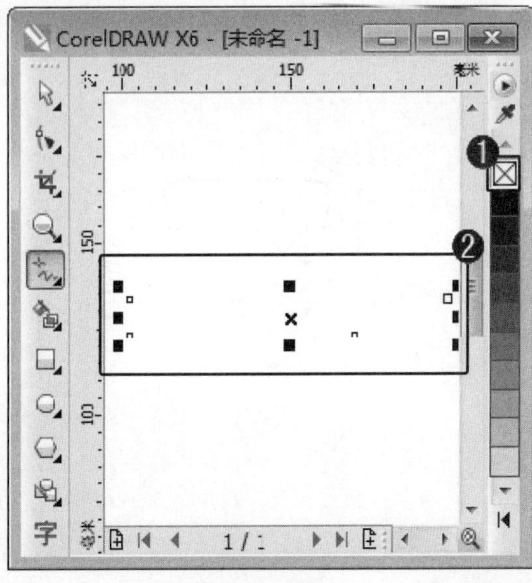

图 14-68

step 7 ① 确定四边形对象选中状态后，在键盘上按下 F11 键，弹出【渐变填充】对话框，在【类型】下拉列表框中，选择【线性】选项，② 选中【双色】单选按钮，③ 在【从】下拉列表框中，选择准备应用的颜色，如“黑色”，④ 在【到】下拉列表框中，选择准备应用的颜色，如“灰色”，⑤ 单击【确定】按钮，如图 14-69 所示。

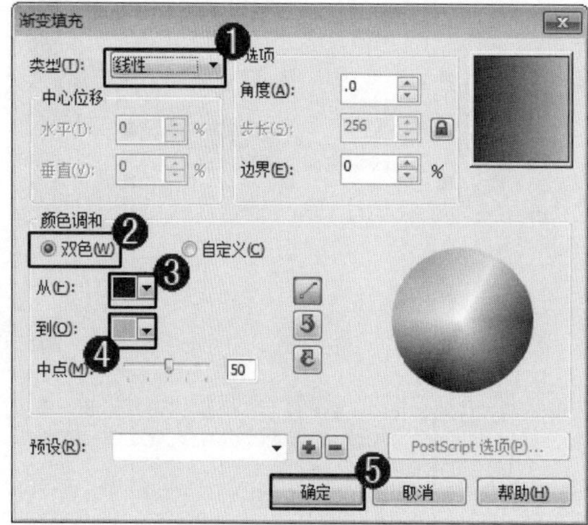

图 14-69

step 8 此时，选择的四边形已经渐变填充指定的颜色，如图 14-70 所示。

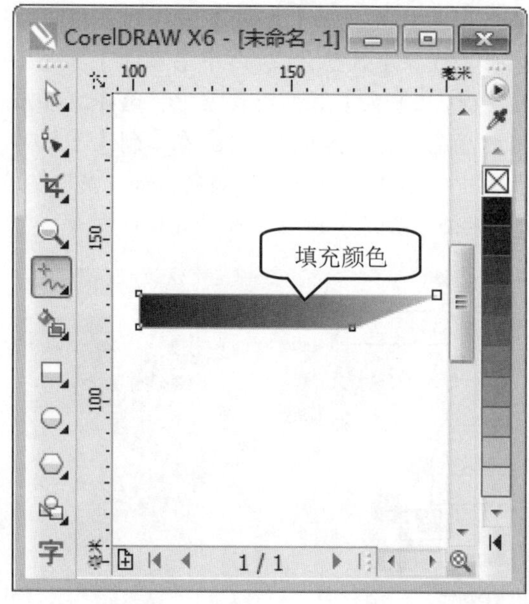

图 14-70

step 9 在绘图区中，将绘制的两个图形移动至一起并在键盘上按下组合键 Ctrl+L，将图形组合成指定图形对象，如图 14-71 所示。

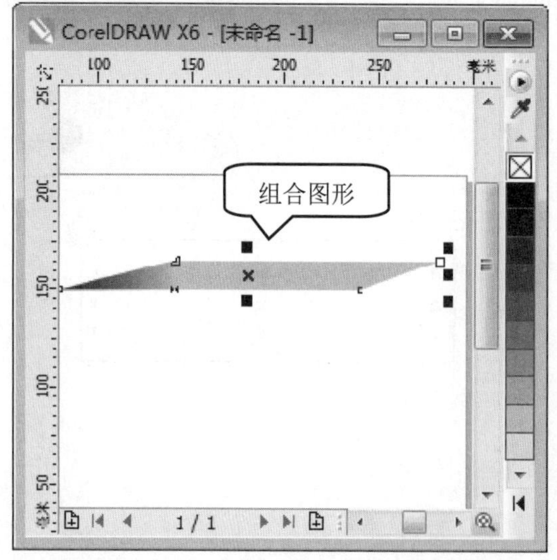

图 14-71

step 10 ① 在工具箱中，单击【手绘工具】按钮，② 在绘图区中，绘制多条不规则的直线，如图 14-72 所示。

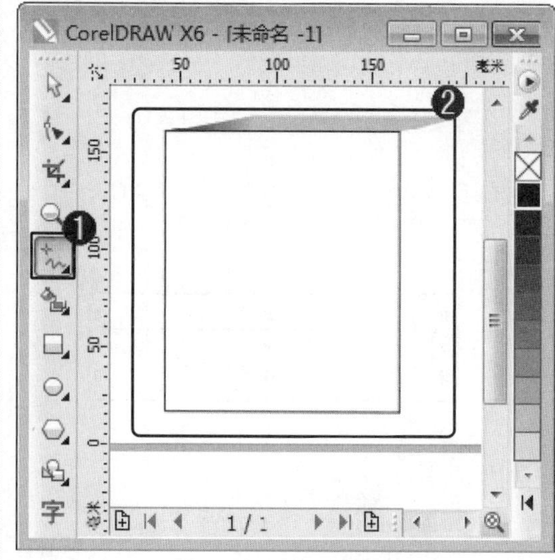

图 14-72

step 11 ① 绘制直线后，在工具箱中，单击【智能填充工具】按钮，② 在绘图区中，将指定区域填充橘黄色，如图 14-73 所示。

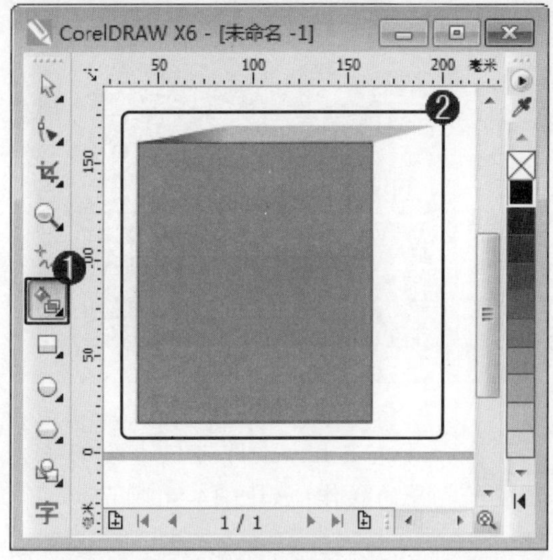

图 14-73

step 12 ① 在工具箱中，单击【手绘工具】按钮，② 在绘图区中，再次绘制多条不规则的直线，如图 14-74 所示。

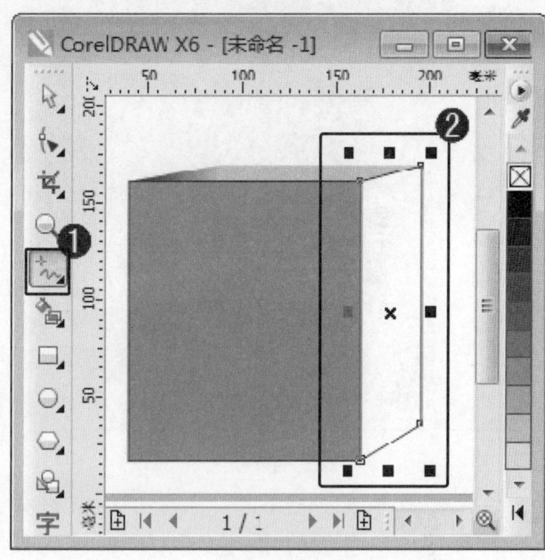

图 14-74

step 13 ① 绘制直线后，在工具箱中，单击【智能填充工具】按钮，② 在绘图区中，将指定区域填充橘黄色，如图 14-75 所示。

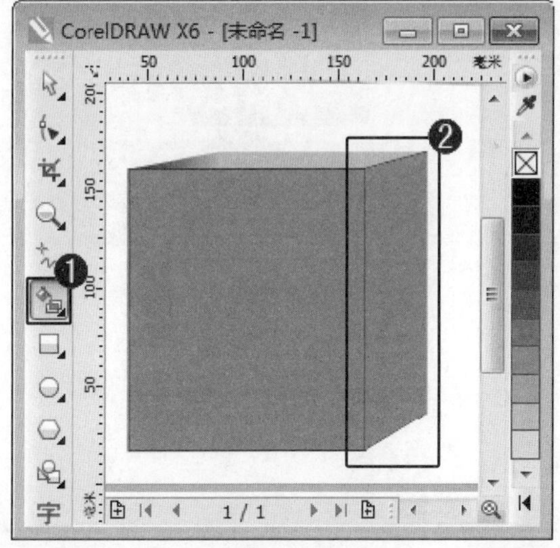

图 14-75

step 14 ① 在工具箱中，单击【手绘工具】按钮，② 在绘图区中，绘制两条不规则的曲线并在属性栏中调整曲线的宽度，如图 14-76 所示。

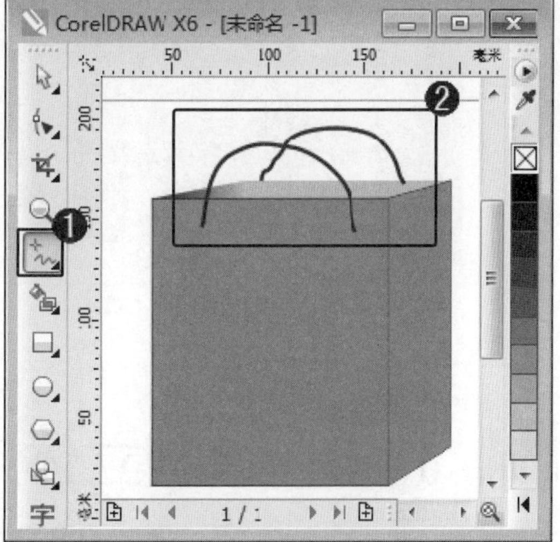

图 14-76

step 15 绘制曲线后，导入素材文件“帆布鞋-素材”至绘图区指定位置并调整其大小，如图 14-77 所示。

step 16 ① 在工具箱中，单击【文字工具】按钮字，② 在绘图区中，创建准备应用的文本，如图 14-78 所示。

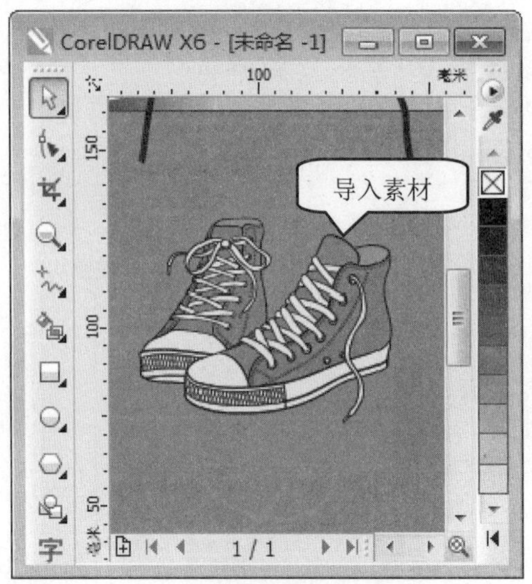

图 14-77

图 14-78

step 17 输入文本内容后，调整导入素材和文本自己的比例关系，使创建的效果更加美观，如图 14-79 所示。

图 14-79

step 18 通过以上方法即可完成绘制手提袋的操作，如图 14-80 所示。

图 14-80

14.5 绘制立体字

在 CorelDRAW X6 中，利用立体化工具、渐变填充工具和文字工具，用户可以快速创建一个立体字。本节将重点介绍绘制立体字的操作方法。

step 1 ① 新建图形文件，在工具箱中，单击【文字工具】按钮字，② 在属性栏中，在【字体列表】下拉列表框中，选择准备应用的字体，③ 在【字体大小】文本框中，输入字体的大小数值，④ 在绘图区中，创建准备应用的文字，如图 14-81 所示。

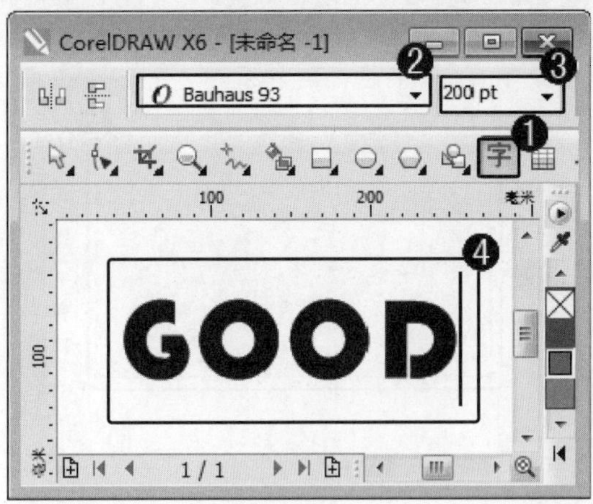

图 14-81

step 3 ① 将文字填充颜色后，在工具箱中，单击【立体化工具】按钮，② 当鼠标指针变为形状后，拖动出现的控制柄，设置立体化的方向和位置，如图 14-83 所示。

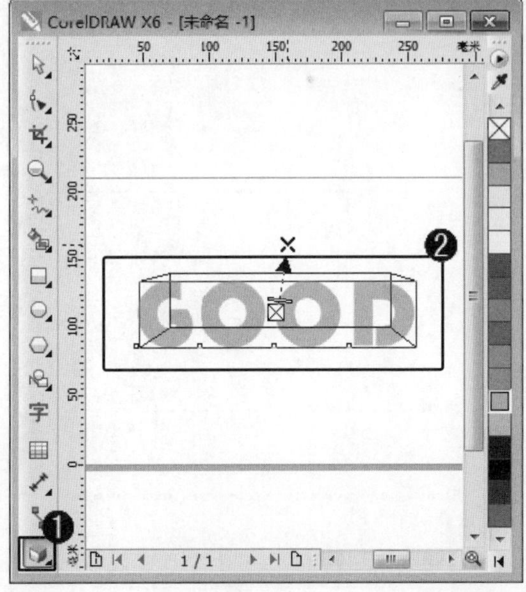

图 14-83

step 2 ① 创建文字后，在调色板中，单击准备应用的颜色，如“黄色”，② 在绘图区中，将文字填充为黄色，如图 14-82 所示。

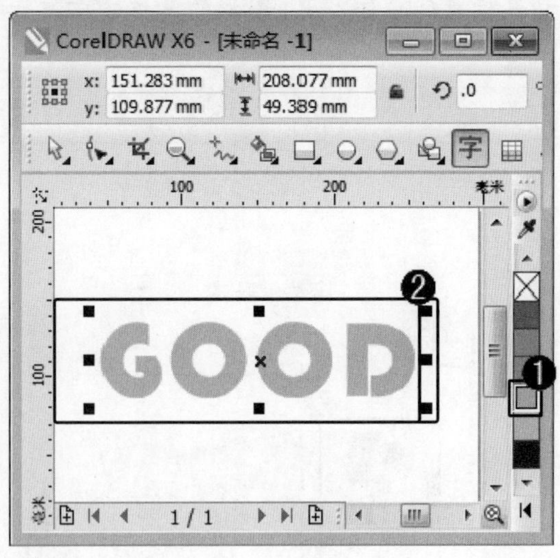

图 14-82

step 4 ① 创建立体化效果后，在属性栏中，在【深度】微调框中，设置立体化效果的深度值，如“10”，② 单击【立体化颜色】下拉按钮，③ 在弹出的下拉面板中，单击【使用递减的颜色】按钮，④ 在【从】下拉列表框中，选择准备应用的颜色，⑤ 在【到】下拉列表框中，选择准备应用的颜色，如图 14-84 所示。

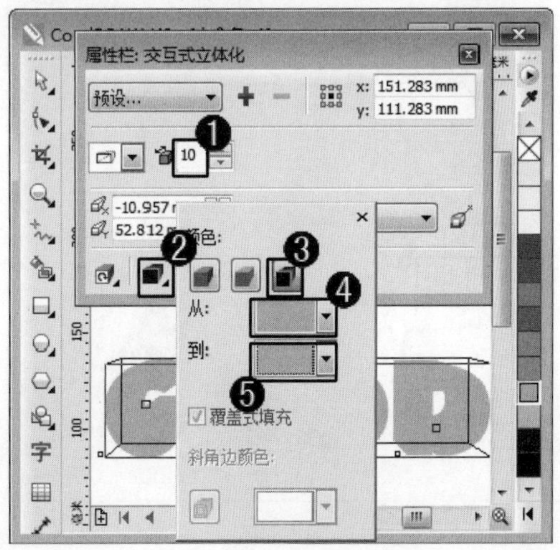

图 14-84

step 5 ① 设置立体化效果后，在属性栏中，单击【立体化旋转】下拉按钮，② 在弹出的面板中，移动鼠标指针至圆形区域中，鼠标指针变为形状后，拖动鼠标旋转数字“3”图形的立体方向，如图 14-85 所示。

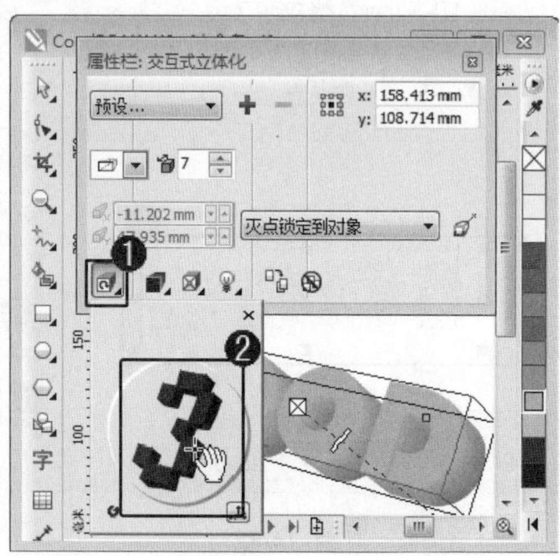

图 14-85

step 6 ① 设置立体化旋转方向后，在工具箱中，单击【矩形工具】按钮，② 在绘图区中，绘制一个矩形，然后在键盘上按下组合键 Ctrl+PageDown，将绘制的矩形向后移动一个图层，如图 14-86 所示。

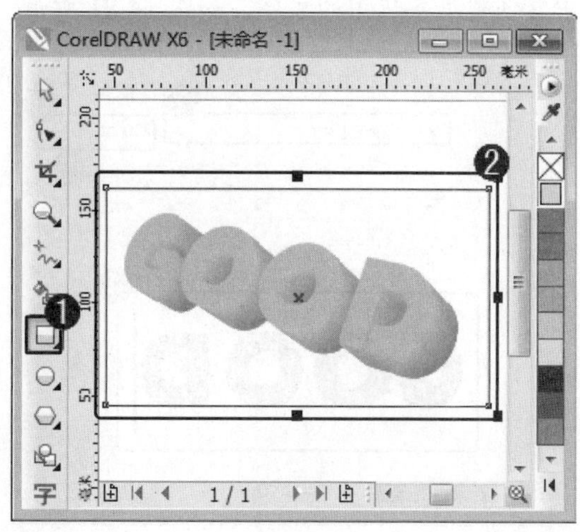

图 14-86

step 7 ① 调整矩形位置后，在键盘上按下 F11 键，弹出【渐变填充】对话框，在【类型】下拉列表框中，选择【辐射】选项，② 选中【双色】单选按钮，③ 在【从】下拉列表框中，选择准备应用的颜色，④ 在【到】下拉列表框中，选择准备应用的颜色，⑤ 单击【确定】按钮，如图 14-87 所示。

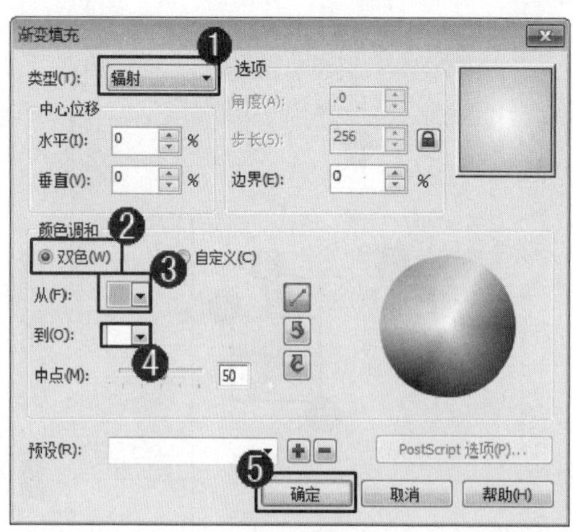

图 14-87

step 8 调整文字的位置后，通过以上方法即可完成绘制立体字的操作，如图 14-88 所示。

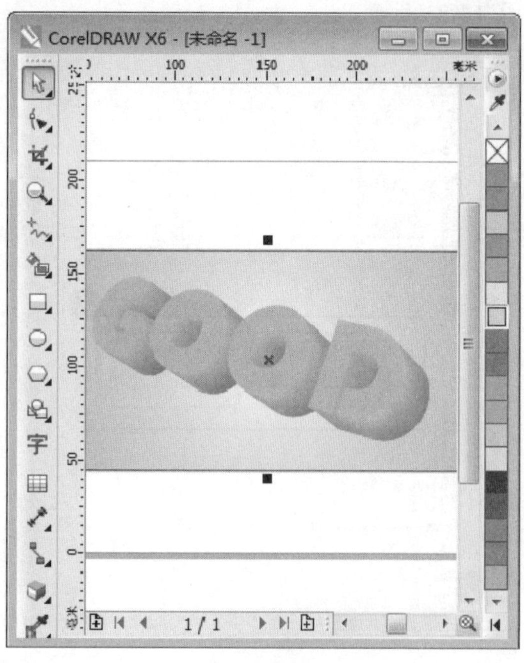

图 14-88

课后练习答案

第 1 章

一、填空题

1. 页面大小 输出图像 方向
2. 点阵图 失真 像素 分辨率

二、判断题

1. ×
2. √
3. √

三、思考题

1. 打开素材文件后，单击【窗口】主菜单，在弹出的下拉菜单中，选择【泊坞窗】菜单项，在弹出的子菜单中，选择【视图管理器】菜单项。

弹出【视图管理器】，单击【添加当前视图】按钮，在【视图管理器】下方，添加当前的视图，这样，添加的视图即被保存到【视图管理器】中，用户需要显示这一视图时，直接在【视图管理器】泊坞窗中选择即可。

2. 新建文件后，将鼠标指针移动至工作窗口顶端的标尺处，单击并向下方拖动鼠标，然后在指定位置释放鼠标，通过以上方法即可绘制出一条水平辅助线。

绘制水平辅助线后，将鼠标指针移动至工作窗口左侧的标尺处，单击并向右方拖动鼠标，然后在指定位置释放鼠标，通过以上方法即可绘制出一条垂直辅助线。

上机操作

1. 启动 CorelDRAW X6，单击【文件】主菜单，在弹出的下拉菜单中，选择【新建】菜单项。

弹出【创建新文档】对话框，在【名称】文本框中，输入新建文件的名称，在【大小】下拉列表框中，选择新建文件的大小数值，在【渲染分辨率】下拉列表框中，设置新建文件的分辨率，单击【确定】按钮。

通过以上方法即可完成新建文件的操作。

2. 新建文件后，单击【文件】主菜单，在弹出的下拉菜单中，选择【导入】菜单项。

弹出【导入】对话框，打开文件存放的位置，选择准备导入的文件，单击【导入】按钮。

选择文件后，鼠标变成直角形状，在绘图区中，在指定位置单击鼠标左键并拖动鼠标绘制一个矩形框。

通过以上操作方法即可完成导入文件的操作。

第2章

一、填空题

1. 图形对象 辅助线 节点
2. 轮廓笔 填充 文本属性
3. 锁定与解除锁定对象 合并与拆分对象
4. 合并 拆分

二、判断题

1. √
2. √
3. ×
4. ×

三、思考题

1. 选择对象后，开启【变换】泊坞窗，单击【缩放和镜像对象】按钮，在 x 文本框中，输入对象水平缩放的数值，在 y 文本框中，输入对象垂直缩放的数值，再单击【水平镜像】按钮，单击【应用】按钮。

通过以上方法即可完成缩放和镜像对象的操作。

2. 启动 CorelDRAW X6 并绘制文件后，在工具箱中，单击【选择工具】按钮，在绘图区中，按住 Alt 键的同时，在图形重叠处单击鼠标，这样即可选取被覆盖在上层图形对象下面的图形。

上机操作

1. 打开素材文件后，在工具箱中，单击【选择工具】按钮，选择准备再制的对象，如左下角的喜鹊图形。

在键盘上按下组合键 Ctrl+D，再制一个选中的喜鹊图形，然后将其移动到指定的位置。

开启【变换】泊坞窗，单击【缩放和镜像对象】按钮，再单击【水平镜像】按钮，最后单击【应用】按钮，将再制的喜鹊水平镜像。

水平镜像喜鹊后，双击该喜鹊图形，进入旋转模式，旋转该图形至合适的角度。

通过以上方法即可完成再制并旋转喜鹊图形的操作。

2. 打开素材文件后，选中创建的矩形，单击【排列】主菜单，在弹出的下拉菜单中，选择【顺序】菜单项，在弹出的子菜单中，选择【到页面后面】菜单项，将矩形调整到页面后面作为背景。

此时，左边的爱情鸟被移动至页面前面，选中两边的爱情鸟，然后单击【排列】主菜单，在弹出的下拉菜单中，选择【对齐和分布】菜单项，在弹出的子菜单中，选择【对齐与分布】菜单项。

调出【对齐和分布】泊坞窗后，在【对齐】选项组中，单击【顶端对齐】按钮，对齐两个图形。

使用选择工具将两个爱情鸟图形移动至合适的位置。

使用选择工具选中绘图区中的两条咖啡色绸带，然后单击【排列】主菜单，在弹出的下拉菜单中，选择【顺序】菜单项，在弹出的子菜单中，选择【向后一层】菜单项，调整咖啡色绸带的位置。

使用选择工具将“LOVE”奖章全部选中，调整其大小和位置，然后在键盘上按下组合键 Ctrl+A，将所有图形选中，然后在键盘上按下组合键 Ctrl+G，将所有图形群组。通过以上方法即可完成安排图形顺序和对齐图形的操作。

第 3 章

一、填空题

1. 对数式螺纹 向外扩展 扩大
2. 图纸 列数 正方形
3. 基本形状 箭头形状 标题形状

二、判断题

1. √
2. ×
3. √

三、思考题

1. 新建文件后，在工具箱中，单击【螺纹工具】按钮，在属性栏中，在【螺纹回圈】微调框中，输入螺纹圈数值，单击【对称式螺纹】按钮，在绘图区中按住鼠标左键，按对角方向拖动鼠标。

释放鼠标后，绘图区中将绘制出一个对称式螺纹图形，通过以上方法即可完成绘制对称式螺纹的操作。

2. 新建文件后，在工具箱中，单击【复杂星形工具】按钮，在属性栏中，在【点数或边数】微调框中，输入复杂星形的边数值，在绘图区中，在指定位置单击鼠标左键，然后拖动鼠标至目标位置释放鼠标。

此时，绘图区中将绘制出一个复杂星形，通过以上方法即可完成绘制复杂星形的操作。

上机操作

1. 新建文件，在工具箱中，单击【椭圆形工具】按钮，在绘图区中，绘制一个椭圆，并填充颜色，如蓝色。

在绘制的椭圆内部，使用椭圆形工具再次绘制一个小椭圆并填充成白色，然后调整其大小和位置并旋转一定的角度。

在工具箱中，单击【多边形工具】按钮，在属性栏中，在【点数或边数】微调框中，输入多边形的边数值，如“3”，在绘图区中，在指定位置绘制一个三角形，然后填充成蓝色。

选择绘制的三角形，单击【排列】主菜单，在弹出的下拉菜单中，选择【顺序】菜单项，在弹出的子菜单中，选择【到页面后面】菜单项，将选中的三角形调整至页面后面。

使用手绘工具，在大椭圆内部绘制一条曲线，然后选中这条曲线，在键盘上按下 F12 键，弹出【轮廓笔】对话框，在【颜色】子列表框中，选择轮廓颜色，如“白色”，在【宽度】下拉列表框中，设置轮廓宽度值，如“0.75mm”，单击【确定】按钮。

使用手绘工具，在三角形底部绘制一条曲线并将轮廓色设置为黑色，这样即可绘制出一个气球，用户可使用相同方法绘制多个气球。

2. 新建文件，在工具箱中，单击【椭圆形工具】按钮，在绘图区中，绘制一个椭圆，并填充颜色，如白色，作为熊猫头部的轮廓。

在键盘上按住 Ctrl 键的同时，使用椭圆形工具，在绘图区中，绘制一个圆形，并填充颜色，如黑色，作为熊猫的一只耳朵。

在工具箱中，单击【选择工具】按钮，选择准备复制的圆形对象，使用鼠标左键将其拖动至指定的位置，释放鼠标左键之前单击右键，这样可在当前位置快速复制一个副本对象，作为熊猫的另一只耳朵。

使用选择工具将作为熊猫两只耳朵的圆形选中，单击【排列】主菜单，在弹出的子菜单中，选择【顺序】菜单项，在弹出的子菜单中，选择【到页面后面】菜单项，将选中的圆形调整至页面后面。

使用选择工具，调整熊猫耳朵的位置和大小。

绘制熊猫头部和耳朵后，在工具箱中，单击【椭圆形工具】按钮，在熊猫头部中，绘制一个椭圆，并填充颜色，如黑色，然后调整其大小和位置，并旋转该椭圆，使其更像熊猫的一个黑眼圈。

在工具箱中，单击【选择工具】按钮，选择准备复制的椭圆形对象，使用鼠标左键将其拖动至指定的位置，释放鼠标左键之前单击右键，这样可在当前位置快速复制一个副本对象，作为熊猫的另一个黑圆圈。

将熊猫的另一个黑圆圈选中，在属性栏中，单击【水平镜像】按钮，将熊猫的另一个黑圆圈水平镜像。

使用选择工具，调整熊猫黑圆圈图形的位置和大小。

在键盘上按住 Ctrl 键的同时，使用椭圆形工具，在两个黑圈圈内部，分别绘制两个圆形，并填充颜色，如白色，制作熊猫眼睛的眼白部分。

在键盘上按住 Ctrl 键的同时，使用椭圆形工具，在两个眼白内部，分别绘制两个圆形，并填充颜色，如黑色，制作熊猫眼睛的眼球部分。

使用椭圆形工具，在熊猫头部内绘制一个椭圆并填充颜色，如黑色，作为熊猫的鼻子。

使用贝塞尔工具在鼻子下方绘制两条黑色曲线，作为熊猫的嘴巴。

通过以上方法即可完成绘制熊猫的操作。

第 4 章

一、填空题

1. 手绘工具 曲线 平滑度
2. 曲线 弯曲度 形状
3. 预设 喷涂 书法

二、判断题

1. ×
2. √
3. √

三、思考题

1. 新建文件后，在工具箱中，单击【角度量工具】按钮，在属性栏中，设置角度量工具的各项参数。

在绘图区中，在指定位置单击并拖动鼠标左键，设定度量角的顶点和第一条边。

设置度量角的第一条边后，拖动鼠标指针至指定位置，释放鼠标左键，设置度量角的第二条边。

设置度量角的第二条边后，拖动鼠标将标注移动至指定位置，调整标注线与对象之间的距离，然后单击鼠标左键，这样即可完成运用角度量工具的操作。

2. 新建空白文件后，在工具箱中，单击【钢笔工具】按钮，在绘图区中，在指定位置单击鼠标左键，指定绘制曲线的起点。

在绘图区中，移动鼠标至目标位置后单击鼠标左键，绘制曲线的第二个节点，然后拖动绘制的第二个曲线节点，使节点两侧出现控制点，拖动控制点调整曲线形状，然后释放鼠标左键。

在绘图区中，移动鼠标至目标位置后单击鼠标左键，绘制曲线的第三个节点，然后拖动绘制的第三个曲线节点，使节点两侧出现控制点，拖动控制点调整曲线形状，然后释放鼠标左键。

在键盘上按下 Esc 键，彻底退出曲线编辑状态，通过以上方法即可完成绘制曲线的操作。

上机操作

1. 新建文件，使用矩形工具在绘图区中，绘制一个长条矩形。

选中创建的矩形，在键盘上按下组合键 Ctrl+Q，将矩形转换成曲线图形。

在工具箱中，单击【形状工具】按钮，在绘图区中，单击矩形底部边线并拖动，将矩形底部直边线拖曳成圆弧曲线。

使用手绘工具在矩形上边线周围绘制一个不规则闭合圆弧，作为蜡烛燃烧融化后的沟壑。

使用智能填充工具对变形后的矩形和不规则闭合圆弧填充颜色，如红色。

使用手绘工具在绘图区中绘制一条曲线，作为蜡烛的烛线，然后将其移动至不规则闭合圆弧中间。

使用基本形状工具在烛线上方绘制一个水滴图形，作为蜡烛燃烧的火焰。

使用形状工具调整水滴形状，使其更像火苗燃烧的形状。

使用智能填充工具对变形后的水滴形状填充颜色，如黄色。通过以上方法即可完成绘制蜡烛的操作。

2. 新建文件，使用 3 点曲线工具，在绘图区中绘制一个闭合的圆弧图形，作为帽子的主体。

使用椭圆工具在闭合的圆弧图形中，绘制一个椭圆，作为帽子的帽扣。

使用3点曲线工具，在绘制的椭圆上取任意一点为端点，以闭合圆弧底部任意一点为终点，绘制三条曲线，作为帽子的轮廓。

使用3点曲线工具，绘制一个闭合的月牙形图形，作为帽子的帽檐。应注意的是，绘制的月牙形图形应与闭合圆弧图形形成互补。

单击【编辑】主菜单，在弹出的子菜单中，选择【全选】菜单项，在弹出的子菜单中，选择【对象】菜单项，将所有图形全部选中。

选中全部图形后，在键盘上按下F12键，弹出【轮廓笔】对话框，在【颜色】下拉列表框中，设置准备应用的颜色，如"白色"，在【宽度】下拉列表框中，设置直线的宽度，如"1.0mm"，在【样式】下拉列表框中，选择应用的样式，单击【确定】按钮。

返回到绘图区，图形的轮廓都填充成白色，然后使用智能填充工具将帽子的主体和帽檐填充成绿色，通过以上方法即可完成绘制帽子的操作。

第5章

一、填空题

1. 使用形状工具属性栏添加节点 使用形状工具直接添加节点
2. 转动工具 方向 转动

二、判断题

1. √
2. ×
3. √

三、思考题

1. 绘制一个图形后，在键盘上按下组合键Ctrl+Q，将图形转换成曲线图形。

在工具箱中，单击【形状工具】按钮，在绘图区中，选择准备删除的节点。

在属性栏中，单击【删除节点】按钮。

通过以上方法即可完成使用形状工具属性栏删除节点的操作。

2. 绘制一个曲线图像后，在工具箱中，单击【选择工具】按钮，在绘图区中，选择准备处理的图形对象。

在工具箱中，单击【自由变换】按钮，在属性栏中，单击【自由角度反射】按钮。

在绘图区中，在对象上按住鼠标左键进行拖动，调整至适当的角度后释放鼠标。

通过以上方法即可完成使用自由角度反射工具镜像图形的操作。

上机操作

1. 打开素材图形文件，使用形状工具，选择一个翅膀，此时该翅膀上的节点已经显示出来。

单击【粗糙工具】按钮，在属性栏中，在【笔尖大小】文本框中，输入笔尖的大小数值，在【水分浓度】文本框中，输入水分浓度的数值，在【斜移】文本框中，输入笔倾斜的角度值。

当鼠标指针变形时，在对象上单击鼠标左键，在指定位置反复单击图形对象，通过以上方法即可完成使用粗糙笔刷制作蝴蝶翅膀样式的操作。

运用相同的操作方法制作其他蝴蝶的其他翅膀，这样即可完成修改蝴蝶翅膀样式的操作。

2. 打开素材文件后，在工具箱中，单击【选择工具】按钮，在绘图区中，选择准备处理的图形对象。

在工具箱中，单击【自由变换】按钮，在属性栏中，单击【自由倾斜】按钮。

在绘图区中，在对象上按住鼠标左键进行拖动，调整至适当的角度后释放鼠标。

通过以上方法即可完成使用自由倾斜工具倾斜瓢虫图形的操作。

第 6 章

一、填空题

1. 均匀填充 使用交互式填充工具 应用颜色工具填充
2. 预设的填充图案 PostScript 底纹
3. 网格填充 颜色 填充

二、判断题

1. ×
2. √
3. √

三、思考题

1. 新建文件后，单击【工具】主菜单，在弹出的下拉菜单中，选择【调色板编辑器】菜单项。

通过以上方法即可完成打开调色板编辑器的操作。

2. 绘制图形后，在绘图区中，选择准备填充颜色的网格节点，在调色板中，单击准备应用的颜色。

在绘图区中，选择的节点四周已经填充颜色，通过以上方法即可完成为对象填充颜色的操作。

上机操作

1. 打开素材文件，在工具箱中，单击【填充工具】下拉按钮，在弹出的下拉面板中，选择【渐变填充】菜单项。

弹出【渐变填充】对话框，在【类型】下拉列表框中，选择【辐射】选项，选中【双色】单选按钮，在【从】下拉列表框中，选择准备应用的颜色，在【到】下拉列表框中，选择准备应用的颜色，在【角度】文本框中，输入渐变颜色的角度，单击【确定】按钮。

通过以上操作方法即可完成填充四叶草的操作。

2. 打开素材图形，然后选中准备填充图样的区域。

在工具箱中，单击【填充工具】下拉按钮，在弹出的下拉面板中，选择【图样填充】菜单项。

弹出【图样填充】对话框，选中【全色】单选按钮，在【图样】下拉列表框中，选择应用的图样样式，单击【确定】按钮。

通过以上操作方法即可完成图样填充苹果图形的操作。

第 7 章

一、填空题

1. 重新整形 合并图形 相交图形
2. 剪掉 重叠 轮廓
3. 虚拟段删除 相交 交叉点

二、判断题

1. √
2. √
3. ×

三、思考题

1. 绘制并填充图形后，在工具箱中，单击【刻刀工具】按钮，在属性栏中，单击【剪切时自动闭合】按钮，在绘图区中，将光标指向准备切割的图形对象，当光标变形时单击对象，拖动鼠标至指定位置后，再次单击对象。

绘制刻刀路径后，在工具箱中，单击【选择工具】按钮，在绘图区中，拖动图形对象至指定位置，通过以上方法即可完成切割图形的操作。

2. 导入图片并调整其大小和位置后，执行【效果】主菜单，在弹出的子菜单中，选择【图框精确裁剪】菜单项，在弹出的子菜单中，选择【提取内容】菜单项。

通过以上操作方法即可完成应用【提取内容】命令的操作。

上机操作

1. 绘制图形后，在工具箱中，单击【选择工具】按钮，在绘图区中选择准备更改轮廓线颜色的图形，在调色板中，右键单击准备应用的颜色。

此时，选择的图形部分已经更改轮廓颜色，通过以上操作方法即可完成更改轮廓线颜色的操作。

2. 打开素材文件后，在键盘上按下 Ctrl+I，打开【导入】对话框，选择图片存放的位置，选择准备应用的图片，单击【导入】按钮。

导入图片并调整其大小和位置后，执行【效果】主菜单，在弹出的子菜单中，选择【图框精确裁剪】菜单项，在弹出的子菜单中，选择【放置在容器中】菜单项。

当鼠标指针变形时，在指定图形对象中单击鼠标。

此时，图像文件已经置入图形对象中，通过以上方法即可完成应用【放置在容器中】命令的操作。

第8章

一、填空题

1. 透明效果 光滑质感 真实效果
2. 阴影效果 光线照射 立体感
3. 透视功能 透镜功能

二、判断题

1. √
2. √
3. ×

三、思考题

1. 选择绘制图形对象后，在工具箱中，单击【变形工具】按钮，在属性栏中，单击【扭曲变形】按钮，单击【逆时针旋转】按钮，在【完整旋转】文本框中，设置图形扭曲旋转的次数，在【附加度数】文本框中，设置图形扭曲旋转的角度。

通过以上操作方法即可完成扭曲变形的操作。

2. 选择准备添加阴影效果的图形对象后，在工具箱中，单击【阴影工具】按钮，当鼠标指针变形时，拖动出现的控制柄，设置图像阴影效果的距离。

通过以上方法即可完成创建阴影效果的操作。

上机操作

1. 打开素材文件后，在工具箱中，单击【立体化工具】按钮，当鼠标指针变形后，拖动出现的控制柄，设置立体化的方向和位置。

创建立体化效果后，在属性栏中，在【深度】文本框中，设置立体化效果的深度值，单击【立体化颜色】下拉按钮，在弹出的下拉面板中，单击【使用递减的颜色】按钮，在【从】下拉列表框中，选择准备应用的颜色，在【到】下拉列表框中，选择准备应用的颜色。

通过以上方法即可完成编辑立体化效果的操作。

2. 选择绘制图形对象后，在工具箱中，单击【变形工具】按钮，在属性栏中，单击【拉链变形】按钮，在【拉链振幅】文本框中，设置拉链变形的振幅数值，在【拉链频率】文本框中，设置拉链频率的振幅数值，单击【随机变形】按钮，最后单击【局部变形】按钮。

通过以上操作方法即可完成拉链变换图形的操作。

第9章

一、填空题

1. 设置字体颜色 设置字符间距 设置字符下划线
2. 查找和替换 当前文件 替换
3. 图文混排 路径排列文本 绕图排列文本

二、判断题

1. ×
2. √
3. √

三、思考题

1. 选择段落文本后，在属性栏中，单击【文本属性】按钮，弹出【文本属性】泊坞窗，在【字符间距】文本框中，输入间距的数值。

通过以上方法即可完成设置字符间距的操作。

2. 选择英文文本后，单击【文本】主菜单，在弹出的下拉菜单中，选择【使用断字】菜单项。

通过以上方法即可完成设置自动断字的操作。

上机操作

1. 打开素材文件，选择段落文本后，单击【文本】主菜单，在弹出的下拉菜单中，选择【栏】菜单项。

弹出【栏设置】对话框，在【栏数】文本框中，输入分栏数目，单击【确定】按钮。

通过以上方法即可完成设置分栏的操作。

2. 选择段落文本后，将鼠标指针移动至文本框下方的控制点上。

单击鼠标左键，当鼠标指针变形后，将变形后的鼠标指针移动至绘制的图形对象内部，当鼠标指针变形时单击鼠标左键。

选择原段落文本后，在键盘上按下 Delete 键，删除原段落文本，链接的文本框里面的文本内容自动更改，这样即可设置文本与图形之间的链接。

第 10 章

一、填空题

1. 主图层 多个图层 相同
2. 添加图形对象 无法添加对象

二、判断题

1. √
2. ×

三、思考题

1. 在【对象管理器】泊坞窗中，单击准备移动的图层，拖动该图层至指定位置释放鼠标左键。

通过以上操作方法即可完成移动图层的操作。

2. 在【对象样式】泊坞窗中，右键单击准备删除的样式，在弹出的快捷菜单中，选择【删除】菜单项。

通过以上方法即可完成删除文本样式的操作。

上机操作

1. 打开准备编辑的图形对象，在对象上单击鼠标右键，在弹出的子菜单中，选择【对象样式】菜单项，在弹出的快捷菜单中，选择【从以下项新建样式】菜单项，在弹出的子菜单中，选择【填充】菜单项。

弹出【从以下项新建样式】对话框，在【新样式名称】文本框中，输入新建样式的名称，单击【确定】按钮，通过以上方法即可完成创建图形样式的操作。

在 CorelDRAW X6 中，在【从以下项新建样式】对话框中，选中【打开“对象样式”泊坞窗】复选框，这样在新建样式的时候，用户可以在【对象样式】泊坞窗中编辑创建的样式。

2. 打开素材后，选择需要创建颜色样式的图形对象，然后将其设置准备应用的填充色和轮廓色。

设置对象后，右键单击准备创建的样式，在弹出的快捷菜单中，选择【颜色样式】菜单项，在弹出的子菜单中，选择【从选定项新建】菜单项。

弹出【创建颜色样式】对话框，选中【填充和轮廓】单选按钮，单击【确定】按钮。

此时，用户可以在【颜色样式】对话框中查看创建的颜色样式，通过以上方法即可完成创建颜色样式的操作。

第 11 章

一、填空题

1. 导入位图 位图与矢量图形 调整位图

2. 【高反差】 浓度 阴影区域

3. 0～255 红色 蓝色

二、判断题

1. √

2. √

3. ×

三、思考题

1. 打开位图，执行【位图】主菜单，在弹出的下拉菜单中，选择【模式】菜单项，在弹出的子菜单中，选择【Lab 色(24 位)】菜单项。

通过以上操作方法即可完成运用 Lab 模式的操作。

2. 打开位图文件后，执行【效果】主菜单，在弹出的下拉菜单中，选择【变换】菜单项，在弹出的子菜单中，选择【反显】菜单项。

通过以上方法即可完成运用【反显】命令的操作。

上机操作

1. 打开素材文件，执行【位图】主菜单，弹出的下拉菜单中，选择【中心线描摹】菜单项，在弹出的子菜单中，选择【线条画】菜单项。

弹出 PowerTRACE 对话框，在【跟踪控件】选项组中，向右拖动【细节】滑块，再向右拖动【平滑】滑块，单击【确定】按钮。

通过以上方法即可完成运用【中心线描摹】命令的操作。

2. 打开素材文件后，执行【效果】主菜单，在弹出的下拉菜单中，选择【调整】菜单项，在弹出的子菜单中，选择【伽玛值】菜单项。

弹出【伽玛值】对话框，在【伽玛值】文本框中，输入准备应用的数值，单击【确定】按钮。

通过以上方法即可完成运用【伽玛值】命令的操作。

第 12 章

一、填空题

1. 三维旋转 浮雕 透视 挤远/挤近 球面
2. 位平面 半色调 梦幻色调 曝光

二、判断题

1. √
2. ×

三、思考题

1. 执行【位图】主菜单，在弹出的下拉菜单中，选择【颜色转换】菜单项，在弹出的子菜单中，选择对应的菜单项，这样即可创建对应的颜色转换滤镜效果。

2. 执行【位图】主菜单，在弹出的下拉菜单中，选择【三维效果】菜单项，在弹出的子菜单中，选择对应的菜单项，这样即可创建对应的三维效果。

上机操作

1. 打开素材文件，执行【位图】主菜单，在弹出的下拉菜单中，选择【轮廓图】菜单项，在弹出的子菜单中，选择【查找边缘】菜单项。

弹出【查找边缘】对话框，选中【纯色】单选按钮，在【层次】文本框中，输入层次的数值，单击【确定】按钮，通过以上操作方法即可完成应用查找边缘效果的操作。

2. 打开素材文件，执行【位图】主菜单，在弹出的下拉菜单中，选择【扭曲】菜单项，在弹出的子菜单中，选择【旋涡】菜单项。

弹出【旋涡】对话框，在【定向】选项组中，选中【逆时针】单选按钮，在【优化】选项组中，选中【速度】单选按钮，在【整体旋转】文本框中，输入旋转的数值，在【附加度】文本框中，输入附加度的数值，单击【确定】按钮，通过以上操作方法即可完成应用旋涡效果的操作。

第 13 章

一、填空题

1. 分色 分色工作 为 CMYK

2. 平版印刷 凸版印刷 丝网印刷

二、判断题

1. ×
2. √

三、思考题

1. 绘制文件后，单击【文件】主菜单，在弹出的下拉菜单中，选择【导出至 PDF】菜单项。

弹出【发布至 PDF】对话框，选择文件准备存放的位置，在【文件名】下拉列表框中，输入保存的名称，在【保存类型】下拉列表框中，选择【PDF-可移植文档格式】选项，在【PDF 预设】下拉列表框中，选择 PDF 文件预设类型，如【文档发布】，单击【保存】按钮，通过以上方法即可完成发布至 PDF 的操作。

2. 绘制文件后，单击【文件】主菜单，在弹出的下拉菜单中，选择【导出 HTML】菜单项。

弹出【导出 HTML】对话框，切换到【常规】选项卡，在【HTML 排版方式】文本框中，输入排版名称，在【目标】文本框中，设置文件存放的位置，单击【确定】按钮，这样即可完成创建 HTML 文本的操作，创建的 HTML 文本被放置在目标文件夹中。